U0840104

重庆大学建筑城规学院学术思想系列集

黄光宇教授学术思想集

李和平　邢忠　杨柳　等编

中国建筑工业出版社

图书在版编目（CIP）数据

黄光宇教授学术思想集 / 李和平等编. —北京：中国建筑工业出版社，2013.5
（重庆大学建筑城规学院学术思想系列集）
ISBN 978-7-112-15406-7

Ⅰ.①黄… Ⅱ.①李… Ⅲ.①城市规划-建筑设计-文集 Ⅳ.①TU984-53

中国版本图书馆CIP数据核字（2013）第085596号

责任编辑：徐 冉 焦 扬
责任校对：刘梦然 党 蕾

重庆大学建筑城规学院学术思想系列集
黄光宇教授学术思想集
李和平 邢忠 杨柳 等编
*
中国建筑工业出版社出版、发行（北京西郊百万庄）
各地新华书店、建筑书店经销
北京嘉泰利德公司制版
北京建筑工业印刷厂印刷
*
开本：880×1230毫米 1/16 印张：25 字数：616千字
2016年4月第一版 2016年4月第一次印刷
定价：88.00元
ISBN 978-7-112-15406-7
（23407）

《重庆大学建筑城规学院学术思想系列集》编委会

（按姓氏笔画排序）

卢　峰　杜春兰　李和平　陈　兰　周　茜　周铁军
赵万民　韩　群　董世永

本书编者：李和平　邢　忠　杨　柳　闫水玉　应　文　赵　珂
叶　林　颜文涛　周　茜

总序

重庆大学建筑城规学院的办学历史可以追溯到1935年，创办于重庆大学工学院中，与土木工程学科相结合。1952年全国院系调整，原重庆大学、西南工专等院校的建筑系合并成重庆建筑工程学院建筑系，是国内最早的八大建筑院系之一。1994年学校更名为重庆建筑大学，建筑系更名为建筑城规学院。2000年新重庆大学组建后，更名为重庆大学建筑城规学院。

经过80年的发展与建设，学院现有建筑学、城乡规划学、风景园林学3个国家一级学科和博士后科研流动站；有城市规划与设计国家重点学科，建筑学和风景园林学重庆市重点学科；有“山地城镇建设与新技术”教育部重点实验室等七个研究平台。学院构建融贯“山地建筑学、山地城乡规划学、山地风景园林学、山地建筑技术科学”四位一体的学科体系，成为我国以山地城乡建设与发展为学科特色，我国中西部地区重要的教育与人才培养基地、具有国内领先水平和国际影响力的山地建筑学学科群。

80年的发展历程中，老一辈专家学者立足我国西南地区，结合多山国情，面向国家关于山地城乡建设的发展战略，带领学院教师，逐步形成了以山地建设问题研究和人才培养为鲜明特点的人才队伍。与此同时，中青年教师在各学科方向的研究和设计实践承担重担，极大地展现了高水准的教学水平和丰硕的研究成果。学院优良传统是老前辈们留下的宝贵财富，是重庆大学建筑城规学院重要的学术历史积淀，值得我们发扬光大。

为了传承、借鉴、发扬学院的优良学术传统，学院成立了“重庆大学建筑城规学院学术思想集编写委员会”，整理了老教授优秀的学术论文、报告、笔记、手稿和作品等，编撰出版《重庆大学建筑城规学院学术思想系列集》，以呈现他们对我国建筑教育事业执着追求的理想信念、学术思想、专业修养和道德品行等宝贵的精神和物质财富。希望编撰出版的《重庆大学建筑城规学院学术思想系列集》成为重庆大学建筑城规学院发展历史的重要学术文献，并期待后辈师生能从中汲取营养和经验，为我国的建筑教育、建设事业的发展做出更大的贡献。

《重庆大学建筑城规学院学术思想系列集》编委会

序

黄光宇先生是我国山地城市规划学的奠基人和生态城市规划理论与方法研究的开拓者，在学科前沿理论研究、工程实践与人才培养方面都做出了开创性贡献。当前，在国家新型城镇化发展倡导的生态文明、美丽中国的背景下，总结和回顾黄先生的学术思想，缅怀和纪念黄先生的学术成就，更加具有重要的时代意义和学术追忆价值。

黄先生的一生诠释着锐意创新和专业奉献的精神。他是重庆大学城市规划专业创始人之一，历任重庆建筑工程学院城乡规划教研室主任、建筑系副系主任。早在20世纪60年代，他与清华大学吴良镛、同济大学李德华、东南大学齐康等先生联合撰写了全国第一本《城乡规划》统编教材；1992年，先生与中国科学院成都山地灾害与环境研究所一同创建了“中科院/建设部山地城镇与区域环境研究中心”，并任中心首届主任；1993年，先生创立了重庆大学城市规划与设计研究院（首批国家甲级规划设计研究院）。我国是一个多山的国家，山地城乡环境资源丰富，生态系统相对脆弱，推动区别于平原城市的山地城乡规划理论与方法的学科建设和人才队伍培养，意义深远。为此，黄光宇先生长期致力于城乡规划教学研究、学术咨询和工程实践的开创和探索工作，兢兢业业，不断求索，曾担任国务院学位委员会第三、四届学科评议组成员，国务院三峡工程建设委员会三峡移民工程咨询专家组成员，全国高等学校城市规划专业指导委员会副主任委员，中国城市规划学会常务理事、中国城市规划学会城市生态与环境专业委员会主任委员，中国生态学会城市生态专业委员会委员等。这些学术任职和业绩是全国和地域范围对先生专业奉献精神及专业造诣的高度认可和学术推崇。

黄光宇先生几十年如一日，辛勤耕耘，治学严谨，桃李天下，成就卓著。先生先后承担国家自然科学基金、博士点基金、国家五部委（局）课题、建设部基金研究课题以及中加、中德合作研究课题10余项，发表学术论文190余篇，专著4部。经过20多年的不懈努力，创立了“山地城市学”理论及其学科框架，总结出山地城市生态化规划建设的基础理论、关键技术和应用推广的丰硕成果，特别是将现代城市规划理论与山地学和生态学融合，形成了山地城市生态化规划建设理论与关键技术，为国家和地区制订山地城镇和区域发展战略提供了科学依据，为指导我国山地城乡规划建设的资源优化配置、生态环境保育与良性发展提供了重要的技术支撑与实践指导。

黄光宇先生生前踏遍祖国青山绿水，足迹遍及全国12个省区，先后主持完成了200余项区域规划、总体规划、详细规划、风景区规划、城市设计及建筑设计项目，并多次荣获国际、国家省部级奖项。20世纪80年代黄先生主持完成国家“星火计划”试点项目——四川官渡山区集镇综合示范点建设规划与设计，该成果“达到国内先进水平，在国际上具有鲜明特色”，并在第16届国际建协（UIA）代表大会上得到高度赞赏。1989年，以“山水中的城市、城市中的山林”的理念，提出乐山“绿心环形生态城市”的布局结构，获得联合国技术信息促进系统中国国家分部“发明创新科技之星奖”。2000年以后，黄光宇先生主持完成的“广州番禺生态廊道控制性详细规划”、“成都市非建设用地规划”、“云阳县城总体规划”、“宝鸡南部坮塬区生态建设规划”等一批规划项目获得建设部及重庆市优秀城乡规划设计奖项。2005年，黄光宇先生主持的“山地城市生态化规划建设关键技术”获得国家科技进步二等奖。这项工作的科学和技术贡献价值在于，在全国首次提出了山地城市生态化规划建设理论与技术方法体系，对学科建设做出了重要贡献，其综合研究成果居国际领先水平。

黄教授为人师表，身体力行，以高度的社会责任感和科学务实精神影响了一代又一代的青年学子。指导培养硕士、博士研究生 60 余人，1991 年获四川省优秀研究生导师称号，并先后受聘于清华大学、武汉测绘科技大学等，担任兼职教授。先后在哈佛大学、东京大学、汉诺威大学等国际知名学府和法兰克福、洛杉矶、北京、深圳、扬州、武汉、重庆、昆明等地召开的国际会议，以及全国市长学习班、高等学校、科研与规划设计部门、房地产开发机构、政府决策部门等处进行了 60 多场次的学术演讲，产生了积极深远的学术影响。

黄光宇先生的一生，致力于传承和发展中国传统的山水城市理论以及中国山地城市建设的宝贵经验，创建山地学与生态城市规划理论方法，并影响后学，薪火传承，培养了一大批相关领域的研究、管理和设计人才，在我国山地城镇规划和建设中发挥着重要作用。重庆大学建筑城规学院处于我国山地城乡规划学科建设的必然地位中，承担了重要的工作和人才培养的责任。今天，我们在这里缅怀黄光宇先生，其意义在于跟随先生高瞻远瞩的学术思想，探索传承和发展山地城乡规划的学术道路，争取做出更大的成绩。

重庆大学建筑城规学院院长

赵万民

2013 年 3 月 21 日

学术思想年表

1960
探讨了我国自己的规划理论的基本框架

1960 年参编全国第一本《城乡规划》统编教材，吴良镛主持，齐康、李德华、邹德慈等先生合作编写

1978 年主编了我国第一本《区域规划概论》统编教材（中国建筑工业出版社出版）

1983
提出历史文化名城的保护策略

编制丽江古城规划

1987
山地城市规划思想与生态城规划思想萌芽

编制乐山绿心环形城市总体规划
专题成果“用星火计划建设明日的世界”

在伦敦第 16 届国际建协大会上得到高度赞誉

1989 年在《瞭望》上发表《要重视山地的开发与保护》一文，引起了学术界关注。

1991
创立“山地城市学”

创建中国科学院、建设部山地城镇与区域研究中心

推动云贵川等省“分中心”的建立

先后主持召开了四次国际及全国性的山地城镇规划与建设学术研讨会

1992
生态城市规划框架与评判标准初步构建

1992 年《生态城市的概念与评判标准》巴西里约热内卢全球最高级论坛“未来生态城市”应征论文获国际建筑学院荣誉证书

1994 年研究成果“乐山绿心环形生态城市研究”获联合国“发明创造科技之星”奖。

2000
城市非建设用地保护思想奠定

先后对无锡、广州、成都等城市进行生态廊道及非建设用地专项规划

2002
山地城市与生态城市的学科框架构建成型

2002 年组建了《生态城市与建筑文化》、《山地城市与建筑文化》两个丛书编写委员会，并任主任编委

2002 年出版国内第一本《生态城市理论与规划设计方法》专著

2002~2006 年先后出版了《山地城市学》《山地城市规划设计作品集》《山地城市学原理》等专著，奠定了我国山地城市学研究的基础。

2004 年应邀在哈佛大学“亚洲密集文化的可持续发展”国际会议上作“山地城市空间结构的生态学思考”讲演。

2004 年研究成果“山地城市生态化规划建设理论与实践”获教育部科技进步奖。

2005 年研究成果“山地城市生态化规划建设关键技术”获国家科技进步二等奖

建设部高等城市规划学科专业指导委员会颁发“中国城市规划教育终身荣誉奖”

2006
辞世

获“中国城市规划教育终身荣誉奖”

时间	学术思想	相关事件	文章索引
1960	探讨了我国自己的规划理论的基本框架，是我国地域性城市规划专业教育的倡导者	1960年参编全国第一本《城乡规划》统编教材，吴良镛主持，齐康、李德华、邹德慈等先生合作编写 1978年主编了我国第一本《区域规划概论》统编教材（中国建筑工业出版社出版）	《城市规划的教学必须面向“四化”、联系实际》 《地域性城市规划教育研究》
1983	提出历史文化名城的保护策略	丽江古城规划	《丽江古城的保护与开发》 《丽江古城考之一——大研镇》 《丽江古城考之二——白沙·束河与古寺庙群》 《拉萨历史文化名城的规划与建设》 《山地历史文化遗产的保护观念——论重庆黄山陪都遗址的保护与开发》
1987	山地城市规划思想与生态城规划思想萌芽（在山地城市学研究中融入生态学理念，促进了生态学与城市规划学科的有机衔接）	●乐山绿心环形城市总体规划 ●专题成果“用星火计划建设明日的世界”在伦敦第16届国际建协大会上得到与会者的高度赞誉 ●1989年在《瞭望》上发表《要重视山地的开发与保护》一文，引起了学术界关注	《要重视山地开发，保护山地生态》 《山区城市的布局结构》 《山城改建中的几个问题》 《乐山绿心环形生态城市模式》 《山区城镇体系空间结构研究在乐山市域规划中的应用》 《论风景城市的布局和风景名胜的保护》 《重庆市内交通运输改建规划中的几个问题》
1991	将“城市科学”与“山地学”相融合，创立了“山地城市学”	●倡议创建中国科学院、建设部山地城镇与区域研究中心，获批准，并任中心主任 ●推动了云贵川等省“分中心”的建立，结束了我国长期以来在山地城镇这一重要领域没有专门研究机构的历史 ●先后主持召开了四次国际及全国性的山地城镇规划与建设学术研讨会，促进了山地城市科学的发展与国际学术交流	《关于建立山地城市学的思考》 《山地人居宣言》 《山地城市结构形态类型及动态发展分析》 《山顶上的城市》 《攀枝花——一座传奇式山地城市的崛起》 《重庆大都市的城市结构形态，布局特点与发展前景》 《风水——山水城市思想原型》 《论阴阳相济 虚实相生》 《迎接国际山地年，加强山地人居科学的研究》 《地理信息系统（GIS）在山地城市规划中的应用研究——以广西富川瑶族自治县县城总体规划为例》
1992	生态城市规划框架与评判标准初步构建	●1992年《生态城市的概念与评判标准》巴西里约热内卢全球最高级论坛“未来生态城市”应征论文获国际建筑学院荣誉证书 ●1994年研究成果“乐山绿心环形生态城市研究”获联合国科技信息促进系统中国国家分部“发明创造科技之星”奖	《城乡生态化：走向生态文明的发展之路》 《生态城市概念及其规划设计方法研究》 《论城市生态化与生态城市》 《城市生态环境与生态城市建设》 《山地人居环境的可持续发展》 《生态规划方法在城市规划中的应用——以广州科学城为例》 《自然生态资源评价分析与城市空间发展研究_以广州城市为例》 《论城市系统的可持续发展》 《中国生态城市规划与建设进展》
2000	城市非建设用地保护思想奠定。创立了基于土地资源与环境保护的城市非建设用地规划控制技术	●先后对无锡、广州、成都等城市进行生态廊道及非建设用地专项规划	《将强制性保护引向自觉维护——城镇非建设性用地的规划与控制》 《山地资源型城市的生态环境空间控制初探——以攀枝花市攀密片区为例》
2002	山地城市与生态城市的学科框架构建成型 （总结出适应不同地域生态环境和社会经济条件的多种典型城市空间结构发展模式与规划设计方法）	●2002年组建了《生态城市与建筑文化》、《山地城市与建筑文化》两个丛书编写委员会，并任主任编委 ●2002年出版国内第一本《生态城市理论与规划设计方法》专著，这已成为许多院校的教材或教学参考书 ●2002～2006年先后出版了《山地城市学》《山地城市规划设计作品集》《山地城市学原理》等专著，奠定了我国山地城市学研究的基础 ●2004年作为中国山地城市规划研究的唯一代表应邀在哈佛大学“亚洲密集文化的可持续发展”国际会议上作了“山地城市空间结构的生态学思考”的讲演 ●2004年研究成果“山地城市生态化规划建设理论与实践”获教育部科技进步奖，提名国家科技进步一等奖 ●2005年研究成果“山地城市生态化规划建设关键技术”获国家科技进步二等奖 ●建设部高等城市规划学科专业指导委员会颁发“中国城市规划教育终身荣誉奖”	《山地城市主义》 《山地城市空间结构的生态学思考》 《Ecological Thinking over Spatial Structure of Hillycity》 《对现行城市土地利用规划的生态反思》 《城乡空间生态规划理论框架试析》 《生态城市研究回顾与展望》 《建构山地城市规划的数字化研究体系》 《重构城市发展与自然演进的平衡，实施可持续发展》 《促进形成良好环境的土地利用控制规划——荣县新城河西片区控制性详细规划解析》 《呼唤城市规划生态自觉——老子生态智慧启示》 《城市建设中的生态化策略》 《基于生态文明的建筑观》 《山地城市的扩展》

目 录

工程实践篇

札记、随笔、访谈篇

追忆启今篇

学术研究篇

·山地城市、生态城市规划核心理论思想·

关于建立山地城市学的思考

1　建立山地城市学（Mounturbanology）的目的与意义

学科的不断分化与综合是现代科学发展的普遍现象和规律。随着我国国民经济与城乡建设事业的迅速发展，科学技术与学科建设也有了很大的进步，新的科学研究和学科领域不断开拓，其中关于山地的开发与保育和山地城市的规划与建设的研究正越来越引起学术界与规划建设工作者的关注与重视，这是由于：

（1）山地城镇不仅在我国国土面积与城镇数量中占有很大的比重，而且具有特殊重要的战略地位。我国是一个多山的国家，山地面积占国土面积的三分之二[1]，人口约占全国人口总数的一半，山区城镇约占全国城镇总数的一半。全国少数民族绝大多数都居住在山区。主要矿产、水能、森林等资源绝大部分都分布在山地。因此，我国山地的发展潜力极大，战略地位十分重要。而山地城市不仅是我国城镇体系的重要组成部分，也是发展山区经济的核心，开发与振兴山区，建设繁荣文明新山区的重要基地。同时，山地城市一般具有比较丰富的景观多样性和生物多样性的特征，只要科学地加以规划就有可能建成人工环境和自然环境协调发展的富有魅力和活力的城市。

（2）随着我国现代化与城市化的进程，城镇人口迅速增加，城郊农地和耕地不断减少，山地的开发与利用范围逐日扩大，山地城镇建设的数量和规模也与日俱增。

（3）山地生态环境及其敏感性与脆弱性的特点，决定了山地保育的重要性和山地开发利用的复杂性与工程技术上的艰巨性，如开发利用不当，就会给国民经济与人民生活带来严重的损失与影响。

1　本文所指的山地是广义的概念，是指有一定高度（绝对高度和相对高度）和有一定坡度的地域，包括山地、丘陵和崎岖不平的高原。中国山地面积约为 650 万 km^2，占全国陆地面积的 69%，其中山地面积（包括高山、中山、低山）为 33%，丘陵面积（包括浅、中、深丘）为 10%，高原面积为 26%。

山地城市，国外叫斜面都市，如日本，或坡地城市（Hillside cities），如欧美，即城市修建在倾斜的山坡地面上。城市建在坡地上和平地上对城市规划、城市设计以及建设使用的安全性、实用性、经济性等都会产生不同的变化与影响，要引起特别的重视，加以专门的研究。这当然是很重要的，作为对山地城市（Mountain cities）概念的全面理解，就远远不够了。因为它只考虑了“坡度”这一个维度的基本特征与影响，而忽略了作为山地城市的其他许多重要特征，如海拔的高度、垂直梯度的变化、城市周围的地貌、环境的不同等，都会对山地城市的规划与建设带来重要影响。因此，应全面把握山地城市的自然、经济、社会、文化的生态特征，以便作出山地区域与山地城市建设发展、规划设计的正确决策。因此，我认为山地城市是一个相对的概念，是泛指城市的选址和建设在山地地域上的城市，形成与平原城市不同的空间形态和环境特征，如重庆、兰州、香港、青岛等。根据山地城市的用地情况和环境特征，山地城市包括两种不同的情况：一种情况是，城市选址和建筑直接修建在起伏不平的坡地上，如香港、重庆、兰州、延安等；另一种情况是，城市选址和建筑虽然修建在平坦的坝区，但由于其周围有复杂的地貌，从而对城市的布局结构、交通组织、气候、环境及其发展产生重要影响的，也应视为山地城市，如昆明、贵阳、杭州等。这也是为什么提出要建立山地城市学的基本出发点。

（4）由于山地和山地城镇多位处江河流域和湖泊集水区的中、上游，因此，如发生山地灾害就会影响到下游地区，“山上（砍）光，山下荒”，“上游荒，下游（遭）殃”，其影响所及范围之广危害之深，非同一般。

（5）近年来，随着山地的开发与山地城镇建设规模的扩大以及建设中缺乏科学性等原因，水土流失、滑坡、崩塌、泥石流以及地面沉陷、旱、涝、地震等自然灾害频繁发生，且有加剧的趋势。

（6）由于山区复杂的自然地理条件，其开发建设的难度较大，山区与山地城镇在交通、信息等方面远不如平原和沿海地区。经济、文化相对也比较落后，二者之间的发展很不平衡。因此,需要有积极的技术经济和政策的扶持,但更需要有科学建设理论的指导，使山区生态环境得以很好的保护，山区经济得以迅速的振兴，从而进一步促进全国生态环境条件的根本改善与国民经济的更大发展。

邓小平同志一再强调“科学技术是第一生产力”，山地及山地城镇建设的相对落后，首先是科学技术上的落后，近年来，我国虽然在开展山地科学研究方面做了大量工作，如 1984 年，中国地理学会成立了山地研究委员会，中国自然资源研究会也有山地专业委员会并出版了《山地研究》专业性刊物,1988 年中国科学院成都地理研究所更名为“山地灾害与环境研究所”，加强了对山地科学的研究工作，但从总体来说，与发达国家比较仍有较大差距（参见本书学术研究篇的“要重视山地开发，保护山地生态”）。我国著名地理学家丁锡祉教授说:“中国的后劲在于山”[1]，我国山地综合开发的潜力极大，而山地城镇则是发展山区经济，建设现代化的繁荣文明新山区的重要基地，并且对山地自然生态环境条件产生深刻的影响。因此，对山地城市进行系统的科学理论的研究工作，从根本上提高对山地城市形成、发展与演变规律的认识，增强山地城镇规划建设中的科学性，减少山地开发建设中的盲目性与“破坏性”，加速山区现代化建设的进程，是摆在我国城市科学研究工作者与规划建设者面前的一项光荣而艰巨的任务，而山地城市学的建立，无疑是山地城市科学研究中一项具有战略意义的紧迫任务。

2　山地城市学的研究对象与内容

山地城市学，是以山地城市作为自己的研究对象的一门新兴学科。它是将城市科学与山地科学相结合而产生的一门综合性的交叉学科和边缘学科。山地城市学是研究山地城市在特定的自然、经济、社会条件综合作用下，山地区域城镇化的特点和山地城镇体系形成发展与演变的规律，以及山地城市规划、建设和管理的技术与艺术。因此，山地城市学是城市科学的一个分支，或者可以说是城市学[2]的一个分支，是指导山地城市科学建设与合理发展的理论基础与技术基础。

山地城市学的任务，就是要通过对山地城市与所在区域的全面调查和综合分析研究，了解与掌握山地城市发展变化的内在机制和外部条件，以及山地城市开发与建设的基本特点与规律，达到科学建设与合理发展的目的。所谓科学建设，就是要符合山地城市的自然、经济法则和生态平衡要求，而不是违背自然与经济法则的盲目开发或修建，破坏山地的生态平衡；所谓合理发展，就是指山地城镇体系以及各个城市的规模、结构、功

1　见《丁锡祉文集》第 289 页。

2　见江美球等著《城市学》，科学普及出版社，1988 年；《中国城市科学研究会会讯》1991 年第 5 期“钱学森致鲍世行的信”及 1991 年第 12 期“钱学森同志谈城市科学”。

能与用地布局能够互相协调，不仅要求满足创造山地城市良好的生活居住与工作环境的要求，而且还要为其今后长远的发展留有余地，满足可持续发展的要求，达到经济、社会与环境效益的统一。要完成如此庞大、复杂的任务，显然不是一门学科所能承担的，而是一个由相关的自然科学与社会科学两大类包括基础学科、技术基础学科和专业技术学科等相关学科所组成的学科群来共同完成。具体来说，大致包括以下相关学科和专业：

（1）山地城市学的基础学科：城市哲学、风水理论、城市史学、城市美学、城市地理学、城市经济学、城市社会学、城市生态学、城市气候学、风水理论等。

（2）山地城市学的技术基础学科：城市规划学、城市建筑学、景观建筑学、区域规划学、山地区域经济学、山地城市灾害学等。

（3）山地城市学的专业技术学科：山地城市规划、山地城市设计、山地工业建筑与工厂总平面、山地建筑设计、山地园林绿化工程设计、山地城市道路工程、山地城市交通工程、山地城市市政公用设施工程（包括给水排水工程、电力、电信工程、热力、煤气工程和市政公共卫生工程等）、山地城市地下空间的开发与利用、山地城市建筑机械与施工技术、山地城市防灾工程、山地城市环境保护、山地城市建设与管理等。

以上众多学科构成了山地城市学的学科体系。由此可以看出，山地城市学包容了广泛的学科领域与丰富的专业内容，从这一点来理解，我们也可以说山地城市学是研究山地城市的多学科的总称。

3　山地城市学的研究方法

根据山地城市学的性质、任务、内容，山地城市学研究须有科学合理的方法，主要有以下几种。

3.1　系统分析与综合方法

山地城市是一个庞大的自然、社会、经济大系统，每个大系统又由很多子系统所组成，各个系统之间互相影响，互为条件，每一子系统条件的改变，都会引起大系统的变化，因此必须应用系统分析的方法，把错综复杂的山地城市分解成各个有机的系统加以分析与研究。但各个系统的存在又不是孤立的，它与其他系统存在着不可分割的联系。因此，山地城市学又必须把山地城市作为一个有机的整体而加以综合研究，从而才能得出正确的结论。

3.2　生态因子分析法

山地城市是一个以城市社会为主体，以山地地域空间和各种设施为环境的生态系统，这个生态系统要比自然生态系统复杂得多。生态因子分析法，就是应用生态学原理，对山地城市的各种自然生态因素与社会生态因素进行分析研究和评价，并在此基础上进行山地城市与区域的宏观战略发展规划、区域规划、土地利用规划、总体布局规划、建筑环境规划与景观设计等。由于山地城市复杂的自然条件和用地特点，山地区域的城镇体系分布和山地城市的总体发展与布局结构，建筑物的修建与各种市政设施的建设，乃至于人们的日常活动，较多地受到自然条件的制约和影响，因此，注重对山地城市生态因子的分析特别是对自然生态因子的分析研究，就成为山地城市学研究的重要方法。对山地城市建设与发展产生影响的山地城市自然生态系统各因子，主要分以下几个方面：

（1）地形、地貌：山地的形状与特征、高程、坡度、坡向、坡长及景观价值等；

（2）地质：基岩状况、承载力、稳定性等；

（3）土壤：土壤的性质、分类、表土厚度、生产力、渗透状况等；

（4）水文：地面水系与地下水分布状况、流向、流量、流速、水体对土地的侵蚀、淤积影响以及水质卫生状况等；

（5）气候：温度、湿度、雨量、日照、云量、盛行风向和局部小气候特点等；

（6）生物：生物群落、植物、动物、昆虫及其他水生生物的种类、数量、分布状况及价值等。

通过对以上各个自然生态因素的单因子进行分类、分级分析后，再进行叠加与综合，从而得出综合的结论，作为山地发展规划与建设决策的依据，使研究成果更具有科学性。而应用遥感技术、地理信息系统及计算机辅助设计，可以大大提高分析的质量与工作效果。自然生态因子分析方法的目的在于贯彻自然生态环境优先的指导原则，从环境控制的角度，首先划定不允许开发的环境保育地区，以建立该地区的环境与经济、社会持续协调发展的合理开发模式。

3.3　辩证方法

山地城市的社会人文系统与空间环境系统是矛盾对立的统一体。它们既矛盾又统一，同寓于山地城市这个有机统一体中。这种既矛盾对立又有机统一的辩证关系普遍存在于山地城市的一切现象之中。因此，必须用对立统一的辩证观点来认识山地城市形成与发展变化的规律，如山地城市的形成、发展与山地大区域或水流域环境的关系，山地城镇体系之间的合理分工与协作的关系，山地城市布局中集中与分散的关系，山地的开发利用与山地保育和环境保护的关系等；用辩证的方法来研究处理山地城市建设中的各种矛盾，如山地农、林、牧、副业的发展与城市建设发展用地的矛盾，城市建设占平地与占坡地、荒地的矛盾，道路交通占地与建筑占地的矛盾，建筑占地与预留开敞空间和发展备用地的矛盾，地形坡度、坡向与争取建筑日照、通风的矛盾，建设场地的高程选择与建设投资经济性的矛盾等。这些矛盾与关系的正确处理，直接影响到建设的成败与建设投资的经济性。只有运用辩证的观点与方法，才能抓住主要矛盾，把握要领而不至于顾此失彼，迷失方向。

我国国民经济与城乡建设正经历着一个新的重要发展时期。山地城市学的建立，山地城市科学研究的开展与深入发展，必将大大有利于中国乃至世界各国山地的开发和保育，使山地城市建设与管理纳入科学合理的发展轨道。

国际山地学会主席，著名山地生态学家 J · D · 凡弗斯曾经指出：“人类与山的关系，从来没有像最近四分之一世纪以来显得如此重要，人类未来的生存，取决于山区的开发和保护”。[1]

为了促进与发展山地与山地城市科学研究事业，应该加强山地研究与山地城镇建设工作者的学术交流工作。学校教育，特别对地处中国广大山地区域的工程建设类院校来说，在培养山地城乡开发建设人才，发展山地城乡建设事业中是大有作为的，是否可以设想，在这些院校围绕山地开发和保育，山地城乡规划与建设这个主题，建立学校教育的学科体系与专业体系呢？可以相信，经过学术界、教育界和城乡建设工作者的共同努力，“山地城市学”这枝科学百花园中的蓓蕾，必将开出鲜艳的花朵，结出丰硕的果实。

（注：本文是 1992 年 10 月 13 ~ 16 日在首届全国山地城镇规划与建设学术研讨会上所作的主题发言）

1　见作者文“要重视山地的开发和保护”，《瞭望》杂志，1989 年，第 21 期。

山地城市主义

1 山区和山地城市——一个值得重视的研究领域

1.1 全球重要的生态环境系统

山区——是复杂和相互依存的生态环境中的一个重要生态系统，对维护全球生态系统起着十分重要的作用。自20世纪70年代以来，随着全球环境变化的加剧，山区和山地问题引起了国际社会的关注。1973年，联合国教科文组织“人与生物圈计划”（MAB）中把“人类活动对山地生态系统的影响”列为该计划中的一项重大课题。1992年，联合国环境与发展大会通过的《21世纪议程》中的第13章对“全球脆弱生态系统的管理：山区的可持续发展”作了专门论述，指出：“地球上绝大部分山区正面临环境恶化，需要立即采取行动，适当管理山区资源，促进人民的社会经济发展”（引自《21世纪议程》第13章导言）。而大会通过的其他四个重要文件（《里约宣言》、《保护生物多样性公约》、《气候变化框架公约》、《关于森林问题的政策声明》）都与山区问题密切相关。联合国经济与社会委员会的1997/45号决议中指出，地球至少1/5的陆地表面为山峦覆盖，大约10%的世界人口居住在包括高地在内的多山区域，而比例远远大于10%的世界人口的生活完全依赖山区资源。山区为全人类提供一半以上的淡水，山区还为全球提供份额巨大的木材、矿物和牧场。山区容纳着数量巨大的多民族群体，保留着多种多样的文化传统、环境知识和与山区环境相适应的人居方式；山区又有世界上最复杂的土壤文化基因库，还有传统的管理经验，山区提供着丰富的自然与人文景观，并使旅游业具有极大的发展潜力。对于人类的未来，山区的这些资源与服务具有全球性的意义。

1.2 山地与人地关系的突出矛盾

中国是一个多山国家，它在全球山区自然生态系统中占有重要的地位。中国的山地[1]占了国土面积的2/3以上，人多、地少，山地多、耕地少，是中国社会与国民经济发展中的一个突出矛盾，如中国西南的贵州省民间就有“八山、一水、一分田”，重庆市有“三分丘陵七分山，真正平地三厘三”的说法。中国的山地城市分布广、类型多。近年来，随着城市化的加速和西部大开发战略的推进，山地资源的消耗不断加大，山地环境所承受的压力越来越大，山区和山地城市的人地关系矛盾更为突出。不少地区由于不顾生态条件而进行的“破坏性建设”，造成了山地民俗文化、生物多样性、景观多样性和山地住区建筑风貌等方面的巨大损失。这种状况继续下去，不仅酿成山地人居环境的不可持续性，而且还会导致山地文化遗产损失殆尽，以及山区各族人民群众生活质量的下降。

1.3 社会关注的山地城市规划与建设

正确处理好经济、文化、资源、生态环境之间的关系，是实现山地城市可持续发展的重要保证。合理地利用山地，保护耕地，以及按照山地城市自身的特点与发展规律进行规划与建设，对于居住环境质量的提高与社会经济的发展具有至关重要的意义。随着1992年中国山地城镇与区域环境研究中心的建立，一大批专业研究、设计人员投

1　这里所指的山地和山地城市是广义的概念，包括山地、丘陵和崎岖不平的高原。中国山地面积约为650万km^2，占全国陆地面积的69%，其中山地面积（指高山、中山、低山）为33%，丘陵面积（包括深丘、中丘、浅丘）为10%，高原面积为26%，山地城市，是指城市的选址和建设在山地地域上的城市，形成与平原城市迥然不同的空间形态和环境特征。

入到山地城市研究中来。在西部大开发和加速城市化的进程中，将带来山地城镇科技的进步和经济的繁荣以及人们思维方式和生活方式的改变。高度珍惜并合理利用有限的山地资源，尽可能避免城市化进程中可能产生的负面影响，建设人与自然共生共荣的山地区域经济、社会、生活的中心——山地城市，已经成为中国政府和学术界关注的热点问题。

2 山地城市空间结构的基本模式的建构

2.1 集中与分散——矛盾对立的统一体

由于山区和山地城市所处的地理区位、海拔高度、地形坡度、气候、降雨和日照等自然条件的差异，山地城市布局结构的类型也多种多样。一般而言，当山地城市人口规模超过10万人，就应该考虑集中与分散相结合的布局结构模式，切忌采取自由蔓延、“摊大饼”式的过度集中连片布局，使城市无限制膨胀。集中，这是城市文明和效率的本质体现，分散，则是山地城市自然环境的基本特征，集中与分散，是一对矛盾、对立的统一体，两者的有机结合，是应对城市高密度化浪潮中协调现代山地城市人地关系矛盾的基本策略思想，重要的是对集中和分散的一个“度”的把握，也是将山地自然景观的特异性与山地城市空间有机结合的基本方法，符合山地城市发展的基本规律。

2.2 山地城市空间结构布局的基本原则

2.2.1 有机分散与紧凑集中原则

协调快速城镇化进程中城市人口扩张与土地资源短缺的矛盾和高密度的人口集聚与生态环境承载力的矛盾，重构城市发展与自然演进的平衡机制。

2.2.2 就地平衡的综合住区发展原则

建立工作（生产）与生活就地平衡的综合住区发展模式，以减少市民上下班、购物在路途的时间消耗和能源消耗，提高工作效率和生活质量。

2.2.3 多中心、组团结构原则

缓解由于人口向城市中心地区过度集中而引发的公共卫生、交通拥挤、能源消耗增加、热岛效应加剧和由此引起的空气、噪声污染和交通安全事故等生态安全与环境恶化的问题，同时使组织步行、自行车交通和公共交通、减少对私人小汽车交通的依赖成为可能，进而减少小汽车交通对城市环境的污染和干扰，减少道路交通面积及其建设投资。

2.2.4 绿地楔入原则

组团之间保留的陡坡、冲沟、农田、林地、湿地等绿色自然隔离地带和生态廊道，是山地城市空间布局结构的重要有机组成，同时它也是生物流和能量流的重要通道，有利于形成完善的生态绿地系统，发挥绿地系统的通风、降温、降尘、减噪、净化空气、蓄水、减灾防灾、生物繁衍、改善环境质量、增加城市开敞空间等综合生态服务功能，形成山地城市与自然协调和谐的城市生态文化，为市民创造良好的户外交往和休闲、游憩活动场所和动植物的栖息生境。

2.2.5 多样性原则

包括山地城市的文化多样性原则、生物多样性原则和景观多样性原则，有利于形成人与自然、人和生物、历史与现状、新城与旧城共生共荣、生机活力的景观格局。

2.2.6 个性特色原则

凸现城市个性，强化城市特色，包括自然环境特色、地域文化特色、建筑风貌特色，

克服现代城市的单调和千篇一律的通病。

以上理念与发展原则的综合运用，形成了“有机分散、分片集中、分区平衡、多中心、组团式”的空间结构形态，体现了中国山地城市人和自然高度密集融合和山水文化的哲学理念。

3 规划设计实例分析

3.1 重庆城市总体规划空间结构——多中心组团型（1960～1997年）

（1）有机松散、分片集中、分区平衡、多中心、组团式空间结构格局

（2）立体化城市交通体系的构架

（3）适应山城、江城特点和炎热气候条件的立体化绿地系统

重庆是长江上游的经济中心，是中国最大的山城和国家级历史文化名城。1960年，重庆城市总体规划：城市人口154万人，用地约78km^2，人均用地近51m^2。规划采取有机松散、分片集中、分区平衡、多中心、组团式空间结构格局。全市分14个组团，每个组团平均10万人左右，1个主要中心，4个副中心，工作居住就地平衡。组团之间由自然绿地阻隔，采取这样的布局结构，使70%的居民靠步行方式流动。1997年，重庆成为中央直辖市以后，辖区总人口3114万人，面积8.24万km^2，主城区城市人口250万人，用地162km^2，人均65m^2；规划2010年，主城区人口320万人，用地240km^2，人均75m^2（人口密度大大高于一般城市）。仍有60%的居民靠步行在组团内流动。从重庆市域范围看，仍然保持集中与分散相结合的城镇体系空间结构发展格局（图1～图6）。

图1 老重庆全貌图

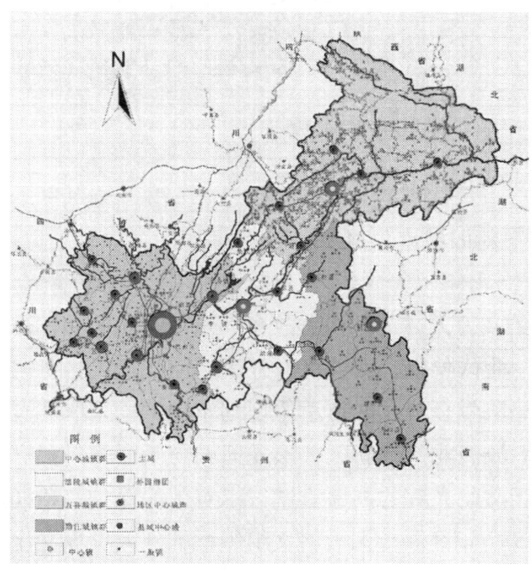

图2 重庆市等级规模

图 3　重庆市主城区图

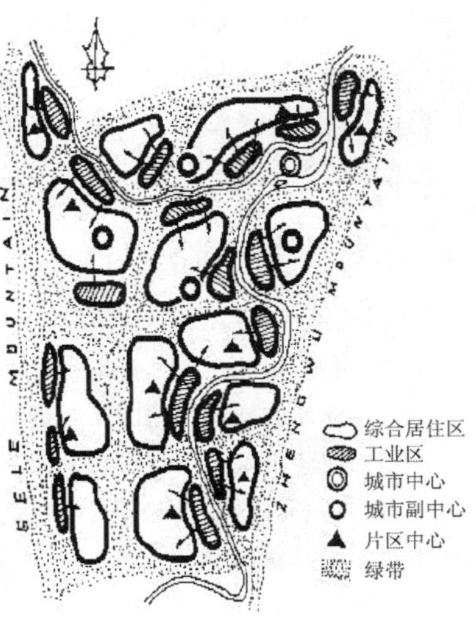

图 4　空间结构形态

图 5　20 世纪 60 年代的总规图

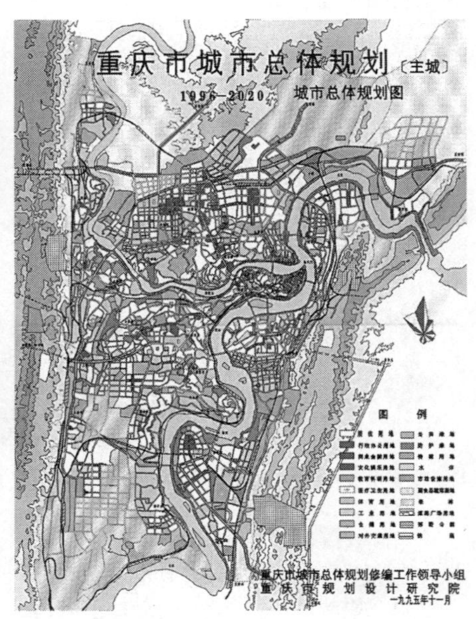

图 6　1998 年的总规图

3.2　丽江县城市总体规划空间结构——新旧城市分离型（1983 年）

丽江古城位于滇西北高原云岭山脉主峰——玉龙雪山（终年积雪不化，最高主峰海拔 5596m）山麓，海拔 2400m 左右，人口约 4 万人，为纳西族故乡和东巴文化中心，距今已有 850 多年的历史。古城西枕狮子山，北依象山，南朝视野开阔的丽江坝区，冬避西北寒风、夏纳西南凉风，城市选址与布局科学合理。城市总体规划布局结构采取“有效保护古城，积极发展新区”的原则，在旧城西北另辟新区，形成旧城与新区相对独立的三个组团，从而使这座闪耀着纳西族灿烂文化光辉的高原古城得以有效的保护。1986 年丽江被评为中国国家级历史文化名城，1997 年经联合国教科文组织批准列入世界文化遗产名单（图 7 ~图 10）。

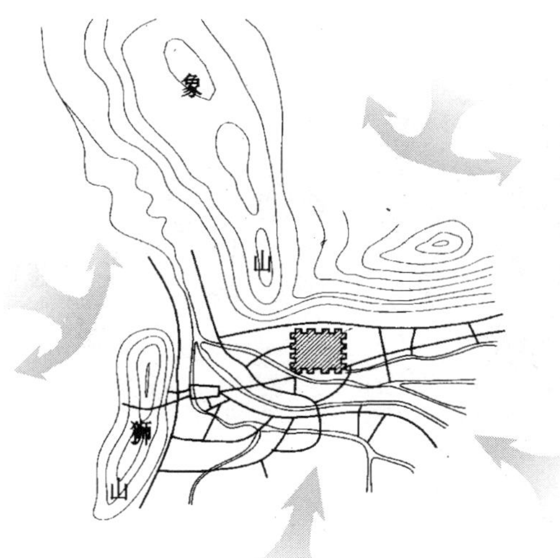

图 7　丽江县城选址图

图 8　丽江古城景点图

图 9　丽江县城现状图

图 10　丽江县城规划图

3.3　乐山城市空间结构——绿心环形生态型（1987 ~ 1992 年）

市域——复合城市群空间结构，山水中的城市，城市中的山林。

主城区——绿心环形生态型空间结构发展形态。

乐山位于四川盆地西南部，是中国著名的历史文化名城。1987 年作者主持了乐山市的总体规划。市域：采取复合城市群空间结构，形成山水中的城市，城市中的山林。主城区：因采取绿心环形生态型空间结构发展的生态理念和独特的空间结构形态的规划构想，而获联合国技术信息促进系统（中国国家分部）“发明创造科技之星奖”（图 11 ~图 16）。

图 11　乐山大佛

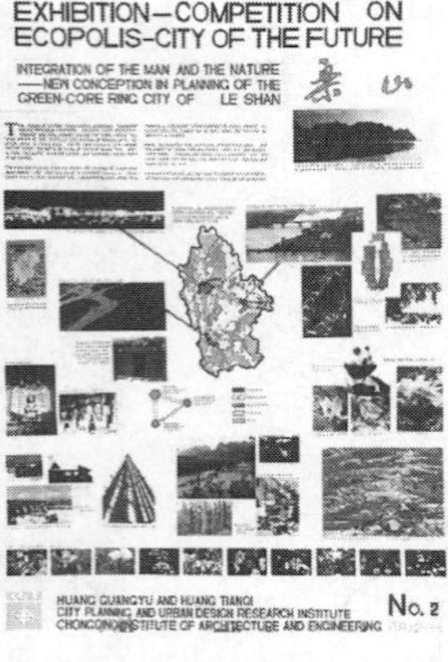

图 12　1992 年世界环境与发展大会生态城市分会展览（一）

图 13　1992 年世界环境与发展大会生态城市分会展览（二）

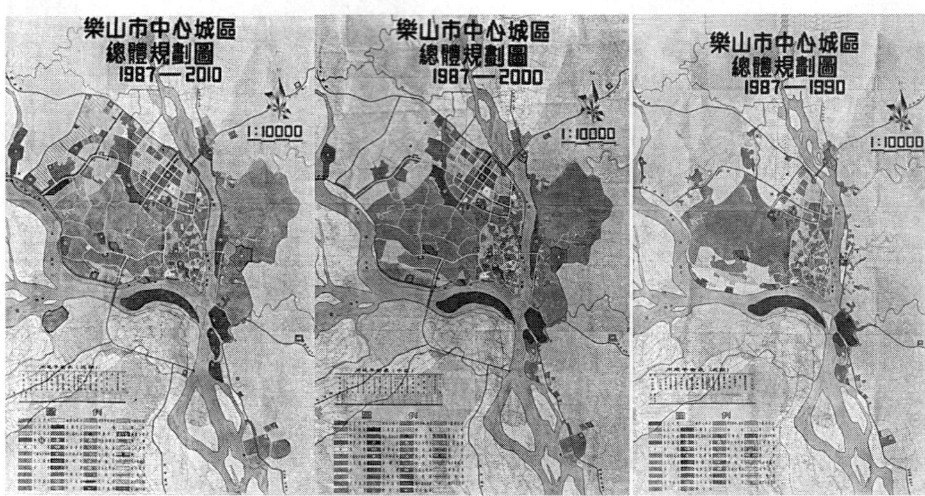

图 14　乐山市近、中、远规划图

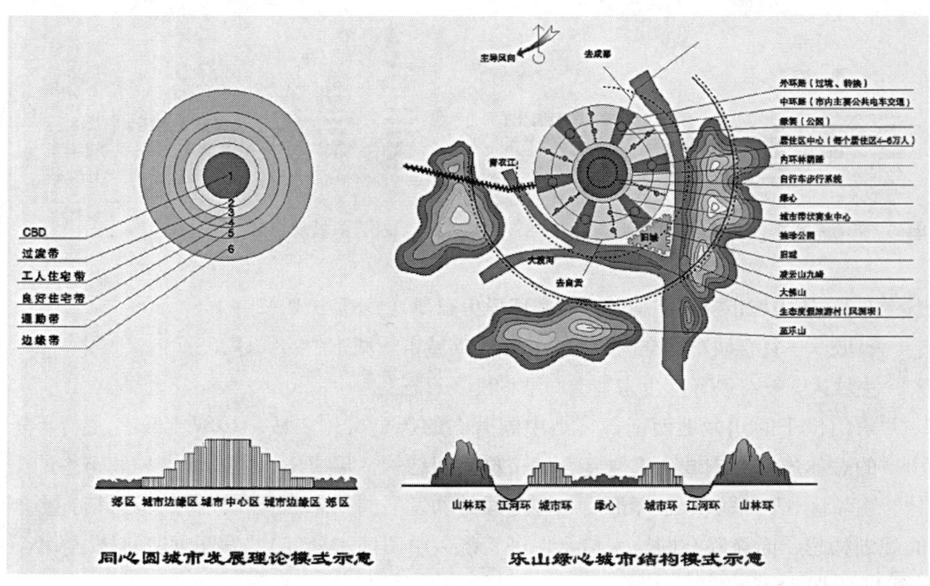

图 15　乐山市规划模式

图 16 乐山市全貌图

3.4 岑溪县城总体规划空间结构——夹层型（1991 年）

县城位处广西壮族自治区西南部的山地丘陵、三面环山的三角形河谷台地上。义昌河由西向东南的槽地中心流过，其出口处在两山的狭小山谷，每年汛期，使河流两侧槽地形成洪泛区，为农业高产地。建成区面积约 $3km^2$，城镇人口 4 万人，人均 $75m^2$。规划人口 10 万人，规划用地 $9km^2$，远期人口可发展为 16 万人。规划用地 $20km^2$。规划布局结合自然生态特点，保留了河流两侧集水区的农耕地、自然山林和水系，城市向两侧高台地上平行发展，避免洪水淹没的危险。较旧城东农业居民区，西北下风侧为工业发展用地，城市公共活动中心为一主（旧城）、一副（新区）分列东西两翼，形成融山、水、田、林、城为一体的"夹层式"山水城镇景观格局。体现了工农结合、城乡结合、城乡一体化的山地城市空间结构发展新模式（图 17 ～图 20）。

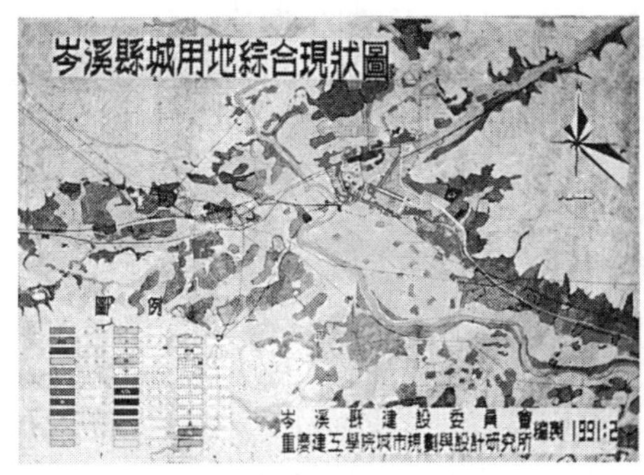

图 17 岑溪县用地综合现状图

图 18 岑溪县总体规划图

图 19 岑溪县开敞空间规划图

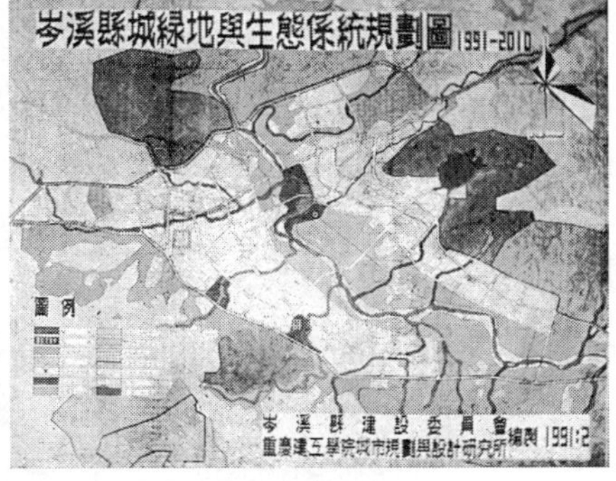

图 20 岑溪县绿地系统规划图

3.5 仁寿城市空间结构——指掌型（1995 年）

城市位于四川盆地西南的农业产区的丘陵地带、两山夹峙的谷地。规划区地形起伏，景观丰富。为避免加速城市化进程中可能出现的城市向周边地区任意蔓延的"摊大饼式"扩张对生态环境和城市交通带来的不利影响，规划以旧城为主体，结合自然条件，沿 213 国道成扇形分布五个 2 万～6 万人大小不等的组团，组团之间有河湖水系、冲沟、农田、园林绿地形成永久性隔离带和自然景观丰富、生态条件优越的开敞空间，形成指掌状、组团式空间结构形态。工作与居住、生产与生活就地平衡，组团之间有便捷的公共交通相联系。组团之内以步行为主，辅以自行车交通，使居民在组团内使用小汽车的需求量减少到最低程度，从而大大净化了城市的交通环境，创造了安全、卫生、舒适、宁静的居住和工作条件。规划城市人口规模 25 万人，用地规模 22km^2。规划成果获 1998 年度重庆市优秀规划设计一等奖（图 21 ～图 23）。

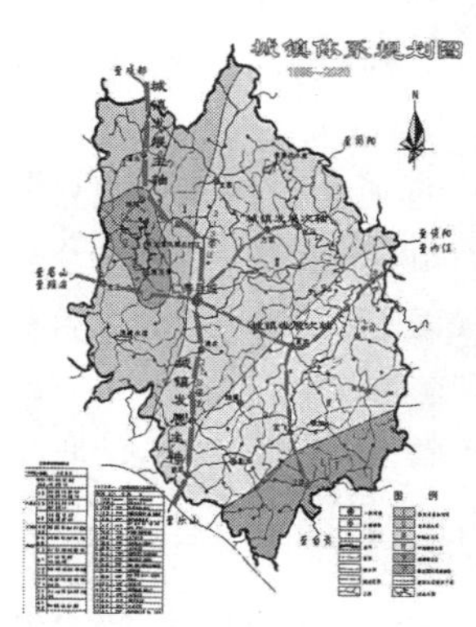

图 21　仁寿县域图

图 22　仁寿县现状图

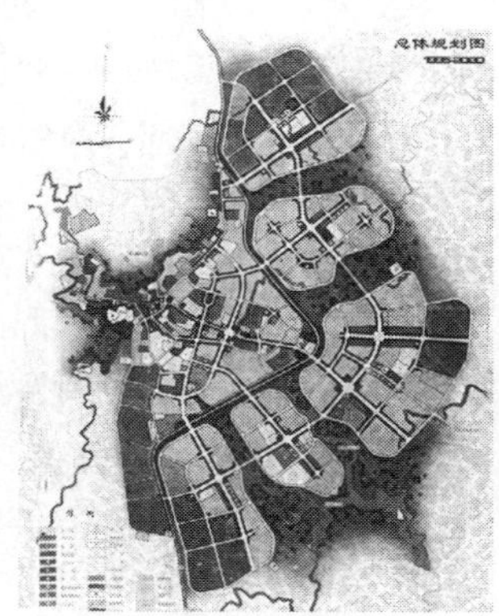

图 23　仁寿县规划图

3.6　巫山新城空间结构——环湖组团型（1995 ～ 2000 年）

长江三峡水利工程的 175m 蓄水方案，使得峡口水面上升，使县城全部受淹，“高峡出平湖”，形成了 3.8km^2 的湖面，城市围绕湖面成组团式布局。迁建新城地形、地质条件复杂，用地破碎，生态脆弱，三条大冲沟及多处滑坡体给土地利用、规划设计带来极大难度。在对迁建用地自然生态条件进行全面系统评价的基础上进行了县城整体迁建规划与修建性详细规划。新城道路由低到高沿等高线蜿蜒而上，对三条大冲沟进行治理，形成组团之间的绿色景观带。突出表现新城整体形象和独特的山水景观格局（图 24 ～图 26）。

图 24　巫山县城总体规划及新、旧城市建设状况图

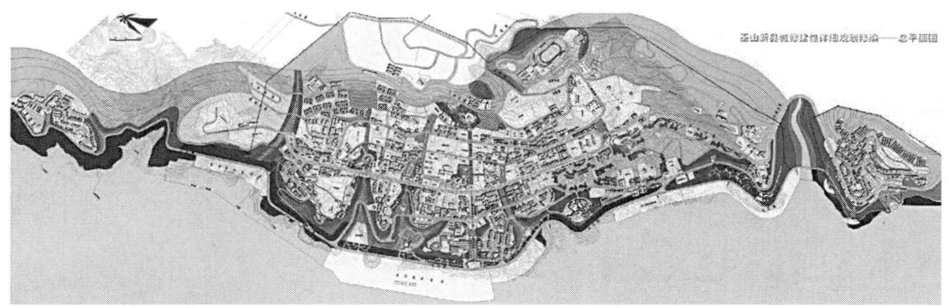

图 25　巫山县新城详细规划图

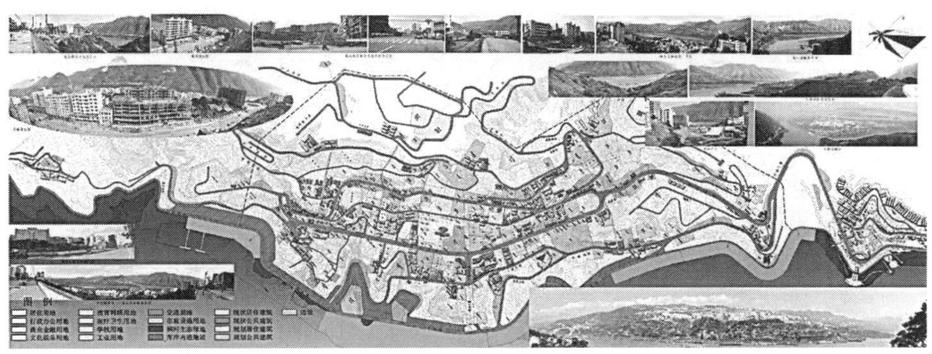

图 26　巫山县城现状图

3.7　**无锡市城市空间结构——星座型**（2001 年）

无锡城市枕山滨湖，水网发达，自然生态资源和历史文化资源十分丰富。在城市化和工业化高速发展的同时，环境的污染和生态环境的破坏日益突出，困扰着城市的可持续发展。

规划运用生态学原理和方法，分析评价无锡城市生态系统的敏感性与稳定性，通过生态因子叠加、自然生态资产评价、绿地形式评价、历史文化资源的评价和城市开发度的评价，在此基础上作出无锡市生态适宜性综合分析评价图，提出无锡进一步发展的星座式城市空间结构形态的总体格局，以协调“发展”和“控制”的矛盾，重构城市发展与自然演进的平衡（图 27）。

3.8　**烟台城市空间结构——藤蔓型**（2003 年）

烟台市位于胶东半岛东北部，背山面海。南山风景区绿心位处烟台市中南部，面积 60 余平方公里，为烟台城市总体结构布局的重要组成部分。烟台市城市从绿心向两翼（西北和东南方向各有四个组团）跳跃式发展，总体结构犹如从绿心生长出两条藤蔓，形成藤蔓式的空间结构。为有效发挥绿心重要的景观、生态服务功能的作用，规划以自然生态和景观生态评价为基础，以生态保护和生态复

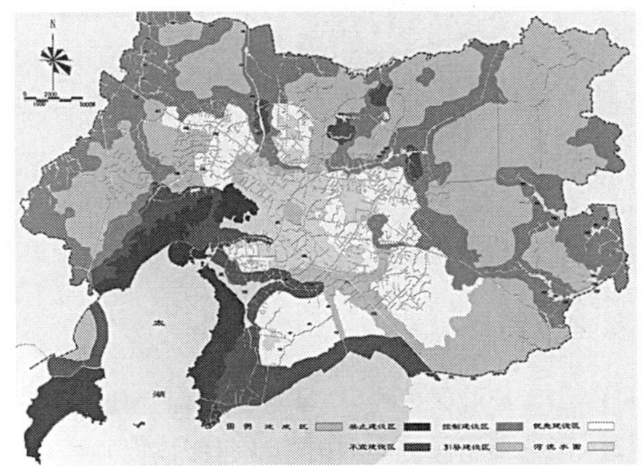

图 27　无锡市生态适宜度评价图

图 28　烟台城市绿心现状图

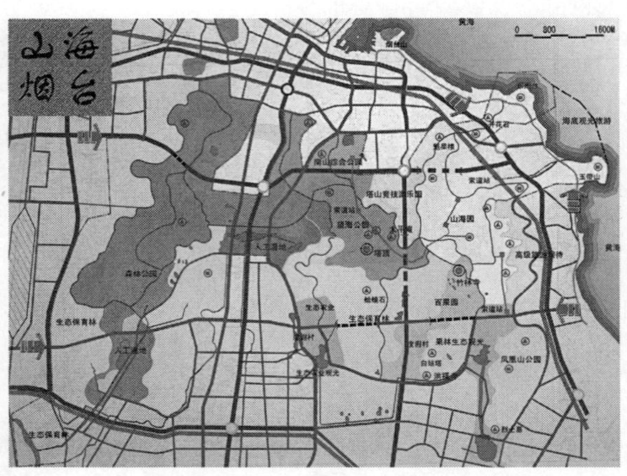

图 29　烟台市绿心风景区总体规划图

建为目标，适度进行旅游开发，建成烟台市最大的森林公园和风景区，为市民提供休闲、旅游、健身的活动场所，形成大烟台的山、海、城、岛、自然与人文交融的景观格局（图 28、图 29）。

4　结束语

中国正在加速城镇化的进程，在山地城市和区域开发中，经济发展与脆弱生态环境的维育、城市的发展与土地资源的集约利用存在着突出矛盾。山地城市空间结构的生态学研究，力求将中国传统的哲学理念与现代生态文明和可持续发展思想结合起来，建构城市扩张与自然演进的平衡机制，创造山地高密集立体文化特点的空间结构模式，实现城市持续协调发展。中国自古就有崇尚自然的哲学理念，如孔子的“仁者乐山，智者乐水”（《论语》第六篇），以山比德，以水喻智，将山川之美比喻人格之魅力。老子的“道法自然”、阴阳学说（《道德经》），强调人类活动要符合自然规律，提倡“天人合一”。在城邑的选址和规划布局中，十分强调风水理念，主张“因天时，就地利”，讲究与自然生态环境的结合，使山、水、城有机融合，体现的是一种朴素、健康的生态思想，如杭州、桂林、温州、重庆、乐山、昆明、丽江、大理等以及大量的山间小镇和村落，无不显示出城镇发展与自然演进的和谐关系、自然山水与人文景观交融的灵气。作者深信，未来最精彩的生态城市将会出现在中国山水交融的山区。

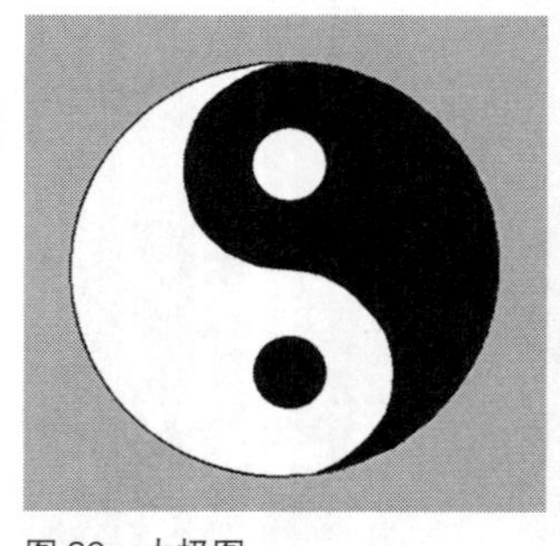

图 30　太极图

世界上再没有什么能像太极图这样精辟地阐释对立统一规律和自然、社会现象，天和地、阴和阳、精神和物质、虚空和实体……它既浅近易懂，又深奥莫测（图 30）。作为城市规划师、景观设计师、建筑师、建设者和管理者……都可以从中吸取营养、感悟人生、获得智慧和灵感。

参考文献：

[1]　国家环境保护局译 .21 世纪议程 [M]. 北京：中国环境科学出版社，1993.

[2]　国家环境保护局 . 中国 21 世纪议程 [M]. 北京：中国环境科学出版社，1996.

[3]　钱学森 . 山水城市与建筑科学 [M]. 北京：中国建筑工业出版社，1999.

[4] I · L · 麦克哈格 . 设计结合自然 [M]. 芮经纬译 . 北京：中国建筑工业出版社，1992.
[5] 刘易斯 · 芒福德 · 城市发展史——起源、演变和前景 [M]. 宋峻岭，倪文彦译 . 北京：中国建筑工业出版社，1989.
[6] 吴良镛 . 人居环境科学导论 [M]. 北京：中国建筑工业出版社，2001.
[7] 黄光宇 . 山地城市学 [M]. 北京：中国建筑工业出版社，2002.
[8] 黄光宇 . 山地城市规划与设计 [M]. 重庆：重庆大学出版社，2003.
[9] 黄光宇，陈勇 . 生态城市理论与规划设计方法 [M]. 北京：科学出版社，2002.
[10] Richard Register. Ecocities：Building Cities in Balance with Nature[M]. Berkeley：Hills Books，2002.
[11] Micharel Carley & Philippe Spapens.Sharing the World Sustainable Living & Global Equity in the 21st Century[M]. London：Earthscan Publications Ltd. 1998.
[12] The Ecological City and the City Effect Essays on the Urban Planning Requirements for the Sustainable City Franco[Z]. Singapore，Sydney：Archibugi Aldershot Brookfield，1997.
[13] Richard Rogers. Cities for a Small Planet[M]. Westview Press，1998.
[14] Huang Guangyu，Huang Tianqi. Ecopolis：Concept and Criteria Earth Summit：The Global Forum Riede Janeiro[Z]. Brazil，1992.
[15] Huang Guangyu. Garden City—Green-Core-Ring City CIAE[Z]，1989.
[16] Huang Guangyu.Urban & Rural Ecologicalization：A Way of Development to Ecologicaln Civilization[Z]. Beijing：SCOPE EC 2000.

（注：本文是作者于 2004 年在美国哈佛大学“亚洲建筑文化的可持续发展”国际讨论会上所作报告内容，并发表于《城市规划》2005 年第 1 期和《重庆建筑》2005 年第 1 期）

山地人居宣言

山地面积约占全球陆地面积的30%，为世界70%以上的人口提供栖息之所。山地环境以其重要的生态体系，代表着我们这颗行星上复杂的、与我们息息相关的生态，对于全球生态体系的存亡延续，乃是至关重要的。中国山地面积约占全国陆地面积的三分之二，山地城镇人居环境约占全国城镇人居环境总数的一半。山区是多民族的聚居地，是文化宝库之所在。山区还有着丰富的矿产资源和森林资源，是生物多样化的宝库。以雪山之巅为源头的江河上游，不仅提供灌溉之水，还潜存着巨大的水能资源。

“日益城市化进程中人类住区的可持续发展”是1996年6月联合国第二届人类住区大会（伊斯坦布尔会议）的两个重要主题之一。这个主题对于山地人居环境有着特别重要的意义，因为在山区，迅速发展的人居环境不仅会在经济上，而且还会在社会上有着极其深刻的含义。

山区城镇既是行政管理的中心，也是山区人民社会和经济交往的中心。山地人居环境显示着独特的建设与建筑传统，对于生态环境十分敏感。在迅速城市化的过程中，城镇规划、建设与发展的方式不仅决定着山区人民的经济、社会和文化生活，还决定着环境可持续性的质量。

数十年来，主要由于不顾生态条件而进行的“破坏性建设”，造成了山地民俗文化、生物的多样化和山地住区建筑风格等方面的巨大损失。在城市规划和设计中，出现了明显的照搬平原城镇的片面做法。这种片面性体现在忽视山区条件的多样化，忽视多姿多彩的传统设计和在山区流行的建筑思维。如果任这种状况继续下去，则不仅会酿成山地人居环境的不可持续性，而且还会导致山地文化遗产的急剧损失殆尽，以及山区各民族人民生活质量的恶化。

以山地人居环境可持续发展为主题的这次国际学术讨论会，体现了对上述问题的认识，也反映了对《人居 II》和《21世纪议程》第13章精神的关注。会议于9月15～17日在中国长江上游的经济中心——重庆召开。具有3000多年历史的美丽山城重庆，为山地人居环境可持续发展中的诸多问题的探讨提供了良好的环境。提交会议讨论的论文，涉猎到了山地人居环境可持续发展中广泛的理论与实践性问题。

山区经济要振兴，文化要发展，资源要开发，生态要保护，环境要改善，生活质量要提高，正确处理好它们之间的关系，是实现山地人居环境可持续发展的重要保证。下述为会议闭幕之际产生的几条建议：

（1）人居环境的可持续发展，其先决条件是保持和保护好脆弱的生态系统，包括对森林植被、生物多样性和水资源的保护，防止水土流失，减少自然灾害，维持生态环境的平衡。

（2）山地人居可持续发展，有赖于山区经济的振兴和教育、科学、文化的发展。应考虑综合利用山区资源优势，发展绿色产业，提倡有节制地开采矿产资源，充分考虑到能量保持、低污染、高效能、维持适合山区传统的建筑与艺术、促进人们的和睦社区与友好邻里感等，并把这些考虑作为指导思想。

（3）在山地人居环境的开发与发展中，应当考虑到任何受到环境限制的地方，都会有可以开发利用的当地的特定资源和条件。例如，在人居环境、房屋和基础设施的规划、布局和设计中，对于乡土建筑材料的利用。

（4）建议特别注意提高和完善城市规划与设计中的方法、技术及法律体系，因为这些对山区的环境，对山区的社会文化条件与现实都是十分敏感的；建议发展教育体系，培养山地人居环境规划的专职人员。

（5）在规划、设计和开发山地人居环境的过程中，应倡导所有的山区社会成员、政府与非政府组织、社区组织等积极参与，集思广益，共建美好的山地人居新环境。

（6）考虑到山地环境不宜承受大规模集聚式住区的规模敏感性，建议在可能的情况下把重点放在分散式的城镇体系的建设上，并促成城乡一体化的有机网络。

（7）有关山地人居环境的城市规划与设计，需要在理论、方法及实践中加强经验交流。鉴于此，创建可持续山地人居环境规划研究的国际互联网络将是必要的。建议以中国科学院、建设部山地城镇与区域研究中心为网络中心点。

（8）建议每 4 年组织召开一次山地人居可持续发展国际研讨会。

世纪之交，人类正处在一个重要的历史时刻，机遇与挑战同在。我们有责任和义务携起手来，开展全球范围内的广泛联系与合作，使《21 世纪议程》和《人居 II》精神在全世界的山地区域得以贯彻与体现，为走向人类共同发展的目标，去创造一个更加美好的明天。

（注：《山地人居宣言》经 1997 年山地人居环境可持续发展国际学术讨论会组委会和学术委员会认真讨论与修改补充后形成，并于会议闭幕式上通过）

迎接国际山地年，加强山地人居科学的研究

自 20 世纪 70 年代以来，随着全球环境变化的加剧，山地问题引起了国际社会的关注。1973 年，联合国教科文组织的“人与生物圈计划”（MAB）中把“人类活动对山地生态系统的影响”列为该计划中的一项重大课题加以研究，从此，山地研究逐渐引起世界各国的重视；1980 年，联合国教科文组织正式成立了国际山地学会（IMS），其宗旨是“为谋取人类和山地环境与资源开发之间的良好平衡而奋斗”；1983 年在《人与生物圈计划》的推动下，在尼泊尔首都建立了国际山地综合发展中心（ICIMOP），开展了有关山地自然资源利用与管理、山地企业与基础设施建设的开发与研究工作。“山区环境对维护全球生态系统十分重要，它是地球复杂和相互依存的生态环境中的一个重要生态系统”，在 1992 年联合国环境与发展大会通过的《21 世纪议程》中的第 13 章专门对“全球脆弱生态系统的管理：山区的可持续发展”作了论述，而大会通过的其他四个重要文件（《里约宣言》、《保护生物多样性公约》、《气候变化框架公约》、《关于森林问题的政策声明》）都与山区问题密切相关，表明山区问题在国际社会看来具有多么严峻的重要性。联合国经济与社会委员会的 1997/45 号决议中指出：地球至少 1/5 的陆地表面为山峦覆盖，大约 10% 的世界人口居住在包括高地在内的多山区域，而比例远远大于 10% 的世界人口的生活完全依赖于山区资源。据估计，山区为全人类提供一半以上的淡水，山区还为全球提供份额巨大的木材、矿物和牧场。联合国粮农组织报告指出：山区容纳着数量巨大的多民族群体，保留着多种多样的文化传统、环境知识和与山区环境相适应的人居方式和方法；山区有世界上最复杂的土壤文化基因库，还有传统的管理经验，山区提供着丰富的自然与人文景观，这一事实使山区在世界最大的产业之一——旅游业具有极大的发展潜力。对于人类的未来，山区的这些资源与服务不仅具有国家和区域性的重要意义，而且更具全球性的意义。

山地人居环境是全球人居环境的重要组成部分，山地人居科学是人居科学的重要组成内容，对中国来说尤其如此，因为中国是一个多山国家，它在全球山区自然生态系统中占有重要的地位。自 1997 年重庆首届山地人居环境可持续发展国际学术讨论会以来，有关山地人居的学术研究活动有了可喜的发展，山地城镇规划与设计的理论与实践也有可喜的进步。但是，面对全球变化和全球化的进程，人类环境面临着更严峻的挑战，同时也为山区的发展带来新的机遇。为此，联合国决定 2002 年为国际山地年，以进一步推进《21 世纪议程》中关于“山区议程”的贯彻实施。

山地由于其地域环境的复杂性、物种与文化景观的多样性、矿产资源的丰富性、自然生态的脆弱性与敏感性以及交通条件的封闭性、建设条件的艰巨性和经济发展的滞后性，决定了山地人居科学研究的重要性与特殊性。

为迎接国际山地年和中国西部大开发宏伟目标的实施，我们要进一步提高对山地赋予全球经济、社会和环境的巨大价值的认识，加强山地人居科学的研究，正确处理经济发展、人口增长与环境保护和山地人居的关系。科学技术的发展将带来社会经济文化的进步和人们生活方式、思维方式的转变，人们对山地人居环境将有新的观念与需求。如何高度珍惜并有效利用人类有限的山地资源，建设更适合于人与自然共生共荣的山地人居环境，将成为新世纪的热点问题之一。

这些问题包括：

1）山地资源、生态与环境

（1）全球变化与全球化对山地生态环境的影响与对策；

（2）不同垂直梯度的山地生态特点及其对人居环境的影响；

（3）山地生物多样性和文化景观多样性的保育；

（4）山地水资源的永续利用和保护；

（5）山地土地资源的保育与合理开发模式；

（6）退化了的山地生态的恢复与复建。

2）山地城乡生态化

（1）山地城乡人居环境可持续发展与能力建设；

（2）山地资源的合理开发与产业结构的优化；

（3）山地多民族的经济发展与社会条件的改善；

（4）山地城镇化发展规律、理论与特点；

（5）山地城镇与乡村发展类型及其空间结构与形态；

（6）山地城镇、建筑、园林三位一体的规划设计理论与方法；

（7）山地交通网络发展模式；

（8）山地城乡社区文化遗产的保护与改善。

3）山地脆弱生态系统的管治

（1）全人类提高对山地生态系统重要性的认识；

（2）各国政府对山地脆弱生态系统的政策扶持；

（3）快速增长过程中的山地城镇调控与管理；

（4）山地减灾与防灾；

（5）山地自然生态系统对人类影响的监控与管理；

（6）3S 技术在山地城镇规划建设与管理中的应用；

（7）在山地保护与开发中非政府组织机构和个人的作用与任务；

（8）山地人居科学研究的国际合作与信息技术交流。

人类拯救全球生态系统的成败，在很大程度上取决于我们能否建立起对全球山地生态系统的敬重，并采取有效的保育方式与合理的开发模式，以提高山区人民的经济和文化生活水平，实现山地人居与生态环境的可持续发展。为此，我们要进一步加强山地人居科学研究的国际间合作与交流，把山地人居科学研究不断推向前进。

参考文献：

[1] 21 世纪议程 [M]. 北京：中国环境科学出版社，1993.

[2] 国际山地年 [R]. 联合国秘书长报告，2000.

[3] 成都科分院山地灾害与环境评估研究所 . 山地学概论与中国山地研究 [Z]，2000.

[4] 资源 · 生态与环境 [Z]. 中国科协 2001 年学术年会（长春），2001 .

（注：本文是 2001 年 11 月昆明“山地人居与生态环境可持续发展国际学术讨论会”上所作主题发言）

山地城市结构形态类型及动态发展分析

城市结构形态是城市在其用地上呈现出的平面几何形态和空间几何形态，它客观地反映了城市各功能之间、人与自然之间、人工过程和自然过程之间的空间关系，是人类利用自然和改造自然的空间物化形式。

城市地区的地形特征、自然生态环境特点等从外部限定结构形态的空间特性；而社会、经济活动等则以内力的作用促使城市的形成与发展。正是这种自然力与非自然力的作用使城市形成某种形态，并遵循一定的规律变化和发展。所以，城市结构形态是一个动态发展的过程。

地形与自然生态系统的作用力在山地城市十分突出。它不仅从外部轮廓，而且从结构形态的内部功能布局限定城市与环境的相关程度与特征，宏观控制着城市生态环境和生活环境。分散的、局部的改善措施可以使局部地区的环境有所改善，但不可能改变一个不合理的城市结构；局部措施只有在与环境充分协调中才能产生持续稳定的作用。所以，只有准确预测和合理引导城市结构的形成与发展，才能协调人工与自然环境间的平衡，变被动的局部改善治理为积极的宏观控制。

1　山地城市结构形态的基本类型

截取结构形态发展过程中的某一点，研究其相对静止结构形态的空间特征是剖析其变化规律的关键。

山地城市地形和生态特点的差异，形成千姿百态的城市结构形态。根据分类学的原理，可以从功能布局特点、地貌形态特征或平面几何形态等方面进行划分。

按城市所处地形环境的形态特征分，可分为高地类、盆地类、坡地、河谷类、岬角、海湾、半岛类等。这是以地形特征为标识的。从结构形态的几何特征分，可归纳为圆形、环形、扇形、带形、星座形、树枝形等。把几何形态和地貌特征的共同特点作为分类基础时，能较准确地描述一个城市结构形态的空间特性，如半环形港湾城市、带形河谷城市等。

类型划分的另一形式是以城市结构形态动态发展过程中的发展变化特征为基础，描述结构形态发展过程的某一点空间特性。根据这一特点，城市结构形态的基本类型是相互联系的。在它未超越基本地形限制之前，是简单的块状或带状，当超出一定范围，克服小地形的限制发展时，则转向另一类更高级形态。这时，自然环境的限制作用是外显形态的反映，外显形态的改变实质是城市克服多种限制作用的城市建设过程。

沿时间轴的起点方向追溯发现，城市形成和发展初期，总呈现紧凑集中的块状或带状两种基本形式，任何形状的空间形态，都是这两种基本型在特定环境中的叠加或综合的结果，并有一定的规律性。从这两种类型出发对其衍生形态进行分类，可以较客观地反映它们的相对静止状态，有助于研究其发展变化的内在规律。山地城市结构形态和所处地形环境可归纳如下：

紧凑集中型：由于点状地形如盆地、谷地、山丘或坡地等地形，形状特征一般为圆形、扇形及其弱变异体椭圆形、准矩形等。这种形态的结构形式在山地地区极不稳定。城市发展一旦超越其基本地形，结构形态即向其他类型转化。城市与自然环境接触程度差，环境相关指数低，它又是受“最低消耗，最大生产”的经济观念支配下形成的结构形态。

带形：狭长型、线型。它只标识结构形态的形状特征，这种城市所处地形水平分割不明显，用地外部水平分割较大，一般为陡坡、水面，如狭长谷地、山脊、河边阶地等。

放射型：紧凑型发展的一种结构形态，在宽阔集中用地的边沿分布条状可建设地段，如盆地、狭长谷地等，或因生态廊道、水面限制城市外延作用而形成。可以认为，放射型结构是集中型和带形的组合体，兼有两种类型的特性，具有较弱的稳定性。大城市时常以放射发展避免紧凑集中的弊端。

树枝形：山地城市特有的一种空间形态，与放射型相比较，树枝形是带状城市发展的高级形式。树枝状结构城市，其地形环境条件是枝状谷地、枝状山脊或严重分割的冲沟地形。原苏联第比利斯市，沿库拉河谷地和垂直河流的小块谷地发展，是典型的谷地枝状结构城市。符拉迪沃斯托克市则是丘陵山冈上发展起来的山脊枝状城市。这种结构形态的发展变化实质是带状用地在不同节点的结合，它具有很高的环境相关指数，而其紧凑程度最低。

环形：视围合程度又可分圆环、半圆环、马蹄形等，是带状城市结构的另一种衍生体，具有带状结构的特点。这种结构形态之形成，多为被山、丘、峰及水面或陡坡等分隔，或为规划设置的生态保护区分隔所致。环形结构之内核及外围均为自然环境，通常有水体、溪沟绿地或人工绿带相连。环境相关指数高，紧凑程度较带形、树枝形高，稳定性好。

网格、带状综合型：若干纵横交错的带状用地，或若干外边相连的环形用地条件下的结构形态。多个山丘、孤峰或水面分隔，而丘、峰之间有适建用地，为网格、带状结合型结构发展的最佳模式。它与平原地区网格型紧凑发展城市的根本区别是方格网内不是城市建筑地段，而是山、丘、峰、水面等自然环境。它保留了紧凑结构和带状的基本优点，也避免了它们的缺点。其环境相关指数为紧凑结构的两倍。

组团型：是山地大城市或特大城市的常见结构形态。由若干片相互分隔的适于建设用地构成，常为多种独立小地形、综合体地形。各组团部分可能是上述的任何一种形态，相对于紧凑集中式，又可称为分散布局。各组团的形态、环境差异较大，且利于创造丰富多变的环境空间。巴西最大的城市里约热内卢，位于宽阔的瓜纳巴拉海湾和大西洋之间的海峡沿岸，城市被一些高丘陵和山脊切割分隔，使建成区分成若干个相对独立的市区，高差幅度达 100 ~ 200m，珠海市、重庆市、宜宾市等都是组团式布局的典型城市（图 1）。

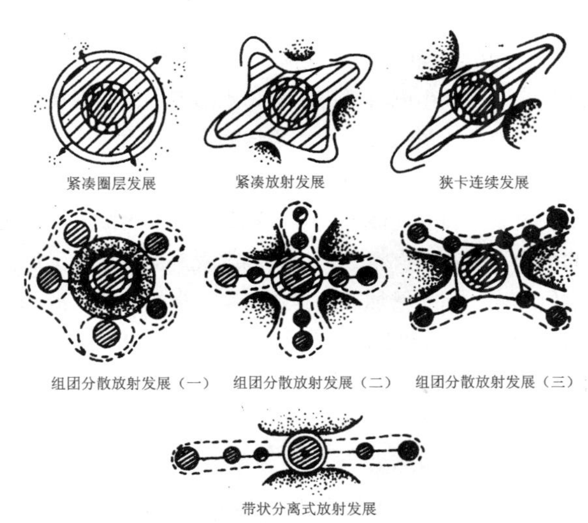

图 1 城市发展模式（一）

2 结构形态发展变化的作用力分析

2.1 道萨迪亚斯（Doxiadis）的人类聚居地作用力的讨论

道萨迪亚斯对人类聚居地的形成和发展归纳为 11 种力的作用。根据他的理论，地心引力、生物学和生理学的力是人们决定聚居地选址的根本，这种力促使人们把聚居地首先建立在最低和最平坦的地方，且必须靠近水源、生活资料供应地。运动力和安全力除对选址有影响外，还决定聚居地迁移和安全需求的形式；地理学的力决定聚居地的平面几何形式。而内外组织的力和社会的力反映社会需求的作用；控制增长的力表现为按社会经济发展需求而人为施加控制和引导。其理论有如下特点：

(1) 地心引力在各类聚居地具有衡定的作用，即人类聚居地一般是在相对最低和最平坦的地方始发形成和扩大发展。

(2) 运动的力随聚居地规模的扩大而增强，是人口、经济集聚造成向心力加强的结果，描述了一般的集聚规律和城市化过程。

(3) 等级组织的力随聚居地扩大而加强，反之，个人能力的作用减弱，而控制增长的力随之增强。

道萨迪亚斯注重的是城市人口及规模的扩大及聚居地的一般状况，没有涉及力是不恒定的因素，地理学的力起主导作用，而自然生态的力则制约聚居地的空间形式，所以讨论结构形态的形成发展过程，必须从人为控制和自然限制两方面加以讨论。

2.2 自然力与非自然力

2.2.1 自然力

自然力是使山地城市结构形态的发展变化因循某种规律。它包括地理学的力、地心引力、生态学的力等方面，以满足人类生物性和生理上基本要求的作用力。

地心引力的作用使山地城市建设用地发展方向因循先利用平缓地段，次第改造陡坡等地段的基本规律，但绝非道萨迪亚斯所说的“最低的地方”。在地理力的作用下，山地间的宽阔山脊、丘顶台地、山腰平台等具有接近水源和生产生活供应地的条件，而这些在平原地区是不可能的。除了地理学的力限制山地城市的选址外，还主要确定城市的结构形态，以其聚合、引导、分隔和限制作用支配城市结构的形成与发展，并与自然生态系统的力相互作用，形成有别于平原地区的自然生态环境。

自然生态系统的力对结构形态和功能布局的影响是十分复杂的。它通过水文、植被、动物、土壤及生态气候等因素，或由多种因素组成的小生态系统产生影响。对于具有强大掠夺性的人类来说，生态系统的自卫能力是十分脆弱的。自然生态系统具有因循客观规律的演替过程，但没有抵御外系统影响的能力。自然生态系统的力是通过演替方式表现的。不当地开发坡地造成植被破坏、水土流失、稳定性变化而使山地灾害增加；不当的工业布局和废弃物的排放使局部或全部城市地区的大气、水体、土地受到污染。卫生条件降低、病症增加，尤其是山地城市的近地气流和小气候环境的变化引起生物的变异演替，使种种影响较之平原城市更加恶劣。人们认识到这种自然的报复之后，出于生物的、生理的需求而客观地使城市与环境协调发展。所以，自然生态系统的力的影响又是与生物的力、生理的力共同作用的。

2.2.2 非自然力

非自然力从对城市结构和功能布局的影响看，可简述为运动的力——城市化过程的影响即城市人口增长和经济聚集的影响；社会的力——包括内、外组织的力，即满足城市生活需求，按一定目标和系统进行组织的各种设施及其布局；人为控制增长的力等几个方面。

技术经济的发展使移山建城成为可能，自然环境条件对城市结构形态的影响、限制作用因经济发展和技术进步而削弱。山地城市中，先进的技术条件可在很大程度上克服地形的限制而出现超越自然条件的结构模式。实际上受技术经济制约的、在经济规律支配下的同心圆圈层发展，已经历了几个世纪。最短距离、最低能耗的规律仍然支配城市规划结构的形式。所以，技术经济的力是非自然力中的一个具有决定性意义的因素。

2.3 作用特点与形式

自然力对山地城市结构形态的发展变化起着客观的规律性约束作用，限定了其发展变化的自然模式。非自然力的作用表现为这种变化的内在动力。在自然经济条件下，内陆山地区域的城市化进程由于交通、信息受阻而缓慢地进行。区域的人口分布密度、城市的聚集速度和聚集规模、市镇的分布密度以及区域与市镇的开放度都比沿海平原地区大大降低，经济、文化、教育的发展也相对滞后。由于山地自然地形特征往往左右了山地城市自然发展的门槛"磁力吸引"的空间表现形式，"中心地理论"的六边形原则都将随山区具体地理环境条件的影响而改变。而现代科学技术条件下，一切都将发生变化。如信息技术的发展就可以大大缩短空间的距离，从而改变空间与时间的概念。综上所述，山地城市结构形态发展变化的自然力和非自然力的作用特点可归纳为以下三点：

(1) 自然力的作用明显。地理学的力，山脉、水系的分布，地形的聚合与分隔、引导与限制作用、垂直梯度的影响，对山地城市布局结构、发展形态起着决定性的作用。

(2) 非自然力的作用突出。为跨越（克服）山地城市自然发展的门槛，经济、技术条件等非自然力的作用对山地城市的发展起着重要的推进作用。

(3) 自然力与非自然力的综合作用，对山地区域城镇的空间分布、山地城市的布局结构与发展形态起着决定性的影响；而自然力与非自然力的相互作用因具体生态环境差异而各具特点，各种作用力的着力点和影响程度与地形复杂程度和城市发展规模、现状条件及经济发展程度密切相关。

3 自然力对城市结构形态的影响

3.1 山地地形特征的作用——地理学的力

地理学的作用力主要通过区位条件和地形特点作用于城市结构形态的变化与发展过程。制约城市平面几何轮廓的地形必须具有一个城市用地的基本尺度，对结构形态的内部轮廓起限制、聚合和引导的作用。

3.1.1 限制与聚合

盆地、谷地、阴弧坡地、河谷、海湾等下降的地形，外围多被山脉、高丘围合，地貌形态空间特征具有极强的负向（下凹）向心力，城市外延受阻。而升起地形如山堡平台、岬角、阳弧坡地、宽阔的山脊、平坦的分水岭等，外部地形低于主体地形，客观条件的限制作用形成正向的向心力。这种地形条件的聚合作用产生圆形、圆的变异形(准圆、椭圆)、扇形、三角形等平面几何形状，具有强烈的内向性和紧凑感。古代城堡由于防御功能的要求大都是选择这种严谨的规整平面。德国的瓦斯尔堡，建在河谷分隔的岛状台地上，防御功能的向心性十分明显。岬角地形和阴弧谷地、山堡台地等地形的空间形态本身具有很强的内聚作用；而宽阔的山脊则出现随地形形态而异的准圆形结构形态。

3.1.2 限制与引导

狭长谷地、阶地、坡地、半岛形山脊等地形，一般为两个方向围合。与内聚式地形相比，是两向围合或多向围合的区别。竖向分割较深的条状山脊或综合体既限制城市宽度方向的外延，又在纵向上引导城市的发展，地形的具体形态特征决定了城市平面的几何形式。意大利热那亚市是一个港口城市，它背靠群山，面向大海，城区分布在几条狭窄河谷及山坡上。

较平缓山脊或山坳的引导作用十分明显，重庆市渝中区、英国科朗恩城则沿半岛形山脊呈狭长形，结构形态一般呈扁舟形。

3.1.3　分隔

河流、海湾、山脉、高丘、孤峰等地形对城市结构、尤其是平面投影几何形态产生分隔的作用。地形高低差异形成城市结构形态的竖向分隔。归类有水面分隔、山丘(山岭)分隔、沟谷分隔和高程分隔几种形式。

尼日利亚拉各斯市位于海湾汪丘地区，水面发达，城市被水面分隔为东西两部分，山丘（山岭）分隔在水平投影上有被完全分隔和部分被分隔两种形式，还可能完全脱离原来的母体，使城区分为多个部分；沟谷分隔具有水面、山脉分隔的共同特性；沿高程分隔，指城市位于梯级形台地上，平面几何形态被分隔成几个部分，有别于沿坡脊形成的城市结构形态。

实际上，山地城市结构形态的多样性，是多种作用共同影响的结果。海港城市大连受东面海湾的分隔作用使城市环海湾发展，北、西、南三个方向均受山脉限制，半圆环状地形向海湾倾斜，具有很强的以海湾为中心的向心聚合力。西南和西北两条浅谷则起引导作用，其马蹄状结构形态又有沿两谷地发展的趋势。

3.2　自然生态环境对城市结构形态的影响——生态环境力的作用

3.2.1　环境作为“功能城市”构成因素时的影响

可以说自产生第一个城市型居民点始，人们已开始从总体上协调城市与环境的关系。我国的“方九里、旁三门、九经九纬、经涂九轨”的结构，也是对人、城、环境关系的一种理解和规范。城市规划真正对环境引起重视，有目的地调整城市与生态环境的关系，仅始于环境问题出现以后的功能城市的近一个世纪。

1911 年，美国建筑师格里芬在澳大利亚新都堪培拉作规划时，在地形相当平缓的情况下，规划城市各部分之间保留了大片空地和绿地，环境因素在规划影响下作为城市功能的一部分。城市的分散布局形式，创造了一个与环境协调发展的城市发展模式，是功能城市规划的开端。而勒·柯布西耶是城市集中主义的倡导者，作为《雅典宪章》的作者之一，他在 1951 年进行印度昌迪加尔城规划时，充分体现他的功能城市建构原则。昌迪加尔市坐落在喜马拉雅山南麓闷热而干旱的台地上，左右两条河流为城市的自然边界。城市呈矩形分布落在微褶皱坡地上。规划的绿地系统与地形环境紧密结合，利用顺坡向的溪沟地带作为绿地系统的基本骨架，上承山丘，下接平原，规划中以横向绿带把顺坡绿带相连接，形成间距约 700m 的方格式绿地，与路网间距基本一致。顺沟绿地范围内布置运动场地、中小学校、康复疗养中心等与绿地相容度极高的用地类型。城市用地顺坡条式排列成矩形结构，较恰当地处理了生活环境和自然环境的协调关系。

把这些布局形式完全解释为受自然生态因素的影响，未免过于牵强，但它确实体现了自然环境对城市的影响及其相互关系，环境作为功能城市构成因素在规划布局中得到了强化，影响了城市结构的形态特征。但功能城市过于强调城市的分区，而将复杂有机的社会生活分割开来，是其根本性的缺陷所在。

3.2.2　环境具有生态含义时的影响

生态环境的破坏迫使人们不断拓展“自然环境”概念的含义。20 世纪 60 年代以来，麦克哈格（McHarg）、多尼（Dorny）、西蒙兹（J.O.Simmonds）和道萨迪亚斯（Doxiadis）等一批学者终于从功能城市的束缚中找出了一条城市发展的新路子。从此“自然环境”概念的含义已从森林绿地、河流、气候的范围扩展到整个自然生态系统。城市规划和建设开始从功能城市走向生态城市阶段。我国规划工作者也自 20 世纪 80 年代始从不同角度探讨自然生态环境对城市的影响，在城市发展结构形态的合理模式、宏观控制城市环境质量方面做出了不少成功的例子。

乐山市“绿心城市”结构形态，是综合考虑自然生态系统各种因素相互作用的结果。规划根据乐山市的历史文化因素、社会环境要求、建设现状条件等综合协调平衡后，制定了生态式发展模式（图 1）。仅从用地建设条件分析，“绿心”内用地各方面条件均与环形用地具有同等经济性，也就是说，城市结构形态可以有多种发展模式，如紧凑块状、狭长带状发展等。若仅从道路及市政工程的近期经济性考虑，“绿心”模式要比紧凑块状和狭长带状较经济。但“绿心”模式的环境相关指数（单位用地内与自然接触面长度）比其他两种模式高 2 ～ 3 倍，显然是以创造远近结合、生态景观环境为优先的发展模式。它与乐山市的历史文化价值、旅游观光价值和其世界知名度相适应，它的综合效益合理性是显然的。

可以认为，自然环境作为功能城市的一部分时，它对城市结构形态的影响是较微弱的。当人们把自然环境概念拓展到生态的含义时，它对城市结构形态的影响是决定性的。我们并非要重新回到乡村，但只有在城市具有最有效的环境相关度、能最高限度地保持城市地区与自然生态系统的相对平衡时，才可以说它具备了一个合理的结构形态。

4　结构形态发展变化的基本规律和形式

4.1　基本规律

自然力和非自然力错综复杂的交互作用，使紧凑的、集中的结构形态产生了变化。具体地说是社会经济发展促使城市不断扩大，并逐步开发紧靠原有城市的周围用地；原有城市结构形态的紧凑性和完整性被打破，随自然力的导向，发展外围不同形态、不同方位的用地，出现新的结构格局。当用地未超越所处地形类型的空间范围时，城市结构形态不会发生跳跃性的发展。这时一般由紧凑集中型发展为带形或紧凑放射型。一旦超越原地形的空间尺度，结构形态的发展则可能出现完全不同类型的变化。带状城市向树枝状、环状或被分隔的数条带状结构转化。非自然力进一步增强时，向组团状、网格—带状等高级的结构形态或向综合型、区域型大城市、特大城市或城市连绵区发展，这是城市化进程中城市结构形态的动态发展过程的一般规律。

4.2　发展方式

城市原形态改变，发展为一种新的结构形态类型，一般为紧靠原形态连片发展和离开原形态分散发展两种形式，发展的方向性有紧凑、放射和组团三种基本类型，方向性和依托状况综合形成紧凑圈层式、紧凑放射式、狭长连续式、组团式、分散放射式等多种发展方式。

紧凑圈层发展：城市依托原有紧凑形态从各个方向或多个方向发展，这种形态在平原地区称为同心圆圈层发展，是经济规律支配下的典型发展方式，山地城市只有在规模较小时出现这种情况。当具有一定规模时，易受多种条件限制而出现不均匀的圈层发展，台北基隆的发展因受河流和洪泛区的影响，城市由紧凑向东连续发展，大城市的这种发展极易使市中心地区与外部环境的分隔越来越严重，目前已从生态环境需求角度加以限制。

狭长连续发展：带状城市或紧凑连片发展的小城市沿狭长地带连片发展，这种发展方式可由带状向环状、树枝状等结构形态转变，但并不至于出现大而集中的城市。城市内部功能布局可能因为线形过长而不利于交通和组织合理的社会单元，狭长的两边增加了城市与自然的接触面，但也可因此把原有的自然环境切割分离成独立的两个或多个单元。

紧凑放射发展：在紧凑平面基础上，分数个方向向外围谷地、坡地发展。由于自然环境的阻隔或规划确定的楔形绿地伸入密集发展的城市结构内部地区，可增加环境接触面及减弱和避免紧凑连片的缺陷，它是近十几年来改造大城市环境的惯用手法。但当楔状绿地具有较好的建设条件时，它被建设用地侵占的压力是很大的。在山地地区由于自然环境的限制，多利用陡坡、冲沟等不利建设用地形成楔状绿地。

分散放射发展：狭长型、放射型紧凑结构的发展方式，即在紧凑发展的基础上沿发展轴线呈放射状分散发展，与原结构形态分离。我国兰州市原是典型的带状城市，后逐步向西呈轴线放射状发展。

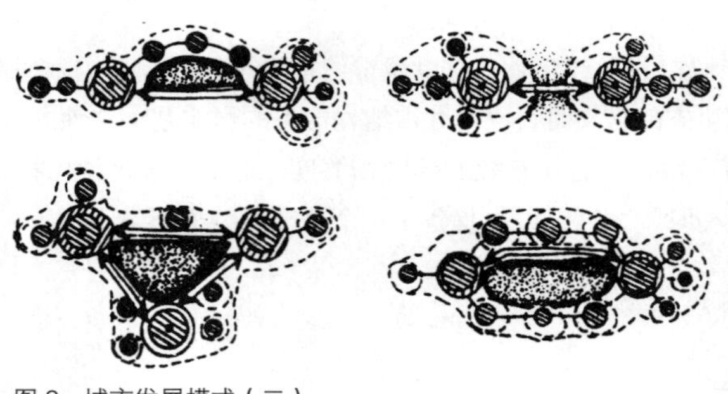

图 2　城市发展模式（二）

组团式分散发展：当城市具有一定规模，中心地区过于拥挤时，城市人口或产业可能在远离中心城市一定距离的地方发展，使外围的乡村居民点发展成这个大城市的一个组成部分；或是相对独立的若干较小城镇自身发展扩大，形成组团或网格加带状结构，组团式发展的实质与卫星城理论同出一辙，但是卫星城一般需离母城 20 ～ 30km 以外，它的空间形态已是区域性城镇群体系。组团式结构则是在不大的范围内，由于地形地貌等自然环境条件分隔而成，这种分隔力的作用大于城市紧凑集中的向心力作用。因此是山地大城市常有的发展方式，重庆山城就是由于两江两山以及内部小地形的分隔和限制，使城市结构几乎不可能连片发展成集中式大城市，但若没有这些自然屏障，其结构形态是极难维持这种局面的，目前南坪、石桥铺、杨家坪三个组团的发展大有连成一片的趋势，必须通过规划措施，立法控制这种发展；珠海市则为先从外围小城镇发展，后逐步随城市化进程而形成的组团式城市（图 2）。

单一结构多中心发展：人口的发展是可控的，但城市化进程是不可抗拒的自然过程，城市结构形态的发展变化也必然随这一进程而趋向高一级形式。城市由单中心向多中心转化，这种发展方式在更大的空间范围内表征城镇群的空间特征，其体系中各单一城镇结构形态的变化发展则仍依循前述规律和方式不断发展。

4.3　动态发展的交叉综合和区域化发展

各种形态的交叉发展是城市从一种形态向另一种形态转变的更为复杂的问题，德国法兰克福市，约 16 世纪时仅在莱茵河南岸紧凑发展，17 世纪开始向北岸扩大，后逐步沿河形成河道分隔的两个部分，二次工业革命后，仍以紧凑集中式发展，形成今天的河谷城市。

我国山城遵义，建城初期，选址于湘江西岸台地，明朝筑府城，居山临水呈椭圆形，后城郭跨湘江向东发展，至清咸丰年间将东岸街市扩展为治城的附城，形成两城雉堞相对、犄角相持的两个分离式椭圆结构。近几十年，城市向南、北坡地狭长发展，由于万寿山、桃源山、凤凰山和湘江的限制与导向作用，城市将可能沿凤凰山山脚坡地发展，形成环状结构。

类似的综合交叉发展的例子很多，可以认为，城市结构形态的变化发展，总是错综复杂、时有交叉进行的。一种结构的发展没有固定的模式，它可以从某种形态转向另一种形态，直至上升为区域性的综合发展。

山地城镇的区域空间发展，实质是先自然力与非自然力的相互作用而最终是非自然力克服自然力的结果。是非自然力驱动促使城市跨越自然力所限定的初始门槛而向新的门槛跨越的动态过程。

只要人类活动不停止，城市结构形态的发展变化过程便将永远持续下去。从理论上讲，随着技术经济的发展，组团式、带状—网格式或其他结构形态的限制均可能被排除，结构形态的最终归宿有可能是体现人类生态智慧的城乡一体的生态化发展模式。通过非自然力的协调和控制，则可能把结构形态和城镇体系布局形态控制在某一个与环境互惠共生的形式之内，实现城乡一体、城市环境的生物代谢循环。

参考文献：

[1] B · P · 克罗基乌斯著 . 城市与地形 [M]. 钱治国等译 . 北京：中国建筑工业出版社，1982.

[2] P · 迪维诺著 . 生态学概论 [M]. 李耶波译 . 北京：科学出版社，1987.

[3] 城乡建设环境保护部城市规划局城市规划手册编写组 . 城市规划资料集（2）[M]. 北京：中国建筑工业出版社，1988.

（注：该文发表于 1992 年《首届全国山地城镇规划与建设学术研讨会》论文集，是国家自然科学基金课题“山地生态特点与山地城镇结构形态”（58978346）的基本总结之一，合作者：黄耀志）

生态城市概念及其规划设计方法研究

当前，以追求人与自然和谐为目标的生态化运动，已在世界范围内蓬勃展开，并且向多方面渗透，城市由单纯静止的优美的自然环境取向趋向于更新的全面生态化。人们也越来越清晰地看到城市发展的生态化途径，认识到“人和自然的关系问题不是一个为人类表演的舞台提供一个装饰性背景，或者甚至为了改善一下肮脏的城市，而是需要把自然作为生命的源泉、社会的环境、诲人的老师、神圣的场所来维护”（McHarg，1969），人与自然必然是伙伴关系，必须与大自然合作才能使两者共同繁荣。建立一个与大自然和谐相处的人类新文明已是不可阻挡的历史潮流，这标志着人类正迈入“生态文明时代”。建城已走向生态自觉。

人类在建城活动中的生态思想经历过生态自发、生态失落、生态觉醒、生态自觉几个阶段，反映了人对自然的关系从尊重顺应到控制征服到保护利用直至上升到协调共处，这种变迁反映了不同社会发展时期人类建城的价值取向，实际上也是人类对理想城市探求的过程。生态的价值取向使在生态学原则下建设未来城市已成为人类社会发展的历史必然，是世界各国为了“我们共同的未来”，改变传统经济发展模式，谋求全球全人类可持续发展的结果。是人类获得改造世界巨大能力时，谋求人与自然共生和更加理想的人居环境的结果。城市发展模式从传统的经济导向向生态导向转变，标志着给人类最高文明的城市的更新和开发建设带来了新的希望，也体现了未来城市的发展方向。

1　生态城市概念及其创建标准

从《易经》、《道德经》到康有为的《大同书》，从“太阳城”、“田园城市”到道萨迪亚斯的“人类环境生态学”，人类从来没有停止过对理想生活与住区的积极探索与追求，当传统的城市聚落的自发的生态化思想逐渐转变为早期的生态觉醒，进而转变为生态自觉之后，人类的环境价值观发生了根本性的转变。传统的发展模式已不再适应追求人与自然和谐共存的城市发展了。在可持续发展普受关注的今天，人类向何处去？城市向何处去？国际社会相继开展了对“未来城市”的研究，从生态学角度提出了面向未来的城市发展构想，构筑了一个崭新的城市概念和发展模式——生态城市（Ecopolis）。它是人类建城生态价值取向的结果，是未来城市发展的必然趋向，是可持续发展的人类住区形式。

生态城市是根据生态学原理，综合研究社会—经济—自然复合生态系统，并应用生态工程、社会工程、系统工程等现代科学与技术手段而建设的社会、经济、自然可持续发展，居民满意、经济高效、生态良性循环的人类住区。其中，人和自然和谐共处，互惠共生，物质、能量、信息高效利用，“技术与自然充分融合，人为创造力和生产力得到最大限度的发挥，而居民的身心健康和环境质量得到最大限度的保护”（Yanitsky，1987）。

生态城市的“生态”，这里已不是狭义的生物学概念了，而是包含社会、经济、自然复合协调、持续发展的含义；生态城市的“城市”在地理空间上已不是“城市市”，而是“区域市”（城乡空间融合的含义），是人与自然共生、共荣、共存的复合系统。所以，它不同于以往城市以掠夺其外界资源的方式来促进自身繁荣，它是非掠夺性的，既能供养人类，又能“供养”自然。可见生态城市是以一定区域内的社会、经济、自然持续发展为基础而存在，这是最普遍意义上的概念。从世界范围来看，相对独立的国家（地区）、城市之间又总是有着千丝万缕的依存关系，要实现人类与自然的共生，需要全球、全人类的共同合作，因而生态城市是具有全球、全人类意义的共同财富。

生态城市与自然保护主义的“绿色城市”是不同的，并不是简单地增加绿色空间，单纯追求优美的自然环境，而是以人与自然相和谐，社会、经济、自然持续发展为价值取向，实现既能满足今世、后代生存与发展的需要，又能保护人类自身生存的环境。值得一提的是我国著名科学家钱学森先生首倡的“山水城市”构想，山水城市与生态城市追求的最高境界都是人与自然相和谐，可以说山水城市是有中国特色的生态城市的一种提法。

建设生态城市是人类保护自身赖以生存环境的客观需要，是社会、经济和现代科学技术发展的必然结果，是实现全球、全人类可持续发展的必然选择。生态城市的创建标准（目标）应以社会生态、经济生态、自然生态三方面来确定。生态城市的创建，具体说来要满足以下标准 ：

（1）广泛应用生态学原理规划建设城市，城市结构合理、功能协调，所在区域对其有持久支持能力，与区域的可持续发展能力相适应。

（2）保护并高效利用一切自然资源与能源，产业结构合理，实现清洁生产。

（3）采用可持续的消费发展模式，实施文明消费，物质、能量利用率及循环利用率高，消费效益高。

（4）有完善的社会设施和基础设施，生活质量高。

（5）人工环境与自然环境相融合，环境质量高，符合生态平衡的要求。

（6）生态（健康）建筑得到广泛应用，有宜人的建筑空间环境。

（7）保护和继承文化遗产并尊重居民的各种文化和生活特性。

（8）居民的身心健康、生活满意度高，有一个平等、自由、公正的社会环境。

（9）居民有自觉的生态意识（包括资源意识、环境意识、可持续发展意识等）和环境道德观，倡导生态价值观、生态哲学和生态伦理。

（10）建立完善的、动态的生态调控管理与决策系统，自组织、自调节能力强。

以上十个方面，说明了生态城市在社会生态、经济生态和自然生态三个方面的互相联系和相互制约的内容，从不同侧面反映了生态城市的建设目标和价值取向，也反映了生态城市的基本特征和必须具备的主要条件。

2　生态城市规划设计方法

生态城市是人类的理想住区，它的实现有个发展建设过程。未来的生态城市，不是从天而降，也不同“海市蜃楼”或“乌托邦”，而是从现实城市的不断更新和改造中逐步发展起来的，是在继承旧有城市一切文明的基础上有目的、有计划的发展与演化的结果。传统的规划方法、规划观念已不再适应当前城市的发展，建立引导城市“生态化”和适应生态城市建设的全新的规划设计方法体系，是走向生态城市的基础，是建设高效、和谐、持续发展的生态城市的客观要求。

2.1　着眼于生态导向的整体规划设计方法

生态导向的整体规划设计方法是在对传统规划方法反思的基础上，摒弃传统规划价值观，适应城市生态化建设而提出的。我们知道城市是社会、经济、自然复合系统，生态导向的整体规划设计就是以此复合系统为规划对象，以可持续发展思想为指导，以人与自然相和谐为价值取向，应用社会学、经济学、生态学、系统科学、生态工艺等现代科学与技术手段，分析利用自然环境、社会、文化、经济等各种信息，去模拟、设计和调控系统内的各种生态关系，提出人与自然和谐发展的调控对策。生态导向的整体规划设计方法倡导的是人与自然的互惠共生，与传统的规划价值观有本质区别，是对人类主宰自然、追求物质利益的传统规划价值取向的彻底否定。

生态导向的整体规划设计方法实质上是从人类生态学的基本思想出发，把人与自然看做一个整体，以自然生态优先原则来协调人与自然的关系，并采取行政立法、科技等手段，促进系统向更有序、稳定、协调的方向发展。最终目标是建设宜人的人居环境，实现人、自然、城市和谐共生，持续协调发展。

2.1.1　生态导向的整体规划设计的特点

生态导向的整体规划设计方法不同于传统的规划方法，较之有以下特点。

系统性思想把城市看做一个功能整体，一个社会、经济、自然三者复合的系统，而不是三者的简单组合。规划设计变单因单果的链式思维为系统思维，综合分析、研究和处理城市系统各要素的整体联系。

整体性生态导向的整体规划设计不是单一的物质形体规划（physical planning），而是兼顾社会、经济、自然可持续发展的整体规划（integrated planning）。它不再仅仅是为了单纯的物质建设的需要，而是必须同时考虑生态环境和社会的后果；在规划工作上也不再是只有少数单学科背景的规划人员，而是多学科的共同参与，是跨学科、多层次的综合研究。

可持续性生态导向的整体规划设计是以人与自然和谐为价值导向，从城市长远利益出发的，凭借必要的技术手段，保证规划设计既满足当前的发展需要，又不危及子孙后代的发展，合理配置资源，不因眼前、局部的利益而用“掠夺”的方式来促进城市暂时的“繁荣”，保证每个阶段发展目标、发展途径的科学性、合理性。

生态导向性广泛应用生态学原理、方法来规划设计、调控城市中的各种生态关系，引导城市“生态化”。这种导向性是生态导向的整体规划设计的核心和重点。

2.1.2　生态导向的整体规划设计的原则

城市是社会、经济、自然三者复合的巨系统。三者交织在一起，相辅相成，相生相克，相互关联而不可分割。城市的自然及物理组分是城市赖以生存的基础；城市各部门的经济活动和代谢过程是城市生存发展的活力和命脉；而城市内人的社会行为、文化观念则是城市演替与进化的动力泵(马世骏、王如松,1984)。生态导向的整体规划设计三者兼顾，不偏废任一方面，既遵循三要素原则，又遵循复合系统原则。

社会生态原则以人为本，公众参与，满足人的各种物质和精神方面的需求，创造自由、平等、公正和稳定的社会环境。

经济生态原则保护与合理利用一切自然资源与能源，提高资源的再生和综合利用水平，实现资源的高效利用，采用可持续的生产、消费、交通和住区发展模式。

自然生态原则给自然生态以优先考虑，最大限度地保护，使开发建设活动一方面保持在自然环境所允许的承载能力之内，另一方面减少对自然环境的消极影响，增强其健康性。

复合生态原则要求规划设计把社会、经济、自然三个子系统有机结合起来，使整体效益最高，实现社会、经济、自然三者复合的永续发展。

2.2　生态城市的总体规划对策

编制生态城市总体规划时，把当地的地球物理系统和社会经济系统紧密结合在一起考虑，合理配置资源，确定城市合理容量和适宜人口，配置相应的产业结构，合理制定人口密度、建筑密度、能耗密度及其分布等，从而提出社会—经济—自然复合系统持续发展战略、对策，引导和调控城市发展方向，使人类与环境同时受益，建立人与自然相协调的人居环境。

2.2.1　以生态城市所在的区域作为一个整体来规划

城市的形成从来就不是孤立的，而是与其所在的区域与区域经济发展相联系的。城市与其区域是相互依赖、相互制约的，生态城市本身就是“区域市”，规划的地理空间从城市建设区扩大到城市的补给区，扩大到城市行政边界以外的相关地区（生态腹地），而且还把城市周围的农村地区也包括进来，规划强调城乡空间融合，视建设区与区域为一整体。城市单单追求其自身繁荣而掠夺其外界资源或将污染扩散、转嫁到周边地区的时代必须终止。生态城市应当与其区域共存共荣。

2.2.2　对生态城市的环境容量、社会经济总负荷等方面的可持续发展能力进行综合分析来确定其合理活动容量，保证生态城市发展与其补给区相平衡。

我们知道城市的发展严格受自然界的“环境容量”、“生态承载力”的制约，如果由于城市活动的运行和发展，这些极限被突破，便会产生连锁反应，导致整个城市生态系统的破坏。规划运用环境容量论和门槛理论对生态城市区域生态系统的承载力、建设用地容量、供给容量、工业容量，水、大气及土壤等环境容量进行系统分析和发展建设可能性分析，确定区域的活动容量和城市的合理容量，使城市的开发建设与环境保持协调，使城市与其补给区的长期供给能力和长期承受能力相平衡，与其可持续发展能力相适应。只有平衡协调的区域才有平衡协调的城市。

2.2.3　强调空间规划、生态规划和社会经济规划的结合

这意味着规划内容的扩大，仅仅考虑物质环境是远远不够的，还要提出社会、经济的生态化对策，如社会生态方面，提出保持合适的性别比、合理的年龄构成的对策等，社会效益、经济效益和生态效益三者必须结合起来考虑，三者兼顾，全面规划。规划是多学科、多工种的协作配合，应进行跨学科研究，才能使规划更具有科学性和综合性。

2.2.4　以土地适宜度等分析为依据，合理开发利用土地，保护不可再生的自然资源

通过对不同区位土地开发成熟程度（开发度）、土地的最佳利用方向（适宜度）及土地对人类活动强度所能承受的最大限值（承载力）的分析，进行土地分区（比如可分为优先发展区、引导发展区、从缓发展区、限制发展区、更新改造区、自然保护区等），确定土地开发顺序，保证城市的发展环境，在此基础上确定土地利用的功能、布局，将城乡土地及绿色空间加以统筹安排，把城市融合、组织到大自然的天然网络中去，保证土地利用结构的合理化与田园化，避免城市无限制地扩散，使其有充裕的预留空间，保护了环境，又将郊野绿地引入城市，也利于城乡空间融合，回归自然。这种“灵活性”保证了城市持续、健康地生长，又保护了已建立的使用价值。

2.2.5　公众广泛参与

城市居民是城市的主人，与城市共兴衰、荣辱。市民大众参与规划才从根本上体现出规划为人服务的宗旨，从而提高规划的社会满意度。公众参与体现在城市的整个发展过程中，而不仅仅在于规划决策这一环节。在规划的制定、实施、建设中都要给公众不同程度上的参与机会。这种参与同时也促进了新的规划价值观（人与自然和谐观）和生态意识在公众中的普及和提高，做到“人民城市人民建，人民城市人民管”，创造一个平等、自由、安全、公正的生活环境。

2.2.6 规划具有持续性、动态性

生态城市也是不断发展变化的，不可能做一个“十完十美”的终态规划。一个时期内的城市发展规划不能仅从那一时期的利益出发，必须从城市长远发展来考虑，不能因一个时期发展目标的盲目追求而致使下一时期发展的失衡。规划设计与建设实施形成动态反馈的有机互动的持续过程，使规划有强的自我调节、自我维持能力，提高规划的适应性。

2.3 生态城市功能区规划设计对策

生态城市也是由多种不同功能的分区有机组合而成的功能综合体，这些功能区各自发挥着不同的功能，都是城市功能不可缺少的一部分。现以居住区为例，来探讨居住区生态导向的整体规划设计的对策。

居住区不单单是“住”的场所，还应为居民生活创造可能达到的最佳环境，“不应给大自然系统过分的压力，应该保存和利用场地本身的景观特征的乡土特性，应该把它构想为一个区域环境受欢迎的组成部分，与主要的社会、政治、经济力量协调一致地发展”(Simonds，1978)。

规划设计重视多样化自然景观的保护和优美人工环境的创造，将人工建造的生活居住环境与自然环境有机融合，创造高质量的生态环境。区内有良好的通风、采光、日照等条件，小气候宜人，增添居民可随时接触到的绿地和水，增加地面的透水性能，降低地表径流量，减少区内环境的“水泥化”，如道路采用生态化的“绿色道路”(路面上有孔隙，孔里种上绿草)。规划设计中也注重加强立体绿化，提高景观的多样性，另外还可起到隔热、截水、净化空气等效果。

在进行绿色景观建设的同时，根据条件可利用有机垃圾制造肥料在居住区中来发展种植业，既为居民提供了多样的生活环境，又增加了景观的生产性。这种“城市农场”，不仅促进了区内物质的循环利用，而且还为居民提供食品、蔬菜，更有意义的是增强居民的户外活动和参与意识，加强人际交往，有助于调节社会生态。

规范设计以人为主体，满足居民多层次、多样化的普遍需求，创造多样性的栖境。不仅满足居民“住”的需求，还要满足运动、娱乐、交际、卫生、安全等需求，提供完整系列的住宅类型、服务设施，安全有效的道路交通，排除任何形式的污染，体现对老人、儿童、残疾人的关心，实现功能多样化、活动场所多样化、住屋空间多样化等。居民参与规划，自我管理，资源共享，邻里共生，创造安全、公正、舒适的社会环境。

改变居住区物流、能流的途径，提高物质、能量的利用率，以改变居住区输入的是食物、水和能源，而输出的是废气、废水和垃圾的消费方式，采用可持续的消费模式，实施文明消费，是居住区生态导向的整体规划设计的重要一环。这给居住区规划设计拓展了新的空间与内容，它需要生态工艺等高科技手段作技术支持，根据自然生态最优化原理加强物质循环与再生，如用生态工艺对有机垃圾及污水进行回收利用，广泛利用太阳能，开拓未被有效占用的生态位等，实现多利用、少排放，达到经济高效。

居住区生态导向的整体规划设计目标是把居住活动对环境、资源的影响减少到最小，持续高效利用一切资源，表现为最小的生态冲突和资源最佳利用，达到居民满意、经济高效、人与环境和谐。

2.4 生态城市建筑空间环境设计对策

城市在自然环境的基础上，建造了大量的建筑物。这些由砖瓦砂石、钢筋水泥形成的人造地貌、人工环境改变了其自然演进过程，自然环境（地貌、气候、土壤、水、生物群落等要素）发生剧烈变化，其再生能力受到制约而日趋脆弱。生态导向的整体规划设计方法指导建筑空间环境设计则运用一定的手段来减弱或消除这些消极影响，进行必要的还原与补偿而达到新的平衡，促进和适应城市自然演进过程，增强环境的健康性，提供舒适的城市空间环境。

设计中增加软质地面和植被覆盖率。通过地表材料（“软硬”结合的铺地）、建筑表面色彩、建筑物形状、建筑立体绿化等，一定程度上还原原始的地表下垫面，改善地面辐射状况，减弱“热岛效应”，创造理想的微气候。

在日趋硬化的城市建筑环境中，水循环正在遭到破坏，城市降水之后的雨水很快通过排水管网流失，地下水也未得到补偿。通过屋顶蓄水、环境场地的“软化”来顺应水循环过程，使地下水得到补充和回复。对土壤渗透性大的场地，一方面要保证其补充，另一方面要防止地下水被污染，不能进行高密度开发，尽量维持场地的原生过程，避免“建设性破坏”。

建筑特殊的覆盖材料取代了地表土，致使城市开发建设过程成为植物群落被扼杀的过程，城市中的氧气生产量也相应地日趋减少。在建筑环境设计中要广泛利用屋面、墙面、广场等空间为植被提供以地表土和水为“培养基”的生境，减少因建筑造成的氧气的生产量。

设计通过一定的技术手段，寻求最充分地实现建筑的高效、低耗、无污，最大限度地减少建筑对环境的消极影响。积极开发利用太阳能，采用自然的通风和天然采光，减少能源消耗，通过生态工艺在建筑（群）内部形成物质循环流，降低污染排放量，尽量利用无污染材料、再生材料和天然材料，减少因建筑而排放的二氧化碳，保证人在其中生活、工作舒适，身体健康。

建筑及其环境在对自然环境及人的生活质量的影响中起着极其重要的作用。设计必须综合考虑资源和能源利用率，增强建筑及其环境的健康性，提高生活舒适度，减少建筑对自然环境的不利影响，以实现社会、经济和环境的全面生态化。

3 结语

建筑生态城市这一基本思想，为城市发展提出了明确的远景目标，它是寻求城市持续发展的有效途径，代表国际城市的发展方向。生态城市并不是一个不可实现、尽善尽美的乌托邦，但也不是可以一蹴而就的，而是一种循序渐进的持续发展过程。未来城市是今天建设的，明天的生态城市是在今天城市的基础上发展而来的，城市的未来取决于我们现在的认识和行动！

21 世纪是中国实现社会主义工业化和现代化建设的关键时期，也是高度城市化时期。我们必须更新观念，开拓城市规划新思维，把“生态思想”引入城市的规划建设中，引导正确的城市化方向和城市“生态化”，实现城市健康、协调、持续发展，创造高效和谐——持续发展的人居环境。

建设生态城市是一项跨世纪的系统工程，相信通过全球、全人类共同的不懈努力，它将不再是一种趋向，而将是确确实实到来的人类理想住区。

参考文献：

[1] 黄光宇 . 田园城市 · 绿心城市 · 生态城市 [Z]，1989.

[2] 黄光宇，黄天其 . 论生态城市的概念与评判标准 [Z]，1992.

[3] 陈勇．生态城市新概念及其规划设计方法研究 [D]. 重庆：重庆建筑大学硕士论文，1995.

[4] （美）I · L · 麦克哈格著．设计结合自然 [M]. 芮经纬译．北京：中国建筑工业出版社，1992.

[5] （美）J · O · 西蒙兹著．大地景观——环境规划指南 [M]. 程里尧译．北京：中国建筑工业出版社，1990.

[6] 鲍世行主编．城市规划新概念新方法 [M]. 北京：商务印书馆，1993.

[7] City Form and Natural Process：Towords a New Urban Ver-nacular [M]. Michel Hough，VNR Company，1984.

[8] Urban Ecology in Planning Zaremba Piotr[M]. Wroctaw：Osso-lineum，1986.

（注：本文发表于《城市规划》，1997 年第 6 期，合作者：陈勇）

城市生态环境与生态城市建设

1 城市生态环境

1.1 生态环境（Ecosystem）

“生态系统”一词是由英国生物学家坦斯勒（A.G.Tansleg）于 1935 年提出来的，他认为，生态学不应该仅仅研究生物与环境的关系或环境对生物的影响，而应该研究生物群落与非生物环境所构成的整体，这个整体就叫生态系统。生物与其赖以生存的非生物环境通过物质循环和能量转换而产生相互作用，形成一个统一的整体。生物是这个统一体的中心，自然条件——气候、土壤、水、太阳能等也是系统的组成部分。1942 年，美国生物学家 R · 林德曼（Raymond Lindeman）发表了研究生态系统的能量流动和物质循环的论文，指出对生态系统这个整体的研究，主要是研究生态系统中的能量流动和物质循环。而 1953 年，美国著名生态学家 E · P · 奥杜姆（E.P.Odum）出版了《生态学基础》一书，他建议，把“生态系统”的概念从生物界推广到人类社会，“生态学”应该是研究人和环境的整体的科学，提出要着重研究生态系统的结构和功能。生态系统的结构是指生物群落与非生物环境两部分，前者包括生产者（能进行光合作用的绿色植物）、消费者中以植物为食的植食动物（“初级消费者”）和以动物为食的肉食动物（“次级消费者”）、分解者（分解有机物的微生物）。后者包括无机物质（碳、水、氮、氧、矿物盐类等），有机物（蛋白质、糖类、脂肪、腐殖质等），气候状况（温度、湿度等物理因素）。生态系统的功能就是指生物与生物之间的食物链（或食物网），以及生物与环境之间的物质交换和能量转换。

生态系统是动态系统。生态系统的结构和功能是随时间而变化的。系统中的生物有出生、死亡、捕食、被食、迁入、迁出。系统中的物质和能量有迁移、转换、补偿、交换。当系统内外的物质和能量的输出与输入接近平衡时，系统中的生物种类和数量就将保持相对稳定，这就叫生态平衡。

1.2 城市生态系统（Urban Ecosystem）

“生态”包含着两个方面，即生物与环境，或人类与环境。所以，生态是指一种关系，一对矛盾，生物与环境之间的关系大多数表现为消极被动适应的关系。而人类与环境的关系，则往往表现为积极主动地改造的关系。人类改造环境的集中体现就是城市，所以城市是以人类为主体的生态系统。

20 世纪初，英国生物学家 P · 盖迪斯（Patrick Geddes）从一般生态学进入人类生态学的研究，即研究人与城市环境的关系，他在《进化中的城市》（Cities lnevalution，1915）中把生态学的原理与方法应用于城市规划与建设，将卫生、环境、住宅、市政工程、城镇规划等综合起来加以研究，并研究现代化城市成长和变化的动力。20 世纪 20 ~ 30 年代，芝加哥人类生态学派以城市为研究对象，研究城市的集聚、分散、入侵、分隔及演替过程与城市的竞争、共生现象、空间分布、社会结构和调控机理，将城市视为一个有机体，一个复杂的人类社会关系，认为它是人与自然，人与人相互作用的产物。

20 世纪 60 年代以来，随着世界经济的复苏和城市化进程的加速，随之而来的是城市能源和生态环境的危机。以 R · 卡森（ Rachel Carson）的《寂静的春天》（1962 年），罗马俱乐部的《增长的极限》（1972 年），丹尼斯·L·米都斯（Dennis L.Meadows）、芭芭拉·沃德（Barbara Ward）、勒内 · 杜博斯（Rene Dubos）等的《只有一个地球》（1972 年）为代表的著作，阐述了经济学家和生态学家们对世界城市化、工业化与全球环境前景的担忧，从而激起了人们系统研究城市生态系统的兴趣。美国著名生态规划学家I·L·麦克哈格(Ian. L.Mchrg）在《设计结合自然》（1969 年）中运用生态学原理，研究大自然的特征，充分结合自然进行设计，并创造了科学的生态设计方法，此后，西蒙兹（J.O.Simonds）在《大地景观——环境规划指南》（1978 年）中进一步完善了麦克哈格的生态规划方法，对城市规划、景观规划和建筑学产生了重大影响。

从盖迪斯到芝加哥学派到麦克哈格和西蒙兹，都强调在城市规划与建设中寻求城市发展、人工建造与自然环境、生态系统的协调。

1971 年，联合国教科文组织主持了“人与生物圈计划”（MAB），提出了从生态学的角度来研究城市，指出，生态学是“人与自然界（生物圈）相互关系的科学”，是“包括人类在内的自然科学，包括自然界在内的人文科学”，它“正在从纯自然科学向社会科学过渡”并“开始从把人类作为外界因素向把人类作为内部因素而转变”。人与生物圈计划在世界各地的实施和推广，大大推动了城市生态学的研究和发展。1979 年，米勒（P.Miller）在《基本生态学概念和城市生态系统》中指出：城市，是一个以人为中心的复杂系统，城市生态系统则是以人为中心的环境系统。1981 年我国著名生态环境学家马世骏教授提出了社会—经济—自然复合生态系统的理论，指出社会、经济和自然是三个不同性质的系统，但其各自生存与发展都受其他系统的结构、功能制约，必须当成一个复合生态系统来考虑。城市生态系统的结构包括社会结构、人工结构、资源结构、环境结构四个方面。城市生态系统的功能表现为人口流、劳力流、智力流、物量流、信息流、价值流。由此可见，城市是以人类社会为主体，以地域空间和各种设施为环境的生态系统。这个生态系统是城市社会与城市空间对立统一的系统。它的结构与功能要比生物生态系统复杂得多。它的稳定和发展取决于：①人口与土地空间的平衡；②劳动力数量与职业岗位的平衡；③各类产业之间的平衡；④生产设施与基础设施及生活服务设施的平衡；⑤城市规模与地区资源的平衡；⑥城市“三废”与环境容量的平衡等。

一旦这些平衡被打破，城市就会出现各种生态问题，甚至危及生存与发展。因此，开展对城市生态学的研究其目的在于正确指导决策与城市发展、城市规划、城市开发、城市设计、城市建设与管理，实现城市可持续发展。

1.3 城市生态系统的特点

1.3.1 城市生态系统是以人类（社会）为主体的生态系统

在以生物为主体的自然生态系统中，主要是生物及其生存环境组成的生态系统及生产者、消费者和分解者，按照食物链和营养级的关系，形成生态金字塔（ Ecological Pyramid）的关系，即植食动物的数量和活质总量小于绿色植物，肉食动物的数量和活质总量小于植食动物，各营养级的产量，也都呈金字塔式逐级递减。而在以人类社会为主体的城市生态系统中，人类经济的再生产活动和人类自然的再生产活动，成为影响生态系统的决定因素，植物和动物居于从属的地位。在生物数量和活质总量的关系上呈倒金字塔形的关系，即单位面积上的人类活质总量远远超过植物活质总量。

1.3.2 城市生态系统是具有人工化环境的生态系统

在城市生态系统中，那些自然生态系统中的主体——生物群落包括所谓的生产者、消费者和分解者，其生存与发展受到很大的限制和抑制，代之而成为主体的是人类社会。而土地、水体、大气等这些在自然生态系统中的环境因素也都受到了人工的改造，并且增添了许多自然环境中所没有的东西，形成人工化了的地貌（楼房等建筑物）、人工化了的气候（城市热岛）、人工化了的“土壤”（混凝土或沥青路面等）、人工化了的“水系”（给水排水管道等）以及其他许多人工设施，形成具有人工化环境的生态系统。

1.3.3　城市生态系统是一个大开放系统

在城市生态系统中，需要输入大量的粮食、淡水、燃料、原料，输出大量的产品和废物。它是大输入、大输出、大容量、高密度、高效率的物质和能量转换的大开放系统。

2　生态城市建设

2.1　生态城市（Ecocity）

生态城市是人与自然高度和谐的城市发展模式，是实施城市可持续发展的理想人类聚居形式。生态城市的提出是基于人类生态文明理念的建立和对传统工业城市的反思。生态城市的规划与建设应遵循自然生态规律与城市发展规律，以持续发展为目标、生态学为基础、人与自然和谐为核心、现代技术为手段，综合协调城市及其所在区域的社会、经济、自然复合生态系统，以促成健康、高效、文明、舒适、可持续的人居环境的发展。“国际人与生物圈”计划第 57 条报告中认为“生态城市规划即要从自然生态和社会心理两个方面去创造一种能充分融合技术和自然的人类活动的最优环境，以诱发人的创造性和生产力，提供高的物质和文化水平”。

生态城市的“生态”，不是纯自然的生态，而是自然、社会、经济复合共生的城市生态，它包括了人与自然的协调关系和人与社会环境的协调关系。生态城市的“城市”已不是一般概念的城市，而是以一定的区域为条件的社会、经济、自然综合体，是人、自然与城市社会环境和谐共生、协调发展的城市。因此，在地域空间结构上生态城市不是“城市市”而是城乡融合的“区域市”。

2.2　生态城市的建设与标准

建设生态城市，为新时期城市的可持续发展提出了明确的奋斗目标。1987 年美国生态学家理查德 · 瑞杰斯（Richard Register）在其《生态城市 ：贝克莱》（Ecocity ：Berkoly）中所期望的理想的生态城市应具有下列六点特征 ：

（1）依生物、集水区、地质及地形特征、气候等因素所决定的生物区域（Bioregion）作为规划单元，并以物种及活动多样性为首要发展原则。

（2）紧凑的空间发展模式是三度空间发展，而非平面的扩张模式。

（3）邻里性社区的发展，整合了居住、就业、就学、游憩、自然及农业特性等多项功能。缩小邻里社区街道宽度以增加绿地面积，或增加该地区的发展密度。

（4）在已发展地区，鼓励高层建筑及高密度的土地使用形态，以避免对都市外围之环境敏感地区造成开发的压力。

（5）借设施区位的邻近以提高可及性，而非仅依赖运输系统的改善来提高可及性。

（6）借堆肥及回收方式，使废物重新变成资源。

自 20 世纪 80 年代中期以来，我国的一些城市如乐山、宜春、马鞍山、成都、珠海等结合自身的特点，也从不同的方面先后开展了生态城市规划与建设的试点实践。

1987 年以来，我们结合乐山、海口、富川、岑溪、珠海等城市的规划与设计，开展了建设生态城市结构新模式的试点研究工作，1989 年根据我们对生态城市的理解提出了建设生态城市应从十个方面来考虑。1992 年在联合国世界环境与发展大会举行的“未来生态城市”高峰论坛与规划设计展览上，进一步作为创建生态城市的评判标准并结合乐山“绿心环形生态城市结构新模式”加以体现。这十条标准是 ：

（1）应用生态学与系统原理来规划建设城市。城市发展生态与布局结构合理，各部分功能协调，符合生态平衡要求。

（2）消除工业“三废”污染。达到基本无噪声、无废物，空气清新，环境卫生。

（3）合理利用各种物质资源，发展对环境无害的新能源和可再生能源。提高资源的再生和综合利用水平，有很高的经济效益，既能保证城市经济与生活的持续发展，又能减少物质、能量的消耗。

（4）城市的绿色空间增多、灰色空间减少。中等及中等以上的城市应有大面积的森林公园，袖珍公园遍及城市各区，绿化覆盖率至少达30%以上，人均城市公共绿地面积不低于$10m^2$。

（5）居住、教育、就业岗位与户外康乐活动空间平衡协调发展。

（6）完善的城市基础设施。人、车分流，交通安全、便捷、通畅、井然有序。

（7）城市的传统文化与历史风貌得到最好的继承和保护。

（8）良好的建筑环境与空间环境。生态建筑得到应用与推广，城市生产安全、方便、舒适。

（9）先进的现代化城市管理技术和完善的城市生态环境自动监测与调控系统。

（10）具有良好的区域生态环境条件和合理确定与区域生态系统相适应的城市发展形态和城乡一体化的城镇发展体系。

以上十个方面虽然不一定全面反映生态城市建设的全部内容，但基本上能够说明生态城市在自然、经济和社会生态系统三个方面的相互联系和相互制约的内容，反映了生态城市的基本特征和必须具备的主要条件。它不仅要体现在城市的物质文明建设方面，如工业生产建设、市政工程建设、环境工程建设和生态工程建设；而且也要体现在精神文明建设方面，如文化、教育、体育、公共卫生、娱乐系统，历史遗存和文物、建筑地段的保护等；不仅包括城市空间环境的建设，而且也包括社会环境的建设，同时要建立城市良性生态循环系统；不能只孤立、局限在城市本身环境的建设，而且还必须具备良好的区域生态与环境条件，说明生态城市具有显著的系统性、综合性、谐调性、区域性和可持续性的特点。

实现生态城市是一项巨大复杂的系统工程，是人类与自然在现代科学技术基础上达到新的和谐与统一，只有在高度发达的城市经济与科学技术条件下以上各项建设目标才有可能得以全面实现。因此，它是我们长期为之努力奋斗的目标。

今天，人类在改造自然的过程中已经取得了巨大的胜利，但是人类赖以生存的环境也因此而受到了前所未有的破坏与威胁，随着工业化的发展与人口的增加，许多城市与乡村的生态环境进一步恶化，环境污染已直接威胁着人们的身心健康和经济的发展。要克服长期以来在城市规划与建设工作中存在的重经济效益，轻社会、环境效益的偏向，必须树立三个效益统一的辩证观。经济效益的取得，必须以社会、环境的协调发展为前提，如果孤立、片面地追求经济效益或者以牺牲环境为代价来换取眼前的或局部的经济利益，最终必将付出更大代价；为此，必须加强环境保护的宣传教育工作，提高全民的生态文明意识，在城乡规划与建筑学的专业教育中，应加强城镇生态与环境保护的内容，加强城乡一体化的规划设计与管理的研究工作，把城市规划建设与乡村规划结合起来，形成城乡融合、互利互动的协调关系。把社会、经济发展与生态环境建设结合起来，自觉地维护传统历史文化，努力创造人工环境与自然环境互惠共生、和谐发展的生态城市的新模式。

参考文献：

[1] 曲格平著．我们需要一场变革 [M]. 长春：吉林人民出版社，1997.

[2] 于志熙著．城市生态学 [M]. 北京：中国林业出版社，1991.

[3] 陈为邦，张希为，顾孟潮主编．奔向 21 世纪的中国城市 [M]. 太原：山西经济出版社，1991.

[4] 世行主编．城市规划新概念新方法 [M]. 北京：商务印书馆，1993.

[5] 黄光宇，黄天其．生态城市概念与评判标准 [M]，1992.

[6] 乐山绿心环形生态城市结构新模式规划研究课题总报告 [R]，1993.

[7] 尚玉昌著．生态学及人类未来 [M]. 北京：中国青年出版社，1989.

[8] 芭芭拉·沃德等．只有一个地球 [M].《国外公害丛书》编委会译校．长春：吉林人民出版社，1997.

[9] I·L·麦克哈格著．设计结合自然 [M]. 芮经纬译．北京：中国建筑工业出版社，1992.

[10] J·O·西蒙兹著．大地景观——环境规划指南 [M]. 程里尧译．北京：中国建筑工业出版社，1990.

[11] 丹尼斯·L·米都斯等著．增长的极限 [M]. 李宝恒译．长春：吉林人民出版社，1997.

（注：本文发表于《城乡建设》，1999 年第 10 期）

乐山绿心环形生态城市模式

乐山，位于中国四川盆地的中南部，是著名的山水城市和历史文化名城，它是蜀王开明的故都（2700 多年前的春秋时期），唐代巨型石刻大佛的故乡，也是现代世界文化名人郭沫若的家乡，著名的佛教圣地，峨眉山离乐山市只有 40 余公里。乐山实际上是一个复合城市，它由乐山中心城区、五通桥镇、沙湾镇三部分组成（从行政区划上还有一块飞地金河口区），全市总人口一百多万，面积二万余平方公里。

乐山中心城区，地处三江汇流处，是全市的行政、经济、文化中心，面积 325.2km^2，人口 50 余万，其中非农业人口 15 万人。乐山，不仅自然风光得天独厚，环境优美，风景秀丽，而且有着灿烂古老的文化。随着工业化的发展、人口的增多和耕地的减少，环境污染逐渐加剧，生态质量不断下降。面对这种情况，市政府和居民越来越意识到有计划地进行区域和城市规划与建设的重要性。1987 ～ 1989 年我们受乐山市人民政府的委托开展了新一轮规模最大的城市总体规划的编制工作，规划根据乐山的具体条件，由城市与区域规划工作者、城市交通工程师、城市经济学家、社会学家、地理工作者、园林景观工程师、雕塑家同文物保护部门与环境保护部门密切合作、协同配合，以生态学理论为指导，把改善城市生态环境、保护历史文化遗存、提高城市生态质量与改善城市布局结构结合起来进行了一次有意义的试验与探索。

（1）绿心环形生态城市结构新模式。以生态学理论为指导，结合乐山的自然、生态环境条件，中心城区采取“绿心环形生态城市”的布局结构，形成“山水中的城市、城市中的山林”大环境圈的总体构思。合理的城市空间结构，将会对城市的有序发展与生态环境产生决定性的影响。采取这种新的城市结构形态，充分发挥了乐山的自然优势，不仅弥补了乐山现状布局上的缺陷（图 1），突出体现了乐山独特的山光水色的自然特征与历史文化名城的性质，而且能够保证良好的自然环境与人造环境之间的协调平衡（图 2）。

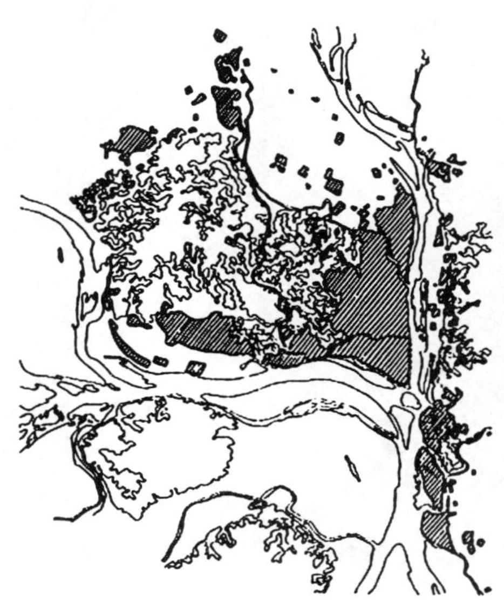

图 1　乐山市中心城市现状

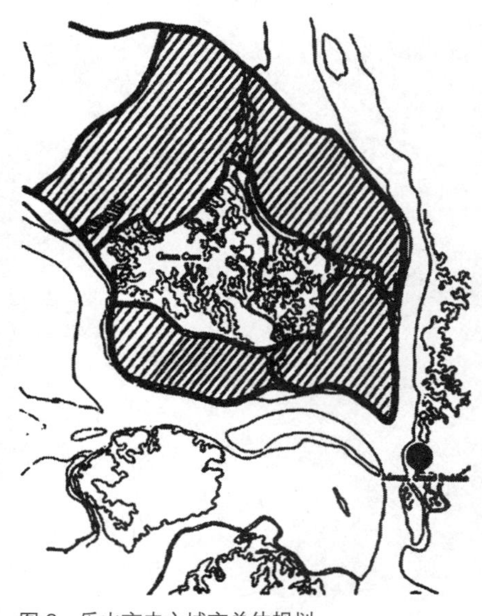

图 2　乐山市中心城市总体规划

规划在城市发展范围的中心地带（现状为丘陵林地）开辟 8.7km^2 的城市绿心，保持自然生态环境，建设森林公园，作为永久性的绿地，根据乐山优越的自然山水条件，及绿心的地形、地貌、土壤条件，绿心内按不同的功能，将开辟自然森林区、花卉绿茵观赏区、珍贵动物放养区、小鸟天堂、水景区、野营露宿区等，使之既满足市民游乐、休息的需要，又能维持城市良好的自然生态平衡，使山林置于城市之内，城市又处于几重生态圈之中，即绿心—城市环—江河环—山林环（图 3）。绿心既是城市结构的重要组成部分，又是旧城与新区发展的过渡与分隔地带。规划各城市片区之间以绿地、农田、水系溪流相隔，并使绿心得以延伸，片区之间形成绿带分隔，以增加城市绿色空间，美化环境，便于绿心的充分展露和城市居民更加接近绿心，为城市创造高质量的生活环境，规划建设好这 8.7km^2 的绿心，让它和岷江、大佛一样永远留给子孙后代，是我们这一代人的应尽责任。

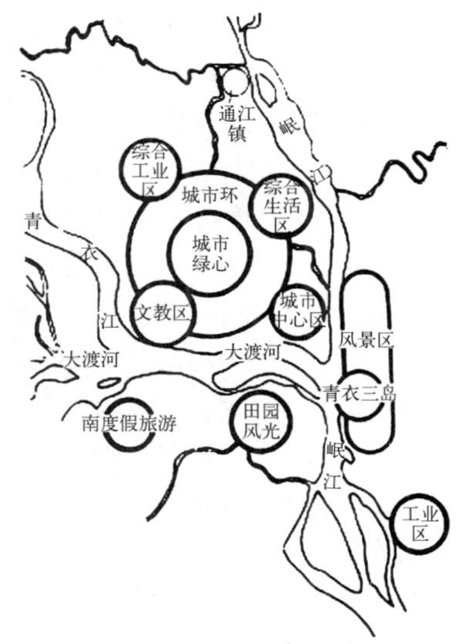

图 3　乐山市中心城区结构与功能规划

大面积的绿心，从生态学与社会学的角度来看，有重要的作用与意义。

首先，它可以调节城市中心地区的小气候，改善日照、气温、湿度和通风条件，消除中心地区的热岛效应；降低城市噪声；净化城市空气，提高空气透明度；蓄储雨水、涵养水源，提高地表的吸水与透水性，减少水土流失，提高江河对洪水的自动调节能力；为鸟类及其他动物提供栖息、繁衍场所等，使城市的生态环境得到优化。

其次，满足人们的心理与生理需求，创造良好的游憩、健身和交往活动空间，增进身心健康。

第三，防灾、隐蔽、疏散等实用功能。

第四，利用绿心巨大的生物生产能力，可以产生显著的综合经济效益。绿心生态城市的结构模式，把人造环境与自然环境有机地结合起来，不仅能促进人际交往，密切人与自然的接触与联系，并将使城市功能结构更加合理，人们将有可能利用绿心内舒适方便的自行车与步行系统、绿心与城市之间的环形汽车交通（利用乐山地区丰富的水电资源，以发展电车公共交通为主）与市区内部的道路交通相联系，使交通组织更加直接、便捷、舒适、安全、洁净。在这得天独厚的自然环境中，加上人工的巧妙安排与现代科学技术的支撑，经过政治家（各届政府）与全体市民的努力奋斗，一个新的乐山生态城市的美丽图景将展现在世人的面前。

（2）“复合城市”和城镇群结构的市域城镇体系空间布局总体设想。以整体、综合协调的观点，进行了多层次的城镇空间结构体系规划。总体规划包括了三个大的空间结构层次，即市域（市域范围 4 区 13 县，2 万余平方公里）城镇布局规划、全市（复合城市）总体规划（中心城区、沙湾区、五通桥区、金口河区）及中心城区（复合城市的核心部分）规划。使各层次的规划在内容上相互协调衔接，互相促进与补充，同时又突出了中心城区规划的重点内容。符合乐山地区的实际，避免中心城区人口与用地规模的过度膨胀对城市自然山水环境的过大压力与冲击，贯彻了合理发展中小城市的方针。

（3）“三龙戏珠”、“龙飞凤舞”的历史象征意义的形象构思与“三岛一洲”的文化名城重点保护规划措施。乐山市集山川形势之胜，山水交融，景色隽秀，三江环抱，如“三龙戏珠”（“三龙”指岷江、青衣江、大渡河，“珠”指绿心环形城市），如“凤凰展翅”（指城市形态的仿生形象寓言）。历史上乐山县又有龙游县之称，并有岷江中蛟龙助战，打败入侵者的传说故事。规划中将自然之形象与历史传说之形象结合起来，使中心城区规划形态具有新的象征意义，赋予乐山市以鲜明的形象特征，丰富了风景旅游城市的文化内涵。并对“三岛”（凌云、乌尤、马鞍山）“一洲”（凤洲坝）提出了保护原则。

这一城市结构新模式，继承和发扬了我国“山水城市”的传统文化，不仅体现了“天人合一”、人与自然和谐统一的东方哲学思想，而且也吸取了霍华德（E. Howard）城、乡融合的“田园城市”（Garden City）理论的精华。

这一城市规划的新模式一反传统城市发展的同心圆理论即布吉斯（E. W. Burgess）城市结构模式，由大片的“绿心”取代那拥挤、密集、喧闹的城市中心地区，把改善城市生态环境、提高人居环境质量与改善城市的布局结构结合起来，是现代科学技术与乐山地区的自然、地理、历史、文化与社会、经济有机结合的成功实践，是传统继承与创造发展的辩证统一。

1992 年 6 月以“天人合一 ——乐山绿心环形生态城市的新模式”和“论生态城市的概念与评判标准”为题所撰论文，参加在巴西召开的联合国世界环境与发展大会同时举办的未来生态城市“全球最高级论坛和规划设计竞赛”，得到了该会组织者、原国际建协主席、国际建筑学院院长乔治 · 斯特伊洛夫教授（George Stoilov）的高度评价，认为我们的研究是对这次高级论坛的“一个重要的贡献”，颁发了荣誉证书，并获联合国技术信息促进系统中国国家分部“发明创造科技之星”奖。

（注：本文发表于《城市发展研究》，1998 年第 1 期）

城乡生态化：走向生态文明的发展之路

1 生态革命

从人类文明发展史的角度看，人类经历了从蛮荒时代而逐步走向文明。从渔猎文明发展到农业文明，再从农业文明发展到现代的工业文明，每一次文明的更替都是一场深刻的社会革命，促进了社会、经济、文化的大发展。目前，正在世界兴起的生态革命，是一场技术、经济、社会、文化领域的深刻革命，它正在由工业文明走向生态文明、由工业经济转向生态经济（或知识经济），人类社会也将由工业社会（或城市社会）走向生态社会，由工业化发展模式转向生态化发展模式。

2 城乡生态化

在工业文明短短的二百多年间，我们这个世界被迅速改变。它创造了人类巨大的物质财富，带来了人类社会的空前繁荣。然而，这种掠夺式的发展已给自然、社会和人的生存造成灾难性的后果，在经济高速增长的同时，出现了全球性的生态退化，环境质量急剧下降。"人类不得不重新审视自己的社会经济行为和走过的历程，认识到通过高消耗追求经济数量增长和'先污染后治理'的传统发展模式已不再适应当今和未来发展的要求，而必须寻找一条人口、经济、社会、环境和资源相互协调的，既能满足当代人的需求而又不对满足后代人需求的能力构成危害的可持续发展的道路"（《中国 21 世纪议程》），可持续发展思想的生产是人类社会从工业文明向生态文明转变的重要标志，意味着工业化发展模式将被与生态文明相适应的生态化发展模式所取代。

生态化发展模式是对传统工业化发展模式的辩证否定，它扬弃了只注重经济的发展思路。

3 生态化发展策略

城乡生态化意味着一场破旧立新的社会变革，因为它不仅涉及城乡物质环境的生态建设、生态恢复和生态重构，更涉及发展观、价值观、生活方式、政策法规等方面的根本性转变。我国是发展中国家，综合国力、科技水平、人口素质、意识观念与发达国家相比还有很大的差距，这些因素都将影响到城乡的生态化发展。上千年的生态退化和人口众多、资源相对短缺的国情更要求我们必须现在就行动起来，以新的生态视角开辟一条非传统式又非西方化的城乡生态化发展之路至关重要。

3.1 大力普及和提高公众的生态意识与环境意识

人类"生存危机"问题，就其认识论根源而言，是因为大部分人尚未树立起适应社会发展变革的新观念、新思想。实现城乡生态化发展，首先必须大力宣传、普及生态意识与环境意识。从我国的实际情况来看，无论是经济较发达地区或不发达地区，生态意识与环境意识都需要极大地提高。应加强生态文明教育，倡导生态价值观与生态化发展理念，优化人与自然的关系，在发展中不断协调生产、消费与环境的关系，遏制生态退化的势头。只有人的生态意识觉醒，文化素质提高，才能改变人们的行为方式。自觉的生态意识与环境意识是实现城乡生态化、建设生态文明的基础和动力。

3.2 制订行动计划，实施符合城乡生态化发展的政策

中国政府把科教兴国和可持续发展作为两大基本国策，对实施《21 世纪议程》非常

重视。1994 年中国政府制定的《中国 21 世纪议程——中国 21 世纪人口、环境与发展白皮书》，作为制定国民经济和社会发展计划的一个指导性文件。1996 年 3 月国家环保局推出了两大举措：一是实行污物排放总量控制；二是实施《中国跨世纪绿色工程计划》，国家环境保护局还编制了《全国生态示范区建设规划纲要》(1966—2050 年)，明确规定“生态城市示范区”建设的任务是“改善城镇生态环境和人民生活环境，组织开展城镇园林、绿化、草坪和自然、人文景观的建设与污染防治、资源的有效合理利用”。1998 年 11 月国务院批准并颁发了《全国生态环境建设规划》，对到 21 世纪中叶全国的生态环境建设进行了部署，其总目标是：用 50 年左右的时间，动员和组织全国人民，依靠科学技术，加强对现有天然林及野生动植物资源的保护，大力开展植树种草，治理水土流失，防治荒漠化，建设生态农业，改善生产和生活条件，加强综合治理力度，完成一批对改善全国生态环境有重要影响的工程，扭转生态环境恶化的势头。力争到 21 世纪中叶，使全国适宜治理的水土流失地区基本得到整治，适宜绿化的土地植树种草，“三化”草地基本得到恢复，建立起比较完善的生态环境预防监测和保护体系，大部分地区生态环境明显改善，建立起基本适应可持续发展的生态系统。根据《中国 21 世纪议程》、《全国生态示范区建设规划纲要》和《全国生态环境建设规划纲要》的总目标，就必须改变一切不符合生态原则的政策，制定城乡各个领域、各个行业生态化发展的计划与措施，推进可持续城市和可持续小城镇的规划与设计，推进生态化示范试点小城镇、示范试点小区与示范试点村庄的规划设计与建设，推广生态技术、生态建筑，实施交通网络生态化，加快城乡生态化发展步伐。

3.3 加强生态立法与管理

建立适应城乡生态化发展的法规综合体系，使城乡生态化发展法律化、制度化，对不符合生态化发展的行为采取必要的行政与经济手段，保证计划的顺利实施。建立综合的、跨部门的生态化发展管理决策机构，组织、协调、监督城乡生态化发展战略与政策措施的实施。同时，也作为城乡生态化发展的宣传、咨询、交流和推广中心。

3.4 重视生态技术的开发与应用

重视增加科技投入，研制、开发生态技术、生态工艺，推广生态产业，积极选择“适宜技术”，保证发展过程低（无）污、低（无）废、低（消）耗，提高资源循环利用率，逐步走上清洁生产、绿色消费之路。正如《封闭的循环》作者美国著名生态学家巴里·康芒纳（Barry Commoner）所指出的：“中国目前也面临着犯我们 50 年前在美国所犯错误的危险。但历史使中国有机会从这些错误中吸取教训，从而使其新经济的发展建立在电力机动车、太阳能和其他非污染的生产技术之上”。

3.5 重视城市间、城乡间、区域间的合作

城市仅仅注重自身繁荣，而掠夺其外界资源或将污染转嫁于周边地区和乡村的做法都是与生态化发展背道而驰的。城乡在发展过程中应承担相应的义务和责任，确保在其管辖范围内的活动不致损害其他地区的利益。重视城市和乡村的协调发展，改变城乡分割、城市发展损害农村利益或不顾及农村利益的状况。城市间、城乡间、地区之间必须加强合作，建立公平互助的伙伴关系，避免重复建设，技术与资源共享。

4 生态城市

“生态城市”（ecocity）这一概念是在 20 世纪 70 年代联合国教科文组织发起的“人与生物圈”（MAB）计划研究过程中提出的。它的内涵随着社会和科技的发展，不断得

到充实和完善。前苏联生态学家N·扬诺斯基（N.Yanitsky）、美国生态学家理查德·瑞杰斯特（Richard Rigister）等学者分别于20世纪80年代初对生态城市进行了研究。随着生态文明的发展与演进，生态城市的内涵也不断得到充实与完善，它已超越了环境保护与建设的层面，而是融合了自然、社会、经济、文化、历史等因素，体现的是一种广义的生态观。是社会系统与自然系统高度和谐的城镇发展模式。

生态城市的提出是基于人类生态文明的觉醒和对传统工业化与工业城市的反思，它不同于传统工业城市以掠夺的方式来促进自身繁荣，而是非掠夺性的，建立以可持续发展为特征的新的结构和运行机制，实现物质生产和社会生活的“生态化”；生态城市倡导生态价值观、生态伦理、生态哲学，建立有自觉保护环境、促进人类自身发展的机制，有公正、平等、安全、文明的社会环境；重视城乡历史传统文化的继承、保护与新文化的创造。因此，从生态学的观点看，生态城市应该是结构合理、功能高效和关系和谐的城市生态系统。

生态城市的“生态”，不是纯自然的生态，而是自然、社会、经济复合共生的城市生态，它包括了人与自然的协调关系和人与社会、人与环境的协调关系。生态城市的“城市”已不是一般概念的城市，而是以一定的区域为条件的社会、经济、自然综合体，是人、自然与城市社会、环境和谐共生、协调发展的城市。因此，在地域空间结构上生态城市不是“城市市”而是一定地域空间内的城乡融合的“区域市”。生态城市的建设，是一个不断创新的生态化发展过程，是一种生态新观念、新经济、新秩序和新文化的创造过程，同时也是人类自身发展进化的过程。

生态城市的规划与建设应遵循自然生态规律与城市发展规律，以持续发展为目标、生态学为基础、人与自然和谐为核心、现代技术为手段，综合协调城市及其所在区域的社会、经济、自然复合生态系统，以促成健康、高效、文明、舒适、可持续的人居环境的发展。国际“人与生物圈”计划第57条报告中认为“生态城市规划要从自然生态和社会心理两个方面去创造一种能充分融合技术和自然的人类活动的最优环境，以诱发人的创造性和生产力，提供高的物质和文化水平”。

5 生态城市实施步骤

从现代城市发展到生态城市是一个长期的生态化发展过程，可能需要经过几代人的努力。

生态城市的建设成功至少应具备以下五个基本条件：①先进的科学技术；②协调的城市生态经济；③发达的文化与教育；④在生态学原理指导下精心编制的城乡规划与设计；⑤政府的生态化决策、政策、法规、管理与监控机制。

美国生态学家理查德·瑞杰斯特（1990年）在分析和总结生态城市建设理论与试点实践基础上，提出了“生态结构革命”（Ecostructural Revolution）的倡议，并提出了生态城市建设的十项计划。

（1）普及与提高人们的生态意识；

（2）致力于疏浚城市内部、外部物质与能量循环途径的技术和措施研究，减少不可再生资源的消耗，保护和充分利用可再生资源；

（3）设立生态城市建设的管理部门，完善生态城市建设的管理体制；

（4）对城市进行生态重建（Ecological Rebuilding），力求为居民创造多样的自由生存空间；

(5) 恢复适宜农业的用地，建立和恢复野生生物的生境和廊道；

(6) 调整和完善城市生态经济结构；

(7) 加强旧城、城市废弃土地的生态恢复；

(8) 建立完善的公共交通系统；

(9) 取消汽车补贴政策；

(10) 制定政策，鼓励个人、企业参与生态城市建设，为生态重建提供再培训计划。

这十项计划比较全面地反映了西方社会生态城市建设的热点问题和发展趋势。我国城市当然不可照搬，只能从国情和城市自身实际出发来寻求适合自身发展的建设生态城市之路。但一些好的经验都应值得借鉴。

建设生态城市可分“三步走”，即三个阶段：

第一步：起步期，大力宣传、倡导生态价值观，唤起人们对城乡生态化建设的重视和环境意识的提高，制订行动计划，建立示范工程，加强能力建设，对社会经济组织结构、功能进行初步调整，为建设阶段做好准备、打下基础。

第二步：发展期，重在逐步调整、改造社会经济组织结构，提高生活质量，改善环境质量，加强生态重构和生态恢复，增强城市共生能力，大力推广示范试点工程，进一步增强人的生态意识，使之更自觉地广泛参与生态化建设。

第三步：成熟期，实现自然、经济、社会复合生态系统的全面生态化。这一阶段生态城市并不是处于“静止”的理想状态，而是自觉地通过各种技术的、行政的和行为诱导的手段实现其动态平衡、持续发展，增强自组织、自调节能力。但若其正负反馈失衡或自我调控失灵也会导致衰败。

以上三个阶段，对于不同城乡因其发展水平不同，每一阶段的时间跨度也不相同。可喜的是我国已有不少城市与乡村处于起步阶段，但还有很多城市与农村仍在继续重蹈传统工业化城乡发展的老路。

6 建设生态文明之路

当前，生态化建设实践已在我国城乡蓬勃展开。在新一轮跨世纪的城乡总体规划中，生态意识已大大提高，有些城市（如乐山、成都、上海、温州等）明确提出了建设生态城市的发展目标，还有的提出诸如“山水城市”（无锡、桂林、自贡等）、“山水园林城市”（重庆等）、花园城市（大连、珠海等）、“花园式园林城市”（深圳）、“花园式生态城市”（荣城），我国最大的经济特区——海南省提出了建设“生态省”的奋斗目标。这些目标的提出可能与本文探讨的生态城市内涵不一定完全相同，但都从不同的侧面体现了生态化发展的进程，从不同程度上反映了建设生态城市的思想，但还不能说已经是生态城市了。这种选择不管是出于“应急”或“调整”或“自觉”，都可以看出人们越来越意识到城乡生态化发展及建设生态文明的重要性和迫切性，因为只有健康的生态系统才有健康的人类。

生存与发展是当今人类社会面临的两大主题，全球化、多元化、信息化、生态化是世界发展的主要趋势。走城乡生态化发展道路，建设生态城市、发展生态文明，是实现城乡可持续发展的重要保证。建设生态城市离不开创造性的规划设计，创造性的规划设计需要前瞻性的、科学的理论指导。开展对城市生态学和生态城市的研究已成当务之急，成为城市科学和城市规划研究的前沿课题。

现阶段的许多城市规划之所以缺乏深度、力度和生命力，甚至有一些规划设计与建设是对城市生态系统的严重破坏，造成了人为的灾害和生态灾难，究其原因之一，是缺乏生态学的理论基础，缺乏城市生态学的理论指导。如有关城市理论生态学的自然生态学、经济生态学、人类生态学与复合生态系统生态学和城市应用生态学的产业生态学、建筑生态学、交通生态学、工程生态学、污染生态学与恢复生态学等，我们的规划师、建筑师对其了解与应用甚少。可喜的是，在我们的学校教育中已经开始注意加强生态学与环境科学的内容。21 世纪是城市的世纪，全世界将有一半以上的人口生活在城市，城市生态学应当成为城市规划和建筑学专业教育、发展生态文明、实现城市可持续发展的重要理论基础。在新的生态价值观指导下，应用生态学理论和综合生态系统分析方法，系统地研究城乡规划与建设的理论、原理、方法、手段、技术等一系列问题，对新时期的城市规划师、建筑师和城市政府决策者、城市规划建设与管理部门来说，无疑将有特别重要的现实意义。

参考文献：

[1] Richard Register. Ecocity：Berkeley[M]. North Atlantic Books，1987.

[2] Huang Guangyu，Huang Tianqi. Ecopolis：Concept and Criteria[M]. Earth Summit：The Global Forum Riode Janeiro，1992.

[3] I · L · 麦克哈格 . 设计结合自然 [M]. 芮经纬译 . 北京：中国建筑工业出版社，1992.

[4] 黄光宇 . 田园城市 · 绿心城市 · 生态城市 [Z]. 重庆：重庆建筑大学城市规划与设计研究所，1989.

[5] 尚玉昌 . 生态学与人类未来 [M]. 北京：中国青年出版社，1989.

[6] 余谋昌 . 文化新世纪 [M]. 哈尔滨：东北林业大学出版社，1996.

[7] 叶耀先等编 . 世界建设科技发展水平趋势 [M]. 北京：中国科学技术出版社，1993.

[8] 鲍世行主编 . 城市规划新概念新方法 [M]. 北京：商务印书馆，1993.

[9] 丁树荣主编 . 绿色技术 [M]. 南京：江苏科学技术出版社，1993.

[10] 曲格平 . 我们需要一场变革 [M]. 长春：吉林出版社，1997.

[11] 王如松 . 城市生态学研究进展 [R]// 中国生态学会城市生态专业委员会学术年会报告，1999.

[12] 黄光宇，陈勇 . 城市生态化发展与生态城市建设 [R]// 中国生态学会城市生态专业委员会学术年会报告，1999.

（注：本文是 2000 年 4 月在“促进迅速发展地区的生态发展：技术、规划和管理国际研讨会”上所作的主题发言）

生态城市研究回顾与展望

1 城市化与城市、环境问题

城市化是社会经济发展的必然，城市化也必然带来新的城市问题与环境问题，激化了人口、资源、环境的矛盾。在过去一个多世纪的世界人口变化中，人口发展呈明显加快趋势。从人口增长的速度看，人口增长的周期为：1830 ～ 1930 年人口从 10 亿增加到 20 亿用了 100 年的时间，1930 ～ 1960 年人口从 20 亿增加到 30 亿用了 30 年时间，1960 ～ 1975 年人口从 30 亿增加到 40 亿用了 15 年时间，1975 ～ 1987 年人口从 40 亿增加到 50 亿只用了 12 年时间。1987 年世界人口达到 50 亿，联合国人口基金会将每年的 7 月 11 日定为“世界人口日”。12 年后到 1999 年 10 月 12 日（图 1），世界人口达到了 60 亿大关，联合国将这一天定为“世界 60 亿人口日”，并在中国北京集合，对人口问题进行反思。据预测到 2050 年世界人口将增长为 79 亿（低值）、98 亿（中值）或 119 亿（高值）（吴良镛的《人居环境科学导论》第 43 页）。世界人口几乎遍布全球陆地表面除极地和极高山人类无法居住的地方以外。

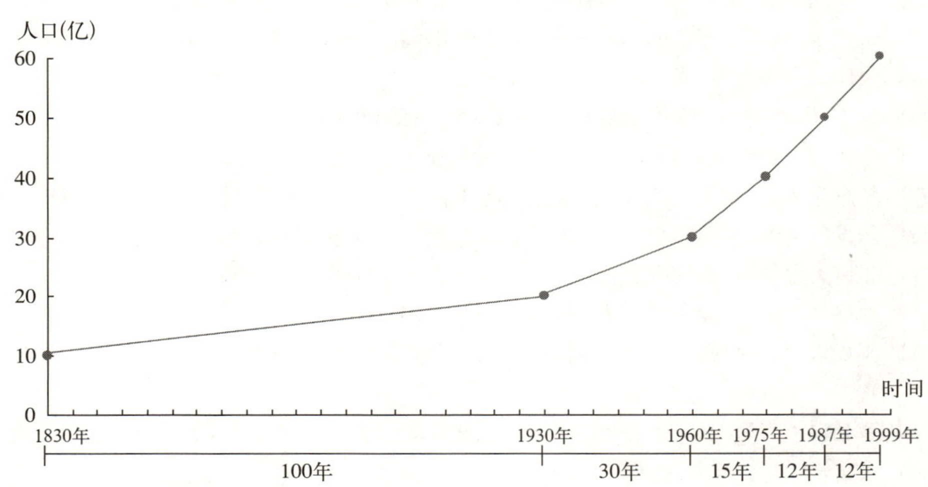

图 1 世界人口发展变化图

1972 年 6 月在斯德哥尔摩召开的联合国人类环境会议，发出了“只有一个地球”的警告，对全球环境的继续恶化和地球生命支持系统的严重退化引起了深切关注，第一次将环境问题提上了议事日程。会议发表的《人类环境宣言》中指出：“保护和改善人类环境已经成为人类的一个迫切任务”。

1987 年由联合国世界环境与发展委员会（WCED）主席、挪威首相布伦特兰主持通过的《我们共同的未来》的调查报告中（中国生态学会理事长马世骏教授为该组织成员），对环境和发展、物种和生态系统、人口与资源等全球性重大问题作了全面的论述与分析，明确地提出了可持续发展的概念，并对城市问题尤其是发展中国家的城市问题给予了特别的关注，报告指出：“在本世纪末，人类约半数将居住在城市；而 21 世纪的世界将成为一个大型的城市世界。仅 65 年间，发展中国家的城市人口就增加了 10 倍，从 1920 年的 1 亿增加到今天的 10 亿。在 1940 年，有 1% 的人生活在百万人口以上的大城市，而今日，

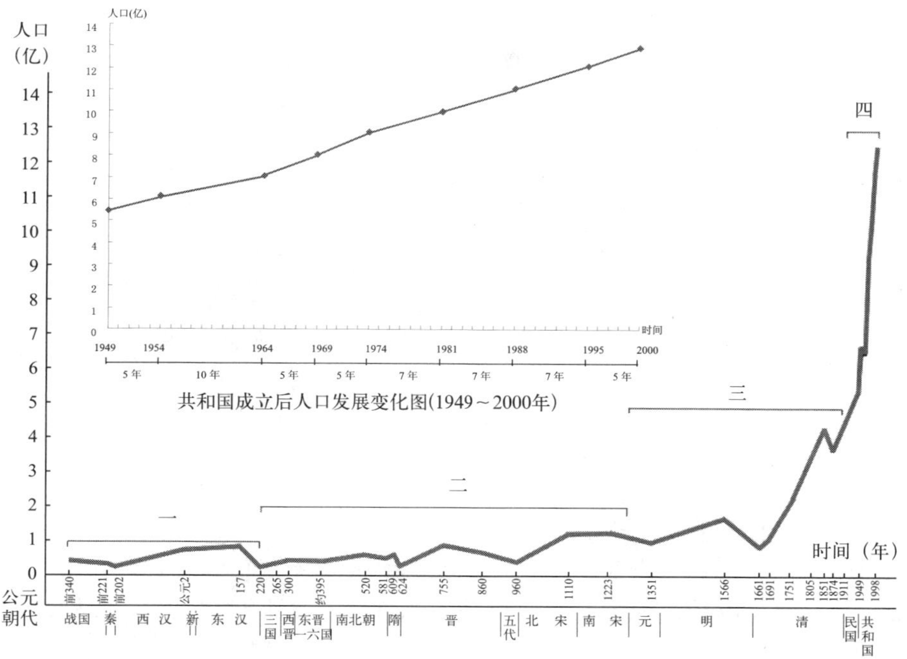

图 2　中国历代人口发展趋势图

（资料来源：根据“路遇，腾泽之 . 中国人口通史 . 济南：山东人民出版社，1999”和“2001 年中国人口统计年鉴 [M]. 北京：中国统计出版社”绘制而成）

1/10 的人生活在这类城市……面临的是一个重大的城市危机”。城市问题和环境问题成为全球关注的热点。

中国是世界人口大国，中国的人口发展对世界有重大影响。中国从战国时代到明清时期长达两千多年的发展中，人口从约 2600 多万发展到 4 亿多，至新中国成立之后到 1998 年，人口从 5.7 亿发展到约 13 亿，发展过于快速（图 2）。预测到 21 世纪中期（2030 年前后），在严格实行计划生育的条件下，人口将达到 16 亿大关。

中国的城镇化经历了漫长曲折的发展历程。城镇化率从 1952 年的 12.46% 到 1960 年上升到 19.75%，到 1963 年又回落到 16.84%。20 世纪 60 年代中期至 70 年代末，处于停滞阶段，徘徊在 17% ～ 18% 之间。到 20 世纪 80 年代初回复到 20 年前的水平（1980 年达到 19.39%）。至 20 世纪 80 年代中期，国家实行改革开放以来，城镇化进程稳定增长，至 1999 年超过了 30%（达到 30.9%），进入了加速发展时期（图 3）。

我国人口数量剧增，而资源相对短缺，在加速城镇化进程中，生态赤字将进一步加大，生态环境问题将进一步突出。我国是世界上资源相对短缺的国家之一，土地资源、水资源、森林资源、矿产资源都相对匮乏。我国耕地面积 1995 年人均为 2.82 亩，而现在下降到不足 1 亩；水资源人均占有量排在世界第 110 位，被联合国列为 13 个缺水国家之一，而城市缺水现象则更为严重，全国 1/3 以上的城市严重缺水，而江河地面水和地下水污染情况更为严峻，据中国科学院 1996 年的统计，全国 532 条主要河流中，有 436 条受到不同程度的污染，有一半以上的城市地下水受到了污染；我国人均林地面积只有 0.11hm^2，只有世界人均水平的 11.3%。耕地、森林面积锐减、水资源短缺、土壤沙化、水资源污染严重、草原生态退化、城市地下水污染与地下水位下降，以及大气的污染、气候的变化、灾害的频繁、环境质量的下降，已严重影响城乡居民的生存条件。

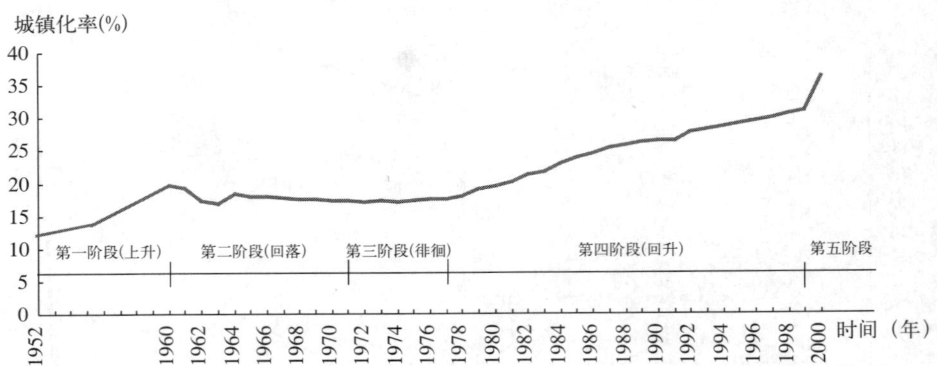

图 3　中国城镇化历史发展图

（资料来源：根据“2001 年中国人口统计年鉴 [M]. 北京：中国统计出版社”和“中国人口总论 [M]. 北京：中国财政经济出版社，1991”绘制而成）

城市问题和环境问题，实际上是人口、资源、环境这三重矛盾交互作用的结果，其中人口问题即人口的质量与数量问题是这三大矛盾中最基本的矛盾。因此，在加速城镇化进程、发展和完善我国社会主义市场经济、全面建设小康社会的过程中，实施科学的发展观，继续控制人口数量，重视人的文化素质的提高，倡导生态伦理观、发展生态文化与教育、提倡文明的生产方式、生活方式和消费方式，建立城乡协调、大中小城市相结合的城市化发展道路，是解决城市问题和环境问题的根本出路所在。

2　生态学与城市科学的融合

20 世纪 80 年代以来，中国改革开放的伟大实践，促进了思想的大解放和国内外学术的交流，各个学科领域学术思想空前活跃。1979 年中国生态学学会成立，中国科学院环境科学委员会主任马世骏理事长在 1984 年的《生态学报》第 4（1）期上发表了“社会、经济、自然复合生态系统”的论文，指出小到家庭、工厂、社区，大到城市、国家及整个生物圈，尽管它们的规模不同，但其基本结构是类似的，并进一步指出社会、经济、自然复合生态系统结构的核心是人。1984 年中国城市科学研究会成立，吴良镛教授发表了“多学科综合发展——城市研究的必由之路”(《城市规划论文集》北京燕山出版社，1988 年)，以及他的“广义建筑学”、“人居环境科学”主张从更广域的视角和多学科综合、融贯的方法来研究日趋复杂的城市问题。1985 年钱学森教授在《城市规划》第 4 期上发表了“关于建立城市学的设想”，强调要解决复杂的城市问题，必须发展城市科学，并倡导建立城市科学的牵头学科——“城市学”。后来又提出了创建“山水城市”的概念，指出“人离开自然又要返回自然。社会主义的中国能建造山水城市式的居住区”(1990 年 7 月 31 日给吴良镛教授的信)。1985 年 4 月，中国科协在北京召开有知名学者参加的交叉学科讨论会，强调发展交叉学科的重要性。钱三强教授指出“在本世纪末到下一个世纪初，将是一个交叉学科的时代”。钱伟长教授在主编的《现代化探索丛书》序言中也指出“交叉学科是一个非常有前途、非常广阔而又重要的科学领域，它的兴起，对人类和社会进步将要发生和正在发生着重大的影响”(《现代化探索丛书》序言，重庆出版社，1987 年)。社会、经济学家费孝通、罗涵先教授等对中国改革开放以来的城乡关系、乡镇经济、农村和小城镇发展开展了调查研究，提出了“小城镇、大问题”和城市经济体制改革的“多模式”发展战略（《现代化探索丛书》，费孝通、罗涵先《乡镇经济比较模式》，1987 年）。他们的远见卓识和倡导高屋建瓴，从哲学与战略的高度为城市科学研究与发展指明了方向，促进了交叉学科的发展。

1971 年联合国教科文组织（UNESCO）发起的“人与生物圈计划”（Man and Biosphere Programme，MAB），在巴黎召开的第一次“人与生物圈计划”国际协调理事会上，提出把研究“城市及工业系统中能量利用的生态学影响”作为 14 个“人与生物圈计划”研究计划的第 11 项，并列为 4 个重点研究课题（热带、干旱、山地、城市）之一。1972 年中国参加了“人与生物圈计划”国际协调理事会并当选为理事国。1973 年在联邦德国巴德瑙赫姆（Badnauheim）召开的第 11 次课题专家小组会议上，又将题目改为“特别侧重于能源利用的城市系统的生态问题研究”，提出从系统的、整体的、多因子的角度来研究城市系统。1975 年在巴黎召开的“人类居住地综合生态研究”工作会议和 1977 年在波兰（波兹南）召开的第 11 次课题协调会议上，总结了城市生态研究的开展情况。至 1977 年，在维也纳召开的第五次“人与生物圈计划”国际协调理事会上，正式确认要“用综合生态方法研究城市系统及其他人类居住地”。到 1977 年 6 月，已有 12 个国家和地区开展了城市生态研究，如香港、东京、法兰克福、罗马、开罗及巴布亚新几内亚的莱城等，在世界范围内推动了应用生态学的研究和交叉学科的发展。1978 年中国“人与生物圈计划”研究委员会的建立以及 1984 年中国生态学会城市生态专业委员会的成立（周纪纶教授为主任），为进一步推动“人与生物圈计划”在中国的实施和国内外学术交流的开展开辟了广阔的前景，如中国科学院生态环境研究中心和国家环境保护部门等单位在天津、北京、沈阳、马鞍山、四平、秦皇岛等市进行的旨在提高生态环境质量、防治环境污染为主要目标的城市生态系统的调控与环境保护的对策研究与规划、中国科学院生态环境研究中心王如松等与宜春市人民政府合作开展的宜春生态城市整体规划研究与建设工作，取得了很好的成果。在此期间，国内外的许多相关著作（译著）的相继出版，如中野尊正、沼田真（日）等的《都市生态学》（1978 年）、蕾切尔·卡森（美）的《寂静的春天》（1979 年）、芭芭拉·沃德·勒内·杜特斯（美）的《只有一个地球》（1979 年）、余谋昌编著的《生态学信息》（1982 年）、梅多斯（Meadows D.H.）等的《增长的极限》（1984 年）、曲格平的《中国环境问题基本对策》（1984 年）、E · 霍华德（英）的《明日的田园城市》（1985 年）、沙里宁（美）的《城市：它的发展衰败与未来》（1986 年）、魏宏森等的《发展战略与区域规划》（1986 年）、P·迪维诺（比利时）的《生态学概论》（1987 年）、R·E·帕克和 E·W·伯吉斯（美）等的《城市社会学》（1987 年）、叶谦吉的《生态农业》（1987 年）、汪美球、刘荣芳、蔡渝平的《城市学》（1988 年）、王如松的《高效—和谐—城市生态调控原则与方法》（1988 年）、L · 芒福德（美）的《城市发展史》（1989 年）、世界环境与保护委员会编著的《我们共同的未来》（1989 年）等，对推广传播生态新思想，促进学科的交叉和融合起了重要作用。

李文华教授（1983 ~ 1990 年，任联合国“人与生物圈计划”国际协调理事会兼执行局主席，中国“人与生物圈计划”委员会秘书长）指出：“20 世纪 70 年代以后，生态学认识上的一个巨大飞跃是把人及其活动纳入生态系统的概念之中……实践表明，生态学中的许多理论与思想，不仅对生物本身有意义，对人类社会也是如此”（李文华“可持续发展的生态学思考”，《生态学的新纪元》，2000 年）。美国生态学家奥杜姆（E. P. Odum）把生态学统称为“科学和社会的桥梁”，“是一门联结生命、环境和人类社会的有关可持续发展的系统科学”（《生态学：科学与社会的桥梁》，1997 年），生态学在与城市问题和环境问题的结合中，也必将对城市和环境科学产生重大的影响，从而大大促进城市科学和环境科学理论的发展。

3 生态城市的探索与发展

从老子的《道德经》、柏拉图（Plato）的《理想国》到摩尔（Thomas More）的《乌托邦》、康帕内拉（Campanella）的《太阳城》，从霍华德（Ebenezer Howard）的《田园城市》到道萨迪亚斯（Doxiadis）的《普世城》（Ecumenopolis）……人类从未停止过对理想生活的探索与追求。就人类住区而言，随着社会生产力的发展，人类文明的进步和价值观念的改变，人类住区的发展模式也会发生改变。农业革命使人类文明由游牧生活进入了农耕时代，产生了有别于乡村的城市型住区形式。18 世纪开始的工业革命，将人类带入了工业文明的时代，机器的发明，矿山、能源的开采，大工业生产体系的建立，城市人口、规模的大发展，使社会生产力比农业社会以无可比拟的速度增长。科学技术的迅速发展和社会物质财富的大量增加，使人类改造自然的能力空前高涨。改造自然、征服自然成为这一时期的行为准则，人类成为自然界的主宰，人类中心主义成为这一时期的主要价值取向，人与自然的矛盾也日趋尖锐，引发了一系列全球性的环境问题。至 20 世纪 60 年代以来，环境危机深刻地影响着地球的每一个角落，人口膨胀、资源耗竭、污染加剧、全球变暖、灾害频繁、环境恶化……所有这一切，正在威胁地球上各种生命体的生存与发展，使发展难以继续，这意味着工业文明已经达到其最高成就，因其固有问题的严重化，已经开始走向衰退，而一场新的生态革命正在兴起，人类社会将进入追求人与自然和谐的生态文明的新时期。与此同时，人们又在不断地探索着新的人类住区发展模式，提出了诸如“绿色城市”、“健康城市”、“森林城市”、“仿生城市”、“海上城市”、“空中城市”、“生态城市”、“巨型城市”、“数字城市”等未来城市的构想，其中有关“生态城市”的构想最引人关注。

“人与生物圈计划”在世界范围内推动了生态学理论的广泛应用与城市生态系统和生态城市的研究，1984 年“人与生物圈计划”报告中提出的生态城市规划的生态保护策略、生态基础设施、居民的生活标准、文化历史的保护、将自然融入城市等五项原则成为规划建设生态城市的重要原则基础。1985 年笔者等在中国国家星火计划项目四川万源官渡山区集镇综合示范试点规划与设计课题研究中，应用生态学的原理与方法在生态退化、被废弃的破碎荒坡地上通过农民自建公助和自建自助的方式规划建设贫困山区小集镇，从城镇选址、规划、设计到建筑施工、管理，从节地、节能、环境保护到建材开发、墙体改革和技术下乡、人才培训等各个环节贯穿生态化的宗旨，进行了有益的探索，并于 1987 年国际住房年先后在德国汉诺威大学的学术讨论会上作了专题学术交流和在英国伦敦第 16 届国际建协（UIA）大会上由课题组顾问唐璞教授作了专题报告，得到了高度评价。1987 年笔者等与乐山市人民政府合作在四川乐山进行了“天人合一：乐山绿心环形生态城市结构新模式”的规划研究与实践，翌年经四川省政府批准实施，并发表了“田园城市 · 绿心城市 · 生态城市”论文（1989 年），对生态城市的内涵、定义作了初步阐述并提出了生态城市建设的十条标准。前苏联生态学家 N · 扬诺斯基（N. Yanitsky）和美国生态学家理查德 · 瑞杰斯特（Richard Register）等学者分别于 20 世纪 80 年代中对生态城市进行了研究，并发表了专著。N · 扬诺斯基提出，生态城是一种理想城市模式，其中技术与自然充分融合，人的创造力和生产力得到最大限度的发挥，居民的身心健康和环境质量得到最大限度的保护，物质、能量、信息高效利用，生态良性循环。理查德·瑞杰斯特则认为生态城市即生态健康的城市（ecologically healthy city），是紧凑、充满活力、节能并与自然和谐共存的聚居地，在伯克利进行了生态城市的规划建设实践（“Ecocity Berkeley：Building Cities for a Healthy Future”，1987）。1990 年在美国加利福尼亚州的伯克利（Berkeley）召开了第一届国际生态城市讨论会，与会的 12 个国家的代表介绍了生态城市建设的理论与实践，内容涉及城市社会、经济和自然系统的各个方面，并提出了“生态结构革命”（Ecostructural Revlution）的十项计划。1992 年在澳大利亚的阿德雷德（Adelaide）举办了第二届国际生态城市学术讨论会，大会就生态城市设计原理、方法、技术和政策进行了深入的讨论，并提供了大量研究案例。同年，在巴西里约热内卢召开的联合国环境与发展大会期间，由国际建筑学院（IAA）和联合国环境与发展大会秘书处、联合国人居中心（UNCHS）和 NGO_S 组织举办了“未来生态城市”高峰论坛（Earth Summit the '92 Global Forum）和生态城市设计展览，其宗旨是“展望 21 世纪为创造生态学上的清洁城市，探索新概念、新构想、原理、规范和标准，使它成为全球的需要，以拯救所有生命赖以生存的生态基础，实现人工环境与自然环境的和谐共存，以保证当代人和后代人有更美好的生活”。笔者等的“乐山绿心环形生态城市”研究成果及论文“论生态城市概念与评判标准”（Ecopolis：Concept and Criteria）参加了论坛和展览，受到广泛关注，并获联合国技术信息促进系统中国国家分部“发明创新科技之星奖”。

1992 年联合国世界环境与发展大会制定并通过了《21 世纪议程》和《里约宣言》两个纲领性文件以及关于森林问题的原则声明和气候变化和生物多样性的两个公约。提出了全球可持续发展的战略框架，《21 世纪议程》第 7 章有“促进人类住区的可持续发展”的内容，在广度和深度上进一步推动了可持续发展思想在各国的传播。在此背景下，有关生态城市、生态产业、环境保护、生态规划与设计方法的研究形成了新的高潮。1994 年中国政府继世界环境与发展大会以后率先制定了《中国 21 世纪议程——中国 21 世纪人口、环境与发展白皮书》，并实施《全国生态示范区建设规划纲要（1996—2050 年）》等一系列旨在遏制生态退化，防止环境污染，提高环境质量，改善城乡人民生活，实施“可持续发展”基本国策的根本性措施。各地以此为指导制定国民经济和社会发展计划，许多城市纷纷制定了实施“可持续发展”的指标体系，开展了生态示范区的建设与试点。生态城市、山水城市、花园城市、森林城市、园林城市、卫生城市等越来越多地成为中国许多城市政府进行城市规划与建设所追求的目标，反映了各地政府和市民对我国生态环境问题的深切关注和对改善环境、提高生活质量的迫切愿望。1996 年在西非的塞内加尔（Senegal）举行了第三届国际生态城市会议，进一步探讨了“国际生态重建计划”。1997 年在德国莱比锡召开的国际城市生态学术讨论会也将生态城市作为主要议题之一。2000 年在巴西库里蒂巴（Curitiba）举行了第四届国际生态城市学术讨论会，进一步交流了生态城市规划建设研究的实例。1992 年以来，中国科学院、建设部山地城镇与区域环境研究中心先后在重庆（1992 年）、西安（1999 年）召开全国山地城镇与生态环境学术讨论会，在重庆（1997 年）、昆明（2001 年）召开的国际山地人居与生态环境可持续发展学术讨论会，加强了国内外学术交流。2002 年由中国生态学会与国际生态组织等联合举办的在深圳召开的第五届生态城市国际学术讨论会是一次影响广泛的学术盛会，与会的各国代表对中国近年来实施《21 世纪议程》、贯彻可持续发展战略、推进生态化城乡建设所取得的显著进步，印象深刻，并通过了《深圳宣言》。

近年来，上海、天津、哈尔滨、盘锦、张家港、扬州、常州、绍兴、成都、秦皇岛、日照、唐山、襄樊、十堰、长沙等城市纷纷提出建设生态城市；海南、吉林、黑龙江、陕西、福建、山东、江苏等省提出了建设“生态省”的奋斗目标，并开展了广泛的国际合作和交流。最近，中德两国开展的“扬州和常州生态城市规划与管理”的合作研究项目就是其中突出的一例。据不完全统计，至去年（2003 年）年底，全国提出建设生态城市或花园城市、园林城市、森林城市、山水城市、循环经济城市等生态型城市的已有 135 座，其中包括 2000 年以来被评为“国际花园城市”的深圳、广州、厦门、杭州、苏州、泉州、濮阳等 7 座城市，从这些城市的地域分布特点来看，经济文化发达地区多于经济文化次发达地区；沿海地区高于内陆地区；城镇化水平高的地区多于城市化水平较低的地区。2001 年建设部颁布了《绿色生态住宅小区建设要点与技术导则》（试行），从能源、水、气、声、光、热、绿化、废弃物管理与处理、绿色建筑材料系统等方面提出了生态住宅小区的技术标准。2003 年国家环保总局在生态示范区规划建设实践的基础上又颁发了生态县、生态市、生态省规划建设的试行标准，为规范生态住宅小区、生态县、市、省的建设起了重要的引导作用。生态城市的规划建设应遵循自然生态规律与城市发展规律，以可持续发展为目标、以生态学为基础、以人与自然和谐为核心、以现代技术为手段，综合协调城市及其所在区域的社会、经济、自然复合生态系统，以促成健康、安全、高效、文明、宜人的人居环境的发展。中国城市规划学会、中国生态学会及其专业学术委员会，以及它们的地方学会举办了多次全国性的及地方性的学术讨论与交流活动。其中，有关生态城建设与生态环境规划是讨论的主要热点之一。在新一轮的城市规划中更多的城市提出了建设生态城市或生态型城市的规划目标。中国科学院、建设部山地城镇与区域环境研究中心、中国科学院生态环境研究中心和城市规划设计、环境保护等科研与设计机构，在协助地方进行生态城市规划、生态工程建设、生态环境恢复与污染治理、专业人才培养等方面做了卓有成效的工作，取得了多项研究与设计成果。许多高等院校也把人居环境、生态城市与城市生态系统作为科学研究的方向与培养硕士、博士研究生的选题。通过生态学与城市学的学科交叉和融合造就了一批懂得城市学的生态学专业人才和懂得生态学的城市学专业人才，形成了一支老、中、青相结合的学术研究与规划设计队伍。以上事实充分证明：生态城市的建设在中国有着广泛的思想基础与社会基础，“上不失天时，下不失地利，中得人和而百事不废”（荀子），它符合中国的国情，适应时代的潮流。因此，只有从人类社会的文明发展史和人类住区的历史演变的进程来认识生态城市，才能对它有比较正确、全面的理解。

综上所述，生态城市（Eco-city、Ecopolis 或 Ecological city）是 20 世纪 80 年代以来，随着全球化、信息化、城市化进程的加快和人口、资源、环境问题的加剧而提出来的一种城市发展的新理念。

生态城市是应用生态学原理和现代科学技术手段来协调城市、社会、经济、工程等人工生态系统与自然生态系统之间的关系，以提高人类对城市生态系统的自我调节与发展的能力，使社会、经济、自然复合生态系统结构合理、功能协调，物质、能量、信息高效利用，生态良性循环。因此，生态城市是建立在城市发展与自然演进动态平衡的基础上发展起来的城市，也是生态健康的城市；用中国传统文化理念来理解，也可以称为“天人合一”的城市（The City with Men and Nature in Harmony），即人与自然高度和谐、技术与自然高度融合的人类住区发展的更高形式；也是城市物质文明与精神文明高度发达的标志。建设生态城市不仅关系到社会、经济的生态化和环境的保育，也关系到人类生态价值观的建立和生产方式、生活方式、消费方式的生态化转变，是现代人追求现代文明的一个更高的目标，也是现代城市走向生态文明、实现可持续发展的必然趋势和过程。

生态城市的提出是基于人类生态文明的觉醒和对传统工业化与工业城市的反思，生态城市的生态不是纯自然的生态，而是自然、社会、经济复合共生的城市生态，它包括了人与自然的协调关系和人与社会生产、人与人的协调关系；生态城市的"城市"已经不是一般概念的城市，而是一定地域空间内的城乡融合的"区域市"。生态城市是一种跨学科的城市发展理念，而不是某一种单一的发展形势。中国幅员广大、地域辽阔，生态环境条件千差万别，城镇与区域发展水平也相差悬殊，因此生态城的规划建设也很难用一个标准来衡量，只能是根据不同地区、不同城市（镇）的具体条件，来制定适合于自身特点的生态化发展策略。生态城市的建设，是一个长期的发展过程，需要经过不懈的努力，而不可能一蹴而就，它需要依靠政府的正确决策和引导，更需要全体市民的自觉生态意识和积极参与。

中国的工业化和城市化进程起步较晚，并历经曲折，但从总的历史进程来看，自新中国成立以后的半个多世纪以来，发展仍比较顺利。中国以只占全世界 7% 的土地供养了全世界 22% 的人口，这是人类社会的一件大事；中国加速城镇化和现代化的进程取得了举世瞩目的成就，也是人类社会的一件大事。中华民族大家庭，历五千年而经久不衰，说明中华传统文化有海纳百川的强大亲和力和生命力。只要我们能正视自己存在的问题，并能善于利用后发优势，避免西方发达国家走过的弯路，我们完全有理由相信，今后一定会发展得更好。为此，我们要继续弘扬中华文明的伟大精神，在哲学上要强调人与自然的和谐，反对人类中心主义，树立人、技术、社会、自然和谐的生态文明观；在思想上，倡导生态伦理观，强调公平、公正、平等、共同富裕的原则；在实践上，强调经济、社会发展与环境的协调统一，反对以牺牲环境来求得经济的发展。要坚决避免西方国家以汽车为中心、以化石燃料为基础的大量消耗自然资源的非持续发展模式，走新型工业化的道路；在城市规划与建设中，要从全球化、信息化、多元化的视角，积极探索生态化城市空间结构、能源结构、产业结构、住区结构和交通结构，建立人与自然和谐协调的城市规划与建设的新思路和新模式。最近党中央、国务院提出要树立科学的发展观，实现全面、协调、持续发展。这不仅对弘扬中华文明的伟大精神，建设现代化国家有重要的理论指导意义；同时，对如何正确认识我国存在的城市问题与环境问题、规划建设好生态城市也具有重要的理论与实践的指导意义。

城市是最复杂的人类生态系统，城市永远处于不断发展与变化之中，现代城市生活是人类最丰富、最活跃，也是问题最突出、矛盾最集中的一种人居形式。人类要不断适应发展与变化，就要不断地解决城市面临的矛盾与问题，我们需要学习和借鉴国外的先进理论和经验，更需要创建适合本国国情的理论体系和经验。生态城的建设过程，就是一个不断实践、创新和解决矛盾的生态化发展过程，也是生态城市理论形成与完善的过程。生态城市的建设不仅是自然与社会物质空间的创造过程，更是新文化、新观念、新经济、新秩序的建立过程，只有协调的人类生态系统，才有健康的人类。因此，生态城市的理念应贯彻到城乡规划、建设与管理的全过程。通过生态城市的规划、建设与管理，不仅改造了现有人类住区的弊端，完善了人类住区的形式与功能，同时也改造了人类自己。

4 前景与展望

有关生态城市的理论和规划建设实践，不论在国外和国内仍尚处于初始的探索阶段，随着科学技术的发展与城市化的推进，生态城市的理论与实践，将得到不断发展、充实与提高。

生态城市的内涵及其规划建设的内容比现行常规城市规划编制与建设的内容更为复杂、宽广，它不仅涉及城市的规划和建设，也涉及思想文化教育和精神文明建设；不仅涉及产业结构、基础设施，也涉及生态环境保育和污染的治理；不仅涉及城市本身的空间结构和发展形态，也涉及城市所在地区的规划与乡村的建设；因此，仅依靠现行的规划设计编制办法和管理制度已显得很不适应，需要采取多学科、多专业、多部门的协作配合和群众的参与，不断创新，使生态城规划建设向着更加科学、健康的方向发展，并宜从理论与应用两个方面进一步进行探索与研究：

理论方面：如生态的城市建设的理论体系、生态城市的城乡协调关系、生态城市的结构与功能、生态城市的空间组织与发展形态、生态城市的管理与调控机理等。

应用方面：如生态住区、生态建筑、生态交通、生态产业、生态复建、生态能源和材料、生态城市的绿地生态系统、生态城市的循环系统（水与废物等）、生态城市的规划设计方法等。

21 世纪是城市的世纪，也是关心环境的世纪，“城市未来将决定得越来越多的不仅是国家的未来，而且是整个星球的未来”（加利在 1996 年 6 月 5 日“世界环境日”发表的讲话）。随着全球化与全球变化进程的加快，环境问题的加剧，以及中国加入世贸组织和社会主义市场经济的逐步完善，科学技术的进一步发展，城市的地位与作用的进一步加强，城市的发展和城市问题与环境问题的复杂性、不确定性大大加强，城市与城市、城市与区域、区域与区域、国家与国家之间的竞争和联系也大大加强。因此，要求我们必须以科学的观点、发展的观点、变化的观点来认识城市与环境问题，以新的生态视角和时空观不断探索研究城市与区域发展的理论与实践。建设富有中国文化特色、能体现各地地域特点的生态市、生态镇、生态社区、生态村落，是应对新世纪的严峻挑战，建设生态文明新时代的必由之路。

参考文献：

[1] L · 芒福德 . 城市发展史 [M]. 倪文彦，宋俊岭译 . 北京：中国建筑工业出版社，1989.
[2] 埃比尼泽 · 霍华德 . 明日的田园城市 [M]. 金经元译 . 北京：中国城市规划设计研究院情报所，1985.
[3] （美）R · E · 帕克，E · W · 伯吉斯等著 . 城市社会学 [M]. 北京：华夏出版社 1987.
[4] P · 迪维诺 . 生态学概论 [M]. 李耶波译 . 北京：科学出版社，1987.
[5] 中野尊正等 . 城市生态学 [M]. 孟德政等译 . 北京：科学出版社，1986.
[6] 联合国人居中心编著 . 城市化的世界 [M]// 全球人类住区报告 [M]. 北京：中国建筑工业出版社，1996.
[7] 联合国开发计划署 .2001 年人类发展报告 [M]. 北京：中国财政经济出版社，2001.
[8] 国家环境保护局译 .21 世纪议程 [M]. 北京：中国环境科学出版社，1998.
[9] 国家环境保护局 . 中国 21 世纪议程 [M]. 北京：中国环境科学出版社，1998.
[10] 路遇，腾泽之 . 中国人口通史 [M]. 济南：山东人民出版社，1999.

[11] 2001 年中国人口统计年鉴 [M]. 北京：中国统计出版社，2001.
[12] 袁永熙 . 中国人口总论 [M]. 北京：中国财政经济出版社，1991.
[13] 芭芭拉·沃德，勒内·杜斯 . 只有一个地球 [M].《国外公寓丛书》编委会译校 . 长春：吉林人民出版社，1997.
[14] 世界环境与发展委员会 . 我们共同的未来 [M]. 王之佳，柯金良等译 . 夏堃堡校 . 长春：吉林人民出版社，1997.
[15] 曲格平 . 我们需要一场变革 [M]. 长春：吉林人民出版社，1997.
[16] 冯久玲 . 亚洲的新路 [M]. 北京：经济日报出版社，1998.
[17] 曲格平 . 中国环境问题及对策 [M]. 北京：中国环境科学出版社，1984.
[18] 中国科学院 . 中国可持续发展战略报告 [M]. 北京：科学出版社，2002.
[19] 李文华 . 可持续发展的生态学思考 [M]// 生态学的新纪元 . 中国生态学学会编，2000.
[20] 齐康 . 城市环境规划设计与方法 [M]. 北京：中国建筑工业出版社，1997.
[21] 吴良镛 . 人居环境科学导论 [M]. 北京：中国建筑工业出版社，2001.
[22] 马世骏 . 社会—经济—自然复合生态系统 [J]. 生态学报，1984，4（1）.
[23] 钱学森 . 城市学与山水城市 [M]. 北京：中国建筑工业出版社，1996.
[24] 江美球，刘荣芳，蔡渝平，城市学 [M]. 北京：科学普及出版社，1988.
[25] 费孝通，罗涵先 . 乡镇经济比较模式 [M]. 重庆：重庆出版社，1988.
[26] 于志熙 . 城市生态学 [M]. 北京：中国林业出版社，1991.
[27] 余谋昌 . 创造美好的生态环境 [M]. 北京：中国社会科学出版社，1997.
[28] 吴良镛 . 城市规划设计论文集 [M]. 北京：北京燕山出版社，1988.
[29] 吴志强 . 21 世纪城市规划师宣言（草案）[J]. 规划师，1998（1）.
[30] 黄光宇 . 中国生态城市规划建设之进展 [J]. 城市环境与城市生态，2001.
[31] 黄光宇，陈勇 . 生态城市理论与规划设计方法 [M]. 北京：科学出版社，2002.
[32] 黄光宇 . 田园城市 · 绿心城市 · 生态城市 [Z]. 重庆建筑工程学院城市规划与设计研究所，1989.
[33] 黄光宇 . 城市之魂 [J]. 城市发展研究，1996（3）.
[34] 黄光宇 . 乐山绿心环形生态城市结构新模式规划研究课题总报告 [R]，1993.
[35] 尚玉昌 . 生态学及人类未来 [M]. 北京：中国青年出版社，1989.
[36] 宋永昌 . 迈向 21 世纪建设生态城市 [J]. 上海建设科技，1996（4）.
[37] 王如松 . 城市生态学研究进展 [R]. 中国生态学会城市生态专业委员会学术年会报告，1999.
[38] 何强，井文涌，王翊亭 . 环境学导论 [M]. 北京：清华大学出版社，1994.
[39] 蔡永海 . 以人为本与生命多样化 [M]. 哈尔滨：黑龙江人民出版社，2002.
[40] 沈清基 . 城市生态与城市环境 [M]. 上海：同济大学出版社，1998.
[41] 陈昌笃 . 人类环境安全与全球生态研究，现代生态学热点问题研究 [M]. 北京：中国科学技术出版社，1996.
[42] 马传栋 . 城市生态经济学 [M]. 北京：经济日报出版社，1989.
[43] 杨邦杰，王如松等编 . 城市生态调控的决策支持系统 [M]. 北京：科学出版社，1992.
[44] Michael Carley，Philippe Spapens. Sharing the World[M].London：Earthscan Publications Ltd.，1998.
[45] Richad Register. Ecocities：Building Cities in Balance with Nature[M]. Berkeley：

Berkeley Hills Books，2002.

[46] Doxiadis C.A.，J.G. Papaioannou. Ecumenopolis：The Inevitable City of the Future[M]. Athens Publishing Center，1975.

[47] Ken Yeang .Designing with Nature[M]. McGraw-Hill，Inc.，1995.

[48] Odum，Eugene P.Fundamentals of Ecology[M]. W.B.Saunders Co.，1971.

[49] Peter Katz.The New Urbanism：Toward an Architecture of Community[M]. McGraw-Hill，Inc.，1994.

[50] Richard Register. Ecocity：Building Cities for a Healthy Future[M].Noth Atlantic Books，1987.

（注：本文发表于《城市发展研究》，2004 年第 6 期）

中国生态城市规划与建设进展

1 中国的改革开放与城市科学研究的发展

1980 年吴良镛教授在"研究国情了解世界探索规律"的论文中指出"我们的建筑方向，应当是不断探讨和形成中国的社会主义现代化建筑的道路，这将是一个艰苦的过程。在这个过程中，借鉴西方历史经验，了解世界现状，以提高我们工作的自觉性，减少盲目性；既吸收别人的长处，又避免重复别人的错误，无疑是非常重要的"。[1]1982 年 8 月 28 日在第一次城市发展战略思想座谈会上又提出了"重视城市问题，发展城市科学"的重要主张。1985 年钱学森教授在发表的《关于建立城市学的设想》论文中指出"要解决当前复杂的城市问题，首先得明确一个指导思想——理论"[2]，倡导建立城市科学的牵头学科——城市学。1990 年又进而提出了创立"山水城市"的概念，指出"人离开自然又要返回自然。社会主义的中国，能建造山水城市式的居住区"。两位教授的倡导，高屋建瓴，从哲学与战略的高度为城市科学研究指明了方向，关于山水城市的讨论和建设山水城市的呼声也日益高涨。中国城乡现代化建设的空前规模和伟大实践大大推动了城市科学研究的开展，而我们一方面对中国城乡建设的蓬勃发展、日新月异而欢欣鼓舞，另一方面对面临日益复杂的城市问题和环境危机而忧心忡忡。在沿海地区的大规模城市建设与开发中，不顾生态环境、地质地貌，移山填河，围湖造地；在地形变化丰富的丘陵山区大开大挖、毁林开荒，或沿袭平原地区的修建方式，建造人工平原等破坏自然生态环境的现象到处可见；城镇建设的"千篇一律"，自然、历史、文化特色风貌的迅速消失和生态环境的恶化，越来越引起世人的不安与关注。

2 国内外生态城市规划建设动态

在世界范围内，人类正面临着生存环境的危机。1972 年 6 月在斯德哥尔摩召开的联合国人类环境会议发表了《人类环境宣言》。1971 年联合国教科文组织（UNESCO）发起了"人与生物圈计划"。1972 年中国参加了"人与生物圈计划"的国际协调理事会并当选为理事国，1978 年建立了中国"人与生物圈计划"研究委员会，1979 年中国生态学会成立，并于 1984 年成立了中国生态学会城市生态专业委员会，为推进中国生态学研究的进一步开展和国内外学术交流开辟了广阔的前景。"人与生物圈计划"提出要从生态学的角度用综合生态方法来研究城市问题和城市生态系统，在世界范围内推动了生态学理论的广泛应用与生态城市、生态社区、生态村落的规划建设与研究，并先后召开了多次国际学术讨论会，取得了多项成果。"人与生物圈计划"报告（1984 年）中提出生态城规划的五项原则是：①生态保护策略；②生态基础设施；③居民的生活标准；④文化历史的保护；⑤将自然融入城市。前苏联生态学家 N·扬诺斯基（N.Yanitsky，1984 年）和美国生态学家理查德·瑞杰斯特（Richard Register，1987 年）等学者分别于 20 世纪 80 年代初对生态城市进行了研究，并发表了专著。N·扬诺斯基提出，生态城是一种理想城市模式，其中技术与自然充分融合，人的创造力和生产力得到最大限度的发挥，居民的身心健康和环境质量得到最大限度的保护，物质、能量、信息高效利用，生态良性循环。理查德·瑞杰斯特则认为生态城市即生态健康的城市（ecologically healthy city），是紧凑、充满活力、节能并与自然和谐共存的聚居地，在伯克利进行了生态城市的规划建设实践（"Ecocity Berkeley：Building Cities for a Healthy Future"，1987），并于 1990 年提出了"生态结构革命”（Ecostructural Revolution）的十项计划。笔者在《田园城市·绿心城市·生态城市》（1989 年）一文中认为：生态城市是根据生态学原理，综合研究城市生态系统中人与“住所”的关系，并应用社会工程、生态工程、环境工程、系统工程等现代科学与技术手段协调现代城市经济系统与生物的关系，保护与合理利用一切自然资源与能源的再生和综合利用水平，提高人类对城市生态系统的自我调节、修复、维护和发展能力，使人、自然、环境融为一体，互惠共生。因此，建设生态城市是人、自然、环境和谐发展的最好形式，是城市物质文明与精神文明高度发达的标志，也是城市经济、文化和现代科学技术发展的必然结果，并提出 10 条衡量的标准。随着科技的发展与研究的深入，生态城的概念与内涵将会不断得到充实与完善。

1984 年马世骏、王如松在生态学报上发表了《社会—经济—自然复合生态系统》的论文，1988 年出版了王如松的《高效—和谐—城市生态调控原则与方法》以及王如松、欧阳志云的《天城合一：山水城市建设的人类生态学原理》（1996 年），宋永昌、王祥荣等对上海生态城市建设、城市生态系统与绿地生态系统等开展了多项研究，在城市生态系统与生态城市的理论建树上起了重要作用，引起了学术界的广泛注意。

1985 年笔者等在中国国家星火计划项目四川万源官渡山区集镇综合示范试点规划与设计中应用生态学的原理与方法在生态退化、废弃的破碎荒坡地上通过自建公助和自建自助的方式规划建设贫困山区小集镇，并于 1987 年先后在德国汉诺威大学国际住房年的学术会议上作了专题学术交流和在英国伦敦第 16 届国际建协（UIA）大会上由唐璞教授作了专题报告，得到了高度评价。

1987 年笔者等与乐山市人民政府合作在四川乐山进行了《天人合一：乐山绿心环形生态城市结构新模式》的规划研究与实践，翌年经四川省政府批准实施，其成果及论文“论生态城市概念与评判标准”（Ecopolis：Concept and Criteria）参加了 1992 年在巴西召开的世界环境与发展大会的“未来生态城市”的非政府高峰论坛及展览（Earth Summit the ’92 Global Forum）。[3] 受到国内外的广泛好评，并获联合国技术信息促进系统中国国家分部颁发的“发明创新科技之星奖”与国际建筑科学院颁发的“荣誉证书”。与此同时，中国科学院生态环境研究中心的王如松等与宜春市人民政府合作开展了宜春生态城市整体规划研究与建设工作，取得了很好的成果。而更多的城市如北京、天津、沈阳、马鞍山、四平、秦皇岛等市进行了以提高生态环境质量，防治环境污染为主要目的的城市生态系统的调控与环境保护的对策研究与规划。

生态城市的提出是基于人类生态文明的觉醒和对传统工业化和工业城市的反思，生态城市的生态不是纯自然的生态，而是自然、社会、经济复合共生的城市生态，它包括了人与自然的协调关系和人和社会、人和环境的协调关系；生态城市的“城市”已经不是一般概念的城市，而是以一定区域为条件的社会、经济、自然综合体，在地域空间结构上生态城市不是“城市市”，而是一定地域空间内的城乡融合的“区域市”。“山水城市”、“园林城市”、“卫生城市”、“花园城市”、“森林城市”、“健康城市”、“绿色城市”以及环境保护、园林绿化建设等与“生态城市”的目标既有区别，又有联系，它们都有特定的科学内涵、目标定位与建设侧重，从科学的意义上说前者并不等同于后者，但在遏制生态退化、改善环境质量、减少环境污染、丰富城市景观、提高市民文化素质与生活质量方面都有重要的功效，都能在城乡生态化的进程中发挥重要的作用，都应该加以提倡和鼓励，异曲而同工，殊途而同归，以形成中国百花绽开、万紫千红的城镇建设风貌与特色。中国幅员广大、地域辽阔，生态环境条件千差万别，城镇与区域发展水平也相差悬殊，因此，生态城的规划建设不可能是单一的发展类型和发展模式，应根据不同地区、不同城市（镇）的具体条件，来制订适合于自身特点的生态化发展策略与创建各具特色、多种类型的生态城规划、建设的发展模式。

近年来，上海、天津、哈尔滨、扬州、常州、成都、张家港、秦皇岛、唐山、襄樊、十堰、日照等市纷纷提出建设生态城市，海南、吉林两省提出了建设“生态省”的奋斗目标，并开展了广泛的国际合作和交流。最近中德两国开展的“扬州生态城市规划与管理”的合作研究项目就是其中的一例。生态城市的规划与建设应遵循自然生态规律与城市发展规律，以持续发展为目标、以生态学为基础、以人与自然和谐为核心、以现代技术为手段，综合协调城市及其所在区域的社会、经济、自然复合生态系统，以促成健康、高效、文明、舒适、可持续的人居环境的发展。中国城市规划学会、中国生态学会及其城市生态专业委员会，以及它们的地方学会举办了多次全国性的及地方性的学术讨论会，将学术研究与交流活动推向了高潮。其中，有关生态城建设与生态环境规划是讨论的主要热点之一。在新一轮的城市规划中更多的城市提出了建设生态城市或生态型城市的规划目标。

生态学与其他学科的交叉和融合，正在给人类社会的未来和科学的发展带来巨大的影响。如生态学与社会科学交叉发展了人类生态学、城市生态学、生态经济学和生态伦理学；生态学在面对人类的干扰和破坏了的生态系统的恢复与复建中发展了恢复生态学、保育生态学、景观生态学；生态学与环境科学的结合形成了环境生态学、污染生态学、放射生态学、生态毒理学等。著名生态学家奥杜姆（E. P. Odum）把生态学统称为“科学和社会的桥梁”，“是一门联结生命、环境和人类社会的有关可持续发展的系统科学”（《生态学：科学与社会的桥梁》，1997 年），生态学在城市规划和城市问题的结合中，也必将对城市规划和城市科学产生重大的影响，从而大大促进城市规划和城市科学理论的发展。

3　前景与展望

当前中国生态城的规划与建设仍处于初始发展的阶段。有关生态城的理论、规划的思路、设计的方法和管理的机制都还不够成熟，它需要生态学理论的指导和城市规划、城市生态、环境保护、建筑工程、园林景观、城市经济、城市地理以及文化、教育、公共卫生等专业工作者和城市社会学家的积极参与，特别是政府决策者的鼎力倡导、全体市民的积极参与和建设开发者的积极投入，采取多学科交叉与融合的研究方法，团结协作、大胆探索，不断实践，使生态城规划建设向着更加科学、健康的方向发展。并宜从以下几个方面进一步进行探索与研究[4]：

①生态城市建设理论；②可持续发展与生态城建设的关系；③生态城的评判标准与指标体系；④生态城市的空间结构与发展形态；⑤生态城市的住区；⑥生态城市的交通；⑦生态城市的绿地生态系统；⑧生态城市的循环系统（水与废物等）；⑨生态产业建设与旧有产业结构的调整；⑩生态城的城乡协调关系；⑪生态城的规划设计方法；⑫生态城的管理与调控机理。生态城的建设过程，就是一个不断实践、创新和解决矛盾与问题的生态化发展过程，也是生态城市学理论形成与完善的过程。生态城市的建设不仅是自然与社会物质空间的创造过程，更是新文化、新观念、新经济、新秩序的建立过程，因此生态化的理念应贯彻到城乡规划、建设与管理的全过程，并且需要作出长期不懈的努力。通过生态城市的规划、建设与管理，不仅改造了现有人类住区的弊端，完善了人类住区的形式与功能，同时也改造了人类自己。

新的世纪也将是城市的世纪，面对城市化、人口、环境、资源的巨大压力和严峻的挑战，必须走城乡生态化发展道路，才能实现可持续发展的目标。

参考文献：

[1] 吴良镛 . 城市规划设计论文集 [M]. 北京：北京燕京出版社，1998：8-16.

[2] 钱学森 . 城市学与山水城市 [M]. 北京：中国建筑工业出版社，1996：4，18.

[3] Huang Guangyu，Huang Tianqi.Ecopolis：Concepts and Criteria[Z].Earth Summit the' 92 Globle Forum.Rio De Janeiro.

[4] Huang Guangyu.Urban&Rural Ecologicalization：A Way of Development to Ecological Civilization[Z].Scope EC2000，Beijing.

（注：本文发表于《城市环境与城市生态》2001 年，第 14 卷第 3 期）

要重视山地开发，保护山地生态

我国是一个多山的国家，山地占了国土面积的2/3以上[1]，平原仅占10%。四川省山地面积竟占了97.46%，而平原面积仅占2.54%。人多地少，山地多、耕地少，是我国社会与国民经济发展中的一个突出矛盾。

自改革开放以来，我国城市化速度在不断地加快，城镇人口的比重已由解放初的10.6%增至目前的24%左右。城市人口的迅速膨胀，城镇数量的成倍增加和基本建设规模的不断扩大，使大片的农田被吞没，已造成了对农业生产的严重威胁。据统计，近年来全国每年约有一千余万亩的农田被侵占，平均每年耕地面积以5‰的速度递减。目前，全国人均耕地面积1.4亩（不到全世界人均5.5亩的1/3和美国人均的1/7）。如果长此下去，至20世纪末（人口按12亿预计），全国人均耕地面积将减少到1.1亩，至2025年（人口按15亿预计），则人均耕地面积将只有0.76亩。如四川省合川县是全省的农业大县，1950年全县有耕地面积154.4万亩，至1986年却只有123万余亩，减少了31.4万亩。相当于该县的云门、大石、钱塘三个区现有耕地面积的总和。农业人口平均占有耕地面积由1.94亩下降到0.93亩。耕地面积的锐减，除了城乡建设用地逐年增多外，一个重要的原因是土地没有得到合理的利用，耕地没有得到切实的保护，许多地方在兴办社队企业、农民烧砖、盖房等建设活动中乱占滥用耕地的现象十分严重。

同时，由于我国缺乏对山地的全面系统的规划和科学合理的管理，不少地方出现对山地森林的过量砍伐，矿产资源的野蛮开采，致使植被减少、水土流失，滑坡、崩塌、泥石流等自然灾害不断发生，环境污染越来越严重。如四川省的岷江上游流域，在七百年前还是莽苍的原始森林，森林覆盖率达50%，由于乱砍滥伐，到20世纪50年代森林覆盖率下降为30%，至70年代末下降为18%，由此导致了山地生态环境的明显变化，使植被减少，水土流失加剧，山地灾害频繁。近年来，全国许多地区的酸雨污染也有发展趋势，据重庆环保部门测定，1987年城区降雨的pH值达4.09，酸雨频率85%以上，二氧化硫和酸雨的污染成为全国最严重的城市之一，农业生态遭到不同程度的破坏，水土的流失越来越严重，据估计污染造成的损失约年均1.9亿元，如不采取有力措施，预测2000年城区二氧化硫浓度将接近“伦敦烟雾事件”的水平。这一切，已经构成对我国生态环境的又一严重威胁。随着我国城市经济的快速发展和城市人口的不断增多，已使我国很多城市的居住环境质量明显下降。那么，出路在哪里呢？在合理利用我国的土地资源时，重视山地的开发和山地生态的保护，加强山地灾害防治的研究，则是一项具有重要战略意义的治国固本的根本措施，切不可等闲视之。同时，为了更好地解决亿万居民的居住问题，改善环境质量，节约用地，保护耕地，开发利用山地、坡地、荒地，将是今后城乡建设的必然发展趋向。

山地，不仅在我国而且在世界分布都很广，日本、前苏联、印度、尼泊尔等国和欧洲等地区的许多国家，都很重视山地资源的开发、山地生态的保护和对山地城镇规划建设的研究工作。如日本提出“不能治山，就不能治国”的口号，并先后制定了《治山治水紧急措施法》、《陡坡地带农业振兴临时措施法》、《山林振兴法》、《森林法》等一系列利用开发山地和保护山地生态、发展山区经济的政策法令，日本的山区面积占国土面积

1　这里指的山地是广义的，包括山地、丘陵和崎岖不平的高原。

的80%以上，全国农户约有40%居住在山区，如本州中部800m以上的山地称为“高冷地”，过去由于生产条件很差，生产水平低，农民生活比较贫困，经过多年的开发整治，不仅保护了山地生态，而且已经建成了旅游、畜牧、蔬菜、水果综合发展的生产基地。1972年，这个地区农户的收入有的就已达175万日元，比当年全国平均的55万日元还高出3倍多。又如北欧的瑞士，高山地带占国土面积的2/3，境内南部是阿尔卑斯山，西部是汝拉山区，中部是高原地带，瑞士采取国家、州、地方三级协同，鼓励山地综合经济开发的政策，1975年，瑞士政府制定了山区开发法案，指定将经济不发达的50个山区作为开发重点区，帮助制定包括农林业、旅游业、工业和商业等发展规划，并由政府提供5亿瑞士法郎的贷款，同时还提供用于开发小区的研究经费，总额为2.3亿瑞士法郎，占国民生产总值的1.5% ~ 2.0%。

近年来，在国际上相继建立了许多有关山地开发研究的学术组织。1974年，国际发展基金会和国际地理学会山地地理委员会在慕尼黑举行了国际山地环境发展会议，揭示了世界许多地区人口增长、森林破坏、侵蚀加剧、环境恶化的严重情况，发表了慕尼黑宣言。1980年联合国教科文组织成立了国际山地学会（IMS）并出版了《山地研究与开发》杂志。1983年又成立了国际山地综合开发中心（ICIMOD）。美国、前苏联、联邦德国、尼泊尔等国都先后建立了山地研究的专门机构。人们越来越清醒地认识到：能否保持山地生态系统的平衡与稳定，是当今世界性的首要问题。正如国际山地学会主席、著名山地生态学家J·D·凡弗斯教授所说的，人与山的关系，从来没有像最近四分之一世纪以来显得如此重要，人类未来的生存，取决于山区的开发和保护。

遗憾的是，我国山地研究工作，至今还没有引起应有的重视，对于全国的山地至今还没有一个全国系统的规划和科学管理的方案。要做好山地的开发利用和保护工作，首先应该引起各级决策部门的重视，并应建立相应的研究机构和学术组织，加强对山地的综合开发和研究工作。

由于我国山地分布很广、情况千差万别，山地的生物资源、自然景观与生态条件，不仅表现出明显的地域差异，而且由于山地小气候的影响，在同一区域的不同海拔高度，变化迥异。因此，应根据不同地区的不同情况，采取不同的开发政策。应加强我国国土的整治和综合规划工作，正确处理人类活动与自然生态的关系，趋利避害，发展山区的综合经济，使山区的自然资源得以合理利用。

在山区的城、乡规划建设中，要研究探索符合山地生态特点的居民点分布体系和城镇布局结构形态，避免不利于山地生态环境保护的“建设性破坏”或“破坏性建设”。要开展对山地灾害的综合研究，制订科学有效的减灾防灾的对策与措施。在基本建设工作中，要坚持贯彻节约用地，尽量不占良田好土和利用山地、坡地和荒地的方针。

由于我国山地，多处于穷乡僻壤的地区或边远的少数民族地区，人口密度较低、交通不便、文化技术落后，经济发展缓慢，有的地区气候寒冷、植被稀少、自然环境条件恶劣，单靠自身的能力难于发展。必须采取积极措施，制定相应的政策，鼓励和扶植山区的发展。例如，地处川、陕、鄂三省交界的大巴山区，这里蕴藏着丰富的自然资源和矿产资源，但过去经济发展缓慢，农民生活贫困，由于山林的过量砍伐、植被减少，使生态环境受到很大破坏。三中全会后，国家采取措施，从财力和技术上扶植其发展，并鼓励高等院校、科研机构与该地区建立协作联系，支援山区经济的发展，如帮助万源县官渡区先后办起了水泥厂、大理石加工厂等工业企业，建立了全国第一个由农民自己集资修建的铁路装卸站场，并大力开发木芋、核桃、猕猴桃、板栗等山区果木和发展松、杉等经济林木，发展野生、家养动物资源，使山区经济得到综合发展。使该区由过去的“三靠”经济落后区（农业生产靠贷款、生活靠救济、吃粮靠返销），一跃而成为全县的先进区，人平年均收入由三中全会以前的 111 元增加到 1986 年的 597.54 元，居全县第一位。由于经济的发展，农民迫切要求改善物质与文化生活条件，1987 年，农民自己集资和地方贷款，利用破碎的荒山、坡地新建了学校、住宅、医院、商店等建筑，使生活居住环境得到很大改善。

要鼓励大专院校的毕业生和工程技术人员去山区工作，为开发建设山区贡献自己的聪明才智。这些年来，来自山区的大专院校学生毕业后回山区工作的寥寥无几，国家应从政策上采取措施，改变这种不正常的现象。

山地开发和保护，是一项庞大而复杂的系统工程，它涉及许多学科领域和产业部门，诸如：山地生态学、山地气候学、山地景观学、山地城市学、山地建筑学、山地灾害和环境保护等学科和地质、矿产、水利、农业、工业、交通运输、旅游、建筑、环保、教育等部门，需要开展多学科的研究和多部门的协作配合，逐步建立具有我国特点的山地研究的理论体系与学科体系，并建立健全的山地开发保护的各种法规和管理制度。

为了培养山地开发研究的专门人才，有必要在我国某些多山地区，如西南、西北、东北等地区的高等院校和科学研究机构建立以山地开发、保护为重点的研究中心与学科教育体系，积极培养山地的建设与研究人才。

（注：1989 年《瞭望》周刊第 21 期以“要重视山地的开发和保护”为题，刊登该文的主要内容）

重构城市发展与自然演进的平衡，实施可持续发展

在农业文明时期，城市发展缓慢，城市与自然环境的演进处于相对平衡的状态。工业文明和工业化的发展，打破了这种平衡，人类改造自然的能力超常发展，征服自然、掠夺自然的思维欲望无限制膨胀，人类赖以生存的全球环境面临空前的威胁。

中国自改革开放以来，城市建设和社会经济取得了举世瞩目的发展成就，人民的物质和文化生活水平得到了很大的提高，但城市的发展与自然的演进严重失衡，生态环境问题愈益突出，城市远离了自然！

为挽救生态环境的破坏，克服城市发展的生态危机，人类首先必须以谦恭、友好的态度尊重自然，呵护自然，并对城市用地及其周边地区自然的演进过程进行认真的调查与分析，认真研究城市开发建设与自然演进过程的相互影响与联系，重构城市发展与自然演进的平衡机制。而这种平衡机制的建立首先应体现在城市生态安全的基本要求，体现在社会、经济生态系统与自然生态系统动态平衡的基础上，即城市人工生态系统与自然生态系统之间物质、能量循环机制的建立。必须在社会、经济、文化、教育、政策与管理各个层面都要体现尊重自然、与自然环境之间和谐、协调、互惠共生的关系，为此，我们需要在以下几个方面进行不懈的努力：

（1）倡导"和谐"的哲学理念。"天人合一"、阴阳相济、虚实相生，是实施可持续发展、重构城市发展与自然演进平衡机制的重要思想基础。"天人合一"的哲学思想起源于我国古老的农耕文明，它蕴涵着丰富的生态学哲理，在我国古老的儒、道、释的思想与教义中都有充分的体现。儒家的"天道"、"人道"合一，指明了人与自然相互影响、互相制约的关系（"天道"是指自然界的现象和运动变化的规律，"人道"是指人应该遵循的道德规范和行为准则，人应该遵循自然客观规律），道家的阴阳五行、风水理念，《道德经》中的"人法地、地法天、天法道、道法自然"，佛教教义中的因果报应、众生平等，认为人类与自然环境和谐、协调才能共享太平、共存共荣。这些思想、理念都是体现了人与自然的和谐、协调、共生关系，它和我们今天所提倡的生态文明精神和可持续发展理念是一脉相通的。

（2）尊重城市的历史文脉与地域文化，复兴被冷落、被遗忘或被破坏了的城市历史场所，找回失落的空间，重新唤起对城市历史的记忆。实现城市现代化与城市地域化、个性化相结合。

我国地域辽阔，自然景观多姿多彩，城市类型丰富多样。在迅速工业化、城市化的过程中，由于缺乏对自己民族文化的尊重，城市传统历史风貌遭到了严重破坏，城市的个性正在逐步消失，引起了各地政府、市民群众的关注和国内外学术界的重视。曾经11次访问过中国的英国皇家建筑学会前主席帕金逊（Parkinson）曾多次指出："在我看来，全世界有一个很大的危险，我们的城镇正在趋向同一个模样，这是很遗憾的。因为我们生活中的许多乐趣来自多样化和地方特色。我希望你们研究中国文化城市的真正原有特色，并保护、改善和提高它们。中国历史文化传统真是太珍贵了，不能允许它们被西方传来的这种虚伪的、肤浅的、标准的、概念的洪水所淹没。我确信你们遭到了这种危险，你们需要用你们的全部智慧、决心和洞察力去抵抗它"。帕金逊的忠告，应该引起我们的深思和警惕。

（3）建立大地园林化、城乡一体化，城乡互动、互惠共生的协调关系，实现城乡生态化。

城市和乡村的关系是社会发展过程中始终相伴而生的一对既矛盾又统一的基本关系。从欧文（Rowen）、傅立叶（Fourir）等空想社会主义到盖迪斯（P.Geddes）、霍华德（E.Howard）、芒福德（L.Munford）的现代城市理论，都是把建立协调的城乡关系作为城市研究的主要课题。盖迪斯较早地提出区域规划的学说，视城市和区域为一有机整体，城市不可能孤立地存在和发展，它必然与所在的区域发生联系。霍华德的花园城市理论是协调城乡关系的一次大胆的尝试与创举，他试图通过“花园城市”（田园城市）这一特殊的城市发展的结构模式来协调城市与乡村、集中与分散、人造环境与自然环境的矛盾。正如芒福德在《城市发展史》这本巨著中所指出的，花园城市的重要意义不在于它有花园和绿地，它与别的城市的全然创新之处在于它通过一个组织体对错综复杂的情况加以合理而有序的处理，以建立平衡与自治，维持内聚力协调和谐。

我国在国民经济建设中，国家非常讲究正确处理城乡之间的关系，主张工农结合、城乡结合、有利生产、方便生活，城乡兼顾，建立城乡互利互动关系。新中国成立前夕，毛主席在党的七届二中全会上就明确提出城乡必须兼顾，必须使城市工作和乡村工作、城市和乡村紧密地联系起来。“一五”时期，在工业选址中，强调合理分布城市人口和工业，以促进地区的均衡发展，1958 年，毛主席还提出过实现“大地园林化”的构想。“大地园林化”的构想与盖迪斯、霍华德等西方现代城市规划理论先驱们的构想有其相通之处，我国要实现从农业大国向现代工业强国的转变，实现城乡生态化、大地园林化、城乡互动、互惠共生的协调关系，对建立城市发展与自然演进的平衡机制具有特别重要的意义。

（4）建立城市的绿色平衡体系。加大公共绿地面积，增加城市绿地覆盖率，如努力做到人均公共绿地面积不少于 $10m^2$，绿地覆盖率不低于 35% 的基本要求，城市应普遍建设森林公园，增加居民的户外活动空间场所，充分发挥绿地系统的综合生态服务功能。

（5）建立人与生物互惠共生的协调关系。生物多样性是人类赖以生存的物质基础，也是城市生存的基本条件，但是在迅速城市化的过程中城市与区域的生物多样性正在遭受严重的破坏。保护城市及其周边地区的生物多样性对于维持城市与区域的生态平衡具有重要的作用。因此，必须充分考虑生物多样性及其生存发展栖境的需要。

（6）要像珍惜生命一样地保护城市与区域的山水体系。由山脉、水系、森林植被、郊野荒地、湿地、滨水岸线等组成的自然生态系统是人类和生物赖以生存、发展的物质基础。同时，以上开敞的绿色空间、生物多样性富集区，也是开展学习、教育、休闲、观赏、文体、旅游的重要场所，因此，必须尽最大的努力，谨慎地加以保护、合理地开发与利用。

（7）树立健康的生态价值观。发展生态产业，推广生态建筑、生态住区、生态出行与交通、生态材料，提倡生态化生产方式和消费方式。发展低（无）污、低（无）废、低耗，逐步走上清洁生产、绿色消费之路。

（8）根据自然生态规律和城市发展规律，合理组织城市空间结构，引导城市构建健康的发展形态，优化城市资源配置。中国是多山的国家，山脉水系、河湖水面十分发达，中国传统城市和建筑文化中，非常讲究城市选址、城市布局、建筑设计、修建与自然山水环境的结合，达到“不出城郭而获山水之怡，身居闹市而有林泉之致”的意境，将自然环境与人工环境巧妙地结合起来，从而构建有利于市民身心健康的城市发展形态。

（9）降低不可再生资源的消耗，利用天然能源和可再生资源。提高资源的综合利用水平，建立固体废弃物和污水、废水重复利用的循环机制，《封闭的循环》（1997 年）一书的作者美国生态学家巴里 · 康芒纳（Barry Commoner）指出：“中国目前也面临着犯我们 50 年前在美国所犯的错误的危险。但是历史使中国有机会从这些错误中吸取教训，从而使其新经济的发展建立在电力机动车、太阳能和其他非污染的生产技术之上。”正是这样，我国正在认真吸取工业化国家的经验教训，利用后发优势，积极努力地降低不可再生资源的消耗，利用太阳能、风能等天然资源和可再生资源，提高资源的综合利用水平，为建立污水、废水的重复利用循环机制而作出重大努力。

（10）建立城市发展与自然演进平衡机制的监控与管理机制。

参考文献：

[1] 国家环境保护局译 .21 世纪议程 [M]. 北京：中国环境科学出版社，1993.

[2] 国家环境保护局 . 中国 21 世纪议程 [M]. 北京：中国环境科学出版社，1996.

[3] I · L · 麦克哈格 . 设计结合自然 [M]. 芮经纬译 . 北京：中国建筑工业出版社，1992.

[4] Richard Register. Ecocity：Berkeley [M].North Atlantic Books，1987.

[5] Wang Rusong. Process of Urban Ecology Studies[Z]. Academic Annual Meeting Reports of China Ecology Socity Urban Ecology Specialty Commission，1999 .

[6] Huang Guangyu. Huang Tianqi. Ecopolis：Concept and Criteria [Z].Earth Summit：The Global Forum Riede Janeiro，Brazil，1992.

[7] Huang Guangyu.Garden City — Green-Core-Ring City [Z].CIAE，1989.

[8] Huang Guangyu.Integration of Man and Nature — A New Conception of the Green-Cored Ring Ecopolis of Leshan[Z].

[9] Huang Guangyu. Urban & Rural Ecologicalization：A Way of Development to Ecological Civilization[Z]. Scope EC 2000，Beijing.

（注：本文是作者于 2002 年 11 月在中国城市规划学会年会上所作的主题发言）

·山地城市规划研究·

山区城市的布局结构

在一定的生产发展水平与技术经济条件下，城市的自然地形与周围环境条件对城市的分布与布局结构往往可以起决定性的影响，而自然地形与环境条件本身又往往可以构成城市的鲜明形象与突出特征，成为城市面貌的重要组成部分。这种情况，特别在山区城市中表现得更为明显。

我国山区面积占有很大比重（习惯上所说的山区包括山地、丘陵及部分崎岖不平的高原），全国2100多个县城中就有56%分布在山区。山区自然地形条件比较复杂，城市规划考虑的因素比较多，难度也比较大。因此，加强对于山区城市布局结构的研究，掌握它们的发展规律，对搞好山区城市的规划与建设，是个很重要的问题。

有山必有水，有山脉蜿蜒，必有河谷纵横。因之，山区城市往往分布在山水相连、水际交通便利之地。由于山、水的交互作用，既给城市规划与建设带来了许多困难、复杂的因素，也给城市带来许多优越、有利的条件。规划师和建筑师的任务，就是要充分利用这些有利条件，发挥有山有水的优势，克服不利的条件，创造出丰富多彩的山城面貌。

由于山区城市地形条件复杂多变，城市用地往往被山脉、江河、冲沟、丘谷所分割，高差起伏较大，城市的布局结构在很大程度上不能不受到自然条件的制约，不可能像在平原地区那样采取集中紧凑连片的布局形式；而是必须结合自然、因地制宜地进行规划布局，采取有机松散、分片集中的规划布局手法。根据山区自然地形特点与环境条件，这种有机松散、分片集中的城市布局结构，归纳起来有以下四种形态。

1　组团式布局结构

在山区由于山地、丘陵、江河、沟谷等自然地形的影响，有的城市不可能集中连片，而是结合地形条件分成几块，使城市的分布呈组团式状态。这种情况，比较多地出现在山区丘陵地区两条河道的交汇口，或河流环绕蜿蜒的山峦地带，如宜宾、绵阳、合川、北碚、涪陵、遵义等均是。由于用地限制，一般组团的规模不是很大（1万～10万人），组团的数目也不太多(3～6个不等)。因此，这类布局结构的城市规模多数是在5万～25万人，随着技术经济条件的发展，这种布局结构的城市规划将有进一步扩大的趋势，组团之间的关系与联系也将会得到进一步的加强。

城市的工业按性质和技术经济要求相对集中，成组布置，每块配置相应的居住区和生活服务设施。组团之间保持一定的距离，并由公路、铁路或水运连接。城市道路系统依山就势，成自然式布局。居住区的划分和形状较多地受自然地形轮廓线的影响而比较自由灵活。

例如宜宾市（图1），位于四川境内长江上游，现有人口23万人，城市由5个组团

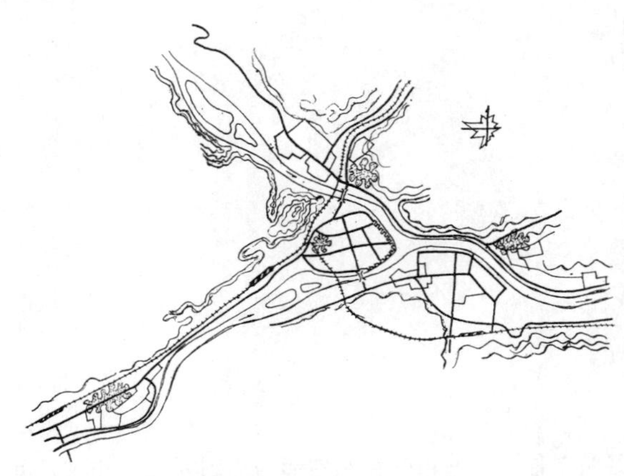
图 1　组团式城市布局结构示例

组成。两面临江，一面靠山，沿江两岸地形比较复杂，发展受到限制，城市布局以宜宾旧城为中心，沿两江及铁路的三个方向发展，形成了组团式的分散布局。在旧城上风、上游的南、北两个方向布置了以机械工业为主的工业小区，在旧城下风、下游以东的沿江两岸，布置了以轻化工业为主的工业小区。职工的生产与生活居住基本上可以就地解决。各个工业区离旧城 3 ~ 8km，有公路、桥梁、铁路和水运联系，交通比较方便。各区之间有农田、果园、山丘、绿地和江河相间隔，环境条件良好。

这种松散的布局结构，虽然可以为城市创造一定的有利条件，但市政工程设施比较分散，区际交通联系不便。因此，在这类城市的总体规划中，工业的布局不宜太散，工业的性质、类型也不宜太多。应根据工业的性质，在松散布局的基础上尽可能地紧凑集中，成组配置，或组成工业小区；每个组团必须具有一定规模，不宜太小，而确定每个组团的最小规模的限度主要取决于下列两个基本的因素：

（1）应能满足为居民设置完整的公共生活服务设施、文化教育设施、市政设施和建设管理的最低经济规模的要求；

（2）应能满足适于工业生产就地协作的合理规模的要求。

在三线建设中，许多地区和部门在极“左”思潮的影响下，工厂的选点不讲科学与经济效果，分布得很散，不仅各个企业，甚至一个工厂也要拆得七零八落，布置在各条山沟里，出现了所谓“夹皮沟”中“羊拉屎”的布局方式，使本来就已经比较松散的山区城市的布局结构显得更加分散、零乱。如四川资阳 431 厂，六个分厂布置在成渝公路两侧附近的两坝、十二条山沟，绵延在 12km 的地带上。又如四川重庆因工厂布局过于分散，重庆施家梁工业点规模不到 2000 人，无法设置一套居民生活服务设施，职工购买日常生活用品只好长途跋涉，到 15km 以外的北碚市区去购买。这不仅增加了辅助设施和市政公用工程配套建设的困难，而且给生产、生活、管理造成极大的不便。

为了克服由于地形复杂和江河阻隔带来的生活和交通的不便，应设法加强各组团之间在水平方向与垂直方向的交通联系，妥善选择架设桥梁、索道或缆车的位置。如两岸企业单位和居民较多，交通联系比较频繁，或垂直高差很大，还应考虑有复线交通联系和设置两座乃至多座桥梁或缆车的必要性。这不论对于平时的交通流畅和战时或灾时的应急安全疏散都是重要的，在城市的总体规划布局上应该加以考虑，并创造条件逐步加以实现。

2　带状布局结构

在山地丘陵地区，由于受高山、狭谷和江河等自然条件的限制，有的城市常沿江河的一侧或两岸或沿谷地的狭长地带伸展，形成带状的布局结构，如兰州、青岛、万县、康定、丹东、西宁等。

这种城市布局结构的主要特点是结合自然地形带状发展，并有一条主要的交通干线贯穿全城。城市平面结构与交通流向的方向性较强。这种布局形态的城市，其发展规模必须根据用地条件加以合理控制。城市市区不宜拉得太长，规模不宜过大，否则，将使工业区与居住区等形成交错布置或使前后各部分的交通联系发生困难。城市的公共活动中心应布置在适中地段或接近几何中心，使各区的人流都能方便地到达。

如果城市规模继续扩大，就要考虑建立分区平衡的结构布局体系，使居民的生产、工作和生活活动控制在分区范围内进行，减少大区域或全市性的人货流量。除了全市性公共活动中心以外，还应建立次一级地区中心，起分散全市性公共活动中心的功能，变单一的市中心为多中心的结构，在一定地区范围建立相对平衡的副中心，以减少狭长方向的交通压力，方便居民生活。此外，工业与对外交通设施不宜将城市用地的两端作堵塞封闭式的布置，而应作敞开式的布局，使城市的总体布局结构具有灵活性，留有发展余地。工业的布置要严格注意风向与河流流向的关系，避免城市受工业“三废”污染。特别是当城市的主导风向与水流的流向两者不一致时，更要慎重处理。同时，在谷地布置工业时还要特别注意地区小气候的特点与影响，避免将有害气体的工业布置在涡风地带，或将散发大量热量的工厂布置在居住区的上风地带。

我国西北高原的兰州市，就是一座典型的带形城市。新中国成立后，经过多年建设，目前兰州市已发展成为以石油、化工、机械为主的重要工业城市，人口已由解放初的十余万发展到八十余万。由于工业和人口的迅速发展，使城市建设在用地、交通和环境污染等各方面的矛盾越来越突出，城市只能沿黄河河谷地带向东西两侧伸展，形成市区东西长达 50km 的带状城市的布局结构（图 2）。

为了解决东西交通拥挤、南北交通不畅和市区继续扩大、环境污染等问题，城市行政管理和规划部门从城市总体规划布局上首先宜严格控制市区工业的继续发展，限制城市继续往东西两端延伸，开辟与建设远郊工业点和卫星城镇；加强黄河南、北两岸与东西方向的交通联系，开辟复线、增设桥梁；加强对工业“三废”的综合利用和治理；同时，根据兰州盛产蔬菜、瓜果和地形的特点，在城区保留了一定数量的用地、滩地和台地，作为城市蔬菜、瓜果生产基地，形成了城、郊相间，工、农兼顾的优越条件，在一定程度上改善了环境，使城市的各种矛盾得到缓和。

3 串联式结构布局

在山区地带，或由于丘陵蜿蜒起伏，或由于河道弯曲回转，有的城市会形成一个以中心城市（镇）为核心、若干个城镇连续分布的城镇群，城镇之间保持有较大的间隔距离，并由公路、铁路或河流将它们串联起来，如内江、自贡、乐山、渡口等市。

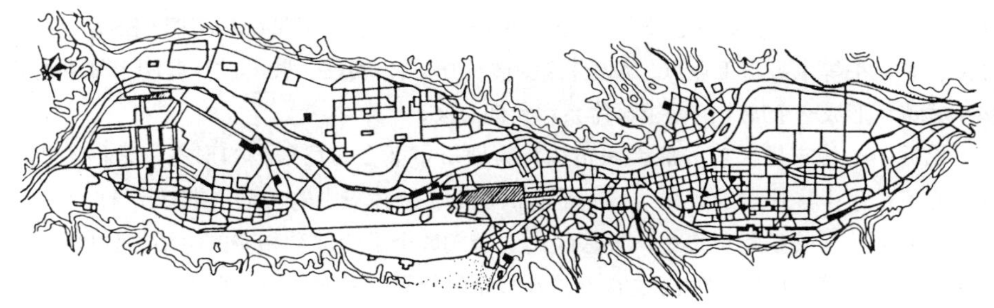

图 2 带状城市布局结构示例

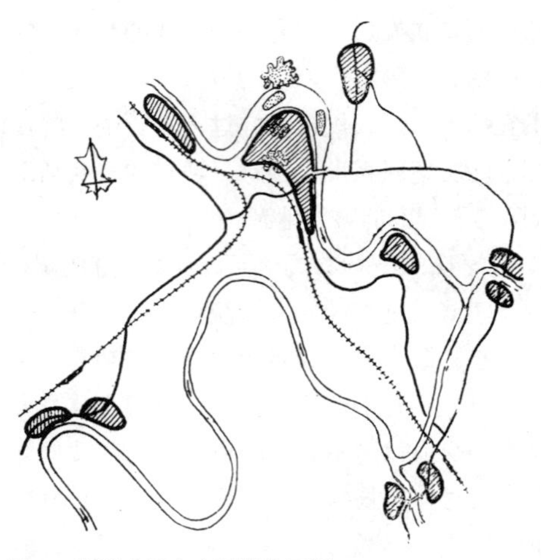
图 3　串联式城市布局结构示例

这种分散布局的城镇群形态，能够灵活地适应地形的变化而使城市的结构具有较大的伸缩性，城镇继续发展也不易连成一片。由于各城镇之间保持了较大的间隔距离，城镇周围有大片农田、绿地或丘陵，有良好的环境；城镇与郊区农村的关系密切，有利于工农业的相互支援；城镇居民能就近便利地得到蔬菜和副食供应。

例如，地处四川盆地中部、沱江沿岸的轻工业城市内江（图 3），城市总体布局充分依托沿江原有的东兴、椑木、白马、茂市等小城镇，形成以内江旧城为核心的串联式分散布局。各个城镇之间以公路和铁路相联系，各城镇距离中心城 3 ~ 12km。每个城镇工业点配置一两个主导工业。各个城镇的性质、功能和发展方向十分明确。

但由于每个城镇相距较远，因此应尽可能建立各个城镇本身的相对稳定平衡的布局结构，使工作学习、生活居住尽可能在本城镇得到平衡，使每个点具有较强的相对独立性。而要达到以上的要求，关键是要防止工业的零散布点，并使每个工业点具有一定的规模。要特别注意工业按性质及协作要求尽可能做到相对集中、成组配置，切忌让工业企业沿江河两岸及干道沿线任意发展延伸。同时，要防止有害工业对城市及周围农村和河湖水系的污染，注意环境保护。

4　星座式布局结构

在经济比较发达、自然条件比较复杂的山区大城市，城市的布局结构往往呈星座式的发展形态。城镇居民点由中心城市逐渐向周围地区作跳跃式分布。

例如我国著名山城重庆市，就是在特定的自然地形和环境条件下形成了星座式布局结构。重庆市地处四川盆地的东南边缘，境内有长江和嘉陵江奔流而过，又有歌乐山与真武山纵贯南北，将城市用地自然地分割成几片，山水相依、蜿蜒回转、景色秀丽，构成了大山城雄伟、秀丽而富于表现力的城市自然景观。这既是山城平面布局结构的基础，也是山城空间艺术构图的前提。

新中国成立以来，重庆市工业发展很快，成为大西南重要的经济中心和基础雄厚的工业重镇。重庆大山城的城市布局结构的特点是以分片集中的中心城市（即市中区、江北、南岸、沙坪坝、大渡口、九龙坡等区）为核心，向周围地区分散布点的星座式结构形态。在中心城市周围建立了綦江、长寿、西彭、北碚、双桥等五个卫星城和南桐、松藻、打通、寸滩、唐家沱等十多个工业点，加上行政所辖的巴县、綦江、长寿、江北四个郊县的众多小城镇，形成一个庞大的城镇群体系和大都会区。

山城中心城市地区与一般大城市或特大城市市区在布局结构的形态上是很不相同的，它不是集中连片式的布局结构而是有机松散、分片集中的布局形态（图 4）工业按不同性质与协作关系相对集中，各片区由一个或数个工业区和相应的生活居住区组成，片区之间有河流、山脉、冲沟或农田、公园绿化间隔，与旧城中心区保持一定的距离。这种布局结构形态的好处是：

（1）有利于建立分区平衡的体系。职工劳动就业与居住、文化、休息等活动基本上可在本区内得到解决，有利生产、方便生活。

（2）可以缓和大城市的交通压力，从而减轻大城市各种交通设施的负担。例如，重庆市除市中区和沙坪坝两个片区以外，其他各区居民上下班、上学、购物，大多可用步行方式，不必使用公共交通即可到达（当然也可以乘车），大大减少了城市的交通量。

（3）片区之间利用自然条件的阻隔，保留了大片绿色隔离地带及农田、菜地，形成了城乡相间、工农结合的有利条件。

（4）片区之间，保留大片隔离绿带与空地，对于缓解热岛效应、改善山城的气候条件和城市景观，也有重要的作用。

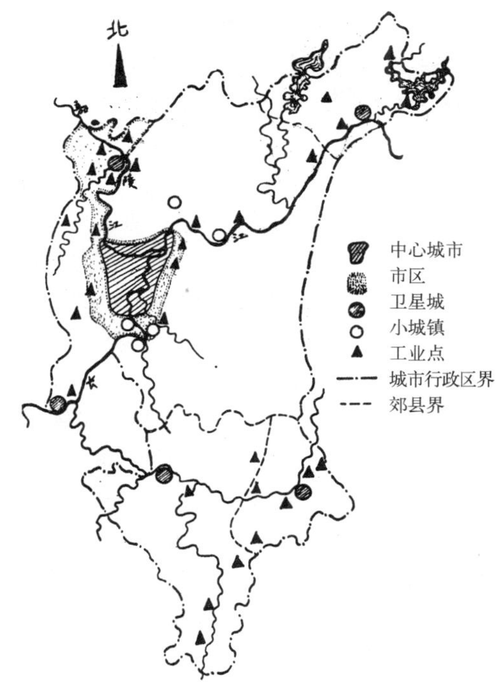

图 4　大山城星座式结构示例

（5）这种布局形态，可以较好地解决城市发展中的整体与局部、近期与远期的矛盾，使大城市建成区的布局结构具有更大的灵活性，即使在局部地区布局有所变动，也不致牵动全市的总体布局结构。组织结构具有较大的适应性。

值得注意的是，重庆大山城这种特有的布局结构形态，既不完全相同于一般大城市或特大城市地区的卫星城镇的布局结构体系，也不相同于大中城市集聚地区的布局结构体系，又不同于前述常见的山区城市一般的布局结构形态；但同时，它又兼具以上三种不同类型城市布局形态的特点，是上述三种不同城市发展类型的综合。这种规划布局结构，不仅兼具以上各种布局结构形态的优点，而且蕴藏着巨大的城市发展潜力。随着今后工业化和城市化的进一步发展，这种有机松散、分片集中、就地平衡的布局结构形态将会越来越显示它的时代的适应性和强大的生命力。

由于山城重庆是在旧城的基础上发展起来的，过去工业的分布就比较混乱，在很长时间里城市规划与管理工作比较松弛，使大山城的城市布局与建设仍然存在着不少的问题，工业结构布局的调整也需要有较长的过程。为了进一步改善大山城的空间布局，缓和当前城市建设的矛盾，并为长远的发展创造更好的条件，在城市规划布局上应着重做好以下几个方面的工作：

（1）合理调整中心城市七个片区的布局，严格控制市中区（半岛部分）的发展。按总体规划的功能分区要求逐步调整中心城市的功能结构，突出其商业、金融服务的功能，合理调整并疏散部分工业及企事业单位和人口，进一步建立和完善分区平衡的结构体系。并根据山城用地、地形特点及景观条件，合理地提高建筑层数，降低建筑密度，增加绿化面积，改善城市生态环境条件。

（2）从规划上采取有效措施，加速多中心结构体系的形成，以代替早已不适应的单一中心的结构形态。

（3）加强周围地区卫星城镇及工业点的建设。应该从规划上、投资上、建设标准上以及从政策上采取优惠措施，把城市远郊卫星城镇首先建设好，使卫星城镇真正具有吸引力，逐步形成在经济上具有一定特点的大、中、小相结合的地区城镇居民点体系。

（4）严格防止中心城市七个区连成一片。必须采取坚决有效的措施，在市中区与沙坪坝、杨家坪与九龙坡以及江北、南岸沿江地带的大片区域利用山脉、河流、山峦、沟壑等自然屏障或利用农田、森林、果园、绿地建立永久性的隔离带。防止各片区无计划地蔓延。这是能否保持重庆大山城所特有的规划布局特色的关键所在。

这种隔离绿带，也是作为城市永久性的开敞空间，应该与两条大江垂直相接，并从江岸一直延伸，与纵贯全城南北的歌乐山、真武山山脉相贯通。它们不仅在大山城的规划布局上起结构作用，而且对于改变山城的炎热气候将会起重要的调节作用。隔离绿带设置方案的具体设想：在两条山脉所夹的城市建成区中部地带，垂直于嘉陵江（与城市的主导风向基本平行）建立纵贯全城的南北向隔离绿带；在垂直长江方向建立五条横贯全城的东西向隔离绿带。

（5）重视山城地下空间的开发与利用。发展地下空间，可以减少城市建设与农业争地的矛盾，可以腾出地面空间以改善城市的地面环境。由于山城有利的地形、地质条件和劳动技术条件，发展地下空间更具有广阔的前景。应将地面布局与地下布局紧密结合起来，统一规划。

（6）加强环境保护与监督管理。加强工业内部的调整、合并与改组，搬迁有害工业和不应在原地继续发展的工业。改革城市居民的燃料结构，切实保护两江水体和清洁的空气。

由于重庆地处长江上游，下游城镇居民点分布密集，因此从根本上来说，应从两江流域规划着手，合理配置流域沿线的工业和城镇。应严格控制在两江的中上游配置对两江水质有严重污染的化学工业和其他工业，这是解决山城环境污染、提高环境质量的重要措施。

综上所述，城市布局就是在一定的自然环境下，为全面满足人们的社会生产和生活需要而创造的活动空间，而山区城市上述四种不同的布局结构类型，就是在山区特定的用地条件和社会历史经济发展条件下的产物。其城市形成与发展的基本特征则表现为分片集中的城市（镇）群分布形式。不论是哪一种城市的布局结构形态，它们的基本特点都是在松散条件下的集中。松散是山区自然条件影响的结果，而集中则是城市功能的本质要求，是城市的人们从事社会生产、生活联系和城市建设技术经济的基本要求。作者认为，在山区城市建立“有机松散、分片集中、分区平衡”的布局结构体系，不仅是山区城市发展历史过程的合乎逻辑的必然结果，也是适应城市今后进一步发展、建立动态平衡的必然趋势。

（注：本文原为作者的自选研究课题“不同类型城市的布局结构”，从20世纪60年代到90年代除“文革”时期外一直没有中断。1976年城市规划专业恢复后，作为给进修班学员教学的内容之一。后为城市规划专业撰写的教材《不同类型城市的布局特点》（重庆建筑工程学院科技情报组印，1979年4月）的部分内容。1980 ~ 1981年申请建设部研究课题“山区城市的布局结构”，入选建筑系校庆30周年论文集《理论与创作》（1982年），并刊登在《建筑学报》（1983年第5期）上。《不同类型城市的布局特点》被选入1980年《城市规划原理》全国统编教材）

山城改建中的几个问题

我国山区城市分布很广，全国 2100 多个县，山区占 56%，而四川山地比重更大，全省面积中，山地占 49%，丘陵占 18.6%，高原占 29%，平原仅占 2.6%，可以说是岗阜相连，河谷纵横。在历史发展的具体条件下形成的城市，大多位于倚山面水的河岸及河流交汇的地点，形成了重楼巍峨、层次栉比的山城，具有其独自的特色。由于山城地形复杂，建筑密集，对于山城的改建，比其他城市就更为艰巨。

山城改建中涉及的问题很多，存在不少的矛盾，有一些问题尚不能得到圆满的解决。为了加速山城的改建，既要考虑人民生活组织安排的合理性，又要兼顾山城固有的一些特点，当前，就亟待解决的土地综合开发、组织综合生活区、建立公共活动中心、增加绿化、开拓景观等问题，谈谈我们的看法。

1　土地综合开发

山城改建中，土地问题是一个突出的矛盾。

旧城建筑密集，可供修建的地皮分散，造成布局的不合理，没有足够的活动空间，改建中在此基础上要达到改善人民生活的空间环境，就有一定的局限。同时，由于修建的地段零星、分散，无法连成一片，进行统一修建也有困难。目前，某些山城密集的中心地带，如重庆解放碑，实现较大范围的统一规划和建设还有不少问题。所以，要改建、兴建的建筑不少，城市面貌的改善还远没有达到要求。

基于某些原因，有的厂矿、企业、学校、机关内部，自筹资金，乱拆乱建，见缝插针，与总体规划脱节，无论是建筑的规模、层数、方向、造型等方面，都各行其是，互不相关，这就更增加了山城改建中的盲目性与零乱性。

山城中这样进行改建，使得有关工程设施，如电力、电缆、垃圾、给水、排水、厕所等基本生活服务设施，不能统一规划安排，加之由于投资的渠道不一，资金分散，各种设施不能同时解决，为了敷设管线，马路要多次翻修，在人力、物力、财力方面，都造成了不必要的浪费。

比如垃圾的处理问题，重庆及其他沿江城市，都存在沿江乱倒的现象。废水、污水不加处理，直接排放，造成了河道淤塞，江水污染。在 1981 年四川特大洪水中，有着深刻的教训。据不完全统计，内江市每年向沱江排放的有毒有害废水达 1800 万 t；乐山市几个纸厂、药厂、丝厂等，每年的废气有 62 万 m^3，废水 16 万 t，废渣 300t；自贡市每年的废气 5 亿 m^3，废渣 25 万 t，废水 4450 万 t；重庆是西南工业中心，工厂集中，三废的污染更为严重，每天有 250 万 t 废水，3.1 亿 m^3 废气，1.3 万 t 废渣。这些问题的产生，一是缺乏合理的总体布局，二是不重视工业的综合开发与治理。

近来，虽然各方面对此有所重视，但要达到统一的改建，还有不小的距离，这不但影响到人民生产生活的组织，也影响了城市建设的发展。为了开创山城改建的新局面，当前应着重抓以下几个方面的工作。

1.1　统一建设

山城的改建，争取成组、成团（成片）。实践证明，无论从节约用地、改变城市空间环境都较有利。因而，对于投资渠道、土地政策都应为这种统一建设制订新的措施。

统建的好处在于可以将不同类型的建筑，打破各自独立的布局，进行综合的修建，针对不同的建筑功能合理分配层数，在某些城市已取得了初步的成效。如重庆的上清寺、沙坪坝、大坪等处，在改建中采取了成组、成团的方式，建筑较为集中，对于改善城市面貌，合理利用土地，都起到了积极的作用。

统建中对于合理利用地形，组织建筑群的层次，也创造了条件。重庆化龙桥临小河汉的一个山头，本来是一个很优美的地段，具有一定的城市景观效果。由于没有统一规划，缺乏全盘考虑，现在许多建筑都往上挤，密密麻麻，形式、层数、色彩方面都欠协调，成了城市中的一颗障眼的“钉子”。

重庆南岸弹子石的一个山头，是朝天门隔江的一个对景，绿树葱郁，是一个美丽的景色，上面点缀几幢住宅，在长江、嘉陵江汇口处，远观别具情趣。而今，大家觉得是块宝地，建筑向上面“进军”，搞得拥塞不堪，五花八门，已失去原来的面目，这些应在改建中加以重视。

自贡市沙弯对面五台山，是城市的一个很好的屏壁，现在也为一排住宅所占领，形成了一座“住宅长城”。为了改变这种状况，进行统一的规划调整，还要花不小的气力。

1.2 地上地下结合

山城改建中，用地紧张的矛盾给城市建设带来很大的困难，平地很少，地形坡度太大，对交通组织、建筑布局都有很大的局限性，更不用说活动场地和绿化设施了。

然而，要改善山城建设的空间环境，争取更多的活动和绿化场地，是建设中的关键，要达到这一目的，就要走地上地下结合、进行综合的开发与利用的途径。山城地下空间的开发与利用具有巨大的发展潜力与前景，不仅一些仓库、车库、工厂等生产性建筑可以利用地下空间，而且某些公共建筑、生活服务设施也可以利用地下空间，不必向地面争地。重庆已局部向这方面作了努力。如果有些交通运输利用地下空间，将有助于地面交通的改善。

城市干线，也可以采用隧道、架空的办法，使各部分取得有机的联系，以避免交通的盘旋、迂回和曲折。万县、忠县、涪陵等地，都有这种条件。如能更多地利用隧道沟通干线的联系，将有助于改善城市环境条件。

1.3 改善临江建设

目前，山城大多临江建设，采取了封闭的布局手法，破坏了山城的景色。建筑背江面山，不能充分发挥江景的优势来丰富城市人民的生活，特别是陡坡一带更加严重。应当看到，山城的山坡陡坎是不可避免的问题，问题在于如何很好地利用和组织。

自贡市临釜溪河，自火车站到市中区有一条主干道，长达两公里。但两旁缺乏服务性的建筑，一面是山，一面临河，没有发挥山与水的特点为城市服务。如能倚山结合地形修建一些挑楼，将为城市增色不少。临水面如能布置些外挑的服务建筑，将会改善干道目前的现状。

乐山市大佛寺一侧，临水陡坎上修建了一些服务设施，给游人提供了一些方便的条件。建筑处理得好，有助于强化环境的景色。但如处理不当，就会大煞风景，破坏自然景观，处理时应当慎重。

康定，是山大坡陡、地势逼仄的山城，中间有一河流穿过。城市建筑向两边靠山修建，空出河岸，中间有几座桥相沟通，出入城市之中，使人感到如同到了江南水乡，顿觉舒展宽敞，一摒山城那种拥挤坡坎的逼人感受，它在改善城市环境方面，是相当成功的。

总之，临江建设，应当充分发挥水面的特点，使它能更好地为市民服务，增加城市的景色。不能采用回避、堵塞的办法，潦草从事。不少山城，见山不见水，在规划布局中是值得引起正视的一个问题。

1.4 加强工程设施

工程设施，当然一次建成最为理想。那种今天修路、明天修管、后天修线……的办法，既达不到统一规划的目的，又会在经济上造成很大的浪费。要解决好这一问题，主要依赖城市建设部门的高瞻远瞩和经济力量，应当吸收深圳蛇口工业区的建设经验，在兴建个体建筑之前，先搞好五通一平（即通船、通车、通电、通水、通电信、平地基），将有助于建设的迅速发展。

值得注意的是，道路的规划，从工程量来说，那种顺应地势蜿蜒曲折的布局，是通常采用的办法，但不是唯一的办法。特别是有关市中心和副中心的联系，要从交通量出发，从战略出发，或隧道，或架空，或劈山，或修桥，要减少车辆交通的迂回，加速车辆的畅通。那种沿江山城，进出只有一条道的现象，更应值得正视。

灌县是一座风景优美的山城，城市中心干道，由于迁就了渠道，使城市两个区域的联系通过一道桥，形成了陆地上的“宝瓶口”，目前显得交通拥塞，随着交通的发展，它的交通负荷将不能满足应有的要求。

涪陵、忠县的对外交通联系，山大坡陡，交通紧张，也亟待改善。这不单是从经济方面考虑的权宜之计，而应有长治久安的战略目标和设想。

渡口市[1]是一座新兴的工业山城，江水迂回，高山夹岸。水不能接近市区，山不能充分利用，就形成了沿江分散的城市，显得道路漫长，各区联系不便，为了改善城市的条件，发挥工业应有的效益，改变目前的交通现状，应当提到重要的议事日程。

2 居住区的组织

山城，由于居住分散，不能成片，这是建设实际遇到的一个问题。同时，住宅原来遗留的问题很多，关系如何改善人民生活的空间环境和适应现代生活要求的问题，这都要根据山城的具体条件重新加以研究。

2.1 改进生活区的组织

人们一谈到生活区，就想到过去那种小区的模式，商店、学校、托幼等各自都有一个完整的地段和必要的活动场地。当然，在条件允许的情况下，它具有许多优点。但在山城改建中，这种模式往往是不现实的。基于用地条件，建筑只能结合地形组成团，改造修建，用地规模和范围可大则大，不能大则小，不能强求与小区规模一致。为了解决居民有关服务与学校的托幼问题，就需要对建筑加以调整和组合。

山城生活区的建设，已打破了建筑各自分立的方式而形成了各式各样的“复合建筑”，将不同的功能建筑（如生活与生产、工作与学习等）综合在一起，不但用地经济，而且也能就地解决市民就业和平衡，有利于组织人民的生活，不致过多地穿越马路，给儿童增加了不安全感。目前，在山城改建中，这种复合建筑具有强大的生命力。在南江、渡口的建设中已取得初步成效。特别是渡口市的炳草岗梯形街，将各种建筑综合在一个有限范围内，取得了良好的效果。

复合建筑中存在的矛盾是室外活动场地问题，要通过规划设计的多种途径综合加以解决。同时，在设计时充分发挥平屋顶的作用，提高平屋顶的利用率；采用大桥、架空的办法，利用不同标高的室外场地加以调剂。必要时，还可以在复合建筑层楼之间设置

1 渡口市为攀枝花市的旧称。

空层来弥补活动场地的不足。

至于一些运动场，则应根据城市用地情况，进行合理的分布，这就不一定都要照顾到每个居住组团了。

2.2 改革居住单元

随着计划生育的要求发生变化，家庭人口组成将随之变化，原来那种单元式住宅是否仍能适应，则是一个新的问题。加之，人民生活水准的提高，社会交往的增多以及居住环境的改善，这些因素都促使着居住建筑的不断变革。

比如，起居室的面积要求加大、家用电器的增加、人口组成的变动等因素，使得住宅设计就应当有灵活变动的可能。那种居室面积大的固定分隔方法，对今后的改建是不利的，特别有的单元设计，隔墙多，承重体系复杂，改造起来就更加困难。

目前，有些国家搞“潜伏设计”，灵活分隔，就为住宅远、近期的使用要求创造条件。有的还采用了可以“增长”的住宅平面。不论采用什么方式，为使住宅设计能随时代的发展而变动，就应当考虑一些“弹性平面”的住宅。

“弹性平面”的住宅，关键在于住宅结构体系的选择。当前推行的大模板体系有一定局限性，就山城建筑来说，由于运输条件和施工场地的限制，框架轻板对于工厂预制、现场安装、施工条件都较有利。当然，纵墙采用预制大板，在房间区划和进深要求上作必要的调剂，亦可以达到灵活性的要求。

现在，采用弹性平面的关键在于轻板的传热、隔声问题，无论从材料的研究、安装制作等方面，都还要花很大的气力。从当前的建筑科学水平来说，问题是可以得到解决的。

2.3 结合地形合理提高层数

山城建设，只有充分利用地形，化不利因素为有利因素，才是唯一正确的办法，动辄开方平地，是无济于事的。

利用地形，不但可以节约大量工程量，建筑层数也可相应提高，在建筑造型上也反映了山地建设的特色。结合地势，平马路的可以向上发展，在马路之下的可以向下延伸，这种上下结合的办法，将有助于争取用地、提高层数。就山城的地质条件看，多数城市是完全具备的。

提高建筑层数，再适当地做一些高层，采用地上地下结合、上下之间用盘旋道路联系，或采用中间入口的办法，亦可减少由于层高而产生的恐惧心理和威逼感。同时，也可沿坡升高、临岩建设，这都为提高建筑层数提供了条件。

目前在山城重庆，由于建筑的密集，要解决当前住宅建设中的用地矛盾，适当提高层数实属必要。巴东城市坡大岩陡，忠县城市高差悬殊，渡口城市山势逼进金沙江，南江城内地势起伏很大，都是充分利用了地形，采取了各种不同的方式提高了建筑层数，使得上下不同标高的建筑取得了有机的协调，加高了层数，解决了用地矛盾。

最近，重庆建筑界对于山城建设修建高层建筑问题进行了讨论，这对充分发挥山城建设的特点，适当提高建筑层数，改善现有的居住空间环境，将有很大补益。

3 建立公共活动中心

随着社会、经济、科学、文化的发展信息的加强，一般规模较大的城市，由一个集中的中心来满足公共活动是困难的，在这些城市的改建中，应致力于将中心分散，形成若干副中心，变单一中心的城市结构为多中心城市结构。特别是地形变化复杂的山城，更有必要。这样既能满足现实的需要，也可适应今后的发展。

副中心的建设，首先应根据居民、企业分布的特点，形成不同性质的中心。除一般商业、服务设施和文化娱乐设施而外，应根据各个片区的特点，建立具有不同内容的服务中心。例如文化娱乐中心，应当把文化娱乐部分加重一些；商业服务中心，则应当加强服务性的内容等。这样按性质建立起来的中心，有助于发挥城市建设的投资效益，发挥各个片区的优势和特点。

要发展副中心，整个城市建筑就要有一个合理的部署，在旧城改建中，应当进行必要的调整，才能促成副中心的发展。有些建筑，比如仓库、外驻单位等，就应当根据它的性质来分配，而不应向市中心去挤。

如重庆市中区，面积仅 9km^2，人口却有 40 多万，从改善城市居住环境出发，应当以行政、商业服务设施为主，进行逐步的调整。渡口城市沿金沙江拉长到 40 多公里，如不搞副中心，是无法满足现实中人民的生活要求的。自贡市目前也正在为开发副中心准备必要条件。

当然，为了密切各区之间经济、文化的联系，便于建筑的调整和居民活动，各区中心之间，必须有便捷畅通的交通联系，如渡口市的桥梁、自贡市的隧道、重庆市两路口的立体交叉等，都是方便各区联系的重要设施。

4　增加绿化、开拓景观

环境的绿化、美化，对于山城来说更显得重要。山城本身由于沟壑纵横，山峦起伏，建筑依山傍水，层次分明，空间多变，具有丰富的天际轮廓线，这为建筑组织提供了良好的条件。但由于开道而产生的岩坎，除单纯地为保护之外，也应为美化提供可能。有些条石砌的大坎，三合土涂壁是不能令人满意的。这些地段，应当留出一定的空间、凹坎、架设挑板，作为垂直绿化的重要场所，以避免一些干巴巴的冷酷的墙面。

作为山城绿化，由于坡坎多，土质条件差，建筑密集，绿化种植有一定限制，人平绿化面积显得更少，这就引起我们更加正视每一块空地的绿化问题。

从当前情况看，人平绿化面积，乐山为 0.18m^2/ 人，自贡市的公共绿化为 0.73m^2/ 人，重庆市市中区为 0.40m^2/ 人，其他如涪陵、忠县、巴东等地绿化面就更少了，这很不适应山城居民生活条件的改善。同时，有的绿化面积分配也不合理，有待改建中扩充与调整。

山城绿化，除了争取必要的地面绿化——挖洞种植外，还应开拓多种绿化途径，发展垂直绿化、屋顶绿化、沿江绿化，想出各种办法以增加绿化面积。这些在城市建设部门应有一定的规章，才能得到保证。否则，也只能在个别地段、个别建筑上才能实现。

作为山城景色重要的一点，就应是有山见山，有水见水。有些山势应争取保留，有些水面应力求开敞为居民所利用，在城市改建中应当重视到这一点。

沿江景观是一个重点所在。目前，大多数建筑是逼江修建，背面朝江，这种弊端亟待改正。无论乐山、万县、重庆、忠县等地，都有这种情况。在临江道的改建中，应当把建筑适当敞开，沿江边留出空地、绿地，避免形成建筑墙，使居民有欣赏江景的机会。

从卫生学的观点看，江风的利用，对于建筑通风有很大的关系，因而临江干道不宜密集地修建建筑，要留出缺口。

有些突出的景色，对于城市具有景观作用，应有意识地保留，在建筑处理上要特别斟酌。如万县的石琴响雪、乐山的大佛寺、合川的钓鱼城、奉节的白帝城，忠县的石宝寨、重庆的枇杷山等，无论远观、近瞧，都是城市的一个突出的景色，在其周围修建的建筑，无论在体量、尺度、造型上都应以增加景色的美感为前提，否则就成了风景中的一个赘瘤，危害很大。

值得提及的是目前有些城市原有很好的景观，由于建筑布局上不注意，七遮、八挡、九盖，已看不清它原来的面目，更不要说它是一个风景点了。当前在建设物质文明与精神文明中，调整山城各部分的建筑布局，协调各部分的关系，增加绿化、开拓景观，美化城市的空间环境，实在是值得重视的问题。

（注：本文发表于《四川建筑》，1984 年第 2 期，合作者：尹淮、余卓群）

山区城镇体系空间结构研究在乐山市域规划中的应用

1 地域城镇体系空间结构类型

地域城镇体系空间结构是地域范围内各城镇之间自然条件、自然资源、经济和社会发展等现状和发展潜力在空间上的有机组合。地域城镇体系空间结构具有多种形式，平原地区与丘陵山区城市、沿海地区与内地地区城市、特大城市地区与中小城市地区、矿业城市地区与农业地区城市等都会有各不相同的城镇体系的空间结构形态。如地处长江与嘉陵江相汇处的重庆大山城地区，其城镇体系的空间结构呈星座组群式的分布形态；而地处成都平原的成都市地区，其城镇体系的空间结构则明显地呈多中心组团式的分布形态。但不论何种城镇体系的空间组织结构，归纳起来不外乎集中与分散两大基本类型。如上述之例前者属分散型，后者则可归类为集中型。根据国内外的研究资料，地域城镇体系空间布局结构可细分为下述几种主要类型（图 1）：

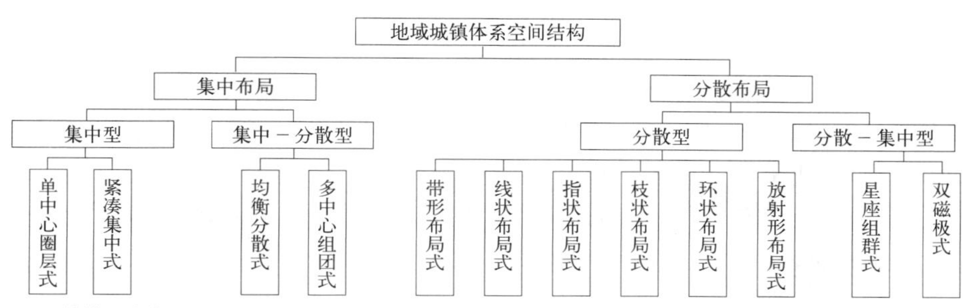

图 1　地域城镇体系空间结构

2 乐山地域城镇体系空间结构现状和问题分析

乐山市地域位于四川盆地西南部，北依成都，东靠内江、自贡，东南与宜宾地区接壤，西部与雅安地区毗邻，西南与凉山彝族自治州连接。全市面积 2002.65km^2，辖 4 个区（市中区、五通桥区、沙湾区、金口河区）、13 个县（仁寿、眉山、犍为、井研、峨眉、夹江、洪雅、彭山、沐川、青神、丹棱和峨边、马边两个彝族自治县），总人口 630.69 万人，市辖区人口 102.73 万人，是全国 57 个百万人口以上城市之一（四川 4 个）。乐山襟带三江（岷江、青衣江、大渡河），水陆两利，南北畅通（成昆铁路从境内贯穿），处于重要的经济地理位置，是攀西、川南、成都三大经济区的结合部；是内地相对发达的经济区通往西部少数民族地区的交通要道，是省内经济、技术协作往来、商品物资流通的必经之道；是联合各发展程度不同，自然条件各异的地区形成全省经济建设整体的枢纽地带。乐山地域自然环境优越，资源蕴藏丰富，古迹名胜各具特色，是著名的风景旅游区。乐山境内城镇建设比较发达，分布密集，交通条件较好，工农业生产达到较高水平，科学技术也有一定的基础，初步形成合理的经济结构，具有整体的优势，展现了良好的开发前景。

乐山市域城镇现状基本上沿水陆交通沿线分布，尤其是分别依三大水系和成昆铁路沿线分布。乐山市域有岷江、大渡河、青衣江三大水系流经和峨眉山、瓦山等主要山脉形成了高山、丘陵和平坝，较大的城镇分布在大河沿岸或汇合处，较小的城镇分布在三江支流沿岸或支流汇集处。水系的形成和发育程度决定着城镇的分布形式，表现出乐山山区城镇分布的特征——树枝状分布形式，主干茎有以下几支：

（1）岷江水系：彭山—眉山—青神—乐山市中区—犍为—沐川和成昆铁路彭山至夹江镇群带。

（2）大渡河水系：乐山—沙湾—金口河，峨眉—峨边城镇群带。

（3）青衣江水系：乐山—夹江—洪雅城镇群带。

（4）五通—井研—仁寿—成都公路沿线的城镇群带。

（5）犍为—沐川—马边沿公路和马边河的城镇群带。

大渡河、岷江以北地区的城镇由于交通地势条件比较均匀，经济比较发达，城镇分布较密。两江以南地理气候条件复杂，经济较落后，城镇分布较少。

乐山市域内城镇发展不平衡。其中部腹心地带和北部平原地带开发历史悠久，集中了几乎全部工业企业和50%以上的城镇。而边远山区人口稀少，文化不发达，经济比较落后，人均工业产值最高与最低相比差13倍。这种不平衡性虽然是客观存在的，反映了地域经济地理与历史文化的差异，但过分悬殊，既不利于边远地区经济文化的发展，也不利于整个经济区域的综合资源优势的发挥，使全区域的城市化进程的发展速度受到影响。

乐山市域内中心城市的功能很不完善。中心市场和其城镇市场发育程度不良，没有形成适合于区域内经济、社会发展的城镇网络。

乐山市域内城镇在现有交通运输的基础上沿纵向联系相对紧密与有序，但在横向的联系上常呈现离散的和脱节的无秩序状态。甚至许多城镇尽管地理空间毗邻，但社会生产与生活仍自成体系，不能发挥城市群的聚集优势。

乐山市域内城镇体系建设还处在初级阶段。城镇化水平低，城镇体系等级规模结构和性质分工不合理，未形成合理的地域空间结构（表1）。

乐山市域不同等级规模的城镇数量统计（1986年） **表1**

中等城市	小城市	县级镇	建制镇
1个	0个	16个	43个

3 乐山市域城镇体系空间结构的调整设想

经过对乐山市域城镇体系现状的分析与研究，可见其市域城镇体系的空间结构呈组团式分局。由于自然、地理与社会经济等原因，乐山市域城镇体系发展现状明显地有以下两个主要特点：一方面是区域内城镇发展很不平衡，空间结构层次不够完善和合理；另一方面是各城镇都具有较大的发展潜力。

通过对乐山市域城镇现状的综合评价与发展预测，应合理调整市域城镇发展的等级规模与空间结构，根据市域内不同地域单元的实际情况，采取集中与分散相结合的组团式布局，使之形成不同等级规模、结构层次合理、协调发展的山区中等城市城镇体系空间结构（表2、表3）。

乐山市域城镇体系空间结构层次 **表2**

<table>
<tr><th rowspan="2">内核
（主级）</th><th rowspan="2">内圈
（次级）</th><th colspan="2">外围东北部丘陵地带城镇群</th><th colspan="2">外围西南部山地地带城镇群</th></tr>
<tr><th>（主级）</th><th>（次级）</th><th>（主级）</th><th>（次级）</th></tr>
<tr><td rowspan="4">乐山市中心城区</td><td>沙湾</td><td>眉山</td><td>彭山</td><td>犍为</td><td>沐川</td></tr>
<tr><td>五通</td><td>仁寿</td><td>井研</td><td>洪雅</td><td>马边</td></tr>
<tr><td>峨眉</td><td></td><td>丹棱</td><td></td><td>峨边</td></tr>
<tr><td>夹江</td><td></td><td>青神</td><td></td><td>金口河</td></tr>
</table>

乐山市域不同等级规模发展预测（个） **表 3**

期限 \ 数量 \ 等级	大城市	中等城市	小城市	县级镇	建制镇
现状	0	1	0	16	43
近期（2000年前）	0	1	6	11	60
远期（2010年前）	1	3	6	7	70

4 核心层次和内圈层次城镇群

中部腹心地带城镇群具有历史悠久、农业出产丰富、工业生产品种齐全、交通方便等优势，集中了全市域主要的工业企业和重要的城镇。这一群体在总的城镇体系中起主导、核心作用，是以全地域行政管理中心、经济文化中心、信息活动中心、旅游中心、物资流通中心共居一地为其主要特征的综合性城镇。在整个地域国土开发和经济发展中起着统筹、协调、组织的作用。为了加速整个乐山市域的社会经济建设，应有先后、有主次地选择资源丰富、交通运输方便、农业生产条件好、社会经济实力雄厚、科技和教育事业具有明显优势的地区先发展，尤其是注重核心层次的发展。从核心层次出发向东南、西、东北三个方向辐射，沿岷江两岩连接五通，沿大渡河两岸连接沙湾，沿成乐公路连接夹江，进而沿成昆铁路和乐城公路连接峨眉，形成扇状分布的城镇群。

在 20 世纪末以前，应重点建设与完善交通运输、通信设施，加强综合市场的建设，迅速提高现有工业企业和农产品集中产区的经济技术水平，改造传统的产业设备，调整产业结构、开拓新兴产业，集中力量发展知识技术密集型产业和商品农业基地，使内圈城镇群成为技术先进、商品经济发达、经济效益高的经济发达区域。

从 2001 年到 2010 年，整个内圈城镇将建设成为高技术密集、智能密集、资金密集的发达经济地带。周围地区开始形成新的原材料加工工业基地和农副产品加工基地。生产力布局更为便利，城镇布局更加完善，市场发育比较成熟，交通网络设施配套完善，形成多功能、多层次、开放型的内圈中心城镇群。

5 外围层次东北部丘陵地带城镇群

以仁寿、眉山、彭山、井研、丹棱、青神组成东北部丘陵地带城镇群。虽然该城镇群目前的社会经济不及中心城镇群发达，但因其所处的地理位置良好，有较发达的工农牧生产基础和方便的交通运输条件，同时受到成都、重庆两个特大城市和乐山市域中心城镇群经济辐射的影响，其发展仍然有可观的前景。随着城市化的进程，在 20 世纪末，眉山、仁寿、峨眉、沙湾、彭山、井研将发展为小城市，从而带动东北部丘陵地带城镇网络体系的发展。

目前，该区域应强化资源的合理开发和综合利用。着重建设新的水电站；加强煤炭、芒硝、盐卤、黏土矿、膨润土、石英岩等矿产资源的开发和加工利用；建设商品粮基地、水产品基地、畜产品基地、水果、棉花、蚕桑基地以及与其相适应的加工工业；突出重点抓好仁寿、井研常年干旱地带的农业基础建设，提高森林覆盖率，兴修、整修农田水利设施，使之成为农副产品稳产、高产的地区。

6 外围层次西南部山地带城镇群

以犍为、沐川、马边、峨边、金口河、洪雅组成西南部山地带城镇群。该地带地形比较复杂，交通不够方便，人口稀少，经济比较落后，文化不发达。尤其是峨边、马边、沐川、金口河四区国有企业的工业总产值、固定资产和创造税利分别仅占全市的2%、3%和4%。这些因素是该经济区开发的严重障碍。但地域广、资源丰富、具有潜在资源优势和空间优势，是该地域远期开发的后劲所在。2000年前将为2010年后进入大规模开发做好前期工作，积极发展交通运输，加快水力资源开发，加强城镇基础设施建设，加快地质勘探，扩大矿产资源贮量。在财力、物力允许的条件下，有重点、有步骤地安排矿产、水力、原材料生产建设项目；建设人民生活必需的食品、轻加工企业；加强沿成昆线的峨边、金口河的开发，加快建设速度，逐步接近中部发达地区。

地域城镇体系空间结构是地域内经济社会的一种潜在的、深刻的反映，其布局的不同方式受各种因素的影响，因而大城市和中、小城市、内地和沿海、边远地区和发达地区、山区和平原地区等，均应因地而异，因时而异，建立与区域情况相适应的布局模式（图2、图3）。

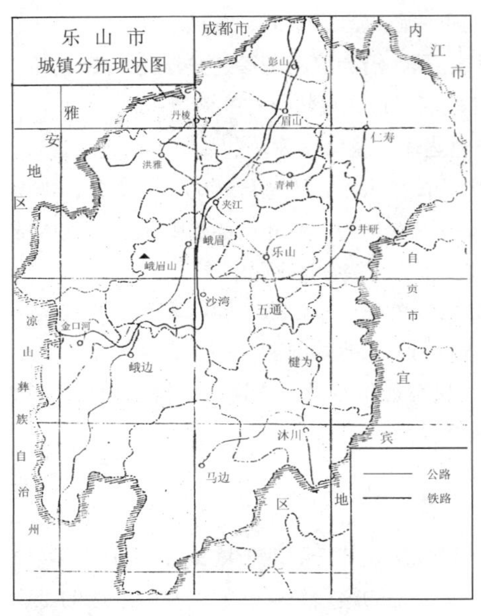

图2 乐山城镇分布现状

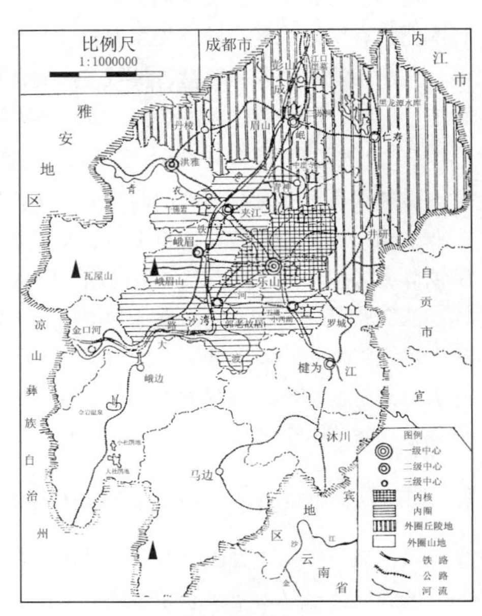

图3 乐山城镇体系规划图

参考文献：

[1] 周一星．市域城镇规划的内容、方法及问题[J]. 城市问题，1986（1）.

[2] 顾朝林．地域城镇体系组织结构模式研究[J]. 城市规划汇刊，1987（2）.

[3] 重庆建筑工程学院，同济大学编．区域规划概论[M]. 北京：中国建筑工业出版社，1984.

[4] 黄光宇．山区城市布局结构[J]. 建筑学报，1983（5）.

[5] 吴云辉．雅安地区城镇体系规划初探[Z]. 第四次中国城镇化讨论会论文．

（注：本文发表于《重庆建筑工程学院学报》1989年第7期，合作者：曾卫）

山地城市的扩展

我国许多历史上形成的山城，由于地形所限，环境容量较小，在长期的封建社会里，城市发展缓慢，处于相对静止的状态之中。因此，城市的发展与用地上的矛盾并不突出。进入近现代，随着工业、交通的发展，城市化进程加速，城市人口不断增加，城市规模不断扩大，特别是一些具有重要历史文化价值的千年古城，保护与发展的矛盾更显突出。人口还要继续增长，城市还得继续发展，但可供城市发展的用地已经告罄！城市经济与人口增长远远超过了自然环境的承载能力。出路何在？值得深思。有的山城如重庆中心区人口密度高达 16 万人 /km^2，人均用地仅 60m^2。

山地城市如何扩展，归纳起来，不外有以下几种类型或扩展模式。

1 “大饼”模式

城市向周边扩展、延伸，并在旧城里寻找发展空间，“见缝插针”、“填空补缺”，填河建路、拆园建房、拆庙、拆祠建房，造成人口密度和建筑密度越来越高，交通越来越拥挤，旧城区历史文物建筑及公共环境得不到保护，旧城面积越来越混乱，环境质量越来越差。

2 “窝窝头”模式

山地城市的老城区，城建用地紧缺，街巷密集，建筑鳞次栉比。由于中心地区地价昂贵，发展用地受限，只有向高空发展，使老城中心区建筑越来越密集，层数越来越高，建筑与建筑之间的间距越来越小，景观视线互相遮挡，以至于有山不见山，有水不见水，山地城市丰富变化的立体空间面貌受到了严重破坏。环境条件不可能得到改善。现代建筑先驱柯布西耶 20 世纪 30 年代曾提出阳光城的构想，用高层建筑改造旧巴黎城，以腾出空地进行绿化，使居民充分享受阳光和户外开敞空间，提高环境质量，但由于城市的历史、文化价值与现实经济、生活条件，这种构想在现实生活中难以得到实现。

因此，通过“大饼”向外延展和市中心建筑越来越长高的“窝窝头”模式都难能较好地解决山地城市扩展的问题。

3 “跳棋”模式

新区脱离旧城发展，形成组团式的复合城市群发展模式。如早在 20 世纪 60 年代初所作的重庆市总体规划，提出“结合地形、因地制宜、有机松散、分片集中、分区平衡、多中心、组团式”的跳棋模式；1983 年所作的云南丽江、大理历史文化名城总体规划的“新城脱离旧城发展，使古城面貌得以完整保存，同时新城的发展也不受旧城的制约”；和 1988 年所作的沙湾县城总体规划，1995 年所作的雅安、永川城市总体规划以及 2001 年编制的四川荣县城市总体规划等，提出“疏导旧城和发展新区相结合”的发展模式，并把行政中心首先从旧城迁往新城，以带动相关单位的搬迁，使旧城的矛盾得以疏解，加速新城的形成与发展。

4 “绿心环形”模式

“跳棋”式扩展的一种特殊发展模式。有些山地城市中心地区由于有很好的自然生态环境条件，如起伏变化的山岳地貌，而其周围又有良好的适于建设的发展用地，城市还形成环绕地形复杂的山岳地带发展而成“绿心环状”的扩展模式，如乐山市围绕 $8.7km^2$ 的“绿心”，形成“山水中的城市，城市中的森林”的生态型扩展形式；遵义市围绕凤凰山形成绿心环形发展形式；台州市环绕 60 余平方公里的山林、农田、水系所构成的“绿心”，由椒江、天台、黄岩三市组成组团式的组合城市，使三市既保持相对独立的发展空间，又具有良好的自然生态环境。

5 “指状”或“枝状”模式

有些山地城市由于自然地貌条件所致，城市修建在山脊与山谷（冲沟）或高地与低地相间的用地上，形成指状（如梧州、仁寿）或树枝状（如十堰）的发展形态，如四川仁寿县城总体规划，将低洼的农田、林地、溪流、冲沟作为组团之间的自然生态隔离带，城市建设发展用地选择在有相对高度的高地上，使旧城与新区形成掌心与手指状的扩展形式，而保持指状之间有相对良好的生态环境条件。

对于山地城市来说，上述几种发展模式人们常有所见，常有所闻，略列如上，当然远不止如此。当城市刚形成，处在建设初期时，往往集中在一片比较紧凑地发展。当城市不断扩充、发展，而将要超过其自身环境的容许承载力时，就要未雨绸缪，及时寻求新的可持续发展模式，而不至于使城市建设与发展处于混乱、矛盾、冲突、被动的局面之中，以求得城市经济、社会发展与自然生态环境之协调，是城市决策和城市规划工作现在必须做和应该做到的。

（注：本文是作者于 2002 年 4 月在福建南平新城规划咨询会上的发言）

山顶上的城市

古代，最先在山顶（或山脊）建造城寨（城堡）、殿宇或聚落，往往是出于军事的需要或宗教、精神上的向往。后来在上述发展条件许可的地方，逐渐扩大成城市（镇）。鉴于我国千姿百态的奇山奇水，人们利用居高临下的地理位置和交通险阻，创造了众多光耀千秋的山寨、殿宇和城镇建筑文化。如西藏红山布达拉宫、江孜城、重庆合川的钓鱼城、奉节白帝城、万县天子城、忠县石宝寨、石柱的万寿寨、江油圌团山、云南宝山州“蘑菇城”、四川仪陇、陕西韩城和司马迁祠、佳县、吴堡等都是历史上赫赫有名的山顶城堡和城寨。

城市修建在山顶或山脊上，具有以下一些特点：

（1）享受充足的阳光和新鲜的空气。气流通畅，自然环境、卫生条件很好。

（2）视线开阔，不挡景。城市往往随着山顶或山脊地形起伏伸展而形成团形、长蛇形或树枝形的结构形态。

（3）地势高爽，可免受洪水淹没之苦。

（4）城市面貌特色鲜明。由于山顶或山脊突出隆起的自然地理地貌特征，相对于山谷城市或平原城市可以形成居高临下的鲜明城市风貌特征，创造出了很有特色的山顶城市景观形象和天际轮廓线。

但这类城市存在的共同问题与不足是：

（1）建设用地往往比较狭小，发展用地受局限。

（2）用水条件较困难，离水源地、取水点较远。

由于以上两个基本条件的限制，城市的环境容量比较小，因此，决定了这类城市不可能发展成很大的规模。

（3）交通组织比较困难，有明显的方向性。纵向（顺等高线方向）的道路较易开辟，横向（垂直等高线方向）的道路开辟比较困难。

（4）城市建设和基础设施投资费用较高。如场地的平整、建筑的基础费用、道路、管网的建设费用以及建设运输费用的相应增高等。

如四川东北的仪陇城，地处南充地区嘉陵江东北面的南图山上，离南充约158km，县城建于海拔约600m的山脊上。山脊绵延5华里，城市人口2万余人。明时称方州城，城有四门，现部分城墙尚存。因在山顶建城，用水十分困难，现采取分区限制供水的办法，两天供水，两天停水，水源是山下的一条小河沟（嘉陵江支流），供应能力很有限。正计划开辟新水源，即在10km以外的嘉陵江取水。

由于人口增加，城市用地狭小，用水困难，从方州城逐渐下迁至现在的城址，比方州城下降50～100m，将方州城开辟为金城公园。

由于仪陇城市人口继续增加，环境容量已达到容许的限度，城市建筑见缝插针，显得杂乱无章，缺乏规划的控制，交通状况越来越拥挤，7条道路交会在一点，当地居民俗称县城的道路为“裤裆形”系统，交通组织越来越困难。因此，仪陇城的进一步发展必然需要寻找新的出路，另辟新区。

佳县（图1），是黄河流域黄土高原沟壑地区典型的山顶城市。位处陕北榆林地区黄河西岸的峁上，地势十分突出，古称“铁葭州”，是榆林地区有重要军事防卫功能的城市。城墙依山就势，好似一片残叶，县城道路系统类似仪陇城，对外交通只有一条公路盘旋

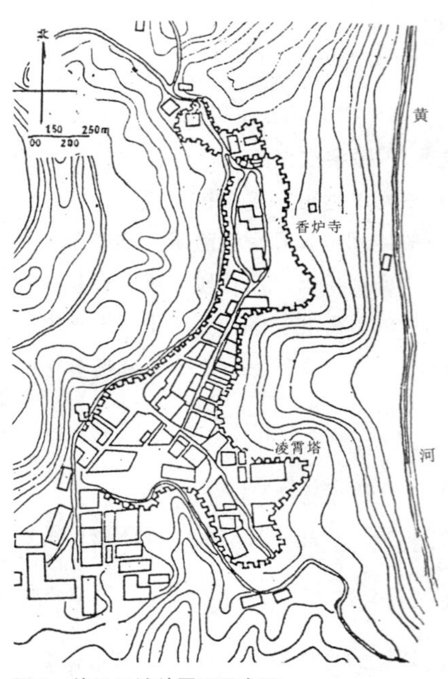

图 1　佳县县城总平面示意图

而上，连接城内的一条主街。城内街道多为石砌路面，黄河渡口只有人划的木船强渡。白云观、香炉寺耸立黄河之滨，居高临下，十分险要。窑洞建筑仍是这里普遍的居住形式。

最具典型意义的是始建于元代的云南宝山“蘑菇城”，城寨建在一块面向金沙江、约成 30° 倾斜的巨石上，城内居住着一百多户纳西族居民，大部分道路是在整块巨石上顺等高线雕凿出来的，垂直等高线开凿成数道石级梯，房子以至床铺、炉灶等多用石头砌成，全城寨只有一个城门，真正是“一夫当关，万夫莫开”之城。

西藏布达拉宫，是一座政教合一的山顶城堡，宫城修建在拉萨城西平地突起的红山上，建筑将整个山头覆盖了，山是一座城、城是一座山。城墙和十分强烈的建筑群体高高耸立，直指南天，不仅象征着至高无上的政教合一的精神，而且在军事防御的功能上也非常突出。宫城建筑艺术的创造极具震撼力和感染力，是人类建筑艺术宝库中的极品。

布达拉宫建筑及其环境受到了国家的精心保护，并已列入了世界文化遗产名录。

重庆忠县的石宝寨（图 2），建于长江沿岸的玉印山上，与忠县沿江山城小镇西界沱遥遥相望。城堡建于清嘉庆年间，由寨门、寨身和寨顶祠庙三部分组合而成。寨身建筑为 12 层楼阁，用简朴的民间穿斗木构建筑的手法附贴在玉印山上，层层收分，衔山而上，高达 56m，楼阁三面临空，一面紧贴峭壁，四角的飞檐与圆形的窗洞形成巧妙的对比，山顶上是一片平坦的地面，建有绀宇凌霄宫（图 3）。据民间传说，石宝寨险峻的交通处理手法是建设者受山鹰盘飞的启示，按“路变寨、寨冠路、寨藏顶、路旋天”的办法，将登山峰的垂直交通与修建楼阁结合起来，在楼阁内修建盘旋的木云梯直至山顶。人工的艺术创造与自然的巧妙结合，让后人叹为观止。

（注：1996 年在进行南充西山风景区规划期间，曾抽空调查了仪陇城，察看了朱德副主席的故居。文中所记为当时的情况和有关数据。据最近了解，近年来，县域经济有了较大发展，人口已发展到 4 万余人（包括流动人口），由于新建了第 3 水厂，用水问题已得到解决，但仍未能实现从嘉陵江取水的计划，县城建筑与交通更为拥挤，10 多层的商住楼仍没有电梯）

图 2　石宝寨

图 3　绀宇凌霄宫

攀枝花

——一座传奇式山地城市的崛起

20世纪60年代中期，一座传奇式的城市，在长江上游金沙江畔崛起，这就是我国唯一以花命名的、生机勃勃的新兴山地城市——攀枝花。

攀枝花市的诞生，是我国人民为开发西部地区丰富的矿产资源，改善工业布局，在特殊复杂的地理环境和特别困难的条件下，依靠科学技术和自力更生、艰苦奋斗、团结拼搏的精神创造的一个奇迹！不仅在我国工业发展史、山地城建史上写下了光辉的一页，而且在世界城建史上也应该有它的一席之地。

1 地理环境与自然条件

攀枝花市位于四川与云南交界的山区，地理位置为东经101°08′～102°15′、北纬26°05′～27°21′，北接大凉山，南邻云贵高原。由于金沙江、雅砻江两江深切和冰川作用，形成高山、峡谷的复杂地貌，境内峰峦叠嶂，地形崎岖，高差悬殊。西北部的山脊，大多在海拔3000m以上，东南部山脊海拔多在2000m左右，攀枝花市区处于海拔1300m以下的低山山麓，最低的南部中山河谷盆地，海拔为937m。地质构造复杂，褶皱、断裂发育，并伴有长期岩浆活动。在古代和近代构造运动的强烈作用下，本地区地壳不断上升，既有南北向、北东向构造带，也有北西向、东西向构造带，这种复杂的构造体系对本市地貌轮廓的形成和区域地质条件产生了深刻的影响。

攀枝花地域处在川滇南北地震带中段西侧，属强震区，地震烈度为七度。

攀枝花市地处攀西大裂谷的中段，是多种资源高度富集的区域，被誉为“富甲天下的聚宝盆”，已探明矿藏35种，尤以钒钛磁铁矿著称于世。

攀枝花市又是长江上游金沙江水系的河川汇集地带，有丰富的水能资源。装机容量330万kW的二滩水电站的顺利建成，将为金沙江水系的水力开发事业揭开新的序幕。

本地区独特的南亚热带至北温带的多种热量条件组合，使生物资源极为丰富，且十分有利于发展立体生态农业。全市森林覆盖率达38.12%，境内尚保存着原始森林的景观，是四川省重要的林区之一，被誉为巴蜀“三宝”（熊猫、恐龙化石、苏铁）之一的攀枝花苏铁，是2.7亿年前遗留下来的“植物活化石”，且每年开花，举世称奇。

2 历史沿革

攀枝花是一座年轻的钢铁工业城市，建城只有30多年的历史。攀枝花市的建设经过了艰苦创业的光荣奋斗历史。在建城初期，这里是一片人烟稀少的贫瘠落后山区，所谓“三块石头架个锅，帐篷搭在山窝窝”，建设者们靠信念与理想，在开发建设的过程中，实现了自己的价值。

1965年2月5日，中共中央、国务院正式批准建立攀枝花特区，4月2日国务院决定改为渡口市，1987年1月28日经国务院批准，改渡口市为攀枝花市。全市面积742.34km^2，人口96.2万，其中城市人口48万，99%为工业移民，有36个民族。1986年对外开放，已成为我国西部的重要工业基地和川西南、滇西北著名的旅游风景线上的交通要道。

3　城市空间结构

3.1　市域城镇空间布局结构

全市城镇结构体系：中心城区—县城和工矿卫星城镇—建制镇—集镇四级。城镇空间布局结构形成以产业布局为依托，原材料、能源、交通开发为动力，铁路、公路为发展轴的典型的山区工矿城市的城镇空间布局结构体系。

3.2　工业布局结构

在城市的诞生与建设发展的过程中，明显表现出以冶金、能源、建材为主、以山区资源开发型工业为基础来带动城市各项建设发展的特征。根据矿产资源分布的特点与用地条件，工业布局主要沿金沙江及支流雅砻江成带状组团式分布。

3.3　中心城区的空间结构

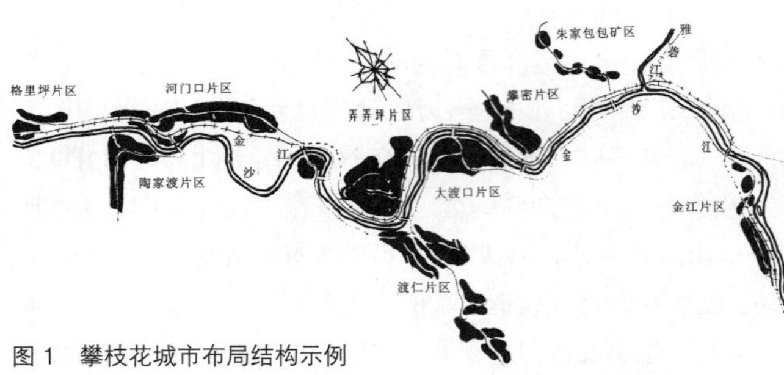

图 1　攀枝花城市布局结构示例

中心城区的空间结构，结合金沙江两岸的河谷地带，形成东西长达 55km 的带状组团式空间结构。形成了八个相对独立的组团，即格里坪组团（约 1.2 万人）、河门口—清香坪组团(约 6 万人)、宝鼎组团(约 6.3 万人)、弄弄坪组团（约 10 万人）、炳草岗组团（约 6 万人）、大渡口—仁和组团（约 8 万余人）、攀密组团（约 8.5 万人）、金江组团（约 1 万余人）。组团之间有山体、河谷相间隔，并保持 5 ～ 10km 的距离。全市的主要公共活动中心设在中段的炳草岗组团，使城市行政管理与商贸、金融相对集中，其他七个组团的炼铁、轧钢、煤炭、建材、电力、铁路站场等工业设施及相应的生活服务设施配套设置，生产与生活区就近组织（图 1）。

由于地形复杂，江河分隔和用地条件限制，有的组团规模偏小，布局过于分散，组团间交通联系不够方便，城市道路、桥梁、市政管线等基础设施投资费用增加；同时，工业的性质与河谷地形、气候等特点，使部分城市组团的环境受到不同程度的污染，这是需要在今后城市的进一步发展中加以调整、改善与解决的重要问题。

4　城市景观风貌

“百里钢城”蜿蜒在山花烂漫的金沙江河谷的崇山峻岭之间，巍峨起伏的群山、蜿蜒穿绕的金沙水拍和错落有致的街市建筑群，构成了步移景移，山、水、城、景交相辉映的动人画卷和一派生机盎然、富于亚热带地域特色的山城、江城风景线。每当夜幕降临、华灯初上，攀枝花这座美丽的钢城像无数条火龙飞舞在高山峡谷和两江之滨，给人以无限的遐思和畅想。

5　存在的主要问题

（1）攀枝花市的规划与建设是在计划经济与高度集中领导下进行的。由于当时当地特殊的困难条件，“先生产，后生活”、“先治窝，后治坡”以及“企业办社会”带来的影响还没有完全消除。

（2）布局结构尚不够合理，有的组团规模太小，组团之间在工业生产上产生的污染情况及其相互影响还没有彻底解决。工业生产占地比例过大（1986 年以前超过 40%，现在虽有所降低，但至 1995 年仍占 38%），公建服务设施用地、公园绿化用地、道路交通用地仍显不足。

（3）道路交通系统还不够完善。由于用地与地形的限制，城市道路和广场用地比例较低（1994 年城市道路广场占全市总用地的 7.66%）。过境交通、市内交通、客货交通还没有完全分开，互相干扰较大。组团之间的联系，多数只有一条主要干道，缺乏复线或环路联系。

（4）城市本身的封闭性较强，开放性不够。从严格意义上来说，攀枝花市是一个移民城市，与当地城乡关系和地域文化缺乏融入与有机联系，对外联系还不够方便、快捷。

因此，攀枝花市在新时期的城市转型中面临着新的机遇与挑战。上述问题也将随着社会、经济、文化的进一步发展而逐步得到解决。

6 光辉的前景

经过 30 多年的艰苦创业，攀枝花市不仅已经成为我国西南地区最大的钢铁联合基地，而且也是我国西南重要的工业城市和川滇交界处的区域经济中心，城市的综合经济实力正在不断提高，30 多年来国家已累计完成投资 276 亿元，建成了以冶金工业为主体，能源、交通、建筑、建材、森工等骨干行业和机电、轻化工等为辅的产业群。1995 年全市国民生产总值 83.1 亿元，比 1990 年增长 244.8%，年均增长 28.1%；1995 年全市工业总产值 72.2 亿元，其中：重工业产值占 92.19%，轻工业产值占 7.81%。近年来，攀枝花市第三产业也有了长足的发展，第三产业在国内生产总值中的比重由 1990 年的 20.33% 提高到 1995 年的 23.27%。城市综合服务功能增强，交通建设步伐加快，通信条件也进一步改善，公用事业不断发展，旅游事业开始起步，科技、文化、卫生、体育、新闻出版事业全面进步。1995 年以来，全市已建成了各类建筑 1550 万 m^2，其中住宅面积 675.6 万 m^2，住房居住面积 320 万 m^2，人均 7.2m^2。城市燃气普及率已达 71.7%，人均公共绿地面积 3.4m^2，城市绿化覆盖率 38.12%，以攀钢二期工程、二滩水电站建设和城市的环境整治为标志，攀枝花市已进入经济加速发展的时期。

21 世纪的攀枝花，将建成西部地区重要的现代化大城市，在实施西部大开发的战略中扮演着重要角色。面对全球化和我国将要加入世贸组织的新形势，攀枝花市将充分利用自然、气候、地理和资源优势及 30 多年城市发展的基础，加速城市化与生态化建设，增强城市综合服务功能与辐射能力。

随着城市综合服务功能的加强，铁路、公路、水路和航空综合交通运输体系的建立，生态环境、园林绿化建设事业的发展，除了现有的基础工业以外，攀枝花市的高产优质农业、花卉产业、文化教育与旅游业将有新的发展。

近百万攀枝花市各族人民在开发建设新城的过程中，不仅为城市培育了艰苦创业、团结奉献的文明之花，而且结出了在困难复杂的地形条件下建设山地城市的丰硕之果。在城市布局、城市规划、城市设计、城市道路与交通、市政设施、建筑设计与修建、园林绿化以及城市减灾防灾等方面，都为山地城市的规划、建设与管理积累了宝贵的经验。并将为全国其他山地城市的建设和西部开发提供重要的借鉴。[1]

---

1 自 20 世纪 70 年代以来，黄先生先后四次去攀枝花参观学习。对山城、钢城的规划建设印象很深。1997 年 4 月，应攀枝花市政府的邀请，参加城市总规修编大纲的咨询会议，该文是在讨论发言的基础上写成的。

重庆大都市的城市结构形态、布局特点与发展前景

1 漫长曲折的发展历史

重庆是一座具有悠久历史文化的名城，也是一座世界著名的大山城，建城已有3000多年的历史。

重庆最早的名称叫"江州"，早在公元前14世纪，江州就是巴国的首府。公元前4世纪末，秦灭巴，置巴郡，后虽几经易名，但仍以江州为治所。南朝改为巴州（公元480年）。梁时置楚州（公元502年）。隋朝为渝州（公元581年）。因嘉陵江古称渝水，故"渝"便是今天重庆的简称。宋朝初年（公元960年）改渝州为南平郡。宋崇宁元年（公元1102年）改称恭州。

宋孝宗淳熙十六年（公元1189年），恭州升为重庆府，因孝宗之子赵惇先在恭州受封为恭王，翌年（公元1190年）又接帝位（号光宗），双重喜庆，重庆自此得名，一直沿用至今。

重庆地处四川盆地的东部，长江与嘉陵江汇口，交通便利，资源丰富，自然条件优越，经济发展较早。早在汉代，重庆就是物资集散的港口。唐宋以后，与长江中下游的经济联系日益密切，其商务之盛，已非四川其他城市所能比。明清时期，经济有了进一步发展。明朝中叶，重庆的纺织、织布、缫丝、酿酒等工场作坊逐步兴起，手工业日趋繁荣，到了清代，商业与手工业得到了进一步的发展，重庆遂成为西南地区的物资集散和商品交换的重要中心。所谓"上下两条江，九门十三帮"，可见当时商业贸易之盛况。

由于清朝政府的腐败，自鸦片战争以后，帝国主义列强大举入侵中国，迫使清廷签订了许多不平等条约。为了占领中国的广大市场，掠夺中国的资源和劳动力，帝国主义早就看中了重庆这座长江中上游拥有广大西南地区腹地的重要商埠城市。光绪二年（1876年），与英帝国订立了《烟台条约》（《中英芝罘条约》），准许英国派员来重庆筹划通商事宜。光绪十六年（1890年），签订了《中英北京追加条约》，将重庆开辟为商埠。光绪二十一年（1895年），继而又签订了《中日马关条约》，同意日本在重庆开商埠。光绪二十二年（1896年），日清协定以南岸王家沱为日本租界，此外，德、法、美等国的资本主义也先后渗入重庆，打破了闭关自守的封建经济，适应资本主义需要的各种工业和交通运输业得到了相应的发展，使重庆成为资本主义世界的商品流通市场和半殖民地性质的工商业城市。

1911年（民国元年），重庆废府设巴县，重庆仅为商埠名称。1929年（民国18年），正式设立重庆市，当时人口已发展到23万，市区面积8km^2。在第一次世界大战期间，重庆的民族工商业得到了发展。到抗战前夕，重庆已有各类工厂400余家，人口由1929年的23万发展到47万，市区面积93.5km^2。这一时期，商业和进出口贸易也有了较大的发展，成为长江沿岸城市中仅次于上海和武汉的重要商业贸易港口。

1937年，抗日战争爆发后，国民政府迁都重庆，重庆成为战时的首都和中央直辖市。沿海城市相继沦陷，许多工业、机关被迫内迁，各类工业企业急速增加到1700余家，职工达10余万人，这期间重庆拥有的工业企业数、工人数和各项设备数量几乎都占国民党统治区的三分之一，成为最大的工业基地，重庆在全国的政治与经济地位也大大加强。1940年，重庆被定为国民政府的陪都，成为战时国民党统治区的政治、军事、经济和文化、教育中心。至1945年抗战末期，城市人口发展为124.6万，市区面积扩大为328km^2。

抗战胜利后，国民政府还都南京，不少企业机关迁回原地，国民党热衷于内战，使重庆生产停滞、商业萧条、经济衰败，全市人口由抗战末期的124.6万人锐减为新中国成立前夕（1949年）的96万人。

新中国成立以后，重庆进入了一个新的历史发展时期。1949 ～ 1954年，重庆被定为中央直辖市，成为西南地区政治、经济、文化中心，城市经济迅速恢复，市政建设逐步得到了发展。在1952年，城市人口增加到176万，市区面积扩大为833km^2。

1981年，城市人口229万，市区面积9800km^2，各类工业发展到3688个，职工80余万人，工业总产值70.7亿元，比1949年增加了36.5倍。

为了贯彻改革、开放方针，进一步发展重庆经济，1982年2月，国务院批准重庆为全国第一个经济体制综合改革试点城市，率先进行城市体制改革的试点。1984年实行计划单列的同时，为了充分发挥大城市的骨干作用和经济中心的职能，加强市带县的工作，决定把永川专区的八个县划归重庆市领导，以利于打破城乡分割、条块分割的局面，同时使重庆有可能在更大的区域范围内进行城市布局结构与生产力的合理分布与调整。全市辖9区12县，城郊乡总人口1447万人（全市城市总人口319.4万人）（包括县城及建制镇），总面积2.314万km^2，使本市的社会、经济发展出现了欣欣向荣的新局面。1988年，全市工业总产值达201亿元。

近年来，重庆的城市建设与发展，正在按照城市总体规划的要求逐步得到实施与调整，旧区改造逐步展开，新区建设发展迅速，新的国际机场已经建成，投资环境日益完善，对外经济联系日趋加强，其经济影响范围正在不断扩大。作为中国西南腹地连接海外的唯一内河外贸口岸，重庆已与世界120多个国家和地区建立了经济、文化联系。随着三峡工程的建设，长江航运的整治与开发，重庆不仅可以连接我国沿海包括上海、宁波、广州、香港、澳门、台湾等重要港口，而且将可以直接与日本、朝鲜、韩国等通航。重庆不仅成为中国重要的工业基地和西南地区最大的经济中心城市和交通、信息的中心与水陆交通的枢纽，在都市国际化和现代化建设事业中也将越来越显示其重要作用。

2　城市发展形态与布局特点

重庆大山城地处四川盆地的东南边缘，属河谷丘陵地带。境内山脉纵横，山峦起伏，江河奔流，水系发育，沟壑交错，丘陵、平坝相间，因自然山川制胜，生态环境条件优越。大山城的城市发展形态，就是在这特定的自然地形和环境条件下形成与发展起来的。随着工业的分散布点与人口规模的不断扩大，城市的发展形态也由初期的集中点式逐步发展为带状、组团，然后再发展为集中与分散相结合的星座式的结构形态。以相对集中的中心城区（即市中区、江北、沙坪坝、南岸、大渡口、九龙坡六个区，14个片区）为核心向周围地区分散布局。在周围建立了北碚、长寿、綦江、西彭、双桥等五个卫星城和南桐、松藻、打通、寸滩、唐家沱等十多个工业点，加上行政所辖的巴县、綦江、长寿、江北四个县和原江津专区的八个县（江津、永川、荣昌、合川、潼南、璧山、铜梁、大足）的县域和中心城镇，形成了一个庞大的大城市综合体和以六个片区为核心的中心大城市—卫星城—县城—中心镇四级城镇主要沿两江和铁路干线呈X形轴线发展的城镇网络结构体系（图1）。

重庆大山城的结构形态与一般大城市或特大城市的结构形态有显著的区别，它不是集中连片的布局，而是根据自然条件与“有机疏散”的原则，采取分片集中、分区平衡、多中心、组团式的布局结构。工业按不同性质和协作关系相对集中，各片区由一个或数

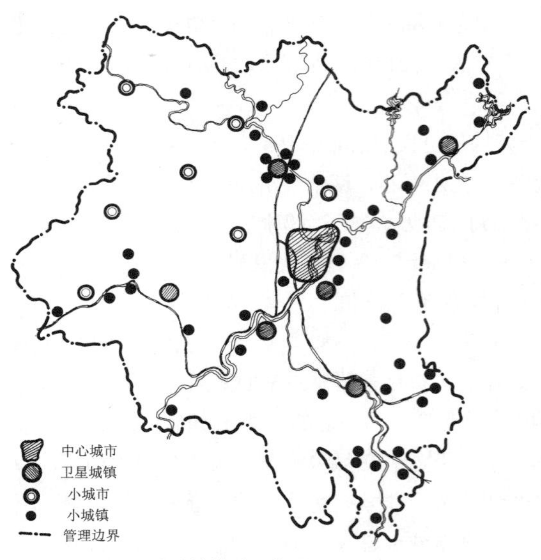

图 1 重庆大山城城镇体系示意图

个工业、企事业区和相应的生活区所组成，片区与片区之间有河流、山脉、冲沟或农田、公园绿化间隔，与旧城中心区保持一定的间隔距离（3 ～ 20km 不等）。近年来，国内外许多大城市和特大城市由于过度集中膨胀的市区发展所带来的一系列麻烦问题，因而也普遍由过度集中转向平衡发展，以便从更大的区域范围来调整城市的结构与布局，改善城市的生态环境条件，缓解中心地区的交通压力，提高城市的生活质量和工作效率。例如，被认为是世界上建设得最好的城市之一的莫斯科，在 1971 年修行的新规划总图中，采取了多中心的布局结构，将全市划分成八个综合片区，每个片区人口 70 万～ 130 万，各片区又分为 3 ～ 4 个规划区，各规划区内又包括 3 万～ 7 万人组成的若干个居住区，以克里姆林宫、红场所在的片区为全市的中心区，其余七个片区环绕中心形成星光放射状布局，根据这个规划，要将 900 多座工厂迁至新建的 66 个工业区中去形成生产、生活密切联系的综合区，各个片区都有市一级的公共活动中心，片区之间用大片公园绿化地带隔离，以阻止片区与片区连成一片地盲目发展。法国在调整巴黎总体规划时，从全国生产力的合理布局出发，制定了国民经济的《平衡发展法》并限制巴黎人口和工业发展，疏散巴黎工业和人口，使巴黎沿两条与母城相切的平行轴线呈带状发展。1938 年英国制定了《绿带法案》，以控制伦敦市区的不断膨胀。1944 年大伦敦修改规划时，调整了过去按同心圆由内向外呈放射形发展的规划结构形态，环绕伦敦形成一道 5mi 宽的绿带，后来又将绿带宽度增加到 6 ～ 10mi。而在外围建设新城，则采取了“走廊”式发展的形式，几个新城规模都为几十万人，作为吸引人口的“反磁石”。华盛顿，采取星状发展的结构，由市中心沿对外交通干线向四周发展形成放射状的发展轴，每条发展轴上由若干个卫星城组成，卫星城的规模为 30 万～ 50 万人，这种结构形态，可以使远郊楔形绿地渗入城市内部，大大改善大城市的生态环境条件，并缩短了与中心城市的交通距离。此外，东京、北京、上海等特大城市也采取了疏散市中心的工业企业、科研机构和人口的办法，在外围建立副中心和卫星城，使城市呈放射状向四周扩展，以改变原来单一中心的布局结构（图 2）。

因此，重庆大山城这种布局结构与发展形态，不仅符合城市本身的客观实际，也是借鉴国内外大都会城市规划与建设的经验教训而作出的适应现代化发展需要、合乎时代精神的正确选择。这种布局结构的主要特点与好处是 :

（1）能更好地适应城市改革开放的需要，它可以较好地解决大城市发展中的整体与局部、近期与远期的矛盾，使城市的结构具有更大的弹性，即使在局部地区布局有所调整，也不致牵动全市的总体结构，因此使城市的组织结构具有更大的适应性。

（2）有利于建立分区平衡的体系，使工作生产与生活居住取得密切联系，职工就业与居住、购物、文化、休闲等活动基本上可以在本区内得到解决，有利生产、方便生活。

(3) 减少了城市的通勤交通和文化客流，从而减轻大城市的交通压力。

(4) 片区之间，利用自然条件的阻隔，保留大片隔离地带或农田、菜园、菜地，形成了城乡相间、工农结合的有利条件，同时这种隔离绿带不仅在城市总体规划上起结构作用，并且对改变重庆山城的炎热气候、改善城市热环境、提高城市的生态环境质量，起着重要的作用。

(5) 有利于创造大城市的物质文明与小城市的自然环境相结合的城市空间环境和形成丰富、有变化的山城景观。

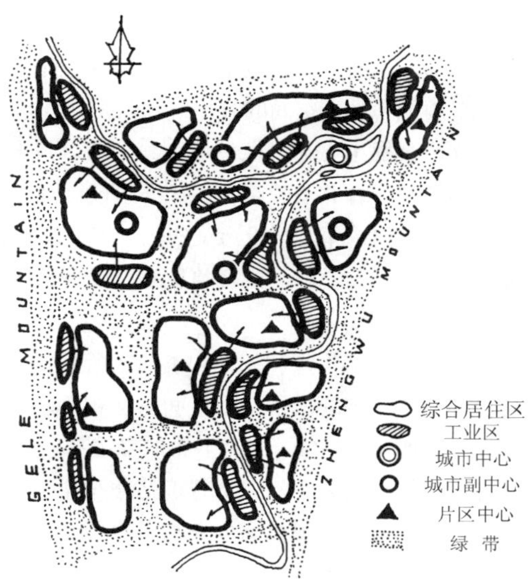

图 2 重庆山城中心城区布局结构

3 问题与展望

重庆大山城是在长期历史发展过程中形成的，其布局结构也必然伴随着过去时代打下的烙印以及与当今城市现代化发展不相适应的地方。特别是在本市迅速发展的城市化过程中，其脆弱、落后的基础设施体系和日益恶化的城市生态环境已经越来越成为影响重庆经济发展和城市生活质量的突出矛盾；同时，由于城市管理工作的薄弱，规划缺乏有力的实施保证，使中心城市各个片区有逐渐连成一片的危险！从而丧失了山城特有的布局特点和优越性，有可能重蹈其他大城市的覆辙。

因此，为了适应重庆都市国际化与现代化发展的需要，适应进一步改革、开放的要求，要不断完善大山城有机疏散、多中心的布局结构和大分散、小集中，大中小城市相结合的城镇网络体系。为此，规划建设中应着重考虑：

(1) 继续控制中心城市（六个片区）人口和建筑超饱和的发展特别是市中区半岛的发展规模。按总体规划的功能分区要求，逐步调整中心城区的功能，健全与完善分区平衡和多中心结构体系。

(2) 采取有效的法律措施，严格防止中心城市各片区连成一片，特别在市中心区与沙坪坝、杨家坪与九龙坡，以及两江沿岸地带的大片区域，利用荒山沟谷、悬崖陡坎等自然屏障或农田、林地，建立永久性的森林绿化隔离带，以阻止各片区无计划地蔓延、连成一片。大片的自然林带，既是城市的新鲜空气库又是居民的休息场所，同时有利于创造“城市山林”这样一种优美的空间环境，这是能充分发挥大山城的自然优势，保持重庆规划特色，形成良好的生态环境条件的关键所在。

(3) 大力加强道路、给水排水、电力、通信等基础设施系统的配套建设，逐步建立立体化、现代化交通体系。尽快建立地上与地下相结合的地铁与轻轨交通，发展两江水上快速运输，完善山城的公共交通系统和街巷步行交通系统。

(4) 加强卫星城、县城、小城镇的建设。从政策上采取措施，把郊区小城市（镇）建设好，使卫星城、县城、镇真正具有吸引力，并有利于促进广大郊县地区经济的全面发展，逐步形成在经济上具备一定特点的大、中、小城市（镇）相结合的地区城镇体系。

(5) 重视山城地下空间的开发与利用。良好的自然、地质条件是大山城建设的一大潜在资源优势，发展地下空间，可以减少城市建设与农业占地的矛盾，改善山城的地面空间环境，具有广阔的发展前景，因此应充分重视地下空间的利用与布局规划，并将地面布局规划与地下空间的利用规划紧密结合起来。

（6）加强生态环境保护规划与管理，将山城的环境污染减少到最低限度。加强工业内部的调整、合并与改组，关闭不可能治理的有害工业，严格禁止在中心城市及附近地区配置对江河水体有严重污染的化学工业及其他工业，改革城市民用燃料结构，加强“三废”的治理，建立科学的环境监测、管理系统，切实保护两江水体和空气的清洁，提高环境质量。

空间是一切生产和一切人类活动所需要的最基本的要素，一座城市的社会、经济发展，必须有一定的城市活动空间与之相适应。城市的布局结构和发展形态，离不开基本的物质条件——用地，每个城市的发展形态与布局形式，都是一定的自然条件下的产物，是自然空间与人为空间二者有机结合与综合作用的结果。因此，城市发展规划最重要的是：每个城市都必须根据自身的用地条件与历史发展，找出最适合于自身的生存和发展的形式。重庆大山城的布局结构，就是在特定的用地条件和社会经济条件下的产物，其城市形成与发展的基本特征则是松散条件下的集中。松散，是山区自然条件作用的结果；而集中，则是城市功能和技术经济的基本要求。在山城重庆，建立与完善“有机松散、分片集中、分区平衡、组团式、多中心”的布局形式和“大、中、小”相结合的星座式城镇网络结构体系，不仅是山城重庆自身历史发展过程的合乎逻辑的必然结果，也是重庆这座重要的历史文化名城和西南地区最大的经济中心城市进一步发展的需要，还是创造良好的活动空间、建立动态平衡发展机制的理想模式。

（注：本文是作者于 1989 年在重庆定名 800 周年“都市国际化现代化”国际学术研讨会上的发言稿）

山地历史文化遗产的保护观念

——论重庆黄山陪都遗址的保护与开发

山地历史文化遗产是山地人居环境的重要组成部分，其价值构成具有多元性的特点，应该树立整体性、真实性、综合性的保护观念，充分发挥这一文化资源的综合效益，赋予其以历史文化为主要内涵的多重意义。重庆黄山陪都遗址的保护与开发即是基于这一认识而进行的规划探讨。

1　黄山陪都遗址概况

重庆是我国著名的山城，也是重要的历史文化名城，抗战时期的陪都历史文化，在重庆历史文化名城中占有特殊重要的地位。黄山陪都遗址（重庆市重点文物保护单位）是整个重庆陪都历史文化的重要组成部分，在国内外有较高的知名度。遗址建筑较为集中，建筑及其环境基本保存完好。

1.1　区位及其环境

重庆黄山位于南岸区东面南山风景区的最东端，西距市中心直线距离 4km，平均海拔 540m，有多处制高点可俯瞰山城及两江（长江、嘉陵江）交汇口。区内地势起伏，森林茂密，景色秀丽，是著名的避暑旅游胜地。

黄山与涂山、汪山共同组成南山风景区，风景旅游资源丰富，文物古迹众多。东南的南山公园有“山城花冠”之称，四季繁花似锦，西南的涂山内有纪念夏禹治水的“涂山古刹”，明代建造的“览胜塔”，唐代道教古观“老君洞”，清代道光年间所建的七层“文峰塔”；东部沿长江狮子山有始建于唐代的“慈云寺”，清乾隆年间建造的九级浮屠“报恩塔”；西北长江边有元末石刻代表作“大佛寺石刻”，隔江相望的寸滩有“白塔”，为长江下游船泊进入重庆之门户（图 1）。

1.2　历史背景

抗日战争期间作为战时首都的重庆，是大后方的政治、经济、文化中心，又是第二次国共合作和抗日民族统一战线的重要政治舞台，同时，又是国际反法西斯战争的远东指挥中心，留下了大量的反映重庆近现代发展历史的抗战史迹。抗日战争爆发后，日本帝国主义对陪都重庆进行了长达数年的大轰炸。长江南岸的黄山、汪山一带紧靠城区（原国民政府行政办公中心），崇山峻岭，地势隐蔽险要。蒋介石等国民党军政要员在黄山设官邸，国民政府的一些重要机构（空军司令部，中央秘密国际电台）以及苏、美、英、法、德、比、荷等国的使领馆也分散建立在黄山、汪山一带。布置于多个山头的防空炮兵在反击日寇的空袭中发挥了重要作用。黄山、汪山一带（南山风景区）成为抗战时期国民政府的重要政治活动中心。

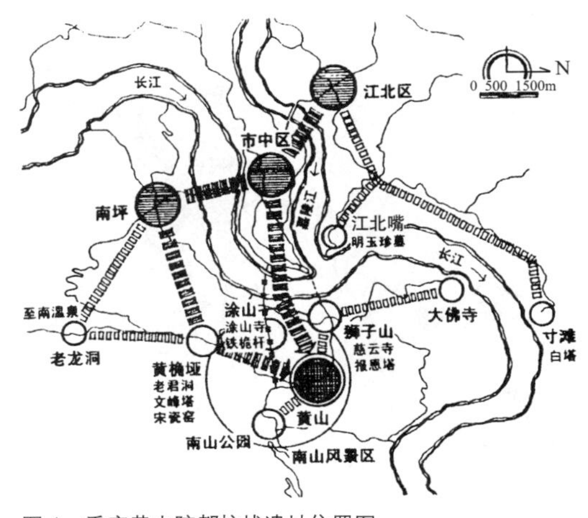

图 1　重庆黄山陪都抗战遗址位置图

1.3 遗址及其环境

当年的黄山陪都建筑遗址，沿山脊分布在一马蹄形的地带上，其中有云岫楼（蒋介石住处）、松厅（宋美龄住处）、云峰楼（为宋庆龄准备的住处）、孔园（孔祥熙、孔二小姐住宅）、草亭（马歇尔、张治中住处）、莲青楼（美军顾问团住处）、黄山小学（抗战阵亡将领子弟学校）、空军司令宅（周至柔住处）、侍从室（蒋介石秘书机构用房），以及望江亭（已毁）、长亭（已毁）、六角亭（已修复）、半月亭（已毁）等建筑。此外，还有蒋介石及高级要员避空袭的防空洞、发电房和沿山脊布置的防空炮兵阵地的炮位（图 2）。

大部分建筑遗址为 1 ～ 2 层砖木结构的民居建筑（图 3、图 4），为 20 世纪 30 年代折中主义的建筑形式，灰青瓦、坡屋顶、清灰色清水墙面，简朴素雅，结合地形灵活布置，主体结构保存完好，但内部房间的分隔已有较大的变动。现存遗址建筑为“黄山干部疗养院”使用，作为病房或职工住房，并在遗址中心地带陆续修建了一系列新建筑，混杂于遗址建筑环境之中，对遗址历史环境造成了一定的破坏与影响。由于缺乏维护与管理，建筑遗址已遭到不同程度的损坏，遗址周围的绿化环境较差。

2 黄山陪都遗址的价值构成

文物建筑和历史地段对于民族和个人文化认同的重要作用决定了历史文化价值（历史的、艺术的、科学的）是其价值构成的主要方面，这正是《威尼斯宪章》、《华盛顿宪章》以及我国《文物保护法》的思想基础。山地历史文化遗产由于其特殊的自然地理环境，历史文化内涵已融入山林水网之中，因而，自然景观与生态环境也是其历史文化价值的组成要素。同时，从山地人居环境持续发展的角度看，自然景观与生态环境尚具有独立的社会、经济、环境意义，这就决定了山地历史文化遗产价值构成的多元性。黄山陪都遗址便是包含了历史文化、景观、生态等多元价值的特殊历史地段。

2.1 历史文化价值——文物建筑遗址

黄山陪都建筑遗址是整个重庆陪都历史文化的重要组成部分，是中华民族抗战历史文化的重要见证。因而，对遗址进行保护与开发，并挖掘和整理反映其历史活动的文物

图 2 重庆黄山陪都抗战遗址综合现状图

图 3 云岫楼（蒋介石住所）

图 4 草亭（马歇尔住所）

文献加以展示、陈列，对于弘扬民族文化，联系民族情感，全面认识重庆城市的历史地位与作用，深入进行爱国主义教育，促进海峡两岸的统一等，有着重要的历史意义和积极的现实意义。

2.2　**景观价值——山地景观环境**

黄山陪都历史地段的景观环境既是历史环境的重要组成部分，又具有相对独立的景观价值。黄山及其附近景区峰峦叠嶂，山水相依，历史遗迹、自然景观交相辉映，景观资源丰富。因而，在保护黄山陪都遗址的同时，开发黄山及南山风景区的风景旅游资源，发展文化旅游事业具有重要的社会、经济意义。

2.3　**生态价值——山地生态环境**

黄山陪都历史地段的自然生态环境也是历史环境的组成要素，同时又具有相对独立的生态价值。黄山及南山风景区是重庆市重要的绿色生态屏障，区内森林茂密，动植物种类繁多，环境清幽，气候凉爽。保护好黄山及南山风景区的生态环境，既是文物遗址保护的前提，又对重庆山城具有重要的环境生态意义。

3　黄山陪都遗址的保护观念

山地历史文化遗产的保护观念应建立在对其价值构成的认识的基础之上，最大限度地发挥保护的综合效益（社会的、环境的、经济的等），科学、合理、有效地保护、开发和利用其特定的文化资源和自然资源，将历史文化遗产的保护作为山地人居环境建设的一个重要组成部分。

3.1　**环境保护——整体性**

“保护一座文物建筑，意味着要适当地保护一个环境。”（《威尼斯宪章》）文物建筑及其环境是一个完整的历史地段，只有采取整体的保护，才能完整地传递过去了的历史信息，要从环境中排除一切自然的和人为的、可能导致文物建筑破坏的因素。黄山陪都遗址的保护以恢复历史环境为核心，进行大小环境的分级保护与控制。

区域环境：黄山及南山风景区作为黄山陪都遗址的区域环境，其生态环境与自然景观应得到全面的保护与控制，纳入到黄山陪都遗址的保护体系中来，既作为历史环境的组成部分，又作为城市的生态与景观资源。因而，应保护风景区内的地形、地貌、山体、水体、动植物资源及文物古迹，特别应防治虫灾、火灾、风灾等灾害对森林植被的破坏。

地段环境：根据《文物保护法》的有关精神，划定环境景观控制区和历史遗址保护区，在保护区内严格控制建设项目，在控制区内加强植被保护与环境整治，控制景观视线走廊。近期应搬迁“黄山干部疗养院”，另择新址建设，并拆除部分新建建筑，净化历史环境（图5）。

图5　重庆黄山陪都抗战遗址保护规划图

遗址环境：将建筑遗址周围 20 ～ 50m 范围内划定为重点环境保护带，重点进行庭院的整治与环境绿化的配置，恢复历史环境，创造历史氛围。

3.2　复原整修——真实性

文物建筑的价值基础是它的历史可读性，保护过程中的整修应严格尊重其存在过程中的全部历史信息，“遵守不改变文物原状的原则”（《文物保护法》）。梁思成先生曾说，保护文物建筑“是使它延年益寿，不是返老还童”。黄山陪都建筑遗址的整修采取“整旧如旧”、“修旧如旧”的保护思想原则，以求真实地再现遗址历史。

整治修复：在对遗址建筑的历史进行充分考证的基础上，整修复原包括防空洞和坑道发电房在内的所有历史遗址，恢复重建望江亭、俱乐部和沿山脊的部分防空炮位。在遗址内进行有关的复原陈列和历史资料陈列。

多学科参与：文物建筑及历史地段首先是作为文物而被赋予价值的，其次才是作为建筑与环境而存在。因此，对它们的保护应避免片面性，应有各方面的专家（文物、历史、民俗、美术、建筑、规划、结构、环保、生态、动植物等）共同参与。

分级保护：根据遗址的建筑性质和历史文化价值，将遗址建筑分为三级，进行分级保护，突出保护重点。一级保护遗址包括云岫楼、松厅、草亭、莲青楼、侍从室；二级保护遗址包括孔氏公馆、黄山小学、云峰楼；三级保护遗址包括松篌阁、周至柔住宅、发电房等。

3.3　开发利用——综合性

《威尼斯宪章》指出：“为社会公益而使用文物建筑，有利于它的保护”，保护必须和开发利用相结合。对于山地历史文化遗产来说，采用恰当的方式清理和展示它们，以体现其纪念意义和文化认同作用，是开发利用的主导思想。同时，还可以结合山地特点，进行更为广泛的综合开发。黄山陪都遗址的开发以此为原则，充分体现它的多元价值，发挥开发的综合效益。

展示与研究：将遗址的修复保护与陈列展览结合起来，并与对抗战历史文化的挖掘研究结合起来。在遵循整体性、真实性保护思想原则的前提下，对遗址地段进行适度的配套建设与整治，包括道路环境的整治、游览服务设施的完善、中心广场的整治、主体陈列馆的建设、小型宾馆的建设等，为研究交流与参观游览创造条件，使该地段成为陪都抗战历史文化展览与研究的中心。

风景旅游：将遗址的保护与建设南山风景区，开展旅游事业结合起来。充分保护和利用现状自然生态环境，逐步开发周围丰富的风景、文物旅游资源，不断完善基础设施建设，创造良好的外部条件与内部条件，形成高品质的集自然、人文景观于一体的旅游环境。

4　结论

山地历史文化遗产是人类文化资源的存在形式之一，特定的自然地理环境赋予其多元的价值构成，对它们的保护与开发应建立在对其价值全面、深刻认识的基础之上，并与山地人居环境的建设和保育过程结合起来，以保护它们具有社会的、经济的、环境的多重意义，并继续具有生命力。这就是我们应该树立的保护观念。

（注：本文发表于《城市规划》，1998 年第 3 期，合作者：李和平）

丽江古城的保护与开发

1　丽江古城的形成与发展

丽江古城坐落在云南省西北部、云岭山脉主峰玉龙雪山的山麓，北依象山，西枕狮子山，海拔2400多米，是一座古朴、秀丽、别具一格的高原小城市。丽江是古老的东巴文化的中心，是丽江地区的政治、经济、文化中心。

由于特定的历史、地理条件，丽江地区的发展经历了漫长的历史过程。早在3～9世纪（三国—隋唐）丽江地区还是以部落为基础、以畜牧业为主的奴隶社会。10世纪初至13世纪（唐—宋）农业生产跃居社会经济的主要地位。随着农业生产的发展，手工业生产也得到了很大的发展，使丽江城由原先人烟稀少的游牧聚落，逐渐发展成为商品交换发达的市镇。到元末明初，木氏土司的统治中心由雪山山麓的白沙逐渐转移到丽江，促使了丽江城镇建设的新发展。

1276年（元至元十三年），元朝于丽江地区置丽江路，设军民总管府，府治就在今丽江县城一带。1384年（明洪武十七年）丽江木氏被授为世袭的丽江府知府。木氏土司世袭的封建领主统治得到了巩固与发展，成为当时云南少数民族地区中最强盛的一个。据历史记载，当时丽江府城的居民已有千余户。府城内瓦屋鳞次栉比，街巷密集，庙宇、寺院建筑富丽堂皇，土司府旧署“宫室之丽，拟于王者”。

1723年（清雍正元年），丽江改土归流，设流官，并在木氏土司府以东、象山南麓建土城。城周长四里，高一丈，下基以石，上覆以瓦，设四门，每门都有城楼。后几经地震破坏，至清光绪时，古城城垣已大部倒塌，城中居民很少，而在城外的四方街一带逐渐发展繁盛起来。

抗战时期，由于内地通缅甸交通的中断，丽江成为内地与西藏、缅甸、印度通商的要道，滇西北商业贸易的重镇，商旅云集，当时四方街一带的商业贸易活动十分活跃，城市一度繁荣。

新中国成立之后，城镇规模不断扩大，在城西北逐渐发展了新区。1961年，改丽江县为丽江纳西族自治县，丽江城的发展进入了一个新的历史时期。

2　丽江古城的价值与特点

在古城的选址、布局与建设中，古代丽江的建筑匠师们善于审察地理形势，利用自然环境，依山就势，因地制宜，建造了古朴秀丽、亲切自然、富有强烈的民族特色和浓郁的地方特点的高原水乡，具有重要的历史价值和科学研究价值。其主要的价值与特点可初步归纳为以下几个方面。

2.1　城市选址与布局科学合理

2.1.1　善于利用自然地势，背山面阳

古城选择在肥沃的丽江坝区和具有永恒魅力的玉龙雪山的南麓。城周群山怀抱、峰峦叠嶂，城中又有象山与狮子山相依托，不仅使城市植根于富足的农业资源的基础上，有可靠的物质保证，而且赋予城市独特的自然景观，使之具有丰富的空间轮廓线。

在具体位置选择上，利用北高南低的自然坡地，城市修建在坡度为15°～20°的缓坡地带，而以平缓的四方街为旧城的活动中心，在功能上、工程上和建筑艺术上都取得了很好的效果（图1）。

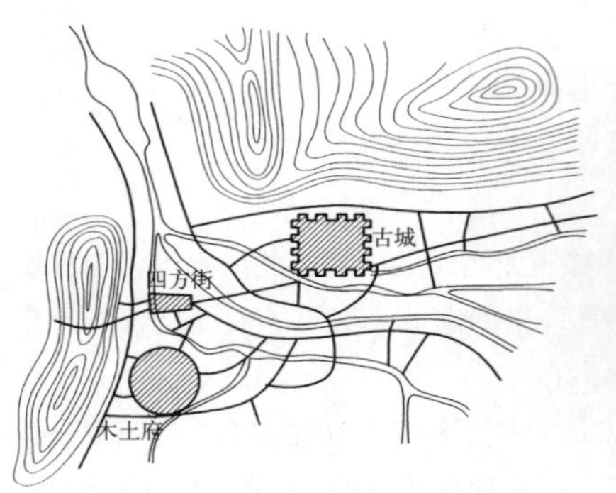

图 1　丽江古城选址图

图 2　小河穿街过屋

2.1.2　善于利用水利，择水而居

丽江古城利用古丽江坝区溪泉涌流、水流发达的优越条件，特别是象山和狮子山的象鼻山和狮乳泉，择水而居。玉泉水由象鼻出，在双石拱桥处分成三股——西河、中河、东河，穿街过屋，形成了高原城市罕见的水乡景色（图 2）。

特别值得注意的是，古代丽江建筑匠师们，结合古城内多条河流的不同标高和街道广场地面的自然坡度，巧妙地利用流速较大的溪流来定期冲洗广场和街道，使街道广场地面经常保持清洁和鲜丽的颜色（丽江旧城内就地取材，采用五花石作街道及广场的地面铺装，色泽鲜丽），达到了非常成功的效果。

丽江居民对于井水的利用也是十分节约与考究的。饮汲井—淘米、洗菜池—洗衣池，严格划分，一水多用，既保证了卫生，又使井水得到了充分的利用。

2.1.3　善于利用自然气候，挡风避寒，纳凉驱热

古城位置选择在北依象山、金虹山，西枕狮子山的山麓，而木氏土司府则设在狮子山的南麓，冬季可挡西北寒风的侵袭，春季和风徐来，花木早苏，而夏季则凉风悠悠，驱散城内热气，达到了挡风避寒、纳凉驱热的理想效果。据实测，在冬季，古城内的温度要比新区高 1 ～ 2℃（图 3）。

2.2　人工环境与自然环境的高度和谐

古城在规划布局上创造了很高的意境。建筑布局依山就势，高低错落。道路格局不求规整，屈伸自然；道路系统与水系紧密结合，主街傍小河开辟，小巷沿溪流而延伸；街道、广场以玉龙、文笔诸山为对景，城、景交融；路旁涓涓流水，枝头莺歌燕啭，生机盎然。建筑层数、体量完全适应人的尺度，并与街道广场和周围环境和谐统一，使建筑、山、水、路有机结合，人工环境与自然环境融为一体。在莽莽苍苍的云贵高原，却有“不似江南，胜似江南”的清新意境。

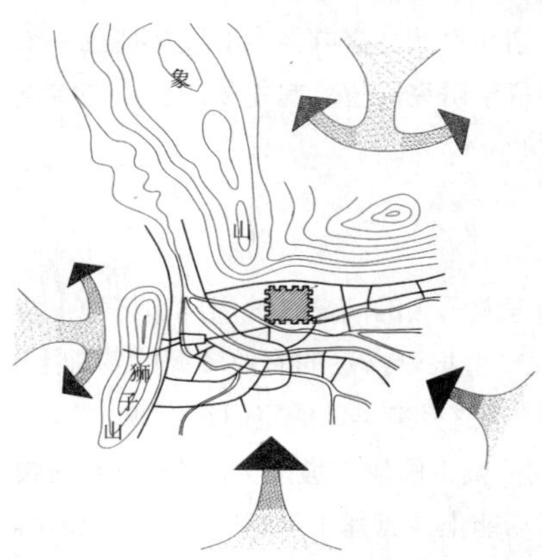

图 3　丽江山、水、城关系示意图

2.3　多民族的建筑技术和文化艺术的交融

2.3.1　内向性的居住院落组织和密集式的街巷布局

纳西族民居古朴素雅，造型优美，组合灵活，特别重视庭院绿化、美化和厦子（檐廊）的多功能利用，注重入口和山墙的重点处理（图 4）。在“三房一照壁”、“四合五天井”的典型组合平

图 4　丽江民居宅门

图 5　丽江玉泉公园

面的基础上，据具体条件，可以灵活组合成各种复杂的平面，形成富有变化的内向空间，既有我国传统四合院民居的特点，又有白族民居的习惯做法。这种院落式的民居组织与密集式的街巷布局，使内向的居住空间与外向的街道空间相结合，并由动感很强的流水和色彩鲜丽的花木使内外空间取得对比与联系。“家家流水绕诗意，户户垂杨赛画图”，生动地反映了古城的风貌和特色。同时，这种院落式的居住空间，不仅为居民的日常户外活动和邻里交往创造了良好的环境，而且也减轻了外部道路的负荷，使旧城狭窄的街道空间显得并不十分闭塞与拥挤。

2.3.2　特色鲜明的寺庙、园林建筑

丽江有著名的福国寺、玉峰寺等五大喇嘛寺，以及大宝积宫、琉璃殿、三多庙、光碧楼等重要寺庙和黑龙潭（玉泉公园）（图 5）、得月楼等著名的园林建筑。这些寺庙园林、建筑，多数建于明代，结构雄健有力，造型生动优美，雕刻精湛细致，彩画鲜艳夺目。其中，最有代表性的是福国寺的法云阁。这众多引人注目的寺庙园林，显示了纳西族人民精湛的建筑技术和高度的文化成就，体现了纳西与汉、白、藏等多民族建筑技术与文化艺术的交融，集中反映了极盛时期丽江的政治、经济、宗教、文化等方面的状况。

2.4　灿烂的民族文化，丰富多彩的人文景观

纳西族是一个具有悠久文化传统和美学素养的民族。他们善于学习、吸收其他民族的先进文化和科学技术，结合本民族和地区的特点，创造自己的民族文化。著名的东巴象形文字和《东巴经》，使纳西人民引为自豪；古老的纳西舞蹈和白沙细乐，优美生动，深深扎根于人民，大大丰富了丽江人民的文化生活；多民族的服饰打扮和风俗习惯，更使这座美丽的古城蒙上了特别的气氛；至于丽江的绘画、雕刻、工艺美术等也以其鲜明的民族特点和高度的艺术水平而著称于世，成为纳西文化的有机组成部分。

3　丽江古城的开发与保护

丽江古城不仅具有重要的历史研究价值，而且也具有重要的开发利用价值，因此必须加以很好的保护。

3.1　新区脱离旧城发展

丽江古城是我国目前保存得较为完整的一座古朴的小城。自 20 世纪 50 年代末期，在旧城西北逐渐形成了地区和县一级的行政中心和新的文化娱乐中心。新区脱开旧城发展，使旧城有可能得到完整的保护，新区也能得到自由灵活的发展。

对旧城与新区的发展，应采取截然不同的方针。古城部分应该完整地加以保护，以维持原有古城的风貌，在保护的前提下逐步改造其不合理部分。而对新区则应根据现代生产与生活的需要，积极地加以发展与建设，并使规划与建设具有更大的灵活性。而作为新旧区连接的玉龙桥一带，应采取以文化休息活动的绿化广场为主要内容的松散连接，作为新旧区的联系和景观过渡地带。

3.2 综合治理水系，保护与突出水乡特点

水是丽江古城的灵魂所系。由于城市规模不断扩大，用水量增加，象山及周围地区植被的破坏，不仅给丽江各族人民的饮水问题造成困难，而且使古城水乡风貌受到很大的损害。因此，在古城保护中，必须加紧对丽江水系的保护与治理，继续保持与突出高原古城水乡特色。

3.3 完善古城道路交通系统，增加绿地面积，减少人口密度，改善安全、卫生条件

在中河沿岸，结合消防道路和小块绿地的开辟，拆除部分质量太差、过分拥挤的破旧房屋，亮出河道，开辟沿河小游园，改善古城的消防安全和居住卫生条件。

3.4 以古城为中心，以雪山景区为主体，建立丽江地区风景保护体系

丽江境内风景旅游资源十分丰富，分布范围广，互有联系。除古城外应建立整个丽江地区的景观资源保护体系，将有重要文化、历史价值与风景观赏价值的景区纳入统一的保护规划范围。

（1）建立以丽江古城为核心的中心景区，包括象眠山、狮子山和黑、白龙潭等景点。

（2）开辟以玉龙雪山为主体的雪山主景区，包括雪山山麓的众多寺庙园林以及白沙古镇名胜古迹等。

（3）建立以文峰寺为中心的文笔山风景保护区，包括文笔海，以及被誉为“纳西乐舞之乡”的白华大队农村居民点。

（4）建立以自然景观为主体的金沙江沿岸风景保护区，包括石鼓、万里长江第一湾、虎跳峡奇观以及宝山州古城堡、太子关、白水台等。

（5）建立永宁县泸沽湖及永胜县程海、灵源箐风景区。

以上这些景区与景点，或由于自然风光的奇丽不凡，或由于人文景观的多彩多姿，或具有特殊的文化历史价值而吸引着四面八方的游人。随着今后社会、经济、文化的发展，交通条件的改变，对这些地区的景观保护，必将会提出更高的要求。因此，必须从现在起就对这些地区进行全面系统的规划与控制，使风景资源能够得到充分、合理的开发与利用。

（注：本文发表于《城市规划》，1986 年第 1 期。1983 年，重庆建筑工程学院城市规划与设计研究所接受了云南省建委委托的丽江、大理的总体规划编制任务。规划提出了：“有效地保护古城与积极发展新区”的原则，首次明确地提出保护好丽江古城的方略。把城市总体规划与历史文化、风景名胜的保护规划结合起来，继后又编录了《雪山胜境·古城新天》电视录像片，获四川省优秀电视教学片编稿奖。对宣传丽江、大理，保护古城和风景名胜产生了很好的效果。1986 年，丽江、大理被批准为国家级历史文化名城）

丽江古城考之一

——大研镇

1 现状与沿革

在我国西南的边陲，坐落着一座质朴、秀丽、别具一格的高原古城，这就是纳西族[1]的政治、经济、文化中心——丽江。丽江位于丽江县境的东南部。丽江县地处云贵高原的西北、金沙江上游曲折江湾的南面，于东经 99°23′ ~ 99°132′，北纬 26°36′ ~ 27°46′之间。东隔金沙江与宁蒗、永胜毗邻，南与鹤庆、剑川接壤，西界兰坪、维西，北面隔金沙江与中甸县及四川省的木里藏族自治县相望。全县辖 22 个公社，一个镇——大研镇，为丽江地区、县、镇所在地（图 1）。

丽江，因金沙江而得名。据《元史 · 地理志》记载："丽江路军民宣抚司，路因江为名，谓金沙江，江出金沙故云。源出吐蕃界，今丽江即古丽水"。[2] 丽江，既是地区的中心，又是纳西族自治县县治和镇治所在地。县城大研镇，现有人口 3.5 万人，是丽江地区、县、镇的所在地。居住着纳西、汉、白、彝、苗、回、藏、普米、傈僳等十多个民族，其中纳西族占 55.8%。面积 3.2 余平方公里。长期以来，他们在这块美丽、富饶的地方劳动、生息，共同缔造了自己的历史与文化。

大约在一两万年以前的远古时代，这里就有人类活动的痕迹。1960 年我国考古工作者在丽江漾弓江木家桥发现了古人类的股骨化石和 1975 年在同一地点发现的人类头骨化石——丽江人和动物化石——鹿、牛、犀牛等。[3] 这些重要的发掘，都有力地说明了丽江是我国人类活动最早的地区之一。

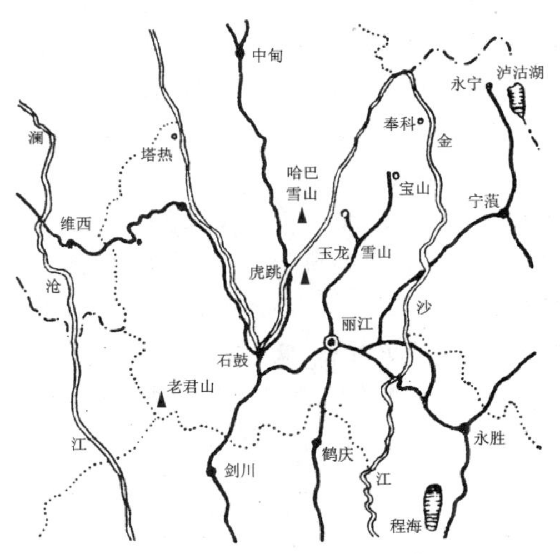

图 1 丽江与周围地区关系图

早在两汉以前，金沙江两岸即为纳西先民聚居的地方。三国至隋唐（3 ~ 9 世纪），丽江地区还是以部落为基础，以牧畜业为主的奴隶社会。据《南夷志》载："么些蛮乌种也，铁桥（今塔城村）上下及大婆（今鹤庆境）、小婆（今永胜境）、三婆（今丽江境）、探览（今永宁境）、昆池（今盐源境）等川皆其所居之地，土多牛羊，一家即有羊群，终身不洗手面，

1 纳西族，是我国少数民族之一，有着悠久的历史和文化。人口约 30 万，主要分布在云南省西北和四川省西南的金沙江上游地带，即丽江地区和中甸、维西、宁蒗等县及四川省西昌地区。其称谓较为复杂，在丽江一带的称"纳西"，在宁蒗一带的称"么些"或"摩梭"，在古书记载中也有称"么些"、"摩裟"、"磨些"等。语言属汉藏语系藏缅语族的彝语支，与其他彝语支民族（彝、傈僳、拉祜、白、哈尼）有着近亲关系。据学者们的研究，彝语支各民族的源流都与古代氐羌部落有关。

2 《元史 · 地理志》卷十三。

3 见：李有恒 . 云南丽江盆地一个第四纪哺乳类化石地点 [J]. 古脊椎动物与古人类，1961，5（2）；云南省博物馆 . 云南丽江人类头骨的初步研究 [J]. 古脊椎动物与古人类，1977，15（2）；江宁生著 . 云南考古 [M]. 昆明：云南人民出版社，1980.

男女皆披羊皮，俗好饮酒，歌舞。”[1] 由于冶炼技术的发明，到唐时，丽江地区已有铁索桥的建筑（今丽江境内的塔城村），而著名的纳西东巴象形文字和《东巴经》[2] 也是在这一时期出现的。于 10 世纪初到 13 世纪中叶，丽江地区的经济状况发生了显著的变化，特别是由于当时丽江坝区溪泉涌流，水利灌溉条件十分优越，又有坝区的大片平野沃土，使农业生产得到了很大的发展，如《元 · 一统志》记载 ：“珊碧外龙山（在通安州）……上产箭竹。山半数泉涌出，下注成溪，灌溉民田万顷……些苏溪（在通安州）、姑霓溪、个霓溪、块麦溪等四溪水源，悉出神外龙山。周流州境，灌溉民田，南流出鹤庆路境”[3]，农业生产已跃居社会经济的主要地位。随着农业生产的发展，手工业也得到了较大的发展。当时丽江通安、巨津两州的土产品达数十种，除农产品粳糯、麦、粟等外，手工业产品有毡、布、锦、绸 ；矿产品有金、滑石、朴硝。此外，还有畜产品、山货、药材和果本等多种产品。同上书卷七《风俗形势志》载 :“通安州据雪山丽水之奇胜，地土肥饶，人资富强，习俗勇励。”

农业和手工业的发展，使丽江坝区由以畜牧业为主的奴隶社会逐渐转变为以农业为主的封建领主社会。丽江城也由原先人烟稀少的部落聚落逐渐发展成较大的村镇。当时世袭的木氏土司统治中心的城镇建设也有了相应的发展。

关于丽江的建置，在夏、商、周以前无史籍可考，据《丽江光绪府志》记载 ：“丽江古荒服，极边接壤吐蕃（今西藏境），史称嶲，昆明地。”战国时（公元前 298 ～前 262 年）楚庄王入滇建国，丽江属滇。西汉元封元年，属越嶲郡之定笮县（越嶲郡是西汉时期在川西南一带建置的行政区，是纳西族先民较集中的地区，定笮县位于今盐源县境以南）。东汉明帝永平十二年（公元 69 年），丽江属永昌郡。蜀汉建兴三年（公元 225 年）诸葛亮南征，平四郡（益州、永昌、苍阁、越嶲），改益州郡为“建宁郡”，且分建宁、永昌二郡置“云南郡”，丽江时属云南郡。亦仍隶越嶲郡定笮县。至唐初武德元年（公元 618 年）丽江为姚州都督之袖带地，后为南诏所并。南诏时为铁桥节度地（也称剑川节度）。唐德宗兴元元年（公元 784 年）南诏王改国号为“大理”，置丽水节度。后晋高祖天福二年（公元 937 年）段思平据“大理国”，历三百多年，丽江至此仍属其下。宋理宗祐元年（公元 1253 年）忽必烈攻大理至丽江，立丽江茶罕章（茶罕章即蒙语丽江之意）管民官。“丽江”之名至此开始出现。元世祖至元八年（公元 1271 年）罢府置宣抚司，领七州一县即顺州（今鹤庆境）、蒗蕖州（今宁蒗境）、永宁州、通安州、宝山州、兰州（今兰坪）、巨津州、临西县（今维西）。丽江地区纳入元王朝统一的行政系统后，在政治、经济和文化方面密切与内地的联系，又进一步促使了这一地区经济和文化的发展。

明洪武十五年（公元 1382 年）改路设府，辖四州一县（通安、宝山、巨津、兰州和临西县），府治就在今县城大研镇一带。清雍正元年（公元 1723 年），改土归流。隶云南布政司，乾隆三十五年（公元 1770 年）旧通安、宝山、巨津、兰州地设丽江县，

1　宋《太平御览》卷七八九,四夷部一。

2　东巴文，为纳西族过去主要在宗教上使用的象形表意文字。《东巴经》，是用东巴文书写的经书，主要是由纳西族东巴教的巫师“东巴”作宗教活动时讽诵之用。东巴教，是新中国成立前纳西族中信奉的宗教，保持有原始巫教的残余，信仰多神，如山、水、风、火等自然现象和自然物，均被视为神灵而加以膜拜。新中国成立后，随着群众科学文化水平的提高，这种活动已日趋减少。《东巴经》约有五百多卷（册），七百多万字，是研究纳西族语言、文字、社会历史、文学艺术、音乐舞蹈、宗教民俗、天文历法、哲学思想及民族关系等方面的珍贵资料，是古代纳西族的一部百科丛书，具有重要的研究价值。除我国外，日本、法国、联邦德国、美国、意大利等国也设有专门研究机构。

3　见《元 · 一统志》卷七《丽江路军民宣抚司山川志》。

为丽江府治。民国废府存县。新中国成立后，属丽江专区，1961 年，丽江县改为纳西族自治县。[1]

2 大研镇的历史变迁与发展

据《元史》世祖纪一记载：南宋理宗宝祐元年（元宪宗三年，即公元 1253 年），元世祖忽必烈征大理过大渡河至金沙江，在丽江东境宝山地区用革囊和木筏渡江，麦良迎降，第二年授为茶罕章管民官[2]，当时元军渡江后曾在今丽江县城一带驻扎军队，操练兵马，古城大石桥北面一带至今仍沿袭古地名“阿营畅”，“阿营”指蒙古军队，“畅”指村寨。在阿营畅东北部的大草坪（今粮食局大新仓之草坪）就是当时元军的操场，叫“阿营闹当”。由此可知，丽江古城至少在南宋时期就已具雏形。至元朝至元十三年（公元 1276 年），置丽江路，设军民总管府，府治就在今丽江县城一带。明朝初期，丽江地区的社会、经济有了很大的发展。从各种地方史籍记载看，丽江府治的人口已有居民千余户。至明崇祯十二年（1639 年），徐霞客访问丽江时，郡所已是“居庐骈集，索坡带谷”，其“宫室之丽，拟于王者……且产矿独盛、宜其富冠诸土郡云……”[3] 足见当时丽江古城的政治、经济状况在滇西北的少数民族地区中，已居于重要的领先地位，而木氏统治中心的宫室建设的规模，已相当富丽堂皇了。

丽江地区的经济、文化与城市建设至明时得到了空前的发展与繁荣，究其原因主要有以下几个方面的因素：

（1）在政治上，明代封建统治在洪武时期采取了加强国力、充实边疆、“寓兵于农、屯民在边”的基本国策，对边疆少数民族地区的上层集团采取了团结、扶持的政策，促进了这一地区生产的发展。例如，在《光绪丽江府志稿》中就有木土司在明代做官的记载：“……阿得，郡人，元时丽江宣抚司副使，洪武十五年兵下云南率众归附，赐姓木。十六年开设府治，授丽江知府，会西番劫澜沧江，得引兵却之，又从指挥董某破石门关寨，命世袭土知府。征巨津，擒阿奴聪，斩伪元帅朱保，屡著功绩。”[4]

（2）木氏土司被授予世袭封建领主统治以后，政治地位空前提高，军事实力进一步加强，并在经济、文化与建筑技术等方面更加密切了与内地的联系，加强了纳西文化与汉、藏文化的交流。如同上书记载，阿得的八世孙木增在“万历间袭丽江土知府，值此胜州讲乱，增以兵擒首逆高？时鼎建，输金助工兼陈十事，下部议可，朝廷喜其忠诚，特加参政秩，增又好读书博极群籍，家有万卷楼，与杨慎、张含昌和甚多。”

（3）重视水利灌溉条件的改善，引水筑渠，使古老的丽江坝区优越的农业耕作条件得到了进一步发挥。

（4）采矿业的兴起，使丽江地区的矿产资源得到了开发，促使了工业与手工业的发展，从而进一步促进了商业贸易、建筑技术的发展与经济的繁荣。

（5）由于上述社会、政治与经济原因，加上大研镇的建城地址较之原先木氏统治中心的白沙—束河一带，自然、气候、交通、地理等条件更为优越，从而为古城建设与发展创造了更有利的条件。丽江古城清雍正元年始称“大研镇”，“研”者，“砚”也。丽

1 参见《丽江县城总体规划说明书》及《丽江古城的开发与保护》（《城市规划》1986 年第 1 期）。

2 《元史》卷四，世祖纪一；宪宗三年“冬十月丙午，过大渡河，又经行山谷二千余里，至金沙江，乘革囊及木筏以渡。摩裟蛮主迎降，其地在大理北面百余里。”

3 《徐霞客游记》卷七上，滇游日记六。

4 《光绪丽江府志稿》卷五秩官卷。

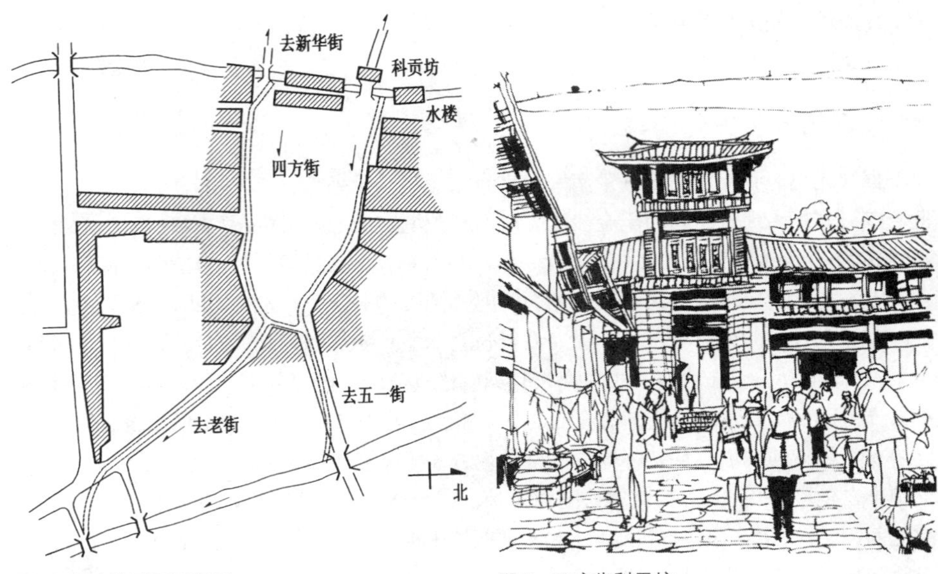

图 2　四方街平面示意图

图 3　四方街科贡坊

江坝区一片沃野，宛若一块大砚，环城周围青山如画，山峦绵延，城西文笔山有文笔峰妙若文笔，因此“大研”寓意文墨昌盛、人才辈出。当时在木土府以东，按照内地城池建制首次建造土城。同时，清政府在政治、经济、文化各个方面对土司统治进行了全面的控制与限制，反映了世袭封建领主统治与封建地主统治的剧烈矛盾。至清中叶（咸丰—同治年间）杜文秀领导的回民起义，由下关大理波及丽江等地。由于连年战火，使古城受到严重破坏。

至清朝末年，丽江的工商业又有了进一步的发展。城市突破了土城的范围，而在城西南的原莲花池一带逐渐发展成为商业活动的中心，即今日之四方街。图 2 所示为四方街平面示意图，图 3 所示为四方街入口处的科贡坊，建筑具有强烈的地方特色。

抗日战争期间，由于东南沿海对外贸易的中止和内地通缅甸交通的中断，丽江成为内地与大西南地区通往印度、缅甸及西藏的交通要道。商旅汇集，成为滇西北商业贸易的重镇，古城大研镇出现异常的繁荣。

新中国成立之后，丽江城市的发展进入了一个新的历史时期。由于城镇规模不断扩大，在城西北逐渐发展了新区，旧城与新区保持相对独立的发展，为完整地保护古城，自由地发展新区创造了很有利的条件。图 4 所示为新区以巍峨的玉龙雪山为对景的新大街街景示意图。

图 4　丽江新区以雪山为对景的新大街街景图

根据考古资料的记载，丽江坝区很早以前是一片沼泽地带，后来逐渐成为农耕的坝区。两汉前，附近已有濮獬蛮（属白族）居住在象山背后，那里比丽江坝区高一百余米，纳西语叫“工本依古”（江湾村庄之意），至今仍有民居残片瓦砾的痕迹。后来，纳西族先民（系西北高原古羌族部落中向南迁徙的一支系）占据了这一地方，而原来的濮族被迫迁至今西双版纳与缅甸一带。据《元史志卷·地理志》记载："通安州治在丽江之东，雪山之下，昔名三赕，濮蛮所居，其后么些蛮叶古乍夺而有之，世隶大理"[1]（根据《丽江木氏宦谱》的记载，"叶古乍"当是"叶古年"之误，而叶古年，为木氏之始祖，当于初唐时期）[2]。后来，纳西族先民逐渐迁往白沙—束河。对于这一点，由于无史籍可考，还无法对此作出十分肯定的结论，笔者曾访问过当地的许多学者与长老，回答也不尽一致，根据纳西族著名的历史学家周汝诚老先生的推论，可能当时叶古年先有白沙的据点，然后占据象山。由于象山背后用地窄小，无发展余地而迁回海拔较高的白沙—束河。至宋末元初，木氏统治中心才从白沙迁往丽江坝区的大研镇。

根据文献记载，丽江大研镇木氏土府自古以来一直不设城墙，当地有一种比较普遍的解释是：由于木氏姓木，忌讳"困"字，故不设城墙，但此说似乎稍嫌牵强，因为木氏土司原先并不姓木，到了明代才赐姓木，此其一。同时据《新纂云南通志》记载："丽江府东绕金沙，西环澜潞，南邻大理，北接藏康，崇山如康，乌道若线，俯临各郡，雄踞上游，为滇省之屏藩，亦益州之保障"，"形势崇高，山川奇险，玉龙、老君，汉薮峻极干霄，金沙、澜沧、潞江奔腾动地，扼西蕃之要镇，为全省之北门"[3]，经实地考察，丽江坝区一片平野，坝区面积 198.63km^2，而周围或高山峻岭（海拔最高的雪山主峰为 5596m），或金沙峡谷（海拔最低为 1300m），关隘险阻，而黄山（狮子山）与角山分立木土府的两翼，实乃最可靠的天然屏障，因此再在土府筑城，实际意义不大，此其二。其三，纳西民族向有喜欢大自然的传统习惯与开朗豪放的性格，这可能也是当时不设城墙的原因之一。其四，既然在极盛时期的明代不设城防，而到了清朝改土归流后，设置土府城防则更无条件与可能了。

据上书地理考记载："丽江府城旧为土府无城，清雍正元年改土归流，总督高其卓，巡抚杨名时提请筑土城"，土城建在木氏土府东北侧 15°～20° 的缓坡地带，北依金虹山，南邻东河，土城"下基以石，上覆以瓦，周四里，高一丈，设四门，东曰向日，南曰迎恩，西曰服远，北曰拱极，皆有楼，又别有小西门，以便民无池（《雍正志》），乾隆十六年，地震倾圮，知府樊好仁重修（《道光志》），五十八年复圮，奉文缓修，又同治十二年，巡抚岑毓英奏请改建砖城，曾经片奏在案（《光绪志》）。丽江城垣近已倾圮，城中居民甚少，而市廛繁盛俱在城外"[4]，即在土府与具府衙门之间的四方街一带，现在旧城的城墙与城门已荡然无存。

3　城内主要名胜古迹

3.1　木氏土司旧府

木氏土府坐落在大研镇狮子山的东南麓，原是一组宏伟完整的宫室、庙宇建筑群。建筑群分两大部分，第一部分为主体建筑群，据传系仿北京紫禁城之制，建有"金水桥"、"三大殿"，而狮子山作为"御苑"，规模宏大，殿宇壮丽，由南到北随地形逐级升

1 《元史·地理志》卷十三。

2 《丽江木氏宦谱》载："……始祖叶古年，唐摩裟。年之前十一代，东汉为越巂治……年之后六代，改为筰国诏，定筰县改昆明……传至唐武德时……续传至秋阳。"这时当为唐高宗上元时期（674～675年），秋阳为"三甸总管"，三甸即今丽江。如果从唐初叶古年算起，至清雍正元年改土归流，木氏家庭统治丽江地区整整持续了一千一百余年。

3 《新纂云南通志》卷二十三，地理考三，形势，丽江府、丽江县（附郭）。

4 《新纂云南通志》卷四十二，地理考二十二，城池。

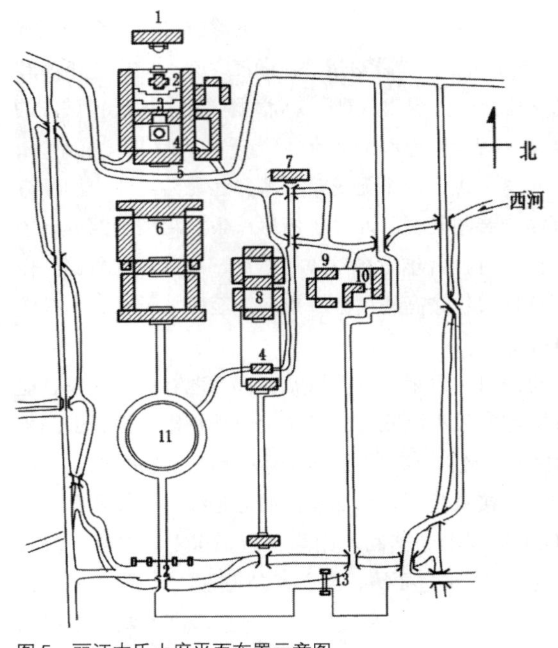

图5　丽江木氏土府平面布置示意图

1—三清殿；2—玉音楼；3—月门；4—水池；5—光碧楼；6—护法楼；7—家庙；8—住宅大院；9—皈依堂；10—万券楼；11—园池；12—忠义坊；13—天宇流芳

高，最南端由忠义坊—园池—护法楼—光碧楼—玉音楼—三清殿，形成明显的中轴线。在主体建筑群的东面，主要为家庙与生活居住部分，有宅院、皈依堂、万卷楼（木氏藏书楼）、家庙等主要建筑组成。在建筑群周围引西河水由东至南经忠义坊前之“金水桥”至西北形成“护城河”，桥前有广场，伸向关门口，依次有三重牌楼，最著名的为忠义坊，系明时木氏参政署正大门。图5是根据实地采访绘制的清末时期木氏土府的建筑群布置示意图。虽然已不能完全反映明代极盛时期的宏大规模，但仍可窥视“宫室之丽，拟于王者”之端倪。可惜这一组宏伟、完整的建筑群没有保留下来。

忠义坊，建于明万历年间，高约12m，宽约9m，四柱、三间、三层重檐，系全部用汉白玉砌筑的仿木结构，雕刻精湛细致，四座石狮威武雄健，守卫在前，具有较高的文化艺术和历史价值，被列为云南省级重点文物保护单位，“文化大革命 ”中被彻底毁坏，唯留有两对石狮，现移置于黑龙潭公园大门入口处。

光碧楼，俗称“寿星楼”，建于明代天启甲子年间，建筑宽敞、雄健，为大研镇现存最古老的建筑之一，现被移置于黑龙潭公园内，原址建了党校。

木氏旧府一带是古城建筑精华荟萃之所在，除土府外还分布着众多的住宅大院，不仅对于研究木氏土司一千多年统治的政治、经济、文化和大研镇的发展历史有重要的价值，而且在城市建设与建筑技术上也是一份珍贵的历史遗产。虽然土府建筑群几经浩劫，已破败不堪，但散落在狮山脚下的部分遗址，房基、台阶、柱础仍依稀可见，几棵幸存的古树仍然苍劲地挺立着。建议将此处环境妥善地加以保护，有条件时应恢复忠义坊，并迁回光碧楼。

3.2　黑龙潭与龙神祠

黑龙潭，一名玉泉，位于大研镇北端象山西麓，为玉河之源。河水澄碧如玉，故名“玉泉”，还有“玉水龙潭”、“珍珠泉”、“象山灵泉”等美名。泉水由山麓一片古栗树丛下的岩石隙缝间喷涌而出，汇潴成潭，恰与远处的玉龙雪山遥相辉映，景色绚丽，堪称滇西北高原最著名的景区，也是丽江人民最喜爱的游憩场所。园内有龙神祠、得月楼、销翠桥等重要古迹名胜。

龙神祠，始建于清乾隆二年，祠前有“天光云影”巨额。嘉庆十七年和光绪十五年清朝皇帝两次给玉泉龙神赐加封号，因而更使玉泉名闻遐迩。

得月楼，为黑龙潭之主体景点建筑，其前身为“冷暖亭”，相传泉水左冷右暖，1958年因失火被毁，1963年重修时郭沫若题书“得月楼”三字并对联两副：

柱联是 :“龙潭倒映十三峰，潜龙在天飞龙在地 ;
玉水纵横半里许，墨玉为体苍玉为神。”

楹联是 :“春风杨柳万千条，风景这边独好 ;
飞起玉龙三百万，江山如此多娇。”
（楹联是当地集毛主席诗词句）

形象生动地点出了玉泉公园的绝妙景色。

销翠桥，位于玉泉龙潭之南，扼玉河出水口，清时所建，木构三孔，玉泉水从桥下飞瀑而下，烟雨迷蒙，声振林木。古人对此景有“惊涛撼树飞晴雪，未雨垂虹卧曲波”之句。桥上有当代著名画家吴作人的“玉泉公园”四字题额。

3.3　白龙潭与白马潭寺

白龙潭位于狮山南麓，又名“狮乳泉”，泉水甘冽清纯，久旱不涸，传说唐僧西天取经曾路过此地，其白马曾在池中饮过水，故又名“白马龙潭”（实际上唐僧取经并未经过此地），当地居民视龙潭水为“圣泉”，并在潭旁建有白马潭寺，系清乾隆十九年知府樊好仁修建，咸丰年间杜文秀起义时被毁，光绪八年重修，现为小学占用。

3.4　重要桥梁

（1）大石桥，在城西一里许，跨玉河，系双孔石拱桥，桥面宽 5m，长 12m，建于明代，现保存完好，又名映雪桥，与雪山、象山交相辉映，景色秀丽。

（2）万子桥，在城西 2 里处，跨玉河，清雍正六年重建，石拱桥，宽 5m，长 11m，保存完好。

（注 :《城市规划》编辑部将“丽江古城考之一 ——大研镇”与“丽江古城考之二——白沙、束河与古寺庙群”择要合二为一，刊于《城市规划》1988 年第 6 期）

丽江古城考之二

——白沙、束河与古寺庙群

丽江名胜古迹甚多，除古城大研镇外，在玉龙雪山周围，还分布着很多各具特色的风景名胜与古迹。白沙、束河古镇与古寺庙群就是分布在雪山山麓的最主要的古迹名胜区。

1　白沙与古寺庙群

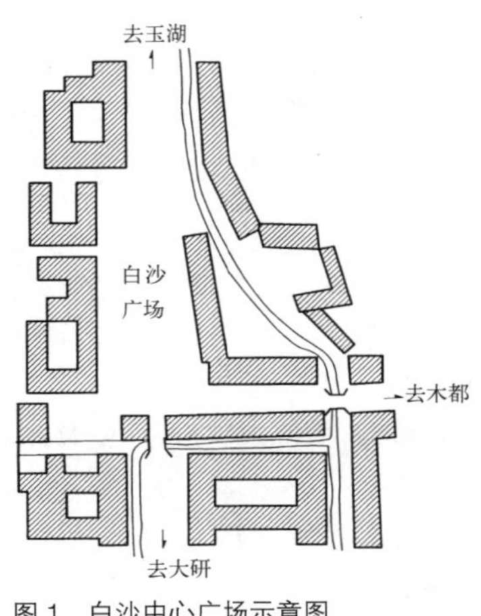

图 1　白沙中心广场示意图

白沙（纳西语叫“白洗”），位于雪山南麓，东去大研镇十余公里，南至龙泉、西依芝山，是一片古老而美丽的小镇，为丽江纳西族最早的政治中心。至明朝初期，木氏统治中心才逐渐西移至大研镇。白沙古镇的老街也有一个窄长的商业、文化活动中心，类似大研的四方街（图 1）。建筑与广场比例恰当，空间尺度宜人，简洁而有变化，并将流水引入广场，增加了广场空间的流动感、亲切感与生活气息。据当地长老谈，早在明代嘉靖年间，皇帝就在这里的南北闾门立了两座木牌楼，其北题额为“辑宁边境”，南面题额为“屹立西藩”，牌楼离闾门十多米。现北闾门已不存在，南闾门至今仍然可以通过一辆大卡车。中心广场之东，就是古寺庙群所在，殿宇群落、雕梁画栋，蔚为壮观。当地人称为“木都”。

白沙之西，芝山山脚，就是古老的“崖脚院”[1]（纳西语叫“岩肯当”），其旁是木氏祖先的墓地，有一古迹叫“梵字崖”，岩壁上有梵文墨迹数十行，相传是麦琮的手书。字旁刻有木高及其父木公分别于明嘉靖十三年及十五年的题诗。

木氏统治至明朝后期，发展到了极盛时期，由于政局稳定、经济繁荣，开始了大量建造宫室、寺院、庙宇的活动。至清代营建活动发展到最高峰，据《光绪丽江府志稿》记载，当时已有寺、庙、堂、阁、祠、庵、坛等 92 座，其中以五大喇嘛寺规模为最大，而白沙、束河成为当时宗教活动的中心地区，如古人有诗云：“古木丛中庙象新，罗无虚日赛神灵。林鸦得食常迎客，山兽训廊不辟人。”可见当时之盛况。木氏统治集团向有善于学习外来文化的传统，不闭关自守，故步自封，尤其在明代后期，采取了比较开明的开放政策。他们采取请进来、派出去的办法，从各方面加强了与周围地区及内地的文化交流与联系，扩大与汉、白、藏等民族之间的友好往来，尤其重视学习中原文化和生产技术。因此，这一时期，从文学、艺术、雕刻、绘画到建筑、开矿、冶炼、水利、医药等科学技术在丽江地区都得到了较快的发展。如《明史 · 土司传》中所记载：“云南诸土官，知诗书，好礼守义，以丽江木氏为首。”又“永乐十六年，检校庞文郁言，木府及宝山、巨津、通安、

1　崖脚院，即岩脚村，《徐霞客游记·滇游日记七》中记载：“……崖脚院，倚山东向。其处居庐建络，中多板屋茅房，有瓦室者，皆头目之居，屋角俱标小旗二面，风吹主翩翩，摇漾于夭桃素李之间，宿雨含红，朝烟带绿，独骑穿林，风雨凄然，反成其胜。”

兰州四州，归化日久，请建学校。从之。”土司木公、木高、木东、木旺、木青、木增[1]等人都享有文名，并有汉字诗文传世。其中尤以木公、木增二人最负盛名，据清乾隆《丽江府志·艺文略》载:“有明一代，世守十余辈。唯雪山[2]振始音于前。生白[3]绍家风于后，与张禹山、李中溪相唱和，杨用修太史亦为揄扬。”当时一批著名的文人学士，董其昌、徐霞客、张志淳等也都与木氏有友好交往。木公的《雪山诗选》就是杨用修（升庵）为之选录，并代为作序而“传中土”的。木增也有《云窝淡墨》等集著，徐霞客游丽江时，就曾为《云窝淡墨》分门标类，并为其子批改诗文。这一时期，纳西文化与汉、藏、白等民族文化的交融可谓达到了空前的规模与最高的水平。这种文化与艺术的交融最集中地反映在当时这一地区盛兴一时的庙宇建筑群的修建上，其中著名的有以下几个。

1.1 大宝积宫和琉璃殿

大宝积宫是一座三进院落的庙宇，第二进为琉璃殿，第三进后殿为大宝积宫。

琉璃殿，是白沙明时建筑群中最早修建的一座庙宇，据殿上匾额“琉璃宝殿”的款识为“大明永乐十五年丁酉岁仲春中顺大大夫世袭土官知府本初造”。建筑粗犷有力，屋顶上盖铜瓦，周围墙壁原有壁画大部分已经破损。

后殿大宝积宫，为土知府木旺所建（1580 ~ 1596年），原“大宝积宫”匾额款识有“万历壬午端阳圆满拜书”，“土官功德主木旺志”。二重檐，柱梁粗壮、斗栱雄健，建筑壮丽，保持着明代的建筑风格。据说1961年国家文物建筑调查组来丽江调查时，对大宝积宫和琉璃殿进行过调查与鉴定，建筑全部为梁柱榫接。不用一根钉子，结构、力学性能很好，虽经多次地震（1951年丽江的大地震为7.5级）仍完好无损。宫内四周墙都有壁画。共12堵幅，558尊佛像，色彩鲜丽，内容丰富，是现存丽江壁画中保存最完善的一部分。其中最大的12号为4.98m×3.67m，共一百尊佛像，最中是释迦牟尼坐像，上列十八尊者，两侧为道教神像，下端正中为密宗三金刚，外侧为四大天王。画工精细，用笔流畅，线条匀净，用色鲜明，富有立体效果和装饰效果。1号堵幅画有观音普门品经，中央为八臂观音，上方有十个十方观世音菩萨，中间穿插有“遭王苦难”、“临刑寿终”、“六道轮回”、“途中逢盗”、“莲池火难”、“深山遇虎”等14个故事。主像座上有藏文，意为:“最古的，释迦佛做的，伟大的佛住处——清净无垢大寺庙。水母羊年六月，三宝吉祥如意”。2号堵幅画有167人，中央为大佛母孔雀冥王海会图，主像三头八臂，遍体璎珞跣足趺坐。上方两边是二十八宿，龙五，雷部诸神。下方中央画有佛城及展翅孔雀。正中上有璎珞宝盖，祥云护绕。5号堵幅画有29人，中央坐六龙椅、戴黑帽、披袈裟为大宝法王高玛巴。上方正中为红教祖师“毒支超”。左右为几世大宝法王及四宝法王，下方为大黑天神。7号堵幅共画有95人，中央主像戴七冠、合掌坐于莲花上，为白教祖师莲花生——降魔师，四周为百工之神，反映了丰富的宗教内容和社会生活内容，特别是多种宗教流派与题材，出现在一个画面上，在艺术风格上，既有中原传统绘画技法，又有藏族绘画风格，是汉、藏、纳西族画师长期合作、苦心经营的结果，是多民族文化艺术交融的结晶，是丽江壁画的精华与珍品，新中国成立后，大宝积宫琉璃殿及其壁画，被列为省级重点文物保护单位。

---

1 木公、木高、木东、木旺、木青、木增，合称“六公”，在纳西文学史上享有较高的地位。对吸收、传播汉文化起了重要作用。诗文著述较多，有的还先后分别被收入明朝《列朝诗选》、清朝《古今图书集成》和《四库全书》中，对纳西文化的发展起了积极的作用。

2 雪山（木公），字恕卿（1494 ~ 1553年），所著诗有《雪山音》、《隐园春兴》、《庚子稿》、《万松吟卷》、《玉湖游录》、《仙楼琼华》等六种。明著名文人杨慎（升庵）曾为他合选《雪山诗选》。

3 生白（木增），字长卿，号岳华，一字生白，著有《云窝集》、《啸月函》、《山中逸趣集》、《芝山集》、《空翠居录》、《光碧楼选草》等六种。

1.2　大定阁

位于大宝积宫之东北，是一四合院建筑。建于明代，具体修建时间无考。土知府木增时期（1598 ~ 1646 年）重建。后圮，清乾隆八年修复，寺内原有木增题额“大定”二字，大定阁原为数个院落组成，入口有雕花石柱，形如华表，寺内四面也有壁画，是丽江壁画的晚期作品，现仅存一个院落，毁坏较甚。

1.3　文昌宫

位于宝积宫之东，建于明代。为三进院落，规模宏大，建筑雄壮浑厚，现为中学所据。

1.4　金刚殿

在大定阁北侧，木增时期所建，后圮。乾隆八年复修。正殿为方攒尖顶，建筑比例严谨、匀称，斗栱纤细，色彩瑰丽。殿中四壁镶嵌大理石。现为农具厂所占据，殿阁已倒塌不堪，急待维修与保护。

2　束河——“清泉之乡”

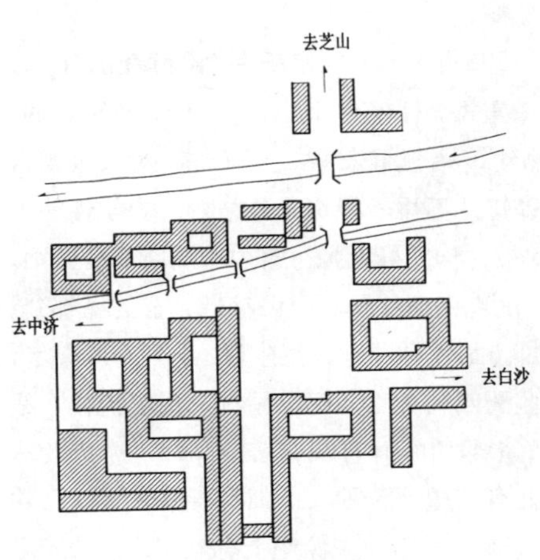

图 2　束河街中心广场平面布置示意图

由白沙南行三公里约半，就是“清泉之乡”——束河，村中有几处清泉涌流，因而也叫龙泉村。清澈甘冽的泉水与雪山的雪水，穿街过屋，汩汩之声，川流不息，青龙河中分龙泉山庄为二，两岸垂柳拂面，粉壁黛瓦，掩映在绿荫之中，生机盎然。龙泉山庄，街巷整齐，古朴自然，与周围的环境浑然一体，建筑、街道与流水围成的小广场，是山庄的商业与文化活动的中心。广场的空间与周围建筑的铺面和道路比例恰当，尺度宜人，类似白沙老街广场，尤与大研镇的四方街十分相似（图 2）。

2.1　龙泉寺与三圣宫

由广场穿过青龙桥，视线正对前面的芝山。在芝山山麓，有“九底龙潭”一处，潭底有多处泉眼，泉水如珍珠不断地涌出水面，甘洌可口，潭中游鱼可数。潭旁有四合院楼阁一座，傍水而建，建筑因地制宜，巧妙地结合地形，楼阁有回廊伸向水面，建筑尺度适中，与环境配合默契，和谐自然，此为“三圣宫”，建于清代，是当地居民供奉皮鞋匠祖师的祠庙（龙泉古以制鞋驰名）。祠庙后山，原建有龙泉寺，景色极佳，现已毁，这里原为土司统治者的避暑胜地之一。

2.2　福国寺

原为佛教寺庙，建于芝山，明万历二十九年所建，原名“解脱林”，明熹宗赐名“福国寺”，清康熙十八年改为喇嘛寺，为丽江五大喇嘛寺[1]中历史最久的一座寺庙，后毁于

1　五大喇嘛寺，为丽江地区的五个红教（格马）喇嘛寺，即福国寺（解脱林）、指云寺、文峰寺、普济寺、玉峰寺。据当地传说，它们的修建都与西藏二宝法师、四宝法师有密切关系。西藏地区的喇嘛教领袖二宝法师曾于明万历三十八年（1610 年）来到丽江，去鸡足山朝拜，受到丽江土司的欢迎。归途中收了六个教徒回西藏，六个教徒回来后喇嘛教才开始传入丽江，并修建了寺庙。又据余庆远《维西见闻录》记载，五个红教喇嘛寺约有喇嘛 800 余人，他们都是遵守四宝法师的教规，磨些“头目二三子，必以一子为喇嘛”。《徐霞客游记》中也有二宝法师经丽江去鸡足山朝拜的记载，并记述了木增有一通事是从事“居积番货”的商人……这些都反映了当时丽江地区与西藏地区经济与宗教、文化上的交流。

战火，同治十二年重建。福国寺，建筑宏伟，殿宇巍峨，雕饰彩画精美。主体建筑法云阁，高 20m，为层甍三叠结构。台基正方，层檐呈八角形，三层共迭出 24 个啄天飞檐，从每个角度看都有五个飞角，犹如五只彩凤展翅来仪，故俗称“五凤楼”，内藏万历时所赐的藏经一部。明崇祯十二年（1639 年），徐霞客旅游到丽江，木土司待为上宾，曾在此楼留宿八日，这在《徐霞客游记 · 卷七上 · 滇游日记六、七》中有详细记载：“……二十六日晨饭于小楼。通事父言，木公闻余至甚喜，即命以明晨往解脱林候见，谕诸从者。备七日粮从以，盖将为七日岭也。二十七日，微雨，坐通事小楼，追寻前记。其地杏花始残，桃犹初放，盖愈北而寒也。二十八日，通事言木公命驾，下午向解脱林。解脱林在北坞西山之半，盖雪山之支，本郡诸刹之冠也。二十九日，晨起，具饭甚早。通事备马，候往解脱林。始过西桥，由郡署前北上……为解脱林路。桥下涧颇深而无滴沥。既度桥，循西山而行，五里，为崖脚院。其处居庐交集，屋角俱插小双旗，乃把事之家也。院北半里，有涧自西山峡中下，有木梁跨其上。度桥，西北陟，为忠甸大道。由桥南溯溪西上岭者，即解脱林道。乃由桥南西向蹑岭，岭甚峻，二里，稍夷，折入南峡。半里，则寺倚西山上，其门东向，前分一支为案，即解脱林也。寺南冈上有别墅一区，近附寺后，木公憩止其间。通事新余至其门，有大把事二人来揖，俱姓和。一主文……一主武……介余入。木公出二门，迎入其内室，交揖而致殷勤焉，布席地平板上，主人坐在平板下，其中极重礼也。叙谈久之，茶三易，余乃起，送出外厅事门，令通事新入解脱林，寓藏经阁之右厢，寺僧之住持者为滇人，颇能体主人意款客焉……初六日，余留解脱林校书……寺门庑阶级皆极整，而中殿不宏，佛像亦不高巨，然崇饰庄严，壁宇清洁，皆他处所无。正殿之后，层台高拱，上建法云阁，八角层甍，极其宏丽，内置万历时所赐藏经焉。阁前有两庑。余寓南庑中。两庑之外，南有园殿，以茅为顶，而中实砧盘。佛像乃白石刻成者，甚古而精致。”……“文化大革命”中，为防止这座精美的建筑与珍贵文物遭到破坏，将它迁移至黑龙潭公园内，并将解脱林山门迁于公园的另一处，现为丽江县图书馆所据（解脱林、法云阁，原为一组建筑，迁移时却拆分为二，实不可取）图 3 所示为法云阁之概貌。

2.3　三赕庙与唐柏

三赕庙，又称北岳庙，位于雪山南麓，建于唐代宗大历年间（766 ~ 779 年），为丽江建造年代最早的寺庙。相传南诏五异牟寻时有感于玉龙雪的神灵而封号“北岳”并建庙祭之。

关于三赕（北岳）庙，当地有很多神奇的传说。纳西族把三赕视为玉龙山神灵，纳西民族的保护神。三赕也是纳西族的祖先，是最早迁徙到丽江的三兄弟中最幼者，居住在雪山西麓的“太子洞”中，是一位力大无比、身穿白甲、头戴白盔、手执白矛、骑着白马，每日需供食三只野兽的半人半神的勇士。他不时地为纳西族消灾解难。一天，纳西族领袖麦琮入山打猎，遇一三赕所变之异石，负之归，到了北岳庙这个地方，少憩后则重，不可复举，麦琮遂立异石祠祭之（反映了纳西族先民的原始拜物教）。到了元忽必

图 3　福国寺法云阁概貌

烈征大理时，异石之魂灵又助其战，使元世祖终于攻克大理。故被敕封为“大圣雪石北岳定国安邦景帝”之大号。因此，北岳庙在丽江人的心目中是一处神圣、崇高的地方。过去这里四时香火不绝，祭祀频繁，历史上，北岳庙经多次毁坏、重建。现在的建筑，为清末时重修，规模已大为缩小。寺周古木参天，绿茵满地。其中有一株四人合抱的唐柏，历经千年沧桑，挺拔、苍劲。

2.4　玉峰寺、十里香寺院与万朵山茶

玉峰寺，位于雪山东南麓，距大研镇 17km，为丽江五大喇嘛寺之一，建于清康熙年间。寺中原有孔子第六十九代孙孔继炘题额“苍芝荫玉”及跋语数行（孔继炘是孔兴询的第三代孙，孙兴询是孔子的第六十六代孙，于清康熙年间任丽府通判，并于康熙三十九年首建丽江府学）。

后寺院内有著名山茶，俗称“万朵山茶”，每年立春初放，至夏花尽，先后开放二十几批，每批千余朵，共开两万余朵。被誉为“云岭第一枝”、“环球第一树”。传说为明朝成化年间所植，至今已有五百余年，系两棵不同品种的山茶并栽结合为一株。花开两种，繁枝编织成三坊花墙，一顶花盖，下设雅座，使人赏心悦目。寺左下有十里香院；建筑布局巧妙地结合自然地形与高差，空间曲折变化，庭院绿化布置得体，富有生活气息，周围林木茂盛、环境极佳，是一处不可多得的寺庙园林。

2.5　普济寺

为丽江五大喇嘛寺之一，寺建普济山上，距束河约 4km，乾隆三十六年所建，嘉庆十一年重修，道光十四年增修。寺内主体建筑为铜瓦殿，金光闪烁。庭前有两株古海棠，枝干蟠虬，花开之时，满院红霞瑞霭，落英遍地。寺周环境幽深僻静，林木葱葱，俯瞰东方，丽江古城依稀可见，为古城近郊游览胜地。

2.6　大觉宫

在龙泉村北，距白沙 2km，据《乾隆丽江府志略》记载为明时所建，具体修建时间无考，很可能是与白沙宝积宫同时期建筑。大殿正中原有明代大书法家与画家董其昌所题的匾额“大觉宫”三字。殿内壁画保存较为完整，内容主要反映道教与佛教的题材。

白沙、束河及其众多的寺庙建筑和丰富多彩的壁画艺术，反映了丽江明清时期政治、经济、文化发展的历史，也是汉、藏、白、纳西族等多民族文化艺术交融的结晶。它们的出现是与丽江特定的地理环境与当时的历史条件分不开的，也反映了丽江多民族聚居地区不同的宗教信仰要求和木氏土司政治上的需要。它不仅是一份珍贵的民族文化遗产，而且也是考察研究滇西各民族，特别是纳西族历史的重要场所。

参考文献：

[1]　光绪丽江府志稿 [Z].

[2]　徐霞客游记 [M].

[3]　乾隆丽江府志 [M]. 上海图书馆藏 .

[4]　（美）洛克 . 中国西南古纳西王国 [M]. 云南大学历史研究所民族组译 .

拉萨历史文化名城的规划与建设

1　高原明珠——拉萨

在我国西南边陲，耸立着世界上最高、最大的高原——青藏高原，西藏就位于青藏高原的西南部，面积约120多万平方公里，约占全国总面积的1/8，在各省、自治区中，仅次于新疆（相当于11个浙江或33个台湾省的面积），平均海拔4000m以上，向有“世界屋脊”之称，人口不到190万。

高原南部边缘，为喜马拉雅山山脉，全长2400多公里，是世界上最高、最长的山脉，珠穆朗玛峰海拔8848m，是世界第一高峰。亚洲南部的几条主要河流都发源于西藏。其中，雅鲁藏布江长1787km，河床高程海拔3000m以上，是世界上最高的大河。西藏境内的湖泊星罗棋布，北部的纳木河（腾格里海）面积最大。在这些湖泊周围，常常是水草丰美的良好牧场。境内大部分地区，夏季干旱少雨，冬季多风雪，气候严寒。恶劣的气候给山岭和沟谷留下了剥蚀印痕，使西藏的山水呈现出雄浑粗犷的风貌。

也有一部分地区，例如山南的雅砻河谷，则是阡陌纵横，牛羊遍野。这里开发较早，是西藏文化的发祥地。更有喜马拉雅山南麓和林芝、波密等处，地势较低，气候温和，雨量充沛，一年四季草木常青，堪称是“高原上的江南”。

数千年以前，就有人类在这里生息，开发了这块广袤的土地，创造了古老的文化，两晋时期（265～419年）居住在中国青海地区的羌族逐渐迁移到西藏。到了7世纪出现了奴隶制国家——吐蕃王朝。通过文成公主进藏联姻，同内地（唐三朝）建立了亲密的关系，大量吸收了先进文化。13世纪中叶，元军进入西藏，西藏归入中国版图，在政治、经济和文化上同内地的关系更为密切。随着佛教的传入和发展，宗教对当地的政治、经济以至人民的生活都产生了巨大而深刻的影响，使西藏的文化表现出浓厚的宗教色彩。

自古以来，西藏境内外的交通十分困难，货物运输只能靠牲畜驮运和肩扛人背。到了冬季，不少道路因大雪封山而交通断绝，数月内无法通行。历代内地朝廷颁布的旨令和西藏地方政府写给皇帝的奏折，也是靠人背在身上，骑马传送。交通的阻隔，路途的遥远，使内地许多人对西藏的情况了解很少。中华人民共和国成立后，修筑了川藏、青藏、新藏三条公路和以拉萨为中心的道路网，使西藏的交通状况大为改观。1956年，开辟了成都—拉萨航线，突破了“空中禁区”，这些都对西藏经济和文化的发展，起到了显著的作用。

1983年，国务院批准24个历史文化名城，并宣布对外开放，拉萨是其中之一。批准了拉萨市总体发展规划，为城市和旅游事业的发展，也为国内外人们进一步了解西藏的文化创造了良好的条件。

拉萨城市的发展，虽然经历了一千多年的变迁历史，但城市仍然保留了古代城市的基本形态和固有风格。城市由布达拉宫和以大昭寺为中心的旧城区两个层次组成。布达拉宫是西藏政、教合一的权力中心，从当时的封建农奴制社会来说，布达拉宫代表了西藏最高行政和宗教至高无上的权力，是统治阶级的堡垒，也是拉萨城的主体。

以大昭寺为中心的旧城，是文化、商业的中心，也是旧时农奴居住的地方，除了这两部分外，还有距布达拉宫以西1km的罗布林卡（达赖的行宫）、拉萨城西的哲蚌寺和城北的色拉寺（哲蚌寺和色拉寺为全国六大喇嘛寺之一），这三处都是宗教活动的场地，说明宗教在拉萨的重要地位，拉萨旧城八廓街一带的发展，也是由宗教朝拜而发展起来的。

拉萨古城不设城墙，旧城以大昭寺为中心，由内向外逐渐发展，布达拉宫在全城的制高点上，居高临下，便于控制全城。宫殿、寺庙贵族区、平民区有严格的区分，形成松散的分区结构，反映了高原城市的旷野特色。

西藏自治区成立以后，拉萨城市建设有了很大的发展，拉萨新区是以布达拉宫、大昭寺为中心沿着拉萨河向西向北发展，现有市区面积 30km^2，人口 12 万。1985 年为庆祝西藏自治区成立 20 周年，在拉萨市区进行了 12 项重点建设工程，总建筑面积 12.2 万 m^2，其中包括拉萨饭店（500 间客房、1000 张床位、39783m^2 建筑面积）、拉萨剧院（1200 座、8072m^2）、西藏体育馆（8072m^2，兼有舞台、文化演出）、西藏宾馆（92 间房客、200 张床位、11829m^2）、西藏大学、医院、艺术馆等，这批重点工程的完成，为拉萨城市增添了新的光彩。

2 布达拉宫

举世闻名的布达拉宫，不仅是中国，也是世界建筑史上伟大的杰作。是西藏现存最大、最完整的古代宫堡建筑，为全国重点文物保护单位。位于拉萨古城西北约 2km 的红山上。从远处望去重楼高耸，巍峨壮丽，不知能有几许高；从近处看它，千窗百户、曲折回转，莫测共有几重深。它为什么建成这个样子？里面有什么东西？使人不禁会产生这样的疑问，而觉得有一些神秘之感。

布达拉宫的历史，同拉萨古城一样悠久，相传始建于 1300 多年前的松赞干布时期。公元 641 年，唐文成公主来到西藏，藏王“别建宫室，以居公主”，在红山上建房 999 间，连同山顶上的红楼共 1000 间。后来佛教徒把它比作观音菩萨居住的普陀山，用藏语称它就是“布达拉”，即梵文“佛教圣地观世音世界”的意思，但是，当时修建的布达拉宫并没有保存下来，大部分建筑都毁于战火。直到 1645 年，五世达赖才命令重建布达拉宫，用了 8 年时间建成了白宫。重建时，拆毁了吐蕃王朝时期的古遗址，保存了松赞干布时期的帕巴拉康殿（本尊观音佛堂）和修法洞，并以此为中心兴建了白宫。1652 年，五世达赖去北京觐见清朝顺治皇帝，第二年返回西藏时，白宫已经竣工，他便从哲蚌寺移居布达拉宫。他圆寂后的第八年，摄政桑吉嘉措又修建了中央部分的红宫和灵塔，以存放五世达赖的尸骸，1693 年落成。并在宫前立无字石碑一座，此碑至今完好无损。以后，布达拉宫又经多次增修与改建，始具今日之规模。“达赖”是蒙语“大海”的意思，“喇嘛”是藏语“无上”，汉语“上人”的意思。“达赖喇嘛”意思是“德智广深，海无所不纳之上师”。

布达拉宫，依山就势，由红山南麓奠基，顺山坡的天然形状蜿蜒而上，重重叠叠直至山顶。主楼共 13 层，高 113m，建在海拔为 3650m 的小山上，东西长 400 余米，面积约 13 万 m^2，有人称之为“垂直的凡尔赛宫”，其工程之浩大，施工之艰巨，在当时生产落后、生产工具非常简单的情况下是可以想象的，在布达拉宫施工现场，每天服劳役的农奴就有 7000 多人，自带口粮，无偿劳动，全部建筑材料都是靠人背肩扛运到山上，这样日复一日，要数年之久，仅修建红宫部分就耗白银 213 万两（1 两白银 =1.7 盎司，合计 362.1 万盎司）。

布达拉宫的前面有城堡围绕，南方正中有一座高三层的大门，东西两面有侧门，城墙转角处有角楼，城墙用石块砌成。顶部有女儿墙和走道，可供士兵沿墙顶进行巡逻，墙内山脚下有一块平坦的院落，其中有印经院、政府机构、藏军司令部、监狱，以及在布达拉宫任职的一些贵族的住宅，建筑布置很不规则。

布达拉宫建筑可分为三个部分，即东部的白宫、中部的红宫和西部的扎厦。白宫是作为达赖喇嘛生活居住和进行重大宗教、政治活动的场所；红宫是佛宽余和达赖喇嘛的灵塔殿；扎厦是为达赖服役的喇嘛们的僧房（图 1）。

图 1　拉萨布达拉宫（摄于 1986 年雪顿节）

位于东部的白宫，高六层，体量巨大，高居山巅，石砌的外墙有很大的收分，显得格外稳定与庄严。宫前有 1600m^2 的方形院落，周围有两层回廊，称德阳厦。每到藏历十二月二十九日都要在这里举行打鬼跳神的仪式，表示驱赶魔鬼，祈求一年的吉祥。这时，达赖喇嘛都要端坐在白宫顶层，从窗内向下观看。

白宫底层中央，是最大殿堂措钦厦，殿中有达赖的宝座，一些重大的仪式都在这座殿堂中进行。例如，达赖喇嘛死后，寻访转世灵童和金瓶（金本巴瓶）掣签的仪式以及达赖喇嘛坐床典礼等。白宫的最高处为日光殿（取佛如日光普照大地之意），是达赖日常生活起居的地方。

红宫从正面看去共有 8 层，实际上只有上面四层内部是可以利用的建筑空间，下面几层内部都是从山岩上砌起的地垄墙，以支持上层楼堡。共有灵塔殿 8 座，五世达赖的是第一座，也是最大、最高的殿堂。殿堂三层，塔高 14.85m，分塔座、塔体、塔顶三部分。经过处理的达赖尸骸就保存在灵塔之内。塔身全部为金皮包裹，珠玉镶嵌。仅包金就耗费黄金 11 万余两。西大殿（司西平措）是五世达赖灵塔殿的享堂，内有 50 根大柱，面积为 680 余平方米，是红宫最大的宫殿。殿内墙壁上画满了达赖一生的生动壁面。布达拉宫的壁画多得难以数计，这些珍贵的壁画是从 1648 年起，集中了全藏 66 名最好的画师，用了十年时间方才完成。

布达拉宫的最上一层，共有 7 座金顶，覆盖主要佛殿和灵塔之上，金顶周围还有许多金端、法幢、狮子等镏金装饰，构成了这座神秘宫殿建筑构图的高潮。

布达拉宫宫宇叠砌，巍峨耸峙，建筑与红山浑然一体，气势磅礴，壮丽辉煌，集中体现了西藏古代建筑艺术的独特风格，为古今中外人士所赞绝，宫内保存了大量壁画、雕塑、经书、印鉴、珠宝器皿等，是研究西藏宗教、政治、经济、文化和历史发展的珍贵文物。

3　大昭寺

藏文意为放经书的大殿，由于寺内供有文成公主从长安带来的释迦牟尼佛像，故又称释迦牟尼佛殿。

大昭寺始建于唐朝松赞干布执政时期，约 647 年（文成公主抵拉萨的第三年），距今已有 1300 多年的历史，是西藏最早的古建筑之一。为全国重点文物保护单位。

藏族人民在长期的历史发展中，创造了具有浓厚地方特色和民族风格的灿烂文化和优秀的古建筑，大昭寺就是藏族古代建筑的代表作品，它将建筑、雕刻、绘画融为一体，综合表现了建筑、雕刻、绘画、工程技术与建筑艺术的多方面成就，是研究西藏宗教、政治、经济、文化、艺术和历史发展的宝库。同时，也是藏、汉两族友好往来和文化交融的重

图 2　拉萨大昭寺（摄于 1986 年雪顿节）

要历史见证。

大昭寺的兴建与拉萨古城的形成、布局和发展有着密切的关系。大昭寺位于拉萨古城的中心，拉萨古城区是围绕着它而发展起来的，“拉萨”城市之名称，也是由它而衍化而来的（“拉萨”为藏语“惹刹”的转音，藏语中“山羊”音“惹”，“土”音“刹”，“惹刹”为根据白山羊驮土填湖，修建大昭寺的历史传说，故大昭寺最初名为“惹刹”，古汉文献音译为“逻娑”，后改名为“拉萨”，即圣地之意）。为了宗教朝拜的需要，拉萨古城以大昭寺为中心，向四面延伸，设计有内、中、外三条环形朝拜道和八廓街的内外圈。“八廓”，藏语为中路朝拜道之意，最初是宗教信徒转经的路线，后来演变为商业街道，也是拉萨古城的市中心。大昭寺觉康主殿（即释迦牟尼佛殿）的转经廊（亦称“朗廓”），即内朝拜道。最外一圈转经朝拜道称“林廓”，从拉萨古城中心往西绕过药王山，周长约 16 余里（图 2），从高处鸟瞰拉萨古城，大昭寺觉康主殿居高临下，加上四座辉煌的“金顶”，在高原强烈的阳光下，光芒四射，光彩夺目，形成了城市空间的构图中心，给拉萨古城增添了浓厚的宗教神秘色彩。

大昭寺坐东朝西，占地约 13000m^2，建筑面积 25100m^2，由 2 ～ 4 层不同层数的楼房群组成。分南北两个院落，北院以觉康主殿为中心，四周围为房屋。东、南、西均有入口。正门向西，为 5 开间 2 层建筑，主殿建筑呈正方形，平面为 42.2m × 42.2m。南院主要是为传昭活动服务，由传昭机构、灶房、仓库等建筑组成。辩经台设在南入口的西侧。

大昭寺的建筑平面布局，采取了藏族建筑比较灵活、自由的布局手法，正门和主殿又有明确的轴线关系，建筑的发展始终围绕着主殿而展开，既变化而又统一，既完整而又灵活，主要建筑和庭院，一般都采用正方形或近似正方形的布置，如觉康主殿 44.2m × 44.2m，正门 18m × 17.5m，千佛廊 35.4m × 31.4m，旺姆殿 21.5m × 24m 等。这是佛教中增城（曼荼罗）即梵文 Mandala 的音译，佛教徒在诵经或修法时，须先选择清净之地，安置佛、菩萨像，叫做“坛场”或“坛城”。后密宗修法时，所观想佛，菩萨形象的画像，也称“曼荼罗”，与方形建筑形象有很相似之处（图 2）。从构图原理上说，这种方形几何图形的运用，不仅符合宗教思想的要求，而且可以突出建筑物的形象，增强建筑艺术的表现力。

大昭寺的主要立面向西，全长 115m，临街面建筑高度 10 ～ 14m。在建筑物较长、高度不高的情况下，通过分段、前后错落的处理手法，打破了狭长与单调感，取得了丰富变化的效果。立面上着力处理正门，使之重点突出，整个立面显得均衡。尽管大昭寺建筑群修建于不同的历史时期，但空间构图完整，具有浑然一体的效果。

大昭寺建筑在功能上主要满足以下三个方面的要求：

（1）朝拜。过去的西藏，喇嘛是社会的主宰力量之一。朝佛活动成为人们日常生活中不可缺少的重要部分。三条朝拜道，特别是八廓街中的朝拜道和寺内的内朝拜道上，转经人群络绎不绝。这种转经的宗教仪式对建筑物平面布置有着很大的影响。朝佛者进入寺院，按顺时针方向沿千佛廊、嘛尼噶拉廊（即转经廊）环绕觉康主殿一周进入主殿。

在主殿内仍然按顺时针方向环绕一圈，出南门离开寺院。这种布局，主要是让朝佛者在进入主殿前，经过一段宗教气氛浓厚的建筑空间过渡，借以造成一种诚惶诚恐的精神状态，再求神拜佛，以取得特殊的宗教效果。

(2)传昭。大昭寺每年要举行大昭、小昭两次法会。以正月期间大昭法会规模为最大，拉萨地区各大寺庙的喇嘛 2 万～ 3 万余人云集大昭寺，进行讲经、传法和考佛学博士学位（格西）等宗教活动，庭院、回廊、经堂等大小空间建筑以及各类仓库、厨房等设施，都是为了满足传昭期间的宗教活动和喇嘛生活与物质供应的需要。

(3）行政办公。大昭寺，不同于内地的寺庙，它不仅是宗教建筑，而且还是政权机关所在地，既是神权的象征，又是政权的中心，是政教合一的西藏封建农奴制度在建筑上的反映，寺内除了供宗教活动的各种设施外，还设置有行政、司法、外事等各种地方政府机构。如原西藏地方政府最高机关（噶厦政府）、法院、检察、审讯机构（协尔康列空）、社会调查局（德细列空）、地粮调查局（报细列空）、财政局（拉恰列空）、盐、茶税务局（甲察列空）、外事局（期捷屯觉列空）等。许多重大政治活动，如“金瓶掣签”等都在这里进行。

寺内完好地保存了大量精美的木刻、雕塑和壁画。这些珍贵的艺术珍品，从不同的侧面反映了西藏古代的社会生活。在大殿周围的廊殿间很多地方都饰以各种生动的雕刻装饰艺术，在殿廊的初檐及重檐间，排列着 108 个雄狮伏兽和人面狮身木雕，作为承檐饰，这在我国建筑艺术中是罕见的，殿中间龛座上的释迦像，就是相传当年文成公主从长安带来的，大殿两侧厢殿中有松赞干布、文成公主及尼泊尔公主的造像，极为生动精美，寺内还保存有自 7 世纪以来的各种典籍、档案、乐器等珍贵文物，清乾隆时设置的“金本巴瓶”，也收藏在这里。

4　唐蕃会盟碑

或称长庆和盟碑或甥舅和盟碑，建于一千多年前的唐长庆年间，碑竖立在大昭寺门前，是汉藏两族友好关系史上的重要历史文物。

公元 7 世纪，是唐朝的全盛时期，不仅在政治上建立了强大的统一政权，而且在经济、文化的发展上也居世界前列，与此同时，松赞干布在西藏高原实现了统一，正式建立了吐蕃王朝。唐、蕃之间在政治、经济、文化方面的频繁来往，促进了藏汉民族之间友爱合作关系的发展。为了进一步促进这种关系的发展，并借助唐朝的声威以巩固吐蕃王权，藏王松赞干布派使臣到长安求婚，唐太宗很有远见地认识到与藏王联姻，对巩固西陲的重大意义，终于答应把宗室女文成公主嫁给松赞干布。公元 641 年（唐贞观十五年）正月十五日，唐皇特派礼部尚书江夏王李道宗护送文成公主进藏，进一步促进了两族经济、文化的交融。松赞干布死后，藏王继续和唐朝保持了这种密切的关系。

公元 821 年（唐长庆元年），吐蕃接连三次派使臣向唐请盟，唐穆宗命宰相及大臣与吐蕃使臣在长安城西部结盟，接着又派大旦卿刘元鼎为会盟专使入藏，次年在拉萨结盟，公元 823 年在拉萨立会盟碑，碑高 342cm，宽 82cm，厚 35cm，碑阳及两侧以汉、藏两种文字刻载着盟碑全文、盟誓使臣的姓名、职位，碑阴以藏文刻着唐蕃友好关系史实及在长安、拉藏两地盟誓的意义。

5　罗布林卡

罗布林卡，藏语意为“宝贝园林”。位于拉萨西南 3km 处，建于 18 世纪 40 年代七

图 3　拉萨罗布林卡

世达赖喇嘛时期，占地 3.6hm²，是七世达赖以后历辈达赖消夏避暑的离宫别墅，故也称夏宫，现已辟为游览胜地（图 3）。

罗布林卡，是西藏高原宫苑艺术的杰出代表，也是西藏特定的社会、历史与自然条件下的产物。园内林木繁盛、草木艳丽、建筑精巧，在园林建筑、规划布局以及植物配置、地面铺装等方面，不仅体现了我国传统园林特点，而且具有浓厚的西藏地方色彩，集中表现了蒙藏族造园、建筑、绘画、雕刻等多方面的艺术成就和藏、汉民族文化艺术的交融，是我国园林艺术宝库中的珍品。

罗布林卡，最早是清朝驻藏大臣为七世达赖格桑嘉措修建的凉亭宫，藏语称“乌尧颇章”（“乌尧”意为帐篷，“颇章”意为宫殿），面积很小（179m²），供其休憩之用，为两层藏式建筑（实际上只有一层，底层为半球地下室，只能放置小件杂物，这种将地坪架空抬高，以防潮湿的做法，在藏式建筑中比较常见），造型古朴简洁。

七世达赖后又在凉亭宫的左侧修建了格桑颇章，并在宫后开辟了一个恬静幽美的小型园林，夏季他就在这里处理西藏的政教事务。自此以后，历世达赖未满 18 岁时，多在这里学习藏文、佛经。楼高三层，建筑形体与喇嘛寺庙扎仓建筑类似。

在此基础上，后来八世达赖又对罗布林卡着力进行扩建，修建了湖心宫（措吉颇章）和西龙王宫（鲁康奴），以及格桑颇章后面的辩经台等，并在园中大量种植花草树木使罗布林卡始具园林规模。

湖心宫（措吉颇章）景区，面积约 2.2hm²，是全园的精粹所在。园内以 42m × 100m 的水池为中心，中置三岛；南岛植柏树，中岛为湖心宫，北岛为西龙王宫，表现了我国古代宫苑布局中传统的“一池三山”的意匠和佛教“蓬莱三岛”的意境。

湖心宫（措吉颇章）为木构架，琉璃歇山顶，平面长方形，7.2m × 14.9m，为一游息之小阁楼，建筑造型小巧玲珑，室内按汉族生活方式布置，家具全为汉室传统式样。为清朝皇帝所赐，每逢达赖生日，宫内举行隆重典礼，达赖接受僧俗官员的祝贺。

西龙王宫为供奉人面蛇身八大龙王之所，按藏族习惯，凡是树林、水面的地方均应供奉龙神，以祈求保佑。平面为正方形，周有回廊，上置镏金镶边四角攒尖顶。

池西建有持丹殿（祖真颇章），平面为 14.5m × 14.5m 的正方形，二层，高 9m，为达赖效法观音菩萨修行习法的道场，建筑设计仿照了观音道场的宫殿格局。

持舟殿以南为内观马宫（奔若朗马），是供达赖赏马的地方，由宫殿与马厩组成。宫殿高两层，底层是马官住所，达赖的观马殿在二层正中，马厩系廊式建筑，绘有壁画、雀替、彩画点金，飞檐覆盖琉璃瓦。观马宫为其他园林建筑所未见，它不仅为满足达赖赏马而设置，且有一定的宗教寓意：在佛教建筑中，骏马与转轮、宝贝、皇后、大臣、将军、大家并称为国政七宝，园林中建马厩包含了国有七宝而盛之意。

十二世达赖（1805 ～ 1875 年）的 70 年间，罗布林卡基本上没有增加新的建筑。到了十三世达赖土登嘉措（1876 ～ 1933 年）时期，因十三世达赖是一位在西藏历史上有影响的人物，并曾游览过北京帝王宫，这对罗布林卡的发展产生了深刻的影响，使罗布林卡又得以大规模地扩建，并在西侧规划兴建了金色林卡，建筑了金色颇章（宠华宫）、格桑德奇颇章（贤吉福施宫）、其美典溪颇章（不灭妙施宫）等。

金色颇章，为十三世达赖专用的宫殿，是一座庭院式建筑，主殿高三层，金描彩绘，殿顶饰镏金大法、经幢，极其富丽堂皇。底层日光殿，是十三世达赖朝会听政，举行盛大庆典和宗教仪礼的场所。每年琼久节（为宗教节日，每年藏历六月十五至七月三十日，各寺庙禁止喇嘛外出，称夏令安居期。琼久节，为开禁的第一天），哲蚌寺的喇嘛分别于藏历七月三十日、八月一日到这里为达赖诵祝寿经，并在达赖的主持下辩经斗法和考格西（佛学博士）。"波罗蜜多经"法会时，两大寺喇嘛云集于此，接受达赖摩顶。

格桑德奇颇章，位于金色颇章两侧，二层建筑，造型轻盈大方，色彩雅典清新，底层是十三世达赖私人的金银宝库，藏有大量金银珍宝、历史文物和贵重礼品，据说十三世达赖灵塔上所饰的金银珠宝皆取于此库；二楼的经堂，是达赖接待贵宾的厅堂。

其美曲溪颇章，为十三世达赖晚年常居之处，二层建筑，底层为半地下室，二层是卧室，有宽大的转角窗，室内光线明亮，1933 年十三世达赖在这里圆寂。

1954 ~ 1956 年，十四世达赖丹增嘉措又在湖心宫景区之北修建了他的新宫——达旦米久颇章，意为佛法永存不灭或永恒不变。为二层建筑，它以精致的装饰和瑰丽的壁画而著称，灿烂耀眼的镏金飞檐，雕琢精细的大理石栏板，五光十色的彩画，檐口女儿墙上穿红色的边玛草和各种装饰，给人以华贵富丽的感觉。

康松司伦（镇三界殿），是达赖的观戏楼，二层楼阁式建筑，底层为游廊，二层中部敞厅是达赖看藏戏的地方，敞厅北侧为达赖经师特座，南侧是侍从值房。建筑立面采用对称格局，体形、体量与环境协调，由于设置了双重镏金镶飞檐，使建筑形象显得轻巧活泼，雕梁画栋与广场周围的绿树丛林形成对比，加强了建筑的华丽感。观戏楼的正前方为戏台，面积约 1870m^2，用青石板铺成，东、西、北三面广植松柏、榆树、山定子，形成完整空间，在这里主要的活动是庆祝一年一度的雪顿节（是西藏历史上悠久的传统节日。藏族旧俗，有酪宴、酪施的习惯，每逢夏末秋初，牛羊肥壮，牧人多携乳酪布施人。"雪"藏语中是酸奶子的意思，"顿"是宴的意思。雪顿即吃酸酪子的节日。后来，逐渐加进了藏戏演出的内容，故有人把它称为"藏戏节"。每年藏历七月一日开始，以奶酪饮客，并演唱藏戏，迎接丰收）。

从以上介绍可以得知，罗布林卡的功能主要有以下三个方面：

（1）休息、娱乐：有生活起居、筵宴、看戏、赏花、跑马等，游息方式具有浓烈的民族特色。在西藏，人们到林卡中休息、娱乐，有着悠久的历史和广泛的群众性，逐步形成了"林卡节"（即藏历五月十五日，原意思是"世界供佛日"，后来变为每年五月一日到十五日的半月里，人们走出庭院，来到浓荫密布的丛林中逛林卡，形成群众性的林卡节）。

（2）宗教活动：经堂、佛殿为园中必不可少的建筑。

（3）政治活动：具有政、教权力机关的职能，建有各种宫殿建筑和各种政、教事务机构。

以上三种功能在罗布林卡，通过巧妙的规划布局与建筑处理，得到了协调与统一。如在园内宫殿建筑占的比重很大，作为宫殿建筑，要求有肃穆庄重的性格，但作为园林建筑，又要求活泼自由，这个矛盾在这里得到了较好的解决，宫殿的体形、体量一般都注意了简小、尺度适宜，通过建筑物的轴线对称的手法，体现宫殿庄重、肃穆的气氛。门廊装饰，也不同于西藏其他的宫殿与寺院，取消了鹏狮等列兽和经文，以减少压抑、恐怖气氛。

罗布林卡对不同景区园林绿地的规划、花木的配植进行了精心的设计，根据花木的色、香、姿和景区设计要求，分别组成绿化点、绿化带、绿化面，构成全园的绿地系统。

参考文献：

[1] 西藏自治区概况 [M]. 拉萨：西藏人民出版社，1984.

[2] 西藏工业建筑勘测设计院编 . 大昭寺 [M]. 北京：中国建筑工业出版社，1985.

[3] 西藏工业建筑勘测设计院编 . 罗布林卡 [M]. 北京：中国建筑工业出版社，1985.

[4] 李冀诚，顾缓康编著 . 西藏佛教密宗艺术 [M]. 北京：外文出版社，1999.

[5] 杨齐生 . 西藏古迹 [M]. 北京：中国建筑工业出版社 .

[6] 西藏宗教建筑 [M].

[7] 王点著 . 雍和宫的奥秘 [M]. 北京：紫禁城出版社，1986.

（注：1986 年，西南地区建筑年会在拉萨召开，有机会参观了拉萨、布达拉宫、大昭寺、小昭寺、哲蚌寺、罗布林卡等著名寺庙园林，并参加了罗布林卡雪顿节，该文系为重庆建筑工程学院建筑系与加拿大曼尼托巴大学联合举办的硕士研究生班准备的讲稿，配合摄制的幻灯片进行讲解）

风水
——山水城市思想原型

山水城市的提出，时值近代大工业所带来的人与自然矛盾日益激化，世界穷于应付各种城市病，寻求可持续发展的时代，环境、文化意识得到觉醒和重视，回归自然的呼声日益高涨的时刻。同时，随着信息技术的成熟，城市正逐步摆脱机器大工业集中生产的模式，向适应新的小型化、分散化生产模式转变。山水城市的提出，是现代城市发展方向与中国传统山水文化结合的必然，是对人与自然和谐共存的聚居环境的寻求。

山水城市概念，具有深刻的生态意义和文化意义。在中国传统思想中，山水不仅具有自然属性，更有文化上的意义，它受到万物有灵的山水自然崇拜世界观的深刻影响，"山川自然之精，造化之妙，非人力所能为"（《葬经翼》），所以"而乃怡情山水，发其所蕴，以广仁孝于天下"（《地理天机会元》），孔子更把人生追求引向山水审美，曰"智者乐水，仁者乐山"。天地山水无不赋予了道德意志与情感内容，与社会伦理紧密相连，"比德山水"成为中国古代文化中具有鲜明特色和深远历史的山水文化的滥觞。

最早将山水与城市联系起来的是风水理论，它视城市为天地之枢纽，当处于"山水相交，阴阳凝融，情之所钟处"，才能贯通天地，获得发展。风水理论以传统哲学的阴阳五行为基础，糅合了地理学、气象学、景观学、生态学、城市建筑学、心理学及社会伦理道德方面的内容，将崇尚自然的山水文化同城市环境的选择和经营融于一体，指导了千百个中国传统山水城市的建设和创造，是山水城市思想的原型。

1 风水的山水思想

1.1 赋予圣性的山水

风水，将天地间的自然万物皆视为有自然灵性，相互间有着"同声相应，同气相求"（《山海图经》）的气相感应，是以"铜山西崩，灵钟东应。木华于春，粟本于室"（《葬经》）。对山水的崇敬来自于山水的生态意义，山水被视为生气萌发之所，气在传统思想中有着赋予万物生机的神圣意义，风水认为"地有吉气，土随而起"，所以山被视为生气之源。水为血脉，有界定、引导、回护生气之用。所以，山水相交之处，就是生气萌发之所。

风水将依附山水自然的生态意识，扩大到精神领域，从而形成了赋予山水圣性的文化意识，认为山水与人的发展息息相关，"气感而应鬼福及人"（《葬经》）。有"地杰人灵，宅古人荣"（《三元经》）之谓。风水认为居地之山水直接影响人的富庶和贫穷，身体素质以及气质等。故有"山厚人肥，山瘦人饥，山清人贵，山破人悲，山归人聚，山走人离，山长人勇，山缩人低，山明人达，山暗人迷，山顺人教，山逆人嘶"，"水深民多富，水浅民多贫，水聚人多稠，水散民多离"之说（《地理不求人》）。从现代科学看，环境对于个人及人群的生理、心理影响是显而易见的。

风水对山水的态度是顺应、崇尚，赋予其圣性而不唯命是从。风水宝地禁止随意穿凿和挖填，但却可以根据形势加以增补，它声称天命可改，神功可夺。《葬经》曰"目力之巧，工力之具，趋全避缺，增高益下，微妙在智，触类而长，玄通阴阳，巧夺造化"。强调"人心巧契于天心"（《管氏地理指蒙》），结合山川胜境，巧加剪裁，成"通显一邦，延袤一邦之仰止，丰饶一邑，彰扬一邑之观瞻"（《管氏地理指蒙》）。

1.2 人化的山水

山水系统对环境的营造“近取诸身，远取诸物”（《周易》），对山水环境的选择上以人体为观照，将山水人格化，这种选择观照使山水与人的心理、生理尺度以及人伦意识取得了协调，使人与自然山水因生气停驻而具有的生命和文化意义上的联系，昭然若揭。

风水的相山水之术实际上是一种变形的人体艺术，故有谚“天人合一，地比大母，相地如同相人”。观察山形时，将山的各部分与人体的部位分别对应考察：“因龙首尾以辨肢足爪……盖有生龙腕、镇龙脚、避龙爪。”还把山的轮廓线与“三才”（天、地、人）对应：自然与人的尺度相类，于是自然山水成为一种通人的有灵机体，有首有尾，有耳有手，并且按人的比例组合。“这种比拟极为天真幼稚，却使一切都洋溢生机”。

风水更将山水与人伦挂钩，以孔法之制体察山水，讲究主次的秩序。在风水格局之中，龙与沙山环水存在着一种主仆关系。这种关系同传统的宗法制度颇相吻合。

1.3 山水美学思想

山水在风水中还有审美上的重大意义，风水同山水诗画一起，相互观照，相互启迪，共同形成了传统的山水美学思想，影响着中国几千年来的审美观。同山水诗画相比，风水的历史尤为悠远，影响也更为广泛深刻，“但人所处，皆其例焉”（《黄帝宅经》）。山水美学的思想在风水实践中得到完善，风水远法天道，近取诸身，将山川的自然之美与人文的中和之美相互观照，“仁者乐山，智者乐水”在审美的层次上更进一步，达到“感通天地”的意境。

“屈曲生动”的自然美。古人对曲线倾求，来自于对山川大地、人形体态的体察。风水更将“气”与“曲”的形联系起来，《葬经》曰：“地有吉气，土随而起”，“夫气行乎地中，其行也，因地之势”。“气”难明而形势却可以把握，“屈曲生动”将寻山川地灵之气与审美判断联系起来。风水将大地的屈曲生动总结为“四美”，“一美罗城周密，二美左右环抱，三美官旺朝堂，四美气壮大肥”（《地理正宗》）。在风水对山水的选择中，觅龙、察砂、观水，无不表述着“屈曲生动”的审美原则。

“均衡界定”、“端圆体正”的中和美。中和美的原则是人伦社会中均衡端庄美在山水中的观照，“和为贵”的思想与人世间的尊卑秩序关系观照于山川城市的选择与经营，求得人与自然在社会和自然属性上获得审美心理的“天人合一”。

风水将靠山视为父母上司，左拥右抱的沙山视为兄弟同事，拜揖特立的朝案山视为子女下属，将人间的主仆、上下左右和尊卑关系观照于山川：“主山降势，众山（砂）必辅，相卫相随，为羽为翼……山必欲众，众中有尊，罗列左右，扈从元勋”（《儒门崇理折衷堪舆完孝录》）。体现出一种以人为中心，有主有次，秩序井然的祥和、安定之美。

山川地势变化万千，均衡界定，成为确定各要素整体形势关系的审美原则，体现了允执其中的中庸思想。风水通过将“正穴”居中来获得均衡，一切山川形势和建筑布局、道路走向都以拱卫之势，簇拥着“穴位”，通过障空补缺，增高益下，从而在整体上获得一种向心的均衡。风水中最完美的均衡图式是“龙虎正体”，龙虎之砂均出于穴山两旁，左右对称，齐来相抱。

“端圆体正”是确定要素自身品质性情的审美原则，以端庄娴静、圆润敦厚、不偏不倚为妙，山的体形要求端圆敦厚，匀展大帐；“水”则妙在性情清净停蓄，形势回绕环抱，“端圆体正”的审美原则是儒家修身养性的“士”的品德之美在风水中的观照，将儒家对人“忠恕”、“宽厚”，对己“思无邪”的清静和平的仁爱思想应用于山川形体的审度，同反映“中庸”礼制思想着重山川形势关系的“均衡界定”一起，构成了风水美学的中和美原则。

"谐和有情"的意境之美。风水将屈曲生动的自然美与中和美的原则应用于山水人居环境的检视，最终追求的还是各要素的"谐和有情"，以求得"人宅相扶，感通天地"（《黄帝宅经》）的气韵流动的意境之美。

气韵的意境美追求，是山水美学的最高境界，它妙不可言，"天地有大美而不言"，只能悟其"道"，体其"情"。风水将人的希冀和渴求反映在人居实质环境中，以山川宅居的谐和，寄"情"其中，以求精神上的超脱。"谐和有情"的气韵，通过山川的形势相乘得以渲染和烘托，在自然美中展示出精神上的意境美，体现出其整体气质和内在的美。

2 有机统一的山水与城市

2.1 气——环境统一的核心

整体统一的思想在风水中得到了极致的发挥。风水的统一思想大到天下、区域、城市，小至村落、住宅，甚至是个体的龙、砂、水、穴都视为一个整体，它们之间相对的个体与整体的关系在时空的变化中转化。"气"是维系风水环境统一的核心，并贯穿于无限层次的整体之中，"气"被视为天地万物最基本的构成单位，"其细无内"，"其外无大"（《管子·心术》）。生气是有生命力的一元化活气，在天周流六虚，在地发生万物。《葬经》曰："夫阴阳之气，噫而为风，升而为云，降而为雨，行乎地中为生气，发而生万物。"气的概念，具有很强的模糊性和包容性。从本体上，它与生命相联系，有很强的生态意义，风水将它的生发之义引申到其他领域以表征人所需求的，却不可捉摸的客观实在。从心理角度看，气是心理氛围；从精神文化角度看，它是对意境的体味。风水通过这种模糊和包容性将主客观统一到气这个主体中，起着统一全局的作用。有生气就意味着能获得旺盛的生机，从而参天地，赞化育，荫人养物，所以风水的目的在于"聚气"。

（1）风水的整体观对环境外部关系的研究表现出区域性宏观把握全局的思想，择地讲究来龙去脉。从区域的范围来把握穴地福泽的久暂与厚薄，与传统社会的家族观念："寻祖问宗"有异曲同工之妙。由此产生了择中观，讲究山水聚局和体国经野的传统城市思想。

择中观：它类似于西方的中心地理论，认为城市作为一方的政治、经济、军事、文化中心，应有适中的区位，"王者必居天下之中"。

山水聚局：风水认为山水聚合之处，就是生气停驻之所，所以传统城市选址"非于大山之下，必于广川之上"。城市的等级，取决于山水聚集的气量，气大则城市越大，类似今天环境容量的概念。所以，"山水大聚之所结为都会，山水中聚之所结为市镇，山水小聚之所结为乡村"。

体国经野：以农立国的传统城市，土地的肥饶、宽广程度是城市生存和发展的基础，度地卜食、体国经野的城市思想实际就是主张根据土地等级和城野的广狭作出城市人口规模的安排，显然是以经济、土地承载容量的观点立论，因而产生了按土地分级与城市人口比例关系来分布城市的理论。"上地方八十里，万室之国一，千室之都四；中地方百里，万室之国一，千室之都四；下地方百二十里，万室之国一，千室之都四"（《管子·乘马篇》）。体国经野、度地卜食侧重于区域城市的规模与数量，山水聚局侧重于区域内城市的地理位置与规模，择中观侧重于区域地理中心确定，在传统山水城市的营建中，交织着三方面的考虑，并对城市的选址分级产生决定性影响。

（2）利用风水的整体思想对环境内部要素进行体察时，则显示出重视共生共存的关系，并以阴阳来表征这种关系的特点。

以藏风聚气为目的的风水，归根结底是气与形的共生关系，只有生气停蓄，人才能从山水、宅居中获得生机，达到与自然共生的关系。形能聚气，气能美形，因此风水视人居环境与自然环境的阴阳和谐为首要，以阴阳之中复有阴阳来统领这种共生。所以，山川之中包孕着城市，城市之中又有流水园苑的穿插。园苑水池之中则点缀以亭台楼阁；建筑中又有以假山水池堆就的庭院。谙合着阴中有阳、阳中又有阴的群体平衡思想。

藏风聚气的要素，风水认为是在阴阳合德下整体共生的，缺一而不成局，不能互代而有所偏废。它们各有其位，各司其职，正如“石为山之骨，土为山之肉，水为山之血脉，草木为山之皮毛”(《地理正宗》)。要素的有机配合构成了环境的整体。

2.2 气理数形系统的有机协同

传统哲学认为宇宙万物处于一个天地相应的整体关系中，制约万物的不以人的意志为转移的规律归结为“理”，宇宙中天、地、人三大系统内事物能在时空交替，类型各异中和谐共存，是由于处于适当的位置，有一定的量和轨迹，使相互作用达到平衡，归结为“数”。遵循“理”在一定“数”的平衡中，推动世界形成并作为一切存在物生命过程的基本构成，而且释放出来相互影响的，称为“气”。“理”、“数”、“气”不可以直接观察把握。但事物的外形与整体的关系潜在地反映“理、数和气”，可以通过“地和天”的对应比较，仿效其形，从而把握在一定的理和数制约之下的气的运行。

阴阳五行八卦就是探索这种系统结合的世界观与方法论。通过仿效其形，来分析其理，把握其数，探寻其气。

阴阳八卦的义理主要被用于阐述“礼”的秩序，较多关心的是象数关系，用以表征宇宙图式，通过对万物内在序列数理关系的模仿，获得风水环境中各要素间和谐的配合关系。如相宅定向的“九星飞宫法”，择时的“紫元飞白法”以及《考工记》中的周王城营国思想，都具体反映在九宫八卦相数之中。

五行对万物发展的多因素联系辩证认识的系统思想在实践中被广泛应用，其价值在中医理论与实践中得到证实。它在风水中，主要以“五行生克”的关系来“言天地之利害，事之成败”。推断要素间相互联系、相互制约的不同结局，目的是达到“生克致用”、“相胜是用”，揭示了事物内部要素相反相成的制约协同机制，注重对“理”的思辨。

阴阳八卦配合五行，再配以事物发展的开始、壮大、结束的生、旺、暮的时间过程，便构成了时空合一，将天、地联系推演的模式系统，风水中的罗盘，便是集阴阳二气、八卦五行之理，河图洛书之数的模式系统。

从现代科学看，阴阳五行八卦以及四时的运用，在义理上揭示了事物在发展中的对立统一，相互协同、制约的关系，以及物质构成中等级有序和动态发展的原理，具有很强的预见性。它关于象数的研究，数理结合的原则，目前尚无法窥清其真伪。但这种数理结合的方法，将模糊随机与精确推断有机结合，确有其独创之处。因此，风水的推理方法虽然晦涩难懂，却在某种程度上表达了天、地、人、建筑之间的错综关系。以此推出的最佳方位，南或东南的结论，恰恰符合我国的地理地形、气候特点，以及劳作规律。

风水要素的这种系统性的有机协同在宗法制度的完善中符合上礼的秩序和中庸思想，构成了风水格局的要素在整体统一中表现出有主有次、层次分明、各居其所、各守其职、呼应配合的有序的统一。并在等级相同的要素之间，讲求和睦共处、相互尊重、不逼不压、不折不窜，体现“和为贵”的思想。

风水对秩序和邻里关系的讲究考虑，在客观上调节了山水与建筑中各要素所限定的空间秩序，使群体处于一种有机的协同关系之中，同时也培育了相互间的和睦通融的良好社会人际关系。

3 风水的空间特征

3.1 空间的心理图式——中心化围合

风水在环境秩序化的过程中，最显著的特征是：以主体为核心的围合性空间。它是人赋予环境和世界以秩序的一种本能，具有强烈的以自我为中心的心理特征，“是构成人在世界存在的心理结构之一”，“是比较稳定的知觉图式体系，亦即环境的形象”（《存在 · 空间 · 建筑》）。

从自然的偶然知觉来看，人的心理是“以主体为核心”的，因此人类自古就有把自己作为世界中心存在来考虑的心理特点，“最初对人来说，与周围广阔的、未知的，总觉得引起恐怖的世界相对照，中心是表示已知的东西”。

时空是无限的，人的感知是有限和闭合的，人只能通过以安身之地为中心划分领域，围合一方可以认知的世界。风水讲究藏风聚气，通过山水的交节关锁，实现对气的导引和汇聚。从心理学角度看，是对心理空间的限定。所以，风水在山水选择上，重在心理感受：“穴前无山，则一望无际为前空”，“易野一望无际，有近案则易野之气为之一收”（《管氏地理指蒙》）。所谓的气，在心理学的意义上，可以理解为心理场，心理氛围。这种中心化围合，在环境的秩序化中，最初也许出自军事防御、躲避自然灾害的意向，但在人的成长过程中，逐渐形成一种以人为核心的安全性心理结构，风水空间模式成为人的稳定心理结构图示。

3.2 空间的同构性

以主体为中心的建构方式，随着人的活动领域的扩大而层层外推，使传统社会中家国同构的特点十分显著。这取决于儒家的“修身、齐家、治国、平天下”的价值取向——安居乐业思想，“由正家，而天下定矣”，所以形成宅居风水模式的普适性，“坟墓、川岗并同兹说，上之军国，次及州郡县邑，乃至山居，但人所处，皆其例焉”（《黄帝宅经》）。

诺伯格·舒尔茨将反映人类心理图式的“存在空间”分为宇宙、地理、景观、城市、住房、用具六个阶段，各阶段互为表象、相互作用，构成一个复合的整体。风水的空间模式同样存在除用具外的几个阶段。宇宙阶段表现为对宇宙空间结构的探索，借助八卦、九宫达成宇宙模型的建立。地理阶段表现为对大地的气的领域性描绘，如《三才图会》中的三大千龙图，对应于具体的环境与形象，万里长城是个著名的实例，它体现了在地理上予以更好限定的要求。景观阶段实际上就是城市山水环境的风水模式，表现出纷呈各异的风水格局。城市、住房阶段，在风水中亦是各有对应。

这几个阶段在象天法地的同时互为表象，构成了风水空间的同构特征。

3.3 空间流动性与渗透性

以自我为中心的建构随着人的成长及环境、生理、生物和社会文化的调节而得以控制。空间在由内向外的类推中，由宅居滴水不漏的全封闭，到城市的实体围蔽，到山水环境的心理围合，表现了人的心理空间由紧张到放松的变化过程。同时，风水注重对生气的导引，阴阳的转换，空间的过渡，使风水空间表现出流动与渗透的特征。

空间的流动通过轴线关系表达，它分为两种方式，一种是直接的实体围合的导引，如街道的开辟、院落的相套，一种是对心理空间流动的导引，如视线的对景与转换。空间的流动性，使传统城市的建筑和环境空间表现出沿轴线向四方生长的特性。

空间的渗透主要是对外气的导引，对地灵之气的补充，从而平衡阴阳。在山水城市环境间主要表现为人工环境要素与自然要素的穿插和开敞空间的设置，传统山水城市内部往往是建筑与山水同存，同时有部分农地存在。这些自然要素起着联系外部山川的作用，引八方风入，起着调节城市“气”态的作用，通过天气、地气的阴阳交融，从而在生理、心理上，起着放松空间，取得宽松、开敞、通透的效果，实现私密空间向公共空间的转换。

4 文脉的经营

4.1 地灵人杰的风水思想

风水的最高追求是参天地，赞化育，取得天人相通，达到教化育人的目的。取得合理的物质要素布局，获得功能上的满足是不够的。风水的深层思想在于借地卜律，以相应地反映社会关系，规范人伦，倡导道德文化精神，取得“天时、地利、人和”。

观照于儒家“修身、齐家、治国、平天下”的传统定向观念，风水强调“宅者，人之本”的安居乐业思想，追求“家代昌吉，满门和顺”。而更高文化层次上的追求则反映在对“治国、平天下”的贵人的景仰和向往，“贵人朝堂官极品，百川施归出英雄”，为世人所向往。基于天人感应的思想和传统社会流行的“功名化外律”的影响，将成功归咎于风水等外来因素。形成了中国传统城市和建筑文化注重山川环境对人文影响的特征。反映了风水根深蒂固的地灵人杰的思想。

4.2 人文精神的灌注

中华民族的人文精神以正统的儒家思想为主导，富含着道、释两教的思想意识以及崇拜祖先、自然的趋吉避凶的民风民俗。它们贯注于风水的实质环境之中，以物化形式对人们的社会生活产生深刻的影响，推动了风水人文环境的经营和文脉的培育。

风水人文环境极为关注的是“尚文”精神的倡导和体现，“学而优则仕”，科举制成为传统社会中人才纵向流动，实现阶层跃迁的主渠道。在这种文化背景下的风水，自然是融入了强烈的“尚文”精神，它多方面地体现在风水的实质环境中。

首先，对文化建筑的重视，如文庙、学宫、书院的选址布局与山川胜景的结合。企望以清幽之地，得风水之助。最重要的学宫必须得地，案山的山形多择以文人学士的用具形式，如笔或笔架等。其次，以象征手法喻理于山川建筑，取义其中，以利风水。传统山水城市乡镇中多有堆文峰或建文峰塔、魁星楼，皆取其昌文运、纪地灵之意，风水还将兴文运的思想喻于山川，将具象文人用品或用具的山形，取名为文峰、笔架、锡帽。甚至取其高中之意，名曰华盖、鳌头、登科，无不倾注其对文运的关注，如：福建长泰的登科山，安徽舒城的华盖山，湖南宁远的鳌头山。象征手法对民间风俗的反映更是丰富多彩，令人浮想联翩，地名成了地方乡土文化的标志，如：升仙台，洗象池，金鸡岭，钓鱼山等，鲜明地反映了地方文化。

道释两教融于城市社会生活民俗之中，被风水作为符镇，在趋吉避凶的观念中，形成自身独特的地方文化。

纵观传统的风水城市，无不以“佳山佳水配佳人”为追求，创造出山水秀美、文风鼎盛、人才辈出、百姓安居乐业的城市环境。

4.3 文脉的承续

文脉是地方人文历史传统的延续，它来源于对风脉（亦即山川环境）的深刻理解和发挥。它的传承得力于对维护风脉完整性的高度重视，亦即是对风水格局、意象的保护，不允许对其破坏。否则便会地气涣散，人文不兴，居地之人困苦不堪。因此，文脉在城市格局、风貌以及人文精神的传承中表现出稳定性和历史延续性。

传统城市山水环境统领着城市的格局和风貌，城市在几千年的发展中，遵从风水格局不断完善，对风脉的关照使得城市格局和风貌在发展中一脉相承。传统的山水城市在发展中，城垣不断扩大，由内城至外城，以至罗城都表现出城市格局的稳定性和历史的延续性。古城阆中，自隋唐定址以来，城市规模不断扩大，城市向东南有序延伸，适应并完善了风水格局，较好地保存了隋唐以来的城市格局，而城市的建筑由隋唐至明清一脉相承，历史的积淀使古城的风貌得以保存和丰富。

传统山水城市的稳定性还体现在城市格局的遗传特征上。大多传统山水城市历经多次兵灾水患，城市遭到破坏甚至完全被毁，但自然山川犹存，城市就能在风水格局的引导下重建，再现当日风貌。苏州城乃平原得水，以河道为骨架的城市，虽然历经战火，屡次被毁，但河道犹存，稍加整修即可再用，城市格局在历史的长河中保持一种遗传的特征。考察苏州城现存的许多遗址和实物，如玄妙观、双塔等，竟与宋代的平江图相符。

城市人文精神的完善和传承同样得力于对风脉的重视、强调。“人文不焕，地脉不兴”，一方乡土孕育一方文化，一旦出了名人，那里的风水便视为绝佳，金声玉振，惠及百代。为延续地脉的灵气，使后人受益，先人的住宅、遗址都要完整保存，供后人瞻仰，以激励后人，思慕前贤。所以，我国自古以来便有保护和恢复名人遗迹的传统，使得今天有大量文物古迹传留，悠久的文化传统得以传承。百里奚、郑玄、陶潜、谢玄、嵇康等久远的传统住宅都得以保存，引来八方仰止，使他们的高尚气节和丰功伟业得以四方传颂，流芳千古。

对有关人文的文峰塔、魁星楼，镇风水的道观、佛刹等，因它们关系地脉灵气兴旺，受到重点保护，在历史的沧桑中几经修整或重建，保持了人文传统的代代相承。

文脉与风脉是风水环境中相互作用的两脉。风脉保证了文脉的传承和丰富，文脉的传承和丰富又完善了风脉。

这种关照风脉的实践代代相传，使风脉得以不断增色和完美，同时，山川胜景又使得文风鼎盛，人才辈出，丰富和提高了城市的人文环境，使风俗正、人文壮，优秀的民族文化传统得以弘扬和传承。

5 风水思想与山水城市创造

现代山水城市创造，目的在于使古老山水焕发青春，以适应现代城市的社会经济运作和生态环境要求，探索符合中国国情的可持续发展模式，实现城市与人、自然和谐发展的思想。

现代城市处于一个大变动时期，经济技术的突破打破了社会、生态系统的平衡。西方国家走过了一条先乱后治的道路，付出了文化、生态破坏的惨重代价。我国面临着新时期追赶现代化的艰巨任务，城市的建设压力、经济跨度以及文化的发展皆今非昔比，迫切需要寻求一条和谐发展的道路。

我国现今的城市理论大多倚重西方文化体系，而鄙薄传统文化遗产的发掘和借鉴，在对传统城市的改造中，不尊重、不研究历史形成的城市格局和环境关系，肆意推山头、填湖川，造成生态失衡、水土流失、环境恶化的恶果；至于城市空间尺度的失衡、建筑密度的盲目扩大、城市风景的沦落、城市文化的消亡更是令人扼腕叹息。

传统的风水思想，具有地理决定论的致命弱点，且蒙上了浓重的封建迷信色彩。但其着重于对自然、人文和谐的重视和整体的直观把握，契合了西方现代城市理论的不足，二者的结合，为我国城市发展，特别是对古老山水城市焕发青春，探索出一条新的道路。抛弃其地理决定论，剥开它迷信的面纱，它的思想和方法，可以从三个方面为我们提供指导。

（1）思想论：面对城市发展的严重危机，从传统哲学出发，为山水城市的发展方向提供了思想上的理论指导。

（2）方法论：风水成就了山水、城市、人文共兴的传统城市特征，并积累了丰富的经验，古老的山水城市要焕发青春，必须从承续城市文脉和谋求城市发展两方面协同进行。这就有赖于对风水的深入研究，从中汲取营养，兼收并蓄，探索现代山水城市创造的方法论。

（3）城市理论的完善：我国近几十年来的规划理论与方法有两方面不足：一是缺少第二层次微结构的分析，如微地形、微环境、小气候及生态、景观的探讨。二是对自然的轻视，对人的社会、文化、心理追求的轻视。造成城市建设轻易改变地形，不计总体后果，急功近利的恶果。风水几千年来潜心探求、不断完善的正是各种地理环境对人的生理、心理、社会、文化的影响，它为现代山水城市创造提供了宝贵的经验，值得我们重新认真地加以思考和探索。

参考文献：

[1] 鲍世行，顾孟潮主编．钱学森论城市学与山水城市 [M]. 北京：中国建筑工业出版社，1994.

[2] 王其亨主编．风水理论研究 [M]. 天津：天津大学出版社，1992.

[3] 俞灏敏．风水探究 [M]. 北京：中华书局，1991.

[4] 刘沛林．风水——中国人的环境观 [M]. 上海：上海三联书店，1995.

[5] 张惠民．中国风水应用学 [M]. 北京：人民中国出版社，1993.

（注：本文为 1996 年 10 月在成都召开的风景环境学会年会发言稿，入选鲍世行、顾孟潮主编的《钱学森山水城市与建筑科学》，中国建筑工业出版社，1999 年。合作者：杨柳）

论风景城市的布局和风景名胜的保护

风景是一个国家极为宝贵的资源。风景城市具有其独特的自然风景或文化名胜。

我国著名的风景城市，往往也是重要的历史文化名城和游览胜地。壮丽的锦绣山河、珍贵的文物古迹、多彩多姿的自然景观，是激发人们爱国精神、鼓舞人们生活激情的重要源泉，也是发展旅游事业、增加国民经济收入的宝贵资源。

风景城市，具有广泛的全民性和可游览性，是为广大人民所享有、为广大人民服务的。风景城市的规划与建设有着与其他城市不同的特点。这个特点首先表现在城市性质与职能的不同，这是显而易见的。在风景城市中，风景资源是城市发展的基础。风景城市的规划，首先应该体现在对风景旅游资源的全面评价与开发、利用和保护，并为发展旅游事业服务这一主要的城市职能上。诚然，不少风景城市除了风景游览这一职能外，还有其他的一些城市职能，如杭州，既是著名的风景城市，同时又是浙江省的政治、经济、文化中心等。但是，既然是作为风景城市的性质，我们在规划布局上就应该充分发挥风景游览这一主要的经济和文化职能的作用。同时，在城市布局上，风景城市与其他城市也有显著的不同。如何突出风景旅游这一主要的城市职能，处理好风景旅游与城市其他各组成部分的相互关系，使城市各组成部分与风景旅游形成美丽和谐、协调发展的有机整体，是这类城市规划布局中必须解决的重要课题。

因此，充分开发和利用我国的风景与文物资源，搞好风景城市与风景区的规划与建设，对于加速我国的“四化”建设，提高人们的精神文化生活和艺术素养具有重要的经济意义和社会意义。

下面仅就风景城市的布局和风景名胜保护的几个主要问题，谈谈自己的粗浅看法。

1　保护风景名胜，突出风景城市的个性

我国许多著名的风景城市和风景区，在自然景观条件、园林艺术和建筑形式以及历史文物等方面都具有独特的风格与特点。而自然风景与园林、建筑艺术、雕刻、书法、绘画、文学诗歌的有机结合，是我国风景游览城市艺术构成的传统的基本特征。这些特点不论是天然的或人工的，都是历史上长期形成与发展起来的。它凝结着我国源远流长的民族文化和劳动人民的智慧创造。“江山惹得游人醉，印入肝肠尽是诗”，它们以其鲜明的形象和强大的感染力，不知吸引了古今中外的多少游客！

风景游览城市与风景区的布局，首先必须强调突出每个风景城市或风景区的个性，维护风景和历史文物的完整性。所谓突出风景城市的个性，也就是要突出每个风景城市的景色特征，并充分发挥它们固有的文化历史传统的特点。特别要注意维护风景城市的完整面貌，珍惜每一个风景点的建设和历史文物古迹的保护。因为在风景城市中，自然景观特色和文化历史传统因素（包括历史文物古迹、建筑、园林绿化等）是构成风景城市个性的两个主要方面。如果其中某一个部分受到了破坏，就会影响到风景城市的完整面貌和整体利益。例如，桂林风景，是由奇特绚丽的石灰岩溶洞、峰林与清澈碧透的漓江水体共同组成的。山秀、水清、洞奇、石美，构成了桂林自然景色的基本特征。如果在江岸代之以林立的工厂烟囱或高楼大厦，或其水体遭到了污染，或其山石遭到了破坏，都会从根本上破坏“山水甲天下”的自然美景。同样，杭州风景区之所以闻名中外，不仅因为西湖胜景的存在，也因为有周围之群山、清泉、洞壑、文物古迹和内容丰富的公

园绿地相衬托，而且还因为有与这些风景名胜相联系的优美动人的神话传说、民间故事的广泛流传。如果在里面不恰当地发展有碍风景的内容，就要损害和破坏整个风景区的完整面貌。过去有些城市不适当地在风景区发展了一些建设项目，甚至摆进工厂、仓库、机关、部队等，使全民所有的风景资源成为个别单位和部门的私有。这是与我国社会主义的根本制度不相容的。最近一些城市的有关部门和单位虽然陆续腾出了不应占用的风景游览场所，受到了广大群众的欢迎，但至今仍有不少地方没有打开“禁区”，这种“风景割据”、“风景独占”的现象如果不彻底改变，就根本谈不上风景城市与风景区的全面规划与合理布局的问题。

在风景城市中，风景资源是城市发展的基本因素。风景城市的规划与建设，首先应该体现在对风景资源的开发、保护和利用上。衡量一座风景城市规划质量好坏的一个重要标准，是看它对风景资源特点利用、挖掘、发挥得怎么样？在这里就有一个正确处理利用自然与改造自然的关系问题。改造自然是为了更好地利用自然，是为了使风景城市的个性表现得更充分、更完美而绝不是相反。如苏州之所以能如此引人入胜，不仅由于在那里集中了很多著名的江南古典园林，而且还由于它是著名的江南水乡，是由于它最集中地反映了江南水乡城镇的特点，别具一格。故有人称它为“东方的威尼斯”。但是在过去的城建工作中，为了争取城市用地而填河修路、拆园盖房，把苏州古城这种特有的城市景观“改造”得所余不多了。城市人口的过分集中，城市面貌的急剧改变，也迅速地改变了城市环境的生态条件，降低了城市的环境质量。这应该说是一个深刻的教训吧。可是，今天在许多城市的规划与建设中仍把它当做成功的经验在模仿，继续大量地破坏着城市的河湖水系，损害了良好的自然环境和景观。因此，我认为把充分利用、保护和挖掘风景资源，突出风景城市的个性，作为衡量风景城市规划质量好坏的一条重要标准，这不仅很有必要，而且也很有现实意义。

由于“文革”的破坏，我国许多珍贵文化艺术遗产遭到了空前的大浩劫。许多风景城市的历史文物和名胜古迹自然也不能幸免。特别是遍布于广大中小城镇及农村的名胜古迹遭到的摧残更甚！前年作者曾有机会去嘉陵江上游的合川县城参观，这是一座风景如画、古老美丽的小山城（虽然不是风景游览城市），城区附近名胜古迹也很多。著名的“钓鱼城”就坐落在县城东北。据史料记载，南宋开庆元年（1259年），蒙古贵族侵犯中原，进逼合川，合川人民奋起抗战。当时南宋的守将王坚、张珏就是利用了钓鱼城的险要地势扼险固守，与蒙军进行了艰苦殊死的搏斗，为反侵略战争作出了卓越贡献。因此，自古以来，钓鱼城的名字就与合川城自然地联系在一起了。但是，这样一个值得纪念与保护的重要古迹和风景名胜长期以来却无人管理，城内的雕刻、建筑、树木遭到了严重的破坏，据说至今仍没有引起有关部门的重视。类似钓鱼城这样的名胜古迹，在全国中小城镇及农村不知又有多少！因此，加强重点风景城市的规划与建设，发展旅游固然很重要，但分散在广大农村和中小城镇的风景区和名胜古迹同样应该引起多个方面的重视，采取有效的措施加强维修和保护。

为了有效地保护风景资源和历史文物，在风景城市的规划中，必须确定风景保护区的范围，拟定风景保护区的界线，严格禁止无关部门在此建设。风景保护区范围的大小，一般应包括视野范围内的全部景区与景点。对于已经被混乱修建而破坏了的重要风景地带，也应当划入保护区范围，并通过规划对现有建筑予以拆除与改造，消除影响风景的不利因素，逐步恢复原有的景观。同时，对保护区的邻近地带的建设也应严格地控制，加强绿化与管理。例如，承德市是我国著名的风景城市之一，它曾经是清朝第二个政治活动中心。清康熙、乾隆时，曾利用这里优越的自然条件和重要的地理位置开辟了著名的避暑山庄。在山庄外，依山就势建造了多座富有多民族特点的庙宇寺院，构成了承德风景城市的鲜明特色。这些优秀的古建筑和园林，形象地反映了清代我国南方和北方、中原地区和边疆地区密切的经济文化交流，体现了我国多民族文化艺术的特点，在建筑和园林史上有很高的科学价值和艺术成就。为了完整地保护这一重要的文化历史遗产和突出承德风景城市的个性，在城市的总体规划中强调了山庄景区在现实生活中的积极意义，并划定了风景保护区的范围。如图 1 所示，保护区的范围不仅包括了山庄和外八庙的景区，同时还包括附近的棒槌山（磬锤峰）、蛤蟆石、罗汉山等视野范围内的重要景点和风景地带。严格禁止在保护区范围内发展有碍风景的一切项目。原来已经摆进去的一些无关单位，都要搬迁出去，并根据不同情况逐步修复原有古建筑和园林绿地，使之逐步恢复原有的景观。

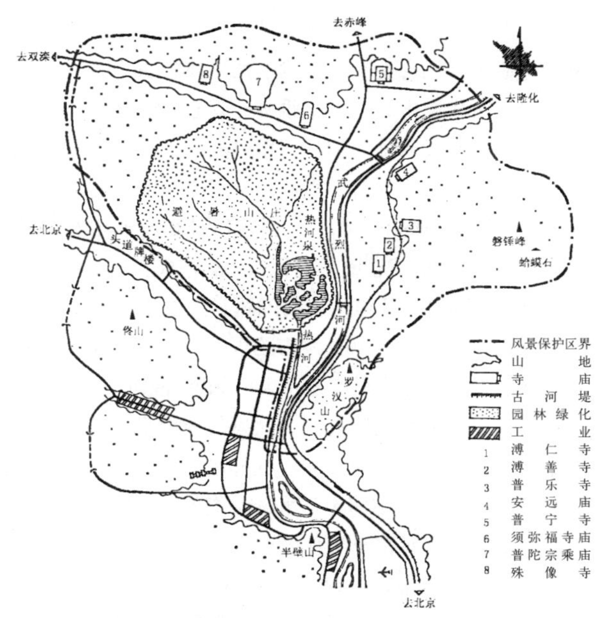

图 1　承德城市及风景保护区范围规划示意图

2　风景与工业的关系

在风景城市中，风景建设与发展工业二者之间存在着既矛盾又统一的辩证关系。正确处理二者之间的关系，是风景城市规划布局中需要解决的一个重要问题。

工业的发展有扩大城市规模和影响风景或污染环境的一面，因此在风景城市发展工业时，首先要受到风景因素的约束与限制。因为发展工业生产固然重要，但独特的风景资源更是我国人民极其珍贵的社会财富。著名的风景区和游览胜地，还往往具有国际性质的意义。而风景名胜和文化古迹一旦遭到了破坏，就很难恢复与再生。因此，风景与工业比较，风景更重要。风景是主要的，是矛盾的主要方面，工业的发展首先必须服从景观的特殊需要。而在另一方面，也不能排除在风景城市发展一定工业的可能性和必要性。如发展一些为风景游览服务的传统工艺美术工厂、食品厂以及清洁无害、占地小、职工人数少的轻纺工业等，向小巧、精密、洁净的方向发展。这些工业的建立不仅不会破坏风景，而且处理得好还可以在建筑艺术上丰富风景城市的面貌，而风景区的存在也为这些工业提供了空气清洁、水质良好、环境幽静等生产必需的条件。如杭州的织锦工业、苏州的刺绣工业、无锡的泥陶工业等，不仅发展了城市的工业生产，同时也增强了风景城市的特色。又如瑞士的一些风景城市，同时又是精密仪器、钟表等制造业城市。

有些风景城市或风景区由于特殊条件，如当地有大量优质矿藏等，必须发展对风景有影响的工业时，应通过区域规划从更大的地区范围内进行工业的分布。如对那些占地多、污染大的冶金、化工、水泥等工业就应严格控制在市区及风景区以外的地方去发展。

过去由于在规划的指导思想上对风景与工业二者的关系缺乏全面的认识，片面地认为工业是所有社会主义城市发展的基本因素，对由于工业的发展给风景城市带来的不利影响的一面认识不足，甚至根本否认在社会主义国家有风景游览这一类性质的城市存在的必要，把发展风景、园林当做“封”、“资”、“修”来批判，因此，往往在风景城市里布置了过多的工业项目，尤其是重工业项目。在具体选择工业用地时不顾风景的利益和城市环境保护的要求，而将一些对风景和城市环境有影响的工业布置在市区或风景区内。这种现象在桂林、杭州、苏州、承德等重要风景城市都很突出，致使这些城市的规模得不到合理的控制，环境污染的问题日益突出，与风景游览城市的性质越来越不协调。

因此，对于现有风景城市的工业，有必要结合工业的调整与改组，根据其对城市环境和风景旅游的影响程度分别采取保留、改造（强制治理“三废”、工业改向、改变工艺等）、停产、搬迁等不同处理办法，区别轻重缓急，逐步加以解决。例如，桂林市的电厂、桂钢炼钢车间、造纸厂等工业对桂林风景区和漓江水体有严重的污染，为了保护风景和漓江水体的洁净，决定将电厂和钢厂炼钢车间停产，改由区域电网送电，纸厂改变工艺、不生产纸浆。而对位于居住区内和风景点上的其他一些污染性工厂及车间，则有计划地搬迁至城市外围地带，建立工业小城镇，脱离漓江水系。对于在旧城内有些虽无污染，但对风景旅游与城市发展却有较大影响的工业，也应考虑有计划地加以调整或搬迁，这样做是完全必要的。

总之，在对待风景与工业二者的关系问题上，我们应该防止与克服两种片面的观点。一种是把风景与工业两者完全对立起来，认为在风景城市中不能布置任何工业，这种绝对化的看法当然是片面的；但另一方面，如果抹杀了风景城市的特点，不加控制地在风景城市发展过多的或者不适当的工业，显然是错误的。

3 风景区与居住区及个体建筑的布局关系

风景城市的规划布局，应该突出风景游览这一主要功能的要求，处理好风景与城市其他各组成要素之间的关系，使城市各组成部分与风景形成美丽和谐的空间环境和协调发展的有机整体。

在风景城市的布局中，一般不允许在风景区内修建生活居住区或旅馆建筑。因为这不仅会破坏风景区的完整性，影响风景资源的开发利用，同时居民与游客的日常生活也会对风景游览带来一定的影响。

风景区与城市生活居住区的关系，在不同的城市中有不同的情况，应根据实际情况因地制宜地进行规划与布局。例如，当风景区远离城市时（如秦皇岛、峨眉山等），可在城市或风景区附近建立一定规模的职工生活区及旅游建筑，解决旅游者及职工日常生活的需要。当风景区在城市附近展开或与城市连在一起时（如无锡、杭州），应很好地考虑城市居住区与风景区的连接及与过渡地带的利用问题。这个地带一面临近风景区，另一面又紧靠城市市区，既能方便地到达各风景点，同时又能方便地到达城市居住区。这些环境位置较好的过渡地带应同时为城市居民及风景区服务，可适当布置一些旅馆、饭店、商店、影剧院、展览馆等文化娱乐机构和职工住宅，如杭州湖滨、无锡吴搪门等。但这些连接或过渡地带，在城市总体艺术布局上起着联系城市与风景区的桥梁和纽带作用，在布局上一定要妥善处理。安排什么建筑，安排多少，必须结合具体环境条件慎重考虑。特别在建筑体量与造型风格上应与周围的环境配合与呼应，不能喧宾夺主，破坏与影响周围的自然景色与环境气氛。当风景区与城市融合成一体时，更应妥善处理好自然风景与人工建筑的有机结合，组成和谐协调的城市空间。如桂林是由自然山水的风景要素所构成，市内奇峰突起，漓江和桃花江蜿蜒穿绕其间，城市在山水之中，山水在城市之中，城市与风景融为一体。因此，城市规划中的建筑布局与空间组织显得特别重要。这就要求住宅和公共建筑的布置与自然风景取得有机联系，使人工建筑与自然山水能够相互引申、渗透，交融一体。建筑物的体量宜小不宜大，建筑层数宜低不宜高，建筑造型宜玲珑活泼，建筑色调宜素淡清雅，建筑布局宜灵活通透，不挡景、不压景。同时，建筑的布局不仅要考虑平面的空间组织和平地上的观赏效果，还应考虑登高远眺、俯瞰全城景色的要求。

对于某些具有特殊纪念意义和保留价值的个体建筑、旧居住区或旧街道乃至于整座市镇，都应该完整地、不加改变地保存下来并加以妥善保护。同时，应尽可能地组织到城市的总体艺术布局中来，以供人们参观游览和瞻仰。因为在这里，人们可以找到历史的联系，找到文化的传统，找到精神的力量，从而使人们受到启发、教育和鼓舞。

例如，像绍兴这样一座具有重要的历史文化意义和革命纪念意义的风景古城，完全有必要按照保护古建筑的原则将整座古城完整地保留下来，而不应该在旧城里面插建许多新建筑，更不宜大拆大建，使旧貌全非。必须新建的工业和居住区应在其附近另辟独立地段建设。

在这样的城镇里面大做改造旧城的文章，实在是得不偿失的蠢事，应该大做恢复和保持旧貌的文章，特别要保持伟大的文化革命主将鲁迅当时生活年代的城镇面貌和重要的历史文物与名胜古迹。复古，不是在任何情况下都是绝对坏的东西，此时此地复古（不是复古主义），正是为了颂今！

同样的道理，在延安、瑞金、山海关等重要历史名城和革命纪念地的建设中，都存在着如何保持旧镇风貌这样一个至为重要的问题。

4　风景游览与交通组织的关系

风景城市要求有便利的内外交通条件和完善的服务设施。对旅游者来说，时间是宝贵的，缩短路途的时间就意味着增加游览观赏的内容。因此，风景城市应加快实现交通现代化的步伐，做到安全、迅速，提高效率。城市对外交通的车站、码头最好能靠近市区而又不致影响城市与风景区的发展。运输繁忙的公路、铁路、机场等不应距市区和风景区太近或穿越城市与风景区；只有当风景区的范围非常大而又不得不通过公路及铁路线路时，才允许在不重要的地段穿过。

目前，我国风景城市的交通状况与旅游事业发展的要求很不适应。许多城市的交通组织很不合理，交通系统不够完善，联运条件差、效率很低。有些城市铁路线从风景区附近的城市中心地带穿过，对风景游览和城市的发展及环境安宁影响很大，如承德、桂林。从城市与风景区长远的利益来考虑，只有采取将穿越市区的一段线路改线，由城市或风景区的外围地带通过，才有可能合理解决城市、旅游进一步发展的矛盾。

在临近湖泊、江河、海滨的风景城市，应充分利用广阔的水面组织水上交通和设置水上游览设施。

风景城市内部的道路系统，应按照交通的不同性质与功能加以分类与组织。如桂林的道路交通规划，将货运干道与风景游览线路和城市生活性主要道路分开，尽量避免相互之间的干扰。这样做对于完善风景城市的交通系统，适应现代交通发展的要求、提高交通效率有很大的作用。

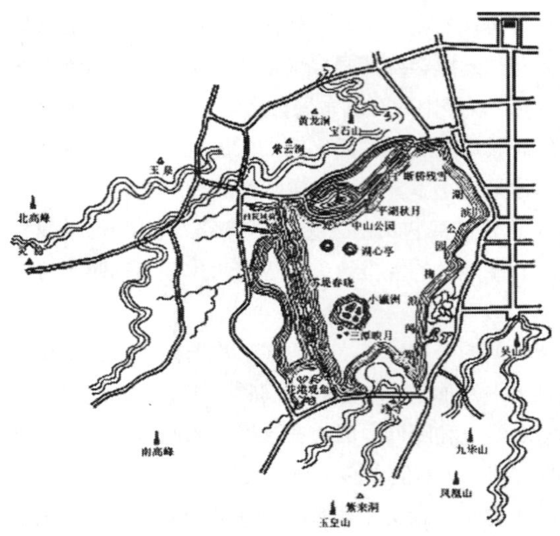

图 2　杭州西湖景区示意图

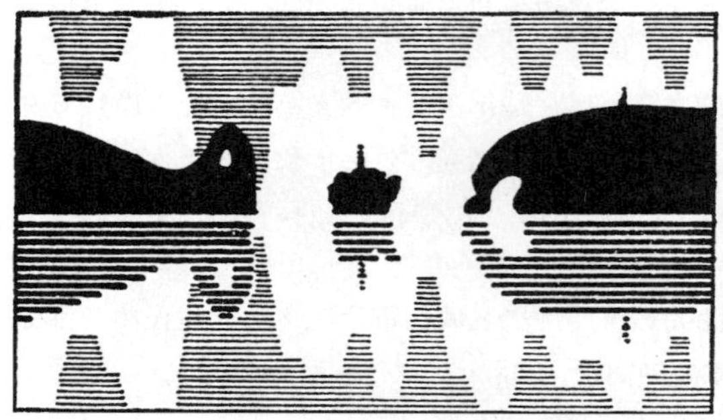
图 3　由桂林滨江路观望象山、塔山、穿山的图景

游览线路的组织，是风景城市和风景区规划布局中的一项重要内容。应通过游览路线将各个风景区与景点有机地联系起来，组成点、线、面相结合的风景游览系统。风景游览道路不仅起联系与导游的作用，而且本身也应该成为风景区的有机组成部分。风景游览道路的布局与走向应结合自然地形与景色特征，为游人创造良好的空间构图和最佳景观效果。

如杭州的苏堤、白堤通过广阔的湖面（图 2），游人漫步堤上或泛舟湖上，“苏堤春晓”、“曲院风荷”、“平湖秋月”、“三潭印月”、“断桥残雪”等四时不同的景点在眼前不断展开；环顾四周，孤山、宝石山、玉皇山和南北高峰景点，古城街景风貌尽收眼底。又如桂林滨江路、桃花江路等主要游览道路的规划布局，结合桂林山水风景的特点，道路的走向靠山近水、结合自然地形而不强求宽直，并运用借景、对景等处理手法组成美丽的图景。在滨江南路的杉湖出水口处观看著名的象山、穿山、塔山，使三个景点巧妙地组合在一起，构成一幅美丽动人的画面（图 3）。联系芦笛岩景区的桃花江路，道路两侧的绿化疏密有致，孤峰倒影、田园山庄、桃红柳绿、鸟语花香，人行其中、群峰浮动、步移景异，构成了有趣的流动空间。至于轻舟漫游于漓江，更有“江作青罗带，山如碧玉簪”、“峰峦倒影山浮水，无山无水不入神”的千姿万态、美不胜收的动人意境。

以上几种不同的游览线路，都是结合具体的景观条件和环境的特点，因地制宜地加以组织而达到了很好的观赏效果。

5　风景区与“旅游服务中心”的关系

在风景城市中，为了满足旅游者短期生活居住与文化休息活动的需要，必须有一定数量的旅馆、商店及文化娱乐等服务设施。这些机构的位置如何选择，也是风景城市总体布局中需要解决的问题。

为国内游客服务的旅游服务设施在布局上比较容易解决，可以设在城市生活居住区内，也可以与城市一般商业服务和文化娱乐设施相结合。为外宾服务的“旅游服务中心”，为能全面满足外宾旅游活动的需要，除了集中或分散地修建一些不同类型的旅馆建筑和利用城市一部分商业、文娱设施外，还需要有集中设置的商业服务、文化娱乐等设施，形成一定的旅游服务活动中心。旅游服务中心的位置选择，目前有几种不同的看法：有的主张旅游服务中心应远离市区，单独布置在风景区内，以方便外宾游览活动，同时提供优美僻静的生活条件；另一种意见则完全相反，主张布置在城市居住区内或市中心，以便与城市的主要文化娱乐、商业服务机构相结合，同时新建筑的修建也有利于对旧城的改造和丰富城市的面貌。以上两种主张，各有其不同的出发点和理由，但都有一定的片面性。

旅游服务中心的位置首先应满足使用功能的要求，既要为旅游者的短期生活、休息创造良好的环境，又要为旅游活动提供方便的条件，提高旅游的效果。如果将服务中心直接布置在风景区内，其一，往往要影响风景区的自然景观及人们的正常游览活动；其二，从旅游者的心理状态来看，人们到了一个陌生的地方，除了观赏风景之外还总想看看城市的风貌和接触本地的乡土人情，服务中心孤立地设在风景区而与城市环境完全隔离不易满足这个要求；其三，服务中心直接设在风景区内缺乏环境上的过渡和空间上的转换与变化，在一定程度上来说反而会减弱游兴，降低游览效果。但是，实际的情况往往是比较复杂的。对于某些风景城市（如城市与风景区交融在一起）或范围很大的风景区，情况就不完全一样。另一方面，如果将服务中心建在城市居住区内或市中心，可以结合旧城的改造或利用城市的部分服务设施，也有其有利的一面。在一般情况下，服务中心的位置宜选择在城市与风景区的边缘附近或上面所说的城市与风景区之间的过渡地带。这样可以兼备两者的优点而避免它们的缺点。如杭州的湖滨、承德的头道牌楼附近等应是布置服务中心、修建旅游设施比较适当的位置。

当前，随着旅游事业的开展和对外往来的加强，许多城市或风景区都相继修建了一些旅游建筑以满足旅游者的需要，这当然是必要的。建筑师们对于这些建筑下了不少工夫，但是在总体布局上、在建筑的体量、造型风格与周围环境的协调配合上却往往很少推敲或考虑得很不周。如有些城市将接待外宾的旅游建筑选择在风景区的显著位置或市中心。也有一些地方把建筑的体量搞得过分高大，与周围的自然环境很不协调。如承德避暑山庄前面修建的体量庞大的五层楼招待所，最近又在两侧扩建了南北配楼，与山庄主要出入口丽正门很不协调。桂林、无锡等市在风景区的显著位置上修建了体量庞大的高层旅馆，这与奇峰会聚、千姿万态的桂林山水和湖光山色的太湖风景也很不协调。图4是从桂林城北著名的观景点叠彩山的“江山会景处”南望，50多米高的漓江饭店犹如一座人造的“奇峰”，在体量上大大超过了远处的塔山与象山。在这种情况下，“压景”、“挡景”都是难于避免的。同时，在建筑形式上也往往千篇一律，缺乏特点。结果损坏了风景区总体艺术的自然表现力和自然景观的完整性。如果以上这些建筑选择在比较次要的位置上修建，情况就要好得多。这里，说明了个体建筑与空间环境的协调统一是多么重要！同时，在风景区里修建旅游建筑，我觉得反映和体现了我们自己国家的、民族的和地方的传统特点，绝不是可有可无，而是很有必要。而且建筑的形式、类型也应多样化，没有必要都搞成高、大、洋的建筑。应该“因地制宜”、“土洋结合”，充分利用地方建筑材料，规划和修建富有地方、民族特色和乡土风味的建筑。

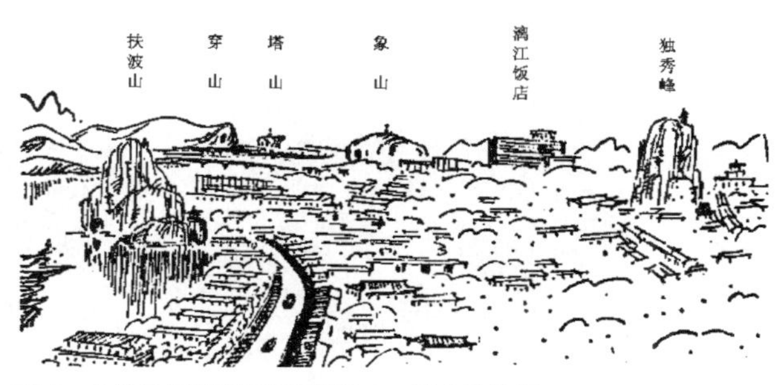

图4　从叠彩山看漓江饭店与象山、塔山的体量

总之，风景游览城市对城市的总体艺术布局和个体建筑物的修建形式，提出了更高的要求。当前，在发展旅游事业、规划设计和修建各种旅游建筑时，必须慎重处理与风景的关系。风景与旅游的关系，是“源”与“流”的关系。风景建设是源，发展旅游是流。

6 风景游览与休疗养的关系

在风景优美而又具备休疗养条件的地方，除了为旅游服务以外，还往往开辟休疗养区，为休疗养者服务。

由于风景游览区与休疗养区在服务对象和性质、功能上的不同，在用地布局上有不同的要求。风景区是为全体游人开放的，而休疗养区则是为各种慢性病人或一定范围内的休养人员进行短期休养服务，在布局上可以与游览区有较多的联系；而疗养区是为不同类型的慢性病人服务的，因此在布局上对于自然地理及小气候条件有更高的要求；在一般情况下休疗养区可以与风景区结合，但在以风景旅游为主的城市中，休疗养区只能占据风景区的一角而处于从属的位置上。但是，我国现有一些风景城市和风景区中，休疗养区往往占据了重要的风景位置或过多的风景内容。从充分利用风景资源和发展旅游事业的观点出发，这样做是很不合算的，似乎有必要从布局上加以适当调整。因为如果将休疗养区设置在许多风景点上或占据了过多的风景内容，势必要减少旅游的环境容量。这不仅在投资效果和对风景资源的充分利用上不经济，同时频繁的游人活动也会影响休疗养区的安宁、卫生。因此，在一般情况下休疗养区宜选择布置在地形良好、地势高爽，靠近风景区，具有充分绿化及良好小气候条件，同时又与游览区有一定隔离、不受游人干扰，且不影响游览区发展的僻静地带。

例如，著名的避暑胜地青岛，在总体布局中，将休疗养区布置在崂山及市区南部边缘沿海岸线由汇泉角到燕儿岛一带，南面临海，北靠山冈，沙滩线长，视线开阔，风景优美，环境安静，而在功能上与风景游览区又有一定的隔离。

以上六个方面的问题，是风景城市和风景区规划布局中的共同性的问题，都必须认真地加以解决。规划和建筑师的任务，就在于要善于深入体察风景的构成特征，认真细致地评定风景的质量景观系统，通过艺术加工、建筑点缀、绿化培植与环境配置，将利用自然与改造自然有机地结合起来，同时将历史、文化的因素与自然风景要素有机地结合在一起，为人们创造更加美好的旅游环境。

（注：本文原为作者的自选课题“不同类型城市的布局结构”，从20世纪60年代到90年代除“文革”时期外一直没有中断。1976年城市规划专业恢复后，作为给进修班学员教学的内容之一。后为城市规划专业撰写的教材《不同类型城市的布局特点》（重庆建筑工程学院科技情报组印，1979年4月）的组成内容之一，入选《城市规划原理》全国统编教材（中国建筑工业出版社，1980年））

论阴阳相济　虚实相生

任何一个房间如一套住宅的卧室，总由虚的与实的两部分空间所构成。实的如床铺、衣柜、写字台等家具设施及围合的墙壁所占的空间，虚的如门、窗洞口、通道交通等形成的空间。如果这个房间全部被实的部分所占据，没有虚的空间，这个卧室也就失去了实用的意义，或虚与实的部分二者搭配不恰当，或二者不能恰当地加以组织与安排，如将床铺塞在门口，这个卧室也不能使用。只有当实的空间与虚的空间同时存在并合理地加以组织，相辅相成，才能形成有实际使用价值的空间。一个卧室如此，一栋住宅如此，一条街道、一座城市乃至整个大千世界都无一例外，拿一座城市或城市规划来说，城市中的各种物质空间的要素中，从大的方面也可以分为实的物质空间与虚的开敞空间两大系统。前者如住宅、商店、旅馆、学校、医院、车站、工厂等主要为建筑实体所构成的居住建筑、公共建筑、工业建筑等，后者如道路、广场、公园绿地、森林、苗圃等所构成开敞的空间系统。前者以提供户内活动空间为主，后者以提供户外活动空间为主。城市中实体空间与开敞空间必须合理搭配，并合理地加以组织才能发挥城市的综合服务功能。而这两种空间都是人工构成的城市物质空间，它们都是在特定区域的自然环境条件下发生、发展与演化着的。因此，城市及其周围所在的自然环境条件如山脉、河川、土地、旷野等既是一个城市赖以生存与发展的自然基础，也是城市空间结构、发展形态与总体艺术布局的载体。

刘勰在《文心雕龙·物色》中说："若乃山林皋壤，实文思之奥府"，从文学创作上看，山林皋壤既是审美的对象，又是创作（文思）的源泉。拿城市规划来说，城市规划和设计工作本身也是一项复杂的艺术创作过程。城市及其区域的地理条件、自然环境、历史（现状）情况也是城市规划、城市设计和城市总体艺术布局的创作源泉。城市规划和设计的艺术创作过程必须建立在城市及其所在区域的地理条件、自然环境等客观条件的基础上。用中国传统空间理论来阐释，我们可以把城市中人工建造的物质空间系统看成是"实"空间，而把自然环境看成是"虚"空间。"实"是"阳"，"虚"是"阴"，虚实两个空间系统必须和谐与协调，达到相对的平衡。这就是阴阳相济、虚实相生的道理。《易传》说："一阴一阳之为道"。老子的《道德经》上说："万物负阴而抱阳，冲气以为和"，都把阴和阳视为矛盾对立的统一体，把阴阳相济和阴阳交替视为万物存在与发展的根本规律。

中国传统的山水城市文化理念十分强调城市的整体性思维和系统性思维。如对城市的选址与布局，首先从总体上把握城市所在的自然大环境的来龙去脉。"欲知都会之形势……必先考大舆之脉络。朱子云：两山之中必有一水，两水之中必有一山，水分左右，脉由中行，郡邑市镇之水旁拱侧出似反跳，省会京都之水，横来直去如曲尺……山水依附，犹骨与血，山属阴，水属阳……故都会形势，必半阴半阳，大者统体一太极，则基小者亦必各具一太极也"（清清江子《宅谱问答指要》卷一"问宅其取法有何证据"）。在这里不仅充分体现了我国传统城市规划的"天人合一"的生态观念，而且将一个城市规模的大小与山川的形势、环境的容量密切结合在一起。这也是风水理论中有关环境生态学的核心内容，也是我们的祖先在与大自然的长期融合与斗争的过程中逐渐形成的一种宇宙观与方法论。撰写《中国科学技术史》一书的英国学者李约瑟在讲到中国建筑的精神的时候也指出："再没有其他地方表现得像中国人那样热心于体现他们伟大的设想！'人不能离开自然'的原则"。

1992 年 10 月 2 日钱老在给中国建筑学会的顾孟潮的信中尖锐地提出“现在我看到北京兴起的一座座长方形高楼，外表如积木块，进去到房间则是外望一片灰黄，见不到绿色，连一点点蓝天也淡淡无光，难道这是中国 21 世纪的城市吗？”……“对中国城市，我曾向贵教授建议：要发扬中国园林建筑，特别是皇帝的大规模园林如颐和园、承德避暑山庄等的精神，把整个城市建设成一座超大型园林，我称之为‘山水城市’，人造的山水！”

钱老所说的是对北京城市建设中的生态环境问题的批评和担忧，但恐怕这远远不只是北京存在的问题，也就是说在我们的城市规划和建设中，只重视了物质空间的建设而忽视了环境空间的建设，甚至严重牺牲了环境，破坏了城市赖以生存发展的基础，造成了“阳盛阴衰”、阴阳失衡的局面。

城市犹如人之机体，健康的人，阴阳相济，经络畅通，血脉调和；有病的人，阴阳不济，气血不顺，脉络不通，这就要及时医治与调理。因此，钱老提出建“人造的山水”，把整个城市建设成一座超大型园林，我觉得钱老在这里对我国的城市规划与建设提出了一个重要的理念和命题，也是一个宏大的设想，实现这个设想，要付出巨大的劳动与代价，这是必需的，是对被破坏了的建设（环境）的再建设，因为“人离开了自然，又要返回自然”。但祖国大地上有千百座真实的山水城市（镇），城在山中，山在城中，山水萦绕着城市，城市依偎着山水，这些城市的山水环境不必去人造，是天然的。重要的一点就是要善待自然，尊重我国传统山水城市营建理念，将自然生态系统和人工生态系统作为有机的整体加以组织，加以整合。做到阴阳相济，虚实相生，使山、水、林、城融为一体，交相辉映，“虽有人作，宛自天成”，如泉城济南自古有“四面荷花三面柳，一城山色半城湖”，常熟有“七条琴川皆入海，十里青山半入城”，重庆有“片叶沉浮巴子国，两江襟带浮屠关”，真可谓“不出城郭而有山水之怡，身居闹市而有林泉之致”（郭熙），不亦美哉，不亦乐呼！问题是，我们在进行现代化建设的过程中有些人对我们自己的祖先所创造的优秀山水文化传统不屑一顾，甚至肆意加以破坏。如为了方便城内汽车的通行而将通行船只的河道填了，为了能得到一片便于开发的平坦地而将山脉挖掉，为了方便施工而将大树砍掉，为了修建仿古一条街而将真古董毁了等，在山水城市中不顾环境景观条件大建摩天大楼，致使有山不见山，有水不见水，无视在城市中还有山水存在之必要，甚至在前几年曾经有人作出宏大的计划——“要在乐山大佛的眼皮下建设中国的‘曼哈顿’”，并在岷江江心（凤洲坝）修建高大的“拜佛楼”，这样令人啼笑皆非的“壮举”。这说明我们在城市规划工作中不仅要普及现代城市规划理论的基本知识，同时也很有必要用辩证的观点和务实的态度来总结我国传统城市规划与建设的经验，探讨山地城市规划的理论与方法。

地理信息系统在山地城市规划中的应用研究

——以广西富川瑶族自治县县城总体规划为例

随着计算机技术的发展，以综合处理和分析空间数据为特征的地理信息系统（GIS）技术正在成为城市规划和城市管理的重要工具。在发达国家，GIS应用于政府的决策、规划分析、资源管理、环境保护等方面已较为成熟。国内GIS与地理、测绘和遥感领域结合在资源的管理方面取得了不少的成果。在城市的规划与管理方面，虽然有些大城市如广州、海口、烟台等用GIS建立或正在建立完备的、长期的城市地理信息系统，但把GIS作为一个强有力的分析技术应用在实际的规划过程并不多见，特别是生态条件极为复杂的山地城市几乎是空白。山地城市自然条件更复杂，其发展除受社会经济因素影响外，自然因素往往起着决定性作用。因此，如果就规划而言，GIS在山地城市的应用比其他类型的城市更为重要。1991年结合广西富川县城规划，我们使用了一种小型的GIS软件，建立了临时性计算机图库，并采用生态规划方法建立了适宜度模型，为城市的科学用地提供了依据。可以说是GIS在山地城市规划中应用的首次尝试。本文报道了该项目研究的部分成果。

1 研究方法

1.1 GIS软件及其主要特征

本研究采用的GIS软件是美国俄亥俄州立大学1989年推出的，特别适用于学校及小型科研单位使用的地理信息系统软件OSUMAP-for-the-pc（pcMAP3.0）。该软件为网格型，最大网点数为60000，最小层数为99层。要求的计算机基本配置为640kB内存，10MB硬盘，支持多种图形显示器，输入可用数字化仪或键盘，输出可用显示器显示彩色或黑白图形。用打印机、绘图仪或激光打印机输出图形。此外，它与许多其他GIS软件如pc Arc/Info、IDRISI等有接口。但该软件由于不能使用数据库且网格（像元）容量有限，因此不适于作为大型GIS数据库（如长期地理信息系统或资源信息系统数据）的应用软件，但基本能满足山地小城市用地规划及部分决策分析。

1.2 研究程序

1.2.1 GIS图形库的建立

GIS建立的数据库可分为三类：短期的、特殊的和长期的。由于研究目的、软件及未来资料使用有限性的原因，富川县城数据库实质上属第一类，即短期性的数据库。因缺乏数字化仪，数据库的建立采用键盘的输入方式，程序如图1所示。

富川县城市规划数据库中的基础图有：用地现状图、地质分布图、土壤质地分布图、土壤生产力分布图、植被分布图、道路分布图、地表水系分布图、建筑分布图和地形图。

1.2.2 城市规划适宜度模型建立

适宜度模型是为城市的生态规划准备的。城市的生态规划是研究城市的生物物理和社会文化系统，以自然、人和生物组成的生态系统的可能和限度为基础，谋求最佳的土

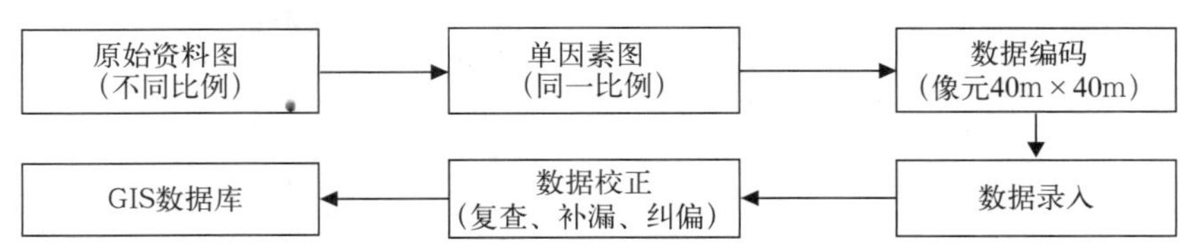

图1 GIS数据库建立程序

地利用方式为目的的规划。而适宜度模型可为制订上述土地利用的方案提供科学依据。建立模型的程序如图 2 所示。

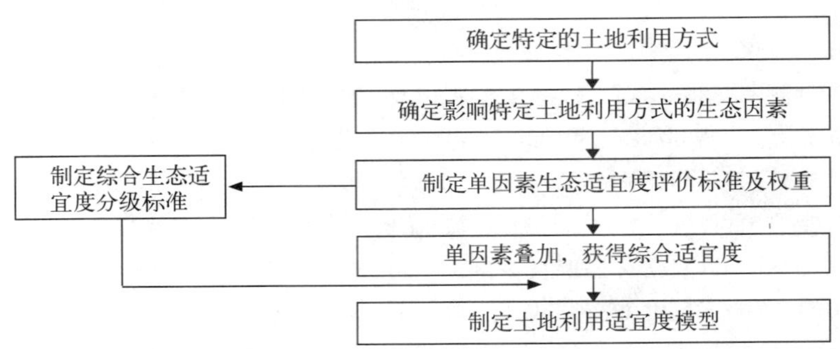

图 2　适宜度模型建立程序

（1）确定特定的土地利用方式

在城市总体用地规划中，最主要的莫过于工业和居住用地的布局了。在山地城市，城市居住环境的改善又与山地自然生态环境的保护有密切关系。因此，在研究中选取了城市规划最重要的三种用地方式：城市总体发展用地、城市工业用地和城市居住用地为研究目标。同时，建立环境的生态敏感性模型，并把它作为影响前三种用地方式的一个重要因素结合到用地评价中。

（2）确定影响特定土地利用方式的生态因素

依据对土地利用方式影响的显著性及资料的可利用性，选取了地质、土壤、植被、地形、噪声、地表排水等作为基本因素。各项土地利用方式根据自身特点采用不同的基本因素及其衍生因素组合作为评价因素。风是影响城市形态的重要因素，但因其无法用图形表示，因此在计算机分析中未考虑。

（3）制定单因素生态适宜度标准及其权重

各用地单项生态因素适宜度等级及其权重见表 1 ～表 4。

生态敏感性适宜度评价及权重　　　　**表 1**

编号	生态因素	属性分级	敏感性评价	加权值
1	自然植被	森林植被	5	0.3
		果园、草地	3	
		无植被区	1	
2	水体接近性	—	—	0.1
	离大河、湖距离	＜400m	5	
		400～1000m	3	
		＞1000m	1	
	离支流、小水体距离	＜200m	5	
		200～800m	3	
		＞800m	1	
3	坡度	＞47%	5	0.2
		26%～47%	3	
		＜26%	1	

编号	生态因素	属性分级	敏感性评价	加权值
4	边缘带	有三类以上景观	5	0.3
		有三类景观	3	
		有二类景观	1	
5	人为干扰	＜400m	1	0.1
	接近干道	400～1200m	3	
		＞1200m	5	
	接近城区	＜400m	1	
		400～1200m	3	
		＞1200m	5	
	接近农田、农宅	＜400m	1	
		≥400m	3	
	接近果园	＜400m	1	
		≥400m	3	

注：加权值总和为 1.0。

城市发展用地适宜性评价及权重 **表 2**

<table>
<tr><th>编号</th><th>生态因素</th><th>适宜性
评价分级</th><th>评价值</th><th>加权值</th><th>编号</th><th>生态因素</th><th>适宜性
评价分级</th><th>评价值</th><th>加权值</th></tr>
<tr><td rowspan="3">1</td><td rowspan="3">坡度</td><td>>25%</td><td>1</td><td rowspan="3">0.2</td><td rowspan="3">5</td><td rowspan="3">地质</td><td>离断层80m内</td><td>1</td><td rowspan="3">0.1</td></tr>
<tr><td>15%～25%</td><td>3</td><td>80～500m</td><td>3</td></tr>
<tr><td><15%</td><td>5</td><td>>500m</td><td>5</td></tr>
<tr><td rowspan="3">2</td><td rowspan="3">土壤生产性</td><td>生产力高</td><td>1</td><td rowspan="3">0.1</td><td rowspan="3">6</td><td rowspan="3">生态敏感性</td><td>高</td><td>1</td><td rowspan="3">0.2</td></tr>
<tr><td>生产力中</td><td>3</td><td>中</td><td>3</td></tr>
<tr><td>生产力低</td><td>5</td><td>低</td><td>5</td></tr>
<tr><td rowspan="3">3</td><td rowspan="3">植被</td><td>森林、果园</td><td>1</td><td rowspan="3">0.1</td><td rowspan="6">7</td><td rowspan="6">土壤承载力</td><td rowspan="2">25～50t/m²</td><td rowspan="2">1</td><td rowspan="6">0.1</td></tr>
<tr><td>草地、油茶</td><td>3</td></tr>
<tr><td>农田、耕地</td><td>5</td><td rowspan="2">24～34t/m²</td><td rowspan="2">3</td></tr>
<tr><td rowspan="3">4</td><td rowspan="3">洪水线</td><td><10年线区</td><td>1</td><td rowspan="3">0.2</td></tr>
<tr><td>10～15年线区</td><td>3</td><td rowspan="2">16～22t/m²</td><td rowspan="2">5</td></tr>
<tr><td>>50年线区</td><td>5</td></tr>
</table>

注：加权值总和为 1.0。

工业适宜性评价及权重 **表 3**

<table>
<tr><th>编号</th><th>生态因素</th><th>适宜度
分级</th><th>适宜度
评价</th><th>加权值</th><th>编号</th><th>生态因素</th><th>适宜度
分级</th><th>适宜度
评价</th><th>加权值</th></tr>
<tr><td rowspan="3">1</td><td rowspan="3">洪水线</td><td>10年以下线</td><td>1</td><td rowspan="3">0.2</td><td rowspan="6">4</td><td>离水距离</td><td>—</td><td>—</td><td rowspan="6">0.1</td></tr>
<tr><td>10～15年线</td><td>3</td><td rowspan="3">离大湖、河距离</td><td><200m</td><td>5</td></tr>
<tr><td>>50年线</td><td>5</td><td>200～400m</td><td>3</td></tr>
<tr><td rowspan="3">2</td><td rowspan="3">地质离断层</td><td>80m内</td><td>1</td><td rowspan="3">0.1</td><td>>400m</td><td>1</td></tr>
<tr><td>80～500m</td><td>3</td><td rowspan="2">离支流距离</td><td><200m</td><td>3</td></tr>
<tr><td>>500m</td><td>5</td><td>≥200m</td><td>1</td></tr>
<tr><td rowspan="3">3</td><td rowspan="3">土壤质地</td><td>渗透性大</td><td>1</td><td rowspan="3">0.1</td><td rowspan="3">5</td><td rowspan="3">坡度</td><td>>25%</td><td>1</td><td rowspan="3">0.2</td></tr>
<tr><td>渗透性中等</td><td>3</td><td>25%～15%</td><td>3</td></tr>
<tr><td>渗透性低</td><td>5</td><td><15%</td><td>5</td></tr>
<tr><td rowspan="3">—</td><td rowspan="3">—</td><td rowspan="3">—</td><td rowspan="3">—</td><td rowspan="3">—</td><td rowspan="3">6</td><td rowspan="3">生态敏感性</td><td>高</td><td>1</td><td rowspan="3">0.3</td></tr>
<tr><td>中</td><td>3</td></tr>
<tr><td>低</td><td>5</td></tr>
</table>

注：用计算机分析时未考虑风向因素，权重总和为 1.0。

(4) 单因素图的叠加

按各土地利用单因子适宜度分级在计算机上形成各单因素图层（layers），每层都分三级，用 5、3、1 表明其对某种土地利用的适宜度高低，然后用加权多因素分析公式：

$$S_{i,j}=W_1X_{1ij}+W_2X_{2ij}+\cdots+W_kX_{kij}$$

式中 $S_{i,j}$= 网格 i、j 的适宜度；

X_{1ij}——X_{kij} 是因素 k 层上 i、j 网格的适宜度编码值；

W_k 是 k 因素的权因子且 $W_1+W_2+\cdots+W_k=1.0$。

对相关图层进行处理，得到综合生态适宜度图。

居住适宜性评价及权重 表 4

编号	生态因素	适宜度分级	适宜度值	加权值	编号	生态因素	适宜度分级	适宜度值	加权值
1	洪水线	<10年线	1	0.1	6	噪声干扰（离干道距离）	<40m	1	0.1
		10～15年线	3				40～80m	3	
		>50年线	5				>80m	5	
2	地质	离断层80m内	1	0.1	7	坡度	>25%	1	0.1
		80～500m	3				25%～15%	3	
		>500m	5				<15%	5	
3	土壤侵蚀	坡度>25%砂壤	1	0.1	8	离水距离	—	—	0.1
		10～25%坡度及壤土				离大湖、河距离	<200m	5	
		>25%，黏壤	3				200～400m	3	
		<10%，黏壤	5				>400m	1	
4	生态敏感性	高	1	0.2		离支流距离	<200m	3	
		中	3				≥200m	1	
		低	5		—	—	—	—	—
5	景观条件（离公园、景点距离）	<400m	1	0.2					
		400～800m	3						
		>800m	5						

注：加权值总和为 1.0。

（5）制定综合适宜度分级标准

从前述适宜性标准分级及权重表，并结合上述公式可知，各层对应网格的值从 1.0（均不适宜）～ 5.0（均适宜）变化，因此取 5.0-4.6-3.0-2.6-1.0 为综合适宜度分级标准。其中：

4.6 ～ 5.0 为最适宜范围，即最多只有一个因素允许较适宜。

3.0 ～ 4.5 为适宜范围，即各因素适宜度值不低于 3（较适宜）。

2.6 ～ 2.9 为较适宜范围，即不适宜（值为 1）的因素不超过两个。

1.0 ～ 2.5 为不适宜范围。

根据此标准，对综合适宜度图进行再处理，并把现状的道路、水域和构筑物叠加到图上，即得到各土地利用适宜度模型，城市的各土地利用布局与规划即可依据此图完成。

2 结果与分析

本研究项目的范围是以富川县城为中心的矩形域，总面积为 42.92km^2（图 3）。现状土地利用状况及面积统计如表 5 所示。

土地利用现状面积统计 表 5

用地项目	建筑	水面	经济林	森林	荒山草地	道路	农田	耕地	总计
面积（km^2）	2.0448	3.2448	3.4944	7.9264	3.7200	1.5290	13.6592	7.3000	42.92
占比（%）	4.76	7.56	8.14	18.47	8.67	3.56	31.82	17.01	100

2.1 生态敏感性分析

图 4 是考虑了五个因素（表 1），并经叠加分析得到的敏感性模型。表 5 是其面积统计。统计结果：模型图显示，敏感区和高敏感区主要分布在城郊，分布在城市内部的一些石山，如马鞍山、凤凰山，城区及附近主要分布城市建设可用的不敏感区。不敏感区和低敏感

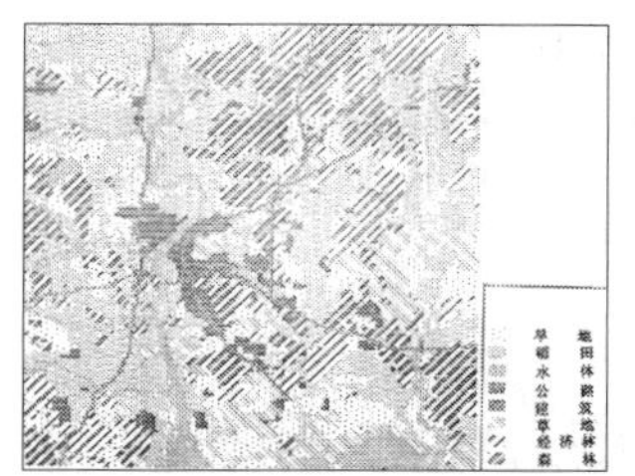
图 3　现状土地利用

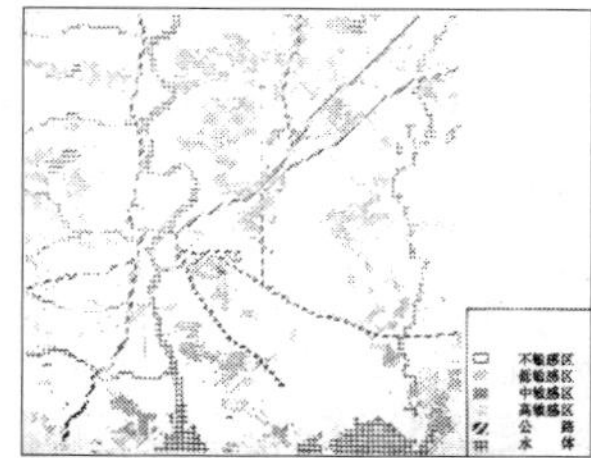

图 4　敏感性模型

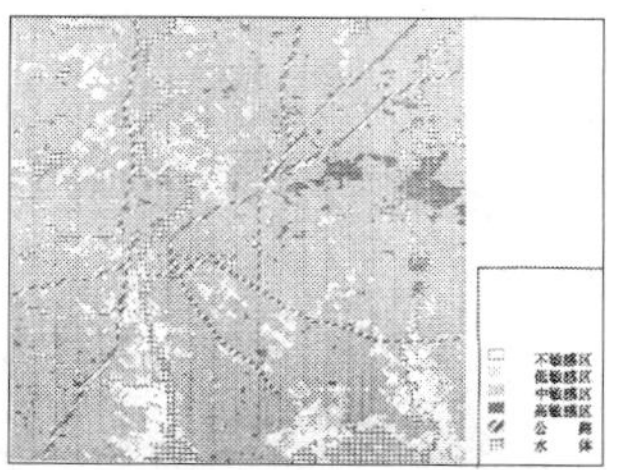

图 5　城市发展用地适宜度模型

区所占面积最大（各为总面积的 73.66% 和 9.34%），而敏感区和最敏感区面积很小（5.86% 和 0.02%），说明研究区就所考虑的五个生态因素而言，生态环境是很好的。

敏感性分析面积统计　　**表 6**

敏感区类型	面积（km^2）	占总面积比例（%）
最敏感区	0.008	0.02
敏感区	2.5136	5.86
低敏感区	4.0096	9.34
不敏感区	31.6144	73.66

把敏感性模型与现状土地利用结合分析，可得到表 6 的结果。结果表明，最敏感区处于森林用地，敏感和低敏感区主要出现于森林、经济林和荒山草地，不敏感区绝大部分布于农业用地。因此，可以说现状土地利用符合生态要求。

2.2　城市发展用地适宜度分析

图 5 是城市发展用地适宜度模型。它是由七个生态因素（见表 2）叠加分析得到的，其中对洪水位和生态敏感性给予了强调（表 7）。

敏感性模型与现状土地利用重叠分析　　**表 7**

图层1 分类项	图层2 分因项	重叠 网点数	重叠 面积	图层1各 项面积占比（%）	图层2各 项面积占比（%）
1 unsensi	2 crops	4527	16.88	22.91	99.21
1 unsensi	4 rices	8492	31.66	42.98	99.47
1 unsensi	7 buildin	1268	4.73	6.42	99.22
1 unsensi	9 grassla	1680	6.26	8.50	72.26
1 unsensi	10 econ fo	1867	6.96	9.45	85.49
1 unsensi	11 forests	1925	7.18	9.74	38.86
2 low sen	2 crops	34	0.13	1.36	0.75
2 low sen	4 rices	28	0.10	1.12	0.33
2 low sen	7 buildin	4	0.01	0.16	0.31
2 low sen	9 grassla	473	1.76	18.87	20.34
2 low sen	10 econ fo	191	0.71	7.62	8.75
2 low sen	11 forests	1776	6.62	70.87	35.85
3 sensiti	2 crops	2	0.01	0.13	0.04
3 sensiti	4 rices	17	0.06	1.08	0.20
3 sensiti	7 buildin	6	0.02	0.38	0.47
3 sensiti	9 grassla	172	0.64	10.95	7.40
3 sensiti	10 econ fo	126	0.47	8.02	5.77
3 sensiti	11 forests	1248	4.65	79.44	25.19
4 high se	11 forests	5	0.02	100.00	0.10
5 waters	5 waters	2028	7.56	100.00	100.00
11 roads	6 roads	956	3.56	100.00	100.00

注：图层 1——敏感性模型图；图层 2——现状土地利用图。

从图中可看到，沿富江两侧及石灰岩山体均为不适和低适区，其余均适于城市发展，而最适区域分布在城市的东北部。它们的面积百分比分配是：最适区和适宜区占 71.7%，低适和不适区各占 10.49% 和 3.59%。说明富川城市发展用地潜力大，且最适于向东北部发展。

2.3　工业用地适宜度分析

富川县的工业布局的适宜区域可从图 6 的工业适宜度模型观察到。该模型考虑了六个生态因素，因风向难形成分布图而未考虑。由模型可知，富江在城区下游段不适宜工业发展，最适区仍在东北部，从数据统计看，不适区仅占总面积的 2.4%，低适区为 9.67%，适宜与最适区占 76.76%。因该城流行风向为南北向，研究区风道范围约占整个区域的 1/2，据此，适宜区可认为是 76.76%÷2=38.38%，主要分布于沿富江形成的风道两侧。

2.4　居住适宜度分析

居住适宜度分析是保证城市居住环境生态化的基础。该适宜度分析是以八个生态因素重叠而形成的适宜度模型（图 7）为基础的。从区域分布看，最适区处于现状城市的中心部分，山体、大湖、河流及肥沃的土地分布区均为不适或低适区。由于现状存在大面积荒地且地势平坦，因此大部分均适于居住（占总面积的 66.84%）。这与城市小、城市问题不突出有很大关系。

2.5　适宜度分析结论

（1）富江下游进入龟石水库区域不适于城镇发展，或为农业区，或为生态敏感区，建议结合龟石水库的保护开展湖滨生态区的建设，并适度开辟旅游度假区。

（2）现状城镇用地的东南部因地形复杂不适于城镇发展，但土质条件好，因此建议大量种植经济果木。

（3）富江东岸北部大量的贫瘠石山，土质条件差，坡度陡，建议开展荒山绿化，山脚广植经济林木。

（4）县城的东部、西部及富江两岸北部，大量为生态条件不敏感区，且地势平坦，地质条件好，因此适宜作为城市发展用地。

（5）大工业或有烟气、水污染的工业应主要分布于东北部。城市居住区应以现状城市为中心向富江两岸延伸，形成有山、有水、有河的优良居住环境。

3　问题与讨论

3.1　GIS 在城市总体规划中的效用

在计算分析完成以前，富川县城总体规划已完成。其计算机图见图 8。如果把计算机分析得到的城市发展用地适宜度模型与总规用地相比较，结果城市建设用地有 83.6% 分布于适宜和最适区，也就是说人工与计算机的符合率很高。这是否说明 GIS 的效用不大？答案是否定的。事实上，富川总规是在人工生态分析的基础上完成的，从利用的基

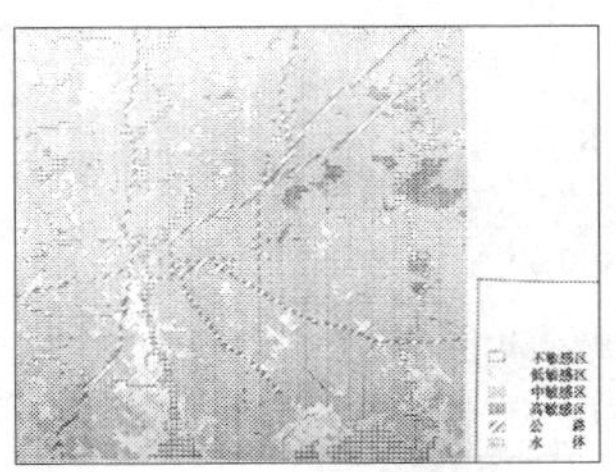

图 6　工业发展用地适宜度模型

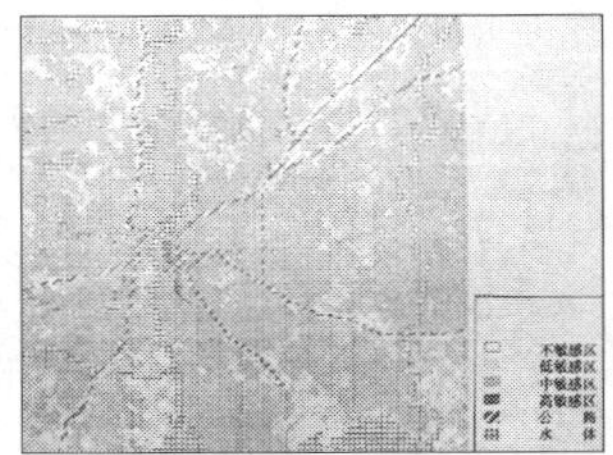

图 7　居住用地适宜度模型

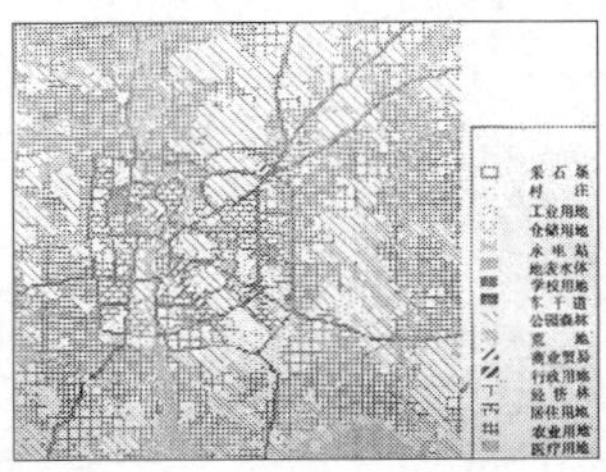

图 8　总体规划图

础资料到分析的方法完全与计算机相同，不同的是计算机分析利用了一些衍生信息（如边缘带即生态交错区，人为干扰，噪声干扰，视觉分析等），以及生态因素的定量化。其次，由于资料的限制，分析考虑的因素太少，因而计算机的优势未能充分显露。如果从更为科学的态度，不仅考虑自然的，而且考虑社会、文化和经济因素，依据和分析的因素达几十甚至上百个时，GIS 的分析效用就显示出来了。实际上，山地城市地形地貌极为复杂，要建立山地生态化城市必须充分地对地上的、地下的、空中的、水上的、城市内部和外部的、自然的和人工的诸多因素进行综合分析才能达到，此时不借助于 GIS 是不行的。

3.2 基础资料缺乏

富川县总体规划考虑了近十个生态因素直接用于计算机分析。从目前我们所掌握的资料看，在山地城市规划中是不多见的。然而，对山地城市而言远远不够。造成这种原因主要不在于规划人员，而在于没有规划人员可利用的图形资料。这说明我国山地城市系统的基础数据的建立工作还相当落后。例如，对山地城市而言，水文地质、地质构造、土壤类型和质地、植被状况、侵蚀和灾害潜在性等都是极为关键的资料，但它们往往只以文字资料出现，规划师无法有效利用，结果造成城市基础资料的相对缺乏。这反映了我国科学家与规划设计人员未能很好协调的事实。因此，建议我国的科学家与规划师相互了解，开展一些相关学科的联合研究，编制城市基础图件，如城市土壤适宜性分布图、地质适宜性分析图、土地侵蚀分布图、水文灾害分布图等，以便真正科学地管理和规划我们人居的环境。

3.3 建立山地城市生态规划的指标体系

山地城市地形地貌极为复杂，在我国往往因土地的过度开发以及自然因素的利用不当而导致自然灾害的频频发生，如城市区的滑坡、地陷、洪灾等，给国家和人民造成极大的损失和灾难。因此，充分考虑土地的容量并“因势利导”，利用自然因素，防止自然灾害，应该成为山地城市规划的目标之一。在传统的规划中，虽然也强调这些目标，但规划分析往往仅以坡度为唯一依据，使目标落空。因此，可以说只有生态规划才能达到或接近这些目标。然而，在我国，生态规划还是新东西，还没有完善的可依据的指标体系。因此，建议开展山地城市生态规划的指标体系研究，使规划师有据可依，便于普及生态规划，只有到那时，GIS 的应用才会充分发挥效力。

3.4 建立完备的山地城市信息系统

本研究只建立了含有十几个图层的临时的城市信息系统。在实际的管理以及规划中，这种临时的系统是不可取的。要能有效而科学地管理城市必须像一些大城市那样建立完备的、长期的城市地理信息系统。只有具备了这样的系统才能真正开展城市的生态规划，达到保护自然、降低自然和人为灾害、创造舒适的生活环境的目标。此外，它也是城市管理现代化的标志。虽然很多地区，特别是山地城市，由于经济和技术原因还没有能力建立完备的系统，但决策者应该有这样的意识，多方筹集资金，分期、逐步地建立这样的系统。这是城市规划和管理的必然发展趋势。

（注：该文发表于 1992 年《首届全国山地城镇规划与建设学术研讨会》论文集，国家自然科学基金资助项目："山地生态特点山地城镇结构形态"（58978346）的基本总结之一，合作者：况平）

建构山地城市规划的数字化研究体系

1　我国山地城市规划及其研究历程

根据2000年11月1日全国第五次人口普查公布的统计结果，截至2000年11月1日0时，我国大陆城镇人口45594万人，占总人口数的36.09%，居住在乡村的人口80739万人，占总人口数的63.91%（国家统计局，2000年）。其中，按照人口分布的地理特征区域来看，全国大陆地区不含现役军人共计126333万人口，在山地条件下的居住人数共为56849万人，约占总人口数的44.99%（姚树丙，2001年），山地条件下的城镇人口约为13473万人，平均城镇化水平为23.7%，低于全国的平均城镇化水平36.09%。从上述数据我们可以看出，山地城市几乎容纳了我国大陆地区城镇人口数的1/3左右，但其城镇化水平却远远低于全国的平均水平。及时开展对山地城市及其规划的研究，对于完善我国城镇体系、促进地区发展平衡、改善人民生活水平均有着重要意义。尤其是在当今信息化技术日益发达和地区"数字鸿沟"问题日渐扩大的背景下，借助当今新技术手段进行山地城市问题的研究具有更为重要的意义。

我国自20世纪80年代初以来就开始重视山地城市问题的研究，1992年中国科学院、建设部批准成立山地城镇与区域研究中心（以下简称为山地中心），并于同年10月13～16日在山城重庆召开了首届山地城镇规划与建设学术讨论会，会上明确提出"山地城市学"的概念（黄光宇，1992年），并全面系统地对山地城市的有关问题进行了框架性的研究。1997年9月15～17日，首届研究山地城市问题的人居环境可持续发展国际研讨会再度在山城重庆召开。这次会上系统地总结了过去5年的山地城市规划与建设研究工作，会议最后形成"山地人居宣言"，明确标示了山地城市规划建设研究的主导思想和原则，把山地城市问题的研究推上了新的高度。同年，山地中心分别在云南省、贵州省相继建立了研究中心的分支机构。1997年10月15日，由山地中心和西北建工学院共同举办了第二届全国山地城镇的规划与建设学术研讨会，会上继续总结了山地城市规划建设的经验得失，并把山地城市问题的研究重心扩大到西北地区。至此，我国山地城市规划建设研究范围已经基本涵盖全国典型的山地区域，研究内容从单纯的城市规划问题转向多元的区域、社会、经济、文化等诸多问题，研究的方法由少及多，研究经验由寡及丰，研究的技术手段也得到极大的发展。其中，近几年信息技术的飞速发展使山地城市的研究有可能从静态走向动态，从定性走向定量，从封闭走向开放，从表象走向本质。山地城市规划与建设也在全球信息化浪潮的涌动下迈向新的起点。

2　展开山地城市规划数字化研究是信息化时代的必然

2.1　"数字地球"是山地城市规划数字化研究的孕育基体

1998年是全球信息化风起云涌的一年，也正是这一年使得城市研究得到空前的发展。自美国前副总统戈尔在1998年1月31日的一次演讲中提出"数字地球"的概念后，全球几乎是不约而同地对"数字地球"兴起极大的关注和反响。我国也相继于1998年10月、11月、12月分别就"数字地球"进行了专题的学术研讨，并于1999年12月在北京召开了首届"数字地球国际会议"，自此无论是从宣传上还是从实际研究上，"数字地球"都成为了当今信息时代的一个焦点内容，也很快成为一个迅速普及的科学概念。

"数字地球"借助新技术手段，利用其关键技术提供了从另外一个角度去观察、认识地球的可能，它之所以迅速得以认同和发展，某种意义上讲，“它可以是一场革命，同工业革命一样，它将改变人类的生产、生活方式，从新的角度去认识世界，进一步促进科学技术的发展和推动社会经济的进步”（吴书霞，2001 年）。

城市规划数字化的研究，正是基于“数字地球”理论与技术的发展基础之上而产生的。作为“数字地球”的一个重要节点，城市规划的数字化研究可以为城市的现实世界提供一个信息化、数字化空间的映射体，可以在不影响和改变现实城市的条件下对城市的各类规划问题进行虚拟对比研究，从而大大减少大量的人力、物力和有效规避各类城市风险，使城市的发展朝向有序、合理、科学的方向迈进。

2.2 数字化研究方法是山地城市规划量化研究的内在需求

城市数字化研究可以提高山地城市规划、建设与管理的决策科学化、现代化和服务社会化水平，可以有效地扭转传统城市规划、建设与管理方式落后的局面。随着城市的不断发展以及人口的高度密集，传统的以手工作业为主的山地城市规划建设与管理工作方式已经不能适应当代城市不断发展的需要。传统的不可能进行量化的城市规划要素可以通过信息技术和其他新技术的手段进行合理有效的度量和量化，可以通过数字模拟和仿真技术对复杂的山地城市景观、城市环境、城市灾害等问题进行对比研究，可以通过网络技术广泛地向公众征询城市规划工作的建议和意见，可以通过数字技术对城市的基础设施运行进行实时的数据采集与监控。随着城市的发展，这些传统城市规划不能做到的却逐渐演变为了城市发展研究的内在需求。

2.3 山地城市数字化研究的发展

山地城市规划数字化的研究最早可以上溯到 20 世纪 80 年代初，但真正采用信息技术手段对山地城市规划问题进行研究主要开始于 20 世纪 90 年代，从目前由山地中心主办的三次全国性或国际性的山地城市规划与建设的学术研讨会征集和发表的文章来看，共有 6 篇文章从不同角度借助信息技术对山地城市问题进行了探讨，分别是：“GIS 在山地城市规划中的应用——以广西富川县城为例”和“北海绿地系统规划”（况平、黄光宇等，1992 ~ 1993 年）；“计算机在山地生态旅游区规划中的应用研究”（詹庆明、肖映辉、郝少波，1994 年）；“遥感与地理信息系统在山区城镇建设中地应用研究——以巫山为例”（1995 ~ 1997 年）；“现代风水：采用遥感、地理信息系统和全球定位系统对人居环境资料进行调查分析”（刘滨谊，1994 年）；“GIS 技术在黄土高原地段的资源调查应用”（姚培生，1997 年）。从上述情况可以看出，随着信息技术的飞速发展，新技术逐步应用到山地城市规划研究中是一个必然的趋势，随着新技术的不断出现，传统的城市规划方法可以在原有基础上得到极大的发展。而另外一方面，与过去近十年信息技术自身的发展水平相比，信息技术在城市规划中的应用就显得异常落后，它主要集中在对基础资料的调查和分析上，由于技术本身的发展限制，上述研究在某种意义上只能算作是山地城市规划的数字化研究雏形，还不是真正意义上的城市规划问题的数字化研究。

3 山地城市规划的数字化研究体系

根据原建设部“十五”科技攻关项目“城市数字化工程”的项目要求，结合山地城市的特殊情况，山地城市规划的数字化体系建构应该遵循以下原则：

（1）研究体系应该针对山地条件，服务于山地城市的实际规划需求。

（2）应该采用与“数字城市”相一致的数据标准和其他技术格式，并与建设行业的数据细分标准保持统一；对于同构异质数据和多源数据，应符合系统集成的要求和标准。

（3）研究体系应该可以对现有研究成果进行论证、完善、修正，并尽可能地进行量化分析，提高山地城市规划研究的科学性和准确性。

3.1　系统工程角度的山地城市规划数字化研究体系

结合原建设部"城市数字化工程"的主要研究创新点和关键技术，从系统工程的角度来看，山地城市规划的数字化研究体系主要包括体系基本对策、城市规划基础数据采集与规范、规划业务应用系统集成与开发、数字化信息服务和应用四个专题。

专题 1　研究体系基本对策

（1）主要内容：山地城市规划数字化研究的目的、意义及其主要的技术路线，山地城市规划数字化方法的社会学、经济学解释；城市规划的新技术手段及数字鸿沟问题；城市规划的数字化方法对规划建设的投融资机制的影响与带动；山地城市规划的数字化体系与共享机制，山地城市与平原城市规划方法及技术规范的对比量化研究。

（2）关键技术：山地城市规划的研究体系的总体构成，社会学、经济学的对比研究，城市经济学的量化分析评估技术，信息共享技术。

（3）创新点：严格按照系统工程的方法，规范山地条件下的数字化城市规划的建设。

专题 2　基础数据采集与规范

（1）主要内容：3S 集成技术，山地城市的自然基础数据动态采集与应用，城市人口、用地、环境、基础设施数据的动态采集与应用，城市社会经济情况数据的动态采集与应用，快速动态复杂地形重构技术，山地立体空间基础信息定位与综合方法，城市规划数据的共享政策，城市规划数据使用的许可政策，城市规划数据的接口、交换与管理政策。

（2）关键技术：提出山地城市规划的数据采集、分析、使用的标准体系，从城市规划的行业角度制定相应的数据政策，建立城市规划数据的共享与使用政策，配合数字城市的基础数据建设进行城市规划专业的业务系统数据采集工作。

（3）创新点：建立针对山地复杂条件的城市规划用大比例空间数据的采集与更新系统，提出城市基础数据和城市规划业务系统数据采集的操作规程。

专题 3　业务应用系统集成与开发

（1）主要内容：山地城市的区域条件分析系统，城市总体规划信息系统，分区规划信息系统，控规与法定图则系统，城市设计成果演示与管理系统，修建性详细规划信息系统，城市基础设施信息系统，现状调查综合信息系统，专题城市规划信息系统，综合城市信息系统应用与集成，城市景观三维仿真与虚拟现实展示系统，山地城市灾害仿真系统等。

（2）关键技术：各专业规划软件的编制，各系统的分析与集成技术，适合山地城市情况的规划业务系统的集成与开发技术，多用途的数据共享与数据安全技术，3D-GIS/OA/CAD 无缝集成技术，大面积建筑群体的高效三维建模技术，虚实结合的城市景观动画生成技术，城市时空变化的 3S 动态模拟技术，山地灾害的动态模拟技术。

（3）创新点：对数字化体系进行细分，建构适合山地条件的城市规划各阶段的业务应用体系，对传统城市规划进行量化、程序化、仿真化和智能化研究。

专题 4　数字化规划信息服务和应用

（1）主要内容：包括城市规划综合信息管理系统、城市规划办公管理系统、城市规划决策支持系统和城市综合管线管理系统四大部分，其子系统如：城市规划的公众查询子系统，城市规划专家决策子系统，城市规划报批子系统，城市基础信息查询子系统，城市规划法律、法规管理查询子系统，规划用地管理与批复子系统，城市建设工程选址定点管理子系统，建筑总平面评价管理子系统，数字化城市规划信息服务网上浏览查询子系统，城市规划、建设管理人员的在线培训子系统等。

（2）关键技术：WebGIS 技术，应用系统软件的开发技术，城市规划专业技术的量化和数据库管理技术，城市规划在线培训的课件制作技术。

（3）创新点：城市规划信息的开放性和公正性实践，城市规划专业操作的高效数字化实践，城市规划技术人员教育的网络化实践。

3.2 从规划设计管理实施方法论的角度建构城市数字化研究体系

从城市规划设计与管理实施方法论的角度来看，城市数字化研究包括城市规划要素的数字化研究、城市规划过程的数字化方法研究、城市规划成果的数字化表达与管理研究。

专题 1　城市规划要素的数字化研究

从传统规划设计的基础数据要求来看，城市规划要素主要包括基础资料、规划成果资料、规划管理资料三类，这些资料以空间信息的形式进行表达，可以表现为基础空间数据和专题空间数据两种形式，山地条件的城市规划数字化研究应该重点对下列要素进行量化表达。

1）基础空间数据

（1）多尺度的地形数据，包括地下管线建设数据；

（2）行政区域边界信息；

（3）道路交通网络信息；

（4）附加地名、地标及其他属性的数据高程模型地形；

（5）栅格数据：如航空照片、遥感照片等。

2）专题空间数据

（1）城市用地地籍数据，包括土地利用、用地属性、面积、随地性变化的地价分布等；

（2）人口数据，包括人口分布、人口构成、人口素质的关联性等；

（3）公共设施数据；

（4）公共运输数据；

（5）城市房地产建设综合数据；

（6）地下综合管线动态数据；

（7）城市建筑综合数据；

（8）城市旅游信息综合数据；

（9）城市灾害综合数据；

（10）城市产业与经济状况分布数据；

（11）城市生态环境综合数据；

（12）其他类的综合数据。

专题 2　城市规划过程的数字化研究

现代城市规划理论将城市规划体系分为三个层次：结构规划、控制性规划和城市规划设计。结构规划又称为概念规划，对城市未来发展方向、整体空间架构进行宏观研究控制，控制性规划是在结构规划的指导下，主要针对城市土地利用、功能布局、交通组织进行进一步的指导性控制；城市规划设计则将前两个层次的规划进行深化，最终将政策、法制、法规和城市发展要求以图件的形式表达出来，而表达的过程包含了确定目标—规划分析—方案比较—方案决策—规划实施几个主要阶段，其全过程实质上是从政策策略和空间物质形态、环境艺术等方面控制与决策的过程。而传统城市规划中，这一过程主要采取传统的手工操作方式：管理、决策依靠行政手段；规划实施由计划确定；规划审批多数是定性描述，主观决策依据不足；规划容易受到经济政策的左右，城市环境容量的控制无序，规划缺乏有效的监督机制，公众参与规划的程度不高，因此总体规划的宏观控制、控制性规划的中观控制和详细规划的微观控制，综合应用数字化思想和方法，实现其在规划决策中的定量化、规范化、标准化、系统化和信息化，是数字城市规划的主要研究内容（吴书霞，2001 年）。

主要内容有：

（1）各阶段规划决策的优化与量化研究；

（2）各阶段规划图件制作的自动化与智能化研究；

（3）各阶段规划成果转化与管理综合系统研究。

专题 3　城市规划的数字化表达与管理

规划成果的数字化表达包括规划阶段成果的数字化表达和最终成果的数字化表达，其表现为规划成果的三维可视化和城市发展模型的动态模拟。数字化成果管理主要通过新技术的手段，对传统的规划成果进行计算机管理，从而可以创造良好的人机交互协作的环境，充分地发挥设计人员的创造能力，提高规划方案的公众参与程度。其主要的研究内容有：

（1）阶段规划的管理办公自动化系统；

（2）专业规划的图件管理信息系统；

（3）城市规划的三维景观模拟仿真系统。

4　山地城市规划数字化研究体系建构的几点思考

4.1　尽快建立完善统一的城市与规划数字地理空间信息标准

我国城市规划工作尤其是山地条件下的城市规划工作目前仍然停留在以计算机辅助设计为主的初级阶段。自新中国成立以来，我国的城市规划与建设工作取得了较大的成绩，积累了大量的城市地理空间信息资源，尤其是在城市人口与资源调查方面，积累了大量丰富、全面的信息和数据，但目前这些数据的利用率和更新率不高，多数信息和数据是以文本和图片的形式存储的，数字化、电子化还停留在起步阶段，这就造成了空间信息资源的匮乏和不可共享性。

另外，城市各部门可资共同使用的基础信息缺乏，各部门重复建设和相互矛盾的问题比较严重，现有的全国性基础地理信息产品比例过小、内容不足，商品化程度不高，不能满足许多专业领域应用的要求。再加上各领域的行业标准不同，所收集的基础资料统计口径不一致，结果给规划与建设带来许多不便。

因此，尽快建立和完善统一的城市与规划数字地理空间信息标准，有助于实行跨行业协作，减少浪费，提高效率。我国在地理空间信息标准方面主要有国家测绘局、建设部、中国科学院等多家单位进行研究，已经颁布实施的有：国土基础信息数据分类与代码，全国河流名称与代码，城市地理信息系统标准化指南等，而对诸如城市用地分类的统一代码和城市规划计算机辅助设计的分层标准均还没有作出具体的统一规定，各地在进行城市基础地理空间信息系统录入时没有能够很好地统一标准。加上我国相关软件的开发没有纳入统筹之中，各软件开发单位在进行城市规划与建设相关软件的开发时采用各自的标准和数字接口，为将来国家数字城市的统一规范建设带来很多问题。

4.2　前瞻性的城市基础设施建设

目前，我国城市规划中对于基础设施的建设大致包括以下内容：城市供水、城市排水（雨水、污水）、城市供电、城市电信、城市燃气、城市交通、环卫环保、城市消防、城市供热等。

数字城市和数字城市规划对城市基础设施的主要依托为城市的主干光纤网和主干数据通信网，同时对其他的传统城市基础设施也提出了挑战。随着国家数字地球战略的推行，数字城市在不久的将来会在全国普及，数字化进程与城市化进程相比，前者如飞的步伐是不可比拟的。传统的城市电信网基本界定在满足城市市话网、无线电话网和无线寻呼网的建构上，对于宽带高速数据通信网就显得无能为力，目前除少数核心大中城市对传统电信网进行全面改造外，大多数城市的数据通信均在原有基础上部分共用城市市话网，对于 ISDN 入户、光纤入户、智能城市信息网和监控网等网络系统缺乏前瞻性的考虑。数字城市和数字城市规划给传统的城市基础设施带来了机遇和挑战，未来的水电气自动收费系统、智能式污水处理、智能城市交通信息导示、智能小区等方面无不是依托于传统城市设施之上的动态数据采集，其中包含了高技术和信息集成的数字化过程，传统城市基础设施能否应对这种数字化过程，就需要我们对城市基础设施的建设具有战略性的远见。

4.3　呼唤数字时代城市与城市规划的人文精神

数字城市规划是数字时代的产物，是人类科学技术时代对科技潜能追求的结果。当代具有巨大科技潜能的城市人在几乎不可能中止的科学技术发展中，应该将视野拓展到对终极幸福本身的追求这一更高目标上来，一个极端迷恋于技术的时代是不可能建树真正的人文精神的，要在经济和技术发展中，将人的价值和人文精神恢复到城市建设的中心上来（张京祥，1999 年），一切技术的进步都是为人们创造更为优越的生活空间服务的。数字时代的技术应该成为城市发展和进步的一种手段。恰当、适宜的技术文明会使城市的人文精神内涵得到充实和提升。

我们注重数字时代城市规划的发展及科技性，同时也呼唤重视数字时代城市规划的人文性，这样才会使我们的城市迈向可持续发展的坦途。

参考文献：

[1]　中国统计局信息网，2001.http：//www.stats.gov.cn/.

[2]　黄光宇 . 山地城镇规划建设与环境生态 [M]. 北京：科学出版社，1994.

[3]　黄光宇 .1997 山地人居环境可持续发展国际研讨会论文集 [M]. 北京：科学出版社，1997.

[4]　霍小平 . 山地城镇建设理论与实践 [M]. 西安：西北工业大学出版社，1999.

[5]　宫鹏 . 城市地理信息系统：方法与应用 [M]. 伯克利：中国海外地理信息系统协会，1996.

[6]　吴书霞 . 数字城市规划研究 [D]. 重庆：重庆大学硕士论文，2001.

[7]　徐建刚等 . 城市规划信息技术开发及应用 [M]. 南京：东南大学出版社，1999.

（注：本文是作者在武汉大学 Urban Geoinformatics——2001 国际会议论坛上的发言）

重庆市内交通运输改建规划中的几个问题[1]

1 解决现代城市交通问题的根本途径

现代城市规划中的交通问题越来越引起人们的密切注意。在资本主义社会，由于资本主义城市无计划地盲目发展，汽车数量大量增多，私人小汽车迅速发展，使得这些国家的城市交通问题日益突出。

我国社会主义的经济建设是按照有计划、按比例发展的规律进行的。党中央提出我们要在不很长的时间内把我国建设成为一个具有高度发展的现代工业、现代农业和现代科学文化的伟大的社会主义国家，城市交通运输也必须适应这三个现代化的要求。

充分利用现代科学技术的最新成就，因地制宜地进行规划，就有可能使城市交通运输的组织达到一个比较完善、理想的境地。要从根本上合理解决现代城市的交通问题，综合国内外城市规划的先进理论与建设经验，我认为必须从以下几个方面来着手。

1.1 合理地确定城市的规模与布局结构

这次在桂林召开的全国城市规划座谈会上[2]，提出了:“大中小相结合，以发展中小城市为主，对现有大城市的发展，要加以适当控制，对特大城市市区要加以压缩、调整，在大城市周围建立卫星市镇、适当发展中小城镇、更多地发展小城市”的城市建设方针。这是彻底解决城市交通运输问题的基础。这就从城市建设总的布点上解决了由于城市发展过大，人口过于集中，对城市交通运输以及市政建设，生产的组织与人民生活的安排上带来了一系列的困难与问题。

1.2 要从城市布局与功能分区上来解决

根据“大分散、小集中”的布局原则，工业区不能过大、过于集中，以减少长距离的货物与产品运输，建立工作与居住之间的方便联系。使工作劳动的地点离居住地很近，可以大大减少上下班的劳动人流。

1.3 合理地布置生活服务与文化福利服务设施

文化福利服务设施项目达到了均衡分布，城市居民一般的生活服务与文化娱乐的要求不出居住区就可以解决，这样不仅可大大改善居民的福利条件，而且大大缩减城市的交通量和运输费用。

1.4 发展现代化的多种交通运输

根据城市的不同性质、大小及自然地形条件，正确地选择交通工具，因地制宜地发展现代化的多种交通运输。根据交通运输的不同性质与要求，采用不同性能与特点的交通工具使旅客、物资能在最短的时间内达到所要到达的目的地。

采用新的规划手法，合理地组织交通运输。对旧有城市交通运输系统根据“充分利用，积极改造”的方针。利用现代科学技术的最新成就，发挥现代交通工具的运输效能，提高行车速度，节约时间。

---

1 1959 ~ 1961 年，重庆建筑工程学院建筑设计与城乡规划研究室承担了重庆市总体规划及部分人民公社规划的编制任务。该文为作者结合市内交通的改建规划在学校学术报告会上的发言。

2 1960 年 4 月，在桂林召开的全国第二次规划座谈会。黄忠恕（系主任兼城乡规划研究室主任）参加了会议，重庆市总体规划及红旗人民公社规划成果曾选交会议展览交流。

2 目前重庆市内交通存在的主要问题

重庆市是在抗战期国民党内迁为“陪都”后，城市混乱而畸形地发展起来的。在很短的时间里，在这里集中了政治、经济、军事、文化的各种机构。1200多家工业企业迁来这里。城市人口急增，大量人口集中在半岛部分，人口密度很高，人民的生活、居住条件很差。城市“建设”混乱。

新中国成立后，在党与人民政府的领导下，对旧城进行了大规模的改建与新建。山城起了翻天覆地的变化。随着工农业生产的发展，人民生活水平的不断提高，交通运输事业也有了相应的发展；但是，由于旧城市的交通运输在规划上还没有进行彻底的改造，市内交通运输的规划与建设，仍大大落后于客货运输量的迅速增加与现代化交通工具日益发展的需要。目前，重庆市的交通存在的主要矛盾如下。

2.1 路面狭窄，线路弯曲，干道密度太低

市区干道密度太低，路面狭窄，线路弯曲，交通拥挤，车辆过于集中，与今后现代化城市交通的发展越来越不相适应。

2.2 道路功能不分，不成系统

主要客流与货流互相交织，解放碑、两路口等商业繁华的街道通行货运交通，人流车流相互干扰，大大降低了行车速度且影响了市民的生活与安全。

2.3 没有合理组织联运

两江水运与陆路交通还没有合理组织联运，码头缺乏下河引道，水陆交通联系很不方便，货物要经过多次周转，耽误了很长的时间。

2.4 缺乏南北之间的干道联系

市中区缺乏南北之间的干道联系，尤其是两江南北之间由于两江隔离而缺乏便捷联系。

2.5 道路密度分布不均匀

城市道路密度分布不均匀，有的居住区缺乏干道联系，道路网密度过低。而朝天门、解放碑一带街道网密集、拥挤。

2.6 商业服务与文化娱乐等公共服务设施分布不合理

目前，重庆市的大型百货商店、电影院、剧院等都集中在解放碑所在的市中心一带，仅仅200多公顷的范围内就布置了12座影剧院和大量的商店和服务部门。而且，这些公共建筑物多建筑在主要干道的两侧，而全市其他各区商业服务与文化娱乐设施很少，这就大大增加了解放碑的人流和交通的频繁。

3 重庆市内交通的改建规划

根据以上分析，结合全市的总体规划，对重庆山城市内交通的改建规划提出了以下探讨性的意见。

3.1 明确道路的功能分工

1）对外交通干道：连接市内干线与城郊公路，作为全市的外围环线，集中或分散市内外的客货交通运输。一般沿城市的边缘地区通过，避免车辆穿过市中区及热闹的街道，干道的两旁用绿化隔离，保证行车的快速与安全。

2）全市性的主要干道：

（1）以货运为主：干道两侧避免布置大型的公共建筑物，加以绿化处理。

(2) 以客运为主：在干道上可以布置全市性的主要公共建筑及高层公寓式住宅，形成美丽的街景。但一般人流集中的大型商业服务性建筑，尽可能不布置在干道的两侧或交叉路口上。

3) 市内次要干道：作为全市性的次要道路与市内各个区域之间的内部联系道路，货运与客运不可能明显分开。

4) 生活性的街道：

(1) 全市及区的中心：文化娱乐及商业服务大街。在这些街道上布置全市性的文化娱乐、商业服务、行政管理等大型公共建筑，与广场结合，形成壮丽的街景与城市的建筑艺术面貌。

(2) 游览、休息的滨江林荫道：与滨江公园、广阔的水面结合进行充分绿化，为居民创造良好的生活条件。这样的道路必须巧妙地结合自然地形的变化，有弯有直有宽有窄，不必过分求宽求直，强求一律。

5) 居住区道路：作为划分小区及各小区之间联系的道路，车辆行驶不多。

根据道路的不同功能要求，进行不同的规划处理与采取不同的工程技术措施，这样不但便于组织城市的各种客货交通运输，合理地设计道路的断面，而且对于公共建筑的分布，居住建筑的布置，保证居民的安全与安静、卫生的生活环境都有很大的好处。

3.2 开辟环线，形成完整的城市道路交通系统网

根据重庆山城的城市结构特点及道路的现状，采取“混合式”的道路布置系统，又有放射，又有环行，又是结合地形的自由布置，使交通四通八达，组成完整、有机的城市道路交通系统（图 1）。

3.3 复线、分流

采用开辟复线、分流等办法，解决车辆过分集中、拥挤等问题，减轻主要干道的压力，使交通量均衡地分布。

3.4 截弯取直，适当加宽路面

对原有道路采取分段截弯取直，适当加宽路面。

本市现有道路路面一般过于狭窄，弯道太多，如交通频繁的中山路只有 22m 宽，全市最热闹的解放碑民权路也只有 22m 宽，而且路线弯曲，转弯半径很小，视距很短。如长江路七孔桥一段在不到 1km 长的线段上就有六个弯道，行车速度大受影响，容易发生交通安全事故，同时也影响了干道两旁公共建筑的布置与城市的建筑艺术面貌。

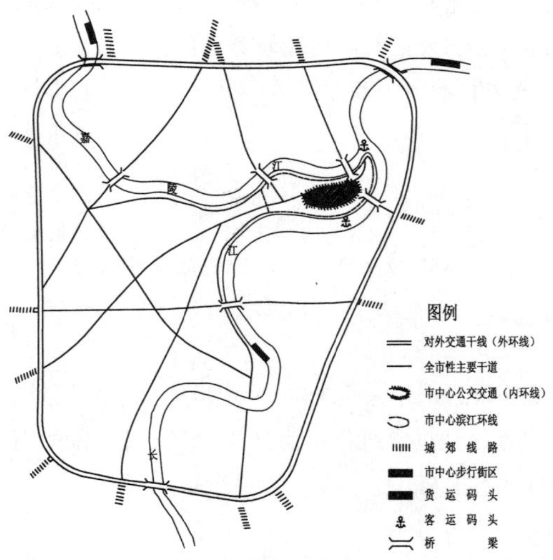

图 1　重庆市道路交通系统规划分析示意图

城市交通干道的设计中，首先必须满足交通量日益增加的要求，正确地决定断面的宽度。

根据山城特点，特别像重庆市中区的半岛部分是全市的“宝石”，城市用地十分宝贵，因此道路不可能过分求宽求直（结合自然地形稍有弯曲的道路在城市建筑艺术面貌上可以收到更好的效果，使街景富有变化，使

人不感到单调枯燥)，同时在干道分布密度较大的情况下（市中区干道平均密度为 3.6m/km^2)，在改建规划中考虑采取以下几种路面宽度：

（1）全市性主要客运干道 62m（8 车道 + 两边 15m 人行道）；

（2）市中心大街拓宽为 50m；

（3）一般全市性的客运或货运干道，30m（4 车道），在交通量比较大及地形条件许可的情况下可拓宽为 44m（6 车道）；

（4）居住区内道路 16m（2 车道 + 两边 5m 人行道）。

3.5　组织立体交叉

城市道路交通运输的安全与速度，不仅取决于干道宽度，而且也取决于交叉路口的多少与交叉口的处理。在现代城市道路系统的改建规划中组织立体交叉也是解决道路交通复杂化的重要措施之一。特别在重庆地区，设置立交比平原城市具备了更为优越的自然条件，可以充分利用地形高差，因地制宜地进行处理，在工程技术上可以达到既方便、又经济的效果。

3.6　开辟地下交通隧道

结合山城特点以及利用旧有的防空洞加以处理，拓宽、延伸、拉直、开辟地下交通隧道（市中区的道路由于结合地形的关系现有主要道路的走向，都是东西向；南北向缺乏方便联系，因此用隧道来联系南北干道十分必要），避免大量货车穿过市中区与热闹的广场及地面交通发生干扰，使车流、人流分开，根据自然地形的具体条件及道路广场的不同性质与特点可以考虑开辟单层或双层隧道，有专供车行的隧道、地下人行道或车行与人行结合的隧道等各种不同的规划处理方法。

3.7　合理规划停车场与车库用地

随着生产的发展与人民生活水平的不断提高，居民社会集体活动的增加，汽车数量将日益增多，因此规划中必须很好地考虑汽车停车场与车库等建筑物的设置问题。在我国，今后市内交通主要应以发展公共交通为主（包括公共汽车、无轨电车、地下电车等）。公共出租小汽车也将有很大的发展；至于私人小汽车则不可能大量发展。另一方面，从提高运载能力与节约城市用地、减少停车场与车库的建筑面积来看，公共汽车比小汽车有很大的经济性：如一辆 60 座位的公共汽车所占的停车面积只相当于两辆小汽车（每辆只有 3 ～ 4 个座位）的停车面积。

有人认为只要广场大一些，路面加宽一些，就可以解决停车问题，这种看法是对今后城市交通发展远景估计不足。而且，这种简单化的处理方法也是最不经济的，结合山城复杂的地形条件，更是不能采取的。布置停车场必须与总体规划结合起来，根据城市的功能分区，公共建筑的布局与生活居住区的规划，进行布点，除了结合全市的车站布置大型的公共汽车停车场外，在靠近市中心、体育场、文化休息公园、剧院、展览馆等人流结集点，结合建筑规划与设计，考虑足够的停车面积与车库用地。在市中区以设置高层车库较为经济，也可结合地形条件设置地下车库，以节约城市用地，大型高层车库屋顶还可以考虑作为直升飞机的降落场使用。

4　发展现代化的多种交通

充分利用山城自然之胜，因地制宜，大力发展现代化的多种交通工具。

过去人们认为重庆是山城，爬坡渡江最不方便，今后这种不便将随着社会主义建设事业的发展而逐渐消失。我们认为，由于重庆具备着发展现代化交通事业的得天独厚的自然地理条件（平原城市不可能有这些条件），可以因地制宜、因势利导地发展现代化的多种交通运输工具，充分利用山城自然之胜与现代科学技术的最新成就，为社会主义建设事业服务，为劳动人民服务。

4.1　地下铁道

原苏联及其他国家的城市建设经验证明，有计划地发展地下铁道，对于组织大城市现代化交通运输、改造旧城、减轻城市地面交通的负荷具有重大的意义，地下电气火车速度高，行车方便安全，运载能力大，它不受地面上已经形成的复杂的街道交通网的限制，可以在很短的时间内把大量的城市居民运送到各个区域，使分散居住在城市边缘地区的居民更加接近城市中心。

组织地下交通，在国防上更有重大的政治意义。帝国主义是战争的根源，在加速我国社会主义建设的同时，不能放松对帝国主义发动现代战争的警觉，地下铁道的规划在国防上、防空上的意义就在于它可以将大量的居民很快地疏散与集中，在地面交通受到破坏时，地下交通照常运行，必要时还可以容纳大量的居民。尤其在重庆地区，气候炎热，组织舒适安全而又快速方便的地下交通网将会受到全市人民的热烈欢迎。同时，在重庆修建地下铁道有着十分有利的自然条件与技术条件，一般地区，地质条件很好，岩石坚固、岩层很深、地下水位较深、地下干燥，同时勤劳勇敢的劳动人民，积累了丰富的开山劈道的经验，在修建方式上，与其他平原城市相比有独特之处，应结合地形进行修建，以获得最大的经济效果。

规划中的地下铁道将把全市的各个部分有机地联系起来，形成完整的、四通八达的地下交通网，并与地面、水上交通联系起来。

4.2　直升飞机

直升飞机作为城市的交通工具，在许多国家已经不是一件新鲜的事了。特别对本市这样一个山峦起伏、地形复杂、幅员广大，又有两江之隔的特大城市来说，用直升机作为市内交通补充工具具有重要的意义与作用。直升飞机的最大优点在于缩短空间距离与节约时间。机场用地很少，可以在大城市的中心降落以及利用大型公共建筑的屋顶、河湖水面，作为降落场。本市直升飞机作为"空中公共汽车"主要是解决市中心区与各区之间及与近郊各卫星城镇之间的重要事务的客运联系及贵重紧要物资的运送，也可以提供山城观光旅游，在市际航空站、火车站、全市性客运码头与市中心之间也应该开辟直升飞机的航线。

4.3　缆车

缆车是丘陵地区短距离的陡坡上下交通联系的特种交通工具，尤其是沿江码头、水陆之间的联系，由于坡上坡下高差很大，作下河引道困难、汽车不能通行的地方缆车可以发挥其独特作用，如从菜园坝火车站至两路口步行要登 320 多步梯阶，需历时 10 多分钟，改乘缆车后则只需 3 分钟，大大节约了时间，避免了爬坡的疲劳，规划中结合地形，根据需要与可能，土洋结合，大力修建货运与客运缆车道，对山城重庆来说，有很大的经济意义。

4.4　空中索道

结合山城特点，在地上交通无法直达的情况下，可以考虑设置架空索道，或架空铁道，解决两点之间较短距离客运与货运联系，同时也可增加城市的风光，更显山城独特之景色。

此外，在人流集中、交通频繁而高差又大的公共活动场所，可采用自动循环电梯或垂直升降机来作为上下垂直交通的联系。

5　充分利用两江水利，大力发展水上运输

重庆为两江交汇处，自古水运称便，为长江航运的第二大港。过去公路交通尚不发达的时候主要依靠水路运输。重庆这个古老名城的诞生与发展，两江水利起着很大的影响，目前重庆市的水上运输占整个运输总量的二分之一以上，改建规划中我们必须贯彻中央“优先发展水运，尽量利用水运”的指示大力发展水上运输。水上运输费用低廉，航道通过能力大，尤其随着长江三峡水库的修建[1]，上游水位的提高，水流相对稳定，将为本市水运的进一步发展创造更为有利的条件。目前，水运的主要缺点是行驶速度缓慢(每小时只有 15km 左右)，码头的装卸能力较低，机械化程度还不高，随着技术的进步，码头的装卸能力可以大大提高。在客运方面今后轮船的行驶速度至少可以提高到 40km/h 以上，旅途时间可以大大缩短。沿江一带又有风景秀丽的湖光山色，闻名世界的三峡“天险”，珍贵的名胜古迹。人们都愿意舒适、愉快、安全地度过旅行生活，那时长航的客运将会吸引着更多的乘客。

6　大搞联运化

以车站为中心组织城市交通运输“一条龙”。合理地组织城市交通的联运，减少运输的周转环节，缩短运输时间，是规划中必须解决的重要问题。我们在规划中将车站作为组织联运的纽带，使公共汽车站、地下铁道车站，以及港运站、直升飞机场密切联系，将水、陆、空、地面、地下交通紧紧地衔接起来，组成“一条龙”的城市交通运输的完整系统。结合技术革新，做到交通运输的“四化”要求，即机械化、电气化、自动化、联动化。形成设备齐全、四通八达的城市交通联运网。

市内交通的改建规划，必须在总体规划的指导下进行，因为城市功能分区、工业布局以及大型公共建筑的分布，决定了城市客货运输的主要流向与流量，因此，在规划中不能只从交通本身来考虑，必须从全市的总体规划出发，对直接影响交通运输的工业、仓库、站场、港口、码头作合理的调整与分布，根据重庆市“大分散、小集中”的城市布局特点，适当地分散货运结集点，把部分工业更大范围地分散在近郊及远郊卫星城镇，在市中区必须把引起大量运输量的仓库、站场和工业企业迁出去，避免大量货运交通通过。

关于如何全面、合理地组织重庆市的交通运输，使之适应社会主义现代化城市建设的要求，是一个比较复杂、艰巨的任务。还有很多问题有待我们深入研究与进一步解决。这里我们只是通过几个月来对重庆市所作的远景规划中，有关市内交通改建规划中的一些问题提出粗浅的意见与看法。由于我们水平有限，对以上问题的研究还很不够深入。错误与不妥之处希望大家多提意见，帮助指正。

1　指当时拟建的三峡水利工程高坝方案。

·生态城市规划研究·

论城市生态化与生态城市

从人类文明发展史角度看，人类经历了蒙昧、野蛮而逐步走向文明，从渔猎文明发展到农业文明再发展到现在的工业文明，每一次文明更替都是一次社会革命，促进了社会经济的大发展、大进步。目前的工业文明虽取得很大成就，但因其固有问题的严重化，已经开始走向衰退，当前一种新的文明，作为工业文明的替代力量正在兴起，这就是说现在面临着工业文明向一种新的文明的过渡，这种新文明即为生态文明。人类社会也将从工业社会转向生态社会，从工业化发展模式转向生态化发展模式。

生态化发展模式是在工业化发展模式的基础上发展起来的，是对工业化发展模式的辩证否定，它扬弃了只注重经济效益而不顾人类福利和生态后果的唯经济的工业化发展模式，转向兼顾人口、社会、经济、环境和资源持续发展的，注重复合生态整体效益的发展模式。生态化发展模式是人们对人类进入工业文明以来所走过的道路进行深刻反思的结果。这是人类文明进化的历史性的重大转折，是人类改变传统发展模式和开拓新文明的一个重要的里程碑。

1 城市生态化及其发展对策

在世纪之交、新旧文明转换之际，我国城市发展面临两种选择。或者走传统工业化发展道路，生产和生活方式不发生根本改变，最多只进行适当的调整；或者对传统发展模式进行根本性变革，探索一条符合中国国情的生态化发展之路。第一种选择是危险的，“边发展、边治理”或“先发展、后治理”使人类“生存危机”无法从根本上解决甚至拖延解决，只会使为之付出的代价越来越大，到最后可供选择的余地也越来越小。我国应该也必须选择第二种，尽管我国城市将在发展中面临更多挑战。城市走生态化发展道路是实现城市可持续发展，走出“城市病”困境的必然选择，是提高人居环境质量，维护全球生存与发展的迫切要求，变革势在必行。

所谓城市生态化，简单地说就是实现城市社会—经济—自然复合生态系统整体协调而达到一种稳定有序状态的演进过程。这里“生态化”已不再是单纯生物学的含义，而是综合、整体的概念，蕴涵社会、经济、自然复合生态的内容，城市生态化强调社会、经济、自然协调发展和整体生态化，即实现人—自然共同演进、和谐发展、共生共荣，它是可持续发展模式。社会生态化表现为人们有自觉的生态意识和环境价值观，生活质量、人口素质及健康水平与社会进步、经济发展相适应，有一个保障人人平等、自由、教育、人权和免受暴力的社会环境。经济生态化表现为采用可持续的生产、消费、交通和住区发展模式，实现清洁生产和文明消费。对经济增长，不仅重视增长数量，更追求质量的提高，提高资源的再生和综合利用水平。环境生态化表现为发展以保护自然为基础，与环境的承载能力相协调，自然环境及其演进过程得到最大限度的保护，合理利用一切自然资源和保护生命支持系统，开发建设活动始终保持在环境承载能力之内。

城市走生态化发展之路标志着城市由传统的唯经济开发模式向复合生态开发模式转变，这意味着一场破旧立新的社会变革，因为它不仅涉及城市物质环境的生态建设、生态恢复，还涉及价值观念、生活方式、政策法规等方面的根本性转变。我国是发展中国家，综合国力、科技水平、人口素质、意识观念与发达国家相比有很大差距，这些因素都将影响到城市生态化发展。底子薄、人口多的国情决定了必须开辟一条非传统式又非西方化的"中国特色"城市生态化发展之路。以下几点建议对促进城市生态化发展是重要的。

1.1 加强宣传教育，普及和提高公众的生态意识

实现城市生态化发展，首先必须宣传、普及生态意识，倡导生态价值观，使公众特别是决策层的观念转变过来，树立人与人、人与自然和谐的生态价值观。只有改变原有的价值观，人们的态度和行为才会改变！自觉的生态意识是实现城市生态化发展的关键。

1.2 制订行动计划，实施符合城市生态化发展的政策

城市生态化应作为我国城市今后发展的重要目标和内容，并与《中国21世纪议程》结合起来，把这种思想贯彻到政策、计划中去。改变以前不符合生态要求的政策、计划，制订城市各领域、各行业生态化发展的战略、步骤、目标等，并确定优先发展领域，制订一系列鼓励政策，加快城市生态化发展步伐，使城市逐步走上生态化发展道路。

1.3 加强生态立法

建立适应城市生态化发展的法规综合体系，使城市生态化发展法律化、制度化，是保证其战略、政策顺利实施的有效途径，这样城市生态化发展得到法律保证，有法可依，对不符合生态化发展的行为采取必要的行政和经济手段，保证计划的顺利实施。

1.4 设立适应城市生态化发展的职能机构

在城市各机构中可通过联合设立综合的、跨部门的生态化发展管理决策机构，组织、协调、监督城市生态化发展战略的实施。同时，也作为城市生态化发展的宣传、咨询、交流和推广中心。

1.5 重视生态技术的开发与应用

凡是破坏生态平衡，导致环境污染、社会异化、经济非持续发展的技术，都是与生态化发展相违背的，解决的根本出路在于依靠现代科学技术，结合生态学原理创造新的技术形式——生态技术。城市生态化发展必须重视增加科技投入，研制、开发生态技术、生态工艺，积极选择"适宜技术"，推广生态产业，保证发展过程低（无）污、低（无）废、低耗，提高资源循环利用率，逐步走上清洁生产、绿色消费之路，是实现城市生态化的基础。

1.6 重视城市间、区域间的合作

城市仅仅注重自身繁荣，而掠夺外界资源或将污染转嫁于周边地区都是与生态化发展背道而驰的。城市间、区域间乃至国家间必须加强合作，建立公平的伙伴关系，技术与资源共享，形成互惠共生的网络系统，城市在发展过程中应承担相应的义务和责任，确保在其管辖范围内或在其控制下的活动不致损害其他城市的利益。

2 走向生态城市

2.1 生态城市释义

城市走生态化发展之路，为城市发展提出了明确的目标——建设生态城市（ecocity）。"生态城市"是在联合国教科文组织发起的"人与生物圈"（MAB）计划研究过程中提出

的一个概念。它的内涵随着社会和科技的发展，不断得到充实和完善。前苏联生态学家杨诺斯基、美国生态学家理查德·瑞杰斯特等国内外学者对生态城市进行了研究。生态城市现已超越了保护环境即城市建设与环境保持协调的层次，融合了社会、文化、历史、经济等因素，向更加全面的方向发展，体现的是一种广义的生态观。

生态城市是城市生态化发展的结果，简单地说它是社会和谐、经济高效、生态良性循环的人类住区形式，自然、城、人融为有机整体，形成互惠共生结构。生态城市的发展目标是实现人—自然的和谐（包含人与人和谐、人与自然和谐、自然系统和谐三方面内容），其中追求自然系统和谐、人与自然和谐，是基础、条件，实现人与人和谐才是生态城市的目的和根本所在，即生态城市不仅能“供养”自然，而且满足人类自身进化、发展的需求，达到“人和”。

从生态哲学角度看，生态城市的实质是实现人—自然的和谐，这是生态城市的价值取向所在，只有人的社会关系和文化意识达到一定水平才能实现。从生态经济学角度看，生态城市的经济增长方式是“集约内涵式”的，采用有利于保护自然价值，又有利于创造社会文化价值的“生态技术”，建立生态化产业体系，实现物质生产和社会生活的“生态化”，太阳能、水电、风能等绿色能源将成为主要能源形式，智力将成为资源的开发方向，不可再生的自然资源得到有效保护和循环利用。从生态社会学角度看，生态城市的教育、科技、文化、道德、法律、制度等都将“生态化”。倡导生态价值观、生态伦理，人们有自觉的生态意识，建立有自觉保护环境、促进人类自身发展的机制，有公正、平等、安全、舒适的社会环境。从城市生态学角度看，生态城市的社会—经济—自然复合生态系统结构合理、功能稳定，达到动态平衡状态。它具备良好的生产、生活和还原缓冲功能，具备自组织、自催化的竞争序主导生态城市发生和发展，以及自调节、自抑制的共生序保证生态城市的持续稳定。物质流、能量流、信息流高效利用，自然的演进过程也得到保护和发展。从城市规划学角度看，生态城市空间结构布局合理，基础设施完善，生态建筑广泛应用，人工环境与自然环境融合，城市景观成为城市文化的空间构成与表现。从地理空间角度看，生态城市是一城市化区域、城乡复合体，城与乡融合、互为一体，这里城与乡只是分工上的不同，与传统城市和乡村对立的二元经济模式有本质区别。从不同角度来看生态城市，它会有不同的“面目”，即从不同侧面反映了生态城市的内涵。以上几方面实际上也不是独立的，而是相互联系、交叉的。总之，生态城市包含以下几方面内容：社会生态化、经济生态化和自然生态化，社会—经济—自然复合生态化。自然生态化是基础，经济生态化是条件，社会生态化是目的，复合生态化是前提。

2.2 生态城市的主要特点

生态城市与传统城市相比，有本质的不同，主要有以下几大特点。

和谐性：生态城市的和谐性，不仅反映在人与自然的关系上，自然、人共生，人回归自然、贴近自然，自然融于城市，更重要的是在人与人的关系上。现在人类活动促进了经济增长，却没能实现人类自身的同步发展，生态城市是营造满足人类自身进化需求的环境，充满人情味，文化气息浓郁，拥有强有力的互帮互助的群体，富有生机与活力，生态城市不是一个用自然绿色点缀而僵死的人居环境，而是关心人、陶冶人的“爱的器官”，文化是生态城市最重要的功能，文化个性和文化魅力是生态城市的灵魂。这种和谐性是生态城市的核心内容。

高效性：生态城市一改现代城市“高能耗”、“非循环”的运行机制，提高一切资源的利用效率，物尽其用，地尽其利，人尽其才，各施其能，各得其所，物质、能量得到多层次分级利用，废弃物循环再生，各行业、各部门之间的共生关系协调。

持续性：生态城市是以可持续发展思想为指导的，兼顾不同时间、空间，合理配置资源，公平地满足现代与后代在发展和环境方面的需要，不因眼前的利益而用“掠夺”的方式促进城市暂时的“繁荣”，保证其发展的健康、持续、协调。

整体性：生态城市不是单单追求环境优美，或自身的繁荣，而是兼顾社会、经济和环境三者的整体效益，不仅重视经济发展与生态环境协调，更注重对人类生活质量的提高，是在整体协调的新秩序下寻求发展。

区域性：生态城市作为城乡统一体，其本身即为一区域概念，是建立在区域平衡基础之上的，而且城市之间是相互联系、相互制约的，只有平衡协调的区域才有平衡协调的生态城市。生态城市是以人—自然和谐为价值取向的，就广义而言，要实现这一目标，全球必须加强合作，共享技术与资源，形成互惠共生的网络系统，建立全球生态平衡。广义的区域观念就是全球观念。

2.3　生态城市的创建策略

现代城市与生态城市相比，有很大差距，不能因此而认为生态城市是一种尽善尽美、不可实现的理想乌托邦。现代城市到生态城市可能是个很漫长的发展过程，需要好几代人的努力。美国生态学家理查德·瑞杰斯特（1990 年）提出了“生态结构革命”的倡议，并提出了生态城市建设的十项计划。

普及与提高人们的生态意识；致力于疏浚城市内部、外部物质与能量循环途径的技术和措施研究，减少不可再生资源的消耗，保护和充分利用可再生资源；设立生态城市建设的管理部门，完善生态城市建设的管理体制；对城市进行生态重建（Ecological Rebuilding)，力求为居民创造多样的自由生存空间；建立和恢复野生生物的生境；调整和完善城市生态经济结构；加强旧城、城市废弃土地的生态恢复；建立完善的公共交通系统；取消汽车补贴政策；制定政策，鼓励个人、企业参与生态城市建设。

这十项计划比较全面地反映了西方国家生态城市建设的热点和发展趋势。当然中国城市不可照搬，只有从国情和城市实际出发来寻求适合自身发展的建设生态城市道路。但一些成功经验是应该借鉴的。

建设生态城市可分“三步走”，即三个阶段：

第一步：起步期（初级阶段），大力宣传、倡导生态价值观，唤起人们对生态城市建设的重视，制订行动计划，建立示范工程，加强能力建设，对社会经济组织结构、功能进行初步调整，为建设阶段做好准备、打下基础。第二步：建设期（过渡阶段），重在逐步调整、改造社会经济组织结构，提高生活质量，改善环境质量，加强生态重构和生态恢复，增强城市共生能力，进一步增强人的生态意识，使之自觉广泛地参与生态化建设。第三步：成型期（高级阶段），这一阶段生态城市并不是处于“静止”的理想状态，而是自觉地通过各种技术的、行政的和行为诱导的手段实现其动态平衡、持续发展，自组织、自调节能力强。但若其正负反馈失衡或自我调控失灵也会导致衰败。

以上三个阶段，对于不同城市因其发展水平参差不齐，每一阶段的时间跨度也不尽相同。第一步和第二步实际上就是城市生态化发展阶段，生态城市则是城市生态化发展的高级境界。可喜的是我国已有不少城市处于起步阶段，但还有很多城市仍在继续重蹈传统工业化发展老路。

3 结语

当前，无论是大中城市还是小城镇和乡村，生态化建设实践已在我国蓬勃展开。人们越来越意识到城市生态化发展及建设生态城市的重要性和迫切性。

面向新世纪，人类的取向和选择必然是生态化。城市走生态化发展道路、建设生态城市是历史发展的必然趋势。建设生态城市离不开创造性的规划设计，创造性的规划设计需要前瞻性的理论指导。开展对生态城市的研究成为城市（规划）研究的前沿课题。因为传统的城市规划价值观是“反自然”的，与生态城市价值观是相悖的，有必要在新的生态价值观指导下对当前的城市规划理论进行根本性变革，系统地研究生态城市理论、原理及其规划设计方法、手段、技术等一系列问题。城市规划师、建筑师更应该改变观念，以适应时代发展潮流。

参考文献：

[1] Yanitsky.The City and Ecology[M]. Moskow：Nauka，1987.

[2] Richard Register.Ecocity：Berkeley[M].North Atlantic Books，1987.

[3] Huang Guangyu，Huang Tianqi. Ecopolis：Concept and Criteria[M].Brazil：Earth Summit：The Global Forum Rio deJaneiro，1992.

[4] Sybrand P.，Tjallingii.Ecopolis：Strategies for Ecologically Sound Urban Sound Urban Development[M]. Backhuys Publishers，1995.

[5] 黄光宇 . 田园城市 · 绿心城市 · 生态城市 [Z]. 重庆建筑工程学院城市规划与设计研究所，1989.

[6] 余谋昌 . 文化新世纪 [M]. 沈阳：东北林业大学出版社，1996.

[7] 杨邦杰，王如松等 . 城市生态调控的决策支持系统 [M]. 北京：中国科学技术出版社，1992.

[8] 叶耀先等编 . 世界建设科技发展水平趋势 [M]. 北京：中国科学技术出版社，1993.

[9] 鲍世行主编 . 城市规划新概念新方法 [M]. 北京：商务印书馆，1993.

[10] 丁树荣主编 . 绿色技术 [M]. 南京：江苏科学技术出版社，1993.

[11] 黄光宇，陈勇 . 生态城市概念及其规划设计方法研究 [J]. 城市规划，1997（6）.

（注：本文发表于《城市环境与城市生态》，1999 年第 6 期，合作者：陈勇）

山地人居环境的可持续发展

——1997 山地人居环境可持续发展国际学术讨论会报告

“日益城市化进程中人类住区的可持续发展”是去年 6 月在土耳其伊斯坦布尔召开的联合国第二届人类住区大会上的两个重要主题之一，而山地的人居环境是人类住区的重要组成部分，特别对中国这样一个山多、人多、耕地少的大国来说，其重要性更非同一般。而作为山地区域的社会经济管理中心和少数民族集聚中心的山地城镇的人居环境，其规划、建设的好坏将直接影响整个山地区域乃至全国的社会经济的发展进程。然而，山地人居环境独特的自然生态条件、文化背景和经济发展水平，决定了其发展演变具有自身的规律性以及规划、建设的特殊性和复杂性，而对于这一方面，至今人们普遍地还缺乏认识，缺乏足够的重视。

山地建设用地的局限、人口的增多，导致山地城镇建设密度和开发强度的不断增大，植被和空旷地的日益减少。水土的严重流失使本来就比较脆弱的生态系统遭到破坏，使山地生境进一步恶化。

山地生态环境条件的复杂，建设难度的提高和经济条件的束缚，导致山地城镇基础设施的落后和公共设施的严重不足；投资环境的不良，制约了经济的运行效益和居民生活水平的提高；同时，由于山区经济的落后和本地知识文化的流失，又进一步制约了山地区域社会、经济发展的进程。沿袭平原地区的城镇规划理论与方法、布局结构模式、政策、法规制度和技术、经济指标体系，使山地人居环境的建设难以因地制宜，适应千姿百态的山地生态环境条件的变化，屡屡出现了所谓的“建设性的破坏”，甚至招致不可挽回的损失；建设中忽视山地人居环境的特点、地方建筑特色与民族文化的继承与发展，不少历史文物建筑及其地段未能得到良好的保护，使山地城镇和村庄原有的鲜明个性、地方特色和民族风韵逐渐消失。

山地人居环境的建设，其先决条件是必须保护好脆弱的山地区域大环境的生态系统，保护森林植被和生物多样性，防止水土流失，减少自然灾害；保护好山地区域大环境的文化多样化，维持山地大环境的生态平衡。

改革开放以来，中国的城乡面貌发生了深刻的变化，山区的社会、经济和文化也有了很大的发展。随着国家建设重点由沿海向内地的转移，以三峡水利工程为龙头的内陆山地地区水利资源的开发与利用，交通、通信网络的建设，以及国家正着力开展大规模的山区“脱贫致富”计划，发展山区多种经济，大力加强山地小城镇的建设，逐步缩小与沿海、平原地区的差距，呈现出十分可喜的现象。

山地人居环境的建设，只能按照其自身的特点和发展规律制定切实可行的政策、技术措施和方法，走可持续发展之路。虽然山地地形起伏、地貌复杂，容易发生自然灾害，城市建设投资费用增大，给城镇建设带来较大困难等，但山地资源丰富，人口密度较低，环境容量较大，地形富有变化，山地建筑、民族文化、人文景观多彩多姿，如果能巧妙地利用自然条件，就可以创造和谐、宜人的人居环境和富有特色的景观风貌，同时丰富的景观风貌也是开展多种体育、文化娱乐、休闲度假和发展生态旅游的理想场所；利用丰富的自然资源如水能、风能、太阳能、地热、地下空间和生物资源发展绿色工业、发展山区经济；努力把高新技术、适用技术与传统技术结合起来，因地制宜地发展生态建筑材料、地方建筑材料，积极推广适合于山地施工作业的建筑机械和施工技术；积极推广设计与建造生态建筑、节能建筑、健康建筑，发展各地山区的地方建筑和民族建筑文化；积极提倡群众参与山地人居环境的建设与改造，加强山地减灾、防灾和立体空间开发利用的研究；建设低能耗、低污染、高质量、高效率的人居环境，创造富有地方特色的舒适、方便、安全、健康的新社区，建立和睦、友爱的邻里关系和多民族团结互助的大家庭，是面对中国广大农村与山地区域的日益城市化，解决人、地矛盾，实现山地人类住区可持续发展的重要途径。为此，需要加强对山地人居环境科学的综合研究，包括山地地理学、城市学、建筑学、园林学的研究，培养懂得国情和山地地域文化的城乡规划、设计、建设和管理的专业人才。

重庆建筑大学，在20世纪50年代初建立了建筑学专业，50年代末创建了城乡规划专业，80年代初又添置了风景园林专业。结合国情和西南多山地区的实际，使我们逐渐认识到要把山地人居环境作为主要的研究对象，促进山地城市科学研究的重要性。

在全球性生态环境正日趋恶化的形势下，1992年6月联合国世界环境和发展大会通过了里程碑意义的《21世纪议程》，可持续发展思想成为各国的共识，关于“脆弱生态系统的管理：山区的可持续发展”是“议程”中规定的一章重要内容。同年中国科学院、建设部批准成立山地城镇与区域环境研究中心，并且召开了中国首届山地城镇与建设学术讨论会，今年又分别在云南、贵州两省相继建立了“研究中心”的分支机构。“研究中心”的建立，开创了中国山地城镇规划、设计研究工作的新局面，结束了长期以来没有专门的研究机构来组织和开展日益城市化进程中的山地人居环境研究的状况，推动了中国山地人居环境可持续发展科学研究工作的开展。虽然，这项工作刚刚起步，但我们充分认识到它的重要性、长期性与艰巨性。在山地人居环境可持续发展总体思想框架指导下，我们需要作出长期不懈的努力，逐步建立起山地人居环境建设、山地区域经济开发和生态环境保护的理论体系；逐步建立起山地区域与城乡规划与设计的方法体系；逐步建立起适应山地社会、经济和自然、文化特点的建设与管理的法规体系和专业人才培养的教育体系，以适应山地城乡社会经济、文化全面发展的需要。山地是地球生命支撑系统的有机组成部分，是实现现代化的强大后劲之所在，它既重要又脆弱，既蕴藏着巨大的潜力与财富，又充满着各种矛盾与问题，需要谨慎地开发与保护。为了加速山地区域的发展，提高山地人类住区的社会、经济和环境质量，珍惜山地资源，保护山地生态系统，促进山地人居环境的可持续发展，我们有责任和义务携起手来，加强信息交流，开展全球范围内的广泛合作和技术交流，把山地人居环境的科学研究提高到一个新的水平。

（注：本文是作者在1997年重庆首届山地人居环境可持续发展国际学术研讨会上的主题发言）

生态规划方法在城市规划中的应用

——以广州科学城为例

广州科学城位于广州市区东北部，地处广州中心组团与东部组团交汇处，北倚生态果林保护区，西邻石牌高教区，广深高速公路从西向东横贯全区。广州科学城是以科学技术的开发应用为动力，以高科技制造业为主导，配套发展高科技第三产业（如信息咨询、科技贸易等），建设具有高质量的生态环境，完善的基础设施，高效率的投资管理软环境的产、学、研、住、商一体化的多功能、现代化新型城区，是广州未来重要的经济增长点和发展区域。总用地为 22174km^2。相当于中等城市规模的广州科学城是在生态环境良好的区域，从无到有进行开发建设的，如何在开发建设中保持良好的环境，避免“建设性破坏”，是广州科学城总体规划必须重视的一个问题。为合理配置环境资源、优化土地利用和科学地制定科学城发展形态，在广州科学城总体规划中将生态规划方法引入其中，从自然环境、社会经济以及环境质量等生态因素分析评价入手，以自然生态优先为原则全面分析科学城发展环境中的自然生态特点，制定生态敏感性模型，进行特定的土地利用方式（发展用地、居住用地、产业用地、科研用地、绿化用地等）的适宜度分析，从而揭示科学城适宜发展用地及方向，并在此基础上进行土地利用规划，为科学合理地制定科学城结构形态和功能布局提供依据。下面就以科学城发展用地的生态适宜度分析为例探讨生态规划方法在城市规划中的应用问题。

1　科学城发展用地的生态适宜度分析

生态适宜度评价显然是一种复杂系统的多变量分析，凭经验或人工手段很难在因素众多的系统中作出科学决策。本研究尝试应用计算机技术来进行，采用的地理信息系统软件是美国环境研究所（ ESRI）开发的 pcARC/IN-FO Version 315 软件，其软件具有强大的空间数据处理分析功能。其本数据信息通过扫描和键盘录入等方式进入计算机系统，将 AutoCAD 软件下同比例的各单因素图转为 ARC/ IN-FO 软件能处理的数据信息，每一单因素为一图层（layer)，经过数据校正和规范化，即可进行数据处理分析。如叠加处理、邻区比较、网格分析、数据统计，进而根据不同需求建立应用分析模型。

1.1　生态调查

生态调查是生态评价的基础。生态调查的目的主要是收集与生态规划有关的自然、社会经济要素的信息。影响科学城开发建设的生态因素很多，而且这些因素对其发展的影响并非等同，有些因素会显得更为重要些。评价不可能将一切有关因素都考虑进去，重要的是首先考虑对科学城开发建设影响最大的关键因素。综合考虑广州科学城用地现状、开发目标、性质以及广州当前城建出现的问题等因素，研究有关自然环境、社会经济条件方面的十个要素，即地质、地形地貌、土壤、水文、植被、气候与气象、环境质量、土地利用、特殊价值和交通作为重点调查、分析对象。主要以自然要素为主。

1.2　评价因子选择

从搜集的上述十类要素的基础资料（文字或图）中，依据对土地利用方式影响的显著性及资料的可利用性筛选出评价因子。

（1）坡度：科学城地处丘陵地带，地形起伏较大，坡度是影响建设投资、开发强度的重要控制指标之一。

(2) 地基承载力：是城市发展必须考虑的工程因素之一。影响到城市用地选择和建设项目的合理分布以及工程建设的经济性。地基承载力主要与地层的地质构造和地基的构成有关。

(3) 土壤生产性：科学城用地多为农业用地，保护耕地就是保护我们的生命线，保护良田是在开发建设过程中必须重视的问题，土壤生产性是综合反映土地生产力的指标，用单位土地的年产量产值来衡量。

(4) 植被多样性：是自然引入城市的重要因素，它的存在与保护使城市居民对自然的感受加强，并能提高生活质量，是保护城市内多样的生物基因库和改善环境的重要场所。按植物的种类、分布和价值进行评价。

(5) 土壤渗透性：充足的地下水源对维持本地水文平衡极为重要，在开发建设中应保护渗透性土壤，使之成为地下水回灌场地，顺应水循环过程。土壤渗透性也是地下水污染敏感性的间接指标。渗透性越大，地下水越易被污染。土壤渗透性与土壤种类、土质有关，砂土、砂壤、壤土、黏壤、黏土类的土壤渗透性依次变小。

(6) 地表水：在提高城市景观质量，改善城市空间环境，调节城市温、湿度，维持正常的水循环等方面起着重要作用，同时也是引起城市水灾、易被污染的环境因子，合理地开发和保护能为水生生物提供栖息地，增加岸边植被多样性，并且为居民提供休闲、游憩环境，按其对城市发展的影响程度及利用价值分三级。

(7) 居民点用地程度：居民点规模是影响开发投资、工程建设的重要因素之一，也是规划中确定居民点保留或集中搬迁的依据，居民点用地程度，表示现有居民点用地在单位面积中的占地百分率，一定程度上反映其规模。

(8) 景观价值：景观价值评价依据自然和人文因素两方面进行。人文评价主要考虑视频、视觉质量（悦目性）、独特性。自然评价主要考虑地貌、水系、植被三方面，综合人文评价与自然评价得出三类景观类型：一类：有丰富植被的山峰、河流，视觉条件好，有一定独特性；二类：自然条件较好，视觉质量一般，独特性中；三类：其他区域。

1.3 制定单因子生态适宜度分级标准及其权重

将评价生态因子的原始信息（文字或不同比例图）等级化、数量化。这里单因子适宜度分为三级，用 5、3、1 表明其对某种土地利用的适宜度高低。各单因子对土地的特种利用方式的影响程度也不尽相同，根据影响程度赋予不同的权值，对影响大的因子赋予较大的权值。各生态因素的适宜度等级及其权重见表 1。

科学城发展用地单因子分级标准及权重 表 1

编号	生态因子	属性分级	评价值	权重
1	坡度	<5%	5	0.15
		5%～20%	3	
		>20%	1	
2	地基承载力	承载力大	5	0.10
		承载力中	3	
		承载力小	1	
3	土壤生产性	生产力低	5	0.10
		生产力中	3	
		生产力高	1	

续表

编号	生态因子	属性分级	评价值	权重
4	植被多样性	旱地、无自然植被区	5	0.15
		荒山灌木草丛区	3	
		自然密林、果林	1	
5	土壤渗透性	渗透性小	5	0.10
		渗透性中	3	
		渗透性大	1	
6	地表水	小水塘及无水区	5	0.10
		灌溉渠及大水塘	3	
		支流、溪流及其影响区	1	
7	居民点用地程度	<5%	5	0.12
		5%～30%	3	
		>30%	1	
8	景观价值	人文、自然景观价值低	5	0.18
		人文、自然景观价值中	3	
		人文、自然景观价值高	1	

1.4　单因素叠加获得综合适宜度

制定综合适宜度分级标准，绘出综合评价图，依据因子分级标准作出单因子分析图，并将单因子评价结果进行叠加，单因子叠加采用加权因子法评价，计算公式为：

$$S_i = \sum_{k=1}^{n} B_{ki} W_k$$

式中　i——土地利用方式编号；

k——影响 i 种土地利用方式的生态因子编号；

n——影响 i 种土地利用方式的生态因子总数；

W_k——k 因子对 i 种土地利用方式的权值，且 $W_1+W_2+\cdots+W_k=1$；

B_{ki}——土地利用方式为 i 的第 k 个生态因子适宜度评价值；

S_i——土地利用方式为 i 时的综合评价值。

根据表 1 的评价值分级标准、权重及加权公式 $S_i = \sum_{k=1}^{n} B_{ki} W_k$，可知综合评价值（理论上）从 1.0（均不适宜）～ 5.0（均适宜）变化。这里将综合生态适宜度分为五级，每级含义为：

很适宜：指土地开发的环境补偿费用低，环境对人工破坏或干扰的调控能力强，自动恢复快；适宜：指土地开发的环境补偿费用低，环境对人工破坏或干扰的调控能力较强，自动恢复很快；基本适宜：指土地开发的环境补偿费用中等，环境对人工破坏或干扰的调控能力中等，自动恢复慢；不适宜：指土地开发的环境补偿费用高，环境对人工破坏或干扰的调控能力弱，自动恢复难；很不适宜：指土地开发的环境补偿费用很高，环境对人工破坏或干扰的调控能力很弱，自动恢复很难。

对表 1 中的 8 个生态因素加权叠加得出科学城发展用地综合评价值 S_L 在 1.97 ～ 4.79 之间变化，取 1.47—2.69—3.15—3.55—3.95—4.79 区段为综合适宜度分级标准。根据上述分级标准，对综合适宜度叠加结果进行再处理、聚类，划分出五类用地，即最适宜用地、适宜用地、基本适宜用地、不宜用地和不可用地（图 1），从而建立科学城发展用地适宜度模型。依据科学城发展用地适宜度模型，为土地合理配置、有序开发提供科学依据，使科学城发展形态更趋合理。

$3.95 < S_L \leqslant 4.79$，最适宜用地 ；

$3.55 < S_L \leqslant 3.95$，适宜用地 ；

$3.15 < S_L \leqslant 3.55$，基本适宜用地 ；

$2.69 < S_L \leqslant 3.15$，不宜用地 ；

$1.97 \leqslant S_L \leqslant 2.69$，不可用地。

对照科学城现状土地利用情况可看出：最适宜用地一般为坡度小于 5% 的区域，无自然植被或荒山区域，低产田地分布区及景观差的区域。

适宜用地一般为坡度小于 5% 的区域，低产田区域，植被较差的区域等。

基本适宜用地一般为坡度 5% ~ 10%，低中产田区，居民点较集中区域，但经一定的工程措施和环境补偿措施后也可作为城市发展用地。不宜用地一般为坡度大于 10% 且植被良好区域，高中产田区，溪流影响区，从生态学及保护生产性土地的观点看不宜用于发展用地，但在一定限度内可适当占用。

不可用地一般为坡度大于 20% 的坡地，溪流水域及植被景观优良的区域，该区域完全不适宜用作城市发展用地。

五类用地百分比分配为：最适宜用地（约 6.736km^2）占总用地的 30.96%，适宜用地（约 5.856km^2）占总用地的 26.91%，基本适宜用地（约 4.540km^2）占总用地的 20.87%，不宜用地（约 3.290km^2）占总用地的 15.12%，不可用地（约 1.336km^2）占总用地的 6.14%。可以看出，属于适宜用地范围的用地（前三者）占 78.74%，说明科学城用地大部分是适宜开发的，适宜用地主要分布于科学城西部及中南部。

2　生态敏感性分析

在土地利用规划中，为保证自然资源的永续利用与发展，协调开发与保护，还进行了生态敏感性分析，对自然生态给予进一步强调。生态敏感性是指在不损失或不降低环境质量的情况下，生态因子对外界压力或变化的适应能力。影响一个地区生态敏感性的因素很多，这里选用了影响科学城开发建设较大的五个自然生态因子：土壤渗透性、植被多样性、地表水、坡度、特殊价值，作为生态敏感性分析的生态因子，其分级标准及权重见表 2。

经单因素图加权叠加、聚类，得出综合评价值 SE 最大为 4.4，最小为 1.0，即在 1.0 ~ 4.4 间变化，取 4.4—3.6—2.8—2.0—1.0 为综合评价值分级标准，按此分级标准分为四类敏感区。其中：

$3.6 < SE \leqslant 4.4$，最敏感区 ；

$2.8 < SE \leqslant 3.6$，敏感区 ；

$2.0 < SE \leqslant 2.8$，低敏感区 ；

$1.0 \leqslant SE \leqslant 2.0$，不敏感区。

在此基础上进行生态环境区划（图 2）。

Ⅰ类敏感区（最敏感区）：一般为河流及其影响区，坡度大于 20%，生态价值高，成片的林地，该区域对城市开发建设极为敏感，一旦出现破坏干扰，不仅会影响该区域，而且也可能会给整个区域生态系统带来严重破坏，属自然生态重点保护地段。

科学城生态敏感性分析单因素分级标准及权重 **表 2**

编号	生态因子	评价标准	分级	敏感性评价值	权重
1	土壤渗透性	保证地下水回复，减少对地下水、土壤的污染	渗透性高	5	0.1
			渗透性中	3	
			渗透性低	1	
2	植被多样性	景观游憩、生物多样性、环境改善、水土流失	密林、立体种植果园	5	0.3
			一般果园、灌木草丛区	3	
			农地及其他	1	
3	地表水	景观游憩、野生生物生境、污染敏感性	溪流及其影响区	5	0.1
			大水塘、灌溉渠	3	
			其他	1	
4	坡度	水土流失、土壤侵蚀	> 20%	5	0.2
			5%～20%	3	
			< 5%	1	
5	特殊价值	生态保护、美学价值、历史文化价值、娱乐价值	价值高	5	0.3
			价值中等	3	
			价值一般	1	

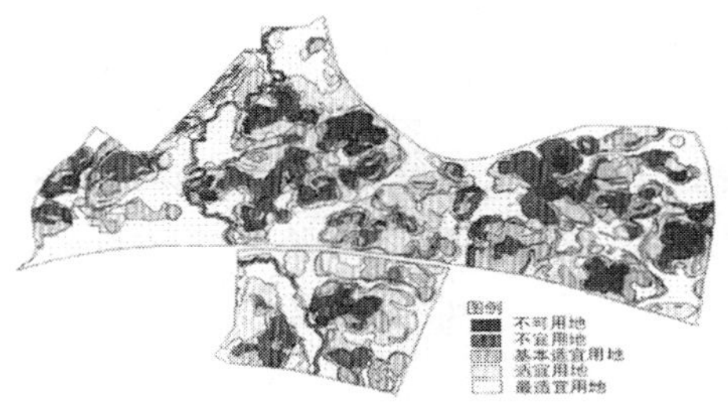

图 1　科学城发展用地综合生态适宜度图

图 2　科学城生态敏感性综合适宜度图

Ⅱ类敏感区（敏感区）：一般为平缓区域上的林地等，对人类活动敏感性较高，生态恢复难，对维持Ⅰ类敏感区的良好功能及气候环境等方面起到重要作用，开发必须慎重。

Ⅲ类敏感区（低敏感区）：一般为有荒山灌草丛等经济作物分布，能承受一定的人类干扰，但严重干扰会产生水土流失及相关自然灾害，生态恢复慢。

Ⅳ类敏感区（不敏感区）：主要是旱地农田等，可承受一定强度的开发建设，土地可作多种用途开发。

不敏感区、低敏感区所占面积最大（各为总面积的 49.03% 和 29.60%），而敏感区和最敏感区面积最小（各为总面积的 16.85% 和 41.52%），说明科学城发展用地潜力较大。

3　科学城发展模式及用地选择

为突出自然生态优先的原则，不仅考虑科学城发展用地适宜度模型，同时兼顾生态敏感性模型，二者相互对照、串联考虑，揭示如下发展模式：

（1）科学城用地范围内分布的Ⅰ类生态敏感区及部分Ⅱ类生态敏感区，必须保护为科学城的自然骨架，如建设自然公园或生态保护区。

（2）科学城用地内覆盖率较高且景观价值大的区域或生产力较高的果林区不适宜开发，或为生态农业区或开辟为生态经济果林观光区。

（3）科学城东部、中北部生态敏感性较高，不宜作高强度开发。

（4）科学城未来宜向东北部、南部发展。

科学城的土地利用、布局应顺应以上揭示的生态联系，才能保证科学城优良的自然生态环境。在土地利用规划的用地选择中，首先控制生态敏感地段，确定不宜建设区域和“适宜用地”，合理安排土地开发顺序，避免开发活动对其的“过度消费”、“不当消费”，保证科学城的发展环境。

通过对居住用地、产业用地、科研用地、绿化用地（评价侧重点不同选择的因子也有所不同）等用地的生态适宜度分析，将进一步揭示科学城用地的“适宜发展方向”，进一步建构科学城发展形态，这里不作论述。

4 结语

生态规划是融社会、经济、技术和环境于一体的综合性规划，涉及生态、社会、经济等多种学科领域，是多学科的综合研究，当前其内容主要集中于土地利用和自然资源、野生动植物的保护。目前，在我国还处于摸索阶段，还没有建立起一套可供遵循的标准，特别是没有完善的、可依据的评价指标（体系），加之生态规划与城市规划结合的实践也刚起步，地理、水文、生态、农林、生物等学科人员与规划设计人员未能很好地协调，未能开展相关学科的综合研究，造成规划设计人员可利用生态因子的信息（文字或图）相对匮乏，致使能分析评价的因素较少，这给单因子的选择及评价结果，带来一定的影响和局限性。

计算机强大的分析处理技术的优势也未能显示出来。如从更加科学、全面的角度研究，分析评价不仅考虑自然的，而且还要考虑社会、文化和经济的因素，分析因素可能达几十甚至上百种，分析结果也将更趋合理，这需要多学科和不同专业人员的密切配合以及完善的城市信息系统来支持，这也从侧面反映了城市规划工作的“综合性”。

参考文献：

[1] 赵景柱．生态规划方法 [M]// 马世骏主编．现代生态学透视．北京：科学出版社，1990.

[2] 姜林．土地利用的生态规划方法 [J]．城市环境与城市生态，1992，5（4）：26-29.

[3] 宗跃光．城市土地利用生态经济适宜性评价 [J]. 城市环境与城市生态，1993，6（3）：26-29.

[4] 况平，黄光宇．地理信息系统在山地城市规划中的应用研究 [M]// 山地城镇规划建设与环境生态．北京：科学出版社，1994.

[5] 刘天齐等．城市环境规划规范及方法指南 [M]. 北京：中国环境科学出版社，1991.

[6] （美）I·L·麦克哈格．设计结合自然 [M]. 芮经纬译．北京：中国建筑工业出版社，1992.

[7] （美）J·O·西蒙兹．大地景观——环境规划指南 [M]. 程里尧译．北京：中国建筑工业出版社，1990.

（注：本文发表于《城市规划》，1999 年第 23 卷第 6 期，合作者：陈勇、田玲、闫田华、李萍萍、庄海波、肖刚、郑静）

自然生态资源评价分析与城市空间发展研究

——以广州城市为例

1 自然生态资源评价与城市空间

与传统城市空间发展研究不太重视城镇空间的“绿色”效应不同，自然生态资源评价分析的主要目的就是运用生态学的原理方法，分析城市发展所涉及的生态系统的敏感性与稳定性，了解自然资源的生态潜力和对城市发展可能产生制约的因素，从而引导城市空间的合理发展。

自然生态资源评价分析的应用强调城市空间设计与自然条件的和谐，坚持城市发展以保持自然为基础，自然环境及其演化过程得到最大限度的保护，从而合理地开发利用被称为生命支持系统的一切自然资源。认为任何城市都是与自然生态环境不断进行物质能量交换的开放系统，水、大气、植被、土壤、生物多样性等各种因素都应纳入到城市研究的范畴之内。城市发展的理念也绝非立足于人类是自然界的主宰，而是与自然生态和谐的一分子，这种人与自然相互礼让的恭谦的东方哲学思想正是自然生态资源评价的思想渊源。

自然生态资源评价分析从自然因子分析入手，研究城市和区域的自然环境优势，使之真正成为城市持续发展的平衡机制和动力机制；剖析城市发展对自然环境的影响，对于破坏性影响，提出生态补偿措施的建议，从而提出有指导意义的城市空间发展策略方向、形态结构等对策。自然生态资源评价分析侧重自然生态过程（如土地承载力、水平衡、景观空间格局等与城镇发展和环境保护之间的关系）、生态潜力（单位土地面积上达到第一性生产力的水平）、自然生态格局（区域中交错的天然河道、山脉、残存的自然镶嵌体、廊道等）和自然生态敏感分析（不同自然系统对人类干扰的反应程度等）。

自然生态资源评价分析所作的对策研究可视作生态规划的有机组成部分，是从自然生态资源专业角度对城市空间发展提出的指导。该结论从社会、经济角度分析得出的结果相互参照，从而综合全面地指导城市空间发展。

2 实证：自然资源评价与广州

本项研究是针对广州市概念性规划编制的专题，研究步骤如图1所示。

2.1 因子选取

生态因子是自然生态资源的各单项组成部分，其选取、评价、处理分析等贯穿在生态规划的各层次中。不同城市的自然资源禀赋特点对生态因子选取的影响颇大。针对广州城市，考虑到规划尺度范围与生态因子处理的关系，自然生态资源因子选取以下十类：地质，气候和气象，地貌，环境质量，土壤，交通，水文，土地利用，植被，特殊价值。

2.2 生态适宜性分析

城市用地生态适宜度分析，就是从生态学角度，根据城市各项建设的生态需求（生态平衡、建立良好协调的生态关系的要

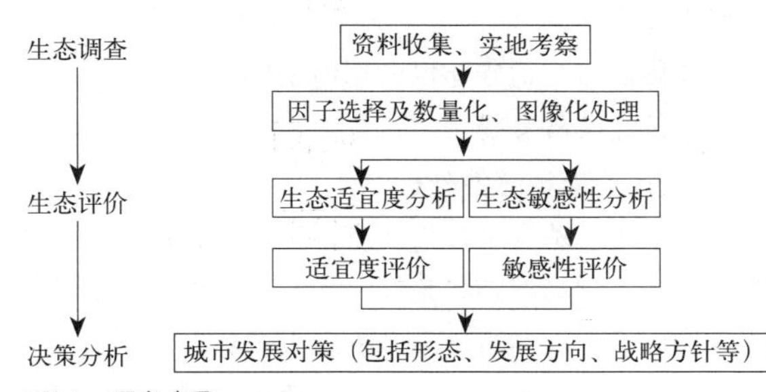

图1 研究步骤

求），分析城市土地质量（包括自然因素和社会经济因素的共同作用）的供给能否满足城市发展地需求，给出城市土地质量能够满足生态需求的程度的评价和空间布局意向。

生态适宜性分析可针对各类发展用地自身要求制定该用地适宜性评价体系标准，从而分析对该类用地适宜的用地模式；也可针对城市整体发展，研究其生态适宜性模式，得出总体较优的生态发展模式。本项研究则是针对后者，首先在广州市域自然生态因素和城市用地结构的分析基础上确定生态因子；然后，对生态因子进行单项处理，即单因子评价；最后对单因子分析结果进行加权、叠加，得出综合性的生态适宜性成果，再给予综合评价（表 1）。

广州城市空间发展生态适宜度分析 **表 1**

<table>
<tr><td colspan="2">分级评价
生态因子</td><td>5</td><td>4</td><td>3</td><td>2</td><td>1</td></tr>
<tr><td>地面高程</td><td>0.19</td><td>0～25m</td><td>25～50m</td><td>50～100m</td><td>100～300m</td><td>>300m</td></tr>
<tr><td>地基承载力</td><td>0.12</td><td>岩浆岩、花岗石</td><td>砂砾岩、页岩、炭质页岩夹煤层等</td><td>泥系底砾岩、砂砾岩等</td><td colspan="2">亚黏土、砾石黏土、冲积砂等（注：权值取1.5）</td></tr>
<tr><td>景观多样性</td><td>0.16</td><td colspan="2">居民点、工矿用地等（注：权值取4.5）</td><td>耕地</td><td>园地</td><td>林地和牧草地</td></tr>
<tr><td>水资源分析</td><td>0.14</td><td>>1400亿m^3</td><td>1200～1400亿m^3</td><td>1000～1200亿m^3</td><td>800～1000亿m^3</td><td><800亿m^3</td></tr>
<tr><td>自然景观价值分析</td><td>0.17</td><td><1万亩</td><td>1万～2万亩</td><td>2万～3万亩</td><td>3万～4万亩</td><td>>4万亩</td></tr>
<tr><td>饮用水源保护区</td><td>0.10</td><td colspan="2">非保护区（注：权值取4.5）</td><td>南部水源污染控制区</td><td>准保护区</td><td>二级保护区</td></tr>
<tr><td>现状土地利用开发度</td><td>0.12</td><td>>10000人/km^2</td><td>1000～10000人/km^2</td><td>500～1000人/km^2</td><td>300～500人/km^2</td><td><300人/km^2</td></tr>
</table>

注：随机一致性比率 CR<<0.1，置信度良好。

从生态资源评价角度来分析适宜广州城市发展的用地模型，可以得知：

很适宜城市发展的用地占 15.18%，主要分布在广州城区珠江以南至番禺一带，现状南沙经济开发区及以西一带，及花都区、从化市鳌头镇以西少量用地。

适宜城市发展的用地占 16.83%，主要分布在番禺城区，广州西部城区，花都区赤坭镇、从化市周边地带和太平镇以及珠江入海口的滩涂地。

基本适宜城市发展的用地占 16.49%，主要分布在番禺市莲燕山一带，从化市西南部，花都区以西一带，该类用地基本上属呈团聚状分布的上两类用地的周边延伸。

很不适宜城市发展的用地占 32.97%，主要分布在广州市区东部和北部山区，所占面积较大，用地与山脉分布较一致，另外，河湖水系、水库、湿地等也计入很不适宜城市发展用地之列。

总体而言，适宜建设的用地主要分布在广州以南和西北部地区，而广州东部大部分地区不适宜城市发展。

2.3　生态敏感性分析

相对生态适宜度分析而言，生态敏感性分析是从另一个侧面分析城市用地选择的稳定性，从否定与批判的角度实现对城市生态系统的保护的。生态敏感性是指在不损失或不降低环境后果的情况下，生态因子对外界压力或外界干扰适应的能力。生态敏感性是各学科、各政府职能部门用于管理措施制订的主要考虑内容，如土地管理部门对基本农田保护区的划定就是对达到一定社会发展目标的人类生存的社会敏感性以及环境敏感性最后界限的划定。而基本农田保护区在城市建设中起着一票否决的作用，故在本次研究中对该项因子单列，与最敏感的因子采用同一表达方式。根据广州市的城市发展情况，此处选用自然景观价值、饮用水源保护、高程分析和用地使用状况等四项因子给予处理分析（表 2）。

广州市城市用地生态敏感性分析 **表 2**

生态因子及权数		评价分级	5	4	3	2	1
		评价标准	很敏感	较敏感	敏感	不敏感	很不敏感
自然景观价值	0.1	生态保育、美学价值、娱乐价值	>4万亩	3万～4万亩	2万～3万亩	1万～2万亩	<1万亩
饮用水源保护	0.3	城市安全运行、生活质量、污染敏感性	二级保护区	准保护区	南部水源污染控制区	非保护区	—
高程分析	0.35	水土流失、城市建设经济性、景观价值	>300m	100～300m	50～100m	25～50m	0～25m
用地使用现状	0.25	生物多样性、环境改善、发展便利性	林地及牧草地		园林	耕地	居民点及工矿用地

敏感性的分级标准分别代表生态因子的 5 个敏感程度，参照生态适宜度的分级方式以及每一层次因子对生态敏感性的贡献确定分级标准。

经单因素图加权叠加、聚类、数据处理，得出综合评价值在小于 4.8 范围内的变化，取 2.4 ～ 3.2 ～ 3.6 ～ 4.8 为分级标准，以此划分 4 类敏感区：

最敏感区占 18.07%，主要分布在广州北部地区及广州城区附近部分水源保护区，增城增塘水库一带。该区生态敏感性很高，外来干扰不仅对其自身影响剧烈，甚至可能波及其他地区，对整个生态系统带来破坏，故应属重点生态保护区，城市发展过程中应重点考虑与该区的关系。

敏感区占 32.0%，分布在广州中部大片山地、花都区以西局部地块和从化市区等地方。该区生态敏感性较强，对维护最敏感区的功能以及整体生态效果起重要作用，故开发建设亦应慎之又慎。

低敏感区占 22.5%，分布在花都区以东小块用地，从化市以西鳌头镇一带和流溪河水库周边地带及番禺部分城区。城市建设可选用该类用地，但应处理好环境承载力与之的关系，不宜高强度开发。

不敏感区占 27.4%，分布在广州城区以南直至海滨大部分用地，花都区花山镇和狮玲镇一带，是城市发展的良好用地。

2.4 城市空间发展综合生态分析及对策

综合生态适宜度分析和生态敏感性分析，得出广州城市空间发展的几点对策。

2.4.1 对策一：城市空间发展

生态分区指引是依照生态条件对城市发展的影响，对用地进行的分类，用以引导城市发展与城市建设的合理有序进行。广州市生态分区划分共分 5 级：优先发展区、次优发展区、引导发展区、控制发展区、环境保护区。现对各区用地范围、用地特征、发展控制导则阐述如下。

1）优先发展区

用地范围：从化西南小块用地及花都以西零星用地。用地面积占全广州市用地的15.24%。

用地特征：该区用地基本分布在0～50m高程范围，地基承载力良好，现状已有一定开发基础，生态条件较差且生态敏感度低，故适宜城市优先发展。

控制导则：

（1）城市发展中加强对“容量”的研究，切忌透支环境容量的过度开发行为出现。

（2）开发过程中强调生态补偿和美化城市环境，城市建设过程与总体生态环境改善过程相辅相成、共同进行。

（3）沿海地区或珠江西侧用地用于城市建设时，应统筹安排，严防水体污染。

2）次优发展区

用地范围：广州城区南部近郊区，番禺区近郊，增城以南局部，从化市鳌头镇一带，花都以西零星用地及珠江入海口以南局部地区。用地面积占26.19%。

用地特征：与优先发展区用地相混杂，即与优先发展区自然生态条件基本一致，但由于位于水系附近，或接近景观条件较好的山体或林地等，具有一定的生态保育任务而列为次优发展区，该区不属于生态敏感性地区。

控制导则：

（1）入海河流西侧开发应与生态绿地网络化相结合，注意开发方式和手段。

（2）现状已是城市用地的应加强城市环境建设，若现状尚无开发则可列为城市发展备用地，新区建设生态环境标准应与生态化趋势相符合，城市内部绿地建设应与大地园林绿地融为一体。

（3）用地临近山体时严禁开挖山体，破坏环境，要在山脚、陡坡等周围进行重点绿化。

3）引导发展区

用地范围：主要分布在中部山地中可利用或已是人类聚居地的花都城区用地，番禺部分城区，从化市以东局部地区。用地面积占30.70%。

用地特征：该区用地属临近自然保护区或与山体、林地毗邻，所处地势较高，或与整体生态保育任务紧密相关的用地范围，但因用地本身较适作城市发展用地，故需对其使用进行合理引导，对建设项目进行仔细分析，尽量使城市建设不影响自然生态环境。

控制导则：

（1）该区周围可划出一定范围用地作为生态安全格局区，严加控制，以防用地过度开发或开发范围过大而破坏区域生态环境。

（2）该区建设不宜过大过密，强调相对集中但整体分散的发展模式。同时，扩大绿化概念，引导基本农田、林地、园地、水系与城市绿轴于一体，使之成为重点优先开发地区的绿色屏障。

（3）积极引导及调整区内产业结构，发展生态型产业，杜绝污染严重、能耗大的企业在该区落户。

4）控制发展区

用地范围：广州城区以南山地，流溪河水库周边地带，仙村以南，增城以东零星山地。用地面积占12.63%。用地特征：用地主要集中在山区或山体之间或内部的局部小盆地，具有饮用水保护任务的控制保护区，地基以砂岩黏土为主，该类用地生态敏感性较强，且与现状建成区关联较紧密。

控制导则：

(1) 严格控制城市建设用地的开发，可适当布置城市郊区风景区性质的旅游项目，但仍以保护自然生态为主，建筑体量不大，风格宜地区化、生态化。

(2) 对于已经开发的地区应严格控制建设量，对已破坏的山体、水系、植被应有计划地修复、疏浚、治理。严格用地审批，对于农业、林业用地转变为建设用地的要严加控制，严禁绿化用地被挪作他用。

(3) 加强自然资源生态群落建设研究，注重向物种多样化、景观复合化趋势发展，并对生态格局影响重大的点（斑块）或线（廊道）进行重点建设或生态修复。

5) 环境保护区

用地范围：包括广州市南部大片山地，增城以北零星山地及广州城市水源二级保护区，用地面积占总用地面积的 14.84%。

用地特征：基本包括了广州市的自然生态保护区和自北向南延伸的中、低山地，山体连片，环境荫蔽，生态状况良好，属重要的水源涵养地和林地，以及饮用水二级以上的保护区范围。

控制导则：

(1) 不得占用该区范围内的任何用地，该区内的村落或工矿用地应坚决搬迁并做好生态修复工作。

(2) 加强管理力度，禁止在该区内进行有损环境生态的各种活动，或严格执行国家有关规范。

(3) 区内自然生态资源影响范围涉及广州市域甚至范围更大的周边地区，故对貌似与本区关联不大的自然生态因子亦应保护，以期整体生态条件得以保护。

2.4.2 对策二：城市空间景观指引

地形地貌的丰富程度是城市发展生态条件、景观条件是否优越的基础条件，自然资源的优越程度是城市持续发展的基本动力，也是城市赖以生存的天然绿色屏障。充分发挥自然生态条件的特点、优势，是未来城市生态化趋势的必要手段。

广州城市自然生态资源的丰富程度，国内并不多见，在自然生态基础方面已经给广州现代化建设打下了良好的基础，应善加利用，可为城市风貌特色的形成提供重要的基础。同时，结合广州土地利用混乱、发展无序、生态日渐恶化的现状和未来发展的需要，建议构建北起九连山、顺应广州主导风向、沿珠江水系向南延伸、经水网平原至出海口的，容城、山、水、林、田、丘、岗、滩等多种地形地貌为一体的地域作为未来广州的生态廊道，在城市空间组织中加以强化。

突出生态轴线，强调自北向南、由高到低，贯穿全市的“虚轴”：南昆山—白云山—流溪河—珠江的山水体系、花县—番禺—南沙—新垦等冲积平原，体现广州山水园林城市总格局、体现地域特色的生态轴和景观轴。

广州城市发展目标确立中应充分做好自然资源的保育工作，使未来广州城市建设成为一个山、田、海、林、河等自然资源丰富、自然景观怡人和城市发展融为一体的生态条件良好且富有岭南特色的山水园林城市和历史文化名城，而番禺、花都等更有条件建成花园城市。

2.4.3 对策三：城市空间结构

形态指引城市的发展方向、结构形态等，是社会、经济、环境各因子复合作用的结果，与政策导向、自然条件、建设资金、重大项目投资状况等各种因素都关系紧密，此处主要以自然生态资源评价为依据，从生态的角度来探讨这些问题。

从自然生态资源评价分析结论可以看出，广州市域内生态条件适宜城市发展的度量依次从强到弱的排别为：南→西→东→北。而就广州城区、番禺、花都三大未来广州发展的组成部分而言，广州城市、番禺城区发展条件较花都区优。故建议市域发展应侧重南部及西部，东部和北部则重点做好生态保育工作。对于广州城市发展，应重点发展现广州城区及番禺城区，城市发展方向以南方为宜。

城市结构形态以合理引导未来广州城市环境生态化为原则，三大组成部分不宜连接，通过山体、林地、水系、田园等大地园林相互分隔并楔入城区，与城市绿地系统融为一体，且规划中确定的农业保护地、水源保护地、组团隔离用地、旅游休闲用地、郊野游览用地和自然生态保护用地等用法律形式给予严加保护。

形成一主（广州城区）、一辅（番禺城区）、一次（花都城区）有机疏散的城市结构形态。

各发展组团间的交通网络组织亦应顺应自然，结合地形，防止大填大挖，破坏自然地貌与景观植被。

2.4.4　对策四：城市空间发展时序指引

从生态分区划分状况来看，城市用地发展顺序应依次选择为：优先发展区、次优发展区、引导发展区，而对控制发展区和环境保护区则分级别加以控制保护，不作城市建设用地考虑。但城市发展时序又与其他许多条件相关联，如城市交通现状能提供的近期发展的交通可达性、城区设施的完善程度、产业关联度和城市区具有的集聚效应、城市近期发展的政策目标取向等都可能影响城市发展的时序问题。

本研究中所作出的生态分区更适合于具有可比性的有统一范围的规划尺度，如城市规划区范围内生态分区状况是广州城区发展时序的有力依据，城市郊区的城市（如增城、从化）或建制镇、乡村的发展时序必须参照生态分区所作出的结论要求。

2.4.5　对策五：城市群组织指引

应加强自身与周围城市群体的关系。从珠江三角洲地区的社会经济发展与生态环境保护的总体角度出发，应建立广州、深圳、珠海、中山大城市集合体（Megalopolis）的总体构架，从而形成广州地区的城市联盟，以协调城市间建设发展、生态复建、环境保护之间的矛盾。

对于广州市而言，应注意保护沿莲花山、海鸥岛周围的珠江两岸（包括东莞的大片水网、湿地）与狮子洋、珠江入海口周围的大片滩涂与农田、水网，对维育大广州的生态环境至关重要，应对广州、珠海、深圳、中山四市的重要生态保护区严加保护。

参考文献：

[1] 重庆建筑大学规划设计研究院．广州市自然生态资源评价分析与城市发展研究 [Z]，2000.

[2] 沈清基．论城市规划的生态学化 [J]. 规划师，2000（3）.

[3] 王如松等．城市生态调控方法 [M]. 北京：气象出版社，2000.

[4] Franco Archibugi. The Ecological City and the City Effect[M]. A-thenaeum Press，1999.

（注：本文发表于《城市规划》，2001 年第 1 期，合作者：杨培峰）

对现行城市土地利用规划的生态反思

地球上的生态系统由生命系统和环境系统两部分组成。生命系统中的成员为了取得自身的生存与发展，与环境系统之间存在着消极和积极的两种作用方式：消极的方式称为“适应”——生物改变自身去适应环境。积极的方式则被称为“建设”——生物通过其生命过程反作用于生活的环境，使之更适宜于自身的生存和繁衍。作为地球生物的佼佼者，人类具有比其他生物更为强大的“适应”和“建设”能力——这种人类与环境相互作用的过程被称为“人类聚居”。[1]在亿万年的进化发展过程中，人类逐步建立了以自身为主导的“人类聚居”环境体系。形成了既与自然生态系统有着千丝万缕联系，同时又具有自身发展特点的特殊生态系统——城镇生态系统。人类适应与改造环境的方法是多种多样的，在这些方式与途径中，人类最早运用、使用最纯熟、最重要也是最主要的还是对“土地”的利用、改造和建设。

1　土地利用规划对城市生态系统的重要作用

“土地”在中国传统自然哲思中被誉为“万物之母”——孕育和包容万物。古人这种浅显的比喻十分恰当地说明了“土地”在现实生态系统运作中所具有的极为重要的作用。生态系统中的“土地”由两大部分组成：为生态系统提供存在和运作的物质空间和支撑体系的“基岩”；为生态系统物质循环、能量传递、信息传播提供媒介的“土壤”。前者是地球物理化学过程中亿万年山移海转地质活动的成果，后者是在漫长生命演化过程中通过上亿年生物积累而逐渐形成的。“基岩”与“土壤”紧密结合成一个整体系统，一同发挥相应的生态功能。然而，事实上自然过程中生态系统发展与土地“孕育生命”的功能更为密切，也就是说生态系统运作的关键是“土壤”[2]的生物生产功能。“土壤”是一种“半生命物质”，最大的特征是它的生物活性——它的结构和化学性质介于无机物质和有机物质之间，含有大量的微生物群和小型动物。这种生物活性正是土地生物生产功能的源泉。

1.1　“基岩—土壤”系统在城市生态系统中的作用

城市是地球生命大系统之陆地生态系统的一个特殊子系统，其系统运作在很大程度上由“人”所决定是这种特殊性的根源。但是它也是由生命系统和环境系统两个部分构成。城市中的动物、植物、微生物与人共同构成城市生命系统，它是城市环境系统的主体。城市环境系统是生命系统存在和发展的充分条件，由能源、大气、水体、“基岩—土壤”四大体系构成。

“基岩—土壤”系统在城市生态系统中主要起到以下作用：①为生命系统提供生存基础空间场所。②生物生产的主要媒介。③人类社会生产的空间场所。④容纳、储存和最终消解人类社会生产的各类废弃物的场所。正因为如此，对于“人类”而言，“基岩—

1　“人类聚居是人类为了自身的生活而使用或建造的任何类型的场所。它们可以是天然形成的（如洞穴），也可以是人工建造的（如房屋）；可以是临时性的（如帐篷），也可以是永久性的（如花岗石的庙宇）；可以是简单的构筑物（如乡下孤立的农房），也可以是复杂的综合体（如现代的大都市）。”——Ekistics，1967（8）：131，转引自：吴良镛著.人居环境科学导论[M].北京：中国建筑工业出版社，2001.

2　“土壤”的形成开始于基岩的风化，但是只有生物体在这些岩石碎屑中开展了相应的生命活动，并在其中积累了各种动植物代谢的有机质后，才能够形成真正意义的“土壤”。参见：常杰，葛滢编著.生态学[M].杭州：浙江大学出版社，2001：242.

土壤”是兼具空间价值和生产价值的稀缺资源。但是由于土壤半生命物质的特点，土地的空间功能和生物生产功能的发展是不平衡的。空间资源是一种物理状态，从某种意义上而言它的存在是永恒的；而生物生产功能是一种生命过程，它会随着土壤中生命物质的消失而失缺。

1.2　土地利用规划对城市生态系统的重要作用

“土地利用”顾名思义是指人类根据自身的需求对自然的“基岩—土壤”进行改造、变更其自然属性的过程。长期以来人类对土地的利用分为两大方面：一是利用它的空间资源，为自身的生存发展建设空间场所；二是利用它的生物生产功能，为人类提供食物和各种物质生产原料。“城市土地”最初从自然土地转化而来，具有一切自然土地的生态共性。早期的城市建设活动受当时人类社会经济与科学技术水平限制，发展较慢。土地转化也历时漫长，人与自然的共同作用促使“城市土地”逐渐达到“生态—社会”协调发展状态，对土地资源不当开发的情况较少。随着科学技术发展和社会经济总体水平的提高，城市迅速扩展，对土地资源的需求也日益膨胀。由于最初对城市土地缺乏科学系统的认识，受眼前利益驱使，出现了大量的土地“误用”和“滥用”现象。这些问题日积月累，使城市相应的生态功能逐渐丧失，出现了内在的生态失衡，进而影响城市所在的整个地区。

为了维持城市生态系统的平衡，对各类利用土地行为进行科学的安排——“土地利用规划”就必不可少。土地利用规划的主要任务在于指导未来具体建设活动对城市土地进行空间上、功能上的合理利用。它是一项综合性措施，将直接协调城市各类用地之间的关系、合理保护和开发城市“基岩—土壤”系统，是有机整合城市“人工环境”与“自然环境”的纽带。

1.2.1　土地资源总量的有限性使得唯有合理利用才能维持城市生态系统的生态安全。

“土壤—基岩”系统在城市建设与开发的过程中，被以“土地资源”或更为片面的“建设用地”这些名词笼统地代称。有数据表明：全球人均城市建设用地资源只有 0.03km^2。[1] 土地的空间资源稀缺性使得将“自然土地”转化为“建设用地”具有极高的市场价值，导致了众多为追求经济利益而进行的盲目开发。又因为世界上大部分居民点都集中在全球最肥沃的土地地带，因此大量具有强大的生物生产能力的成熟土地被占用。城市建设与农业生产争地在许多国家已经是一对十分突出的矛盾。地球人口激增带来的不仅有“是否养得活”、“是否住得下”继而“是否活得好”等一系列城市生态问题，更突出的矛盾在于地球只有这么多“土地”。科学研究表明：到目前为止人类已经开垦了地球上几乎所有能够被用于农耕的土地；进一步的研究还强调，继续开垦剩下的“土地”不论是从生态意义还是单纯的经济意义出发都是不合算的。[2] 因此，人们不得不对“土地”精打细算，以此保证作为人类主要聚居场所的城市生态系统的可持续发展。

1.2.2　合理的土地利用规划是维护城市生态系统平衡、保持其健康发展的保证。

城市建设用地的扩张是造成地球生态能力损失的重要原因之一。这种生态能力的损失不仅仅体现在直接的土地生物生产量上，例如少生产了多少木材或粮食；更为严重的是由此引发的连锁反应——由于“土壤”活性丧失导致的生态系统物质循环阻断，不仅使得世界上大多数城市垃圾围城，更严重的是某些物质无法回归自然本位，造成地球环

1　参见：李利峰，成升魁．生态占用：衡量可持续发展的新指标 [N]. 中国环境报，2002-07-26（第三版）.

2　参见：常杰，葛滢编著．生态学 [M]. 杭州：浙江大学出版社，2001：261，292-293.

境的总体灾变。[1]城市生态系统的有机整体性要求各个子系统必需相互协调，任何局部的失调都有可能造成整个系统崩溃。城市生态系统中各类活动的集中导致“基岩—土壤”的变异最大，往往是各类问题汇集的焦点，针对这一环境要素的各种措施往往是城市生态系统平衡的关键；同时以“基岩—土壤”为基础的城市物质空间是所有城市生态系统活动的容器，合理的土地利用规划能够帮助协调城市生态系统各个子系统之间的运作、优化系统总体结构，提高城市抵御外界不良干扰的能力以保持其平衡稳定的最佳状态。

1.2.3 “基岩—土壤”系统功能的辩证统一性使得只有合理利用土地才可以综合提高城市生态系统的整体运作效率。

城市空间是城市生态系统存在与运作的载体，城市建设往往以城市空间建设为起点，所以对环境体系中“基岩—土壤”系统的“适应”与“建设”实践中常常出现过分强调开发利用“空间资源”、忽视土地的其他生态功能的现象。长期以来人们一叶障目地只看到了土地的空间价值，事实上土地的空间价值与土地的生物生产价值是密切相关的。良好的生态环境是城市空间具有较高市场价值的必要条件，只有充分发挥土地的生物生产功能才能真正赋予城市空间升值的潜力。合理的土地利用规划尊重城市“基岩—土壤”系统中空间价值与生物生产价值内在的有机整体性，并根据系统的固有规律合理地安排土地的利用行为及其时序，只有这样才能鱼与熊掌兼得——在充分提升城市经济地价的同时拥有美丽的城市家园，增加城市生态系统的综合实力。

2 我国现行城市土地利用规划中存在的相关生态问题

针对工业革命之后城市恶性膨胀状况应运而生的现代城市规划，诞生百余年来致力于对城市生态系统内在演进规律的理论探索和建设实践，力图促使城市中“自然—社会—个体”和谐发展。规划指导之下的城市发展与规划诞生之前城市无序扩张的状况相比，取得了非常大的进步。但是反观城市现状，离人类“最佳生境”的目标依然十分遥远。其中，最突出的问题是：目前大多数城市都濒临生态失衡——城市经济迅速发展的同时，城市综合环境质量急剧下降。在对相关的规划及其管理进行反思之后，人们发现作为有机整合城市“人工环境”与“自然环境”纽带的“城市土地利用规划”存在比较突出的生态问题，这些问题极大地影响了该规划的科学合理性，并直接关系到城市开发建设的成败。

2.1 忽视城市生态系统演进具有“人为控制”和“自然作用”的两面性规律。土地利用主要以人类需求为导向，忽视土地特性及其内在的生态作用

城市生态系统的演替发展一方面具有与地球生物圈相通的固有节律和平衡，同时又不可磨灭地被打上了深刻的人为烙印。它受到自然与人的双重作用。“自然原动力”是城市生态平衡的内因、“人类作用”是城市生态平衡的外因，外因通过内因才能发挥相关作用，才能保证系统演进的稳定与平衡。以往的城市土地利用规划大多将“城市”看做独立于自然生态系统之外的人工环境，强调人类在城市发展过程中的作用。以人类社会生产、生活的空间需求作为土地资源开发和利用的依据，忽视了城市“基岩—土壤”系统本身的自然生产功能，以及由这些功能所衍生的其他生态与环境效益。例如：忽视

1 最为突出的是地球碳循环紊乱导致的温室效益。建设活动又破坏了土壤的团粒结构，使得原来贮藏在土壤中的大量二氧化碳也被释放了出来，加上大量使用化石能源，把远古时绿色植物固定的碳也重新释放到了大气之中；建设用地扩张使得直接能够转化二氧化碳的（绿色植物通过光合作用固碳）生物生产用地总量大量减少，二氧化碳积累形成温室效应。气温升高又造成海洋吸收二氧化碳能力降低，继而引起严重的恶性循环。

了它在涵养地下水资源方面所发挥的重要作用，直到城市因为地下水得不到补给，出现用水危机或者地面塌陷；又如：忽视城市中生态敏感地带的保护，直到城市环境内的有益物种大量消失，有害物种因缺乏天敌而爆发。这些都是违背了城市生态系统演进的两面性规律，没有把握自然原动力作用而造成的后果。所以，现代城市规划必须将人类聚居与环境生态平衡纳为有机整体，建立"以城市生态系统平衡为本"的基本理念。充分尊重城市生态系统演进的"人为控制"和"自然作用"的双重规律。

2.2 现行土地评价标准的依据过于片面。单纯立足建设活动本身的经济性指标，忽视了其他经济、文化、环境生态等相关因素的作用与影响

要科学合理地利用城市土地，必须对土地资源的价值有全面正确的评价和认识。完善的土地利用评价指标体系应该包括以下四个方面的内容："土地自然生态功能"、"土地文化资源"、"土地社会经济性"、"土地建设经济性"。这些指标涉及土地从"能不能被用于城市建设"到"怎样建设"到"建设是否经济"的一系列问题的分析，只有通过这样的分析求证过程才能保证土地利用有合理的基础。

我国现行城市土地利用评价指标体系，在城市总体规划中被称为"建设用地质量评价"，主要包括：地形、地貌、地质、地基承载、地表坡度、地质灾害分布、水文条件等内容，大多属于"土地建设经济性"范畴，针对重点是建设活动本身的经济性，这样的土地评价标准是片面的，也是导致现行土地利用规划不符合城市生态系统运作规律的直接原因。

2.3 规划对土地资源的综合生态效率发挥的相关规律认识不足

城市土地利用和空间建设的基本规律之一就是追求城市生态系统运作综合效益的最大化。由于某些生态与文化效益的发挥具有潜在性和滞后性，现行土地利用规划常常被以"显而易见"的直接经济效益的目标所主导，因而自然成为片面短视的规划。因此，城市土地资源的生态与社会效益都必须经过仔细核定，并应该根据这些潜在效益发挥的内在规律对不同土地利用方式的综合效益进行全面客观的动态评价。

2.4 静态规划——只重视对规划最终成果的描述，忽视对土地资源利用实际发展过程的控制

城市的发展与建设都是一个动态过程。"规划"是对发展过程的"人工控制拟合"，因此它也应该是动态性的。现行土地利用规划往往只重视对规划最终成果的描述，缺乏对规划实施过程的预测和动态指导。这样不仅容易造成规划过程失控——规划实施因为缺乏相应的阶段性参照体系，前期的"差之毫厘"将造成后期无法弥补的"谬以千里"。并且还不利于规划应变，难以根据实施过程中遭遇到的新问题及时和恰当地修正规划。随着城市发展，规划就可能会因为实际情况变化而作废，成为"墙上挂挂"的装饰。科学的土地利用规划应该对土地资源的分期开发制定相应的程序：包括每一个控制阶段的阶段性目标和应该获得的土地综合开发建设效益指标。这样才会切实发挥应有的控制作用，真正指导城市建设。

2.5 区域的土地利用规划和城市的土地利用规划存在客观上的脱节现象

现阶段我国有关土地利用的规划分为两大体系，一是由国土管理部门制定的《土地利用总体规划》、《土地利用专项规划》和《土地利用规划设计》；二是城市规划与建设管理部门制定的《城市总体规划》、《城市分区规划》、《控制性详细规划》中的有关城市土地利用的相应组成部分。

我国的《土地管理法》规定"各级人民政府应当根据国民经济和社会发展规划、国土整治和资源环境保护的要求、土地供给能力以及各项建设对土地的需求，组织编制土地利用总体规划”。由此可以看出，国土管理部门的《土地利用总体规划》是一种长期的、宏观的土地利用战略性规划。规划的目的是“为了加强国家对土地利用的宏观控制和计划管理，协调各部门的用地需求，充分、合理地利用我国有限的土地资源，为国民经济与社会发展提供土地保障”。[1]“规划的主要任务是对土地利用现状和后备土地资源潜力进行综合分析研究，在预测土地利用变化的基础上，根据需要和可能提出规划期内的土地利用目标和基本方针；并协调各部门的用地需求，提出各类用地的控制性指标；调整土地利用的结构和布局；以及提出实施规划的政策、措施和步骤”。[2]这样的土地利用规划是以土地供给为前提的，主要的工作范围集中在大的土地区划和利用、管理方面。随着我国人地矛盾的进一步突出和对生态环境质量要求的进一步提高，其重点由以国民经济和社会发展为基础的土地供给转向了对耕地和自然环境功能区的保护与合理利用。总的来讲，国土资源管理部门的《土地利用规划》的重心在对“生地”[3]的控制与管理之上。

由城市规划与建设管理部门主持制定的土地利用规划是城市总体规划的重要组成部分。从它所涉及的内容分析，该土地利用规划实际上是一种建设性规划，重点是针对城市规划区范围及其相关影响区。它是以城市土地的自然、社会经济空间价值体系为基础的空间规划，设计是它的中心内容：包括具体的土地利用性质确定、用地规模、建设密度、各种用地之间的相互关系等。

由于城市规划建设管理部门和国土管理部门的职能分工，城市辖区的土地资源与城市所在区域的土地资源往往由两大部门分别规划和管理。但是土地的自然属性和土地上的各类生态系统的分布都有其固有规律，它们的分布并不会因为行政界线而中断。因此，过于机械的划分对跨越行政界线土地资源的科学规划、合理利用和有效管理造成很大的问题与矛盾。从科学规划的理论逻辑角度出发，两者是紧密相关的。区域的土地资源分析与规划应该是城市土地利用规划制定的依据之一。本应连贯的土地利用规划体系由于跨国土管理和城市规划、建设管理两大部门、三个管理单位主体，许多具体规划制定与实施过程中都存在事实上的脱节现象。着重土地“自然生态功能评价”的土地利用规划与着重“社会、经济功能建设”的城市总体规划没能有机结合，致使违反城市生态平衡规律的土地“误用”频频发生。

3　制定以生态平衡和可持续发展为基础的新型土地利用规划

鉴于现行城市土地利用规划所存在的一系列问题，建议对其规划体制进行重大修改，建构以城市生态系统平衡和可持续发展为基础的新型土地利用规划体系。尊重城市土地的自然特性，使城市土地资源利用更为符合城市生态系统运行的相关规律，充分发挥其自然生态功能和社会经济功能的双重效益。

3.1　新型土地利用规划的目的

立足土地的自然特性，遵循城市生态系统空间建设与发展的内在规律，确保人类的建设行为对土地资源的合理利用，以维护城市生态平衡和可持续发展。

---

1 《土地利用总体规划编制审批暂行办法》（1993 国土［规］字第 40 号）第四条。

2 《土地利用总体规划编制审批暂行办法》（1993 国土［规］字第 40 号）第三条。

3 生地：是指原始的自然土地和农业土地等未进行城市性开发建设的土地。参见 http://zhenyuan.sdedu.net 中教育星多媒体教育资源库 & 平台，鲍世行：《城市规划的新概念与新方法》之第十四章“城市土地有偿使用”。

3.2　新型土地利用规划的作用

根据各城市生物群落栖息活动的不同空间需求，对城市土地进行资源分配，确定城市中各种生物群落合理的空间疆域，维护城市生态系统的生物多样性。

尊重自然环境的空间分布差异性，优化城市生态系统空间结构，认真分析研究城市开发建设与土地自然演进过程的相互影响与联系，根据土地的自然特性和潜力进行城市开发建设，充分发挥城市土地的综合生态服务功能。

3.3　新型土地利用规划制定的原则

人与自然一体化的生态运作原则：人与自然不是相互作用的两大方面，而是城市生态系统有机体的共同组成部分。

土地资源分配的生态公平原则：一是城市生态系统中组成生命系统的各物种的种间公平原则。改变人类过度侵占其他物种生存空间，导致城市中生物多样性损失的不平衡现象。二是不同生物代际间的公平原则。针对人类而言，前代的发展不能侵占后代发展的机会，必须为后代留出足够的后备土地资源。

土地资源利用综合效益最大化原则：土地资源开发利用兼具生态建设功能和社会经济文化建设功能，具有自然、社会、文化、经济多重效益。要维持城市生态系统平衡，土地利用就必须改变以单一的经济效益为唯一导向的现状，而转向追求其综合效益的充分发挥。

3.4　制定土地利用及评价的新标准体系

为了保证城市土地利用规划的科学合理与全面性，当务之急是根据新型土地利用规划的生态运行特点，制定新的土地利用与评价指标体系，作为规划的技术依据。

改变现有土地评价指标体系不全面、不明确、随意性大的缺点，根据城市生态的基本理论和相关原则，综合土地的生物生产能力与空间容纳资源，制定新的土地评价及利用标准。指标涵盖土地资源现状评价和如何利用两部分内容。评价标准从自然生态和社会生态两方面入手，包括：土地的自然生态功能指标、土地的社会经济性指标、土地的文化资源指标、土地的建设经济性指标四大方面。从物种、风景、历史、文化等众多方面进行分析，最终落实于对城市生境的分类，并对宜建、不宜建、有条件可建的各类土地进行详细评定，并辅以一系列指标体系进行说明。评价指标注重量化，使指标不仅具备理论指导作用，并能够真实反映城市土地的综合价值，使评价结果能切实成为建设的重要基础依据。土地的自然生态功能评价：城市生态系统受自然和人工双重控制，要维持系统平衡，必须关注其生态功能运行状况。尤其对其中自然原动力的作用要有比较准确的评价。首先应该对“基岩—土壤”体系的自然状况有充分的了解，对它进行“自然生态功能”评价。包括土地的自然生产效率、生物物种的数量与分布、自然生境类型、生境的生态敏感度等一系列指标。对尚未进行城市建设活动的原生土地和农耕地，还应该增加对土地生态潜能的分析。这一系列指标将决定土地能不能被用于城市建设。

土地的社会经济性指标：城市是一个巨大的经济综合体，人类活动赋予城市土地远远大于自然生产价值的社会经济价值，它以各种形式表现出来。城市建设活动能否顺利达到相应建设目的，关键在于是否恰当把握了城市土地的“社会经济价值”。这一价值的高低与以往的城市建设成果和城市社会经济水平息息相关。包括：城市经济地价、基础设施配套水平、交通体系及其运作效率、城市空间结构等。它决定了怎样利用城市土地可以最大限度地发挥城市生态系统的社会经济效益，促使城市经济综合发展。

土地的文化资源指标：城市是一个连续不断更新的过程。一些具有悠久历史的城市地区，有的城市地段从地上到地下都埋藏着深厚的人类文化积淀。对于这些地区的再建设和更新，必须增加相应的文化资源评价指标。该指标的评价结果将影响如何利用这些城市特殊地段，只有这样才能有效维护城市"文态"、延续城市文脉，促使城市文化财富的有机更新。

土地的建设经济性指标：该指标与形成"基岩—土壤"体系的地球物理化学过程有密切关系，同时也与人类社会的科技水平、经济发展程度相关，它决定了某种类型的土地对于城市建设活动本身而言，从"投资—回报"角度是否经济和合理。

3.5 新型城市土地利用规划的编制

新型城市土地利用规划编制包括以下四大阶段：资料收集与分析、潜力评估、规划编制、实施管理。

3.5.1 资料收集与分析：勘定城市土地利用现状，并进行其综合生态基本状况评析。

根据新的土地评价及利用标准对城市土地利用现状进行综合摸底调查，分为以下几大步骤：基础资料调查—现状资料汇总—土地综合生态基本状况评析。主要包括下列几方面内容：

（1）城市土地自然生态现状：土地基本性状、自然生物生产量、物种分布状况、生境划分、群落特点等。

（2）城市土地利用现状：土地基本利用类型划分（森林、农田、河流、道路、中央商务区、居住区等）；土地基本经济价值（城市地价）；土地现状开发建设强度（建筑密度、容积率、道路面积密度等）。

（3）城市人口分布状况：各城市区域内的人口居住密度、构成；各区域间的人口流动特点（昼夜变化及年度变化）等。

（4）城市土地社会经济生产状况：全市各类城市用地上各种产业的社会经济产值及利润的创造状况。

（5）城市土地的社会文化现状：城市中各类历史遗迹的分布现状、年代、保存及保护情况；城市特色文化（例如：民族、宗教、地方特色）影响区域的范围及特点等。

本阶段成果为：绘制城市土地利用现状图，总结相应的土地利用方式与强度表格。根据调查结果按土地的自然生态功能指标、土地的社会经济性指标、土地的文化资源指标、土地的建设经济性指标四大方面分别进行分项制图、列表。充分掌握土地的资源蕴藏与利用现状。

3.5.2 土地利用潜力评估：以当地的经济及科技水平为基础，城市生态平衡为目标，分析城市土地的发展潜力，以制定相应的土地政策。

分为以下几个步骤：土地潜力分析—土地利用可行性评估—土地利用政策确定。

潜力分析是在基础资料初步分析的基础上进一步深入，把土地的自然生态功能评价、土地的社会经济性指标、土地的文化资源指标、土地的建设经济性指标四个方面内容进行综合，对城市的土地资源进行发展潜力分析。这种综合分析不是简单叠加，而是有逻辑地筛选和加权叠合。通过自然生态功能评价分别筛选出适于进行城市化建设的用地与适于继续发挥自然生态功能的用地；再分别对这两大类型的用地进行相应的社会经济价值分析，由此得出土地利用方式与强度基本表；利用文化资源指标对上一步的结果进行"验算"，得出调整后的土地利用方式与强度表；最后，通过建设经济性指标从对建设投资如何合理获取相应收益的角度，确定土地利用方式与强度表。

可行性评估是以分析表格为依据，对照现状图表评价现在的城市土地利用是否合理、开发强度是否适宜、生态状况是否和谐，同时根据利用标准确定城市建设调整的重点，找出发展的机遇与挑战。

政策制定是根据发展机遇与挑战，在土地利用方式与强度表格的技术支持下，确定的指导土地利用与开发的纲领和原则。

3.5.3　新型土地利用规划编制的重点。

新型土地利用规划是在现状分析与潜力评估的基础上，以土地利用生态标准为依据，根据城市生态系统演进的一般规律和基础原理，对城市土地资源的综合利用进行调整和合理地再分配。其重点包括：确定城市空间形态与结构、土地利用的生态指标，核定土地利用方式、土地开发强度等，以保证城市土地的开发无论从社会经济还是自然生态角度出发都是一个可持续发展的过程。

1）建立适地性的土地利用生态指标体系。

土地利用的生态指标是为保证土地资源利用的种间及代际公平，从维护土地资源自然生态价值角度出发，对人类利用土地行为所制定的更为详细的要求。它针对的是常规利用方式中对土地原有生态价值的破坏和土地质量降低的问题。目的是避免过度的、不必要的土地生态资源浪费，同时在适宜的情况下促使土地生态价值增值。

土地利用生态指标包括两大部分：

（1）土地生态指标。例如：与城市生命系统相关的生物种类指标、数量指标；与城市景观和大气质量相关的绿化覆盖率、绿地率、总绿量等指标；与城市水循环相关的降水回渗率等；与能源利用相关的节能效率和生态能源利用效率等。

（2）生态补偿机制。当某些开发和建设在现今科技及生产力发展水平上确实无法达到相关指标时，必须进行生态补偿。这种补偿不是单纯的经济处罚，而是从土地资源可持续性利用角度出发的生态建设。它们可以是某种相关指标的置换。例如：当生物物种指标无法达成时，可相应地提高绿地率和绿化覆盖率指标。这样从长远的角度看，绿化覆盖率和绿地率的增加，有利于加速对生物生境的培育，假以时日将最终促使生物种类和数量的增加。同时，当建设与开发能够通过某种方法和技术超额完成相关指标时，补偿机制亦提供相关的奖励条款。例如：当开发增加了生态能源利用率和绿地率的情况下，可允许增加开发强度、适度提高容积率。

2）选择适宜的土地利用方式与方法。

对于城市生态系统而言，土地利用的重点在于强调发挥生物群落与城市空间所构成的生态系统的整体效益。所以，土地利用应重视地块与地块之间的相互协同，以及土地与生物群落分布的关联。每一块城市土地利用方式是否合理由两个方面因素共同决定：一是该土地的自然生态现况和土地利用现况；二是立足城市生态和谐发展系统性原则的该土地的利用预测。强调局部利益服从全局利益。

3）确定合理的土地建设与开发强度。

最佳的土地开发强度是相关各项土地效益综合评定之后的最佳值。它既体现土地的社会经济价值，又反映土地的自然生态特性，是土地可否持续利用的重要指标。它的综合评定基于两方面综合分析：一是土地自然属性。包括景观价值、游憩价值、生物生产的等比社会经济效应换算等。二是土地社会经济属性。包括土地开发承载力、环境容量、不同开发强度需对土地进行的追加投资（例如：处理地基、改善排水等）、预期土地的社会经济效益、建成空间对城市生命系统的综合容纳量等。

4）确定城市的空间形态与结构。

新型城市土地利用规划对城市空间形态与结构设计将突破以往的“二维”模式。城市生态系统空间建设不仅包括不同生物群落对土地资源的占有和利用过程，还包括生命系统对所处空间的建设过程和由此形成的群落分层现象。空间建设使有限的土地资源得以充分利用，扩展各种物种的生态位，是自然界长期演化的结果。所以，城市生态系统的空间运作规律，决定了城市土地利用规划并不是单纯的土地分配与利用，它还涉及空间资源的开发，以及随着开发建设的城市空间形态与功能的演进。因而，新型城市土地利用规划呈现“四维”特点，这是城市生态系统空间形态结构的特色。

3.5.4　实施管理：对城市土地利用和空间建设进行引导，促使城市生态系统空间演进有序进行。

新型的土地利用规划把规划编制过程与实施管理有机结合起来，而不是机械地划分为两大阶段。政策的制定和规划的编制根据基础资料的分析和评定结果同步进行，管理人员和规划设计人员形成一个紧密的工作群体。这样既便于管理人员将实施过程中所发现的问题及时反馈，并制定更切合实际情况的针对性政策；也便于规划设计人员编制更便于政策实施的具体方案。

3.5.5　新型土地利用规划与传统城市土地利用规划的不同。

（1）针对生态位的“四维”规划：新型土地利用规划突破了传统土地利用规划以土地资源分配为主要目的，以平面划分为主导的“二维”性限制，更为符合城市生态系统空间演进规律的生态位理论。规划以空间资源可持续利用建设为目标，呈现立体规划和与时俱进的“四维”特点。

（2）连贯性规划：新型土地利用规划的制定强调不同层级规划之间的有机性、整体性、系统性，这是与城市生态系统的系统特征相结合的。尤其强调把区域的土地利用规划与城市总体规划中的相关部分都纳入同一个规划网络，以避免因为主管部门不同而造成的系统断裂，使规划的科学性和贯彻实施大打折扣。

（3）实施管理政策与规划编制同步进行：通过规划过程整合“规划编制”、“实施管理”、“具体建设”三者之间的关系，使规划和管理更为贴合城市生态系统空间演进的实际情况，以有效引导建设活动开展。作为对城市空间系统发展起主要指导作用的土地利用规划本身的部分内容，与制定政策的前期工作结合，可以先于总体规划的纲领存在。例如：土地利用规划的资料收集与分析、潜力评估阶段都可以在总体规划纲领确定之前进行，制定的地方土地利用政策是基于城市生态系统的平衡发展，而不是单纯的人类社会、经济需求，应该作为城市总体规划的依据之一。

4　结语

目前，我国正处于城市化迅猛发展的时期，特殊的国情使得我国的城镇建设必须面对更多的生态制约。尤其是地少人稠造成的水土资源稀缺状况使得合理利用土地资源在我国具有特别突出的生态意义。近 20 年我国城镇的迅猛发展状况是城市生态系统固有生态优势的直接体现，但随之而来的严重环境危机一再提醒人们：这种发展模式中潜藏着许多不合自然规律的机制，只有及时予以纠正，才能在严峻的资源形式下促成我国人居环境综合质量的进一步提高和可持续发展。面对世界“谁来养活中国”的质疑、面对随着经济发展形式急速膨胀的城镇用地需求、面对居民日益提高的生活环境质量要求——随着城市生态系统的发展，“土地”的综合作用更为关键和突出。土地利用规划是基于城市自然、社会、经济价值综合平衡基础上的空间资源规划，它关系到城市生态系统中各物种的生存利益。合理的土地利用规划既是人类改造自然生态环境的根本体现，也是有机整合城市“人工环境”与“自然环境”的纽带。而土地利用规划制定过程中的众多不够科学的“疏漏”是不仅造成城市“土地”不能充分发挥其生态与空间功能，降低了城市生态系统的综合效率；更为个别人留下了可为一己眼前利益之私进行专营的漏洞。立足生态，唯有即时拾遗补缺，建立更为科学合理的土地利用规划体系，才能合理发挥城市“基岩—土壤”体系的生态与空间功能，促成城市生态系统在保持内在平衡的同时与地球环境和谐、共同可持续发展。

参考文献：

[1] 刘天齐，孔繁德，刘常海等编著．城市环境规划规范及方法指南 [M]. 北京：中国环境科学出版社，1994.

[2] 樊芷芸编著．环境学概念 [M]. 北京：中国纺织出版社，1997.

[3] 沈清基编著．城市生态与环境 [M]. 上海：同济大学出版社，1998.

[4] 何鉴译．环境论 [M].（日）岸根卓郎著．南京：南京大学出版社，1999.

[5] 贾绍凤，张明编著．地球的表层——人类的家园 [M]. 上海：上海科学技术出版社，2000.

[6] 宋永昌，由文辉，王祥荣主编．城市生态学 [M]. 上海：华东师范大学出版社，2000.

[7] 常杰，葛滢编著．生态学 [M]. 杭州：浙江大学出版社，2001.

[8] 吴良镛著．人居环境科学导论 [M]. 北京：中国建筑工业出版社，2001.

[9] 黄书礼．生态土地使用规划 [M]. 第二版．詹氏书局，2002.

[10] 黄光宇，陈勇著．生态城市理论与规划设计方法 [M]. 北京：科学出版社，2002.

[11] 鲍世行．城市规划新概念与新方法 [M].

（注：本文发表于《城市规划汇刊》，2003 年第 5 期，合作者：毕凌岚）

城乡空间生态规划理论框架试析

1　理论背景

1.1　时代背景

当今社会是乡村向城市化快速演替的社会，近几十年来，世界范围内人口从农村向城市的迁移速度明显加快。20 世纪初，世界人口中只有 15% 居住在城市，1950 年这个比例仅增长到 20%，但到 2000 年全世界已有一半人生活在城市[1]，这标志着"城市时代"已经来临；在信息革命推动下，资本和劳动力在全球流动，世界劳动地域重新分工，全球经济中心的出现促使全球城市开始呈现体系化和多极化并存的态势……这一系列重大变革直接影响到人类生活、工作等各个领域，从而也深刻地影响了人居环境的建设。我国已经步入城市化快速发展时期，同样也面临着城乡空间的剧烈变革。面对新的挑战和机遇，中国城市化应合理利用后发优势，实现现代化建设和生态建设同步发展，建设有中国特色的城市化发展道路。

21 世纪又是生态文明的世纪，但伴随着城市化在全球推进，人类在过去的 100 年中对自然资源的消耗达到了人类历史上空前的水平，生态问题也已经从以前人们认知的城市或乡村个体内的局部问题拓展到涵盖整个城乡系统的地区问题，乃至全球问题。针对日益严峻的生态环境危机，联合国环发大会倡导的可持续发展思想已得到各国赞同并实践，生态理念迅速地被贯彻到各个层面和各个行业，并把可持续发展作为经济、社会发展的基本战略。

我国生态底蕴深厚，又是新时代中生态文明倡导和执行最积极的国家之一，我国"可持续发展战略的实施与胜利实现，不仅是我们自身发展的唯一正确模式，而且将是对整个人类的巨大贡献"[2]。从我国建设事业所处的实际状况来看，正处于经济增长方式转型、体制转轨、西部大开发等各种机遇和挑战交融的历史时期，兼之我国地域差别巨大，因此针对各地生态状况编制城市规划，使与城乡建设有关的生态问题在规划编制中切实得到解决或缓解有重大的现实意义。从目前我国的建设状况来看，随着环保措施跟进，局部生态状况有所好转，但整体生态仍呈恶化趋势。从各地生态状况来看，各地由于社会经济发展状况不同、生态禀赋各异，建设中的生态问题也各不同，在这种形势下，城市规划有责任、有必要运用生态学原理、方法去辨识城乡系统中的各种生态关系，深入分析各种生态问题，通过空间资源配置的手法，强化自然生态特色，减少生态污染，促进人与环境的和谐。

1.2　学科背景

从科学的发展动态看，21 世纪已成为生态学的世纪，生态学已成为解决一切与生命现象有关问题的一般科学方法，是 21 世纪的科学，这也就给各学科的结合提供了一个共同的研究平台。目前，各学科发展的生态学化趋势日趋明显，冠以"生态"名词的学科已不下 100 门，可以说，现代科学发展的趋势之一就是它的生态学化和各学科与生态学的结合[3]，人类的生存与发展将依赖于生态学的进步。

同时，人们开始对城市规划学科进行反思，认为过去和现在指导专业理论与技术发展的、在很大程度上处于主导地位的规划科学观念是追求完全客观地将事实与价值分裂的"科学性"[4]，在生态上表现为许多规划成果是违背生态原则的，甚至是反生态的。针对该问题，学术界针对城市规划学科和生态学的结合正开展热烈的讨论，并进行了相关实践，但总的看来，研究尚属初步，还未出现完整、规范的体系。

2　理论提出

城市规划是实现经济、社会、环境协调发展的重要手段，其根本目的是通过对城乡土地和空间资源的合理配置来建设适合人类的栖居环境。其中，对城乡物质空间系统的规划一直是城市规划极为重要的组成部分。学科发展至今，城市规划已基本建立了适合于各空间层次的规划法规和技术规范。在城市规划学科生态化的趋势下，生态规划作为生态环境科学的一种规划方法，与城市规划的融合是必然的，也是必需的。

与城市规划不同，生态规划更多地体现为生态理念和土地用途相对应的资源利用方式的结合，被广泛地运用到国土、环境科学、城市规划等各个领域，是通过生态理念渗透到规划的各个层次来展现其作用的一种方法体系，生态规划应该在目标、措施和任务方面像“楔”一样进入各个规划层次中。城乡空间生态规划理论正是基于此提出的以空间规划革新为基准的城市规划理论创新。

2.1　城市规划与生态规划结合具有可能性

（1）我国目前的城市规划以空间物质规划为主体，是对人类聚居方式的研究；生态规划对从单方面的自然生态到全方位的泛生态皆有涉足，是以人和环境的互动关系研究为基础的人类聚居环境研究的学科和方法。两者都是基于某一目标体系对现状改进的设想，同时两者以公众利益为主体的利益取向亦大致相同，这为两者结合创造了良好契机。

（2）城市规划学科在其空间规划的本质向社会、经济规划延伸或过渡的同时，空间范围亦从城市内部空间的研究扩展到区域空间层次，涵盖了城市与乡村全部的聚落空间。与之对应，目前我国已开始着手从立法的角度讨论《城乡规划法》代替《城市规划法》的可能性。而生态规划从一开始就强调各种生态关系的系统性、关联性，提倡城乡一体地研究可能存在的自然流、经济流和社会流，以此奠定社会经济活动最适宜的自然基础。[5] 并且，从生态学观点看，城市本身就是一个不完整的生态系统，只有与周边区域及乡村环境统筹考虑才能实现各种生态流的循环与生态平衡，这与城市规划作用对象扩大化趋势相符，相近的空间尺度亦为两者结合创造了共同的物质平台和提供了统一的研究对象。

2.2　城市规划与生态规划结合存在必然性

城市规划的主要职能是对城市土地资源进行合理配置，土地资源不仅是城乡居民生活、生产等活动的载体，同时也是众多自然生态因子的载体和相互作用的场所。但凭借传统城市规划理论方法无法彻底了解土地资源所赋予人类的全部属性，其中缺乏系统生态观念作为空间规划指导思想的弊端已经开始显现。在今天环境恶化加剧、生态水平降低的现实面前，我们不能不反思规划理念与方法上的苍白无力，甚至怀疑其是否与生态之道存在背离。而生态规划对土地利用的作用早在20世纪60年代麦克哈格就言明：生态规划（Ecological planning）是在没有任何有害的情况下或多数无害条件下对土地的某种可能用途进行的规划。以自然生态为基础，以系统生态为思想体系的生态规划的引入是目前空间规划摆脱困境的契机。

从我国城市规划学科的发展趋势看，从单一物质形态研究向社会经济生态综合研究转变已初见端倪，从作为一门专门的工程技术向政府行为和社会运动演进也在讨论之中，由此可见，城市规划的研究对象越来越复杂。如何解构如此复杂系统的各种生态关系以便为空间规划提供科学、有力的依据一直是传统城市规划感到力不从心的地方。而生态规划的最终目的，就是要依据生态控制论原理去调节内部各种不合理的生态关系，提高系统的自我调节能力，在外部投入有限的情况下通过各种技术的、行政的和行为诱导的手法去因地制宜地实现持续发展，其任务是辨识系统中各种局部与整体、眼前与长远、环境与发展、人与自然的矛盾冲突关系，寻找调和这些矛盾的技术手段、规划方法和管理工具。[6] 把生态规划引入城市规划是从系统、动态和多维的角度研究城乡空间发展规律。

3 城乡空间生态规划理论概要

城乡空间生态规划是在生态理念指导下将生态规划相关理论、方法运用到城市规划中，在生态目标导向下对现有空间规划理论、技术方法等进行改进与更新。这不是对现有规划体系的否定，而是以物质空间建设改造为主体强调生态理念与手法贯穿其中的规划方法。

我国的规划体制虽然是主要针对城市，但城乡协调的建设思路都已纳入了城市规划理论之中。从目前城市与乡村的发展态势分析，在我国沿海发达地区，传统概念上的城市与乡村已经很难有十分明晰的界线；从城市规划理论演进的趋势来看，我国的规划体系必须成为面向城市与乡村的一体化的空间规划体系。城乡空间生态规划是对现行的空间规划理论体系（包括思维逻辑、目标指向、有效性检验等）在生态思维引入之后的变革。

3.1 城乡空间生态规划的目标导向

城乡空间生态规划的目标导向是在正确认识人与生物、自然、环境等关系的生态世界观基础上，对城乡空间生态和谐的未来状态趋向进行预测，并提出保持该趋向发展的空间建设措施和对策，该目标导向也可以看做是一个对城乡生态系统辨识和规划途径初步确定的过程。具体体现在以下几点：

（1）生态效率目标导向。生态效率是指在针对生态成本投入产出地方比率。生态效率目标导向将资源与环境的区域和环境代价计入，并体现到物质、能量、资金、劳力、信息各方面的利用效率。其体现在城乡空间生态规划上是指并不追求经济效益最大化，而是强调生态资产的强化（如水源涵养、土壤肥力、生物多样性等的空间反映）；强调与促进资源循环利用，少投入、少排放的资源利用方式相适应的空间结构和产业布局，如强调步行化、节能化的交通方式与空间规划的关系等。

（2）生态活力目标导向。生态活力是对系统持续自生能力的表达，也是生态规划得以运用到城乡空间系统中的特色之一。该目标强调人工系统的正常运转并不是靠大量外来能量、资金、劳力的输入才完成（如城市绿地并不需靠大量外地花木的运入或大量维护费用，而是有自我生长、自我发展的能力），生态活力除经济活力（包括市场竞争力、技术进步的贡献、产品多样性、生态产业链形成等）、社会活力（群众生态意识、体制活力等）外，最主要的是强调在城乡空间这一以人工系统为主的空间系统中自然系统的活力（包括水的流动性、气的通畅性、土壤活性和渗透性、生物多样性、植被覆盖等），强调自然生态过程尽可能在城乡空间建设中延续甚至得到强化，自然生态功能在城乡空间中尽可能发挥。

（3）生态稳定目标导向。对于城乡发展而言，生态学观点中减小风险、维护系统安全稳定与提高系统效率具有同样的重要性，可惜的是，这一点在以往的规划中并没有得到重视。生态安全稳定强调生态风险最小，系统发展速度与波动幅度的平衡、主导性与多样性的平衡、依赖性与独立性之间的平衡。空间规划中强调生态安全格局、资源配置的公平性、环境影响（包括生态影响）的预见性与空间资源配置的关系等。城乡系统的效率、活力、稳定目标导向构成了生态规划作用于空间体系的总体原则。

3.2　城乡空间生态规划的要素分析

所谓要素即工作对象所包含的基本单元，城乡系统的复杂性决定了空间规划涉及要素极多：社会、经济、土地、人力、科技……但空间规划的作用毕竟是有限度的，尽管在空间和土地使用上反映城市这一被人类赋予的社会经济关系，但城市规划只能处理这些关系投射到空间层次上的相互作用，而难以甚至不可能直接去处理社会、经济、政治关系，空间规划所发挥作用的有限度性主要体现在城市空间和土地使用方面。空间规划所能作用的要素（也就是空间规划要素）只能是用于空间建设的土地资源。但是，空间规划并不等同于土地利用规划。土地利用规划中主要将土地资源视作二维平面形态，对之的调控亦体现在使用性质、相互关系和面积大小等方面，而空间规划则是视土地资源是自然立体构成和人类赋予土地之上的三维构成的复合体，是对土地资源进行物质改造后人类活动价值的体现。

当然，我们应该认识到空间规划并不是其作用要素的主宰，它对人类聚居环境内土地资源的使用只是进行调节和控制，而不直接参与到土地使用与开发建设中去。也就是说，空间规划对土地资源的作用是指导性的、间接的。同时，空间规划对土地和空间资源进行配置时也不是就事论事，而是对附着于土地资源之上的社会、经济、环境因子发展趋向的正确引导，其中，生态环境是重点之一。正如吴良镛先生所说："城市规划不只是规划城市，还是落实环境保护和走可持续发展等基本国策的具体行动与积极措施之一。"城乡空间生态规划就是着重在突破传统城乡土地及空间利用模式，在空间规划中体现土地本身、内在的生态潜能与生态价值。抛开需要兼顾的社会经济因素，城乡空间生态规划中对土地资源的利用分两种方式，第一是正确选择与划分自然生态单元组织、自然生态开放空间系统，如城市绿地、山体、水系、农田、荒野等；第二是在城乡实体建设中尽量融入自然生态化、社区的生态建设等。这两者是一种有机组合的关系，同时对自然生态的结合也反映了生态规划对土地资源配置的基本观点。

3.3　城乡空间生态规划的方法论——生态控制论

生态控制论对城乡规划方法论而言，同样是规划方法演进的契机。我国学者已经对目前规划方法的效果作出反思，并开始意识到基于工业化社会背景下的机械论思维方法只能导致"城市许多社会问题是由规划产生"的状况。生态控制论就要淡化人对城乡复杂巨系统的干扰力量，尤其是对自然系统的干扰，重点调控、扶持城乡系统中自然生态系统的自我组织、自我调节能力。从广义的角度而言，反映在空间规划上为从分析城乡系统入手，辨识承载于城乡空间之上的各种生态关系，探讨通过配置空间资源改善系统结构和功能的生态对策，促进城乡空间演进中与周围环境的互动，提高自然空间对人工物质空间的作用力，减小城乡空间发展的负面生态影响等；从狭义的角度则是延续物质规划的观念手法（适应我国现阶段国情），配置城乡聚落的土地资源与空间资源，强调城乡空间中生态环境与物理环境的关系，使之达到与自然和谐的目的。

城乡空间生态规划是生态理念在规划目标、空间形态设计和空间建设等各个程序中运用的规划方法，体现在具体方法上表现为动态系统控制、系统关联等理念在空间规划实践中的运用，被称为生态控制论的应用。

3.4 城乡空间生态规划编制程序

城市规划编制过程实质是一个模拟过程。在这个过程中，围绕城乡发展目标，“规划师要把各种分散因素综合成一个统一的规划方法”（Hall，1975年）。城乡空间生态规划就是以生态学为导向，将各种生态因素用循序渐进的规划手法实现或趋近规划目标（图 1）：

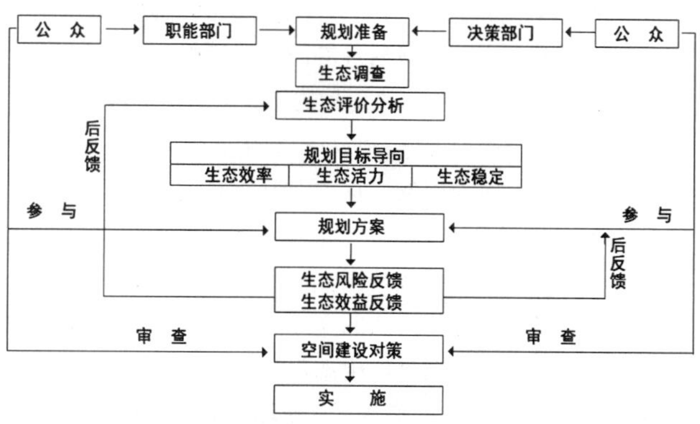

图 1 城乡空间生态规划编制程序图

（1）生态调查。生态调查除了传统空间规划中强调的社会、经济等因素外，还包括地理、地质、气候、土壤、动植物、自然景观等自然生态要素。

（2）生态评价。生态评价的主要目的在于运用复合生态系统的观点及生态学、环境科学的理论与技术方法，对评价范围内的资源与环境的性能、生态过程特征、生态环境敏感性与稳定性进行综合分析，以认识和了解环境资源的生态潜力和制约，从而为空间规划提供依据。生态评价多种多样，主要包括：生态过程分析、生态承载力分析、生态格局分析、生态敏感性分析、生态适宜性分析、生态和谐度分析、生态空间分析、生态系统服务分析等。

（3）生态反馈。霍林（C.S.Holling）的《复杂系统的奇异行为来自生态学的教训》（The Curious Behavior of Complex Sytems：Lessons from Ecology）一文中认为管理生态策略应包括前反馈与后反馈两种。空间规划中的反馈思想（主要是后反馈）体现在以动态规划、滚动规划替代了原来的静态物质规划，被视为规划理论的一大变革。但对前反馈则涉及较少，即缺乏预先对城乡空间开发可能引起的生态效应进行预测。城乡空间生态规划中还应引入前反馈机制，预先评价规划实施后直接和间接、正面和反面、长期和短期的生态效应，从而及早修改方案，提出不良效应缓解的措施，以及生态环境保护计划，从而对城乡空间规划内容进行修正。前反馈有生态风险评价和生态效益评估两种，前者侧重于空间规划的实施可能带来的负面影响，后者则侧重于生态规划实施所带来的生态效益。

（4）规划对策。规划对策是决策程序中的关键环节，是基于生态目标、分析和过程反馈之后决定采取相应的针对空间规划的措施，从而指导空间建设。适用于城乡空间生态规划的对策主要有：生态补偿、生态分区、结合生态工程的规划等。将这些生态对策融入到空间规划中去，就构成了城乡空间生态规划的各种规划手法。

4 概念对比

4.1 与城市规划、环境规划、生态规划的关系

与城乡空间生态规划相近和相关的概念众多，现罗列如下：

城市规划重点强调的是规划区域内土地利用空间配置和城市各项物质要素的规划布局。环境规划也称为环境保护规划，强调规划区域内大气、水体、噪声及固体废弃物等物理环境质量的检测、评价、规划调控与管理。生态规划是强调运用生态系统整体优化

的观点，侧重对规划区内城乡生态系统的人工生态因子和自然生态因子的动态变化过程和相互作用特征的分析，研究物质循环和能量流动的途径，进而提出资源合理开发利用、环境保护和生态建设的规划对策，它与城市总体规划和城市环境规划紧密结合，相互渗透，是联系城市规划和环境规划的桥梁，是协调城乡建设、发展和环境保护的重要手段，其内涵和深度都更高。[7] 而城乡空间生态规划是用生态学观点充实、更新传统城市规划理念的空间规划理论创新，重点强调城乡一体、强调城市发展与自然演进相协调的空间规划理论和方法。

从上述概念界定可以看出，城乡空间生态规划的主体仍是空间规划，是结合了生态理念，融入了生态规划方法的空间规划，是城市规划理论的核心部分——空间规划的创新与发展，是城市规划学科生态化的表现之一。它有别于强调事后监控的环境规划和强调系统调节优化的生态规划。它比环境规划或生态规划更具综合性、整体性与系统性，不仅要考虑城市本身，同时也要考虑城乡整体环境。

4.2　与城市生态规划的关系

城乡空间生态规划与近年来提出的城市生态规划概念有所不同，城市生态规划是遵循生态学原理和城市规划原则，对城市生态系统的建设作出科学、合理的决策，从而能动地调控城市发展与生态环境的关系，规划调节和改造城市各种复杂的系统关系，从而达到城市结构合理、功能协调、生态良性循环的规划目标。可见，城市生态规划侧重城市生态系统的协调和优化。两种规划既有一定关联，又存在很大的区别。

（1）一致性：①规划原理。二者都是以生态学与城市规划理论与原则作为基本原理，运用生态学的相关方法与城市规划的理论方法相结合，都是将生态学运用到人类聚居环境和规划学科领域的理论创新。②规划目标。二者都是以人类聚居环境的可持续发展为规划目标，追求经济、社会、环境效益的统一，追求人类理想的栖居环境。③规划范围。城市生态规划虽然没有明确将乡村地域纳入进来，但城乡一体的区域整体观已作为指导城市生态规划的准则之一，许多城市生态问题的发生、发展以及解决都必须在区域内统一安排，这点与城乡空间生态规划保持一致。

（2）不同点：①规划作用对象。城乡空间生态规划产生作用的对象主要是城乡土地和空间资源，而城市生态规划对象则不同，是以协调控制城市中的各种生态关系为规划对象。其作用的对象包括城市生态功能、园林绿地系统、环境污染防治、资源保护与利用等诸多涉及城市生态的环境因素。可以说城市生态规划是涉及生态环境众多因子的“泛”规划。②规划内容。城乡空间生态规划紧紧围绕针对土地和空间而进行的物质规划，规划内容也是对各空间层次物质空间建设的设想。而城市生态规划的内容则涉及了城市系统生态的建构和环境问题的整治，与其说它是一种城市规划的内容，不如说更像是一种城市规划研究的内容或可以与环保等部门共享的规划内容。③与城市规划的关系。城乡空间生态规划更多地表现为城市规划中的主体——空间规划生态视角的理论与方法的创新，仍属于城市规划理论中的一部分；而城市生态规划可以作为城市规划范畴中的专项规划范畴，作为一个子项规划，又可以从城市生态学研究的角度来看独立在城市规划体系之外，是专门针对城市生态问题而进行的专项、对策性研究。

5　结语

综上所述，城乡空间生态规划可以说是城市规划学科本身的生态化过程中从空间规划研究—生态研究—空间生态规划研究的回归，是生态规划渗透到空间规划体系中的规划理论体系。这种规划理论的提出有助于对目前空间规划体系客观存在的生态缺漏进行弥补，也是城市规划理论创新和发展的一种表现。

参考文献：

[1] 中国城市规划设计研究院学术信息中心．国外城市规划学科发展趋势研究 [R]，1999．

[2] 中国科学院可持续发展研究组．1999 中国可持续发展战略报告 [M]．北京：科学出版社，1999．

[3] 沈清基．论城市规划的生态学化 [J]．规划师，2000，16（3）：5-9．

[4] 张兵．城市规划实效论 [M]．北京：中国人民大学出版社，1998．

[5] 王如松等．城市生态调控方法 [M]．北京：气象出版社，2000．

[6] 董雅文．城市景观生态 [M]．北京：商务印书馆，1993．

[7] 李博．生态学 [M]．北京：高等教育出版社，2001．

（注：本文发表于《规划师》，2002 年第 4 期，合作者：杨培峰）

将强制性保护引向自觉维护

——城镇非建设性用地的规划与控制

重视城镇建设用地的开发而忽视非建设性用地的经营，导致城镇环境不断恶化，地域空间特色丧失殆尽。城镇生态系统自我调节修复与维持发展能力低下的特性决定了城镇对环境支持系统的依赖性。《城市规划强制性内容暂行规定》要求对生态敏感区、基本农田保护区、矿产资源分布区等地域予以强制性保护。仅仅划定保护区范围远非规划控制的唯一目的，它蕴涵着对规划编制内容与方法的深层要求：在区域范围和整体环境之中透析城镇建设用地与非建设性用地的关系，并探寻相应的规划思路与方法。

1　城镇地域内的非建设性用地

建设用地相对于非建设性用地而存在，它们如同"主景与背景"的关系。背景虽没主景起眼，却包含着衬托与支撑的成分，抹去它主景则不复存在。

1.1　非建设性用地的概念界定

1.1.1　非建设性用地与城镇的空间关系

以用地的自然属性审视城镇及其关联地域，城镇建设用地单元呈斑块状嵌于山脉、沟谷、河川、林地、荒地等非建设性用地之间。缩小观察尺度至城镇建设用地内，流经城镇的河流、城镇内部的绿地与城区外围的林地、农田、水体等构成界定城镇建设用地单元的非建设性用地。

1.1.2　城镇地域内非建设性用地的构成

为便于研究，本文将与城镇建设用地直接相关，因地质地貌或特殊生态价值而不可建的生态敏感区，或对城镇持续发展具有支撑性作用而必须保护和控制开发的地域称为"城镇地域内的非建设性用地"（以下简称非建设性用地），它涉及城镇内外两个空间层面，城镇外围包括风景名胜区，湿地、水源保护区等生态敏感区，基本农田保护区，地下矿产资源分布区等，城镇内部包括需要保护的自然山地、水体和各类城市绿地。

1.1.3　概念内涵与研究重点

本文中的城镇建设用地为狭义概念，指以人工无机建材覆盖为主的空间，包括建筑群、道路等及其附属空间，在土地使用类型上主要指城市用地分类标准中的前八类用地，将绿地（G 类）、其他用地（E 类）及城镇外围的各类生态绿地、农田等用地合称为非建设性用地，在某种程度上也可理解为广义上的城镇环境区，是城镇开放空间用地系统的基本载体。建设与非建设性用地具有不可分割性，文章的研究重点并非严格的概念区分，而是两大土地利用系统的共轭、互动关系。

1.2　非建设性用地的相关研究

1.2.1　古代朴素生态思想对非建设性用地的认识

城镇周围"非建设性用途的环境"关乎城镇的持续发展，我们的前辈对此有着深刻的认识。聚落选址的理想模式："背有靠、前有照，负阴抱阳；左青龙、右白虎；明堂如龟盖；南水环抱如弓"。与其说这是选择基址，不如说是在考量城镇基址周边环境中的自然要素及其生态状况，此时的非建设性背景决定着建设前景的生存状态与生态品质：

城市后缘山脉草木繁茂，果实、燃料等供给源源不断，同时可以屏挡冬日寒流；前缘河流孕育出大片良田沃土，且有迎纳夏日凉风与“耕渔、饮用、去恶、舟楫之利”[1]；山川聚集，影响生物圈最为重要的“风”和“水”的循环、运作得以整合，使城镇处于对自然的最佳关系中，生态良好，生机盎然。

1.2.2 现代城市规划建设对非建设性用地的研究

香港 1991 年修订的城市规划条例中，就明确规定了非建设性用地的组成：景观保护区、生态敏感区、郊野公园、国家公园、绿化带、乡村发展、露天仓库等。德国学者在进行西柏林城市生态系统研究时十分重视城镇建设用地结构变化对周围环境区影响的研究。日本东京、泰国曼谷，我国苏州、无锡、沈阳等也进行过类似的研究（Sethi，1987 年；吴楚材等，1988 年；肖笃宁等，1990 年）。黄光宇先生主持的“广州番禺廊道地区控制性规划”[2] 及“成都非建设用地规划”[3]，对城镇地域内非建设用地的生态功能、空间格局及保护与管理方法进行了全面研究。本文关注于城镇相关地域中的非建设性用地与建设用地协同关系的研究。

1.3 非建设性用地与城市生态规划

生态规划（ecological planning）是在自然综合体的天然平衡情况下不作重大变化，自然环境不遭破坏和一个部门的经济活动不给另一个部门造成损失的情况下，应用生态学原理，计算并合理安排资源的利用及组织地域的利用（《环境科学词典》，曲格平主编，1994 年）。美国生态学家麦克哈格（1969 年）在《设计结合自然》（Design with Nature）一书中提出：“生态规划是在有利于利用全部或多数因子的集合，并在没有任何有害的情况或多数无害的条件下，对土地的某种可能用途，确定其最适宜的地区。”

共生、适应、循环是城市生态规划最重要的指导原则，其核心是在城市内部子系统间及其与外部系统间建立和谐、有效的生态关系，这就要求它应当是包含非建设性用地的共轭规划——促进建设和非建设两大用地系统的和谐共生，这也是从强制性保护、控制非建设性生态环境区走向自觉维护的必由之路。

2 非建设性用地与城镇建设用地的生态关系

2.1 非建设性用地的生态特性

2.1.1 相对于建设用地的“异质性”

异质性是系统或系统属性的变异程度（Pickett，1995 年）。非建设性用地与城镇建设用地在生态特性与空间属性上具有高度异质性，呈现出自然与人工、有机与无机、虚与实的鲜明对比。异质性的背后是环境的丰富多样性与系统的稳定性，这恰同城镇持续和谐发展的指针相吻合。

2.1.2 相对于人类活动的生态敏感性

非建设性用地对城市建设显现出高度敏感性，一方面，这些空间对于城镇而言，具有较高的生态价值，蕴藏超越建设经济价值的外在工具价值——保障城镇持续发展和维持城市生态平衡的不可替代的外在用途；另一方面，其地质地貌不适于建设利用，强行使用，可能诱发自然灾害或必须付出远大于开发效益的昂贵代价，如滑坡、崩塌、泥石

1 王其亨主编 . 风水理论研究 [M]. 天津：天津大学出版社，1992.

2 中科院、建设部山地城镇与区域环境研究中心，重庆大学城市规划与设计研究院，中科院环境研究中心及广州市规划院联合编制。

3 中科院、建设部山地城镇与区域环境研究中心，重庆大学城市规划与设计研究院编制，主要设计者：黄光宇、邢忠、闫水玉、赵珂等。

流地区。

2.2 非建设性用地对城镇的生态支撑

2.2.1 非建设性用地对城镇功能上的生态支撑

城镇生态系统高度聚集、还原功能差，为了维持自身的发展，城镇不断利用环境资源，同时对环境空间施加各种影响。

非建设性用地以其自身具有的生态功能给予城镇生态支撑，维持城镇正常功能的运转。它就如同连接城市建设实体的气脉，携带着各种“生态功能”，将清洁的用水、新鲜的空气输送给各城镇建设单元，消纳建设用地产出的废弃物，同时调节城镇气候、提供休闲场所。城镇建设单元如同细胞一样游离于非建设性用地（自然网络）构成的细胞液中，不断从中吸纳着维持生命活力的养分。[1] 城镇对环境不断地破坏、索取和污染转嫁，有机细胞液最终可能成为一潭死水，游离于其间的城镇建设单元会在非建设性用地的萎缩中窒息。

2.2.2 非建设性用地对城镇空间结构上的生态支撑

贯穿于城镇各层级空间的非建设性用地将各类建设用地与活动联为一体，形成有机的城镇整体空间结构，并赋予城镇认知特色，如“山水园林城市”、“滨水城市”等。城镇地域内的自然山水是城镇空间结构的支撑框架，其地理空间格局往往决定着城镇的空间结构，如山水环境孕育和制约下发展的带形城市（兰州、攀枝花等）、组团型城市（重庆、宜宾等）。对于这些城市，山、水所承载的非建设性用地，既是城市空间结构的限制因素又是其重要的生态支撑元素，保护它们就是对城市自身空间结构的维护。

2.3 非建设性用地与城镇建设用地之间的关联“边缘效应”

2.3.1 边缘区及边缘效应

在两个不同群落的交错区（ecotone），由于生境条件的异质性……增大了物种的多样性和种群密度，这一现象称为边缘效应（edge effect）。[2]

“异质地域（含地质、地貌等自然属性与用地性质、权属、活动方式等社会属性的区别）间交界的公共边缘区处，由于生态因子的互补性会聚，产生超越各地域组分单独功能叠加之和的生态关联增值效益，赋予边缘区、相邻腹地乃至整个区域综合生态效益的现象，称为城市地域中的边缘效应。”[3] 地域间具有一定宽度而直接受到边缘效应作用的边缘过渡地带称为边缘区。边缘效应有正负之分，以下边缘效应所指为边缘正效应。

2.3.2 基于非建设性用地与城镇建设用地内在生态关联的边缘效应

非建设性用地与建设用地具有高度的异质性和可相容性，边缘效应强烈，在两类空间交接的边缘区，社会与经济活动的有效性提高，利于承载多元化社会经济活动，如城市的滨水空间。

非建设性用地为城镇建设用地提供的生态服务功能已得到广泛认同，源于二者间内在生态关联的边缘效应却未得到应有的重视。在建设用地与非建设性用地交接地带，非建设性用地的环境、景观赋予关联建设用地增值社会经济效益。如丽江古镇中，溪流沿岸店铺林立，边缘效应给予商家丰厚的经济回报，保护溪流环境早已成为沿岸商家的自觉行为。发掘边缘正效应是将强制性保护非建设性环境区引向自觉维护的有效途径。

---

1 邢忠，王琦，李新．城市环境区边缘地带的土地利用规划导控 [J]. 城市规划学刊，2005（3）：47．

2 沈亨理．农业生态学 [M]. 北京：中国农业出版社，1996：56.

3 邢忠．边缘效应与生态规划 [J]. 城市规划，2001（6）：44.

3 非建设性用地的规划与控制

3.1 城镇建设用地规划中纳入相关非建设性用地

3.1.1 纳入相关非建设性用地的必然性

从地理区位上，非建设性用地在客观上构成区分、连接和界定建设用地的环境区，其空间构型、生态过程及内部生态环境品质深刻影响或制约着建设用地的格局与环境质量。同时，城镇建设用地在时间上的动态变化亦对环境产生重大影响。城镇规划中纳入相关非建设性用地是城镇持续发展的客观需求。

3.1.2 非建设性用地带来的规划建设契机

"图底反转"，将非建设性用地视作区域发展的前景——"图"时，它会变为城镇建设单元的前沿，原来城镇外围的绿野成为城镇群间的公共绿心与绿楔，城镇则转化为绿心的"边缘区"，新的、更为合理的城镇空间结构与形态可能因此产生，如荷兰的兰斯塔德地区。在区域范围内和整体环境之中审视城镇地域内的非建设性用地，会给城乡规划建设带来许多新的契机。

3.2 整合非建设性用地与城镇建设用地

3.2.1 整合的现实要求

一方面，城镇地域中的非建设性用地给予建设用地生态支撑，建设用地寻求与非建设性用地的整合是维持其持续发展的需要；另一方面，非建设性用地中，除不良地质区外，大部分用地对城镇具有工农业生产、生态维育、旅游休闲、文化景观等多种价值，如果不能被充分利用，其价值就不能得到体现与认可，就会丧失保护和存在的可能性，在此意义上，它需要与城镇建设用地整合。

在整合的过程中，建设用地赋予非建设性用地人文内涵，非建设性用地又会因其相对于建设用地的异质性而赋予建设用地环境认知特色。

3.2.2 整合的目标指向

整合非建设性用地与城镇建设用地的目标指向：提高以非建设用地为载体的环境区生态服务功能和改善其保护机制，转化边缘效应衍生的高"附加值"，提高建设用地价值和城镇运行效率，促进城镇土地使用步入良性循环的轨道。

3.3 整合非建设性用地与城镇建设用地的规划思路与方法

3.3.1 解析规划区用地组成并搭建植根于自然环境的城镇空间结构

如同分析城市建设用地使用现状一样，规划首先需要分析城镇地域内非建设性用地的用地构成。如南阳桐柏县城总体规划[1]中，采用 SPOT 卫片，大范围地采用 TM 卫星遥感影像图对现状用地类型进行分析，运用 ArcGIS 平台生成包括关联非建设性用地的规划区土地利用现状图（县域 1941km^2，县城规划 275km^2），明晰非建设性用地的类型、分布及规模（图 1、图 2）。经过生态敏感性及建设适宜性加权叠加分析，明确城镇建设用地（含发展用地）和非建设性用地（含强制性保护及控制用地）。在此基础上，建立植根于自然山水的城市空间结构："一城五片、一轴多心"，河流绿带间隔的组团式城市空间结构；"一带两轴"的城市景观结构；"一心五园、一带五脉"的绿地系统结构；"一圈、四斑、六廊"的城镇外围生态用地格局（图 3）。

---

1 重庆大学城市规划与设计研究院编制，主要设计者：邢忠、靳桥、颜文涛、陈静、袁兴中、徐晓波、陈诚等，2005 年。

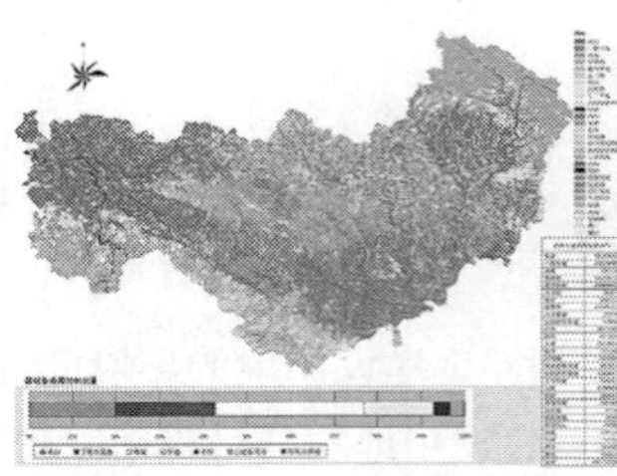

图 1　桐柏县域土地利用现状图
（资料来源：桐柏县城总体规划）

图 2　县城规划区土地利用现状图
（资料来源：桐柏县城总体规划）

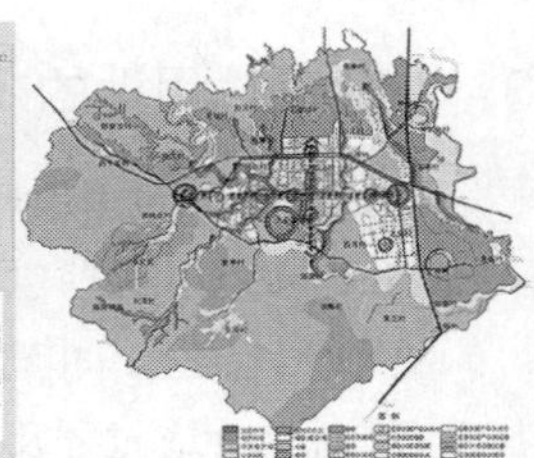

图 3　城市空间结构分析图
（资料来源：桐柏县城总体规划）

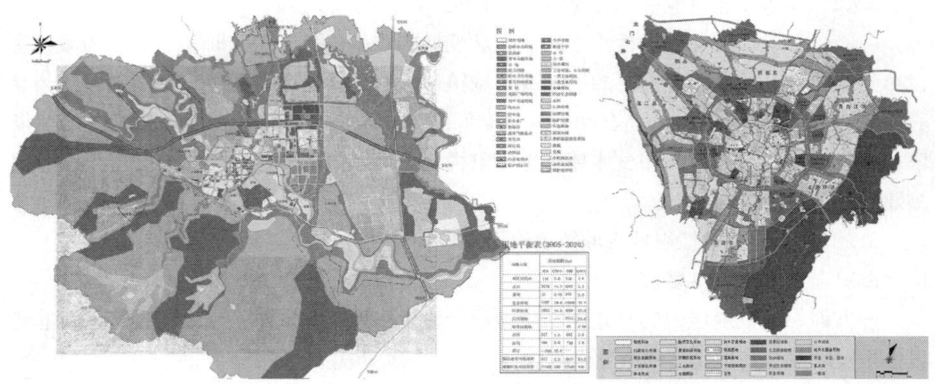

图 4　桐柏县城规划区土地利用规划图
（资料来源：桐柏县城总体规划）

图 5　成都市非建设用地规划图
（资料来源：成都市非建设用地规划）

3.3.2　制定包括非建设性用地的规划区土地利用总体规划

总体规划中的规划区应包括城镇建设用地与相关非建设性用地——根据建设用地方展方向、规模、行政管辖区界、相关非建设性用地地理单元分布，综合确定规划区用地范围。规划区土地利用规划宜结合城镇空间布局结构，分析各类非建设性用地在规划区总体用地布局中的地位及其与城市建设用地的关系，综合确定其生产、生态功能，并进行用地范围与使用性质的双重控制，如南阳桐柏县城规划区土地利用规划（图 4）。规划中应将建设用地与非建设性用地两大用地系统的耦合作为工作重点，这是提高非建设性用地生态服务功能的基础。

根据需要，也可单独制定非建设性用地规划（规划背景依然是建设用地与非建设用地构成的地域整体），作为相应城镇规划的有机补充，如成都市非建设用地规划（图 5）（笔者作为主要规划设计人员参与了该项目的编制工作）。

3.3.3　合理布局基于环境效应的城郊生态产业

“位于城市边缘的城乡交接地带，由于其优越的区位，历来是城乡建设中最有活力的地区……也是城乡建设中最敏感、规划管理最薄弱的地区”[1]。由于不尽合理的土地管理体制及认识上的不足，城郊常处于“四不管”的蔓延式建设状态，不断侵蚀自然环境资源与良田，三农问题突出，阻碍城镇化的健康推进。

桐柏县城总体规划，结合城郊环境资源分布现状及其与城区、外围桐柏山风景区的空间关系，在城郊非建设性用地内划定旅游服务基地、森林公园、植物园、花卉及

1　吴良镛 . 发达地区城市化进程中建筑环境的保护与发展 [M]. 北京：中国建筑工业出版社，1999.

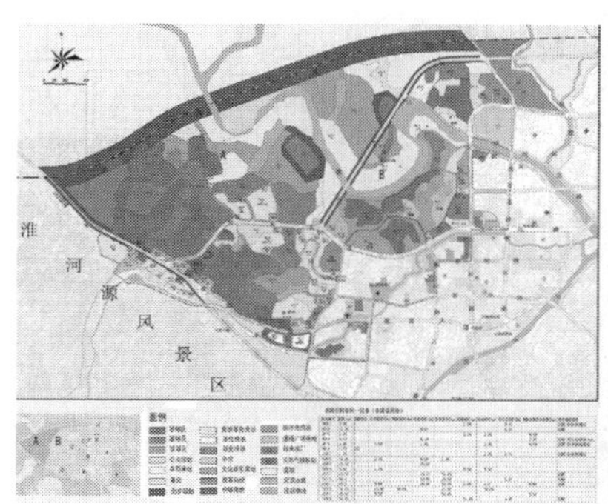

图 6　县城西郊土地利用规划图
（资料来源：桐柏县城总体规划）

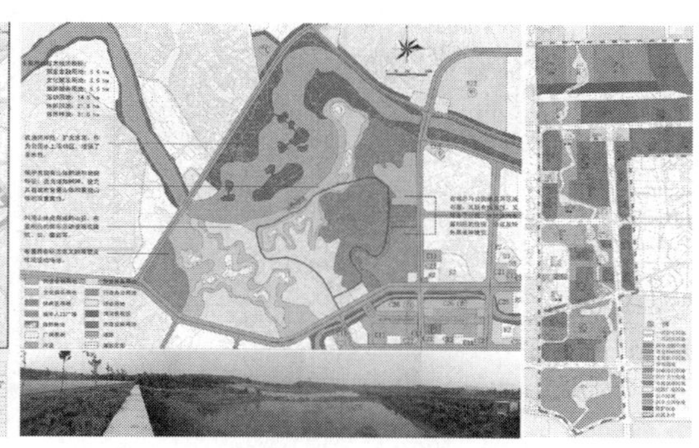

图 7　文化公园休闲区及串湖公园商业区土地利用规划图
（资料来源：桐柏县城总体规划）

苗圃培植基地、生态农业区及居民点用地，着力发展基于环境效应的城郊生态产业，并严格控制环境保护区与居民点用地的规模与形态（图 6）。旅游旺季与节假日，居民点可作为服务区。城郊生态产业用地的确立，使城郊居民点建设有的放矢，有助于三农问题的解决。环境是生态产业的立业之本，这就使产业发展过程中自觉维护环境保护区成为可能。

3.3.4　发掘环境区关联边缘效应并塑造城镇空间特色

城镇内部空间层面，宜制定非建设性开放空间用地与其相邻建设用地的整体规划与控制。对开放空间定性、定量控制的同时，对相邻不同类型非建设性用地与城市建设用地进行可相容性分析："分析一方的土地使用性质特点、行为方式等是否能被关联地域容纳，并产生功能与利益上的互补"[1]。其目的是"将不同类型环境区的边缘地带分配给那些能够'借用'环境创造最大价值且不会'伤害'环境的用途，为兑现二者间的边缘效应奠定基础"[2]。

桐柏县城位处淮河源头，水系发达，规划提出发掘环境区关联边缘效应，结合溪流绿带建设滨水商业街、购物公园，围绕湖泊组织休闲、娱乐文化公园（图 6、图 7）。规划对具有可相容性的相邻建设用地及非建设性用地予以用地性质与形态的控制，多重绿色边缘空间孕育出丰富的景观效果与宜人的活动空间，建设用地利用率提高，与沿街布局形式相比，商业边缘纵向延伸，经营环境改善，地块开发经济效益提高，同时塑造出一批具有桐柏地方特色的城市公共空间。

3.3.5　制定相邻建设用地的土地使用导引

制定与非建设性用地相邻的建设用地的土地使用导引，目标是引导不同类型非建设性用地的合理保护与关联建设用地的高效开发。

拓展环境效益并将其具体化是非建设性用地规划的重要内容之一。四川荣县新城河西片区控制性详细规划[3]及南阳白河两岸控制性详细规划[4]中，在控制规划区内河流湖泊、公园绿地、街头绿地等开放空间用地范围的基础上，制定了与开放空间有较强可

1　邢忠，黄光宇，靳桥．促进形成良好环境的土地利用控制 [J]. 城市规划，2004（12）：89.

2　邢忠，王琦，李新．城市环境区边缘地带的土地利用规划导控 [J]. 城市规划学刊，2005（3）：48.

3　重庆大学城市规划与设计研究院编制，主要设计者：邢忠、靳桥、陈静、代伟国、邱 强、龚海刚、谢力、魏皓严，2003 年。获建设部 2004 年度优秀规划设计二等奖。

4　重庆大学城市规划与设计研究院编制，主要设计者：邢忠、靳桥、颜文涛、陈静、闫照晖、叶林等，2004 年。获重庆市 2005 年度优秀规划设计一等奖。

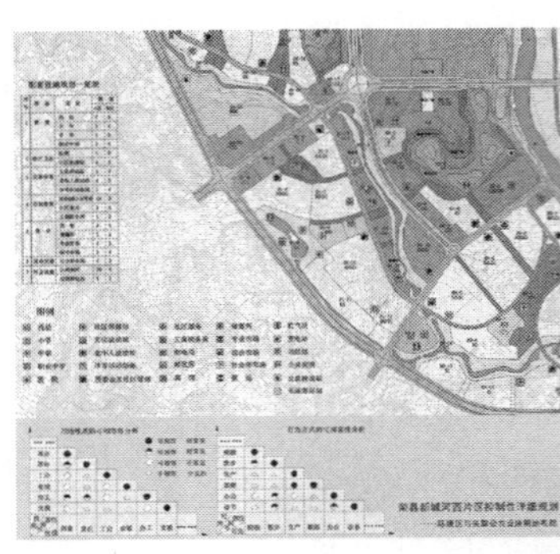
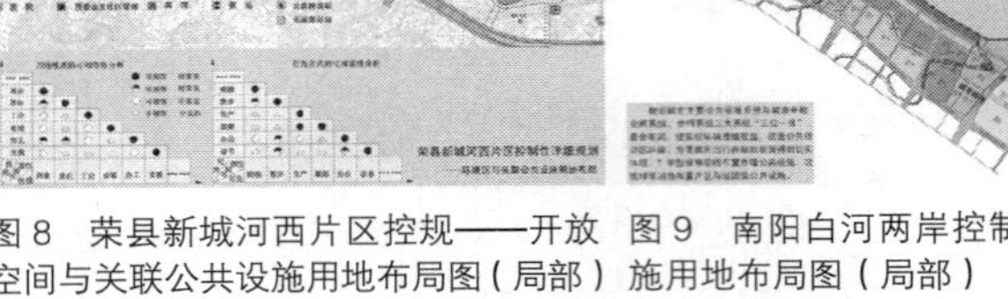

图 8　荣县新城河西片区控规——开放空间与关联公共设施用地布局图（局部）
（资料来源：荣县新城河西片区控规）

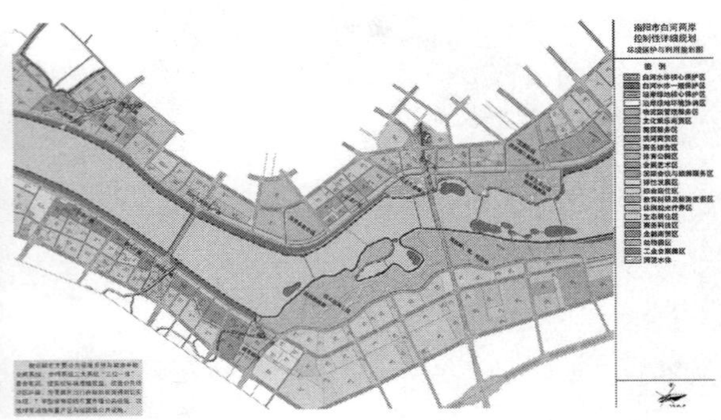

图 9　南阳白河两岸控制性详细规划——开放空间与关联公共设施用地布局图（局部）
（资料来源：南阳市白河两岸控规）

相容性的公共设施用地布局图（图 8、图 9），对各类相关公共设施的功能、项目设置等作出详细规定与导引，并评估因之可能产生的潜在环境经济效益，供职能管理部门与开发商参考。

3.4　合理控制非建设性用地

3.4.1　控制非建设性用地的法制保障

原建设部关于《城市规划强制性内容暂行规定》的通知，提出各层次规划中的强制性内容。城市总体规划的强制性内容第一条为："市域内必须控制开发的地域，包括：风景名胜区、湿地、水源保护区等生态敏感区，基本农田保护区，地下矿产资源分布地区"。除此之外，对城区内非建设性用地也应予以强有力的规划控制。对此，规划编制内容及方法应有所回应，并制定相关规划法规、管理条例，建立规划和控制非建设性用地的法制保障。

3.4.2　控制非建设性用地的规划技术支撑

对于城镇建设用地的规划编制，有总体规划和详细规划等多层面规划的技术支撑。相关非建设性用地的规划编制技术方法相对匮乏。

非建设性用地在土地属性、生态特点、使用方式上都与建设用地截然不同，规划应突破以往对环境资源区的"消极"保护方法，强调对非建设性用地的积极保护与建设，制定出区别于建设用地控制的分图图则。在笔者参与的《广州番禺廊道地区控制性规划》中，项目组针对不同类型的非建设用地提出相应的地块控制分图图则，规定性指标对山体、水体、林地、河道、农田及辅助用地、不吸水地面面积进行分项指标控制，在指导性指标中提出人口容量、辅助用地可相容性等内容，建设导引包括"主要保护对象、生态功能定位、产业发展方向、生态优化与生物多样性保护"等内容，为职能部门提供了管理非建设用地的依据。

4　结语

合理规划与控制城镇地域内的非建设性用地，并非仅仅是扩大规划用地范围，其目的是：建立植根于自然环境的城镇土地利用空间结构，促进城镇持续健康发展；有效保护环境资源并提高其生态服务功能，合理利用环境资源并塑造城镇空间特色与良好人居环境；在两大用地系统共生共荣的过程中，促进城镇建设对非建设性用地的自觉维护。

参考文献：

[1] 王建.区域与发展[M].杭州：浙江人民出版社，1998.

[2] 王正毅.边缘地带发展论——世界体系与东南亚的发展[M].上海：上海人民出版社，1997.

[3] （美）J·M·莫兰，M·D·摩根，J·H·威斯麦著.环境科学导论[M].北京市环境保护局翻译组译.北京：海洋出版社，1987.

[4] 齐康主编.城市环境规划设计与方法[M].北京：中国建筑工业出版社，1997.

[5] 杨永生选编.台湾建筑师论丛（第二辑）[M].北京：中国建筑工业出版社，1987.

[6] 肖笃宁主编.景观生态学研究进展[M].长沙：湖南科学技术出版社，1999.

[7] （苏）V·A·普罗库丁著.自然资源的合理利用和环境保护[M].北京：中国环境科学出版社，1987.

[8] 王林霈主编.自然资源利用与生态经济系统[M].北京：中国环境科学出版社，1992.

[9] 汪俊三，今鉴明，蔡信德等著.生态破坏经济损失分析方法[M].北京：中国环境科学出版社，1996.

[10]（日）岸根卓郎.环境论——人类最终的选择[M].何鉴译.南京：南京大学出版社，1999.

[11] Archibugi，Franco. The Ecological City and the City Effect：Essays on the Urban Planning Requirements for the Sustainable City[M].1997.

[12] Bryant C. R.，Russwrum L. H. The City's Countryside，Land and Its Management in the Rural-Urban Fringe[M]. Longman Group Limited，1982.

（注：本文发表于《城市规划学刊》，2006年第1期，合作者：邢忠、颜文涛）

促进形成良好环境的土地利用控制规划

——荣县新城河西片区控制性详细规划解析

城市是社会—经济—自然复合生态系统。[1]城市规划土地资源配置的主要目的之一是控制土地利用活动可能产生的消极外部效应，特别是环境影响。[2]将此目的折射于控制性详细规划，则应通过用地组织与控制，将城市住区、交通及公共服务过程与环境融为一体，塑造良好的人居环境并最大限度地减少环境负荷。换言之，控制性详细规划应将“色块”背后单一的功能环节组装成有机系统，在土地使用过程中实现经济环节与生态保护建设、地域环境特色塑造等社会文化环节的整合，进而促进形成良好环境的土地利用。对此，荣县新城河西片区控制性详细规划作出了一些尝试性探索。

1　规划区概况与环境特点

1.1　区域位置

荣县县城城市总体规划[3]提出“三水城中穿越、山川汇聚，绿水青山环抱，三大片区有机疏散”的城市发展空间结构。以“Y”字形的三条河流为界，自然形成老城区、东部和西部新区三大片区。规划片区即为荣县新城河西片区近期建设区。片区北与旧城相望，东与规划城市中心商业区毗邻，政府迁建区位居片区内东部旭水河西岸，地理位置优越（图 1）。

1.2　规划区范围、性质与用地现状

规划区北至梧桐水，东濒旭水河，西、南以城市远期外环路为界，总规拟订为行政办公、文化娱乐、商贸与居住综合发展区，用地规模 421.50hm^2，是城市近期重点建设区。

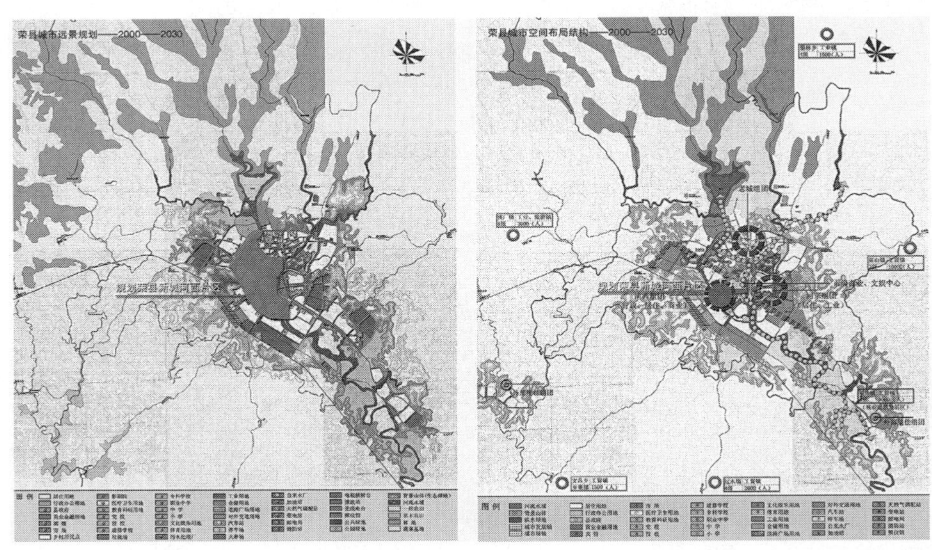

图 1　规划区位置

1　王如松，马世骏 . 城市生态调控原则与对策探讨 [J]. 生态学杂志，1985（2）: 36.

2　全国城市规划执业制度管理委员会 . 城市规划原理 [M]. 北京：中国建筑工业出版社，2000：76.

3　重庆大学城市规划与设计研究院编制，重庆市 2002 年度优秀规划设计二等奖，主要设计者：黄光宇、邢忠、靳桥、陈静、杨培峰、谢力、邱强、代伟国等。

图 2　现状地形地貌分析图

规划区用地呈明显的浅丘地貌，地面切割密度大，适宜城市建设用地集中于高程相对较低（350 ~ 380m）的台地上，分布较零碎。片区腹地大部分为一般农田或荒地，农村居民点散布其中，东北部的二佛山植被良好。

1.3　**环境优势与制约因素**

环境优势，片区北临梧桐水，东濒旭水河，区内小溪流淌，二佛山山体葱郁，山丘、池塘遍布，景观丰富，环境优美（图 2）。

制约因素，片区地形复杂，可建设用地整体性较差；居民点布局散乱，不利于道路选线与总体功能布局。

如何立足片区环境资源，突现地域环境特色、整合建设用地、减少工程量，是本次规划的难点。

2　植根于自然山水的土地利用布局

2.1　**突出环境保护与利用的规划指导思想**

根据环境特点，确定片区建设思路：保护生态环境、塑造地域特色、挖潜环境效益。规划指导思想：①尊重自然山水格局，优化环境资源配置与塑造城市特色；②促进和诱导形成良好环境和认知特色的土地使用；③保护生态条件良好的环境区，建立“内在适合于绿”的绿地系统；④依托自然山水环境，建立步行与旅游观瞻交通体系，鼓励步行与公共交通；⑤结合山水环境保护，建立融环境保护与公共活动于一体的公共空间网络。

2.2　**与自然山水格局耦合的规划用地布局**

2.2.1　用地总体布局

摆脱中小城市沿交通干道建设的模式，立足片区环境资源特质，突出构建植根于特定自然山水环境的用地布局结构。

本次规划遵从总体规划要求，完善城区 Y 字形绿色生态廊道中的旭水河绿色廊道区段（平均宽度 200m），在此基础上，结合区内二佛山公园、溪流绿带、山丘绿地、沟谷绿带，组织穿插于规划区之中的绿色网络，在有机分隔功能组团的同时，形成基于自然山水的空间布局：以市民广场与休闲公园为中心，办公区与文化娱乐、商业区南北合围，居住组团外围依山就势簇状分布（图 3）。

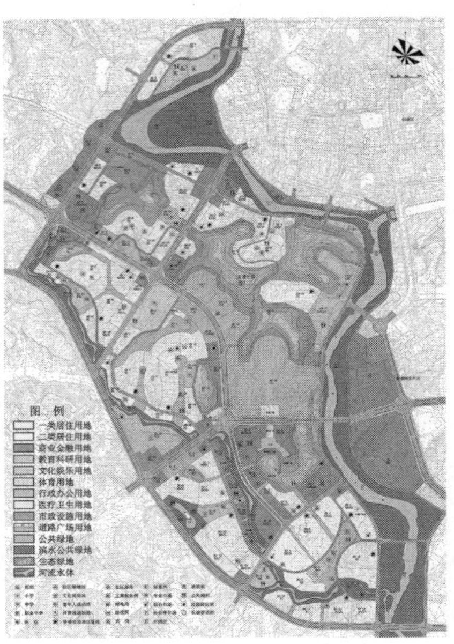

图 3　土地利用规划图

2.2.2　公共设施用地布局

公共设施系统与城市开敞空间系统、步行系统“三位一体”叠合布局，居住区级公建按规模等级与居住用地均衡布置。

城市级公建环绕核心区市民广场与休闲公园布置。办公与商业区掩映于河光山色之中，结合生态条件良好的山丘与河流形成园林式办公区与公园式商业区。

2.2.3　居住用地布局

居住用地依托溪流绿带与组团间山体绿带呈簇状分布，与商业区、办公区分布相均衡。

居住用地组织采取居住区—小区—组团形成三级结构，居住区内强调适度功能混合，营造多样化的住区景观。住区内部组团公共绿地与自然溪流绿带、山丘绿地连接，自然山水之间显现出良好的人居环境。

2.2.4　道路交通系统规划

道路选线尽量结合地形，道路断面按实际需求综合确定，避免盲目追求宽度，结合绿网布置便捷的步行与非机动车交通系统。

主干道依据总体规划与城区干道路网衔接，过境交通连接口布置停车场与交通换乘点。片区内次干道与支路多结合地形自由布局，留出充足的停车场用地。旭水河沿岸布置旅游观瞻电瓶车道与健身步道。

2.3　生态建设优先的环境保护规划

许多城市为了获得更多的建设用地，环境区被夷为平地，城市达到所谓的“连片发展”；经济实力雄厚的大城市用重金在城区铸起靠人工养护生存的大型人工绿地，实力不济的中小城市舍弃自身的地域环境特色，或牺牲环境来拓展建设区，或使环境区沦为污水横流与垃圾堆放的公害区，既没得到大城市的“气派”，自身的环境与特色反而丧失殆尽。以生态建设优先为主线，制定了环境保护规划（图 4）。

图 4　环境污染控制规划图

2.3.1 环境污染控制规划

城区现状工业多为二、三类工业，且多分布于河流沿岸，规划在摸清污染厂矿的位置、规模、污染类别、污染总量的基础上，制订相应的改制、治理、限期搬迁等计划，将污染严重的工业集中布置于城市下风向、远离河道的三类工业区，并以山体与绿带隔离。

2.3.2 “蓝线与绿线”控制规划

规划针对不同水源区级别划分相应的水滨“蓝线与绿线”保护范围，并对建设区的性质、活动予以约束，从源头上阻止水体污染。对流经城市的河段，划分出自然驳岸区与防洪河堤段，留出充足的市民亲水空间。规划改变在图纸上主观圈划绿地范围的方式，园林绿地系统以用地内自然环境资源为基本依托，其用地属性是“内在适合于绿”的，在此基础上，规划强调园林绿地系统与城市建设土地利用系统的可相容性充分融合。

3 促进形成良好环境的土地利用规划理念与方法

3.1 发掘基于建设单元与开放空间内在生态关联的边缘效应

建设用地单元总是相对于分隔、界定其形态的非建设用地而存在，规划片区内的非建设用地多表现为具有较高综合生态价值而不宜做建设用途的绿化用地，它们在客观上构成界定建设用地单元之间的公共环境区（开放空间），与建设单元之间蕴藏源于生态关联的“边缘效应”——“异质地域（含地质、地貌等自然属性与用地性质、权属、活动方式等社会属性的区别）间交界的公共边缘区处，由于生态因子的互补性会聚，或地域属性的非线性相干协同作用，产生超越各地域组分单独功能叠加之和的生态关联增值效益，赋予边缘区、相邻腹地乃至整个区域综合生态效益的现象，称为城市地域中的边缘效应。”[1]

绿化环境区与城市建设单元在使用功能关联、活动方式上都具有极强的互补性，边缘效应强烈。发掘边缘效应是在土地利用层面实现环境综合效益的内在要求。规划用地布局竭力促进以建设单元为载体的城市建设土地利用系统与以环境区为载体的开放空间土地利用系统相互融合，促进二者间的功能关联与空间整合，进而激发边缘效应。

3.2 强化环境特色和建立“内在适合于绿”的园林绿地系统

规划摈弃主观圈划绿化用地的方式，在Y字形自然绿色生态廊道的基础上，利用区内河道支流、生态条件良好的山丘，建立“内在适合于绿”的放射状绿色廊道，沟通规划区内的建设单元，在此基础上，规划组团级人工绿带，弥补自然绿地体系上的不足，形成基于自然山水环境的自由式、准网状园林绿地系统（图5）。在用地布局中，园林绿地尽可能地“介入”建设用地，为市民提供方便使用的绿色空间。

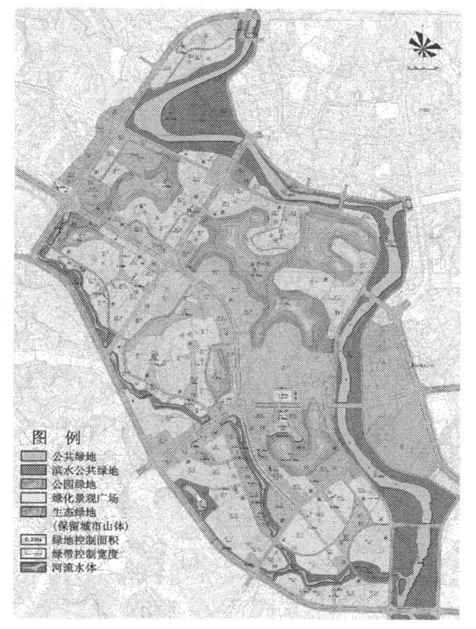

图5 园林绿地系统规划图

1 邢忠．边缘效应与城市生态规划 [J]. 城市规划，2001（6）：44.

3.3 控制环境区边缘地带土地使用和回收环境区“外泄收益”

城市中公共的自然资源环境以及人工环境被周边地区享用而未能在环境区的经营与维护中得到反映的“环境增值收益”形成环境区的“外泄收益”。城市中公共环境区周边地块以环境损失为代价的土地利用过程中，本应承担环境损失成本，却不负责任地推卸，让公众或后人担当。这部分“额外”成本构成“外摊成本”。[1]“外泄收益”与“外摊成本”是城市规划与开发建设中未能解决的问题，也是造成城市公共环境区价值流失、管理维护负担超重、环境污染不能根治的原因之一。为了保护环境区，许多城市习惯于将环境区置于弱势和与建设地块对立的地位，如以城市道路圈界绿地来防止建设地块的蚕食，在规避可能施加于环境区的消极影响的同时，也将环境区对建设地块可能产生的积极外部效应埋置在用地布局规划中，欲达到功能上的耦合进而产生协同关联作用，需要进行相邻建设用地与公共活动环境区间的“可相容性”分析——分析一方的性质特点、行为方式等是否能被关联地域容纳，并产生功能与利益上的互补，这是“回收”环境区“外泄收益”，抑制和卸载周边土地使用“外摊成本”的充要条件。

在土地使用可相容性分析的基础上，规划制定了环境区保护与边缘地带土地使用导引（图 6）。其目的是：通过环境区周边土地使用性质、建设强度与空间格局的控制，调和城市建设用地系统和开放空间系统的关系，规划和诱导形成良好环境的土地使用行为；根据不同性质、类型的环境区的生态特质，将其周边地带分配给那些能够“借用”环境创造最大价值且不会“伤害”环境的用途。

3.4 构建绿色公共空间网络并引导城市公共活动

公共设施的环境品质与交通可达性在某种程度上决定着城市的服务水平和社会、经济活动的质量。规划将不同级别的公共设施沿相应层级的准网状自然生态回廊叠合布局（图 7），形成集自然山水与野生动物保护、文化娱乐、旅游度假、商务活动于一体的公

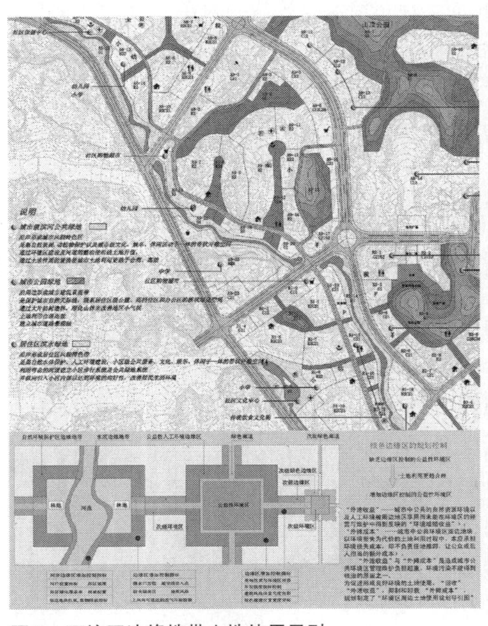
图 6 环境区边缘地带土地使用导引

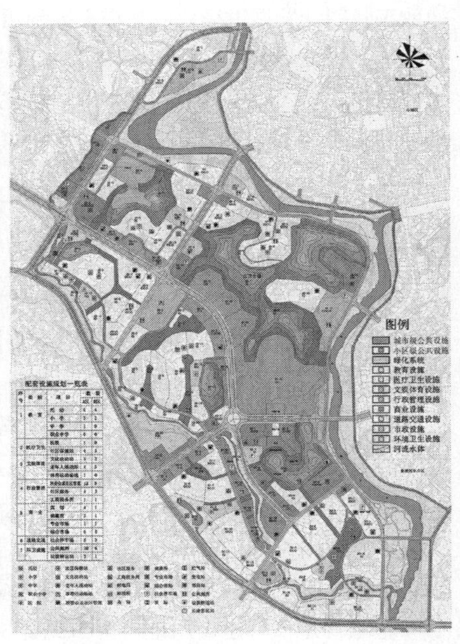

图 7 公共设施用地布局

1 国家环境保护局自然保护司 . 中国生态环境补偿费的理论与实践 [M]. 北京：中国环境科学出版社，1995：33.

共空间网络。出行便捷，环境宜人。

依托绿廊布置连续的林荫步道与无污染的观光公交线，近捷串联城市广场、大中型文化设施等公共活动人流集聚区，并延伸至各居住组团，形成面向步行者与公共交通的空间体系（图 8），以良好的出行环境与便捷的出行路径鼓励步行与公共交通，在根本上削减不必要的车行交通量。以开放空间为载体的公共空间网络使经济活动、社会文化活动与自然生态秩序维护等关联生态过程统一于土地使用过程之中。

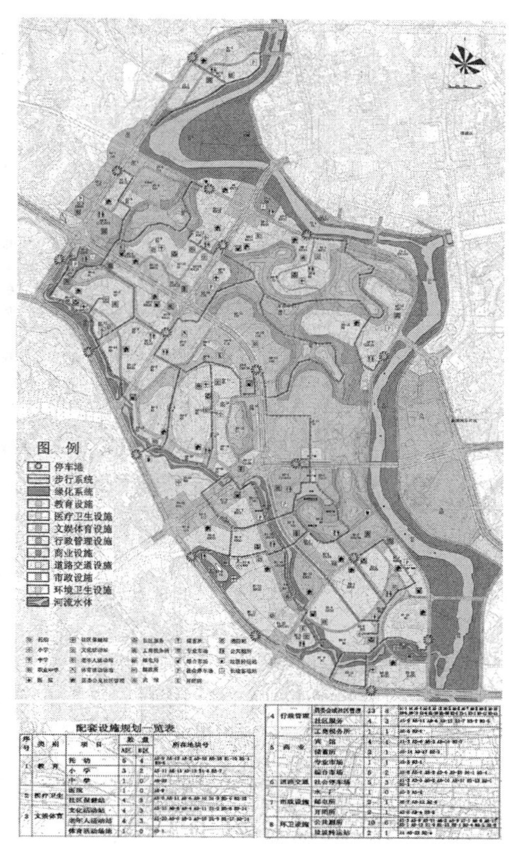

图 8　公共设施布局与步行交通系统规划

4　保证形成良好环境的规划导引与控制

为了提高规划的可操作性，使规划理念能够在下阶段的规划设计中得到延续，规划加强了土地利用控制与空间设计导引。

4.1　绿地系统控制与设计导引

本着控制绿化用地整体形态与发挥其系统功能的目的，规划编制了绿地系统控制与设计导引图——明确绿地四界坐标，量化绿地面积、绿带宽度、配套公共设施等控制内容。针对不同类型绿地的使用性质，确定了绿地指导性指标，并对植被种植方式、观赏特性、铺地及设计风格予以导引（图 9、表 1）。

图 9　公共绿地控制与设计导引

公共绿地控制与设计导引内容　　表1

地块编号	面积(hm^2)	用地性质	最小集中绿地面积(hm^2)	最低综合绿地率(%)	绿地引导性指标																													
					种植方式							植物观赏特性				铺装		设施														设计风格		
																				休息		服务				宣传			造景					
					密林	疏林草地	空旷草地	垂直绿化	立体绿化	花径	缀花	观花	观叶	观果	芳香	园林广场	广场	健身	游戏	亭廊花架	坐凳	公共厕所	商亭	助残设施	管理房	指示牌	广告牌	阅报栏	雕塑	水景	花坛	自然式	规则式	混合式
A8-6	2.40	R2	0.240	40		●	●		●	●		●	●	●		●		●	●	●	●	●			●			●	●	●	●			●
A8-7	12.93	G1			●	●	●			●		●	●	●	●	●		●	●	●	●				●	●			●		●	●		
A8-8	22.31	G1			●	●	●			●		●	●	●	●	●		●	●	●	●				●	●			●		●	●		
A8-9	0.92	C51	0.092	30		●	●	●		●		●	●		●		●	●			●			●	●	●			●	●	●		●	
A8-10	1.01	C21	0.103	30			●		●		●	●	●		●		●	●	●	●	●		●	●		●	●		●	●	●		●	
A8-11	2.44	C12	0.244	30		●		●			●	●	●					●		●	●				●	●		●	●		●			●
A8-12	1.53	C12	0.153	30		●			●	●		●	●		●	●		●		●	●				●	●			●	●	●			●
A8-13	2.24	C12	0.225	30		●	●	●			●	●	●	●		●		●	●		●				●	●		●	●		●			●
A8-14	17.37	C11	1.738	60	●	●	●		●	●	●	●	●	●	●	●	●	●		●	●				●	●		●	●	●	●			●
A8-15	2.69	C25	0.269	50	●	●			●	●	●	●	●			●		●	●	●	●		●		●	●	●		●	●	●	●		
A8-16	4.22	R2	0.422	40	●	●		●				●	●		●	●		●	●		●					●			●		●			●

4.2 规划设计管理导引与建议

为了便于在规划管理过程中更好地贯彻规划意图，规划编制了“规划设计管理控制分区图”，划分为重点控制区、一般控制区与弹性控制区，并提出相应的设计导引与管理建议。

4.3 建筑空间布局导引

环境区沿线建筑空间布局形式直接影响环境区的增值效益和使用效果。规划在完成控规规定编制内容的基础上，按照设计导引，进行意向性建筑布局，提出典型地块建筑空间布局导引，将控制指标数据形象化，使指标确定更趋合理，也使设计导引更加清晰和易于理解。

滨河综合居住区空间布局导引——根据居住、商业、旅游服务等项目对环境区的不同空间使用需求进行立体分布，突现丰富的景观效果与可供多样行为选择的空间，将多主体利益融合于面向环境区的外向性建筑空间布局之中。

公共建筑区空间布局导引——结合保留山地、水面布置公园式商业区，在创造出高效益商业环境的同时，营造出怡人的购物空间环境。办公区布局强调与环境充分融合（图10）。

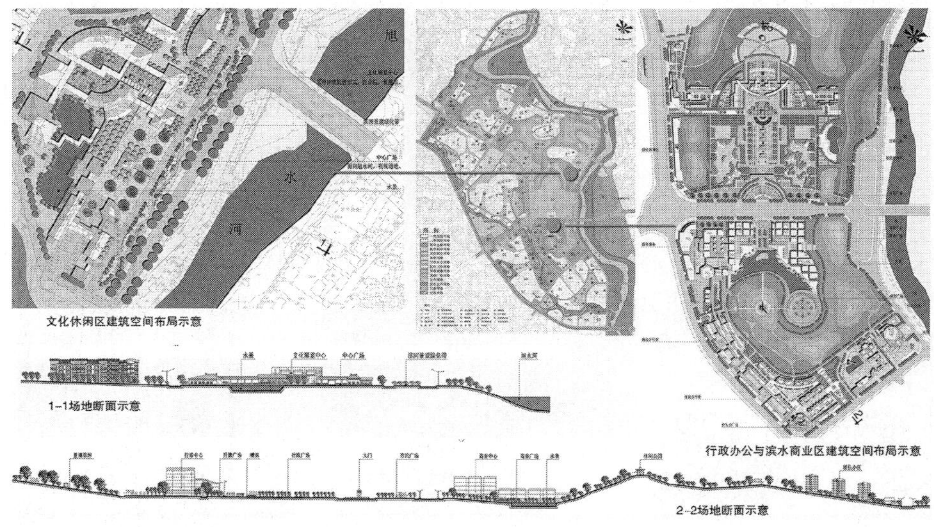

图10　公共建筑区空间布局导引

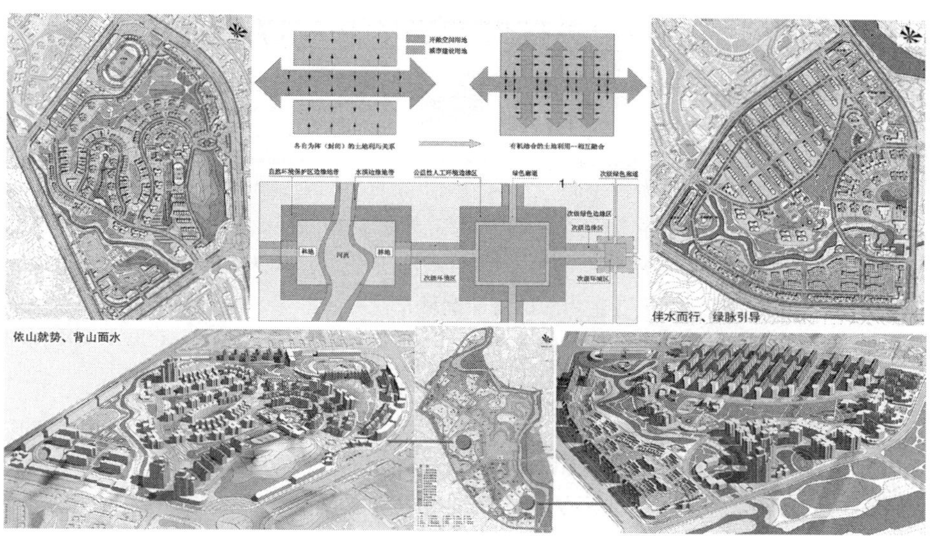

图 11　居住组团空间布局导引

居住组团空间布局导引——通过与环境融合的外向型空间组织与建筑布局，使居住空间与自然山水浑然一体。在打造良好聚居环境的同时，塑造出住区的地域环境特色（图 11）。

5　结语

总结荣县新城河西片区控制性详细规划，深深感到，如何在土地利用环节趋利避害，在可持续发展和市场经济并重的前提下，寻求土地使用过程中经济环节与生态保护建设、地域环境特色塑造等社会文化环节的统一，应成为控制性详细规划的主要目标导向，这其中有很多文章可做。

参考文献：

[1] （苏）V · A · 普罗库丁著 . 自然资源的合理利用和环境保护 [M]. 北京：中国环境科学出版社，1987.

[2] 马传栋 . 城市生态经济学 [M]. 北京：经济日报出版社，1989.

[3] N. J. Greenwood，J. M. B. Edwards 著 . 人类环境和自然系统 [M]. 第二版 . 刘之光等译 . 陈静生等校 . 北京：化学工业出版社，1987.

[4] 王林霈主编 . 自然资源利用与生态经济系统 [M]. 北京：中国环境科学出版社，1992.

[5] （美）R · 福尔曼，M · 戈德罗恩著 . 景观生态学 [M]. 肖笃宁等译 . 北京：科学出版社，1990.

[6] （日）岸根卓郎 . 环境论——人类最终的选择 [M]. 何鉴译 . 南京：南京大学出版社，1999.

[7] Archibugi，Franco. The Ecological City and the City Effect：Essays on the Urban Planning Requirements for the Sustainable City[M]. 1997.

（注：本文发表于《城市规划》，2004 年第 12 期，合作者：邢忠、靳桥）

山地资源型城市的生态环境空间控制初探

——以攀枝花市攀密片区为例

由于蕴藏资源的地形条件不同，资源型城市具有不同的城市空间形态，特别是处于山地地域环境中的资源型城市，具有“山地城市”和“资源型城市”的双重属性。因此，有必要结合山地城市的概念，将资源型城市的空间形态特征作为分类标准，提出“山地资源型城市”这一概念。笔者认为山地资源型城市是依靠开采蕴藏于山地地域环境中的自然资源而兴起、发展壮大的，资源性产业在工业中占有较大的份额，且城市的发展与山地地域环境密不可分，共同形成不可分割的有机整体。

一般来说，山地资源型城市的生态条件尤其脆弱，其“山地”的地形特征在先天上决定了城市环境的复杂性，存在多种地质灾害隐患；而“资源型”特征又在后天上决定了对资源进行开采的工业生产活动是这类城市的主体功能，不可避免地给城市环境带来多方面的污染隐患，生态环境问题突出。

攀枝花市作为一座新兴的山地资源型城市，是国家三线建设的一个重要成果，建市40年来，由原本的不毛之地逐渐建设成了现代化的钢铁基地，且正在向我国西部重要的大城市转变。而与攀枝花市快速腾飞的经济发展相对应的是，对矿产资源的大量开采和加工，以及城市建设的无序扩展等，这些都使城市的生态环境遭受到了严重的破坏。虽然近些年，攀枝花市进一步加强了城市环境保护和污染治理工作，但治理效果并不显著。其中，作为城市中心区之一的攀密片区的生态环境问题同样突出。

1　攀密片区的基本情况

攀枝花市结合资源分布和自然地形条件，城市总体布局采取“带状、多中心、组团式”的空间结构，其城市中心区由炳草岗、渡仁、弄弄坪、攀密4个片区组成（图1）。其中，攀密片区是在铁钛采选加工业的基础上发展而成的资源开发、工矿城市组团。由于其主要的矿产资源还有可供开采20年以上的蕴藏量，因此，在资源枯竭前，攀密片区被定位为部分城市功能的承接地，即以体现生产功能为特色，以发展选矿业、稀有金属冶炼

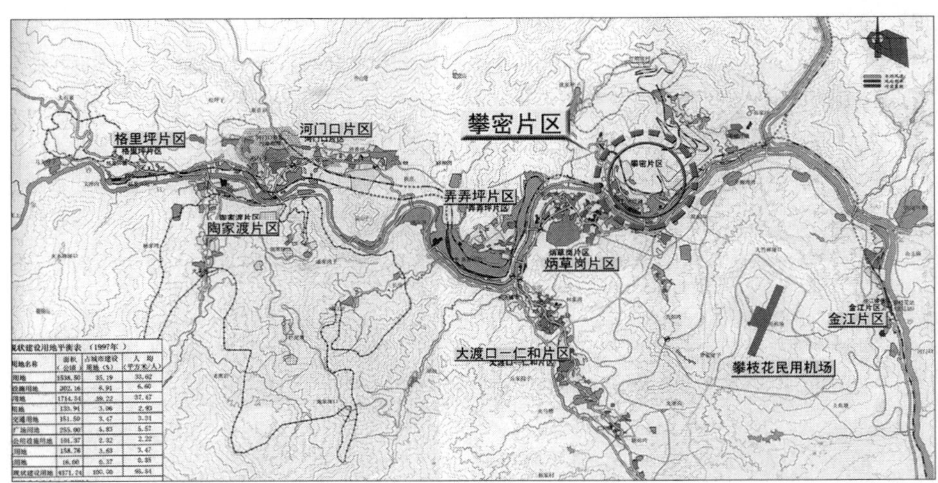

图1　攀密片区区位图

业和物流业为基础，是一个生产、生活和生态协调发展的现代化综合性城区；在资源枯竭后，则将其发展为一个以高科技产业、特色旅游业为支撑产业的现代化城区。

攀密片区目前已发展为四大部分：北部为兰尖铁矿区——露天钒钛磁铁矿的采矿场；东部为五道河区域——依托铁矿区而形成的城市居民点；中部为朱家湾等数个大型山体及铁矿渣堆积处；西部和南部的攀枝花、瓜子坪、银江镇和密地区域为主要的城市建设区，散布有多家工厂企业，工业生产占很大的比重（图 2）。

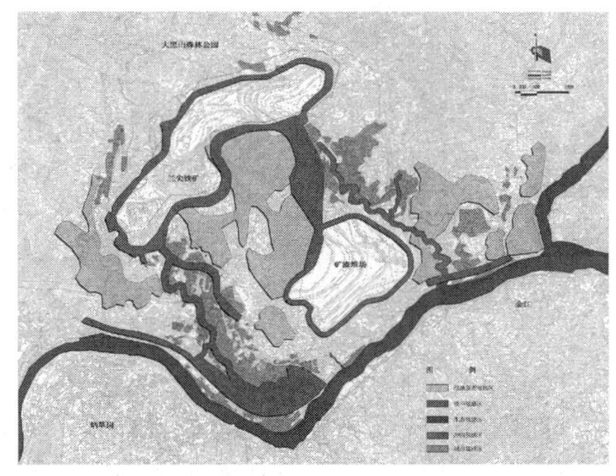

图 2　攀密片区现状分区情况

2　现存环境问题

攀密片区呈现出典型的“小、散、乱”的矿业城市格局，工业污染是城市的主要污染源；又因其处于山地环境中，山地地貌复杂多变，生态环境尤其敏感，环境问题突出，主要表现在以下方面。

2.1　工业生产污染严重

（1）大气环境。《攀枝花市 2004 年度环境状况公告》的统计数据表明，2004 年攀枝花全市工业废气排放量为 937.18 亿标 m^3，工业废气中二氧化硫、烟尘和粉尘的排放量分别为 9.86 万 t、1.60 万 t 和 1.82 万 t，环境空气质量达到Ⅱ级（良好）的比率为 16.0%。

2005 年，通过强化污染治理和环境管理，市区环境空气质量有了明显改善。但攀密片区工业废气排放量较大，在采矿和排渣的时候造成大量粉尘，并且由于城市建设用地大部分处于河谷地带，再加上攀枝花市特殊的气候条件，使得大气中的污染物难以扩散，容易形成二次污染，加大区域环境的空气污染程度。

（2）水环境。2004 年，攀枝花全市工业和城镇生活废水排放总量为 7579 万 t，其中，工业废水为 3048 万 t，占全市废水排放总量的 40.2%，粪大肠菌群为主要超标污染物，重点污染水域为金沙江。攀密片区产生大量工业废水，部分企业废水超标排放，并受矿渣废石堆存和矿坑废水的影响，对地面水源及地下水的水质造成严重污染。

（3）声环境。2004 年，城市各功能区昼间噪声监测结果达标，夜间 2 类和 4 类功能区噪声出现超标；全市交通噪声平均为 71.2dB（A），超标 1.2dB（A）。攀密片区由于用地布局散乱，大部分地区居民区同工矿区、交通干线犬牙交错，形成“静闹不分”的局面，工矿生产、交通运输等对周边生活居住区域的噪声干扰很大。

（4）固体废弃物。2004 年，全市工业固体废弃物产生量为 1463 万 t，排放量为 1.1 万 t。攀密片区尾矿渣产生量大，综合利用率较低，尾矿被大量堆存在中部的铁矿渣堆积处，占地面积约为 3.05km^2，并且容易滑塌，致使部分渣石滑落江中，对水体、土壤和空气造成严重污染。

2.2　生物多样性受到破坏

该区矿产资源主要集中在北面的朱家包等几个山体上，中部铁矿渣堆积处也处于山体的包围中，因此，矿产开采和尾矿渣的堆存都侵蚀了众多自然山体，破坏了大片的自然植被，此后虽然采取了护山造林、矿区复垦等措施，但已造成森林水源涵养量下降、水土流失加剧和自然灾害增加等恶果，使部分生物失去生存和栖息环境。

2.3 存在地质灾害隐患

攀枝花市主要的地质灾害类型有滑坡、泥石流和崩塌，除此之外，地裂缝、地面塌陷和不稳定斜坡现象也较多发生。攀密片区山地地形复杂多变，丰富的山地地形隐藏着较多的地质灾害隐患，威胁到城市安全。

3 生态环境的空间建设控制

当前，由于攀枝花市的快速发展，攀密片区也面临着发展的机遇，但由于其环境保护和治理工作任务繁重，如何在城市开发建设过程中加强环境治理，更好地保护自然生态环境已成为亟须解决的问题。为此，需要对攀密片区实施生态环境的空间建设控制，恢复和重建受损、退化的自然生态系统，并恢复其生态服务功能，强调污染治理与生态复建并举，综合配置土地和空间资源，在空间上引导城市与环境的和谐发展。根据山地资源型城市生态环境的敏感性，应以保护生态环境为首要出发点，即运用生态学的原理和方法，分析城市发展所涉及的生态系统的敏感性与稳定性，确定对城市发展可能产生制约的主要因素，进行敏感性评价和分区，以确定不同的城市空间发展方向，并提出相应的生态环境建设控制措施。

3.1 生态敏感性评价和分区

生态敏感性是指在不损害或不降低环境质量的情况下，生态因子对外界压力或变化的适应能力。生态敏感性越高的区域在受到干扰时越易引起系统失调，为了保证自然资源的永续利用与发展，协调开发与保护的矛盾，需要对片区环境进行生态敏感性分析。

3.1.1 生态因子的选取

影响一个区域生态敏感性的因素很多，对该区城市建设和经济社会发展有影响的自然生态因子进行评价，包括对地质、地形地貌、水文、气候、气象、环境质量、土壤、土地利用、生物和具有特殊价值的自然生态因子的全息调查。由于可用资料有限，开展生态调查时，只能选取该区域中对城市发展最敏感、对城市生存及运行起关键作用的生态因子，包括自然植被、水文、地质、坡度和矿区开采堆积用地五个因子。

自然植被：这是城市生态系统的重要组成部分，在城市生态环境中担负着净化环境的重要功能，且是形成城市良好工作和生活环境的要素。

水文：自然江河是城市重要的景观资源，能促进能量、物种等的传递与交换，但同时也是引起城市水灾、易被污染的环境因子。

地质：包括地基承载力和不良地质情况。

结合城市建设对地质状况的要求，从城市地基建设的成本角度分析不同地质基础上城市建设的适宜性。

坡度：攀密片区山高谷深，盆地交错分布，地形起伏大，坡度是影响建设投资和开发强度的重要控制指标之一。

矿区开采堆积用地：兰尖铁矿区和铁矿渣堆积处是主要的矿区开采堆积用地，其区域范围内的生态环境已遭受严重破坏，并且对周边用地影响很大。

3.1.2 生态敏感性分析

首先，制定单因子生态敏感性分级标准，明确权重。权重值采用专家咨询法予以确定，根据影响程度不同赋予不同的权重，影响越大权重值越大。将攀密片区单因子敏感性分为三级，用 5、3、1 表明各因子敏感性的高低（表 1）。

其次，依据因子分级标准做出单因子分析图，并将单因子评价结果进行叠加。单因子叠加采用加权因子法，计算公式为：

生态敏感性分析单因素分级标准及权重　　表 1

生态因子	评价标准	分　级	敏感性评价值	权重
自然植被	景观游憩、生物多样性、环境改善、水土流失	原生植被、密林	5	0.15
		果园、灌木草丛区	3	
		农地及其他	1	
水文	景观游憩、野生生物生境、污染敏感性	江河及其影响区	5	0.20
		溪流	3	
		其他	1	
地质	城市安全运行、建设经济投资、水土流失	地质灾害危险区	5	0.25
		地质灾害易发区	3	
		地质灾害低易发区及不易发区	1	
坡度	水土流失、土壤侵蚀、景观价值、建设经济投资	＞35%	5	0.30
		25%～35%	3	
		＜25%	1	
矿区开采堆积用地	城市安全运行、生活质量、污染敏感性	矿区及周边距离小于30m	5	0.10
		周边距离30～80m	3	
		周边距离大于80m	1	

$$S_i = \sum_{k=1}^{n} B_{ki} W_k$$

式中　i——土地利用方式编号；

k——影响 i 种土地利用方式的生态因子编号；

n——影响 i 种土地利用方式的生态因子总数；

W_k——k 因子对 i 种土地利用方式的权重值，且 $W_1+W_2+\cdots+W_k=1$；

B_{ki}——土地利用方式为 i 的第 k 个生态因子敏感性评价值；

S_i——土地利用方式为 i 时的综合评价值。

3.1.3　生态敏感区划分

根据表 1 的评价值分级标准、权重及加权计算公式，经单因素图加权叠加、聚类和数据处理，得出综合的生态敏感区划分图（图 3），把片区分为 4 类敏感区。

（1）最敏感区。主要包括坡度大于 35% 的陡坡地带、具有地质灾害危险的区域、江北路以南的滨江区域，以及现有原生植被和自然景观保存较好的区域。在攀密片区中最敏感区所占面积较大，而且对城市开发建设极为敏感，一旦遭受干扰或破坏，不仅会影响该区域，而且还可能会给整个区域的生态系统造成严重破坏。因此，该区应以维育自然生态服务功能为主，加强对植被的保护和环境治理，禁止开发建设，避免人为干扰。

（2）敏感区。包括兰尖铁矿区、铁矿渣堆积处和周边距离在 30 ～ 80m 的区域、地质灾害易发区、坡度在 25% ～ 35% 的陡坡地带、大型冲沟、果园和灌木草丛区等。该

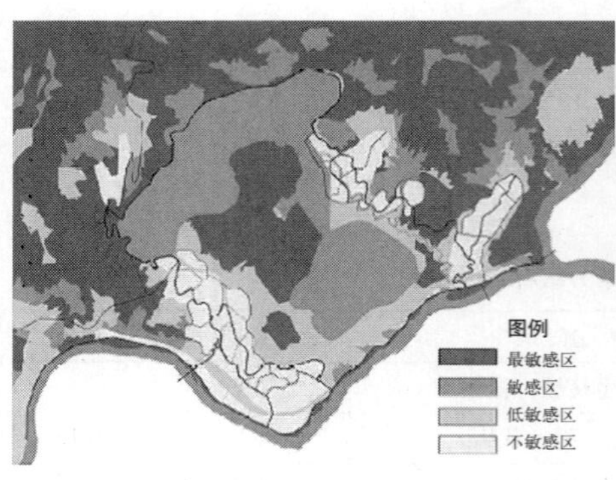

图 3　生态敏感区划分图

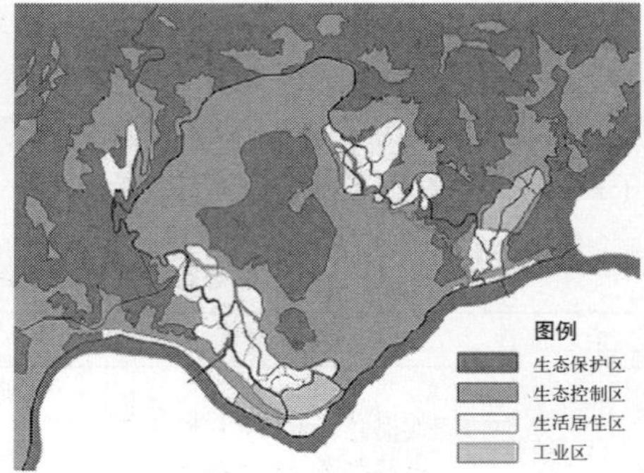

图 4　生态分区图

区域敏感性较高，对工业污染尤其敏感，生态恢复难度较大，对维持最敏感区的良好功能及气候环境等方面起到重要作用，应加强生态复建工作，在保护植被、恢复生态服务功能的前提下，可进行适度开发。

（3）低敏感区。属于地质灾害低易发区及不易发区，一般为坡度在 10% ～ 25% 的缓坡地带，且自然景观较好的区域。该区能承受一定的人类干扰，但严重干扰会发生水土流失及相关的自然灾害，生态恢复较慢，可进行适度开发。

（4）不敏感区。主要是现状城市建设用地、村镇建设用地及缓坡地带等，可承受一定强度的开发建设，土地可进行多种用途的开发，是城市发展的良好用地。

3.2　生态分区

针对片区的实际情况，以生态敏感区划分结果为主要依据，依照生态条件对城市发展的影响，对用地进行分类，确定不同的城市空间，采取保护、恢复和治理等措施，维持和恢复各分区的生态服务功能，用以引导城市发展与城市建设的合理有序进行（图 4）。

3.2.1　生态保护区

生态保护区即最敏感区，是发挥生态服务功能的重要基地，为禁止开发建设的地区。

建设措施：①加强管理力度，禁止在该区内进行有损生态环境的各种建设活动。②加强该区的生态建设，增强植物群落的多元化和本地化配置，以发挥该区调节生态和保护自然景观的作用。③严禁与水利建设、环境建设无关的设施及建筑在滨江路（江北路）以外的沿江区域落户，已建设的污染企业要逐渐迁出；严禁片区内的工业废水和生活污水未经处理直接向金沙江、雅砻江排放；加强建设生态林地，加强植被的恢复和生态复建，逐渐将滨江地带建设成为沿江水土保持和绿色生态景观廊道。

3.2.2　生态控制区

生态控制区包括敏感区和低敏感区两部分，是以生态自然保护为主导，可适度、有选择地进行建设的地区，是建成区生态环境质量的重要保证。

建设措施：①对坡度在 25% ～ 35% 的陡坡地带宜严格保护原有地形地貌，控制开发量，并加强植树造林，防止水土流失。②对于占地面积很大的兰尖铁矿区和铁矿渣堆积处，建议远、近期建设结合。近期一方面与片区的旅游开发相结合，作为城市独特的矿区景观；另一方面实施矿山复垦工程，注重对矿区不良景观的视线遮挡，并着重培育矿区周边 50 ～ 100m 范围的绿化隔离带，以减轻生产噪声干扰及粉尘污染。远期在资源枯竭阶段，进行全面植被覆盖，逐渐形成片区的“绿心”。③低敏感区可作为城市建设储备用地，但其城市建设不能超出生态环境承载力，不宜进行高强度的开发建设。

3.2.3　城市建设区

不敏感区的坡度在 25% 以下，地基承载力强，且已有一定的开发基础，生态敏感度较低，故适宜将其作为城市建设用地。由于攀密片区特殊的生态条件，其城市建设必须重视与周边环境的生态协调，处理好城市建设与环境承载力的协调关系。

根据城市的主要功能归类，城市建设区主要包括工业区和生活居住区两大功能区。

1）工业区

攀密片区主要的工业是在铁钛采选加工业的基础上发展而成的，集中布置在东西两个区域：西区是现有的攀钢矿业公司选矿厂、攀钢机械制造公司和拟建的物流中心，东区是在建的以发展中小企业为主的高梁坪工业园区。

对现有工业区的建设发展应以循环经济为目标，加强对环境污染的治理，注重对工业废气、废水和废渣的治理、回收和综合利用。新建工业区以发展清洁生产为宗旨，力求与自然的充分融合。园区环境清洁、优美、舒适，使经济发展与生态保护两者保持高度和谐，形成高效、稳定、协调和持续发展的人工复合生态系统。

建设措施：

（1）根据产业布局，首先保持片区现有较为大型的企业，在此基础上整合有污染或衰败的中小型企业，进行统一治理。

（2）强化建设现有工业用地与城市建设区之间的防护隔离绿带，鼓励发展高新技术和无污染企业，同时强化工厂内部的园林化建设，提高厂区环境质量，扩大绿化覆盖面，从而优化片区环境。

（3）高梁坪工业园区拟布置属一、二产业的企业和研发基地，并在资源及原材料的使用上将生产联系密切的企业进行集中布置，形成合理的产业链。

2）生活居住区

以可持续发展的思想为指导，寻求自然、建筑、环境和人四者之间的和谐统一，利用自然条件和人工手段来营造舒适、健康的生活居住环境。

攀密片区现有的城市建设带有浓厚的“先生产、后生活”、“企业办社会模式”的印记，用地功能布局重生产轻生活，空间组织不合理，居住区和工厂区混杂交错现象严重，而“小而全、封闭式”的生活服务设施与社区缺乏有机的联系和统筹布局，造成低水平重复建设，无法实现规模效应，城市公共设施和生活服务设施不足，相互协调性差。

因此，需要进行旧城更新与改造，以生态社区的理念来完善社区服务设施，增强城市的生活居住综合服务功能。

建设措施：①适当扩大生活居住用地规模，与邻近工业区结合形成新的生活居住组团。②整合现状质量较好的居住小区，完善生活服务设施，形成有浓厚生活气息及优美景观的生活服务中心，居住区的中心绿地应与城市绿地系统相连接，增加屋顶绿化面积，利用当地日照充足的有利条件，尽可能地利用太阳能作为社区的主要能源。③在现状建设量较多和较集中的片区中心地段，逐步搬迁污染严重、经济效益不高的工业企业，将土地逐步置换成第三产业用地；完善城市道路、水电等基础设施和绿地建设，以行政办公、会展中心和体育文化设施等的建设带动区域发展。

4　结语

山地资源型城市在我国西部地区和东北老工业基地中占有较大的比重，为我国国民经济的发展与现代化建设发挥了重要的作用。但在过去计划经济体制下的长期建设发展过程中，普遍存在着基础设施落后、生活服务设施不全、绿化设施缺乏、环境污染问题突出、生态退化加剧和灾害隐患较多等普遍性的问题。笔者试图在对攀枝花市攀密片区进行生态敏感性分析与评价的基础上，提出生态环境空间控制规划，以引导该区生态环境的合理建设，并为同类城市的生态环境建设提供有益的借鉴。

参考文献：

[1] 黄光宇，杨培峰. 自然生态资源评价分析与城市空间发展研究——以广州城市为例 [J]. 城市规划，2005（5）.

[2] 黄光宇，陈勇. 生态城市理论与规划设计方法 [M]. 北京：科学出版社，2002：104-108.

[3] 王如松等. 城市生态调控方法 [M]. 北京：气象出版社，2000：41-45.

（注：本文发表于《规划师》，2006 年第 4 期，合作者：林锦玲）

呼唤城市规划生态自觉

——老子生态智慧启示

1　前言

自从20世纪60年代末罗马俱乐部向人类发出关于生态危机的警告以来，人类为共同解决生态危机和环境问题等付出了不懈努力。但是，如果从全球的整体利益出发来解决人类普遍存在的生态问题，仍然有相当大的困难：表现出生态恶化的地区性转移在世界上时有发生；政府部门关于生态维护和治理的政策性制定和实施与社会普遍的要求经济增长、维持社会稳定的发展需要形成相当大的反差；积淀于人们心中的物质需求的增长与自然生态的平衡作为价值的异化表现出来；使人类生存环境的改善与持久都存在着相当严重的问题……对于这种现象，仅从文化上着手的研究显然不够，必须从更加本质的方面去研究这一问题，这使得我们不能不从哲学角度入手，去反思和应对生态危机这一社会问题。以老子为代表的蕴藏了丰富生态智慧的中国传统文化受到了全世界人民的极大关注。

老子（约公元前571年～前471年，即周灵王元年至周元王五年）姓李，名耳，字聃，春秋时陈国苦县厉乡曲仁里（今河南省鹿邑县太清宫乡太清宫村）人[1]，是我国先秦时代独树一帜的伟大的政治家、哲学家和教育家。近代以来，老子道家哲学作为一种重要的时代精神的产物，以及一种重要的文化资源，受到了更多的关注。晚清至现代初期，学术界在对儒学进行改造和批判的同时，曾经以极大的热情关注诸子的学说，其中对于老子关注尤多，在20世纪20～30年代以《古史辨》为中心并引发出激烈的争论。当时最为优秀的学者几乎对老子都有研究，著作众多，推动了老子道家学说的深入发展。到新中国成立以后，在20世纪50年代和80年代，老子的思想学说继续得到普遍关注，先后出现了两次高潮。

2　老子生态智慧浅析

2.1　以“道”为核心的生态哲学思想

生态哲学是一种新的实在观，美国物理学家卡普拉说：“这种新的实在观，在某种意义上是一种生态观，它远远超出了对环境保护的直接关心。为了强调这种更深层的生态意义，哲学家们和科学家们已开始进行‘浅层环境主义’和‘深层生态学’之间的区别。浅层环境主义是为了‘人’的利益，关心更有效地控制和管理自然环境；而深层生态运动却已看到，生态平衡要求我们对人在地球生态系统中的角色的认识，来一个深刻的变化。简言之，它将要求一种新的哲学和宗教基础。”[2]《老子》开篇第一句写道：“道可道，非常道；名可名，非常名。”老子认为“道”产生了天地万物，认为它是运动变化的，而非僵化静止的，宇宙万物包括自然界、人类社会和人的思维等一切运动，都是遵循“道”的规律而发展变化的。《老子》第25章写道：“人法地，地法天，天法道，道法自然。”这里，老子把“道”归结为囊括自然界和人类社会在内的大宇宙的整体性、统一性和它自身固有的生命力和创造力，而“道法自然”的思想定势，更主要唤起道家学者要热爱自然、

1　徐玉坤．河南教育名人传[M]．郑州：河南教育出版社，1989．

2　卡普拉．转折点[M]．北京：中国人民大学出版社，1988：309．

重视“天地与我并生，万物与我为一”的自然生态，尊重事物客观的自然发展规律。《老子》在思维智慧上表现出丰富的朴素辩证法，因而其极大地影响和推动了我国古代各门自然科学的发展。

老子道家哲学可以从多角度、多层面加以把握，但是从其最根本的内容、方法和原理的属性看，从道家把“自然”作为学术目的和逻辑一致性的所在看，它是统一于自然中心论体系的，自然中心论囊括了当代国外形形色色的环境和生态意识，而且是在21世纪里人类环境意识可能达到的最高统一性表述形式。西方对道家作为一种环境哲学之评价的意义非常重大，认为道家视域与环境哲学视域的融合给中国哲学的新发展指明了一个历史性的方向定位。人类是一个整体，人类与自然是一个整体，确立人类的统一意识，确立人类与自然的统一意识，是人类共存和发展进步的关键。许多有识之士都指出了这一点。对此，李约瑟曾指出：“简单地说，道家确信人们在更多懂得自然运行的规律之前，是没有能力真正治理好人类社会的；道家有两条有名的格言：‘自然’和‘无为’。自然即事物依其本性自然地发生发展；‘无为’即不要强制而要允许事物依基本性按自己的规律发展，丝毫也不要违背自然意愿。他们甚至这么认为：如果人们任其自然，遵循自己本性的支配，那么，一切都会和谐地相处。强迫人们做他们所并不真正愿意做的事情，就有可能使他们受到损害和屈从于压力。如果每个人都按自己的意愿行事，就会有一种自然的合作，自然的幸福，那么世界将成为一个真正的生活乐土”。[1] 老子道家恰是人类目前豪奢生活状态下返璞归真的参照系，道家不损害大自然的一草一木直至恪守俭朴的生活，从另一方面提供了我们的哲学反思——人的本质和时空限定性。

2.2 “少私寡欲”的生态价值观念

生态价值意义是指生态作为生物物种的生存空间和条件而成为它们不可缺少的生理与文化需求，并不断地给予满足，进而归根到底为人类的生存与发展的需要不断提供生态资源和能源的满足。道家提出“人法地，地法天，天法道，道法自然”（《老子》第25章），明确把自然作为人的精神价值来源。在人与自然的关系上，主张以无为为宗旨，返璞归真，回归到无智无欲的“小国寡民”社会。《老子》第20章写道：“唯之与阿，相去几何？善之与恶，相去若何？人之所畏，不可不畏。荒兮，其未央哉！众人熙熙，如享太牢，如春登台。我独泊兮，其未兆，如婴儿之未孩。”“众人皆有余，而我独若遗。我愚人之心也哉，沌沌兮！俗人昭昭，我独昏昏；俗人察察，我独闷闷。”老子将世俗之人的心态与自己的心态作了对比描述，从辩证法的原理认为，贵贱善恶、是非美丑等种种价值判断都是相对相成的，而且随环境的差异而变动。世俗之人纵情于声色货利，而“我”却甘守淡泊朴素，以求精神的升华，不愿意随波逐流。《老子》第33章写道：“知人者智，自知者明。胜人者有力，自胜者强。知足者富，强行者有志。不失其所者久，死而不亡者寿。”老子提出丰富自我精神生活、加强个人价值观与修养的提高。老子的这种思想，深深影响了后世人们的生活方式，使人们向往和追求田园诗般的生活，正如陶渊明的田园诗中所描述的忘我于自然的画卷。这似乎也就是德国哲学家海德格尔所说的“人诗意地寓居”。

2.3 “绝仁弃义”的生态伦理观

生态伦理观把伦理道德范围从调节人与人和人与社会之间的关系，扩展到人与自然的关系，尊重自然成为一种道德、一种文明，要求人类不仅善待自己，更要善待社会、

1 约翰·默逊. 中国的文化和科学[M]. 杭州：浙江人民出版社，1988：10，17.

善待自然。《老子》第 18 章中写道 ："大道废，有仁义 ；智慧出，有大伪。六亲不和，有孝慈 ；国家昏乱，有忠臣。"文中表现出相反相成的辩证法思想，运用到社会伦理，分析了智慧与虚伪、孝慈与家庭纠纷、国家混乱与忠臣等，都存在着对立统一的关系。国家大治、六亲和顺，就显不出忠臣孝子 ；只有六亲不和、国家昏乱，才需要提倡孝和忠，这也是相互依属的关系。这是说，社会对于某种德行的提倡和表彰，正是由于社会特别欠缺这种德行的缘故。进而，在《老子》第 19 章中表明了鲜明的伦理主张 ："绝胜弃智，民利百倍；绝仁弃义，民复孝慈；绝巧弃利，盗贼无有。此三者以为文不足，故令有所属：见素抱朴，少私寡欲，绝学无忧。"在《老子》第 38 章中写道 ："上德不德，是以有德 ；下德不失德，是以无德。上德无为而无以为，下德为之而有以为。上仁为之而无以为，上义为之而有以为，上礼为之而莫之应，则攘臂而扔之。""故失道而后德，失德而后仁，失仁而后义，失义而后礼。夫礼者，忠信之薄而乱之首。前识者，道之华而愚之始。是以大丈夫处其厚，不居其薄；处其实，不居其华。故去彼取此。"在老子看来，"德"是"道"在人世间的体现，"道"是客观规律，而"德"是指人类认识客观规律并按客观规律办事。而人们把"道"运用于人类社会产生的功能，就是"德"。

2.4 自由朴素的生态美学观

美学观念是人类价值观的重要组成部分，作为一种精神价值，老子生态美学提倡一种健康的审美观念或审美意识。《老子》第 2 章中写道 ："天下皆知美之为美，斯恶已 ；皆知善之为善，斯不善已。故有无相生，难易相成，长短相形，高下相盈，音声相和，前后相随。是以圣人处无为之事，行不言之教，万物作焉而不为始，生而不有，为而不恃，功成而弗居。夫唯弗居，是以不去。"《老子》包含着丰富的生态美学思想，其认为真正的美和真正的善就在于使个体生命得到自由的发展，摆脱外物对于人的一切奴役，不管这些东西在世俗的人们看来是如何的宝贵和神圣。同时，老子又认为人只有处处顺应自然的规律才能自由，在一种朴素的形态下将自由与自然统一、合目的与合规律统一。

2.5 "无欲无为"、"道法自然"的生态管理思想

老子主张无为，认为"道常无为而无不为"（《老子》第 37 章），"为无为，事无事，味无味。大小多少，抱怨以德。图难于其易，为大于其细，天下难事必作于易，天下大事必作于细。是以圣人终不为大，故能成其大。"这里的"无为"并不是无所作为的意思，而是"无为而无不为"，"有所为与有所不为"，不能够违背事物自然发展的规律去蛮干、乱干、轻举、妄动，否则"为者败之，执者失之"。老子"自然无为"的观念，包含着顺其自然、不勉强去做的指导思想，因此可以渗透到各个方面。就管理方法而言，老子主张矛盾对立统一法则的运用，有和无、生和死、刚和柔、美和丑、善和恶、为和不为、私与不私、取与予等相互对立的矛盾都存在着相互转化的必然性。老子要求最高层的管理者不应该为了张扬美名而去搞管理，这样的美名反而会转化为丑名 ；不应该张扬善行而去搞管理，这样的善行就会演变为恶行。有无、难易、前后都是会相互转化的，所以，圣人治理国家就应该采取"无为"的理念，有了这种"为无为"才能达到更高层的"无所不为"。

可以说，蕴藏了丰富生态智慧的中国老子传统文化在全球面临生态危机，人类生存条件受到严重污染，我们的地球被人类改造得面目全非之时，受到了极大的关注。许多学者将其视为指导人类克服当前环境危机的精神支柱。

3 研究老子生态智慧在城市规划中应用的必要性

3.1 生态危机的哲学反思

发达的资本主义国家是首先开始掠夺自然而造成自然的生态破坏的。这源于西方哲学的现代和当代的没落，一方面，哲学只注意科学方法论的研究而成为所谓的科学主义，另一方面，只注重人的存在——人的利益而成为所谓的人文主义，这两大哲学思潮实质上都在人类向自然索取能量的基本原则上推波助澜，科学转化为技术使物质转化成人的需要，人文主义关于人是第一存在及其实用主义思潮又使这一倾向得到发展，社会制度和经济机制都在这一原则下运转，使生态问题变得越来越突出。但是，如果认为生态危机是资本主义世界的独特问题，只归结于他们的哲学是无可非议的，而事实是，我们国家所面临的生态危机也相当严峻，所以，反思我们的哲学，也就成为寻求原因以走出生态危机所必需的基础性工作。

3.2 "古为今用"——发扬中国传统文化的需要

中国传统文化普遍体现出一种人与自然协调发展的生态思想。中国古代将大自然称为"天"，人与自然的关系就是天与人的关系，在中国传统文化中，无论是道家、儒学、还是佛学，坚持"天人合一"、"万物一体"、"天人和谐"等的生态观。老子认为，人来源于自然，并统一于自然；孔子提倡"成己成物"之学，只有"成己"，才能"成物"，"成己"就是"修己"，一个有"仁"性的人，有"仁"的境界的人，对自然界的万物便能自觉地爱护，绝不会任意地破坏；汉代的董仲舒将"天人感应"作为其理论核心；宋代的张载指出，要将知人与知天统一起来；王夫之认为"君子以人合天，而不强天以从人"，主张人是自然的产物，人不能违背自然法则；中国古代著名的"网开三面"、"里革断罟"的典故都体现了先辈们保护环境，特别是对资源加以保护的生态意识……正如英国学者唐通所说的那样："中国的传统是很不同的，它不奋力征服自然，也不研究通过分析理解自然，目的在于与自然订立协议，实现并维持和谐"。

20 世纪 40 年代，冯友兰先生在他的《中国哲学简史》中论述老子道家哲学时，曾经说："哲学不报告任何事实，所以不能用具体的、物理的方法解决任何问题。例如，它既不能使人长生不死，也不能使人致富不穷。可是它能够给人一种观点。从实用的观点看，哲学是无用的。哲学能给我们一种观点，而观点可能很有用。"国外研究老子已有悠久的历史，对于老子的评价较孔子高出许多，特别是西方科学家对于老子有普遍的关注和赞同。在近邻日本、韩国，老子具有巨大影响，近年来更在韩国成为热门话题。老子是一位世界级的人物，是当代世界的百位名人之一，世界各国都很重视老子，我们中国的学者也必须坚持"批判吸收"的观点，深入研究，"古为今用"，为解决当前的生态危机等社会问题贡献力量。

3.3 "城市生态贫困"问题的日益突出——城市规划生态学化的趋势加剧

人类赖以生存的城市是集自然、经济、社会等于一体的复杂系统。城市既具有经济和社会等诸特征，同时也显现其生态特征。南开大学经济研究所学者陈南岳指出，生态贫困是城市贫困的一种基本类型，目前我国的城市生态贫困现象已相当严重，人们对洁净的空气、水，安静的工作和生活环境等的生态需要得不到正常满足。有关专家指出，现阶段的许多城市规划之所以缺乏深度、力度和生命力，甚至有一些规划设计造成了对城市生态系统的严重破坏以至生态灾难，其原因之一是缺乏生态观念的认识与生态学的理论指导，由此可见，城市规划的生态学化具有相当的必要性和迫切性。传统城市规划偏重于城市的经济社会发展及城市土地利用，而缺乏将城市的生态环境发展与建设纳入规划内容，在一定程度上导致了城市规划的非适应性。吴良镛先生指出："城市规划不只是规划城市，还是落实环境保护与走可持续发展等基本国策的具体行动与积极措施之一。"未来的城市规划要在城市现代化进程和城市可持续发展进程中发挥更大的作用，必须吸收、借鉴生态学思想及理论，在城市规划的各个环节和方面，引进并运用城市生态规划的原理与方法，实现城市经济目标、社会效益与生态文明三大效益的同步增长与高度和谐。

4 呼唤城市规划生态自觉——中国特色的城市规划理念

通过对老子生态智慧的学习与分析，针对城市规划的发展需要，我们可以得出如下启示。

4.1 确立生态自觉意识

反思人与自然关系的生态观念，按照利奥波德的说法，就必须树立一种自然共同体的意识，"要人类在共同体中的征服者的角色，变成这个共同体中的一员和公民。它暗示着对每个成员的尊重，也包括对这个共同体本身的尊敬"。只有树立了这样的一种道德意识共识，人们才可能在运用其共同体中的权利时，感到他所负有的对这个共同体的义务。美国生态学家理查德·瑞杰斯特（1990 年）在分析和总结生态城市建设理论与试点实践的基础上，提出了"生态结构革命"（Ecostructural Revolution）的倡议，并提出了生态城市建设的十项计划，其首要的一点便是：普及和提高人们的生态意识。面对全球性的生态危机，不仅仅需要我们城市规划学者、生态学家所认识和关注，城市居民甚至是我们整个人类都应当树立起一种生态自觉意识，把我们的生态思想变成自觉行动。通过宣传、教育，大力提高公众的生态意识，充分认识到人类的生存与发展问题以及城市发展面临的生态危机、社会危机等挑战，唤起公众环境意识、文化意识、资源意识、持续发展意识等广义生态意识的觉醒，让公众意识到建设生态城市的必要性和迫切性，并开始关心生态城市建设。

4.2 应用生态城市规划设计理论与方法

城市规划的设计与编制是一个动态的、连续的、研究性的工作，吴良镛先生指出："规划设计好比大师意匠手笔，不要太急，要高层次研究。"李瑞环同志指出："规划是城市建设的蓝图，是城市管理的依据，也是城市发展的目标。没有好的城市规划，就不可能把城市建设管理好……"，可见城市规划设计人员责任重大。当代的城市规划设计者应突破常规的城市规划理论，即打破传统的技术手段层面上的规划，要在传统规划理论的基础上有所超越、有所创新，把"生态价值观"引入城市规划中，对传统的规划方法、规划观念、规划目标、规划技术路线和规划过程等实行有效的变革，运用规划新理论、新方法、新技术，这是城市走向生态化的客观要求，是建设人—自然和谐发展的生态城市的需要。

4.3 注重对于城市自身发展规律的把握，"有所为有所不为"

《老子》提出了"道"、"自然"、"无为"等著名的朴治主义哲学概念。朴治主义讲求以质朴无闻的自然方式治理人与自然，即是以隐忍自然的方式对待人与自然。这里隐忍自然包括两方面含义：隐忍是指不滥施权威，不乱行条令，其关系是由自然—人；自然是指顺应自然界的客观规律，顺水而行、顺流而治，其关系是人—自然。现代城市规划管理的目的是为了通过城市资源的合理配置，达成城市与自然、人与社会、人与人的和谐、秩序和平衡。对于管理工作的必要性,《老子》同现代城市管理思想是完全一致的。同时，老子认为“无道之道”便是最高管理之道，最佳的管理规则、方法便是因时、因地、因人、因境而定的规则、方法。他认为圣人只有高尚的德性修养还是不够的，还应具备优秀的行为能力，优秀的辨析能力，优秀的谋略能力，优秀的开拓能力和优秀的解决问题能力。老子把管理的最高境界归结为“善行，无辙迹;善言，无暇谪;善计，不用筹策;善闭，无关键而不可开；善结，无绳约而不可解。”对于城市规划管理人员而言就是要有一颗为百姓谋福利的心，要毫无私心杂念，拥有极高的德性修养；要致力于救治宝贵的人力和物力，使人尽其才，物尽其用，注重城市自身发展规律的把握，“有所为有所不为”。

4.4 生态城市科学教育亟待加强

生态环境危机的出现并加剧、生态城市规划理念的提出同时也使传统的城市规划学和城市规划教育面临挑战，规划教育必须积极应对，建立与之相适应的规划教育体系及人才培养机制。传统的城市规划教育偏重于改造自然（物质环境建设）技能的培养，是一种“反自然”的知识教育，不能适应基于生态价值观的城市规划生态化要求，也无法胜任其规划研究及规划实践。改变传统教育价值观，树立人—自然和谐的价值观与教育观，重构新价值观下的学科知识、更新专业教育的内容已成当务之急。赵中建在《教育的使命——面向21世纪的教育宣言和行动纲领》一书中指出,“培养人们对城乡地区经济、社会、政治和生态之间的相互依存关系的清晰意识和关注；向每一个人提供获得保护和改善环境所必需的知识、价值观念、态度、义务和技能的各种机会，创造个人、群体和作为整体的社会对待环境的行为模式。”

5 回顾与展望——应对生态文明时代的要求

20世纪60年代末，罗马俱乐部的专家曾以高度的敏感和哲学智慧指出：人类的命运与生态环境息息相关。1972年联合国人类环境会议发表了《人类环境宣言》，从而拉开了人类生态文明时代的序幕。生态文明时代强调人类与自然的统一与和谐，把人类和自然视为一个共存共荣的、不可分割的有机整体；它强调“地球文明”与“人类文明”的统一与和谐，把保持和发展一个文明的地球作为实现人类文明的先决条件；它强调经济、社会发展与人类生态环境的统一与协调，把可持续发展作为自己的战略选择。江泽民同志在党的十六大报告中指出：要“大力实施科教兴国战略和可持续发展战略”,“坚持以信息化带动工业化，以工业化促进信息化，走出一条科技含量高、经济效益好、资源消耗低、环境污染少、人力资源优势得到充分发挥的新型工业化路子。”“坚持社会科学和自然科学并重，充分发挥哲学社会科学在经济和社会发展中的重要作用。”这给我们明确了前进的目标和方向。总之，我们既需要发展科学技术，更要关心人文价值，使二者能够更好地结合起来。人与自然的关系早已成为全球性的问题，在这种情况下，更应当着眼于全人类的发展，为人类作出贡献。如果能从老子哲学的生态智慧中吸取丰富的精神营养，就能贡献于人类，贡献于生态文明时代的要求，使人类拥有一个21世纪的美好家园。从古代、中古聚居的生态自发，到近代聚居的生态失落，到现代聚居的生态觉醒，再到当代聚居的生态自觉，人类的生态价值取向将成为历史发展的必然。

参考文献：

[1] 黄光宇，陈勇．生态城市理论与规划设计方法 [M]. 北京：科学出版社，2002.

[2] 潘承烈，虞祖尧等．中国古代管理思想之今用 [M]. 北京：中国人民大学出版社，2001.

[3] 沈清基．论城市规划的生态学化——兼论城市规划与城市生态规划的关系 [J]. 规划师，2000（3）：5-9.

[4] 玄峰．老子的朴治主义与生态哲学 [J]. 新建筑，1997（4）：6-7.

[5] 罗素．西方哲学史（下卷）[M]. 北京：商务印书馆，1986.

[6] 人类处在转折点——罗马俱乐部研究报告 [M]. 北京：中国和平出版社，1987.

[7] 黄麟雏，陈爱娟．技术伦理学 [M]. 西安：西安交通大学出版社，1989.

[8] 叶平住．生态环境保护和自然资源管理的理论研究 [M]. 哈尔滨：黑龙江科学技术出版社，1995.

[9] 全增嘏．西方哲学史（上册）[M]. 上海：上海人民出版社，1983.

[10] 吴兆基编译．老子 · 庄子 [M]. 北京：京华出版社，1999.

（注：本文发表于 2002 年中国城市规划学会年会会议论文集，合作者：李浩、张舰、吴丁花）

论城市系统的可持续发展

城市是一个集人员、资金、技术、物资、信息、建筑、环境等多种要素及其关系网络于一体的复杂系统，是人的意志作用贯穿于其中，又不完全受人的意识活动支配、控制的自组织系统。千百年来，一代又一代的城市人都想将自己的意志强加于城市，希望城市能够依照自己的意愿运动、变化、发展，可似乎总是未能如愿。分析其原因，一是因为城市作为一个不完全受人们意识活动支配控制的自组织系统，有其自身运动变化发展的规律，二是因为任何时代城市人均很难形成统一意志，分散的个人意志是很难实质性地影响城市系统运动变化发展过程的。

在经历了漫长的发展，特别是在经历了第一次世界大战、第二次世界大战及战后经济的高速发展之后，形形色色的城市问题纷纷暴露出来，并越来越严重地影响着城市的健康发展，影响着城市人的正常生活。面对日趋恶化的城市环境和日趋严重的生存危机，城市人开始了对城市问题、城市系统及其发展规律的系统反思。在系统反思的基础上，全世界的城市人逐渐地意识到，联合起来研究城市问题、城市系统及其发展规律，形成一些共同认识，采取步调一致的统一行动是十分重要的，并最终促成了一系列相关国际会议、地区会议的召开。特别应提及的是 1992 年 6 月联合国在巴西组织召开的世界环境和发展大会，以及 1996 年 6 月联合国在土耳其组织召开的第二届人类住区大会（简称“人居Ⅱ”会议），前者通过了具有里程碑意义的《21 世纪议程》，使 20 世纪 80 年代形成的“可持续发展思想”终于成为世界各国的共识，后者在前者的基础上进一步提出了“日益城市化进程中人类住区的可持续发展”思想,推动了可持续发展思想向纵深发展。

可持续发展思想能在多大程度上控制、影响、改变城市系统的自组织发展进程，我们不得而知，但是，我们坚信，在可持续发展思想转变为全人类的共同意志之后，必定会极大地影响和改变城市系统目前不尽如人意的状况，以及城市系统未来发展的趋势。正是基于这一信念，我们坚定地认为，从不同的角度，以不同的方式去探讨、宣传、普及城市系统可持续发展的思想，对于建设一个符合生态学原理、满足各阶层城市人需要的、可持续发展的城市，具有非常的意义。本文选择的研究角度是，从分析城市系统现在的问题入手,引伸出城市系统的可持续发展问题,在此基础上,探讨解决现有城市问题,实现城市系统可持续发展应遵循的基本原则和应处理好的几个关系。

1 城市系统目前存在的问题

学者专家们认为，在一些发展中国家的城市系统中，比较普遍地存在着以下问题，这些问题如果得不到有效解决，不仅会危及下一代城市人的利益，而且也会严重地影响到当代城市人今后的生活。

1.1 环境恶化

所谓环境恶化，一般是指人类在其生产、生活活动中向环境引入的物质和能量，造成危害人类及其他生物生存及破坏生态系统稳定的现象。城市系统的环境恶化主要表现在以下几方面：①大气污染。城市系统的大气污染主要表现为酸雨、烟雾、温室效应及城市上空臭氧层变薄等，它们主要是由人类的生产和生活活动，特别是工业和交通运输排放出的废气物引起的。②水体污染。据世界卫生组织和联合国环境规划署有关报告称：全世界城市居民中有 4/5 饮用不符合卫生要求的水，水体污染在世界各国城市及其周边地区相当普遍而严重，已经给城市经济发展、城市居民生活造成严重影响。③土壤污染。土壤污染主要来源于生活污水、工业废水、废气、废渣以及化肥和农药，当其中的有害物质大量渗透到土壤中，而土壤的自净力不足以消除它们时，即形成了土壤污染。土壤污染通过污染栽种于其上的各种农作物，进而严重地影响城市人的身体健康和城市系统的健康发展。

1.2 交通拥挤

由于城市经济的迅速发展和城市人生活水平的不断提高，城市系统对各种车辆的需求量日趋增加，而城市系统的空间拓宽（地上地下两个方面的拓宽）和交通网建设相对滞后，结果造成了令各国政府、各市政当局十分头痛的交通拥挤问题。交通拥挤所引起的交通阻塞现象时常发生，给城市经济发展和城市人生活都带来了极大的消极影响。

1.3 贫富差距拉大

城市系统自形成之初即具有突出的生产、分配、交换职能，城市系统的发展、扩张很大程度上取决于生产及商业活动的状况，取决于城市经济的发展活力和速度，这一切都为城市人贫富两极分化现象提供了现实根据，加之城市经济管理的相对滞后特别是社会财富分配制度事实上的不合理，进一步加剧了贫富两极分化，以至于形成了当今世界各发展中国家的大中城市都颇感头痛的严重社会问题，并已严重地影响和制约着各大中城市系统的和谐发展。

1.4 城市空间分配不合理

由于贫富差距过大，城市系统规划、建设、管理工作的不完善，发展中国家的城市系统普遍存在着城市空间分配不合理的现象：在有限的城市空间中，供城市居民休闲娱乐、学习工作的公共场所被大量挤占，普通城市居民的生活休息空间太小太少，有钱人占据的城市空间过大过多。这种不合理的现象，已经严重地影响到了城市居民的身心健康和城市系统的健康发展。

2 解决现有城市问题，实现城市系统可持续发展应遵循的基本原则

解决现有城市问题与实现城市系统可持续发展是相互紧密关联的问题。如果我们只重视解决现有城市问题，而忽视如何去实现城市系统的可持续发展，那么，不仅不能彻底地解决现有城市问题，还会不断地生长出许多新的城市问题，反之，如果我们只考虑如何实现城市系统的可持续发展，而忽视对现有城市问题的解决，那么，可持续发展就无从起步、无所依附，更不可能得到饱受城市问题之苦的城市人的积极支持和参与。因此，我们认为，解决现有城市问题与实现城市系统的可持续发展是一个问题的两个方面，必须同时予以高度重视，并应同时遵循以下基础原则。

2.1 发展原则

解决城市问题不能以牺牲发展或社会经济效益为代价，对于发展中国家的城市而言，发展是解决现有城市问题的基础和前提；实现可持续发展，关键是发展，最终目的也是发展。如果没有一定的发展速度，没有良好的社会经济效益，可持续发展就只是一句空话。

2.2 生态维持原则

本文所说的生态维持，是一个广义生态维持概念，它既指生物学意义上的生态维持，即保持生态平衡，维护生态环境，又指社会文化意义的生态维持，即保护历史文化遗产，保持社会文化的平衡发展。所谓生态维持原则，是指我们在解决现有的城市问题和实现城市系统可持续发展的过程中，一方面应注意修复已经失衡的自然生态系统，恢复并维

持城市自然生态系统的自然生产力，另一方面又应重视修复已经失衡的城市人心理与城市社会文化系统，恢复并维持城市人的健康心理与城市社会文化的自我生产、繁衍能力，以确保城市社会文化系统代代相承、世代延续。

2.3　公平原则

这是解决现有城市问题，实现城市系统可持续发展应遵循的根本原则。所谓公平原则是指，每一位城市居民，都平等地享有使用自然资源和城市空间，接受社会教育和社区服务的权利；同时，每一座城市也都平等地享有提高效率、发展经济的权力。解决现有城市问题，实现城市系统的可持续发展，一定要本着公平原则，力求使同时代的每一个城市人、每一座城市平等地享有上述权力；与此同时，还要力求使下一代、下下代的每一个城市人、每一座城市平等地享有上述权力。当然，应该指出的是，应当平等，并不意味着事实上的平等；平等享有并不是平均享有。就是说，绝对的平等、平均是不可能的，也是不应提倡的，任何意义上的平等或公平都只可能是相对的。

2.4　参与原则

城市居民是城市系统的主体，各级城市管理部门的管理者必须牢固树立全心全意为全体城市居民服务的观念，最大限度地依照城市居民的共同意愿来规划、建设、管理城市。所谓参与原则，是指在解决现有城市问题，实现城市系统可持续发展的过程中，凡是涉及与城市居民关系密切的事项，都应当创造条件让他们参与讨论、决策、实施、监督、评估，而且应当学习发达国家城市的经验，逐步地将城市居民的参与制度化、法律化、规范化。

2.5　效率原则

发展中国家的城市与发达国家的城市相比，最明显的差距就是效率太低；城市问题成堆的城市与各方面协调健康发展的城市相比，最明显的差距也是效率太低。经验证明：没有效率，就没有发展；要想有效率，就必须大力发展科学技术，用先进的科学技术来教育城市居民，改造城市系统。我们认为，城市系统及其各组成部分的高效率，是高质量解决现有城市问题，实现城市系统可持续发展的重要前提。效率原则本质上是一种发展原则。

3　解决现有城市问题，实现城市系统可持续发展应处理好的几个关系

在坚持上述基本原则的基础上，我们认为，解决现有城市问题，实现城市系统可持续发展还必须认真地处理好以下几个关系。

3.1　组织与自组织

对于城市系统而言，所谓组织，是指城市系统在人为指令的作用下，解决现有问题，实现有序发展的过程；而自组织，是指城市系统在无明确的人为指令作用下，自发地解决现有问题，实现有序发展的过程。城市系统的组织与自组织是同时进行的，人的指令，特别是自觉、不自觉符合了城市系统变化发展规律的指令，会在相当程度上改变、影响解决现有城市问题，实现城市系统有序发展的历史进程，但是，从根本上讲，这一历史进程是一个超越人的意识活动的自组织过程，其结果不可能是如人所设想的那样。因此，一方面我们应努力地去认识、把握城市系统的发展规律，将我们认为既符合城市发展规律，又符合人类自身需要的指令不断地作用于城市系统，力求使城市系统按照我们的意愿去发展；另一方面，我们也应清醒地认识到，人的意识活动的作用再大，也是有限的，不能将城市系统未完全按照人的合理指令那样发展，看成是人的意识活动作用的失败，进而放弃积极地去尝试控制、影响、改变城市系统变化发展进程的自觉的努力。

3.2　发展与环境

在城市系统发展的早期，发展所带来的环境破坏，没有超过环境的自我修复能力，因此，发展和环境的矛盾并未突显出来。人类社会进入工业化社会之后，由于城市发展给环境带来的破坏越来越大，以至于超出了环境的自我修复能力，造成了环境破坏的恶性循环，严重地影响到了城市居民的日常生活和城市系统的健康发展，这才使人们认识到以牺牲和破坏环境为代价的发展，是必然会招致环境报复的，是不可能实现持续发展的，因此，正确地认识并处理好发展与环境的关系，是实现城市系统可持续发展的重要前提条件。那么，如何才能处理好这一关系呢？我们认为，在利用各种措施大力发展城市系统的同时，一定要充分估计到发展可能给环境带来的破坏作用，并力求将这种破坏作用降低到最低程度；另一方面，要高度重视做好环境保护、治理工作，积极主动地营造良好的城市内外环境，最大限度地发挥城市环境对城市系统发展的反作用。

3.3　集中与分散

人、财、物的适度集中是解决现有城市问题，实现城市系统可持续发展的重要条件。但是过度集中，则会影响到部分城市问题的解决和城市系统的协调、平衡发展。人、财、物的适度分散是必要的，这样会有利于现有城市问题的解决和城市的协调健康发展。但是，过度分散，很可能会造成任何一个城市问题都得不到彻底解决，任何一个城市系统部分都难以获得实质性发展的后果。因此，妥善处理好集中与分散的关系，将集中和分散都控制在一定的限度内，对于全面解决现有城市问题，实现城市系统可持续发展是非常必要的。

3.4　整体与局部

信息论、系统论、控制论等现代系统科学认为，整体具有局部不具有的质的规定性，因此，整体的最优化不同于更不等于局部的最优化。分形论、混沌论、全息论等后现代系统科学认为，某些特定局部能以某种方式完整地表现整体，因此，这些特定局部的最优化是整体最优化不可或缺的条件。基于这些认识，我们认为，要解决好现有城市问题，实现城市系统的可持续发展，应该依照如下思路来处理整体与部分的关系：一方面，有组织、有计划地动用足够的人、财、物，力求使城市系统的整体规划、建设、管理最优化，力求使城市系统的整体发展目标如期实现；另一方面，必须在重视整体最优化的同时，充分关注局部问题，力求使城市系统的局部规划、建设、管理也尽可能最优化，必须在重视整体发展目标的同时，充分关注局部发展目标，力求使城市系统各组成部分的局部发展目标如期实现。

3.5　长远与当前

能否妥善地解决现有城市问题，实现城市系统的可持续发展，在很大程度上取决于我们能否妥善地处理好长远利益和当前利益、长远目标和当前目标的关系。事实上，现有的城市问题的形成，现有城市系统出现的难以持续发展下去的现实状况，很大程度上是因为我们过多地关注当前利益的获取和当前目标的达成，而忽视了长远利益和长远目标。所谓可持续发展，是指发展可以一代一代地持续下去，要做到这样，我们当然应当重视长远目标，关注长远利益。我们这样做，丝毫不意味着不重视当前目标、不关注当前利益。我们只是认为，不能将当前目标置于长远目标之上，不能将当前利益看得比长远目标更重，在多数情况下，长远目标和当前目标是可以协调一致的，长远利益和当前利益也是可以统一的。

（注：本文发表于《重庆建筑大学学报》（社科版），2000年第3期，合作者：何跃）

城市建设中的生态化策略

1　生态革命与城乡建设生态化

从人类文明发展史的角度看，人类经历了从蛮荒时代而逐步走向文明。从渔猎文明发展到农业文明，再从农业文明发展到现代的工业文明，每一次文明的更替都是一场深刻的社会变革，促进了社会经济文化的大发展。目前，正在世界兴起的生态革命，是一场技术、经济、社会、文化领域的深刻革命，它正在由工业文明走向生态文明、由工业经济转向生态经济（或知识经济），人类社会也将由工业社会（或城市社会）走向生态社会，由工业化发展模式转向生态化发展模式。

在工业文明短短的 200 多年间，我们这个世界被迅速改变。它创造了人类巨大的物质财富，带来了人类社会的空前繁荣。然而，这种掠夺式的发展已给自然、社会和人类的生存造成灾难性的后果，在经济高速增长的同时，出现了全球性的生态退化，环境质量急剧下降。“人类不得不重新审视自己的社会经济行为和走过的历程，认识到通过高消耗追求经济数量增长和‘先污染后治理’的传统发展模式已不再适应当今和未来发展的要求，而必须寻找一条人口、经济、社会、环境和资源相互协调的，既能满足当代人的需求而又不对满足后代人需求的能力构成危害的可持续发展的道路”（《中国 21 世纪议程》），可持续发展思想的产生是人类社会从工业文明向生态文明转变的重要标志，意味着工业化发展模式最终将被与生态文明相适应的生态化发展模式所取代。

2　生态化发展策略

城乡生态化意味着一场深刻的社会变革，因为它不仅涉及城乡物质环境的生态建设、生态恢复和生态重构，更涉及发展观、价值观、生活方式、政策法规等方面的根本性转变。我国是发展中国家，综合国力、科技水平、人口素质、意识观念与发达国家相比还有很大的差距，这些因素都将影响到城乡的生态化发展。上千年的生态退化和人口众多、资源相对短缺的国情更要求我们必须现在就行动起来，以新的生态视角开辟一条非传统式又非西方化的城乡生态化发展之路至关重要。

2.1　重构城市发展与自然演进的平衡，实施可持续发展

中国自改革开放以来，城市建设和社会经济取得了举世瞩目的发展，人民的物质和文化生活水平得到了很大的提高，但城市的发展与自然的演进严重失衡，生态环境问题愈益突出，城市远离了自然！

为挽救被破坏的生态环境，克服城市发展的生态危机，人类首先必须以谦恭、友好的态度尊重自然，呵护自然，重构城市发展与自然演进的平衡机制。

而这种平衡机制的建立要体现在社会、经济生态系统与自然生态系统的动态平衡的基础上，即城市人工生态系统与自然生态系统之间物质、能量循环机制的建立。必须在社会、经济、文化、教育、政策各个层面都要建立起尊重自然、与自然环境之间和谐、协调的关系，为此，我们需要在以下几个方面进行不懈的努力：

（1）倡导东方人“和谐”的哲学理念。“天人合一”、阴阳相济、虚实相生，是实施可持续发展、重建城市发展与自然演进平衡机制的重要思想基础；“天人合一”的哲学思想起源于我国古老的农耕文明，它蕴涵着丰富的生态学哲理，在我国古老的儒、道、释的思想与教义中都有充分的体现。

儒家的“天道”、“人道”合一，指明了人与自然相互影响、互相制约的关系（“天道”是指自然界的现象和运动变化的规律，“人道”是指人应该遵循的道德规范和行为准则，人应该遵循自然客观规律），道家的阴阳五行、风水理念《道德经》中的“人法地、地法天、天法道、道法自然”，佛教教义中的因果报应、众生平等，认为人类与自然环境的和谐协调才能共事太平、共存共荣。这些思想、理念都体现了人与自然的和谐、协调、共生关系。

（2）尊重城市的历史文脉与地域文化，复兴被冷落或遗忘的城市历史场所，找回失落的空间，重新唤起对城市历史的记忆。实现城市现代化应与城市地域化、个性化相结合。我国地域辽阔，自然景观多姿多彩，城市类型丰富多样。在迅速工业化、城市化的过程中，由于缺乏对自己民族文化的尊重，城市传统历史风貌遭到了严重破坏，城市的个性正在逐步消失，引起了市民的关注和国内外学术界的重视。曾 11 次访问中国的英国皇家建筑学会前主席帕金逊（Parkinson）曾多次指出：“在我看来，全世界有一个很大的危险，我们的城镇正在趋向同一个模样，这是很遗憾的。因为我们生活中许多乐趣来自多样化和地方特色。我希望你们研究中国文化城市的真正原有特色，并保护、改善和提高它们。中国历史文化传统真是太珍贵了，不能允许它们被西方传来的这种虚伪的、肤浅的、标准的、概念的洪水所淹没。我确信你们遭到了这种危险，你们需要用你们的全部智慧、决心和洞察力去抵抗它。”

（3）建立大地园林化、城乡一体化，城乡互动、互惠共生的协调关系，实现城乡生态化；城市和乡村的关系是社会发展过程中始终相伴而生的一对既矛盾又统一的基本关系。从欧文（Rowen）、傅立叶（Fourir）等空想社会主义到盖迪斯（P.Geddes）、霍华德、芒福德的城市分散主义，都是把建立协调的城乡关系作为城市研究的主要课题。盖迪斯较早地提出区域规划的学说，视城市和区域为一有机整体，城市不可能孤立地存在和发展，它必然与所在的区域发生联系。

霍华德的花园城市理论是协调城乡关系的一次大胆的尝试与创举，他试图通过“花园城市”（田园城市），这一特殊的城市发展的结构模式来协调城市与乡村、集中与分散、人造环境与自然环境的矛盾。正如芒福德所指出的，田园城市的重要意义不在于它有花园和绿地，它与别的城市相比的全然创新之处在于它通过一个组织体对错综复杂的情况加以合理而有序的处理，以建立平衡与自治，维持内聚力协调和谐。

我国在国民经济建设中，国家非常重视正确处理城乡之间的关系，主张工农结合、城乡结合、有利生产、方便生活、城乡兼顾，建立城乡互利互动关系。新中国成立前夕，毛主席在党的七届二中全会上就明确提出城乡必须兼顾，必须使城市工作和乡村工作、城市和乡村紧密地联系起来。在“一五”时期的工业选址中，强调合理分布城市人口和工业，以促进地区的均衡发展，1958 年，毛主席还提出过实现“大地园林化”的构想。

（4）建立城市的绿色平衡体系，加大公共绿地面积，增加城市绿地覆盖率，如努力做到人均公共绿地面积不少于 10m^2，绿地覆盖率不低于 35%，城市应普遍建设森林公园，增加居民的户外活动空间，充分发挥绿地系统的综合生态服务功能。

（5）建立人与生物互惠共生的协调关系。生物多样性是人类赖以生存的物质基础，也是城市生存的基本条件。但是在迅速城市化的过程中，城市与区域的生物多样性正在遭受严重的破坏。保护城市及其周边地区的生物多样性对于维持城市与区域的生态平衡具有十分重要的意义。因此，必须充分考虑生物多样性及其生存发展栖境的需要。

（6）要像珍惜生命一样保护城市的山水体系，对山脉、水系、水源保护地、郊野荒地、滨水岸线、湿地必须谨慎地加以保护。

这些开敞的绿色空间、生物多样性富集区，不仅是开展休闲、观赏、旅游的极好场所，更重要的是城市人类和生物赖以生存的生态环境基础。因此，要尽最大的努力来保护正在被破坏和消失的绿色空间。

（7）树立健康的生态价值观。发展生态产业，推广生态建筑、生态住区、生态出行与交通、生态材料，提倡生态化生产方式和消费方式。发展低（无）污、低（无）废、低耗，逐步走向清洁生产、绿色消费之路。

（8）根据自然生态规律和城市发展规律，合理组织城市空间结构，引导城市构建健康的发展形态，优化城市资源配置。

（9）降低不可再生资源的消耗，利用天然能源和可再生资源。提高资源的综合利用水平，建立固体废弃物和污水、废水重复利用的循环机制，《封闭的循环》一书的作者美国生态学家巴里·康芒纳（Barry Commoner）指出："中国目前也面临着犯我们50年前在美国所犯错误的危险。但是历史使中国有机会从这些错误中吸取教训，从而使其新经济的发展建立在电力机动车、太阳能和其他非污染的生产技术之上。"

（10）建立城市发展与自然演进平衡机制的监督与管理机制。

2.2 建设生态城市

"生态城市"（ecocity）这一概念是在20世纪70年代联合国教科文组织发起的"人与生物圈"（MAB）计划的研究过程中提出的。前苏联生态学家N·扬诺斯基（N. Yanitsky）、美国生态学家理查德·瑞杰斯特（Richard Rigister）等学者分别于20世纪80年代初对生态城市进行了研究。随着生态文明的发展与演进，生态城市的内涵也不断得到充实与完善，它已超越了环境保护与建设的层面，而是融合了自然、社会、经济、文化、历史等因素，体现的是一种广义的生态观。是社会系统与自然系统高度和谐的城镇发展模式。

生态城市的提出是基于人类生态文明的觉醒和对传统工业化与工业城市的反思，它不同于传统工业城市以掠夺的方式来促进自身繁荣，而是非掠夺性的，建立以可持续发展为特征的新的结构和运行机制，实现物质生产和社会生活的"生态化"；生态城市倡导生态价值观、生态伦理、生态哲学，建立自觉保护环境、促进人类自身发展的机制，有公正、平等、安全、文明的社会环境；重视城乡历史传统文化的继承、保护与新文化的创造。因此，从生态学的观点看，生态城市应该是生态健康的城市，或与自然友好的城市，是结构合理、功能高效和关系和谐的城市生态系统。

生态城市的"生态"，不是纯自然的生态，而是自然、社会、经济复合共生的城市生态，它包括了人与自然的协调关系和人与社会、人与环境的协调关系。生态城市的"城市"已不是一般概念的城市，而是以一定的区域为条件的社会、经济、自然综合体，是人、自然与城市社会、环境和谐共生、协调发展的城市。因此，在地域空间结构上生态城市不是"城市市"而是一定地域空间内的城乡融合的"区域市"。生态城市的建设，是一个不断创新的生态化发展过程，是一种生态新观念、新经济、新秩序和新文化的创造过程，同时也是人类自身发展进化的过程。

生态城市的规划与建设应遵循自然生态规律与城市发展规律，以持续发展为目标、以生态学为基础、以人与自然和谐为核心、以现代技术为手段，综合协调城市及其所在区域的社会、经济、自然复合生态系统，以促成健康、高效、文明、舒适、可持续的人居环境的发展。国际"人与生物圈"计划第57条报告中认为，"生态城市规划既要从自然生态和社会心理两个方面去创造一种能充分融合技术和自然的人类活动的最优环境，以诱发人的创造性和生产力，提供高的物质和文化水平”。

从现代城市发展到生态城市是一个长期的生态化发展过程，可能需要经过几代人的努力。

生态城市的建设成功至少应具备以下五个基本条件：①先进的科学技术；②协调的城市生态经济；③发达的文化与教育；④在生态学原理指导下精心编制的城乡规划与设计；⑤政府的生态化决策以及政策、法规、管理与监控机制。美国生态学家理查德·瑞杰斯特（1990年）在分析和总结生态城市建设理论与试点实践的基础上，提出了“生态结构革命”（Ecostructural Revolution）的倡议，并提出了生态城市建设的十项计划。

（1）普及与提高人们的生态意识；

（2）致力于城市内部、外部物质与能量循环途径的技术和措施研究，减少不可再生资源的消耗，保护和充分利用可再生资源；

（3）设立生态城市建设的管理部门，完善生态城市建设的管理体制；

（4）对城市进行生态重建（Ecological Rebuilding），力求为居民创造多样的自由生存空间；

（5）恢复适宜农业的用地，建立和恢复野生生物的生境和廊道；

（6）调整和完善城市生态经济结构；

（7）加强旧城、城市废弃土地的生态恢复；

（8）建立完善的公共交通系统；

（9）取消汽车补贴政策；

（10）制定政策，鼓励个人、企业参与生态城市建设，为生态重建提供再培训计划。

这十项计划比较全面地反映了西方社会生态城市建设的热点问题和发展趋势。我国与西方发达国家的国情和发展历史背景都不相同，当然不可照搬，只能从国情和城市自身实际出发来寻求适合自身发展的建设生态城市之路。但一些好的经验和教训都是应该值得借鉴与吸取的。

2.3 城乡生态化发展策略的实施

实施城乡生态化策略，建设生态城市，可分三步走，即三个阶段。

2.3.1 起步期

大力普及和提高公众的生态意识与环境意识，倡导生态价值观，唤起人们对城乡生态化建设的重视和环境意识的提高，制订行动计划，建立示范工程，加强能力建设，对社会经济组织结构、功能进行初步调整，为建设阶段做好准备、打好基础。

人类的“生存危机”问题，就其认识论根源而言，是因为大部分人尚未树立起适应社会发展变革的新观念、新思想。实现城乡生态化发展，首先必须大力宣传、普及生态意识与环境意识。从我国的实际情况来看，无论是经济较发达地区或不发达地区，生态环境意识都需要极大地提高。加强生态文明教育，倡导生态价值观与生态化发展理念，优化人与自然的关系，在发展中不断协调生产、消费与环境的关系，遏制生态退化的势头。只有人的生态意识的觉醒，文化素质的提高，才能改变人们的行为方式。自觉的生态环境意识是实现城乡生态化，建设生态文明的基础和动力。

中国政府把科教兴国和可持续发展作为两大基本国策，对实施《21世纪议程》非常重视。1994年中国政府制定的《中国21世纪议程——中国21世纪人口、环境与发展白皮书》，作为制定国民经济和社会发展计划的一个指导性文件。1996年3月，国家环保局推出了两大举措：一是实行污物排放总量控制；二是实施《中国跨世纪绿色工作计划》，国家环保局还编制了《全国生态示范区建设规划纲要》（1966 ~ 2050 年），明确规定“生态城市示范区”建设的任务是“改善城镇生态环境和人民生活环境，组织开展城镇园林、绿化、草坪和自然、人文景观的建设与污染防治、资源的有效合理利用”。1998 年 11 月，国务院批准并颁发了《全国生态环境建设规划》，对到 21 世纪中叶全国的生态环境建设进行了总体部署，其总目标是：用 50 年左右的时间，动员和组织全国人民，依靠科学技术，加强对现有天然林及野生动植物资源的保护，大力开展植树种草，治理水土流失，防治荒漠化，建设生态农业，改善生产和生活条件，加强综合治理力度，完成一批对改善全国生态环境有重要影响的工程，扭转生态环境恶化的势头。力争到 21 世纪中叶，使全国适宜治理的水土流失地区基本得到整治，适宜绿化的土地植树种草，“三化”草地基本得到恢复，建立起比较完善的生态环境预防监测和保护体系，大部分地区生态环境明显改善，建立起基本适应可持续发展的生态系统。根据《中国 21 世纪议程》、《全国生态示范区建设规划纲要》和《全国生态环境建设规划纲要》的总目标，就必须改变一切不符合生态原则的政策，制订城乡各个领域、各个行业生态化发展的计划与措施，推进可持续城市和可持续小城镇的规划与设计，推广生态化示范试点小城镇、示范试点小区与示范试点村庄的规划设计与建设，推广生态技术、生态建筑，实施交通网络生态化，加快城乡生态化发展步伐。

2.3.2 发展期

重在逐步调整、改造社会经济组织结构，提高生活质量，改善环境质量，加强生态重构和生态恢复，增强城市共生能力，大力推广示范试点工程，进一步增强人们的生态意识，使之更加自觉、广泛地参与到城乡生态化建设的活动中去。加强生态立法与管理，建立适应社会主义市场经济的城市生态化发展的法律、法规体系。对不符合生态发展的行为采取必要的行政与经济手段。

2.3.3 成熟期

实现城乡自然、经济、社会复合生态系统的全面生态化。这一阶段生态城市并不是处于“静止”的理想状态，而是自觉地通过各种技术的、行政的和行为诱导的手段实现其动态平衡、持续发展，增强自行组织、自行调节能力。但若其正负反馈失衡或自我调控失灵也会导致衰败。

以上三个阶段，对于不同城乡因其发展水平不同，每一阶段的时间跨度也不相同。可喜的是我国已有不少城市与乡村处于起步阶段或发展期，但还有不少城市与农村仍在继续重蹈传统工业化的高能耗、高污染、低效率或“先污染、后治理”的城乡发展的老路。

3 建设生态文明之路

当前，生态化建设实践已在我国城乡蓬勃展开。在新一轮跨世纪城乡总体规划中，生态意识已大大提高，全国已有 30 多座城市（如上海、扬州、张家港、乐山、成都、日照、襄樊、十堰等）明确提出了建设生态城市的发展目标，还有的提出诸如“山水城市”（无锡、桂林、自贡等）、“山水园林城市”（重庆等）、花园城市（大连、珠海等）、“花园式园林城市”（深圳）、“花园式生态城市”（荣城）等。我国最大的经济特区——海南省，吉林、黑龙江、陕西、福建等省提出了建设“生态省”的奋斗目标。这些目标的提出可能与本文探讨的生态城市内涵不一定完全相同，但都从不同的侧面体现了生态化发展的进程，从不同程度上反映了建设生态城市的思想，但还不能说已经是生态城市了。这种选择不管是出于

“应急”或“调整”或“自觉”，可以看出各级政府决策部门和广大群众越来越意识到城乡生态化发展及建设生态文明的重要性和迫切性，因为只有健康的生态系统才有健康的人类。

生存与发展是当今人类社会面临的两大主题，全球化、多元化、信息化、生态化是世界发展的主要趋势。走城乡生态化发展道路，建设生态城市、发展生态文明，是实现城乡可持续发展的重要保证。建设生态城市离不开创造性的规划设计，创造性的规划设计需要前瞻性的科学理论指导。开展对城市生态学和生态城市的研究已成当务之急，成为城市科学和城市规划研究的前沿课题。

现阶段的许多城市规划之所以缺乏深度、力度和生命力，甚至有一些规划设计与建设是对城市生态系统的严重破坏，造成了人类的灾害和生态灾难，究其原因，是缺乏生态学的理论基础，缺乏城市生态学的理论指导。如有关城市理论生态学的自然生态学、经济生态学、人类生态学与复合生态系统生态学和城市应用生态学的产业生态学、建筑生态学、交通生态学、工程生态学、污染生态学与恢复生态学等，我们的规划师、建筑师和政府决策管理部门对其了解与应用甚少。可喜的是，在我们的学校教育中已经开始注意加强生态学与环境科学的内容，有些学校已经把生态学基本原理或生态城市理论与规划设计方法、城市生态系统与环境规划列入建筑学、城市规划或环境工程专业的教学内容。21 世纪是城市的世纪，全世界将有一半以上的人口生活在城市，城市生态学应当成为城市规划和建筑学专业教育、发展生态文明、实现城乡可持续发展的重要理论基础。在新的生态价值观指导下，应用生态学理论和综合生态系统分析方法，系统地研究城乡规划与建设的理论、原理、方法、手段技术和法规、管理等一系列问题，对新时期的城市政府决策者，城市规划管理部门，规划师、建筑师来说，无疑将有特别重要的理论意义和现实意义。

（注：本文发表于《建筑》，2003 年第 2 期）

基于生态文明的建筑观

怎样才能寻找出健康的途径，清醒地、明智地、非短期地造就建筑的新文明与人居环境的保护？为此，国际建协（UIA）第 20 届大会发表的《北京宪章》提出：人与自然和谐共生，科技与人文同步前进，将是未来建筑发展的主要趋势。[1]

1　对建筑的生态学认识

1.1　建筑——人居环境

建筑即人居环境，是一个十分脆弱而又不完善的人工复合生态系统。目前，对建筑范围大小的认识，有狭义与广义两种观点。狭义的建筑指的是提供适合人们居住与活动的屋舍。而广义的建筑则包含所有人类居住的环境，大到整个都市，小到某一室的空间一隅，它是一个整体，一个环环相扣而且必须由小到大紧密配合的层次关系。[2] 大多数学者都赞同后一观点，即把建筑理解为人居环境，这是符合建筑内在实质的。

虽然不同的建筑，其使用功能、空间范围和生命周期都不相同，但是它们都是在特定的自然、社会与经济环境中建成的，无不打上当地的烙印，无不是整个生态系统的一个子系统。所以，笔者认为建筑既有其特殊的社会经济文化属性，又有其特殊的自然属性，是一个“社会—经济—文化—自然复合生态系统”，这个系统是以人为中心，通过物质循环、能量流动、信息传递与周围的社会环境、经济环境和自然环境相互作用、相互联系、相互依赖，形成一个有机整体。[3] 与自然生态系统比较起来，建筑生态系统又是十分脆弱而又不完善的，一旦停水停电，一旦中断交通和信息，一旦遭到污染和破坏，其后果是可想而知的。从人类生态学看，建筑应具有地域性，即特定的建筑应表征和印鉴某一地域特定的生态特征和文化特征，目前在城市规划、建筑设计中所追求的“场所精神”、“天人合一”、“回归自然”不是一个有力的印证吗？

既然建筑是一个复合生态系统，一个有人参与、受人控制的主动系统，因此，在规划设计时，就不能完全按照传统的工程技术、审美原则来进行，而要把生态学特别是人类生态学的基本原理和方法以及生态工程技术和生态美原则等引入到城市规划与建筑设计中，产生一种新的规划设计理念和方法，不过目前所提倡的生态建筑和生态城市就是一个良好的开端。

1.2　建筑对生态环境的负面影响

（1）对周围生态系统的空间置换影响。由于在城市建设过程中，不尊重生态规律，没有充分利用生态系统自身提供的某些自然机制和过程（如植物的降温、防尘、挡风、保湿作用），不采用清洁能源和生态材料，其结果是对周围生态系统的空间置换影响很大，常常导致物种和生物产量减少，生态自然调节功能丧失。[4]

（2）导致二氧化碳等温室气体增加，促进全球气候变暖。据研究，目前建筑在其整个生命周期内从建材的开采、制造、运输到建筑的施工、安装、使用、维护直至建筑解体废弃过程中，二氧化碳的年排放量就高达 40.3 亿 t，占全球每年排出二氧化碳总量的 18.3%。

（3）导致城市热岛效应，加剧城市小气候恶化。由于城市是以水泥、沥青、砖瓦、钢铁、玻璃、石灰、高分子化合物等大量人工材料和岩石、泥土、木材等自然材料构成的人工建筑群体，并靠消耗大量能源来维持其有效运转，因此，这种由人工建筑群体构成的特殊下垫面，导致了城市热岛效应的产生。例如，北京的年平均热岛强度就高达2℃。实际上，据研究，不仅城市存在热岛效应，而且单个建筑特别是高大的建筑也存在热岛效应，并且还在继续增强和扩大，加剧了城市小气候的不断恶化。

（4）导致污染物产生，加剧生态环境恶化。在建筑的整个生命过程中，会产生大量的废气、废水、废渣、粉尘和噪声，对生态环境造成了严重污染。例如，一座中型规模的旅游饭店在使用过程中，一年就可以耗水数十万吨，耗电数百万度，耗燃气上百万立方米，排污数十万吨。

由此看来，建筑及城市并非像人们想象的那么简单，它对生态环境的影响是非常深刻而广泛的。早在19世纪60年代，美籍意大利建筑师保罗·索勒瑞（Polo Soleri）把生态学（Ecology）和建筑学（Architecture）两词合并成Arcology，即生态建筑学。1969年，美国著名景观建筑师麦克哈格（Ian L.McHarg）所著《设计结合自然》一书出版，标志着生态建筑学的正式诞生。[5] 至此，生态学和建筑学经过各自的发展走向结合，在更高层次上给规划和设计带来了新思想，注入了新活力。

2 建筑可持续发展的哲学基础

现代建筑是伴随人类工业化的进程不断发展起来的。工业化带来了社会经济和科学技术的高速发展以及审美观念的变化，推崇“简单即是美”、“少就是多”、“国际化样式”等新的设计观念，再配合新的材料与技术，便完全摆脱了传统农业文明的束缚，使建筑获得造型与空间上的极度自由，并开展了现代建筑的新风貌。可以说，现代建筑是人类工业社会高速发展的产物，是工业文明的真实写照。事实上，在工业化促进城市发展的同时，也给人居环境带来了一系列环境问题。这些环境问题已使现代建筑的发展陷入了困境之中，这也正是工业文明价值观念和“人是自然的主人”的哲学思想的体现。

工业文明是以牺牲环境为代价来获取社会和经济进步的，这种人与自然对立关系的不断加深，最终会导致生态和环境严重失调，威胁人类自身的生存和发展。显然，这种文明观念是不利于人类社会和经济持续发展的，也是造成现代工业社会危机的根本原因。现在应该是抛弃传统的工业文明观，确立一种新的生存与发展意识的文明观的时候了。这个新的文明观就是当代社会正在倡导的以保护人类赖以生存的环境，有序地开发资源，持续地维持生态平衡为主要目标的生态文明观。

建筑（人居环境）可持续发展的哲学基础，即生态文明。生态文明是人类社会发展过程中出现的较工业文明更先进、更高级、更伟大的文明，信奉“人是自然的一员”的哲学观念，在生产和生活中，遵循生态学原理，谋求建立人与自然和谐相处、协调发展的关系，在增殖资源的基础上，开发利用资源，发展经济，同时建立良好的生态环境，依靠不断发展的科学技术，进行适度规模的社会生产与消费，以同时满足人的物质需求、精神需求和生态需求，提高人类的整体生活质量，实现社会与自然的永续和谐发展。

显然，生态文明观应该是医治现代建筑及城市弊端的良药，生态文明应该成为未来建筑与未来城市持续发展所必须具备的意识和准则。

3 生态文明建筑观的基本原则

在生态文明的框架下，人与环境的相互关系，人与自然的和谐统一是永恒的哲学命题，也是一种价值取向和思维方式，它将一切事物都放到它们与环境的作用与反作用的关系中去把握、理解和对待。在这种背景下，建筑及城市就是追求与自然的统一、与文明的统一、与社会的统一、与人类生存环境的统一。从这个意义上看，生态文明建筑观是一种由生态伦理观、生态美学观共同驾驭的建筑发展观，它较工业文明建筑观要丰富得多、先进得多。笔者认为，在实践中应遵循以下基本原则。

（1）生态美学原则。在传统美学中，建筑强调形式与功能的结合，注重体量、色彩、比例、尺度、材料和质感等视觉审美要素及空间给人的心理感受。其实，在自然界中，众多生命与其生存环境所表现出来的协同关系与和谐形式本身就是一种自然的生态美。通常，生态美具有三个基本特征[6]：①生命力。要求我们规划设计出的建筑及城市具有良好的生态循环再生能力。②和谐。要求人工与自然互惠共生，各有所得，即建筑、城市与生态环境形成一种和谐美，应包括物尽其用，地尽其力，持续发展。③健康。在争取人工与自然和谐的前提下，创造出无污染、无危害，使人生理、心理得到满足的健康的人居环境。可见，生态美学是一种比传统美学更高级的审美理念与设计原则。

（2）整体性原则。整体性原则要求在创建人居环境时，应从以下几个方面着重考虑：①生物整体性。建筑和城市应该是人类与其他生物相互依赖中的一环，不能一味地满足人类单方面膨胀的私欲，而应把建筑、城市与生物圈有机地结合起来，整体考虑，充分合理地利用资源，节约能源，防止生物多样性丧失和生态环境恶化。②空间整体性。既要考虑建筑、城市与周围生态环境空间的整体性（联系），又要考虑其内部各公共、半公共、半私密、私密空间的整体性，以方便居民的认知和使用。③时间整体性。不仅要满足当代的需要，还应考虑子孙后代的需求，每一项具体的建设活动都应对未来负责，即考虑人居环境的可持续发展。④环境整体性。即应把城市与环境、城市与建筑、建筑与建筑、建筑与室内等都要看成一个不可分割的整体，力求实现城市、建筑、园林三位一体。

（3）5R 原则。5R 是指 5 个以 R 开头的英文词，即 Revalue、Renew、Reuse、Reduce、Recycle。[7]Revalue 是指“再评价”，要求从艺术、技术、经济、生态等诸多方面对建筑和城市进行综合评价；Renew 是指“更新”，要求设计观念更新，设计、施工方法更新，材料更新等；Reuse 是指“再利用”，尽量重复利用一切可以利用的资源、材料、构配件、设备和家具等；Reduce 是指“减少”，即减少对自然的破坏，减少对能源的消耗和对人体的不良影响；Recycle 是指“循环”，即利用生态系统的循环再生原理来对人居环境进行生态规划设计，尽量采用自然通风、自然采光和物质的循环利用。

（4）综合效益原则。对城市和建筑来讲，综合效益指的是经济效益、社会效益、生态效益和景观效益。这就要求建筑者在营建时，必须兼顾四个效益的同步增长，只有当四个效益都统筹兼顾，并做到协同增长时，人居环境的系统功能才可能达到最大。因此，这一原则既反对急功近利、杀鸡取卵的做法，也反对“乌托邦”式的空想。

（5）以人为本原则。城市和建筑是人类居住的环境，其主体应是人而不是物，建筑和城市的发展不能忽视人的需要是否得到满足这一基本主题。以人为中心，以人为本，也是当今世界建筑设计与城市规划发展的一个重要取向，这是当今世界新战略与传统战略的根本区别。因此，在进行城市规划和建筑设计时，必须做到：①依靠广大公众，并充分发挥他们的主动参与性与创造性，强调人在环境中的主人翁地位；②注重人的特性、心理因素、价值取向及行为方式的研究，以满足人们多方面活动的需求；③为人们提供新颖、亲切、宜人的人居场所；④注意人居环境的社会、生态效益。

（6）利益公平原则。在生态文明框架中，人类发展与环境是统一的，人类自身发展也是统一整体的发展，社会应是公平的，人们拥有平等的资源，拥有平等的发展机会。这种平等性不仅是指对人居环境享受的平等性，而且也指保护人居环境，维持其生态平衡的义务的相同性。因此，在人居环境建设与发展过程中，首先应从解决住房及居住环境问题入手，其次应以满足大多数而不是少数人的基本需要作为发展目标，不能让一部分人享受人居环境的欢乐和舒适，而让另一部分人来承担这种欢乐所带来的资源、环境和社会负担。

（7）地域性原则。早在1981年第14届国际建协华沙宣言中就将传统建筑学引入到“环境建筑学”，它强调环境的整体性（自然环境、社会环境及人工环境）同建筑设计的关系，认为“建筑是对环境特征的理解和洞察的产品”，注重“建筑的地域性”，认为地域是建筑存在的前提。由于每个地域都具有自己独特的生态特征和文化特征，即全球表现为生态多样性和文化多样性。因此，规划的城市和设计的建筑应具有地域性和民族性，应反映当地的生态文化特色，防止“国际化样式”和地域建筑文化与地域城市文化的丧失。

4 实施生态文明建筑观的思路和对策

4.1 生态建筑和生态城市是人居环境可持续发展的必由之路

一个全新的发展模式，也是未来建筑和未来城市发展的必由之路，即建筑生态化和城市生态化。

所谓建筑生态化和城市生态化简单地说就是实现人居环境社会—经济—文化—自然复合生态系统整体协调而达到一种稳定有序状态的演进过程，即实现人—自然共同演进，和谐发展，共生共荣，包括社会生态化、经济生态化、文化生态化和环境生态化。这标志着人居环境由传统的唯经济开发模式向复合生态开发模式转变，不仅涉及物质环境的生态建设、生态恢复，还涉及价值观念、生活方式、政策法规等方面的根本性转变。

建筑生态化和城市生态化为现代人居环境提出了明确的发展目标——建设生态建筑（Ecological Architecture）和生态城市（Ecocity）。生态建筑和生态城市现已超越了保护环境即建筑、城市与环境相协调的层次，融合了社会、文化、历史、经济等因素，向更加全面的方向发展，体现的是一种广义的生态观。生态建筑、生态城市是建筑生态化和城市生态化发展的结果，其实质是实现人与自然的和谐。

4.2 进一步提高建筑师、规划师与业主的生态意识

目前，许多建筑师和规划师的设计任务重，忙于奔命，没有时间提高自己的综合素质。同时，建筑师和规划师的社会地位不高，在城市、建筑和园林的规划、设计、施工中未能完全起到主导作用，听命于业主的吩咐。另外，有些建筑师和规划师在设计过程中往往就建筑论建筑，就城市论城市，没有充分意识到建筑、城市与社会经济、生态环境、地域文化的协同关系，尤其是没有意识到建筑和城市对生态环境的负面影响，没有意识到追求生态美是未来建筑设计和城市规划的目标。业主也具有同样的观点，往往单纯追求经济效益，而忽视环境效益和社会效益，不尊重建筑师和规划师的意见，不注重绿化和环境设计，不注重绿色建材和绿色能源的充分合理利用。因此，为了使人居环境可持续发展，建筑师、规划师和业主必须以人为本，坚持5R原则，进一步提高生态意识，创造一个和谐、健康、优美、富有生命力的人居环境。

4.3 在规划设计、管理、施工和使用中进一步强化“绿色”策略

在生态文明框架下，建筑及城市的规划设计、施工建设和使用都要强调对生态环境的无害化影响，注重“绿色”策略和途径，正如张祖刚教授所提出的“平衡生态，适宜人民，富有文化”[8]，可谓是生态文明建筑观的真实写照。

(1)“绿色”规划设计。①注重生态文化内涵。在城市规划和建筑设计中，要以生态美学和地域文化为原则，既要保护环境，平衡生态，又要尊重当地的历史文脉和优秀的建筑文化，保护与创新，继承与发扬，营造出一个富有生态文化内涵的和谐、优美、健康的人居环境。②充分合理地利用空间资源。一方面要注意城市用地布局和空间组合，建筑室内外空间之间的合理划分、比例搭配和行线流畅以及自然通风、采光和隔热保暖等；另一方面要注意地下空间的开发利用，因为地下空间具有节约土地，节约能源，不破坏植被，防尘、防毒，抗震性能好，维护费用低等优点。③注重物质、能源的循环利用。首先要充分地利用好绿色能源（太阳能、风能、地热等），其次是通过对废弃物的处理，进行循环利用，在一栋建筑内办不到的，尽量争取在一个小区或一个城市内部做到。④加强绿化系统设计。除了增加绿地面积之外，还可以向立体发展，向空中拓宽，采用屋顶绿化、窗墙垂直绿化等。⑤尽量采用绿色建材。由于一些具有放射性和释放有害气体的建材的使用，往往导致居住者头痛、皮肤过敏、嗜睡、哮喘等症状，人们称之为“氡建筑”、“甲醛建筑”等，为此，应尽可能开发利用一些低放射性、低污染的绿色建材。⑥尽量采用绿色照明。在照明设计中要解决照度不适（过高或过低）、浪费严重（长明灯）等问题，可采用分级设计、分区集控、个人调节、节能灯具等相结合的措施。

(2)“绿色”管理。虽然生态建筑和生态城市的普及还有一段距离，但是为了人居环境的可持续发展，应尽早进行生态建筑和生态城市立法，制定出比较完善的生态建筑和生态城市技术规范与行业标准，特别是在土地开发利用强度、生态工艺设计、材料选择和循环利用等方面要制定出定量指标。其次，要进一步完善审批制度和批后监督管理。

(3)“绿色”施工。在施工中要加强管理，采用先进的施工方法，合理安排作息时间和施工进度，防止噪声、粉尘和视觉污染。

(4)“绿色”使用。市民在使用过程中，要尊重规划师、建筑师和工程师的劳动成果，不要随意改变城市的用地布局和土地开发利用强度以及建筑的使用功能和结构，特别是在装修过程中也要尽量采用绿色设计、绿色施工，不要为了小家的舒适而使建筑外观（如防盗网、空调）不和谐统一，环境绿化遭到破坏。

参考文献：

[1] 赵炳时.雅典—马丘比丘—北京：热烈祝贺国际建协第20届大会的召开[J].世界建筑，1999（6）：16-17.

[2] 刘育东.建筑的涵意[M].天津：天津大学出版社，1999：8-12.

[3] 荆其敏.生态建筑学[J].建筑学报，2000（7）：6-11.

[4] 宋晔皓.生态建筑设计需要建立整体生态建筑观[J].建筑学报，2001（11）：16-19.

[5] 刘先觉.现代建筑理论[M].北京：中国建筑工业出版社，2001：34-35.

[6] 庄惟敏.关于建筑评论[J].建筑师，1998，81（4）：5-8.

[7] 陈易.生态危机的对策[J].建筑学报，2001（5）：45-47.

[8] 张祖刚.城市与建筑发展趋势[J].建筑学报，2000（1）：11-14.

（注：本文发表于《重庆师范大学学报》（自然科学版），2004年第2期，合作者：冯维波）

工程实践篇

丽江县城总体规划

编制时间：1983 年 3 月～ 1983 年 7 月

主要参加人员：黄光宇、赵光辉及重庆建工学院（现重庆大学建筑城规学院）规划 79 级毕业班 11 人

丽江位于滇西北高原云岭山脉主峰玉龙雪山山麓，海拔 2400 米左右，为纳西族的故乡和东巴文化的中心。丽江古城，西枕狮子山，北靠象山，城市选址与布局达到了天人合一的高度统一。丽江以其独特秀丽的自然风光、多姿多彩的民族文化、朴实无华的山地住宅和悠久精湛的城市文化深深地吸引和感染了我们。为了有效地保护古城，弘扬纳西民族文化，本次总体规划着重突出以下几点：

1. 提出“有效保护古城与积极发展新区”相结合的原则。旧城保护与新区发展相分离，使古城得以有效地保护，新区得以较好地发展。

2. 保护自然山水体系，打开覆盖在城镇入口的混凝土盖板地面，恢复动感极强的流水穿城、“家家流水，户户垂杨”的流水体系，强化质朴无华的高原水乡风貌。

3. 在保护古城完整街巷系统的基础上，完善城市内外交通系统。

4. 完善城市绿地系统，将城周的山、水、田、林纳入绿地系统网络。

5. 增加公建服务设施，提高居住的文化设施水平。

结合总体规划和古城保护，还编导了《雪山胜境，古城新天》电教录像片（获四川省教委电教编稿奖），得到了云南省内外专家的肯定。1986 年，丽江被国家批准为第二批国家级历史文化名城。

1982 年年末，受云南省建委的委托，由我院承担丽江、大理的总体规划与历史文化保护规划工作。学院对此十分重视，成立了以赵长庚教授为组长的规划工作组，并组织城规 79 级毕业生分大理、丽江两个小组赴现场设计。大理组指导教师赵长庚、周文华，丽江组指导教师黄光宇、赵光辉。规划工作得到了云南省建委和地方政府的全力支持与密切配合。

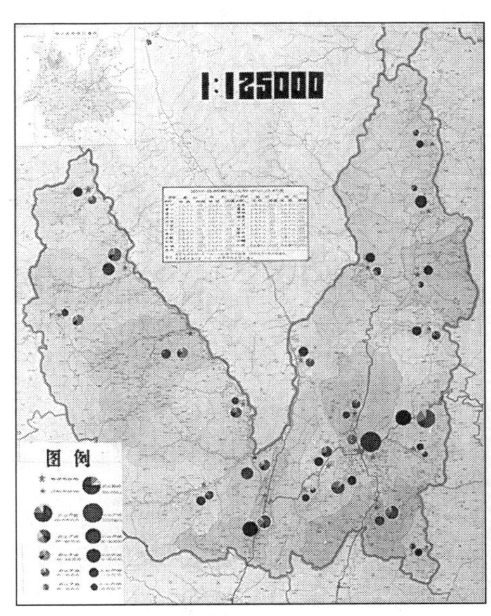

图 1　丽江县经济联系图

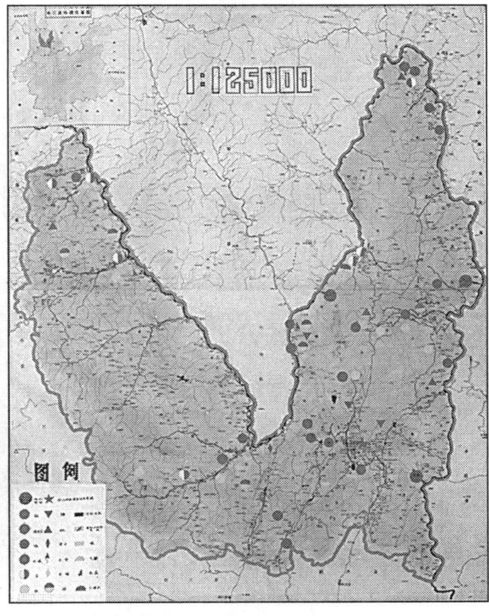

图 2　丽江县资源分布图

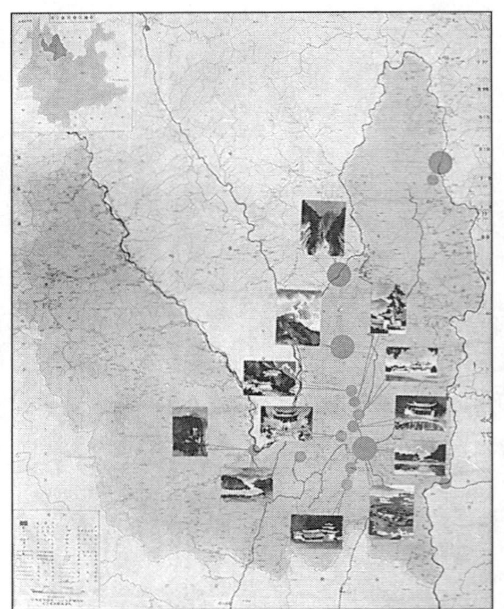

图 3　丽江县风景资源示意图

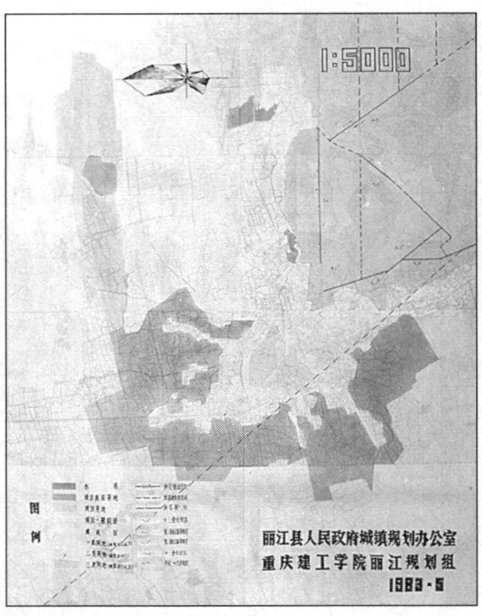

图 4　丽江县城用地分析图

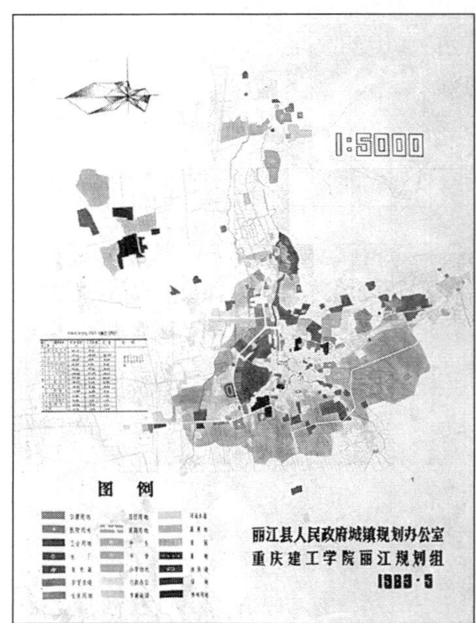

图 5　丽江县城用地现状图

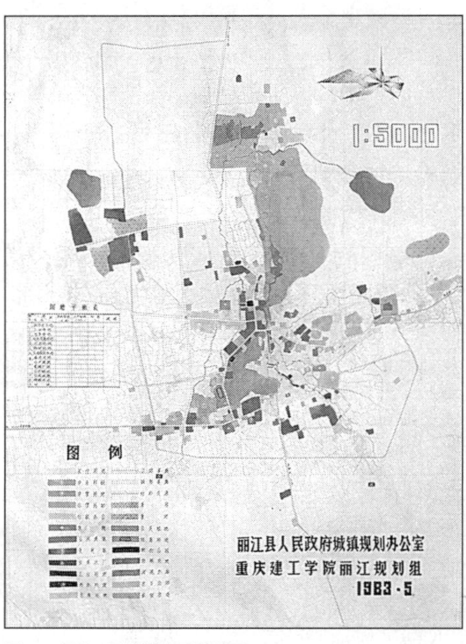

图 6　丽江县城总体规划图

评审会

丽江四方街科贡坊

丽江四方街

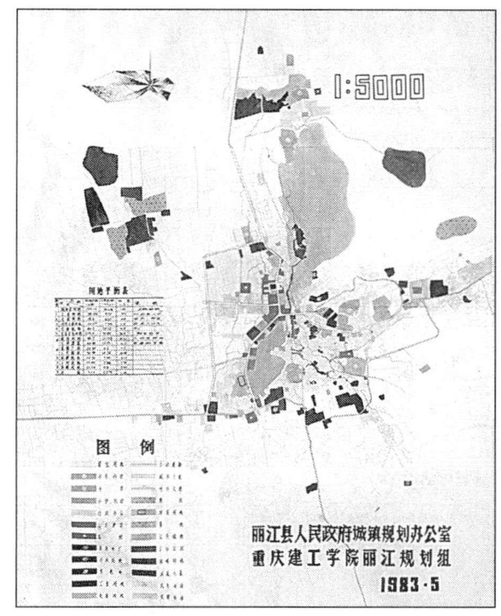

图 7　丽江县城近期规划图

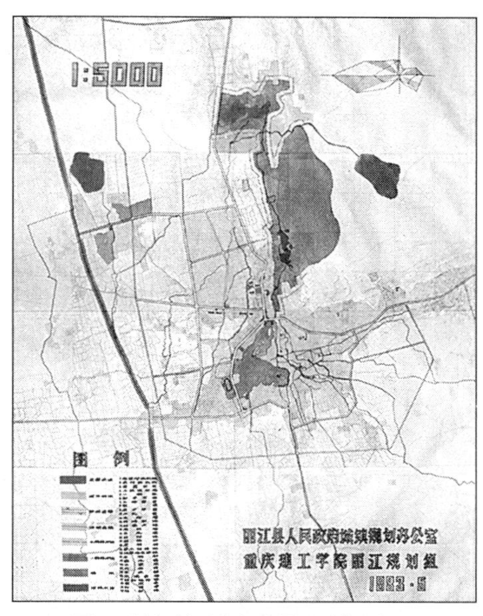

图 8　丽江县城绿地系统与主要公建规划图

丽江规划组成员在虎跳峡

规划组在玉龙雪山

规划组成员学习纳西民族舞

丽江黑龙潭公园得月楼

丽江古城新华街街景

丽江街景

乐山绿心环形生态型城市结构新模式研究

编制时间：1990 ～ 1992 年

主要参加人员：黄光宇、黄天其、黄耀志、杨惜敏、许柏坚、张晋中、杨定策、汪农庄、闫凤桐、曾卫、赵旭、张治钧

注：国家自然科学基金课题“山地生态特点与山地城镇结构形态”（批号：58978346）

中德合作“居住与城市发展”课题

获联合国技术信息促进系统中国国家分部“发明创造科技之星奖”

乐山作为四川山水城市的典型代表，城市自然环境得天独厚，绿心环形生态城市的构想就是在这一特定条件下提出的。城市从内到外围分别有绿心、城市环、水环、山环四个圈层构成。

这一城市规划结构的新模式一反传统城市发展的形态——“同心圆”的理论模式，不仅继承和发扬了我国“山水城市”的传统文化，体现了人与自然和谐统一的哲学思想，而且也继承与发展了西方田园城市的理论学说和生态城市的理念，是传统、继承与创造、发展的辩证统一。1990 年 6 月在联邦德国举行的“居住与城市发展”学术研讨会上，这一新的规划构想得到了与会专家的高度评价，认为我们强调的城市生态与环境质量问题，正是西欧在城市与区域研究领域中普遍关注的问题。

该项研究成果是在 1987 年乐山市总体规划的基础上结合国家自然科学基金课题“山地生态特点与山地城镇结构形态”（批号：58978346）和中德合作“居住与城市发展”课题，对乐山“山水中的城市，城市中的山林”市域城镇体系的空间结构和中心城区“绿

图 1　1992 年 6 月联合国环境发展大会展出作品（一）

图 2　1992 年 6 月联合国环境发展大会展出作品（二）

心环形生态型城市结构”新模式进行进一步研究，并于 1992 年 6 月 3 ~ 5 日以“天人合一——乐山绿心环形生态城市的新构想”和“论生态城市的概念与评判标准”为题撰文，参加在巴西召开的联合国世界环境与发展大会同时举办的未来生态城市“全球最高级论坛和规划设计竞赛”展览，得到了该大会组织者、原国际建协主席、国际建筑科学院执委会主席斯特伊洛夫教授（Georgi Stoilov）的高度评价，并获联合国技术信息促进系统中国国家分部“发明创造科技之星奖”。

1992 年 3 月 7 ~ 10 日，以吴良镛院士为组长的成果鉴定专家组对乐山总体规划以及乐山绿心环形生态型城市结构理论模式给予了充分肯定，鉴定结论：“综合研究成果达到国内领先、国际先进水平。”

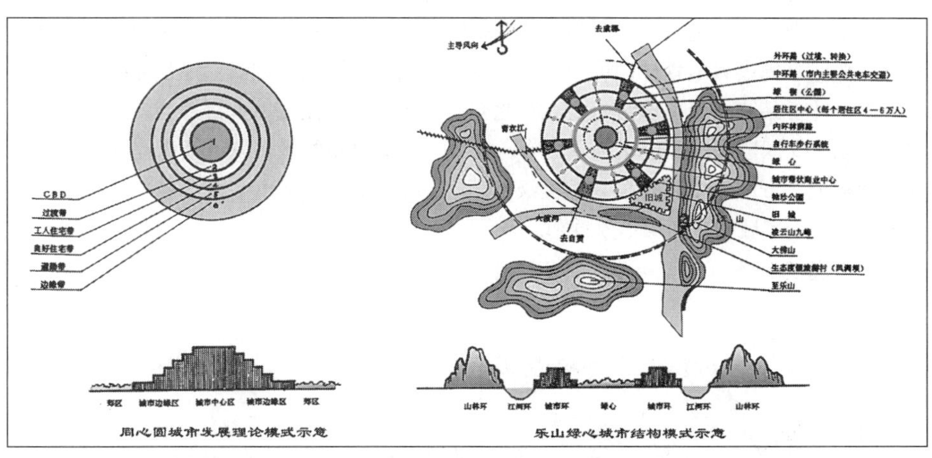

图 3　乐山绿心环形生态型城市结构理论模式与布吉斯同心圆城市结构理论模式的比较

中德合作组考察乐山

吴良镛院士主持成果鉴定会并题词

图 4　联合国“发明创造科技之星”奖

仁寿县城市总体规划

编制时间：1995 年 5 月～ 1996 年 7 月

主要参加人员：黄光宇、杨柳、郭志方、郭可志

注：获 1998 年度重庆市优秀城市规划一等奖

仁寿县位于四川盆地西南，眉山地区东部，是四川省三大农业县之一。县城文林镇西依龙泉山脉，东望广大丘陵地区，因取意“文士如林”而得名。城市现状沿东、北、南三条主要对外公路，发展为枝状扇形结构。规划针对县域地瘠林稀，境内无大江大河的严峻生态现状，通过生产力布局调整，强化区域山地、水源地的生态保育。结合自然地形，在城市周边封山育林，筑坝开湖，浚通河道，建设山水相依、绿色环绕的城市大环境圈。针对县城枝状扇形结构造成南北交通瓶颈和日益面临摊大饼式蔓延的危险，规划提出以 213 国道线以西地区为主中心，在 213 国道以东的城市发展区内楔入人工湖和永久性林地，形成五个相对独立的次级组团，使城市空间呈现出掌指状多中心组团式布局结构，赋予了城市鲜明的形象特色。

人口规模：25 万人　用地规模：22 平方公里

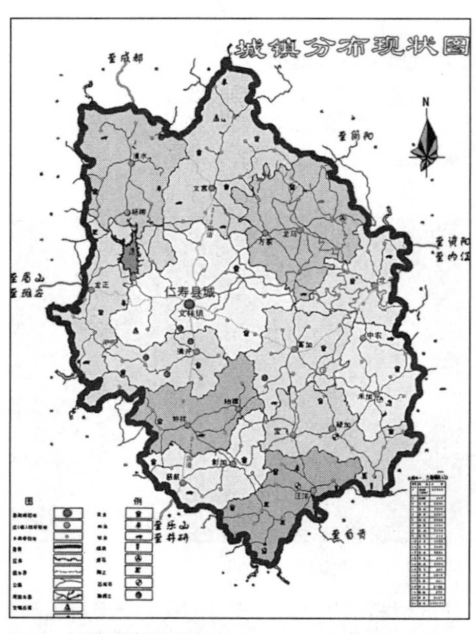

图 1　城镇分布现状图

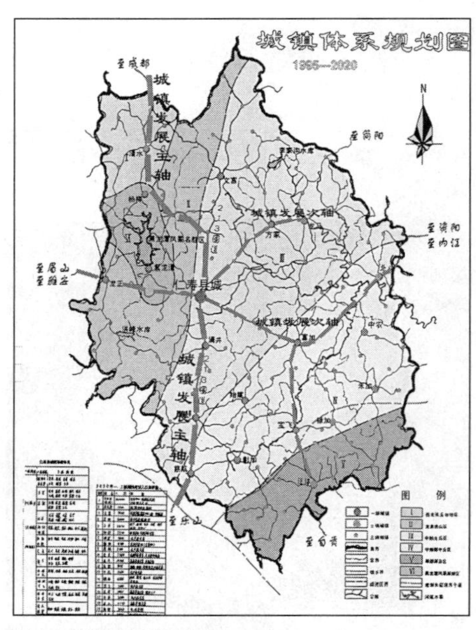

图 2　城镇体系规划图

飞泉山俯瞰城区

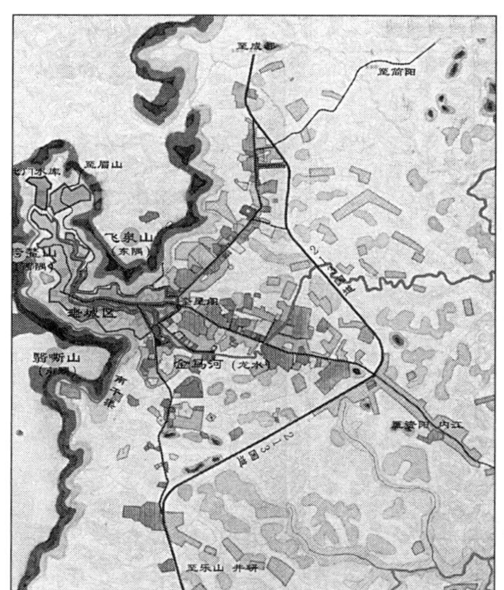

图 3　县城用地现状图

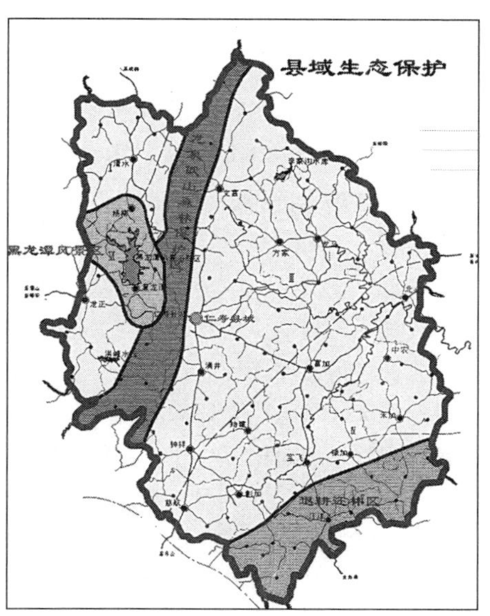

图 4　县城生态保护规划图

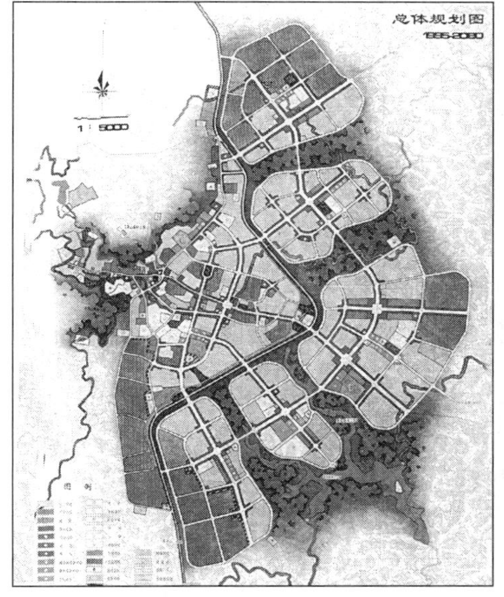

图 5　县城总体规划图

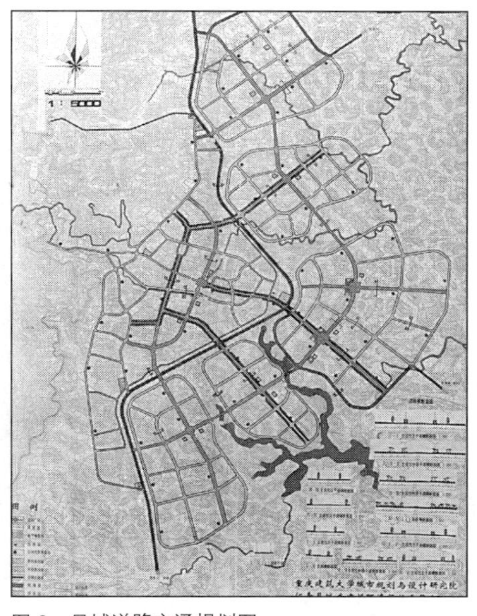

图 6　县城道路交通规划图

金马河旧城改造

天人公园

一环广场

巫山新县城修建性详细规划

编制时间：1999 年 8 月～ 2001 年

主要参加人员：黄光宇、邢忠、谢正鼎、徐煜辉、魏皓严、李泽新、张继刚、孙志涛、靳桥、邱强、陈静、颜文涛

受淹后迁建的巫山新县城位居长江巫峡端口，孕育了“小三峡”的大宁河自城区东北注入长江。县城新址区自然条件得天独厚，三峡库区 175 米蓄水位方案，就地后靠的县城迁建区（西区）与发展区（东区）之间自然造就 3.81 平方公里的“门”字形滴翠湖。迁建区规划用地面积 3.41 平方公里，江东发展区用地 2.71 平方公里。

巫山县城新址用地呈“鸡爪形”，地形复杂、地质破碎，三条绵延数百米的大冲沟及大量零碎的滑坡地带将新址区可建用地撕成“碎片”。

如何立足于地区生态系统脆弱、土地资源匮乏、经济落后的现状，协调解决社会、经济发展与环境保护的矛盾，成为巫山新县城迁建面临的棘手问题，规划方案力求在新的生态设计理念指导下，探究有效的设计途径。

新城区可建用地相对较少，三大冲沟及多处滑坡使新城建设用地显得十分破碎，新城区地貌属中浅切割褶皱剥蚀侵蚀中低山，一级地貌单元由山体斜坡构成，地形起伏较大，加大了规划、建设难度，使得不良地质地段整治和基础设施建设费用增加。

1999 年，针对迁建中出现的新问题，进行了规划修编。以企事业单位为单元的移民补偿、迁建方式，在客观上造成单位用地各自为政的新城建设现状，随之产生土地利用中的问题与矛盾：以单位用地而非用地性质为土地利用划分依据，使新城区缺乏必要的功能分区，不同功能用地混杂，土地利用不尽合理。用地性质与区位要求不尽相符，丧失大量土地利用中的区位价值、积聚规模效益与环境增值效益。个别建设用地位处不适宜建设用地内，存在安全隐患。个别地块土地利用不合理问题突出。

规划土地利用补充调整：

新城区内大部分用地已被划分，规划土地利用调整重点放在：功能完善、节点调整、不可建土地整治利用、滨水区功能带划分、天际轮廓生态防护绿带确立等方面。如梳理新城区与旧城结合部临江景观面用地，弥补现状部分地块建设临江面景观缺陷；整治冲沟、滑坡等不可建用地，建立有机的城市立体绿地系统；改善环境、遮掩不良景观、规避灾害、突显山城环境特色。

空间与景观规划设计调整：

根据新城空间与景观建设现状，规划从空间景观与形象认知的五大要素入手调整：“区域、边界、道路、节点、标志物”，注重“看——城中景观与向外观景”与“被看——城外观城与江上看城”两方面相结合，突出表现新城整体形象与巫山独有的山水旅游城市特色。

重点处理“五节点”空间景观设计，起到景观建设的画龙点睛作用。完善次级空间节点景观设计。

从建筑、场地人工景观与绿化自然景观两方面整理新城三维外向景观，疏浚景观视廊，显山露水，建立外向景观构架。

图 1　1996 年规划总平面图

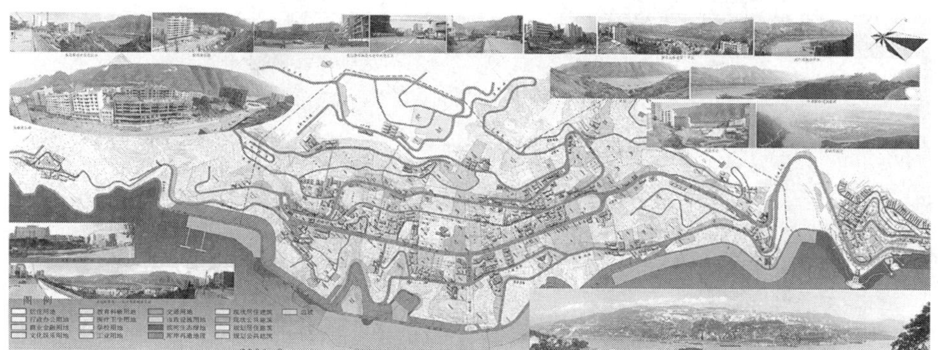

图 2　县城建设现状分析图

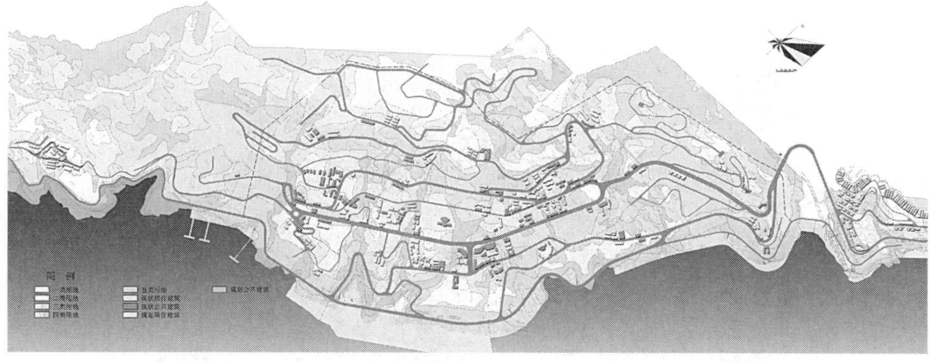

图 3　县城新址区用地建筑适宜度分析

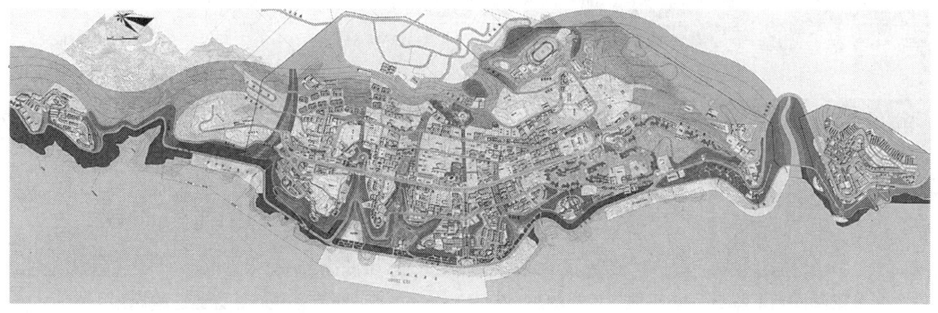

图 4　县城修建性详细规划总平面图

图 5　县城景观结构分析图

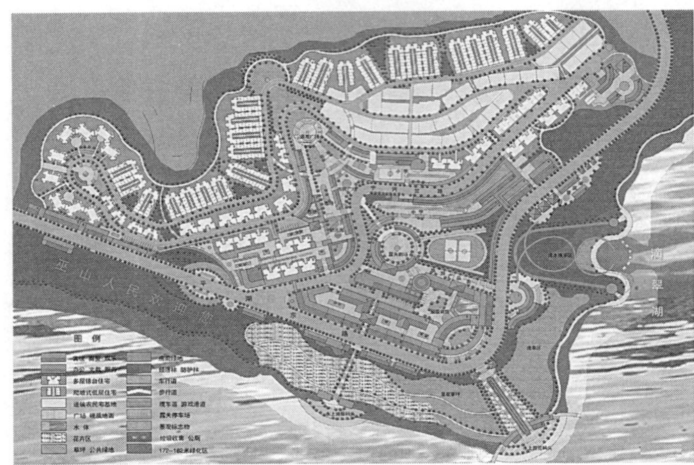

图 6　巫山新县城二郎庙小区规划总平面图

图 7　市民广场规划

作者向专家顾问组汇报迁建规划

与巫峡口相望的巫山旧城区

城镇专家顾问组讨论迁建规划

广州市自然生态资源评价分析及城市发展对策研究

编制时间：2000 年 4 月～ 2000 年 8 月

主要参加人员：黄光宇、邢忠、杨培峰、田玲、张继刚

注：国家教委博士点基金资助课题“生态城市设计技术系统”研究试点项目之一（批号：9462001）

广州城市历史悠久，文化底蕴深厚，经济建设取得举世瞩目的成就，城市建设硕果累累。同时伴随着城市建设快速发展，环境污染、水土流失等种种生态问题也愈加凸显。在二十一世纪伊始，番禺和花都划入广州市区，广州城市面临全新的发展格局。广州城市急需重新建构既适应发展又能解决环境问题的城市发展理念、发展战略与发展空间结构。

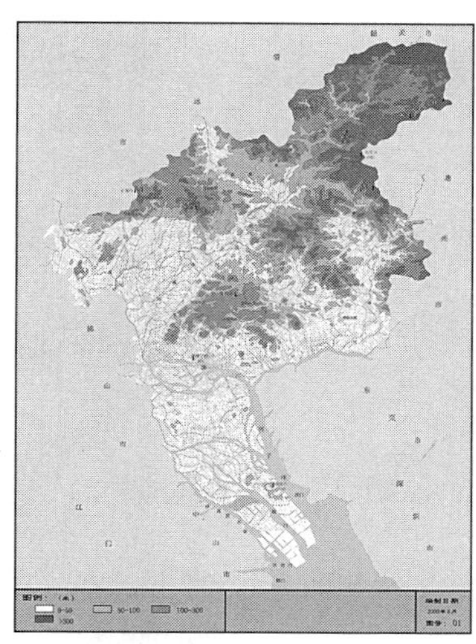

图 1　地面高程分析

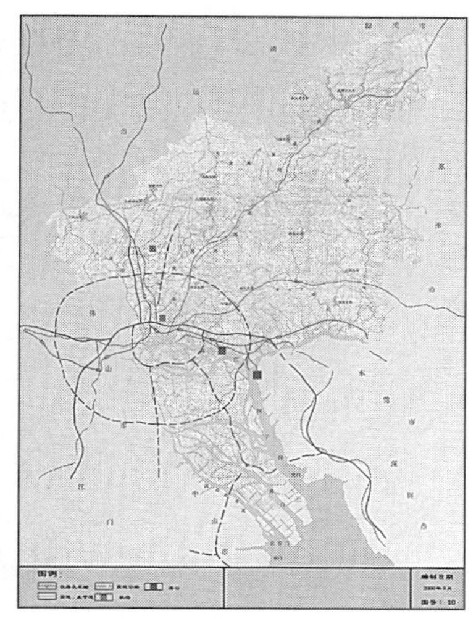

图 2　交通系统分析

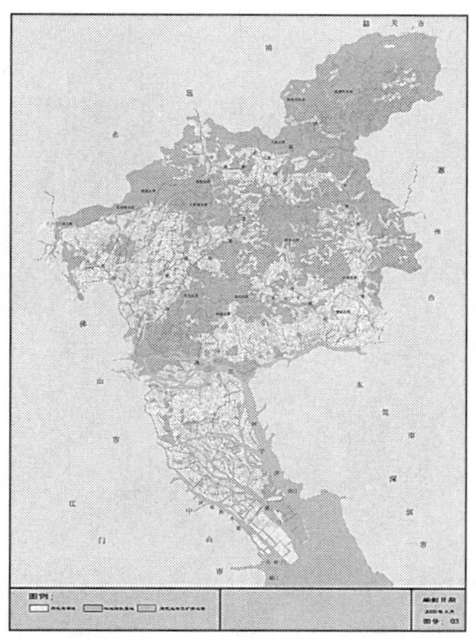

图 3　景观多样性分析

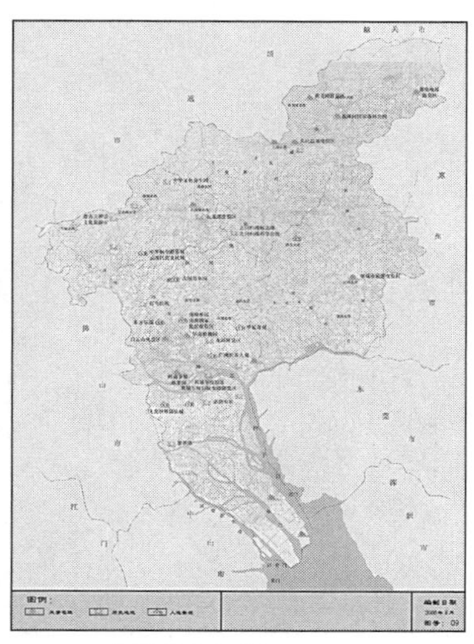

图 4　人文景观分布分析

本研究是基于广州城市概念规划专题编制的情况下进行的。从城市生态学角度出发，侧重从自然生态过程、生态潜力、自然生态格局、自然生态敏感分析性等角度，剖析了广州市自然生态资源分布及利用与未来广州城市发展之间的关系，探讨了广州城市走向生态化道路中的空间格局、结构模式、城市生态、发展方向及目标定位等关键问题，以期引导城市规划与建设。

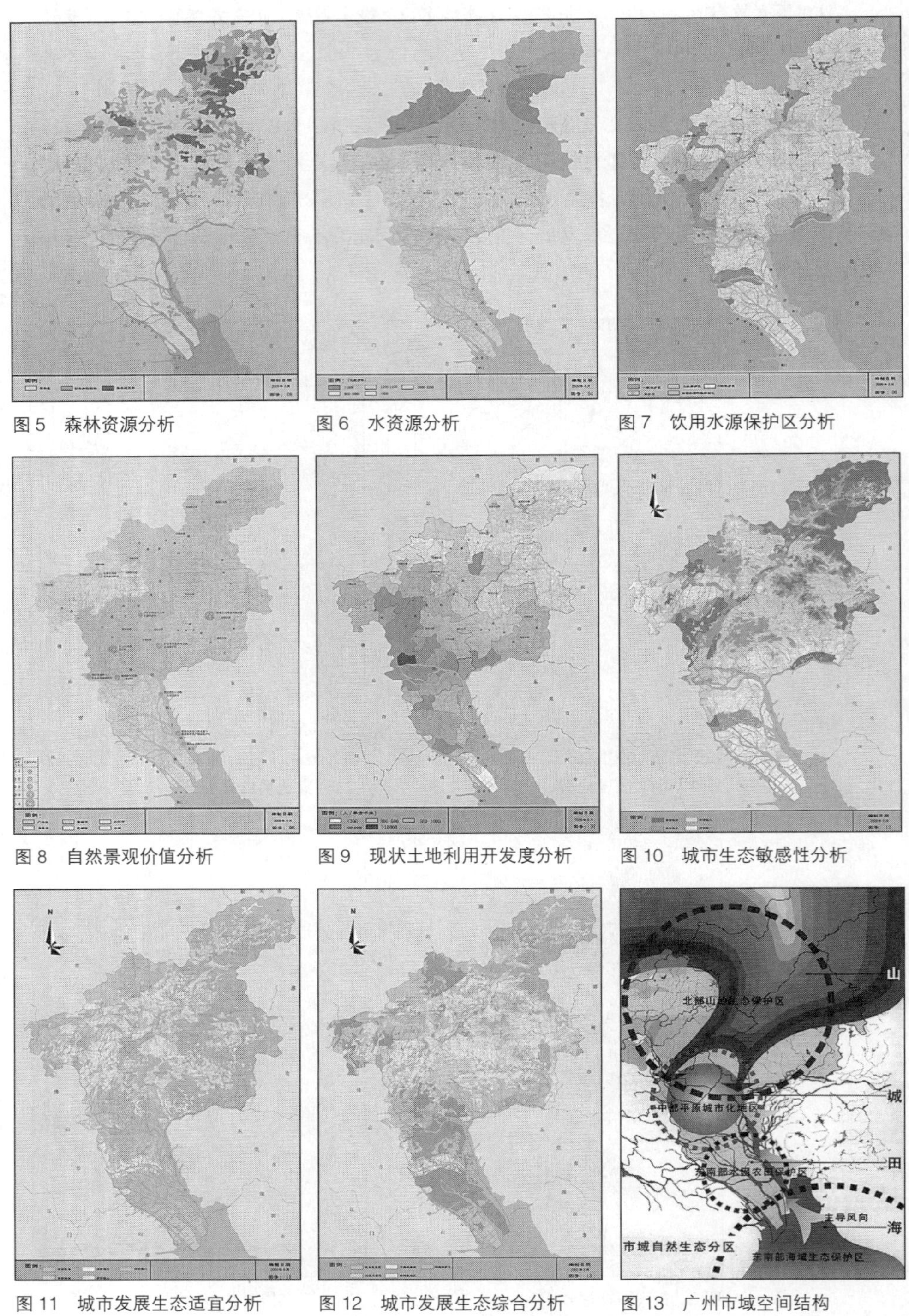

图 5　森林资源分析

图 6　水资源分析

图 7　饮用水源保护区分析

图 8　自然景观价值分析

图 9　现状土地利用开发度分析

图 10　城市生态敏感性分析

图 11　城市发展生态适宜分析

图 12　城市发展生态综合分析

图 13　广州市域空间结构

荣县城市总体规划

编制时间：1995 年 8 月～ 2001 年

主要参加人员：黄光宇、邢忠、靳桥、杨培峰、陈静、代伟国

注：获重庆市（省级）优秀规划二等奖

荣县位于四川盆地南部，东邻自贡，西接井研，南连宜宾，北靠仁寿，境内多丘陵，西北高，东南低，平均海拔在 320 米至 450 米之间。全县辖 7 区，27 个镇，辖区面积 1954 平方公里，人口 88.66 万人。荣县城市依山傍水，五峰环绕，旭水南流，风景秀丽，名胜众多。建成区面积约 548.33 公顷，城市人口 7.67 万人，其中非农业人口 5.62 万人，居住在县城农业人口与暂住一年以上流动人口为 2.05 万人。人均建设用地 71.49 平方米／人。

城镇空间布局在城镇分布现状的基础上，形成“一核、一带、四轴、七片”的城镇空间布局网络。规划在重点保护荣县大佛、二佛、辛亥革命军政府旧址、白塔、吴玉章故居等若干文物古迹和自然保护区核心区、过渡区的基础上，组织开展大佛佛教文化旅游和双溪山水风光游。荣县城市（旭阳镇）自唐贞观元年设旭川县就筑城于此，距今已有 1400 多年历史，在中国近代史上亦占有一席之地。

规划到 2000 年人口达 6.5 万人，城市建设用地 5.2 平方公里，2020 年人口 15 万人，用地 14.25 平方公里。

城市性质：县域的政治、经济、文化中心、自贡的卫星城市之一和自贡市历史文化名城的重要组成部分，集聚生态、文化、旅游特色的川南山水城市。

城市发展至今，建设也已经突破原旧城沿旭水河和过境公路向南边拓展，城市功能外迁受阻使许多城市建设仍局限于旧城之中。解决好城市发展格局，是本次总体规划修编的重点。

本次规划顺应城市发展客观规律，形成整体集聚，组团分散与山水格局相融的空间结构模式。旧区发展模式以局部渐近式改造为主，注意历史文化的保护和文脉的延续，新区则以完善城市配套公共设施，成片规模开发建设和塑造开敞山水环境为主，重在烘托城市生态、旅游发展主题。

图 1　现状地形地貌

西部新区以近期政府搬迁为契机，结合文化娱乐，体育卫生，财政金融等用地布局，形成商务与生活性组团，用地 671.7 公顷，规划人口 7 万人。荣县新城河西片区以区行政广场与市民广场为中心，由二佛山公园、旭水河、山体分隔绿带组成的绿地系统将规划区分为两个部分。围绕广场布置办公与文化娱乐、商业核心区，外围布置居住组团。建筑掩映于河光与山色之中，形成向旭水河敞开的开放性立体空间格局。旧城更新与盘活城市土地相结合，原政府办公区置换为市民广场，广场周边布置商业用地新区，结合生态条件良好的自然山水组织环境宜人的公园式商业区。

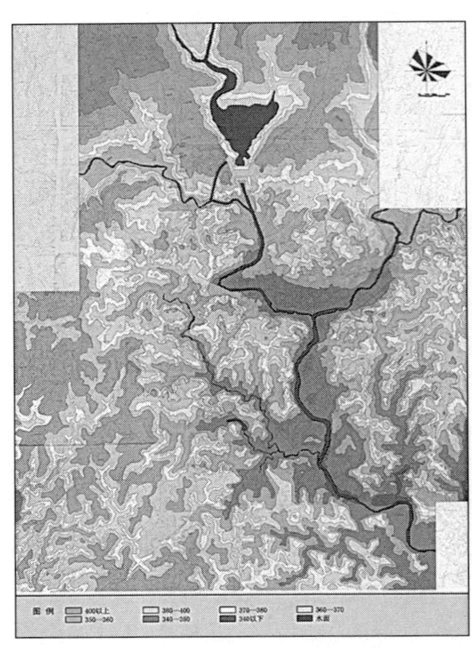

图 2　高程分析图

图 3　坡度分析图

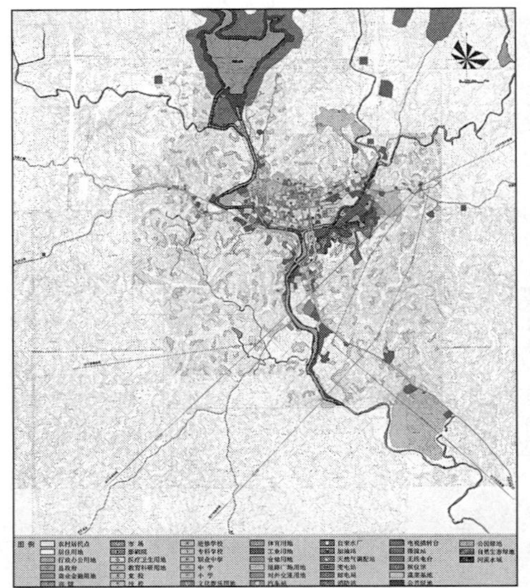

图 4　现状分析图

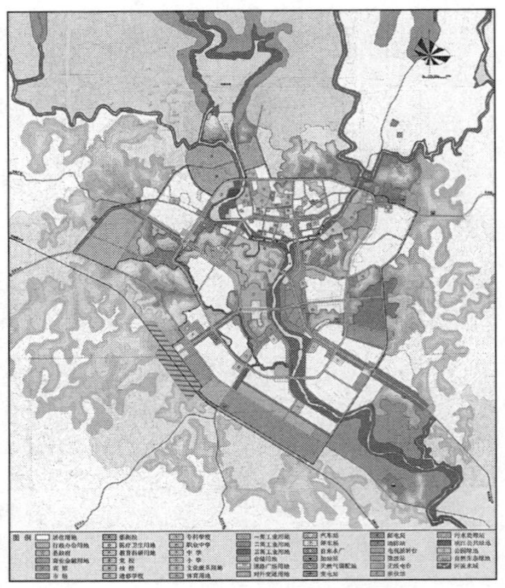

图 5　荣县城市总体规划图（2000—2020 年）

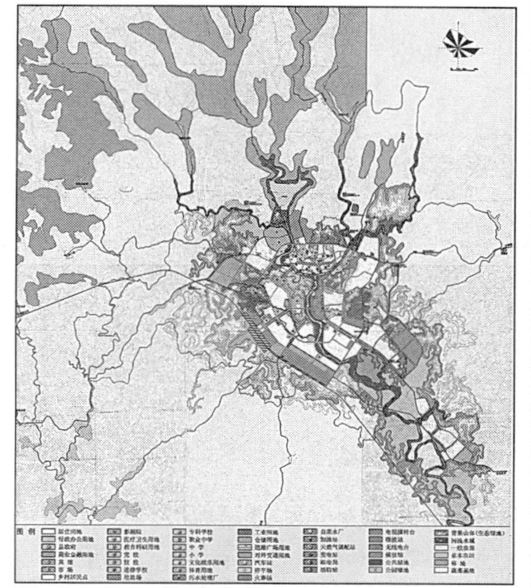

图 6　远景及郊区规划图

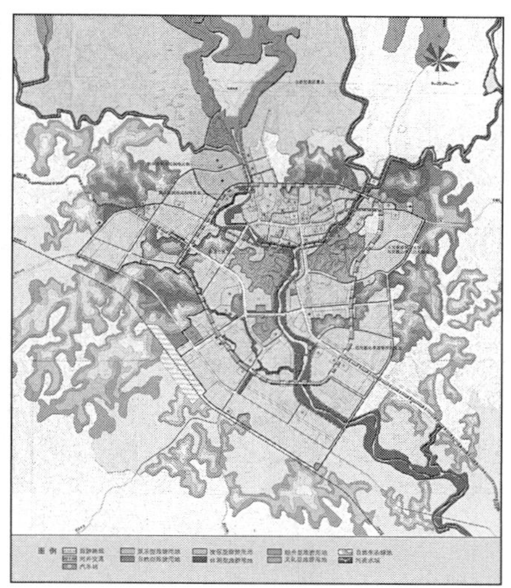

图 7　旅游系统规划图

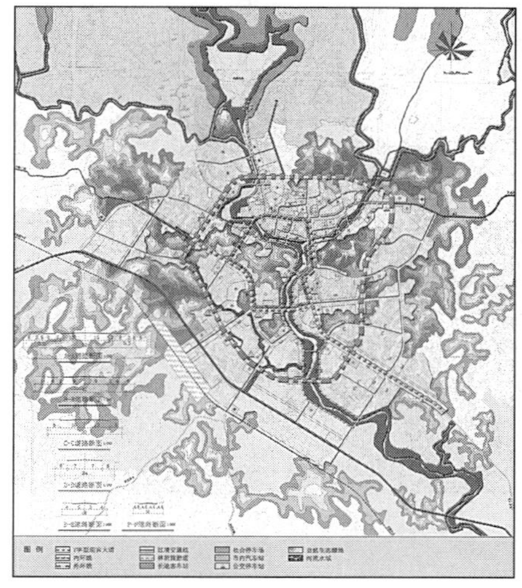

图 8　道路交通系统规划图

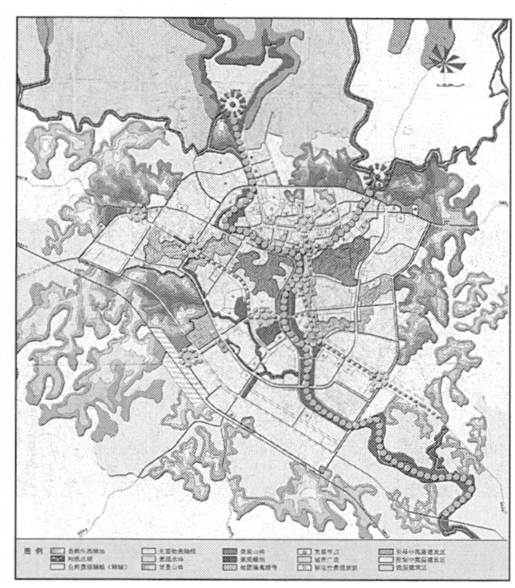

图 9　景观系统规划图

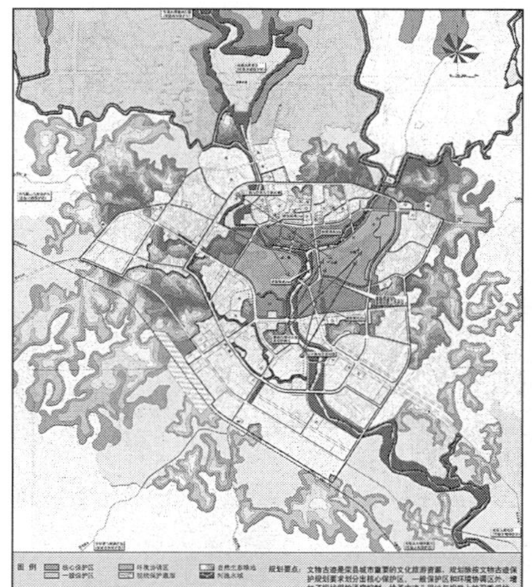

图 10　文物古迹保护规划图

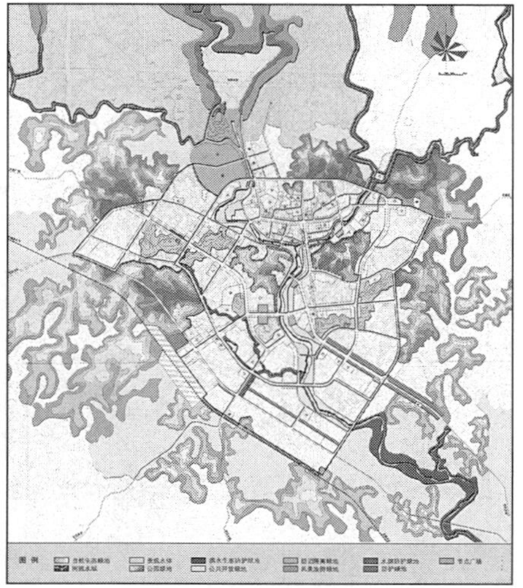

图 11　园林绿地系统规划图

图 12　鸟瞰模型效果图

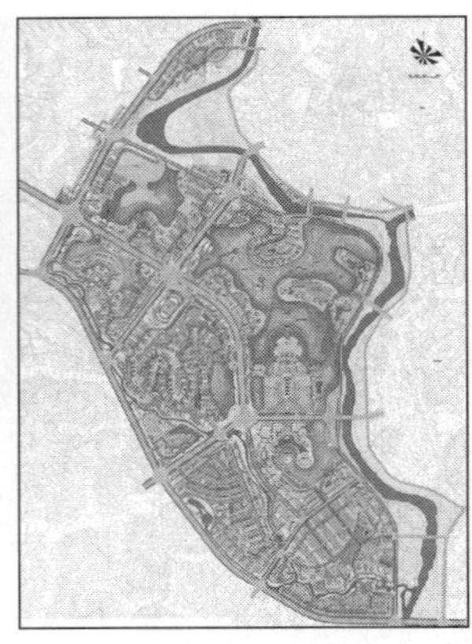

图 13　荣县新城河西片区修建性详细规划总平面图

图 14　建设中的河西新区

图 15　旧城更新

江油市青莲镇总体规划（2001—2020）

编制时间：2001 年 2 月

主要参加人员：黄光宇、邢忠、陈静、叶林、徐晓波、徐华伟、王星波、李书雯

注：国家自然科学基金研究课题“西南地区山地城镇生态化规划与管理”（批号：50178068）试点项目之一

青莲镇位于江油市西南部，地处四川省西北部，坐落在绵阳市至江油市（川陕公路）交通要道中段，与绵阳、安镇、北川相连，辖区面积 22.65 平方公里。距成都 140 公里，绵阳 27 公里，距江油 15 公里，距 108 国道 (绵阳——广元高速公路入口)10 公里。

青莲在晋武帝期间原是“汉昌”镇所在地。唐时，因其境内有两条河“清溪”、“濂水”（今盘江）而得名清濂，后来因李白慕青莲宫而号“青莲居士”，宋时为了纪念他便更名为青莲乡。

本次规划以建立面向全国的太白故里景区和生态型城镇休闲度假区为目的，顺应城镇发展客观规律，形成整体集聚、紧凑，与广阔的大地景观相融的空间结构模式。

青莲镇境内有盘江和涪江两条重要的常年性河流，河面开阔，一般为 200 ~ 500 米之间。盘江经香水，西坪，在青莲镇区南 2.5 公里外汇入涪江，经九岭而南下，正是“涪江中泻而左旋，盘江迂回而右抱”。镇域内动植物资源多样，山川秀美，是国家重点风景名胜区——“剑门蜀道”上的重要景点，也是九寨沟——黄龙旅游主环线上的一个重要分支景点。青莲有唐代大诗人“李白故里”之称，镇区内人文历史文化资源丰富，现保存有陇西院、粉竹楼、太白祠、衣冠墓、洗墨池等多处太白遗址和遗迹。

唐代的青濂乡，属于古绵州的重要城镇，直至清代，这里仍是水运发达的商贸重镇。2000 年，镇区建设面积 0.56 平方公里，镇区人口 8810 人，其中非农业人口 5600 人，居住在镇城农业人口与暂住一年以上流动人口为 3210 人。人均建设用地 63.6 平方米 / 人。

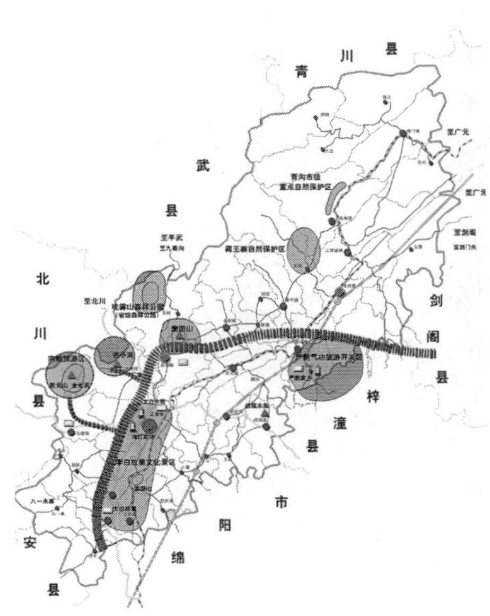

图 1　江油市域旅游资源分布图

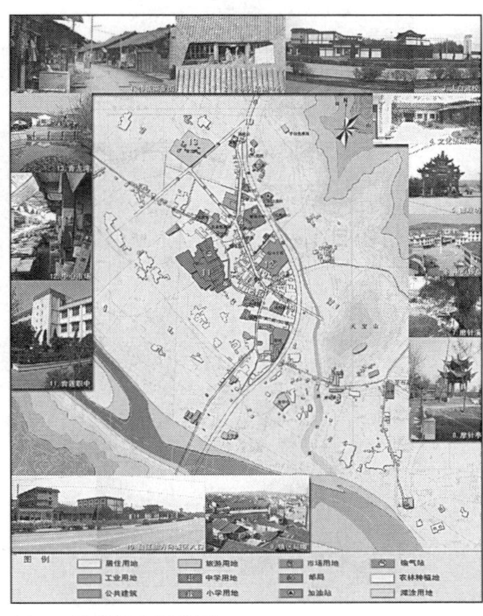

图 2　城镇综合现状图

城镇性质：以李白故里风景名胜区丰富的人文与自然景观资源为载体的山水园林历史文化名镇，以太白文化旅游与生态型城镇休闲度假为发展主题，是江油市重要的旅游经济开发区。

城镇规模：2005 年近期人口为 0.9 万人，用地规模 85 公顷。2020 年远期人口为 1.5 万人，用地规模 150 公顷。城镇远景规模按 2.5 万～ 3.0 万人控制。

规划突出与李白文化内涵吻合的自然山水与文化特色，强调城乡旅游环境资源的整合。

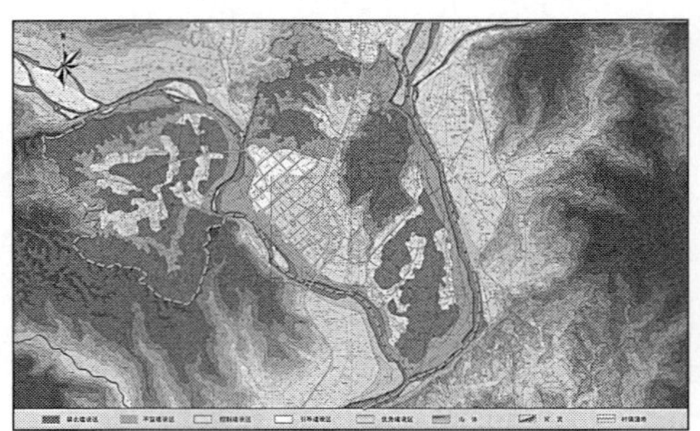

图 3　城镇用地发展控制规划图

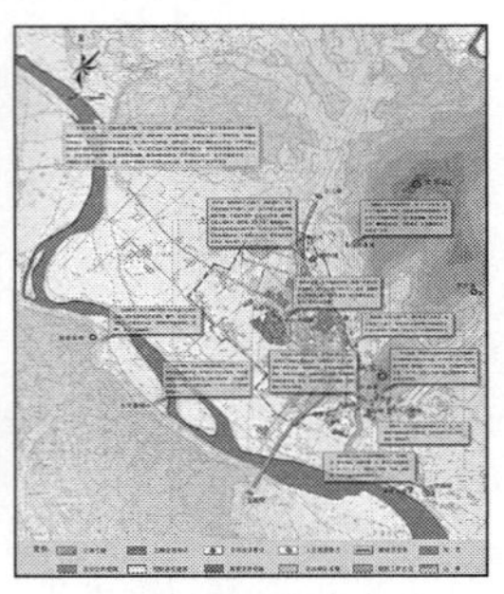

图 4　城镇旅游资源分布图

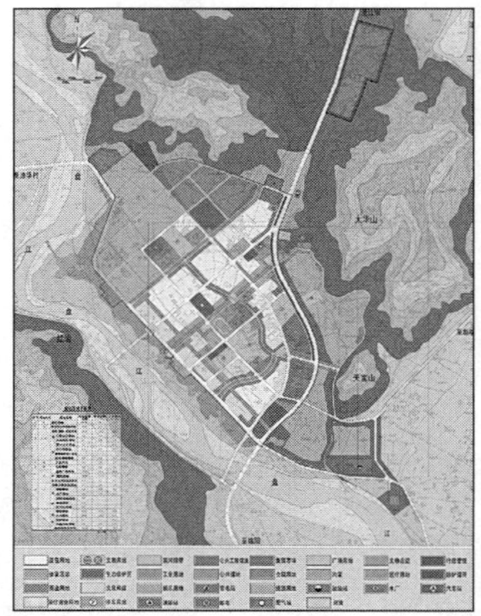

图 5　城镇总体规划图（2001—2020 年）

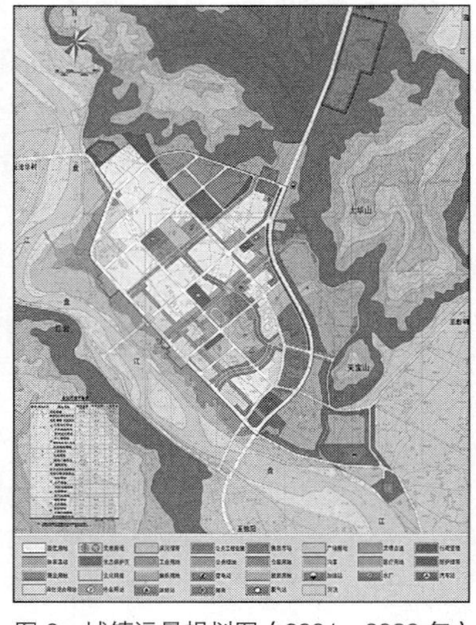

图 6　城镇远景规划图（2001—2030 年）

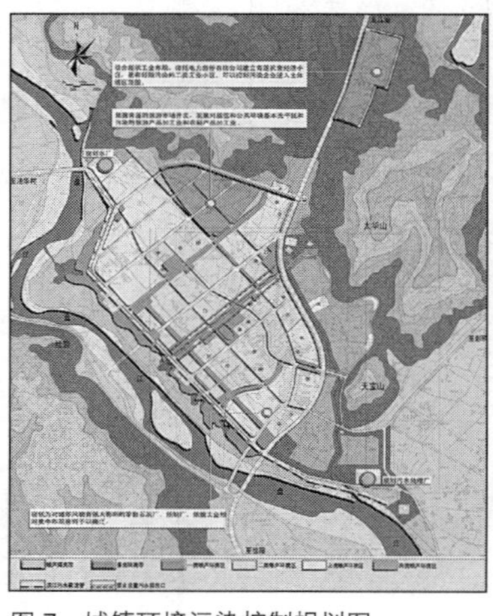

图 7　城镇环境污染控制规划图

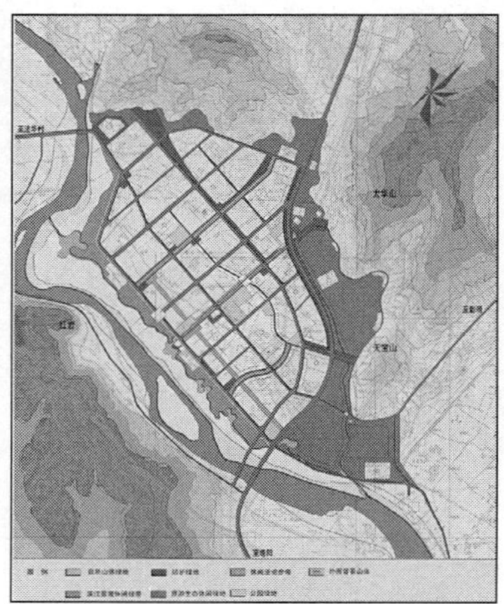

图 8　城镇绿地系统规划图

无锡自然生态资源评价与城市发展研究

编制时间：2001 年 4 月～ 2001 年 12 月

主要参加人员：黄光宇、杨培峰、闫水玉、陈炜、毕凌岚、吴勇、李葱葱

无锡市枕山滨湖，自然生态资源十分丰富。城市位于太湖之滨，五里湖、梅梁河、运河、梁溪河以及水系支流形成了密集水网；从宜兴进入无锡的天目山余脉均为低山丘陵，其中锡惠山渗入城区，与在此基础上形成和发展起来的历史文化共同构成了无锡城市的特色。但与城市化和工业化高速发展相伴随的生态破坏和环境污染问题也日益突出，困扰着城市的持续发展。

丰富的自然生态资源是构成无锡城市特色重要自然基础，是促进城市整体发展的重要资产，在城市规划和建设中必须体现生态优先原则。本研究的重点就是定位在如何从城市建设和城市空间结构调控的角度整合好城市发展和生态保护的关系。

本研究中运用生态学原理和方法，分析无锡城市生态系统的敏感性与稳定性，并通过生态叠图法、绿量计算、绿地形体评价、自然生态资产评价等方法，研究了无锡城市发展空间结构，同时也探讨了自然资源的生态潜力和无锡城市发展可能产生的制约因素、城市绿地系统空间布局等关键问题，并提出了无锡城市发展与生态建设协同的城市建设导则。通过无锡市自然生态评价为总体规划的调整提供了基本依据。

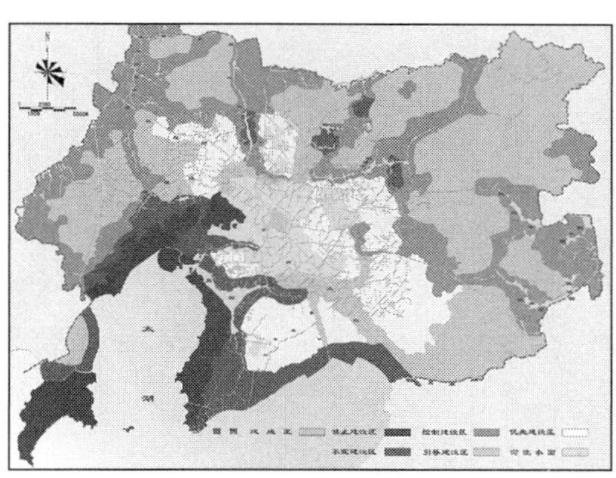

图 1　生态适宜度分析图

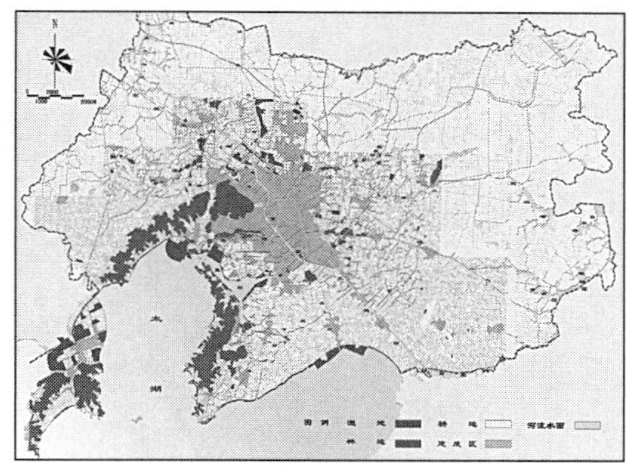

图 2　自然生态价值分析图

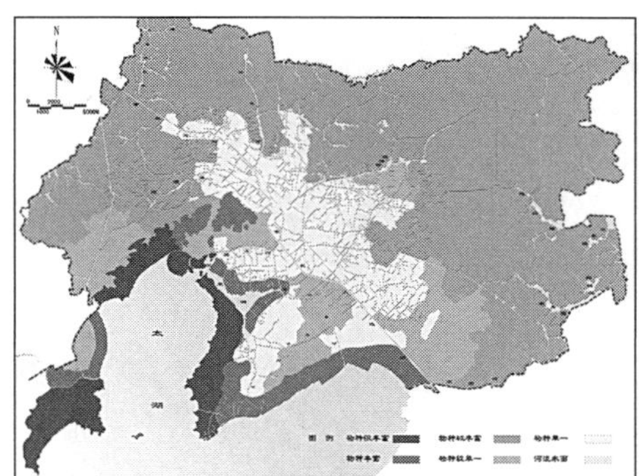

图 3　物种多样性分析图

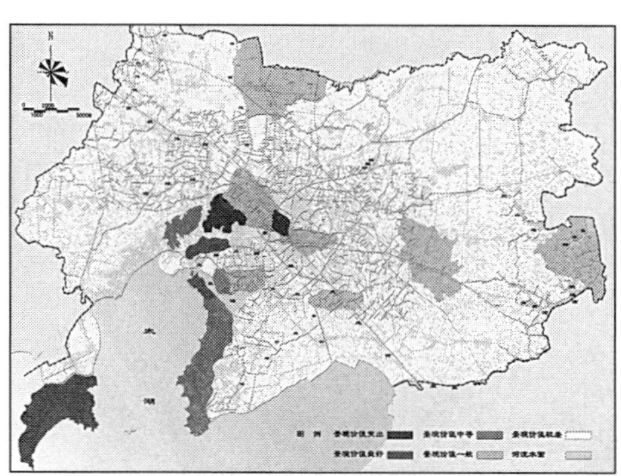

图 4　人文景观价值分析图

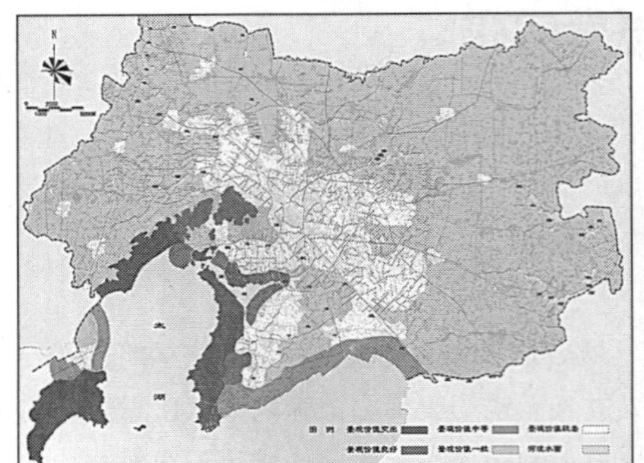
图 5　自然景观价值分析图

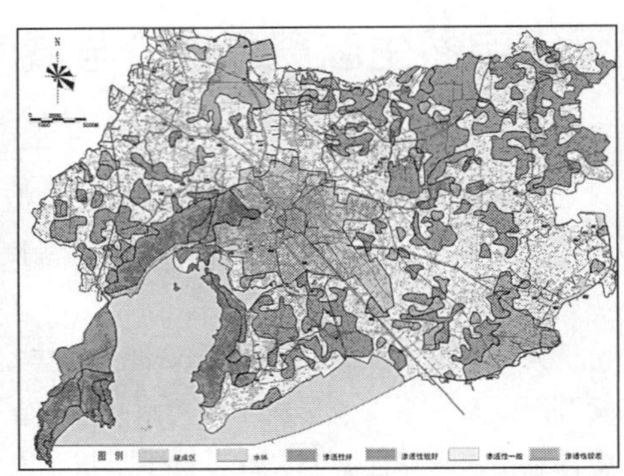
图 6　土壤渗透性评价图

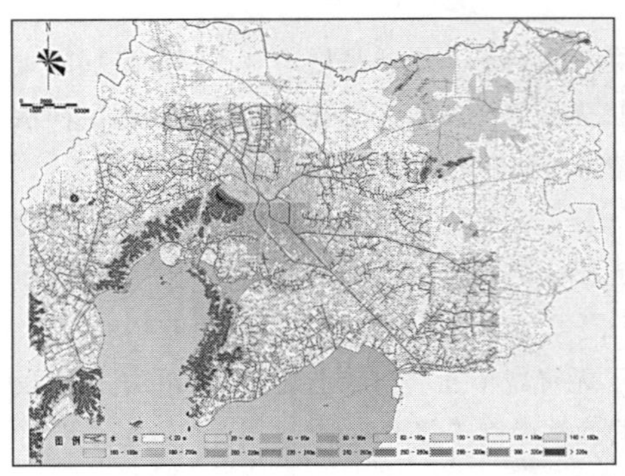
图 7　地面高程分析图

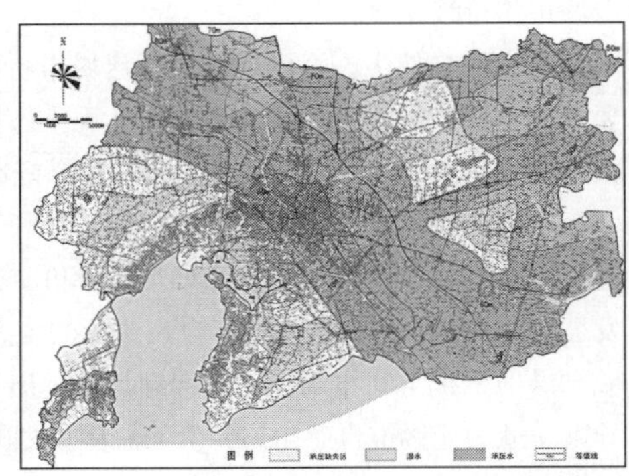
图 8　地下水资源评价图

图 9　山体水系图

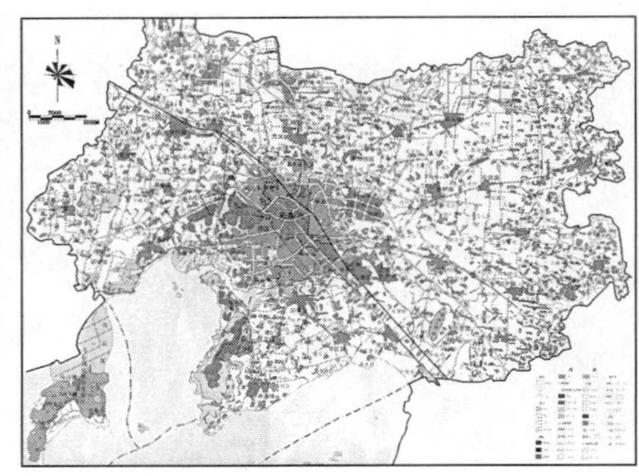
图 10　土地利用现状图

图 11　遥感影像图

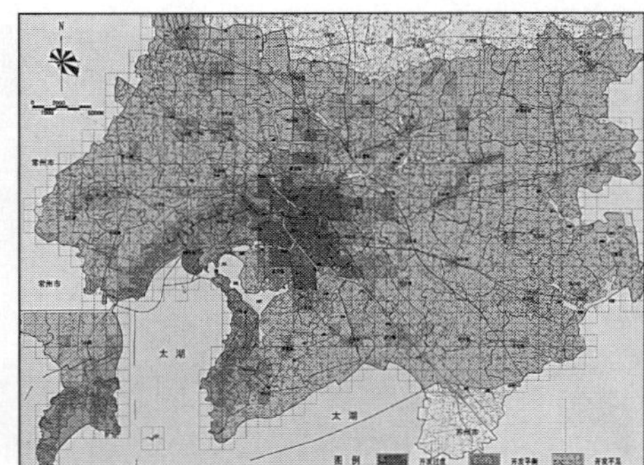
图 12　开发度评价图

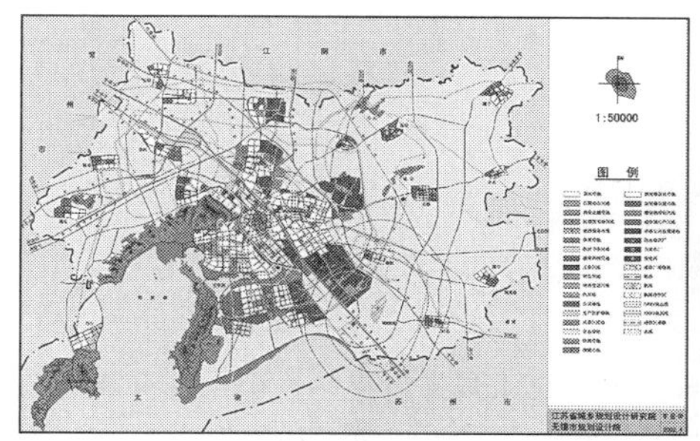

图 13　市区总体规划图

太湖自然景观资源（一）

太湖自然景观资源（二）

寄畅园

广东小榄镇生态规划研究

编制时间：2001 年 8 月～ 2002 年 10 月

主要参加人员：黄光宇、阎水玉、舒沐辉、吴勇、乔欣、宋志生

广东省中山市小榄镇位于珠江三角洲中部偏南，自宋末开村之始，至今已有 700 多年的历史，近代以来是著名的侨乡，居民有务工经商的传统。1986 年以前是典型的一个岭南农业乡镇，改革开放以来，小榄镇迅速地向市场经济转轨，经济飞速发展，20 世纪 90 年代，平均年增长率为 23.4%，1999 年国内生产总值达 37.95 亿元，是中国名列前茅的乡镇，90 年代城镇迅速扩展，伴随经济的发展和结构的调整，生态建设对经济进一步增长的支持能力，显得非常重要。配合小榄镇的总体规划修编，受小榄镇人民政府委托，对小榄镇进行了生态建设规划研究。

本项目的主要研究结果：

1. 通过对地质、地貌、河湖水系、湿地资源、山丘资源、绿地资源、洪涝灾害、城镇演变等的空间分布解析，进行了适宜度分区，分为优先建设区、适宜发展区、引导建设区、控制建设区、禁止建设区，分区制定了建设导则，提出了与自然环境相协调的城镇空间发展建议。

2. 根据小榄镇的自然、经济、社会特征，注重生态系统的整体性、开放性、相对稳定性和时空层次性，区域过程的等级层次性、相对一致性、区域发生与区域共轭性；从生态系统功能上，考虑了主导生态系统的类型、生态稳定性程度、生态演替方向；从生态保护与整治的出发，考虑了主要的生态环境问题，生态危机轻重。根据全镇生态环境基础与保护建设发展的需要，全镇可划分为 6 个生态区域（环镇河岸湿地与沿岸生态林地景观区域，北部花木基地、农业系统、住宅建设生态区域，城镇生态区域，中部花木生产景观生态区域、南部农业系统工业生产生态区域），每个区域从城市发展、土地利用、生态保护、景观建设、房地产开发等角度提出了建设对策。

3. 确定了小榄镇生态环境敏感区分布，包括生态环境质量敏感区（山丘林地区域、水环境容量狭小区、滨河湿地区）和生态环境功能敏感区（水源区、风景林区、城市文脉区）。针对不同的特征分别制定了建设对策与保护规划。

4. 从小榄镇现有的生态环境现状分析入手，结合小榄镇自然条件、城市建设进行了小榄镇绿色体系规划，小榄镇绿色体系的空间布局为：中部花木基地形成城镇的绿心，以花木基地、城市防护隔离绿地形式围绕中心向四个方向延伸，与城镇外围滨河湿地与滨河生态林地构成小榄镇地表绿色体系的“舵”形骨架，顺着绿色骨架，沿河涌与道路建设线状绿地，形成绿色廊道与绿色脉络，结合村镇块状公园与游园，形成整个绿色系统，保证地表景观中，绿色为基质、村镇为斑块的景观格局不变。构成“绿核＋绿轴＋绿环＋绿网”的模式，同时重点加强绿地系统的生态化建设与大 地园林化建设。

5. 结合小榄镇未来的发展，以小榄镇可持续发展所必需的生态安全为依据，提出小榄镇的发展模式为：极化中心城镇的发展，为乡村居民向城镇集中提供条件，弱化分散乡村居民点，减轻生活对生态环境的压力；强化成片建设，限制沿骨干公路发展，变线形发展为块状发展；保护城镇区域的河流系统与生态林地，保存一部分自然区域，营造人与自然亲近的场所；保存与优化区域的水网系统，匹配城市发展与环境优化，减轻环

境灾害；发展中部花木基地，成为城镇绿心，保存现有的分散在各区一些花木基地，充分发挥人工绿地与花木生产系统的生态服务功能；按行业、技术水平、生产过程、生产协作等集中现有的工业企业，组织发展各类型的工业园区，便于污染排放的集中治理。

同时在北部区域结合城市发展，形成一个小的绿色“心＋轴”的体系。本次规划首次尝试了在小区域内，进行生态区划的可行性，得到了较好的结果，对城镇发展、生态优化、建设控制、环境保护都有很好的指导意义。根据该项研究，由清华大学主持、我们共同参与完成的总体规划，很好地处理了自然与城市的关系，为城市环境优化、可持续发展建立了空间基础。

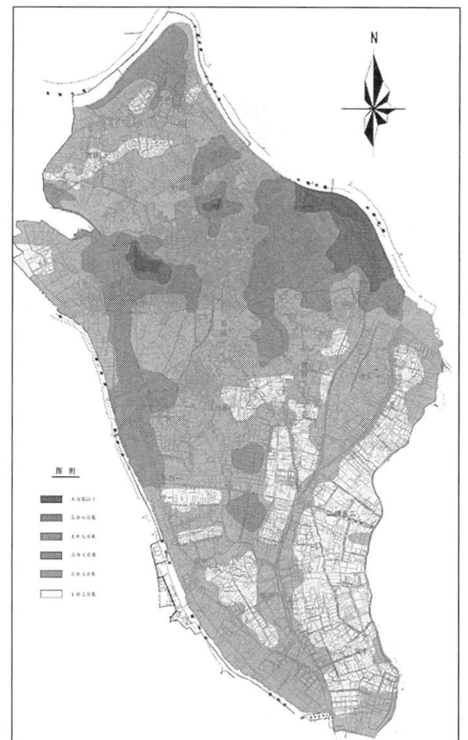

图 1　高程分级图

图 2　河网历史格局图

小榄镇鸟瞰

街头绿地

交通节点

城镇绿色空间

图 3　山岳河网现状图

图 4　绿地现状图

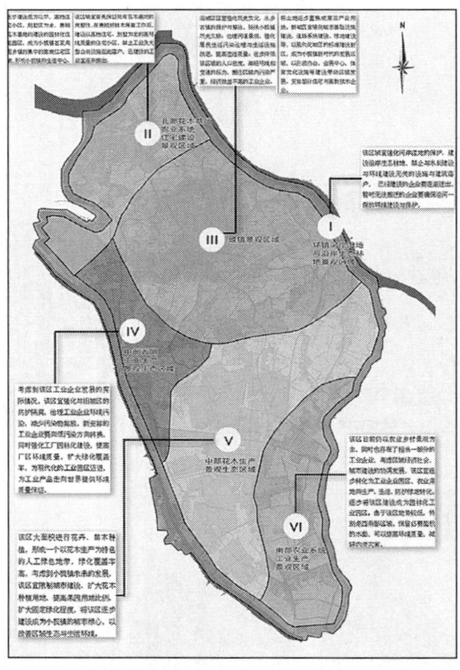

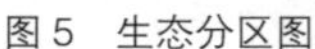

图 5　生态分区图

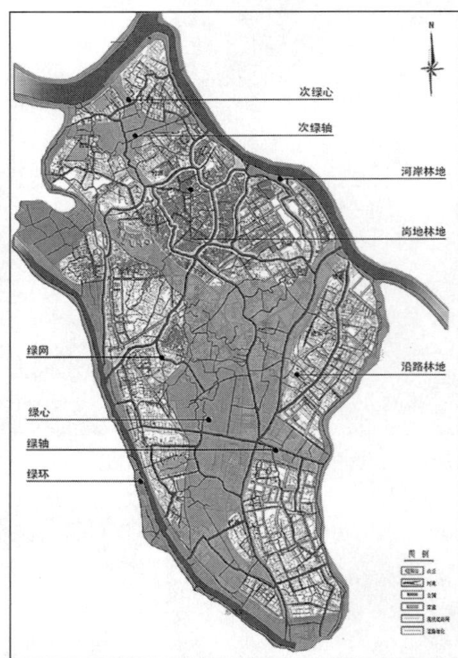

图 6　绿色体系模式图

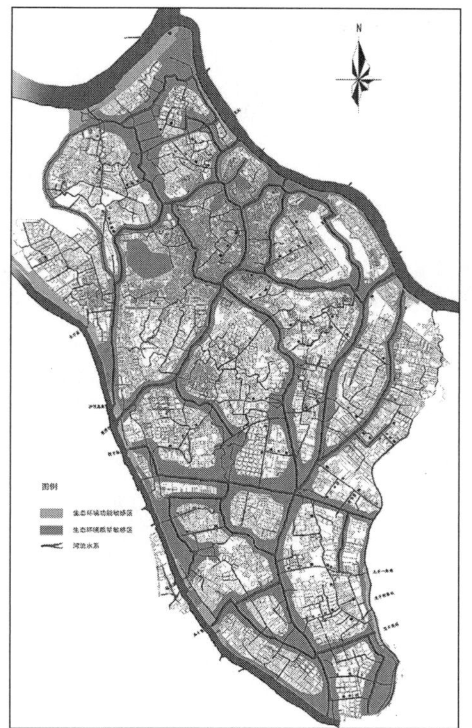

图 7　生态敏感区图

图 8　生态资产评价图

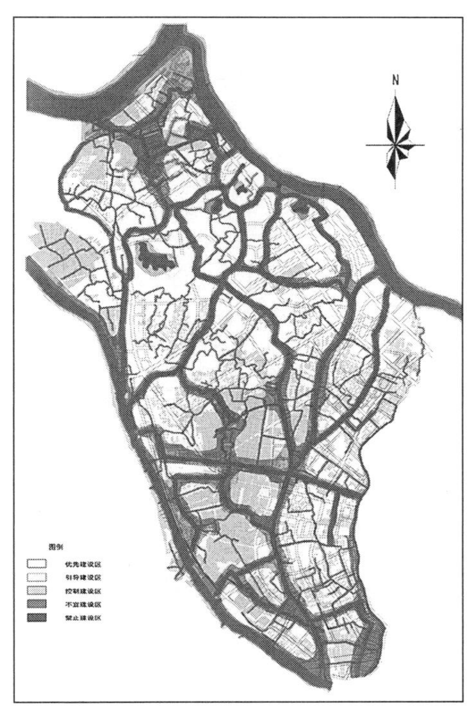

图 9　建设适宜度分析图

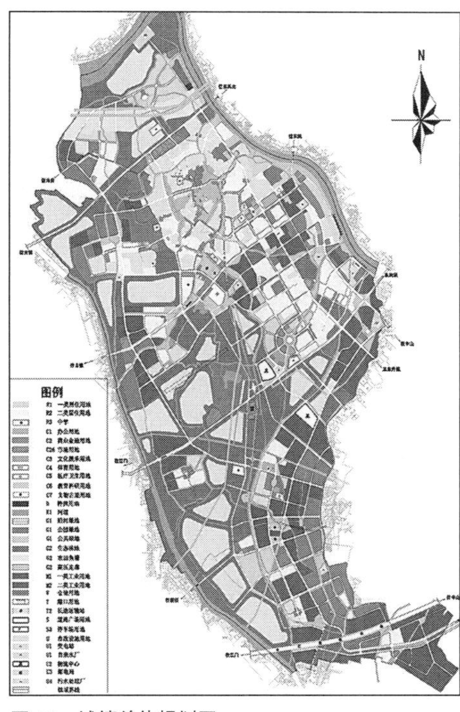

图 10　城镇总体规划图

札记、随笔、访谈篇

·札记·

《1992 全国首届山地城镇规划与建设学术讨论会论文集》序

山地城市学是研究在特定的自然、经济、社会条件的综合作用与影响下，山地区域城镇化的特点和山地城市与城镇体系形成、发展与演变的规律，以及山地城市规划、建设和管理的技术与艺术。城市的发生、发展、衰亡过程，主要符合社会经济规律，但也受到自然条件的支配，与地貌条件和城市的发展有十分重要的关系。城市是一个开放系统，是物质流、能量流、信息流的集散中心，城市的发生和发展是符合耗散结构理论和协同学所提出的非平衡系统理论的。

由于自然条件各异，山地城市和平原城市的发展过程有其各自的特点。例如重庆市位于嘉陵江汇入长江处，经河流的强烈切割，地形破碎，平地很少，所以城市的结构和城镇体系的布局，都受制于这两条江的河谷地形，城市的基础设施和基本建设都要适应于这崎岖的坡地，城市生态受到地形影响而形成逆温层导致的“雾都”等，这是山地城市的特征之一。成都市位于岷江和沱江的冲积—洪积扇上，地势平坦，自然坡降很小，城市结构和城镇体系的布局比较无限制，利用自然坡降作自流灌溉，以发展农业，在整个洪积—冲积扇的范围内形成一个完整的城镇体系，这是平原城市的特征之一。我国主要的大城市都位于平原区，故对平原城市的研究比较重视，对山地城市的研究尚在起步阶段。但我国是一个多山的国家，山地面积占据全国总面积的 67.7%。山地的城镇数在 4000 以上，乡镇企业的发展必将为山地城镇的发展带来有利的条件，因此必须重视对山地城镇建设的研究。山地城市学是山地学和城市学的边缘交叉科学，它的综合性很强。

1992 年 10 月 13 日至 16 日在山城重庆召开的“全国首届山地城镇规划与建设学术讨论会”，集中了各地山地城市的专家，比较全面而系统地研究和讨论了山地城市的有关问题，取得了丰硕的成果，这对山地城镇研究具有开创性的、积极的推动作用。现在又将参加会议的主要论文汇集成册，必将对山地城市的研究范围更加扩大，水平更加提高，在研究深度和广度上出现新的面貌，为努力赶上国际先进水平作出积极的贡献。

#《1992 全国首届山地城镇规划与建设学术讨论会论文集》前言

我国是个多山的国家，山地面积占全国总土地面积的 2/3 以上，山地城镇占城镇总数的将近一半，全国少数民族人口和矿产、水能、生物资源等也大部分集中在山区。山地又是河流的发源地和平原的生态屏障，其生态环境状况关系到下游和平原地区的安危，而作为山区经济、行政中心的山地城镇，其建设和发展的好坏更将直接影响整个山区经济、社会的发展进程。因此山地城镇的合理规划与建设，乃是我国未来发展建设中的一个重大课题；然而，由于山地环境和社会历史条件的特殊性与复杂性，山区经济的发展和山地城镇的建设，较之其他地区面临的问题更多，矛盾更尖锐。

山区的经济发展水平历来落后于平原和沿海地区，改革开放以来其间的差距还在拉大，这不仅制约了国家整体发展的后劲，而且还可能造成地区间、民族间的隔阂，对社会的长治久安带来不利影响；经济条件的束缚，导致山地城镇基础设施和公共设施严重不足，投资环境不良，制约了经济的运行效益和居民生活水平的提高，从而又进一步影响了山区经济的发展进程。

用地的局限、人口的增多，导致山地城镇建设密度和开挖强度不断增大，植被和空地日益减少，使本来就较脆弱的生态系统遭到严重破坏，生产、生活环境进一步恶化。

沿袭平原地区城镇规划、布局的模式和政策法规与技术指标，使山地城镇建设难以因地适应多样化环境条件的要求，其自身原有的鲜明特色和地方风韵也逐渐消失。

面对上述严峻的形势，我们认为：

（1）山区及山地城镇乃是我国现代化建设的后劲所在、希望所在，国家和地方政府决策部门应当更加重视山区和山地城镇的建设，并把它摆在重要的战略地位上，在政策、投资等方面给予必要的倾斜。

（2）山地开发和山地环境的保护、整治是不可分割的两个方面，发展经济和建设城镇必须与生态环境的保护、整治同步。任何急功近利的短视行为，都会带来难以弥补的损失。

（3）山地城镇和山地建筑的特有风格与地方风韵，是人类文化遗产的重要组成部分。继承和发扬其优良传统，并使之与现代科学技术相整合，是决策者的历史责任，也是城镇规划和建筑设计工作者的神圣使命。

（4）加强山地城镇科学的研究和山地城镇研究专门人才的培养，是搞好山地城镇规划、建设、管理的重要保证，为此建议成立研究山地城镇规划、建设问题的专门机构（包括研究中心、学会等），在有关院校增设相应课程，组织开办专业人员培训班，同时开展与国外山地城镇研究机构和团体的学术交流。

借此机会，我们发出这样的信息：中国众多的学者，愿意与所有致力于山地资源开发与生态环境保护、山地城镇研究的各国学者携手同行，为人类的共同利益，去开创山地城镇规划与建设的新局面。

1997 山地人居环境可持续发展国际研讨会主旨发言

——山地人居环境的可持续发展

“日益城市化进程中人类住区的可持续发展”是去年（1996 年）6 月在土耳其伊斯坦布尔召开的联合国第二届人类住区大会的两个重要主题之一，而山地的人居环境是人类住区的重要组成部分，特别对中国这样一个山多、人多、耕地少的大国来说，其重要性更非同一般。而作为山地区域的社会经济管理中心和少数民族集聚中心的山地城镇的人居环境，其规划、建设的好坏将直接影响整个山地区域乃至全国的社会经济的发展进程。然而，由于山地人居环境独特的自然生态条件、文化背景和经济发展水平，决定了其发展演变具有自身的规律性以及规划、建设的特殊性和复杂性，而对于这一方面，至今人们普遍地还缺乏认识，缺乏足够的重视。

山地建设用地的局限、人口的增多，导致山地城镇建设密度和开发强度的不断增大，植被和空旷地的日益减少。水土的严重流失使本来就比较脆弱的生态系统遭到破坏，使山地生境进一步恶化。

山地生态环境条件的复杂，建设难度的提高和经济条件的束缚，导致山地城镇基础设施的落后和公共设施的严重不足；投资环境的不良，制约了经济的运行效益和居民生活水平的提高；同时，由于山区经济的落后和本地知识文化的流失，又进一步制约了山地区域社会、经济发展的进程。沿袭平原地区的城镇规划理论与方法、布局结构模式、政策、法规制度和技术、经济指标体系，使山地人居环境的建设难以因地制宜地适应千姿百态的山地生态环境条件的变化，屡屡出现了所谓“建设性的破坏”，甚至招致不可挽回的损失；建设中忽视山地人居环境的特点、地方建筑特色与民族文化的继承与发展，不少历史文物建筑及其地段未能得到良好的保护，使山地城镇和村庄原有的鲜明个性、地方特色和民族风韵逐渐消失。

山地人居环境的建设，其先决条件是必须保护好脆弱的山地区域大环境的生态系统，保护森林植被和生物多样性，防止水土流失，减少自然灾害；保护好山地区域大环境的文化多样化，维持山地大环境的生态平衡。

改革开放以来，中国的城乡面貌发生了深刻的变化，山区的社会、经济和文化也有了很大的发展。随着国家建设重点由沿海向内地的转移，以三峡水利工程为龙头的内陆山地地区水利资源的开发与利用，交通、通信网络的建设，以及国家正着力开展大规模的山区“脱贫致富”计划，发展山区多种经济，大力加强山地小城镇的建设，逐步缩小与沿海、平原地区的差距，呈现出十分可喜的现象。

山地人居环境的建设，只能按照其自身的特点和发展规律制定切实可行的政策、技术措施和方法，走可持续发展之路。虽然山地地形起伏、地貌复杂，容易发生自然灾害，城市建设投资费用增大，给城镇建设带来较大困难等，但山地资源丰富，人口密度较低，环境容量较大，地形富有变化，山地建筑、民族文化、人文景观多彩多姿，如果能巧妙地利用自然条件，就可以创造和谐、宜人的人居环境和富有特色的景观风貌，同时丰富的景观风貌也是开展多种体育、文化娱乐、休闲度假和发展生态旅游的理想场所。利用丰富的自然资源如水能、风能、太阳能、地热、地下空间和生物资源发展绿色工业、发展山区经济；努力把高新技术、适用技术与传统技术结合起来，因地制宜发展生态建筑材料、地方建筑材料，积极推广适合于山地施工作业的建筑机械和施工技术；积极推广设计与建造生态建筑、节能建筑、健康建筑，发展各地山区的地方建筑和民族建筑文化；积极提倡群众参与山地人居环境的建设与改造，加强山地减灾、防灾和立体空间开发利用的研究；建设低能耗、低污染、高质量、高效率的人居环境，创造富有地方特色的舒适、方便、安全、健康的新社区，建立和睦、友爱的邻里关系和多民族团结互助的大家庭，是面对中国广大农村与山地区域的日益城市化，解决人、地矛盾，实现山地人类住区可持续发展的重要途径。为此，需要加强对山地人居环境科学的综合研究，包括山地地理学、城市学、建筑学、园林学的研究，培养懂得国情和山地地域文化的城乡规划、设计、建设和管理的专业人才。

重庆建筑大学，在20世纪50年代初建立了建筑学专业，50年代末创建了城乡规划专业，80年代初又添置了风景园林专业。结合国情和西南多山地区的实际，使我们逐渐认识到要把山地人居环境作为主要的研究对象，促进山地城市科学研究的重要性。

在全球性生态环境正面临日趋恶化的形势下，1992年6月联合国世界环境和发展大会通过了里程碑意义的《21世纪议程》，可持续发展思想成为各国的共识，关于“脆弱生态系统的管理：山区的可持续发展”是《议程》中规定的一章重要内容。同年中国科学院、建设部批准成立山地城镇与区域环境研究中心，并且召开了中国首届山地城镇与建设学术讨论会，今年又分别在云南、贵州两省相继建立了“研究中心”的分支机构。“研究中心”的建立，开创了中国山地城镇规划、设计研究工作的新局面，结束了长期以来没有专门的研究机构来组织和开展日益城市化进程中的山地人居环境研究的状况，推动了中国山地人居环境可持续发展科学研究工作的开展。虽然，这项工作刚刚起步，但我们充分认识到它的重要性、长期性与艰巨性。在山地人居环境可持续发展总体思想框架指导下，我们需要作出长期不懈的努力，逐步建立起山地人居环境建设、山地区域经济开发和生态环境保护的理论体系；逐步建立起山地区域与城乡规划与设计的方法体系；逐步建立起适应山地社会、经济和自然、文化特点的建设与管理的法规体系和专业人才培养的教育体系，以适应山地城乡社会经济、文化全面发展的需要。山地是地球生命支撑系统的有机组成部分，是实现现代化的强大后劲之所在，它既重要又脆弱，既蕴藏着巨大的潜力与财富，又充满着各种矛盾与问题，需要谨慎地开发与保护。为了加速山地区域的发展，提高山地人类住区的社会、经济和环境质量，珍惜山地资源，保护山地生态系统，促进山地人居环境的可持续发展，我们有责任和义务携起手来，加强信息交流，开展全球范围内的广泛合作和技术交流，把山地人居环境的科学研究提高到一个新的水平。

（注：本文是作者为1997山地人居环境可持续发展国际研讨会所作的主旨发言）

几次国务院三峡工程专家咨询会议的发言

1993 年经国务院三峡建设委员会移民开发局批准，移民咨询中心特聘了 48 位国内相关专业的专家、学者，包括移民、城镇规划、资产评估、公路、港口、电力电信、水利水电、环保、农业、经济管理、社会学、地质等方面的资深专家、学者，对三峡工程的移民迁建工程进行评估。评估工作分农村移民安置、城镇迁建规划、工矿企业迁建补偿投资核算与专业项目复建几个专题进行。湖北省区有宜昌、秭归、兴山、巴东四县。评估会议于 1995 年 5 月在武汉市召开。重庆库区（原四川省库区）的 25 个市、县、区分县移民安置规划专家评估工作分三批进行。第一批评估的有巫山、巫溪、奉节、云阳、忠县 5 个县。评估会议于 1997 年 2 月 25 日至 3 月 6 日在长沙举行。会议由国务院三峡工程建设委员会移民开发局移民工程咨询中心和四川省移民办主持。城镇迁建规划组咨询专家共 13 人，对提交的规划设计文件事先进行了认真审阅，会上分别提出评估意见，并进行认真讨论。第二批于 1997 年 3 月 29 ～ 4 月 5 日在成都举行。评估的县、区有：万县市三区、开县、石柱。第三批评估会议于 1997 年 4 月 22 ～ 28 日在昆明举行。评估的市、县、区有：丰都、武隆两县、涪陵市两区（枳城、李渡）、长寿县、渝北区、巴南区、江津市及重庆市。直到 1997 年 4 月底，全库区评估工作完成，先后历时三年多。

1　在武汉会议上的发言

1.1　宜昌太平溪镇

（1）选址：太平溪镇为库区首批搬迁的全淹集镇，长江水利建设委员会和建设部村镇司委托我们规划院来完成，对情况比较了解。新镇选址在宋家湾，距大坝约 4km，南临长江，水陆交通方便，地质稳定，建设条件良好，适宜作新镇迁建发展用地，选址是比较合理的。

（2）总体规划、城镇性质与规模：总体规划所确定的集镇性质为：城镇的经济、文化、行政中心，发展以旅游业为主的第三产业和茶叶、柑橘等农副产品加工业，人口发展规模远期（2012 年）1 万人，用地 $70hm^2$ 是合理的。

总体布局：结合地形，采取组团式结构与自由式道路系统，并按用地功能性质，划分 4 个组团，相对集中、紧凑发展是较为合理的。

（3）迁建性详细规划：规划依据充分，内容齐全，符合移民迁建大纲的深度要求及有关技术经济指标的规定，迁建详细规划中的迁建人口规模与有关技术经济指标都按修订实施的大纲的要求作了调整，使规划更切合实际，有利于实施与修建。

（4）关于烟竹园的新址与规划：考虑到地方的要求与条件的改变，太平溪镇又作了烟竹园的新选址方案与规划，由于新址离大坝太近，制约的条件与考虑的因素更多，建议再作深入的分析与比较，如果烟竹园新址方案成立，建议对现规划方案作适当调整，充分考虑与大坝的关系，处理与坝区的总体协调关系。

（5）如果新镇确定在烟竹园，宋家湾新址仍应充分加以利用，合理分工，不宜半途而废。对由于未按建设程序办理，加剧了场地的水土流失的状况，应引以为鉴，并建议及时做好补救措施。

（6）根据大坝建设的进度及淹没线，应明确划定迁建范围，以确定分阶段的迁建投资概算。

1.2　秭归县

（1）选址：新县城选址，经过反复比较，最后选定在离现旧城 37km 的坝前茅坪镇城内的剪刀峪、凤凰山一带，它比秭归旧城不论从自然地形、交通条件、景观条件、环境容量与发展前景都较为有利。

（2）总体规划：新县城性质确定为全县的政治、经济、文化和科技中心，以发展食品和第三产业为主的旅游城镇，城镇发展规模远期 5 万人是合理的。

总体布局：采取由近及远，集中布局，以利迁建形成规模和节省投资，结合地形形成沿江带状布局，工业集中在城西一侧，过境公路的边缘，并考虑了城市的进一步发展，总的原则是正确合理的。

（3）迁建性详细规划，内容与深度基本上能符合大纲的要求，注意结合地形减少土方量，道路布置与建筑布置较为合理。

（4）新城近期发展的中心区与污水处理厂位置离坝前太近，应作必要调整，建议留出现状公园（求雨包）与凤凰山滨江一带用地，作为生态、景观保护绿地，并设置一定的旅游设施，为居民与旅游者提供良好的观赏休闲场所。

（5）突出城镇作为旅游的主导性质，从规划图上看，工业用地比例可适当减少，仓库用地主要靠近港口码头设置。

（6）建议归州与香溪宜应作为一个整体进行统一规划、统一建设，以减少重复建设，节约投资。

（7）坝上与坝下新建城镇也应作为有机整体，统一协调规划，使两者在交通上、景观上、功能上取得有机联系。

（8）在建设程序上，应遵循先规划、后施工修建的顺序，避免不结合地形、大填大挖、破坏山水自然景观的现象继续发生。

（9）根据负责地质勘测的崔总介绍，本县郭家、泄滩镇等尚存在不同的地质问题，因此须做进一步核实工作，并建议适当压缩集镇的发展规模，使近期建设更为紧凑集中，节约用地。

（10）迁建性详细规划中应明确界定分期迁建的范围，并进一步确定阶段的迁建投资概算，其建设规模应与迁建人口规模基本一致。

1.3　兴山县

（1）选址：新县城选址通过对后靠方案的比较分析论证，最后确定迁至上游距高阳镇（原县城）16km 的古夫镇重建，新址地形、地质条件良好，地形开阔，有发展余地，其选址是合理的。

（2）总体规划：县城性质与发展规模的分析、论证是充分的，新县城与原古夫镇一起，构成全县的政治、经济、文化中心，以发展轻工业与旅游业为主，城镇远期（2005 ～ 2015 年）发展规模 4 万余人，近期（2005 年）2.5 万人，也比较合理。

总体布局：结合用地条件，新城沿古夫河两岸呈带状发展，并形成城北、城南、城东三片区发展是较为合理的，符合当地实际条件。

（3）详细规划：详细规划与专业工程规划内容全面，编制文件基本符合大纲的深度与要求，所确定的技术方案如古夫河的防洪工程措施等是合理的。

（4）根据大坝建设的进度及淹没线，应明确拟定迁建范围，以确定分阶段的迁建投资概算，其建设规模应与实际的迁建规模一致。

1.4 巴东县

（1）选址：县城现状山陡、路窄，建筑拥挤、密集，过境交通、城内交通都集中在一条道路上，城镇后靠困难，无发展余地，由于地形、地质条件的限制与县城周围地区水陆交通发展的要求，县城只能在附近长江两岸的白土坡、云沱、西瀼坡和龙船河、东瀼口分散发展。

（2）总体规划：县城性质与规模，根据巴东县城的现状及其在鄂西自治州的经济发展与交通地位以及在国家级三峡风景名胜区的地位，县城性质确定为巴东县的政治、经济和文化中心，是以发展食品、化工、建材为主的工业基地，鄂西地区的重要港口并以山区特色的风景旅游为依托的城市。城市发展规模远期 8 万～ 9 万人是合理的，但近期规模可适当减少。

（3）总体规划布局：根据用地的自然地形、工程地质条件和新城的功能分区，采取分片集中、先低后高、集中紧凑的布局结构是正确的，符合巴东的实际条件。

（4）迁建性详细规划：规划指导思想明确，规划内容基本符合大纲的深度要求及有关技术经济指标的规定。

（5）鉴于巴东县城新址附近工程地质条件较为复杂，用地十分紧张，以及从保护峡江风光的生态、景观要求出发，建议对云沱—西瀼坡一带新县城用地的地质情况作进一步核实，并尽可能控制、压缩人口发展规模，特别是应慎重选择工业项目，对化工、建材工业的立项与选址要慎重考虑，避免对环境造成危害，禁止有污染的工业在峡区建设。

（6）根据大坝建设的进度及淹没线，规划中应明确界定迁建范围，以确定分阶段的迁建投资概算，其建设规模应与迁建人口规模基本一致。

2　在长沙会议上的发言

（1）三峡工程四川库区巫山、奉节、云阳、忠县四县城的迁建规划工作，在“长委”、省移民办、各移民部门的组织领导下，规划设计与勘察设计单位从地质勘测、新城选址、总体规划到移民迁建规划做了大量、细致的工作，规划成果内容齐全，基础资料详实，规划工作指导思想明确，符合“移民条例”、“安置大纲”与“细则”要求。总的来说，四个县城的迁建规划比较切合当地的实际情况与用地条件，可操作性较强，并较好地考虑了移民迁建规划与县城总体发展规划的联系与衔接，较好地处理了二者之间的关系。

（2）这次提供的四个县城的迁建规划，除云阳新县城用地条件比原县城较好外，其他三个县城的新址用地条件都比原址复杂，且环境容量十分有限，给规划工作增加了很大的难度，特别是巫山、奉节两座新县城的新址范围内，高差大，坡度陡，冲沟、滑坡地段多，用地破碎，地质条件复杂。因此，城市总体规划与迁建规划必须以用地的地质条件与环境容量两个基本条件为前提，来核实城市发展规模、用地规模和总体布局的合理性。（应吸取巴东地质大滑坡的教训）规划中尽量采取结合地形、有机分散、分片集中、组团式的布局是合理的，片区与组团的布局尽可能紧凑适中，以节约用地、节省基础设施的投资，避免与减少次生地质灾害。奉节新城，沿江两岸一条线排开，布局战线拉得太长，交通联系不便，建议作适当调整。

（3）长江三峡区段，是自然风光与历史文物最富集的地区，是国家最珍贵的文化资源，城镇迁建、工业发展与布局应充分考虑以不损害举世瞩目的三峡风光为原则，特别在瞿塘峡、巫峡峡口附近应严禁布置工业与庞大密集的建筑群，以保持自然景色，如奉节南岸工业区紧邻瞿塘峡口，建议取消或调整。

（4）忠县新县城的迁建工作，将火力发电厂布置在规划的中心区位置，造成布局上的混乱，破坏该城的总体规划布局，建议有关部门及时加以研究与纠正。

（5）四个县的工业布局与工业项目的选择，应从有利于形成先进的长江产业带的高度来考虑，有利于形成库区不同性质与职能分工的城镇体系，利用现有工厂迁建的机遇，进行产业结构的合理调整和工业项目的合理布局，避免低水平的重复设置与复建。应禁建污染大、能耗高、效率低的小化肥厂、小水泥厂、小纸厂、小酒厂、小皮革厂、小染织厂、小烟厂等工业。发展高新技术和生态产业，实现可持续发展。

（6）在坡地上修建道路与建筑规划布置应尽量结合地形，不必追求宽、大、平、直。避免大填、大挖，道路规划可采取复线、分流、组织不同标高断面的办法等，以合理组织交通，减少土石方量，保护植被，避免“建设性破坏”。

（7）大坝建成后，库区流速减缓，水域自净能力降低，因此，应十分注意重视两岸迁建城镇的垃圾与污水的治理和综合利用规划工作。

（8）由于三峡库区用地条件和城镇迁建规划工作的特殊性与复杂性，给规划工作与工程建设带来诸多始料不及的因素，如库岸再造，护坡、冲沟、滑坡治理，环境保护，建设与营运过程中出现地质工程问题以及增加的投资量等；此外，在原先受淹人口、工矿单位和事务调查统计中，不免仍存在个别遗漏或口径不一致的地方，建议有关主管部门按照实际情况予以考虑，合理地加以解决。

（9）由于库区移民迁建工程量大，情况复杂，时间跨度很大，建议有关主管部门加强科学研究与试点工作。对关系全局或带有普遍性的问题，如库区山水城镇风貌特色的创造问题等，组织科研设计力量，加强前期研究与试点工作，取得经验，加以推广，以提高移民迁建规划、设计与建设工作的科学性与预见性，尽量避免与减少建设的失误与浪费。规划师、建筑师与建设部门应通力协作，精心规划、精心设计、精心施工建设，努力探索在山地复杂地形条件下，如何保护生态环境、节能、节地，创造山水城镇的新风貌，建设新山城的好经验。

（10）建议有关部门，尽快编制三峡工程库区移民迁建工程实施与管理法规（或带法规性的规定），使库区的所有迁建过程有章可循，有法可依。

3 在成都会议上的发言

1）这次提交的万县市 3 区、13 镇，开县县城、8 镇，石柱西沱、沿溪 2 镇的淹没处理及移民安置“规划报告”及有关附件，资料丰富，内容齐全，符合《移民条例》、《移民安置规划大纲》的精神及限额规划和移民补偿切块包干的原则要求，长委及各规划设计部门的工程技术人员为此付出了大量的劳动，规划成果对库区移民迁建安置工作具有重要的指导作用。

2）万县市调整的总体规划包括龙宝、天城、五桥 3 个片区、8 个组团，城市结构沿长江两岸台地形成组团式带状布局，规划结构总体地看，是比较合理的，切合万县市的具体情况与用地条件。由于该规划是在原万县市与万县县城两个总体规划的基础上合并调整的，在布局上还有一些值得重视与有待改进的问题：

（1）铁路站场分隔了龙宝片区，不如原选方案将站场布置在双河口，出站的线路进隧道较为合理，建议提请铁路部门再作方案比较。

（2）龙宝片区本是万县市最理想的新城中心区的建设发展用地（历次总体规划都是如此），规划在这里布置了大片盐化工业的发展用地，盐化工业对空气和水环境都有较大的污染，且位于城市上游，应严格控制其发展（今后如条件成熟也可以将已建的污染工厂迁建他处），以腾出更多的用地作为移民迁建和新城生活居住区的发展用地。

（3）全市尚缺乏快速、便捷的干道交通联系，不适应万县作为库区重要的中心城市的发展要求。

3）万县市是半淹没城市，移民迁建安置用地与城市发展用地在空间分布上存在交错布置的情况，这给规划实施工作增加了难度，因此应妥善处理移民迁建安置与城市发展的关系，应首先保证移民迁建用地，已经确定的移民迁建的用地，被其他单位占用的应根据《移民条例》的规定及时予以纠正。

4）万县市为城市人口密集区，土地资源紧缺，地形、地质条件较为复杂，植被少，水土流失较为严重，城镇迁建工程量巨大，任务繁重，因此要特别注意保护生态环境，尽量结合地形进行规划设计，道路、市政工程与房屋建筑设计与修建要避免大填大挖，防止建设过程中产生新的水土流失与次生地质灾害发生，做到移民安置与水土保持，环境保护与改善投资环境相结合。

5）由于万县市的用地与现状条件以及沿江带状布局所带来的工作与居住交错布置的特点，容易造成环境的污染，同时三峡工程建成后，库区水面相对平静，自净能力大为降低，因此应特别注意库区的环境保护与治理工作，凡规划中确定须建设的城市（镇）污水处理厂、垃圾处理站应在投资上加以落实与保证，移民迁建安置区中对工矿企业迁建规划中的新建、扩建、改建的项目都应进行环境影响评价，并严格遵守“三同时”的规定，搞好工业“三废”的治理与综合利用。

6）开县县城小防护方案与大防护方案比较，利大于弊，应予以肯定，但方案工作有待进一步做深、做细，以便作进一步的社会、经济与环境影响的比较与分析，进一步指导实施与修建。

7）有关主管部门应重视开县人民政府提出的消落区的环境影响问题，建议组织科技力量做进一步调查研究工作，提出切实可行的环境保护措施。

8）建议开县县城筑堤设防的农田保护区，改作水面养殖，发展高产养殖业，改善新城环境与小气候条件，形成优美的湖光山色，发展旅游服务业。

9）石柱沿溪新镇建于滑坡体上，虽已采取了一定的治理措施，但由于迁建工作才开始，建议组织有关技术力量进行现场检查与观察，提出切实可行的技术措施，以保证新镇迁建的安全。

10）根据万县市和开县人民政府反馈的意见，对淹没区实物指标的调查统计工作中存在的漏项，或计算标准上有误差，或统计口径上不一致等情况，影响到移民安置迁建规划的，应根据《移民条例》与《移民安置规划大纲》的规定精神，建议上级有关主管部门作为遗留问题进行认真核实，予以合理解决。

11）移民迁建规划能否顺利加以实施，关键在于强化管理，建议一市两县加强管理工作，使各项规划设计工作认真得以实施与落实。

4 在昆明会议上的发言

这次提供评估的涪陵、武隆、长寿、巴南、渝北、重庆城区的城、镇移民迁建安置规划（送评稿），涉及2市（重庆、涪陵）、2区、3县和29个集镇，规划成果内容齐全，基础资料详实，长江水利建设委员会和规划设计部门做了大量工作，规划报告内容基本符合“条例”、“大纲”和“细则”的要求，规划内容和深度基本符合国家有关城、镇规划编制办法和环境保护法的要求，对有些城、镇的规划内容，尚需作必要的修改与补充，使规划更趋完善，符合实际，更好地指导移民迁建工作。

1）涪陵位于长江与乌江的汇合处，是乌江流域的物资集散地和长江上游的重要港口，也是重庆直辖市的第二级中心城市，城市总体规划布局以旧城为中心，长江、乌江为发展轴，沿江展开组团式布局结构，并能将移民迁建规划与城市总体发展规划相结合，规划较为合理，符合涪陵实际。

2）涪陵市城区中山路及以下受淹地带采取防护大堤的方案，在技术可行性上做了大量、细致的工作，它将移民迁建与城市功能恢复、港口码头复建、库岸再造与岸线环境整治结合起来，取得了较好的综合效果，与“不防护”方案比较有明显的好处，应充分予以肯定。该方案的主要问题是工程量和一次投资较大（堤长约4540m，回填土石方1500万m^3，静态投资7.67亿元），库容减少较多，并有二次移民安置问题，建议对实施方案作进一步的优化设计，如可否适当缩短大堤长度、降低堤顶标高、减少回填土方工程量，分别不同标高设置车行道与人行道（游人休息步行道设在大堤顶面）等，也可大大降低工程造价。

3）涪陵市白鹤梁水文题刻是全国重点文物保护单位，也是目前世界上所发现的时间最早、延续时间最长、数量最多的枯水文题刻，历史、文化价值极高，虽然国家文物部门有单独的保护规划，但作为城市迁建规划应反映这部分保护规划的内容，并使其与城市迁建规划和旅游发展规划综合加以考虑，使两者能很好地衔接。

4）在丰都新县城规划区发现的旧石器遗址和汉墓群，被国家文物局评为“1996年全国十大考古发现”之首，具有重要的历史文化研究价值和旅游开发价值，应妥善保护好发掘现场及界定点和面的保护范围，继续做好发掘与保护规划工作，同时应考虑对新县城规划用地作必要的调整，将遗址保护区与新城迁建小区加以统一规划与布置，并在规划调整与建设费用上给予保证。

5）已经建成通车的丰都长江大桥，是保证新县城的迁建物资运输与新城建成后北（名山、双桂山旅游区）、南（新城区）两岸联系的唯一桥梁，应该纳入迁建规划；同时，三峡水库蓄水后，名山、双桂山风景旅游景点与北岸新城的交通联系，建议应纳入县城功能复建规划加以考虑。名山、双桂山为库区重要的风景旅游点，环境容量有限，规划中应特别注意景点与生态环境的保护，做好滑坡的治理，防止过量的开发。

6）长寿县城移民迁建安置规划中，河街区旧桥被淹，必须另建新桥，连接东、西交通，规划仅按7m考虑是不够的，应按城市桥梁的设计标准给予必要的投资补偿。

7）两点建议：

（1）三峡移民安置工作，不仅是一项巨大的城镇与农村移民迁建工程，而且也是一项十分重要的社会巨系统工程、文化建设工程与生态环境建设工程。工程浩大，情况复杂，任务艰巨，政策性、综合性很强。各地政府和移民部门对移民安置规划（送评稿）非常重视，进行了认真阅读、查对与研究，并提出了若干修改、补充的意见，其中几个普遍性、共同性的意见如：关于淹没城镇的库岸再造（库岸整治）问题、城镇港口码头复建的过渡期建设问题、农村进城人口基础设施费用计算偏低问题以及淹没实物指标调查统计工作中存在的个别“漏登”、“漏统”等问题，建议上级主管部门统一加以考虑，采取适当的解决办法，使安置规划工作更加完善，符合实际，更好地指导实施与建设。

（2）库区移民迁建安置规划工作量大、面广，情况复杂，并分别由很多规划设计单位编制完成，各单位在编制规划的过程中，虽然都以国家制定的《长江三峡工程建设移民条例》、《长江三峡工程水库淹没处理及移民安置规划大纲》，以及补偿投资切块包干、限额规划的规定和要求进行规划，但由于在整个规划工作中，存在着孤立的、就城市（镇）论城市（镇）的局限性，缺乏城市（镇）与城市（镇）之间的横向联系、协调与综合平衡工作，以及参加编制单位的力量组织、业务技术水平的参差不齐，也有个别集镇规划内容深度未达到规定要求等情况，建议上级有关部门组织力量，从区域经济的合理发展、城镇体系的合理布局与分工和库区城镇建设的全局需要出发，对各城市（镇）的总体规划作进一步研究与优化，特别要重视三峡风光带旅游资源的开发、利用、保护，沿江山水城镇特色风貌的规划建设和生态复建及环境的保护，加强产业结构调整的研究，避免工业项目低层次、低水平的重复建设和出现“百城一面”的单调城镇风貌。从去年长江建设委员会组织的对湖北、四川库区迁建小集镇的考察中可以看出，这个问题有点使人担心，应特别引起重视。

（国家对三峡水利工程的移民安置与农村、城镇迁建工程非常重视。中央领导多次指出：“三峡工程成败的关键在移民”。自 20 世纪 50 年代以来，对三峡工程的规模曾有过三次不同的定位与论证。第一次高坝方案（200m），20 世纪 50 年代末；第二次低坝方案（155m），20 世纪 70 年代中；第三次中坝方案（175m），20 世纪 90 年代中。根据三次不同坝高方案的淹没范围，每次都进行了移民迁建规划工作。第一次城镇迁建规划（1959 ~ 1961 年），四川省境内由省计委委托重庆建筑工程学院城乡规划与建筑设计研究室完成。当时做了四川库区各迁建城镇的选址和城镇迁建初步规划。第二次由长江水利委员会委托中国城市规划设计研究院总负责，四川省城乡规划设计院、重庆建筑工程学院城乡规划与设计研究所和重庆市城市规划设计院参加。第三次由长委会与省建委、省移民局联合下达湖北省和四川省甲级规划设计机构共同来完成库区 21 个县（市、区）移民安置规划和农村、城镇迁建的规划任务。黄教授先后参加了这三次在十分复杂地形、地质条件下具有很大难度的三峡库区城镇迁建规划工作和有关研究课题，同时参加了第二、三两次城镇迁建规划的专家评审工作）

寄山水深情、做山水文章

——重庆城市发展与规划中几个问题的设想与建议

1 重庆的升位，对城市规划与建设提出了更高的要求

重庆直辖市的成立，标志着重庆这座古老著名的山城将进入全面发展的新阶段，历史赋予它的既是光荣的责任，也是严峻的挑战。

(1) 直辖市的成立，是党和国家开发长江经济带、建设三峡工程、发展库区经济、振兴重庆和大西南经济的重要战略决策，是指导重庆城市发展与修订重庆城市规划的根本依据。

(2) 世纪之交，要以"可持续发展"和"科教兴国"基本国策为指导，考虑新重庆的规划与发展。大力进行产业结构的调整，结束高能耗、高污染、低效率的老工业基地的传统模式，实现从传统工业城市向生态型城市的转变。

(3) 要从辖区三千多万人口，八万余平方公里的大城市、大农村、幅员广阔、资源丰富，经济、科技相对落后，环境问题突出这样一个基本现实出发，来考虑重庆的规划与发展。正确确定城市与乡村、工业与农业的关系，合理确定辖区内生产力的优化组合，合理配置城市（镇）体系的职能与分工，缩小城乡差距，建立城乡促进、城乡融合、协调发展的城乡网络新体系。

(4) 突出重庆的地理区位与自然山水特点。

辖区的广大城、镇地处长江干流与嘉陵江、乌江、涪江、渠江等众多支流的汇流处，境内重峦叠嶂、沟壑纵横、山水交融、梯田交错，山、水、田、林、城交相辉映，气象万千，城市规划与建设应充分发挥山水资源优势，创造沿江背山面水、错落有致、富有特色的山水城市（镇）风貌。

2 重庆主城布局结构调整的设想与建议

2.1 六个"中心"的强化建设与区位的合理调整

直辖市的建立，不只是地域范围的扩充与行政区划的扩大，也是城市在全国城镇体系中的地位的改变与提高，是重庆作为大区域中心城市地位的确立及其吸引作用与辐射作用的加强。为适应直辖市的地位与进一步发展的需要，必须规划建设强大的商务中心、金融中心、交通中心、科技、信息、文化、教育中心、体育中心和高效精干的行政管理中心，并对原规划布局结构作必要的调整。目前，重庆这几个中心存在着规模小、标准低、用地不足、效率与现代化水平不高、发育不健全等问题，而商贸中心、金融中心、行政管理中心、体育中心和交通枢纽都集中在渝中区窄小的半岛上，致使渝中区交通严重堵塞，建筑、人口密度过高，空地、绿地稀少，环境质量恶化，如长此发展下去，渝中区将成为"非持续发展"的城市。原市中区占地 9.33km^2（不包括 187m 高程以下的用地及水面），居住了 50 余万人口，平均人口密度每平方公里超过了 5 万人，最高达每平方公里 12 万余人，超过一般城市的十余倍！自 20 世纪 60 年代以来重庆的历次规划中虽都曾提出控制与压缩原市中区人口发展规模，调整其功能结构的主张，但都没有奏效，究其原因主要是行政管理中心没有率先迁出，"中心"的功能过度集中，开发的强度过大，必须下决心加以合理调整，建议：

1）原市中区（半岛部分），是重庆山城历史发展的缩影，"片叶浮沉巴子国，两江襟带浮图关"，是山城形象与特色的集中体现，应在继承传统的基础上重点加以改造与建设。

以分散市中区的功能、控制开发强度、降低人口密度（特别是居住人口密度）、增加绿地面积、改善环境质量为重点，以“四高”（高效、高标准、高产值、高环境质量）为目标，把这里建设成令人向往的最具魅力的旅游、观光、购物的天堂，商务、金融活动的中心。保留原市中心作为全市的主要金融中心、商业中心和水上门户的地位，精心保护好众多的历史文物建筑与地段，以及宗教寺庙园林，迁出全市性的行政管理中心、体育中心和交通中心（现火车站与汽车总站今后只作为渝中区的交通中心）。全市性的传统金融中心建议仍集中在小什字—朝天门一带发展（新中国成立前，川盐、汇丰、交通、中央银行和信托公司都设在这里）。解放碑、七星岗、两路口一带保留传统商业、娱乐活动中心。

2）建设高效精干的行政管理中心。重庆的建设与发展，必须建立强有力的行政管理中心，现有的上清寺、学田湾全市性的党、政管理机构已不能适应直辖市发展的需要，如继续在原地发展，不论对重庆行政管理中心功能的发挥或原市中区的改造，交通、环境的改善，以至于产业结构的调整都将带来不利的影响，应下决心加以迁建（作者在前几次的总体规划修编中都曾提出从原市中心迁出党政机构的建议）。迁建的地址，可有三处供选择：

（1）江北嘴，这里位置得天独厚，建城历史悠久，面向两江汇口，地形高爽，略有起伏，坡向与朝向一致，“紫气东来”，与朝天门码头金融中心遥相呼应，与两江腹地交通联系方便。通过行政管理中心的迁建，以有效地带动江北旧城的更新与改造，促进江北新城的建设与发展。使这里成为极富表现力的重庆新山城的标志和高度现代化的行政管理与文化中心。

（2）大坪—石桥铺之间，大—石路中段渝州宾馆对面一带，这里区位适中，地势高爽，坐北朝南、交通方便、环境良好，离现行政管理机构不很远，利于党政管理机构的逐步迁移与过渡。不利条件是用地不够宽敞，拆迁较多。

（3）在潘家坪原规划作体育中心发展备用地（体育中心用地调整到渝北区）。

3）中心商务区，建议在渝北新区发展，设大型商品批发市场和超级市场，并预留国际商品博览会与配套设施发展备用地（预留的发展用地面积约 1km^2），在巴南区、九龙坡、沙坪坝分别设立次级商贸中心。

4）全市性体育中心，宜迁往渝北新区发展，并预留奥运会、全运会场馆建设与配套设施的发展备用地（预留的发展用地面积约 2km^2）。现大田湾体育场馆作为次一级体育活动中心。

5）科技、信息、文化与教育中心，宜在原沙坪坝文教区的基础上发展，应考虑建立科学园区，建设好现国家级高新技术开发区（二者应结合），建议在本区建立中国科学院的分支研究机构，为科研机构与文化教育机构的发展留有足够的发展用地。加强、扩大红岩村、歌乐山烈士陵园的保护与建设，建设抗战博物馆、自然博物馆、图书馆等文化设施，建设沙坪坝文化休息公园与歌乐山森林公园，搬迁有害工业，强化环境建设，使本区成为环境优美的高新技术的产业基地、科学研究的基地、信息、文化服务的基地和教育服务的基地。

6）建立全市性的现代化、立体化交通运输体系，将高速公路网、铁路系统、地铁轻轨系统、航空港与水运码头组成有机整体，规划在渝北新区开辟全市性的铁路客运总站，与高速公路、航空港、水运码头（包括寸滩货运码头）组成强大的综合交通运输枢纽是合理的。

2.2　合理调整主城行政区划

（1）渝北区与江北县城是重庆发展的主要方向和城市的北大门，不论在城市基础设施建设、建设标准与环境质量上都应有更高的要求，应建立我市强大的现代化、立体化交通运输枢纽、商务中心、体育中心和生产、生活综合区，并为大型的公建设施、公用设施、教育设施、游乐设施和外驻机构预留充足的发展用地。渝北区与江北新县城在行政管理体制上宜合二为一，以有利于本区的统一规划、统一建设与管理。

（2）原沙坪坝区包括了大坪—石桥铺，后并入市中区并改为渝中区，从有利于我市的整体发展来看，应回归沙坪坝区，使之能形成我市较为完整的现代科技、信息和教育文化中心。

3 重庆山水园林城市特色的创造

自古以来山城重庆一直孕育在大山大水的自然怀抱之中，我国最大的母亲河——长江由西南向东北贯穿全城，最大的支流——嘉陵江由西北向东南注入长江，真武山、中梁山山脉绵延，城市沿两江台地呈跳跃式分布，城市规划与布局呈“松散、分片集中、分区平衡、多中心、组团式”的布局结构。由于用地的宝贵与地形的复杂，组团之间有自然的河流、沟壑、山林、绿地所阻隔，外围有群山远树遥相呼应，使城市处于优越的自然大环境的烘托之中。人们身居闹市而仍能领略到大自然的灵气，所谓“不出城郭而获山水之怡，身居闹市而有林泉之致”，这种山水相依、城景交融、阴阳相济、虚实相生的境界在我国特大城市中实在是难能得来的，在重庆今后的规划、建设与发展中，是应着力加以保护与发扬的。但在近年的城市开发与建设中，由于狭隘利益与短期行为，使山城特色风貌遭到了破坏，如有的房地产开发单位，为了追求提高容积率，而不恰当地填平冲沟、水面，甚至侵占公园、绿地、景点，损害了山城的总体形象，临江门沿江盖起了过于庞大的高层建筑群，沙坪公园已逐步被所谓的“世界微缩景观”和宾馆、酒楼所吞噬就是一例。

重庆是我国最具代表性的山城，它比之北京、上海、天津等平原城市的所谓“摊大饼式”的布局结构在生态环境与景观上具有很大的优越性。今天，这些地处平原的大城市在规划上都力求克服“摊大饼”的缺陷而将大片绿地、水面引入城市，进行人为的分隔而形成“组团式”的布局结构（在历史上我国更注重城市对自然山水的因借与利用），而重庆却逐渐将自己的特色丢弃，建筑物沿着道路的两侧自由地、无限制地蔓延，形成“有山不见山，有水不见水”的封闭式的街道空间。渝中区与大坪、石桥铺、沙坪坝，杨家坪与九龙坡以及江北新城已逐渐连成了一片，主城沿江的几条大冲沟，已被高楼大厦所填充（这些大冲沟多数都是生态敏感地带，具有生物多样性的特点，且是城市引风、降温的通道）。因此，在今后的规划与建设中，如何突出山城的环境与自然生态特征，保留建成区中的山体作为绿色大环境的“龙脉”的延伸，体现山城的城市文化品质，创造与表现山城的风貌和地方特色，提高山城环境建设的品位与质量，是一个值得认真研究与有待解决的问题。

综上所述，归结到一点，重庆山城规划成败的关键是“环境”，城市建设成败的要害也是“环境”，对山城环境的利用与改造，首先要对山城的山山水水有情有独钟的溺爱，只有当人之情与山水之情融合在一起的时候，才能建立自觉地尊重自然、“天人合一”的生态规划观，因而也才能有山水园林城市特色的艺术创造。而环境意识、生态意识的提高，最终取决于市民的文化意识与文化素质的提高，特别是城市决策者、规划、设计者与管理者应有将现代意识、生态意识与山水文化意识相融合的观念与素质。

（注：重庆直辖前后，市建委、规划局、学会曾先后多次组织对重庆市规划的讨论。该文为 1997 年 4 月在一次讨论会上的发言稿，并刊登在《新重庆开发与建设》，1999 年第 1 期）

发展、变化与反思

——世纪之交的城市规划

在城市经济迅速发展的今天，城市规划正面临着新的挑战，规划工作如何适应迅速发展与变化着的现实，正是许多规划设计与管理工作者关心与思考的问题。

(1) 改革开放以来，我国城市正进入加速发展的大好时期，城市规划与建设正由自上而下的政府行为转变为以政府行为为主体的各种经济实体、社会集团共同参与的多元化行为；由过去单一的计划经济条件下的活动转变为社会主义市场经济条件下的活动；土地的有偿使用，住宅商品化的实施，房地产业的兴起，沿海、沿江、沿边城市的开放，经济特区、经济技术开发区和高新技术开发区的建设等，都对城市规划工作提出了新的要求，传统的规划理论与方法已经力不从心，越来越显得不适应。

(2) 随着城乡经济的迅速发展，物质生活水平的改善和休闲时间的增多，人们对文化、精神生活的要求也随之提高，文化、体育、娱乐和旅游事业将得到进一步发展，因此，对城市规划与建设提出了新的要求。

(3) 随着城市化进程的加速，人口的增加和经济的发展，城市的各种矛盾进一步突出，如交通问题、住房问题、就业问题、供应问题、教育问题、城市噪声、废气、垃圾等环境污染问题、犯罪问题等，使城市生活面临着新的重大压力。

(4) 在城市迅速发展变化的过程中，由于城市规划本身或其他各种原因，致使许多城市缺乏个性，城市面貌千篇一律，城市特色正在消失！一些城市不分规模大小、自然地形、地貌、气候、环境等条件，一味追求高层、超高层发展，道路网组织一律横竖排列，“切豆腐块”，马路越修越宽、广场越建越大，追求所谓的“全国第一”、“亚洲第一”、“世界第一”，而城市面貌却每况愈下，很不协调；前几年，四川、贵州等许多县城规划，在确定工业发展方向时，都要选择酒厂、烟厂，认为见效快，效益高，其实这种低层次的经济发展和重复建设，掩盖了潜伏的很大危机，并使城乡环境、水体遭受严重污染，而嗜酒者与青少年烟民队伍大增，其社会效益可想而知！

(5) 世纪之交，人类对自身行为的认识，正在经历着一次深刻的转变，即工业化以来的这种高消耗、高污染、高消费的“不可持续的发展”模式已难以为继，而转而探索“可持续发展”(Sustainable Development) 的新模式，从而人类将由“工业文明”步入“生态文明”，人与自然的关系将由对立、掠夺阶段转向和谐协调阶段，由只注重经济发展的目标转向追求经济、生态双重发展的目标。由此，必将对传统的工业技术、产业结构、经济结构、经济生活以及生活方式和价值观念产生深刻的影响。

面对以上发展与变化，矛盾与冲突，规划工作如何进一步适应与深化？我认为应该认真思考以下几个方面：

1) 要改变观念，要用“可持续发展”的战略思想指导城市规划与建设。城市规划的目标，必须建立在经济、社会与自然三者平衡协调发展的基础上，使人与自然互惠共生，经济、社会与环境共同发展，使城市建设走上良性循环与发展的道路。1992 年 9 月 16 日党中央、国务院批准“环境与发展十大对策”的报告中指出：“目前，我国经济发展基本上仍然沿用着以大量消耗资源和粗放经营为特征的传统发展模式，这种模式不仅会造成对环境的极大损害，而且使发展本身难以持久。因此，转变发展战略，走可持续发展道路，是加速我国经济发展，解决环境问题的正确选择。为此，必须重申‘经济建设、城乡建设、环境建设同步规划、同步实施、同步发展’的指导方针……在项目建设中，必须严格按法律规定，先评价，后建设；在考核各地经济工作和干部政绩时，不但要看发展速度和经济效益，而且要考核社会效益和环境效益。”

2）要努力学习与借鉴发达国家的经验，为我所用，根据国外的发展动向，以下方面值得注意：

（1）重视区域经济与区域总体环境的协调发展。在规划中，就城市论城市的观念已经过时，城市作为区域的焦点，与所在的区域有不可分割的联系，因此，区域规划受到越来越普遍的重视。区域经济的全面发展与区域总体环境的协调成为区域规划与城市规划所要追求的一个重要目标。

（2）城市总体布局向综合区、多中心、多空间、多层次方向发展，工作与居住就近组织，并尽可能满足步行距离的要求，以降低消耗、提高工作效率，地下空间的开发、利用受到越来越多的重视。

（3）城市住宅类型与居住区组织形式的多样化。多层、低层及多、低层混合的住宅区建设受到欢迎，一些国家“城市村庄”（Urban Village）的规划模式受到重视，高层住宅区建设受到质疑与批评。

（4）人、车混行的街道交通组织被抛弃，公共交通系统的组织被置于优先发展的地位，自行车交通、步行交通受到越来越多的重视。

（5）保持城市特色与个性。重视城市历史文化传统的保护，使城市具有永久的魅力。

（6）重视城市园林绿地系统的规划与开放空间（open space）的组织，为城市居民创造更多的户外活动场所。

（7）重视生态环境的保护与新材料、新能源、新技术的推广应用，信息技术，生物工程，城市噪声、垃圾、废水、废气的综合治理技术得到空前重视，太阳能、风能在城市建设中也逐步得到推广应用，生态建筑、绿色食品、绿色产业得到优先推广与发展。

（8）重视规划过程中的群众参与与决策的科学化、民主化。

（9）重视城市新理论的研究，根据科学技术的发展，和人类第三次的转变，在城市科学领域里，人们正在不断地探索“生态城市”、“健康城市”、“森林城市”、“太空城市”、“海底城市”、“浮动式城市”、“巨型城市”、“仿生城市”等“未来城市”的发展新模式。

3）要有深入调查研究的精神，抓好城市规划的基础工作，作出符合时代要求的规划与设计。“没有调查就没有发言权”。城市是一个庞大的系统，发展因素极为复杂，规划工作者如果不深入每一个城市的实际，调查研究，掌握城市发展演变的各种因素，包括社会的、经济的、自然的多种因素及其相互之间的制约与联系，就不可能做出切合实际的、有个性、有特色的规划方案，也就不可能正确地指导每个城市的建设。四川的地形地貌等自然条件非常丰富、人文景观多彩多姿，只要我们深入实际，调查研究，善于分析，努力探索与创造，就可以作出符合时代要求的有个性、有特色的规划与设计。

纵观我国城市规划的发展历史，使我们清楚地认识到城市规划是与时代发展和人民生活息息相关的事业。它要不断适应形势的发展与变化，改革开放以前的计划经济时期的城市规划与改革开放以后的社会主义市场经济条件下的城市规划有很大的不同。而形势的发展与变化，对城市规划工作必然会提出新的要求，产生这样、那样的影响。因此，作为城市规划工作者，就要不断地学习，接受新事物，发现新问题。要有发展的观点、变化的观点、创新的观点和群众的观点，以不断适应形势的发展与变化。

（注：本文是作者于 1996 年在四川省城市规划学会、城市科学研究会新都年会上的发言）

论西部大开发中的生态安全策略

世纪之交，党中央运筹帷幄，在第九个五年计划将要胜利完成、第十个五年计划即将实施的时候，不失时机地提出了大西部大开发的伟大战略决策。去年（2000 年）6 月江总书记在西安举行的西北五省区国有企业改革和发展座谈会上指出："实施西部大开发，是一个振兴中华民族的宏伟战略任务。实现了这个宏图大略，其经济的、政治的、文化的、军事的和社会的深远意义是难以估量的。"按照党和国家的总体部署，西部大开发战略已正式启动，应深刻领会西部大开发的战略决策对国家的振兴和民族的生存与发展所产生的深远意义。

西部地区土地辽阔，文化历史悠久，生物资源、矿产资源、太阳能资源、景观资源十分丰富，这是西部大开发的有利因素，但西部地区基础设施薄弱，经济、科技相对落后，生态退化严重，环境条件恶劣，这是实施西部大开发的最大制约因素。江总书记指出："改善生态环境，是西部地区开发建设必须首先研究和解决的一个重大课题。"在实施西部大开发中，能否扬长避短，保障生态安全，减少生态风险，把由于开发建设而带来的负面影响减少到最低程度，是实施西部大开发的关键所在。因此，必须实施西部开发中的生态安全策略，把生态安全思想贯穿在一切开发建设之中。没有生态的恢复，没有环境的改善，西部大开发的战略决策就不可能实现。

1　生态恢复和环境保育策略

西部地区是我国最重要的生态屏障，生态的恢复和环境保育是西部开发的生命线，西部开发与发展应以保护自然为基础，与环境的承载力相协调。因此，西部地区社会经济的发展应与生态恢复和环境保育紧密结合起来，选择资源合理利用和生态保护性开发模式，调整产业结构，发展林业、特色农业、生物工程产业和文化、生态旅游产业。在发展经济实现现代化、工业化的同时保护生物多样性、景观多样性和文化多样性。保护西部地区丰富的物种资源和基因资源。西部经济的发展必须以生态恢复和环境保育为前提，把生态环境建设置于优先的地位，只有在这个前提下，西部经济才有可能得到稳定持续的增长，人民的生活水平才能得到不断提高。

2　农业现代化与农村生态化策略

我国的耕地在世界可耕地中所占比例仅为 7%，却基本解决了占世界 22% 的人口的生活问题，"民以食为天"，"一要吃饭，二要建设"，解决 13 亿人口的基本生活问题，必然成为我国政府必须首先面对的最大的生态安全问题。在西部地区，其气候条件、地理环境与社会经济条件存在着很大的差异性，如在西北干旱、半干旱地区，应充分利用特殊的自然地理条件，发挥地热、光照等自然资源优势，依靠现代技术手段，发展生物工程、节水农业、无土栽培、"阳光农业"等，建立现代化生态大农业。把治理沙漠化、水土流失和生态复建与广大农牧民的脱贫致富结合起来。在广大农村实施大地生态化、大地园林化，发展林业、畜牧业，发展节水、节能、环保型产业，生态型农村建筑和农业社区。实施农业现代化与农村生态化策略。

3　城镇化与城镇生态化策略

西部大开发的根本目的在于改善生态条件，建设我国最重要的生态屏障，发展经济、缩小差距、增强国力、共同富裕。西部社会经济发展必须通过城镇化发展现代工业，建设现代化城镇体系，使西部地区 80% 的农村人口通过实施农业现代化而解放出来的剩余劳动力逐步转移到城镇中来，实现人口的非农化。人口与经济的集聚、城镇数量的增多与规模的扩大，必然带来新的生态与环境问题。因此，在加快西部开发的过程中，如何避免在发达国家与我国东部沿海地区曾经出现过的由于城市化所带来的负面影响，诸如大城市市区无止境地扩张、不断吞噬周围地区的农耕和林地，化石燃料的大量消耗而引起的温室效应，重复建设，资源浪费，用水矛盾突出，高层建筑盲目发展，房地产无序开发而形成密集的钢筋混凝土森林，城市传统文化与历史文物建筑及其环境的迅速消失，空地绿地稀少，社会犯罪增加，环境污染，生态破坏等，是值得认真思考与研究解决的问题。

在西部开发中，必须探索新的城镇化发展模式和思路，走城乡生态化的发展路，要发展生态型产业、节水型产业、生态型能源，建设生态型城镇、生态型住区，推广生态建筑。按照生态学的原理与城镇发展规律进行城镇规划与环境规划，提倡紧凑城市，保护传统文化和历史性街区，增加森林与绿地面积，尽可能地在人工生态系统中保留更多的自然、开敞空间。

4　教育的生态学化策略

实施西部大开发，人才是关键，与东部比较，西部人才显得更为紧缺。据兰州大学西部开发研究院副院长张志良教授调查，到 1997 年年底西部各个省、市、区地方国有企事业单位共有各类专业技术人员 300 多万人，占全国科技人员总量的近 21%，可以认为数量也不算很少，但这支庞大的科技队伍分布极不均衡，还没有真正被利用起来，岗位与技术脱节，城镇、机关人浮于事。如西安、西宁两市的科技人才各占到了陕西、青海全省的一半以上，分布在地县的科技人才也大多集中在党政机关和事业单位，而物质生产部门则人才奇缺，如甘肃省每 150 个乡镇企业拥有专业技术人才比例只有约 1%，青海省每 155 万亩草原只有一名畜牧科技人员。因此，要做好西部大开发这篇大文章，必须贯彻科教兴国与可持续发展战略，加快各类建设人才的培养，除了积极设法引进外部人才外，首先必须用好西部现有的各类科技人才，更要依靠在本地区培养人才。加强人才培养的教育机制，从基础教育开始，把国情、区情和生态安全教育置于重要的地位。西部经济的大发展与生态环境建设的成功，关键在于全体居民的受教育程度与知识文化素质的提高，要使生态化理念和生态安全思想渗透到西部大开发的各个领域。最根本的生态安全是基于人的生态觉醒，是人们传统观念的转变和生态价值观的建立。

（注：本文是作者在重庆市生态学会 2001 年“西部大开发中的生态安全”年会上的发言）

城乡生态化：走向生态文明的发展之路

1　生态革命

从人类文明发展史的角度看，人类经历了从蛮荒时代而逐步走向文明，从渔猎文明发展到农业文明，再从农业文明发展到现代的工业文明。每一次文明的更替都是一场深刻的社会革命，促进了社会经济文化的大发展。目前，正在世界兴起的生态革命，是一场技术、经济、社会、文化领域的深刻革命，它正在由工业文明走向生态文明、由工业经济转向生态经济（或知识经济），人类社会也将由工业社会（或城市社会）走向生态社会，由工业化发展模式转向生态化发展模式。

2　城乡生态化

在工业文明短短的200多年间，我们这个世界被迅速改变。它创造了人类巨大的物质财富，带来了人类社会的空前繁荣。然而，这种掠夺式的发展已给自然、社会和人的生存造成灾难性的后果，在经济高速增长的同时，出现了全球性的生态退化，环境质量急剧下降。“人类不得不重新审视自己的社会经济行为和走过的历程，认识到通过高消耗追求经济数量增长和‘先污染、后治理’的传统发展模式已不再适应当今和未来发展的要求，而必须寻找一条人口、经济、社会、环境和资源相互协调的，既能满足当代人的需求而又不对满足后代人需求的能力构成危害的可持续发展的道路”（《中国21世纪议程》），可持续发展思想的产生是人类社会从工业文明向生态文明转变的重要标志，意味着工业化发展模式将被与生态文明相适应的生态化发展模式所取代。

生态化发展模式是对传统工业化发展模式的辩证否定，它扬弃了只注重经济，而不顾及生态环境后果的唯经济开发模式。

3　生态化发展策略

城乡生态化，意味着一场破旧立新的社会变革。因为它不仅涉及城乡物质环境的生态建设、生态恢复和生态重构，更涉及发展观、价值观、生活方式、政策法规等方面的根本性转变。我国是发展中国家，综合国力、科技水平、人口素质、意识观念与发达国家相比还有很大的差距，这些因素都将影响到城乡的生态化发展。上千年的生态退化和人口众多、资源相对短缺的国情更要求我们必须现在就行动起来，以新的生态视角开辟一条非传统式又非西方化的城乡生态化发展之路至关重要。

3.1　大力普及和提高公众的生态意识与环境意识

人类“生存危机”问题，就其认识论根源而言，是因为大部分人尚未树立起适应社会发展变革的新观念、新思想。实现城乡生态化发展，首先必须大力宣传、普及生态意识与环境意识。从我国的实际情况来看，无论是经济较发达地区或不发达地区，生态意识与环境意识都需要极大地提高。加强生态文明教育，倡导生态价值观与生态化发展理念，优化人与自然的关系，在发展中不断协调生产、消费与环境的关系，遏制生态退化的势头。只有人的生态意识觉醒，文化素质提高，才能改变人们的行为方式。自觉的生态意识与环境意识是实现城乡生态化、建设生态文明的基础和动力。

3.2　制订行动计划，实施符合城乡生态化发展的政策

中国政府把科教兴国和可持续发展作为两大基本国策，对实施《21世纪议程》非常

重视。1994年中国政府制定的《中国21世纪议程——中国21世纪人口、环境与发展白皮书》，作为制定国民经济和社会发展计划的一个指导性文件。1996年3月国家环保局推出了两大举措：一是实行污物排放总量控制；二是实施《中国跨世纪绿色工程计划》，国家环境保护局还编制了《全国生态示范区建设规划纲要》(1966～2050年)，明确规定"生态城市示范区"建设的任务是"改善城镇生态环境和人民生活环境，组织开展城镇园林、绿化、草坪和自然、人文景观的建设与污染防治、资源的有效合理利用"。1998年11月国务院批准并颁发了《全国生态环境建设规划纲要》，对到21世纪中叶全国的生态环境建设进行了部署，其总目标是：用50年左右的时间，动员和组织全国人民，依靠科学技术，加强对现有天然林及野生动植物资源的保护，大力开展植树种草，治理水土流失，防治荒漠化，建设生态农业，改善生产和生活条件，加强综合治理力度，完成一批对改善全国生态环境有重要影响的工程，扭转生态环境恶化的势头。力争到21世纪中叶，使全国适宜治理的水土流失地区基本得到整治，适宜绿化的土地植树种草，"三化"草地基本得到恢复，建立起比较完善的生态环境预防监测和保护体系，大部分地区生态环境明显改善，建立起基本适应可持续发展的生态系统。根据《中国21世纪议程》、《全国生态示范区建设规划纲要》和《全国生态环境建设规划纲要》的总目标，就必须改变一切不符合生态原则的政策，制订城乡各个领域、各个行业生态化发展的计划与措施，推进可持续城市和可持续小城镇的规划与设计，推进生态化示范试点小城镇、示范试点小区与示范试点村庄的规划设计与建设，推广生态技术、生态建筑，实施交通网络生态化，加快城乡生态化发展步伐。

3.3　加强生态立法与管理

建立适应城乡生态化发展的法规综合体系，使城乡生态化发展法律化、制度化，对不符合生态化发展的行为采取必要的行政与经济手段，保证计划的顺利实施。建立综合的、跨部门的生态化发展管理决策机构，组织、协调、监督城乡生态化发展战略与政策措施的实施。同时，也作为城乡生态化发展的宣传、咨询、交流和推广中心。

3.4　重视生态技术的开发与应用

重视增加科技投入，研制、开发生态技术、生态工艺，推广生态产业，积极选择"适宜技术"，保证发展过程低（无）污、低（无）废、低（消）耗，提高资源循环利用率，逐步走上清洁生产、绿色消费之路。正如《封闭的循环》作者美国著名生态学家巴里·康芒纳（Barry Commoner）所指出的："中国目前也面临着犯我们50年前在美国所犯错误的危险。但历史使中国有机会从这些错误中吸取教训，从而使其新经济的发展建立在电力机动车、太阳能和其他非污染的生产技术之上"。

3.5　重视城市间、城乡间、区域间的合作

城市仅仅注重自身繁荣，而掠夺其外界资源而将污染转嫁于周边地区和乡村的做法都是与生态化发展背道而驰的。城乡在发展过程中应承担相应的义务和责任，确保在其管辖范围内的活动不致损害其他地区的利益。重视城市和乡村的协调发展，改变城乡分割、城市发展损害农村利益或不顾及农村利益的状况。城市间、城乡间、地区之间必须加强合作，建立公平互助的伙伴关系，避免重复建设，技术与资源共享。

4　生态城市

"生态城市"（ecocity）这一概念是在20世纪70年代联合国教科文组织发起的"人与生物圈（MAB）"计划的研究过程中提出的。它的内涵随着社会和科技的发展，不断

得到充实和完善。前苏联生态学家N · 扬诺斯基（N.Yanitsky）、美国生态学家理查德 · 瑞杰斯特（Richard Rigister）等学者分别于20世纪80年代初对生态城市进行了研究。随着生态文明的发展与演进，生态城市的内涵也不断得到充实与完善，它已超越了环境保护与建设的层面，而是融合了自然、社会、经济、文化、历史等因素，体现的是一种广义的生态观。是社会、经济系统与自然系统高度和谐的城镇发展模式。

生态城市的提出是基于人类生态文明的觉醒和对传统工业化与工业城市的反思，它不同于传统工业城市以掠夺的方式来促进自身繁荣，而是非掠夺性的，建立以可持续发展为特征的新的结构和运行机制，实现物质生产和社会生活的"生态化"；生态城市倡导生态价值观、生态伦理、生态哲学，建立自觉保护环境、促进人类自身发展的机制，有公正、平等、安全、文明的社会环境；重视城乡历史传统文化的继承、保护与新文化的创造。因此，从生态学的观点看，生态城市应该是结构合理、功能高效和关系和谐的城市生态系统。

生态城市的"生态"，不是纯自然的生态，而是自然、社会、经济复合共生的城市生态，它包括了人与自然的协调关系和人与社会、人与环境的协调关系。生态城市的"城市"已不是一般概念的城市，而是以一定的区域为条件的社会、经济、自然综合体，是人、自然与城市社会、环境和谐共生、协调发展的城市。因此，在地域空间结构上生态城市不是"城市市"而是一定地域空间内的城乡融合的"区域市"。生态城市的建设，是一个不断创新的生态化发展过程，是一种生态新观念、新经济、新秩序和新文化的创造过程，同时也是人类自身发展进化的过程。

生态城市的规划与建设应遵循自然生态规律与城市发展规律，以持续发展为目标、以生态学为基础、以人与自然和谐为核心、以现代技术为手段，综合协调城市及其所在区域的社会、经济、自然复合生态系统，以促成健康、高效、文明、舒适、可持续的人居环境的发展。国际"人与生物圈"计划第57条报告中认为"生态城市规划即要从自然生态和社会心理两个方面去创造一种能充分融合技术和自然的人类活动的最优环境，以诱发人的创造性和生产力，提供高的物质和文化水平"。

我国传统的山水文化，孕育了众多光彩夺目、千姿万象的山水城市或山地城市。而西部地区山水资源、生物资源极为丰富，山水城市、山地城市（镇）分布也极为广泛，西部地区得天独厚、丰富多样的自然生态条件，可以为创建生态城市提供丰富的自然生态基础。

5 生态城市实施步骤

从现代城市发展到生态城市是一个长期的生态化发展过程，可能需要经过几代人的努力。

生态城市的建设成功至少应具备以下五个基本条件：①先进的科学技术；②协调的城市生态经济；③发达的文化与教育；④在生态学原理指导下精心编制的城乡规划与设计；⑤政府的生态化决策、政策、法规、管理与监控机制。

美国生态学家理查德 · 瑞杰斯特（1990年）在分析和总结生态城市建设理论与试点实践的基础上，提出了"生态结构革命"（Ecostructural Revolution）的倡议，并提出了生态城市建设的十项计划。

（1）普及与提高人们的生态意识；

（2）致力于疏浚城市内部、外部物质与能量循环途径的技术和措施研究，减少不可再生资源的消耗，保护和充分利用可再生资源；

(3) 设立生态城市建设的管理部门，完善生态城市建设的管理体制；

(4) 对城市进行生态重建（Ecological Rebuilding），力求为居民创造多样的自由生存空间；

(5) 恢复适宜农业的用地，建立和恢复野生生物的生境和廊道；

(6) 调整和完善城市生态经济结构；

(7) 加强旧城、城市废弃土地的生态恢复；

(8) 建立完善的公共交通系统；

(9) 取消汽车补贴政策；

(10) 制定政策，鼓励个人、企业参与生态城市建设，为生态重建提供再培训计划。

这十项计划比较全面地反映了西方社会生态城市建设的热点问题和发展趋势。我国城市当然不可照搬，只能从国情和城市自身实际出发来寻求适合自身发展的建设生态城市之路。但一些好的经验都应值得借鉴。

建设生态城市可分“三步走”，即三个阶段：

第一步：起步期，大力宣传、倡导生态价值观，唤起人们对城乡生态化建设的重视和环境意识的提高，制订行动计划，加强环境综合治理，建立示范工程，加强能力建设，对社会经济组织结构、功能进行初步调整，为建设阶段做好准备、打下基础。

第二步：发展期，重在逐步调整、改造社会经济组织结构，提高生活质量，改善环境质量，加强生态重构和生态恢复，增强城市共生能力，大力推广示范试点工程，进一步增强人的生态意识，使之更自觉地广泛参与生态化建设。

第三步：成熟期，实现自然、经济、社会复合生态系统的全面生态化。这一阶段生态城市并不是处于“静止”的理想状态，而是自觉地通过各种技术的、行政的和行为诱导的手段实现其动态平衡、持续发展，增强自组织、自调节能力。但若其正负反馈失衡或自我调控失灵也会导致倒退和衰败。

以上三个阶段，对于不同城乡因其发展水平不同，每一阶段的时间跨度也不相同。可喜的是我国有不少城市与乡村已处于起步阶段，但还有很多城市与农村仍在继续重蹈传统工业化城乡发展的老路。

6 建设生态文明之路

当前，生态化建设实践已在我国城乡蓬勃展开。在新一轮的跨世纪城乡总体规划中，生态意识已大大提高，不少城市（如乐山、成都、上海、广州、武汉、张家港、扬州、温州、襄樊、十堰等）明确提出了建设生态城市的发展目标，还有的提出诸如“山水城市”（无锡、桂林、自贡等）、“山水园林城市”（重庆等）、花园城市（大连、珠海等）、“花园式园林城市”（深圳等）、“花园式生态城市”（荣城等）、“森林城市”（长春等）、绿都（南宁），我国最大的经济特区——海南省和黑龙江、吉林、陕西等省提出了建设“生态省”的奋斗目标。这些目标的提出可能与本文探讨的生态城市内涵不一定完全相同，但都从不同的侧面体现了生态化发展的进程，反映了各地对提高生态环境质量的迫切愿望。可以看出，人们越来越意识到城乡生态化发展及建设生态文明的重要性和迫切性，因为只有健康的生态系统才有健康的人类。

最近，鼓舞全国人民的“西部大开发”战略决策已经启动，群情振奋。由于西部地处我国大江大河的上游，生态环境的敏感性与脆弱性是西部开发的一大制约条件。因此，在西部开发中要认真吸取东部沿海地区开发建设中的经验与教训，把生态环境的培育和保护、遏制生态的退化置于首位，作为西部开发的重中之重来考虑。江总书记和朱镕基总理多次视察西部地区时一再强调保护生态环境、防止水土流失和沙漠化的重要性和紧迫性，并作出了停止森林砍伐，退耕还林还草等重要指示。在西部城乡规划建设中要认真研究探索符合当地生态特点的“生态化”国土开发与整治模式以及“生态化”城镇分布体系和城镇布局结构形态，避免生态破坏、重复建设与资源浪费。因此，更有必要开展西部地区的国土整治与区域规划的前期工作。

生存与发展是当今人类社会面临的两大主题，全球化、多元化、信息化、生态化是世界发展的主要趋势。走城乡生态化发展道路，建设生态城市、发展生态文明，是实现城乡可持续发展的重要保证。建设生态城市离不开创造性的规划设计，创造性的规划设计需要前瞻性的科学的理论指导。开展对城市生态学和生态城市的研究已成当务之急，成为城市科学和城市规划研究的前沿课题。

过去许多城市规划之所以缺乏深度、力度和生命力，甚至有一些规划设计与建设是对城市生态系统的严重破坏，造成了人为的生态灾难。究其原因之一，是缺乏生态学的理论基础，缺乏城市生态学的理论指导。如有关城市理论生态学的自然生态学、经济生态学、人类生态学与复合生态系统生态学和城市应用生态学的产业生态学、建筑生态学、交通生态学、工程生态学、污染生态学与恢复生态学等，我们的规划师、建筑师对其了解与应用甚少。可喜的是，在我们的学校教育中已经开始注意加强生态学与环境科学的内容。

21 世纪是城市的世纪，全世界将有一半以上的人口生活在城市，城市生态学应当成为城市规划和建筑学专业教育、发展生态文明、实现城市可持续发展的重要理论基础。在新的生态价值观指导下，应用生态学理论和综合生态系统分析方法，系统地研究城乡规划与建设的理论、原理、方法、手段、技术等一系列问题，对新时期的城市规划师、建筑师和城市政府决策者、城市规划建设与管理部门来说，无疑将有特别重要的现实意义。

参考文献：

[1] Richard Register. Ecocity：Berkeley[M]. North Atlantic Books，1987.

[2] Huang Guangyu，Huang Tianqi. Ecopolis：Concept and Criteria[M].Brazil：Earth Summit：The Global Forum Riode Janeiro，1992.

[3] 尚玉昌 . 生态学与人类未来 [M]. 北京：中国青年出版社，1989.

[4] 余谋昌 . 文化新世纪 [M]. 哈尔滨：东北林业大学出版社，1996.

[5] 叶耀先等编 . 世界建设科技发展水平趋势 [M]. 北京：中国科学技术出版社，1993.

[6] 鲍世行主编 . 城市规划新概念新方法 [M]. 北京：商务印书馆，1993.

[7] 丁树荣主编 . 绿色技术 [M]. 南京：江苏科学技术出版社，1993.

[8] 曲格平 . 我们需要一场变革 [M]. 长春：吉林人民出版社，1997.

[9] 王如松 . 城市生态学研究进展 [R]// 中国生态学会城市生态专业委员会学术年会报告，1999.

（注：本文是黄教授 2000 年中国城市规划学会理事会暨学术年会的大会发言）

·随笔·

21世纪重庆城市空间的塑造

1　山水园林城市，是重庆城市发展空间的最好模式

21世纪是信息时代，人类将由工业文明进入生态文明的新时期。人与自然的关系将不再是“掠夺与征服者”的关系，而是和谐协调、互惠共生的关系。因为人们已经懂得良好的生态环境是人类赖以生存的物质基础，是实现可持续发展的必要条件与基本保证。1992年，联合国世界环境与发展大会，制定并通过了《21世纪议程》，大会同时举行的“未来生态城市高峰论坛”和生态城市规划设计展览，表明了人类生态意识的新觉醒与追求生态文明的共同愿望，世界各个国家、各个城市都在寻找最适合于自己发展的理想模式，于是，“生态城市”、“花园城市”、“森林城市”、“园林城市”、“健康城市”、“仿生城市”等纷纷被提了出来。1990年7月钱学森教授在给清华大学吴良镛教授的一封信中提出了创建“山水城市”的倡议，在全国学术界引起了强烈的反响，展开了热烈的讨论。不论是“生态城市”、“花园城市”或“山水城市”、“园林城市”等，其共同的宗旨都是为了创造一种更适合于人类生存与发展的高质量的城市空间环境，而重庆市提出的创建“山水园林城市”的建设目标，正是符合时代发展的需要，充分利用重庆既是山城又是江城的自然优势，发扬中国传统山水文化，建设良好的生态环境，实现城市可持续发展的最好模式。

2　塑造重庆山水园林城市空间环境的关键是强化城市设计

去年12月3日，国务院正式批准了重庆市的总体规划，批复指出：“重庆市的城市建设和发展应坚持经济、社会、人口、资源、环境相协调的可持续发展战略，按照直辖市的建设要求，发挥中心城市作用，完善城市功能，把重庆市建设成为经济繁荣、科学和教育事业发达、社会文明、设施完善、环境优美，具有‘山城’、‘江城’特色的现代化城市”。在城市总体规划中对城市的性质规模、发展方向、布局结构、建设重点、历史文物建筑与环境保护等重要内容作出了原则性的指导。重庆市总体规划的颁布实施是全市人民生活中的一件大事，这标志着重庆直辖以后，有了一部与它的地位与任务相适应的城市建设与发展的基本法典。有了这部基本法典，今后重庆市的建设就有可能走上健康、协调发展的轨道。但仅有城市总体规划还不够，还不能足以使规划落到实处，因此，强化城市设计工作，就成为贯彻实施总体规划、实际指导城市的开发与建设、实现城市总体建设目标的一项重要任务和关键性的工作。

城市设计，按《中国大百科全书》对它所下的定义是“对城市体形环境所进行的设计”。我国首都北京天安门广场、故宫、天坛建筑群，法国巴黎协和广场、香榭丽舍大街，美国华盛顿市中心等都是众所周知的城市设计的杰作。传统的城市设计的含义主要是以体

形环境与视觉艺术作为基础，运用美学法则与设计手段来塑造合乎时代需要的城市空间环境。而当今，随着城市化进程的加速、城市人口与城市数量的迅速增加、科学技术的突飞猛进、经济的发展与环境问题的日益突出，城市设计也有了新的含义，它不仅从体形环境与视觉艺术来创造城市的空间环境，而且特别注重于人与环境要素之间构成的动态的相互联系，以及人在其中的行为与感受。把人与环境视为一个有机的互动系统，通过综合运用城市生态学、景观建筑学、环境心理学、城市社会学和系统工程学等多学科的参与以创造舒适、方便、健康、安宁的城市公共空间环境，满足人们物质的与精神的、生理的与心理的需要。

20 世纪 80 年代初，随着我国改革开放的逐步深入、大规模城市规划与建设工作的开展，城市设计工作也越来越引起各地政府与建设主管部门的重视，1991 年建设部的周干峙副部长在全国城市规划会议上指出："20 世纪 90 年代要把城市设计工作尽快建立起来"。北京、上海、西安、大连、青岛、南京、合肥、海口、深圳、中山、厦门等许多城市都对一些重要的中心地段、商业街与重要节点开展了城市设计的实践，取得了可喜的成果。重庆市近年来也加大了城市设计的力度，人民广场、朝天门广场、解放碑步行街等相继建成，大大改善了城市环境的面貌，为市民创造了优美、舒适的休闲、购物环境，受到了市民的普遍欢迎。从各地实践的经验看，城市设计一般有以下几种不同的类型。

1）城市公共活动中心与广场设计

如浦东陆家嘴金融中心，深圳罗湖市中心，西安钟鼓楼广场，重庆人民广场、朝天门广场等；步行商业街、林荫道、滨江路设计等。

2）街道设计

包括商业街、步行商业街、林荫道、滨江路设计，如：北京王府井商业街，天津食品文化厅，合肥商业厅，重庆南坪商业街、解放碑步行商业街等。

3）社区开发设计

如新的居住区与居住小区的开发设计，旧居住区、居住小区和街坊的改建设计等。

4）历史文物建筑及其地段的保护设计

如北京琉璃厂文化街设计、磁器口旧街区的保护设计、重庆黄山陪都抗战遗址的保护设计等。

由于城市设计对象与类型的不同，其解决问题的重点、设计的内容与方法也各有不同，如城市公共活动中心的设计，主要是根据市中心的不同等级规模、性质、地位与作用，综合解决各种公共建筑群体的空间组织、交通组织、人流与车流的集散、不同地面的铺装与绿化，为市民和游人创造良好的社会公共活动空间。

商业街设计，主要是根据购物者和游人的行为心理与市场需求与预测，合理组织商业网点的布局及配套服务设施的配置、交通的组织与场地内外环境的美化，为市民和游人提供舒适美好的购物休闲环境。

社区开发设计，主要是针对不同社区的性质、规模及用地条件，综合处理居住、休息、文化娱乐、邻里交往、购物等日常生活活动的需要，为市民创造舒适、方便、安全、健康、卫生的人居环境。

历史文物建筑及地段的保护设计，则是针对不同文物建筑的历史文化背景，进行精心维修与保护，使它能永久地保存下来。历史文物建筑的概念，不仅包含建筑本身，而且也包括它们所存在的周围环境。世世代代的历史文物建筑，包含着从过去的岁月里传下来的信息，是人民千百年来传统的活的见证，我们必须"一点不走样地"把它们的全部信息传下去（保护文物建筑及历史地段的《威尼斯国际宪章》）。我国文物保护的先驱者梁思成教授对文物建筑的保护有精辟的见解，“整旧如旧”，“要使它延年益寿，不要使它返老还童”。因此，一切观赏、游览活动的组织，以不损害历史文物建筑及其环境的保护为前提。

不论是哪一种类型的城市设计，要做好它都必须有全面细致的调查研究工作为基础，都必须以满足人的需要为目的，为市民创造高质量的空间环境。

总的来看，由于我国的城市设计工作开展较晚，与发达国家比较不论从理论上与实践上，都还存在较大差距。特别从结合国情、调查研究、满足人的各种需要和适应各个城市不同街区特定的地域文化与生态环境特点等方面，都还有大量的问题需要加以研究与解决。如近年来，我国不少城市在对一些主要街道的改建设计中，普遍存在缺乏总体把握与控制，一些有历史文化价值的建筑及其环境没有很好地得到保护，街道两侧的新建筑一律压红线修建，形成单调呆板的“两片墙”，缺乏特点与人情味，缺乏必要的户外开敞空间，缺少广场绿地和休息停留空间，人车混杂、交通拥挤，临街上层商住建筑受街道交通噪声干扰很大，没有降噪措施，空气污浊，卫生条件差，环境恶化，这样的改建设计就达不到城市设计与提高环境质量的目的。

从重庆的总体情况来看，它位处长江中上游的湿热地区，夏季炎热、风速很小，城市的建筑布局与居住环境设计，首先需要创造通风、纳凉、遮阴、降暑的良好条件，重庆挟两江而拥群山，江河回转，山脉绵延，山中有城、城中有山，城市轮廓线壮丽多姿、呈立体城市之风貌，它的区别于其他城市的艺术魅力也在于此，较之其他城市的规划设计难度也正在于此。就拿重庆的城市立体轮廓线来说，一般就有 8 个层次（面），即：江面线—岸线（水面与江岸的交界线、随季节变化水位动态变化大）—滨江道路线—临江（如一阶台地）建筑近景轮廓线—后退建筑之轮廓线（如二阶台地）—近山景象轮廓线—远山景象轮廓线—空际线，这 8 条线或 8 个层面都与山城所在的自然地理条件、城市的总体布局结构和城市设计有密切联系，它决定了山城重庆的建筑规划布局必须是顺应自然、结合地形、由低到高、分层次地展开而呈明显的层次感与错落感；对两江滨水地带、脊线、谷地、制高点或观景点、控制点或景观点、城市主要道路轴线、公共活动中心、广场节点等进行认真的生态因子（如土地、地质、地貌、气候、气象、水文、生物、植被、景观、侵蚀、污染、历史文物遗迹，以及自然生态敏感地带、景观生态敏感地带、生态灾害敏感地带等）分析与视觉环境分析基础上的精心设计；对城市中心地带、滨江地区、重点开发地区必须进行高度分区与建筑体量、修建总量的控制，哪些地方不该建，哪些地方该建，建什么，建多大、多高，不能只取决于开发商的经济利益，而更要从城市的长远经济效益、从有利于优化城市的生态环境、创建山水园林城市的总体目标出发，精心加以组织；设计中必须正确处理利用地形与改造地形的关系，大填大挖或乱填乱挖是山地城市设计中的大忌！这不仅能引起大面积的植被破坏、水土流失、引发滑坡、塌陷等次生地质灾害，而且改变了山地丰富的自然地貌，使自然形成的山地特色丧失殆尽。当然，这里并不是说一切自然地形都不能改造，为优化城市空间环境与工程建设局部的地形改造和必要的填挖工程是难以避免的，但改造地形是为了更好地利用地形。以上这些都是难度很大、但不可或缺的十分细致的基础设计工作，只有这样才能把握总体，进行三维空间景观的控制，避免生态破坏和视觉环境污染，并且用立法的形式将它们确定下来，为城市的有序开发建设与更有效地管理提供重要依据，使城市开发建设与管理纳入法制化的轨道。在这方面，一些发达国家的经验值得借鉴，如英国在 1844 年就公布了《首都圈建筑法》，美国在 1898 年制定了《建筑物高度限制条例》，日本在 1923 年公布了《不良住宅改良法》等。在这里没有也不可能有现成的设计模式可以套用，重要的是要结合重庆既是山城、江城又是国家历史文化名城的实际情况，针对不同类型城市设计的特点及其特定的环境条件努力塑造具有鲜明特色与巴渝地域文化精神的城市空间环境，因此在设计中必须强调场所精神，应用系统分析的方法，体现生态优先原则和整体优先原则，贯彻公平原则与群众参与原则。考虑市民的多种需要，如如何考虑老龄化的问题、残疾人的问题、设计无障碍的环境以及如何考虑成年人的交往和青少年户外活动空间的组织等都是现代城市设计需要解决的课题。

高质量的城市空间环境的塑造，不仅需要规划者与建筑设计者的共同努力，更需要决策者、投资者、建设者、管理者和广大市民的共同参与和通力合作才能取得成功。

郭恩章教授在"高质量城市公共空间的设计对象"一文中比较全面地归纳出高质量的城市公共空间环境至少应具备的十条综合质量评价标准（《建筑学报》，1998 年第 3 期），它们是：

（1）识别性：具备个性特征，易于识别；

（2）社会性：基本特征，大众共创共享；

（3）舒适性：环境压力小，身心轻松，安逸；

（4）通达性：方便，既可望又可即；

（5）安全性：步行环境，无汽车干扰，无视线死角，夜间有照明；

（6）愉悦性：有视觉趣味和人情味，环境优美、卫生；

（7）和谐性：整体谐调、有序；

（8）多样性：功能等形式灵活多样，丰富多彩；

（9）文化性：具有文化品位，有利于文明建设；

（10）生态性：尊重自然，尊重历史，保护生态。

我想这十条标准对于现代城市公共空间的设计与营造是具有普遍意义的，同样也适用于衡量重庆山城的城市设计。

3 加强园林绿化建设，是建设山水园林城市的基础

创建重庆山水园林城市要大力加强园林绿化建设，这是建设山水园林城市的物质基础，也是第一步的基本要求。园林绿化建设要在四个层面上展开。第一个层面是市域大环境圈的绿化建设，结合山脉、江河水系，大力植树造林，建设各种类型与功能的绿地系统，使城市园林绿化建设与国土绿化相结合，实现大地园林化，形成城乡一体的网络化生态绿地系统。第二个层面是主城区及各个分区各县城镇的绿化，形成布局合理、分布均衡、设施齐全的公共绿地系统和独具特色的江城山城园林城市文化风貌。第三个层面是居住区及居住小区、居住街坊绿化，建设点多面广，实用性强，为居民日常生活服务的小公园、小游园，形成各具特色的园林式居住小区。第四个层面是单位、住宅和庭院绿化，积极开展各单位和居民个人的场地、庭院、阳台、屋顶、墙面和室内外的绿化美化活动，它是最实用、最基层的园林绿化文明建设工作。

总之，要把园林绿化设计贯穿到城市总体规划、控制性详细规划、修建性详细规划、城市设计和建筑设计各个设计环节中去，并把这些设计环节与重庆的自然山水景观和地形地貌环境有机地结合起来。

中国的传统建筑文化不论从城市规划、园林设计或建筑设计都无不受到"天人合一"

图 1　重庆市大礼堂

图 2　重庆市夜景

的哲学理念与“山水文化”的审美观念的深刻影响，比如，在城市选址与规划布局上讲究依山傍水或背山面水，竭力做到人工建造与自然环境的和谐与协调，重庆城选址在两江相汇处，城市在山环水抱之间，形成了富有变化的城市立体轮廓（图 1）。创建山水园林城市就是要把城市规划、园林设计与建筑设计有机地结合在一起并与自然山水环境和谐协调，也就是要建立起城市发展与自然演进相协调的平衡机制。在重庆这样得天独厚的优越自然条件下，更有条件做到这点。因此，创建山水园林城市，关键要在环境上下工夫，这里所说的环境，既包括自然环境，也包括人文环境即社会环境与经济环境，它是城市文明的综合反映。

21 世纪的重庆将迎来城市现代化建设的新高潮，同时也将面临着人口、资源和环境的更大压力与挑战！在城市加速发展与扩大的今天，我们须从城市可持续发展的战略高度出发，更加清醒、冷静地思考一些问题，如目前无计划的土地批租与开发方式的弊端已越来越暴露出来，我们应该借鉴新加坡、香港的经验，严格实施土地开发强度与修建总量的控制制度，同时在加速城市化与现代化的进程中强化城市设计与管理，保持山城、江城的特色风貌（图 2），创建山、水、建筑与园林相结合的山水园林城市的空间环境，以适应未来城市的发展。

虎踞龙盘南京城

——南京市规划与建设之我见

1 我国的城市规划今天应该到了真正转变观念的时候了

改革开放以来，我们亲身感受到我国城市迅速发展的步伐，各个城市都是一片热气腾腾的大工地，这样快的发展速度，这样大的发展规模，我国之前的任何一个历史时期未曾有过，世界任何国家也未曾有过！但与此同时，生态环境问题也非常突出，可以说是大建设带来了大破坏。

南京在新一轮的城市规划中，一定要体现城市发展与自然演进相协调的发展道路，一定要走出自己的特色道路。城市的发展、交通的发展、经济的发展、产业的发展和生态环境的发展一定要体现南京市自己的特色。

我们学习西方等发达国家的经验，一定要结合自己的实际，吸收别人真正好的东西，摒弃不好的东西。帕金逊先生这次已经是第 11 次访问中国，好多城市请他当顾问，他每到一个地方，都告诫我们不要学习西方的文化糟粕，这很危险！要发扬中国自己优秀的文化传统。往往旁观者清，可我们自己却比较糊涂。西方在城市建设上走过的是一条高消耗、高消费、高污染和先污染后治理的非持续发展的道路。所以才有十大公害事件，才有 1972 年的斯德哥尔摩世界环境大会，才有 1992 年的世界环境和发展大会，也才有《21 世纪议程》和《里约环境宣言》的出台，才有可持续发展理念的提出并形成世界各国的共识。这个弯路我们不能再走。我们正处在从工业文明走向生态文明的转型时期，我们批判了资本主义国家工业化的发展模式，要研究走出一条符合我国国情的可持续发展的道路，走我国自己的生态化发展道路，所以南京要研究走南京城市自身的发展道路。

2 对南京市总体规划的几点设想和建议

2.1 对“做大、做强、做优、做美”的认识

省市领导对南京市规划提出“做大、做强、做优、做美”的指示，这反映了新时期对南京市和江苏省城市规划与建设提出的新要求，也是南京市未来发展的总的思路。

做大，是加速我国城市化进程的总体要求，是南京市城市经济、高新产业、文化、教育、旅游事业等发展的需要，使南京市有更大的城市生存发展的空间，增强城市的吸引力和辐射力，也是江苏省和整个长江经济带发展的总趋势。

做强，是南京作为江苏省省会，长江三角洲的重要中心城市，面对新时期的城市发展和我国加入世界贸易组织以后，全球经济一体化所带来的市场经济更加激烈的竞争的客观需要。

做优、做美，是充分发挥南京作为国家重要的历史文化名城和自然山水之胜，提升南京自然生态与人文生态环境质量，改善投资环境，提高城市居民生活质量和文化素质的要求。

做大，不仅要从南京本市来考虑，更要从市域及更大的区域范围来考虑南京市的发展。至于对南京市区范围来说，哪些组团要做大，哪些组团要控制，就要具体分析，区别对待。如南京市中心区的核心部分，就不应该做大，应严格控制，净化环境，重点做优、做美。

2.2　关于南京市的空间结构与发展形态

南京市虎踞龙盘，山环水抱，山、水、林、城交融，气势非凡，自然条件得天独厚。南京市又是有2460多年历史的古都，历史文化积淀十分丰厚。南京曾是国民党政权时期的首都，新中国成立后经过半个多世纪的建设，城市经济、社会环境建设和教育文化事业得到了很大的发展，有很好的发展基础。但要使南京市今后有更大的发展空间，就应考虑跳出南京市的范围，从以上海为中心的长江三角洲经济带和江苏省三大都市圈（宁、镇、扬，苏、锡、常和徐州地区）来考虑，江苏省三大经济圈的发展脱离不了长江三角洲的发展与影响。因此，未来南京的城市空间结构，应从大市域的范围把镇江与扬州结合在一起来考虑，形成大都市圈的城市连绵区，为南京的社会经济与文化发展提供更广阔的活动空间。

在城市的发展形态上，应突出沿长江两侧形成带状组团式、多中心的发展形态。以南京老城区为中心，沿长江以北形成珠江镇（江浦县）、浦口、六合三个组团，江南除老城区中心组团外形成江宁、仙西两大组团，将长江作为南京城市主要的发展轴，形成沿江带状多中心组团发展形态，能充分发挥地理优势，利用现有城镇基础，有利于建立城市与自然协调发展的平衡机制。比“干”字形或“指状”发展具有更大的优越性。

2.3　建立便捷的绿色交通体系

（1）既要坚定地优先发展公共交通体系、不鼓励私人小汽车的发展，也要充分估计到小汽车的发展对静态和动态交通带来的重大冲击，规划上要留有余地。

（2）加速发展地铁系统，建立组团之间及大都市圈的捷运系统。

（3）组织好自行车和小汽车、公交、地铁的换乘系统。

（4）加强长江南北的联系，打通瓶颈，除新建二桥、三桥外，还应考虑过江隧道的联系通道的位置。

2.4　疏导旧城与积极发展新城相结合

（1）南京市是国家重要的历史文化名城，历史文化遗存十分丰厚，旧城内文物建筑分布很广，应加大古城保护力度，突显古城特色风貌，扩大保护范围，提高南京作为文化古都的氛围。南京又是一座文化教育的名城，著名高校云集南京，是南京社会、经济、文化发展的重要条件。应在疏导旧城与发展新区中强化教育产业的优先与整合。

（2）南京的古城墙不仅是我国至今保留下来的规模最大，也是世界上保留下来的规模最大的古城墙。应加大保护力度，净化古城墙及护城河周边的环境，加大开辟护城河两侧绿带的宽度，将其建成国内外游人向往的地方。

（3）降低旧城建筑密度和常住人口，疏导旧城，退二进三，严格控制旧城区高层建筑的修建数量。

（4）开辟新街口步行商业区。旧城中心区人口密集，交通拥挤，缺少市民步行购物的场所（仅秦淮河一处面积太小，且档次不高），应设法将新街口一带开辟为南京市重要的步行区。扩大市中心步行区场地与开放空间的面积。

2.5　突显南京山、水、林、城特色，优化城市生态环境

一个城市生态环境的质量好坏，不仅事关每个城市居民的身心健康，而且也是城市经济发展的必要条件，是未来城市竞争力的焦点。

南京不仅是国家重要的历史文化名城，也是我国著名的山水园林城市。南京市的绿化建设早已全国闻名，但近年来像大连、深圳、广州、上海、南宁等城市绿化环境建设的投入力度很大，大有超过南京的势头。

南京生态环境建设具有得天独厚的优越条件，南京“据龙盘虎踞之雄，依负山带江之胜”，自然风光秀丽，风景名胜和文物古迹交融，形成山、水、林、城结合的独特风貌。南京在市中心区的东面有占地 10 余平方公里的紫金山，紫金山与中心区之间又有面积达 3.7km^2 的玄武湖，在城市的中心成为南京市的生态“绿心”，紫金山以东还有栖霞山、宝华山等组成的宁镇山脉，与拱卫城区的长江遥相呼应。这给南京生态环境建设提供了极好的条件，也是南京城市发展最重要的自然基础。

（1）重构长江两岸的城市景观轴线

沿江带形、多中心、组团式城市发展形态，不仅是将长江视为未来南京的主要发展轴，而且也是未来南京市主要的景观发展轴。长江与南京市的发展息息相关，过去长江沿岸多被工业、仓库、堆场、码头所占用，应着力净化沿江生态环境，对沿江两岸岸线进行重新分配，开辟滨江旅游观光、休闲、健身风光带，形成南京市一道新的、靓丽的风景线。

（2）高度分区控制设计对南京的重要性

南京是一座山水交融的立体化城市，城市景观非常丰富。为了充分展现南京的文化风采和自然山水风貌，在城市规划与建设中有必要进行高度分区控制设计。紫金山、九华山、钟山、中山陵、长江、玄武湖、莫愁湖、雨花台和南京古城门、城楼等应作为南京市的重要艺术构图要素得到很好的展现。要避免高层建筑由于定位不当而破坏了重要的历史文物建筑及其周围的环境，避免高大建筑把钟山、九华山或湖面包围、封闭起来。在南京中心城区应严格控制高层建筑的修建数量，对重大的超高层建筑的选点定位更应十分慎重，并进行环境影响评价。

（3）强化园林绿地系统的综合生态服务功能，改变园林绿地分布不均的状况，将各类公园绿地通过绿化生态走廊形成系统

（4）恢复湿地

在南京市区范围内原来有很多湿地，后来逐渐被开发用作工业、民用建筑场地。应作一番调查，把尚未被开发的湿地坚决保护下来，能够恢复的尽可能加以恢复，对江心洲、八卦洲尚未占用的应作为湿地、绿地保护起来。

（5）加强管理，保护现有园林绿地不受损害和破坏

我从 20 世纪 50 年代以来多次去南京，游过玄武湖，这次去游，看到湖区内人工设施有增无减，水质污染日趋严重，湖区及周围的生态环境质量大不如前几次的感觉。市区内有的原来长得很好的行道树也没有了。南京市街道两侧合抱的法国梧桐，是长期形成的一道少有的风景线，也反映了南京街市的风貌特色，应很好地加强管理与保护。

“城市是社会行为的剧场……是表现人类高度文化的戏剧舞台”（L · 芒福德《城市发展史》）。新时期的南京，面对新的历史发展机遇与挑战，在表现人类高度文化的戏剧艺术舞台上，将会扮演重要的角色。

（注：本文是作者于 2001 年 1 月在南京市政府召开的南京城市发展概念性规划咨询会上的发言）

三江汇流，五山环抱
——记陕南略阳城

1 城市概况

略阳县城地处陕西省西南部、汉中西部（距汉中 106km），东南与勉县（距勉县 63km）、宁强接壤，东北紧靠甘肃省两当县，秦岭山脉中西段南麓，属中等切割剧烈的侵蚀构造中低山地貌。地势东北高、南部低，由西北向东南倾斜，海拔最高 2425m，最低 587m，平均海拔 1148m，县城海拔 660m（图 1）。

图 1 略阳山城全貌

略阳县属于北亚热带北缘温带湿润季风气候，冬无严寒、夏无酷暑，雨量充沛，四季分明，年平均气温 13.2℃，光照 1558h，年降水量 860mm。

略阳城雄踞陕甘川三省结合部，嘉陵江、八渡河、玉带河三水萦绕，象山、狮子山、凤凰山、岚山、雨山五山环抱。自古为秦陇入蜀之“咽喉”、兵家必争之要地。由于地势险峻，山高坡陡，用地狭窄，城市沿一江两河沿河阶地形成 × 形组团式布局。城东为钢铁工业组团，城南为铁路站场用地，城西为建材工业组团，城北为电力工业组团，城中三江交汇处为行政、商业、文化中心（图 2）。

略阳山城山川秀丽、风光宜人，街巷整洁，环境优美，交通便利，商业兴旺，民风淳朴，文化发达，一片繁荣景象。

略阳城 20 世纪 50 年代初，随着宝成铁路的修建而设站，公路西连汉中、北达四川万源，水运交通上达广元、下通江油。由于交通的发展，略阳城已成为陕南以钢铁、建材、磷肥、电力为主的工业城市。建成区面积 3.1km^2，城镇人口约 7 万人，城镇化水平达 30%。

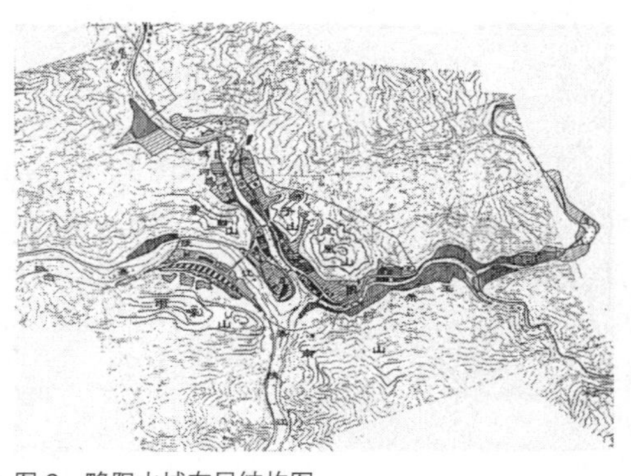

图 2 略阳山城布局结构图

2 城市发展的优势

略阳城除了重要的区位和便利的交通条件、丰富的矿产和多样的生物资源与城市工业、商贸有较好的基础外，其文化、旅游资源的开发将是潜在的巨大优势所在。

2.1 悠久的发展历史

略阳城是一座有悠久发展历史的古城，自古属氐羌文化地带。先秦前，这里为古雍州地，秦时为蜀郡地。西汉王朝是中国历史上重要的发展时期，出现了“文景之治”。汉武帝元鼎六年（公元前 111 年）平定西南夷后，设益州武都郡，置沮县，为县治之始。东汉建宁三年，修建了古阳平道，是陕西通往四川的重要交通要道。东晋义熙后，曾先后为州、郡、县治地。三国时期，诸葛亮北伐中原，曾取道经此达上邽（今天水），并在 229 年派陈式筑武兴城。南北朝时期，宋昇明元年（477 年），氐族豪绅杨文度自立武兴王，其后西魏封为武兴镇将，以其弟杨文弘为白水太守，旋即驻军兴州，建立了“武兴国”，相继 82 年，父死子立，“四代五主”即杨文弘—杨集始—杨绍先—杨智慧—杨辟邪。到公元 546 年，杨辟邪又受封梁国的“武兴蕃王国”。八年后，据州叛魏，被魏将赵昶、叱罗协等讨平，“武兴国”到此灭亡，改称“东益州”。杨氏在武兴建立的政权，在西北经历了将近 300 年时间，前后经历了仇池国、阴平国、武都国牵制管辖。武兴国的盛衰演变，政治、经济、军事、文化等在《汉书》、《魏书》、《梁书》、《北史》、《南史》、《资治通鉴》中均有所记载。

由于地理位置的重要，必然成为交通的要道。如由唐长安进入四川的蜀道就经由略阳。唐开元时，在嘉陵江畔凭借两个天然崖洞，修建了灵崖寺，成为略阳著名的寺庙和景点。

唐时治兴州，县治顺政。据传“安史之乱”时（755 年）唐玄宗就是经由略阳奔蜀的。诗圣杜甫于乾元二年发秦州到同谷赴蓉城（成都），曾两度越过略阳县境，留宿灵崖寺，写下《积草岭》、《泥功山》、《飞仙图》等诗篇。诗仙李白作《蜀道难》长歌“……青泥何盘盘，百步九折萦崖峦……”。“青泥”就是青泥岭，在县西北 53 里处，悬崖万仞，山多云雨，行者屡逢泥淖，攀行艰难，元稹在《青泥驿》一诗中更形象地勾画出青泥岭的险景：“昔游蜀关下，有驿名青泥，问名意凄惨，若坠牢与狴”。由于陆路交通的艰难，航运就成为重要的交通手段。唐元和元年（806 年），山南西道节度使严砺主持疏导嘉陵江三百余里，开漕船运。柳宗元在兴州《江运记》中对这次疏导工程及作用作了详细记载。南宋时，吴玠、吴璘在兴州控扼蜀口 62 年，通过嘉陵江，将陕西、汉中的粮食运往四川。

宋代是略阳历史上重要的时期。南宋王朝的偏安，使略阳的战略地位更为突出。建炎元年（1127 年）宋江部将史斌（即《水浒传》中的九纹龙史进）被知海州张叔夜伏兵所败，辗转千里，一路扩军，来到兴州称帝，并攻打汉中不克，又引兵复入关中，结果这一农民义军被吴玠所灭。南宋时期，略阳成为重要的抗金前线指挥部。绍兴四年（1134 年）吴玠、吴璘屯兵略阳，在白水江筑吴王城，退却了金兀术的十万金兵，确保了南宋王朝的偏安和暂时的繁荣。后驻兴州守将吴曦勾结金兵，叛宋降金，被封为“蜀王”，在略阳建有“行宫”。但好景不长，仅 41 天，吴曦被安丙、杨巨源、李好义、李贵等所灭。南宋开禧三年，始改兴州为沔州，并“以其地为用武之区曰略，象山之南曰阳”，故改顺政县治为略阳县治，从此，略阳之名一直沿用至今。

至南宋理宗三年（1236 年）沔州驻扎兼关外四州安抚权知沔州曹友闻与其弟抗元战死，略阳遂入元版图。

明代田九成等白莲教起义，到清代白莲教再度在略阳崛起。

辛亥革命时期，爱国之士康炳熙、张谔等随孙中山领导的辛亥革命，推翻了满清王朝在略阳的最后统治。

1922 年 6 月陕西靖国军兵败后，于右任离陕返沪途中经略阳，触景生情，写有《略阳》

一首："山山看不断，曲折入嘉陵。兵挫心犹壮，途长气益增。荒城添战垒，孤艇载诗僧。撞树青青实，崖前挂几层。"

1935 ~ 1936 年中央红军二、四方面军长征途经略阳，在郭镇、白水江等地曾建苏维埃政权。

1949 年 12 月 9 日，全县解放，从此略阳城旧貌换新颜，开始了新的发展时期。国家领导人刘少奇、朱德、贺龙、王震等都曾驻足略阳。国内外知名书法家、画家，曾来略阳参观、考察与创作，如著名画家李可染的《夕照略阳城》驰名中外。经半个世纪的建设，略阳城市的社会、经济、文化建设事业有了很大的发展。1986 年被列为全国最早对外开放的内陆县区之一。新的世纪，具有悠久历史的略阳城将迎来新的发展机遇，但也面临着很大的挑战。

2.2　文化旅游资源丰富

略阳古城历史文化积淀凝重，自然山水秀丽，森林、生物资源丰富，名胜古迹特色鲜明。发展文化、生态旅游事业前景广阔。

略阳县境及县城文物古迹众多，是我国氐羌族文化遗址较多的地区。由于过去对文物古迹的价值珍视不够，致使不少文物古迹遭到破坏，如阳平道上的郙阁、灵隐寺、吴王坟、文昌宫等。县城现存的文物古迹有：灵崖寺（图 3）、江神庙（图 4）、紫云宫、东门楼、南山塔、清真寺等。灵崖寺、江神庙、紫云宫为省级文物保护单位。东门楼、南山塔、清真寺、鹰嘴崖的"摩崖五篇"、西城门、新城墙及新东门为县级文物保护单位。县境内的文物古迹还有仙人关、七里店迎宾亭等 28 处和红军在郭镇、白水江等地建立的苏维埃政权革命遗址等。

灵崖寺位于城区南侧嘉陵江畔，始建于佛教鼎盛时期的唐开元年间（713 ~ 741 年）。寺由两个天然石窟组成（高 25m，宽 50m，深 60m）。前窟有毗庐佛，塑于明武宗正德六年（1511 年），后窟又名罗汉洞，有"玉柱"睡佛。前后窟原有大小佛像 72 尊。寺内有一清泉（西流而入嘉陵江）、石龟石兽等，石窟前有望江楼。俯瞰嘉陵江，蜿蜒如带，仰睹千山万壑，银瀑飞溅。历代香火兴旺，游人不绝。名流学士，豪门达贵，常来此游览赏景、吟诗作赋，如蔡邕、李白、杜甫、苏轼、柳宗元等，寺内具有重要历史文化价值的碑碣摩崖石刻栉比相连，故有"小碑林"之称。其中，极为珍贵的摩崖石刻有："郙阁颂"、"仪制令"和宋哲宗御书"忠清粹德之碑"。

2.2.1　"郙阁颂"

"郙阁颂"，是颂扬修路功绩的摩崖石刻，成于东汉灵帝刘宏建宁五年（172 年），是为纪念汉武都太守李翕重修郙阁栈道而书刻。全称"武都太守李翕析里桥郙阁颂"。

石刻书法自成一家，独具丰标，为标准的汉隶八分。结构严整，章法茂密，俊逸古

图 3　灵崖寺

图 4　江神庙及戏台

朴，风格沉郁，体态赫奕。在优美多姿的汉隶中，为珍贵的艺术珍品，是研究祖国文字、书法和东汉八分汉隶的重要实物史料。早在魏、晋、南北朝时期就盛名海内外，为历代文学家、书法家所推崇，各种金石学专著和杂记，各种书法专著，多有著录。日本书法界，多次远渡重洋，前来目睹这一石刻瑰宝，并进行多角度研究。它同“石门颂”、“西狭颂”并称我国的“汉三颂”。

石刻原在始建于东汉建宁三年（170 年）的古阳平道中段（略阳道）的徐家坪（古名析里，又名白崖）。古道是陇南通四川的重要通道，并在桥梁上建有栈阁（郙阁）以济行人。郙阁虽已不存，但“郙阁颂”保存至今。1979 年农民修乡间公路时，石刻受损，后被迁至灵崖寺窟粘接复原。石刻高 170cm，宽 125cm，全文 19 行，现存 220 字。右上额有古代拉船纤绳磨出的七道印痕，最长的约 70cm，最短的约 20cm。因摩崖石刻地处拐弯处，长期纤绳磨损所致。南宋理宗绍定三年（1230 年）沔州（今略阳）太守田克仁自幼爱好书法，曾临摹过“郙阁颂”。当他任太守后，得知该书法就在沔州，欣喜万分，见原刻露出江边，风雨侵蚀，剥落日甚，恐久而绝迹，逐仿原刻形制大小，重刻于灵崖寺，即今灵崖寺奈何桥边的石崖上。至明万历时，刻石右上角剥落尤甚，斜痕长 102cm，由知县申如埙补刻，并在尾加上“知县申如埙重刻”七个字。晚明以来申如埙补刻而冒“重刻”的“郙阁颂”因字迹清显，拓印流传，造成混淆，原刻“郙阁颂”为东汉时仇靖文、仇绋书，二人生平不详（以上史料见《灵崖洞天》一书）。

1999 年 7 月 25 日，由汉中市建委季祥德主任并略阳建设局周崇明局长、杨平副局长等陪同去灵崖寺察看。“郙阁颂”原刻因年代久远，字迹较难辨认。后从杨局长提供的一本《灵崖洞天》（田孟礼、葛春林主编，陕西人民美术出版社，1989 年 11 月）小册子中，有编者根据碑石，参照历代著录，整理的全文，抄录如下：“唯斯析里，处汉之右。溪源漂疾，横柱于道。涉秋霖漉，盆溢滔涌。涛波滂沛，激扬绝道。汉水逆让，稽滞商旅。路当二州，经用柠沮。沮县士民，或给州府。休谒往还，恒失日晷。行理咨嗟，郡县所苦。斯溪既然，郙阁尤甚。缘崖凿石，处隐定柱。临深长渊，三百余丈。接木相连，号为万柱。过者栗栗，载乘为下。常车迎布，岁数千两。遭遇隤纳，人物具隋。沉没洪渊，酷烈为祸。自古迄今，莫不创楚。于是太守汉阳阿阳李君讳翕字伯都，以建宁三年二月辛巳到官，思维惠利，有以绥济。闻此为难，其日久矣。嘉念高帝之开石门，元功不朽，乃俾衡掾下辨仇审，改解危殆，即便求隐。析里大桥，于今乃造，校致攻坚，结构工巧，虽昔鲁班，莫亦儗象，又醳散关之斩潔，徒朝阳之平，减西滨（之）高阁，就安宁之石道。禹导江河，以靖四海，经纪厥续，艾康万里。臣□□□勒石示后，乃作颂曰：

上帝绥□，降慈惠君。克明俊德，允武允文。躬俭尚约，化流若神。爱民如子，遐迩平均。精通皓穹，三纳苻银。所历垂勋，香风有邻。仍致瑞应，丰稔年登。居民欢乐，行人夷欣，慕君靡己，乃咏新诗：

析里之陬兮坤兑之间，高山崔巍兮水流荡荡。地既塉确兮与寇为邻，西陇鼎峙兮东以析分。或失绪业兮至于困贫，危危累卵兮圣朝闵怜。髦艾究□兮幼□□□，□文救倾兮全育孑遗。劬劳日稷兮唯惠勤勤，黄邵朱龚兮盖不□□，□□充赢兮百姓欢欣，佥曰太平兮文翁复存。”

2.2.2 “仪制令”

系南宋淳熙八年（1181 年）邑令王立石。此碑文是我国迄今为止发现最早的一个。为言简意赅的交通管理规则。石刻高 60cm，宽 40cm，中刻“仪制令”三个大字，下面并写着：“贱避贵少避长轻避重去避来”。

“仪制令”是宋朝廷通令各州县立于县城交通要道的石碑，是研究宋代封建社会道德规范和礼貌行为的珍贵实物资料。

2.2.3 “忠清粹德之碑”

是北宋哲宗赵煦于元祐三年(1088年)御书,赠司马光墓碑的碑额。绍圣三年(1096年)原碑被毁。司马光墓在今山西夏县，路隔数千里，时过130年后，此碑文又被重刻于略阳。这不仅说明了司马光在文坛、政坛上的重要地位和影响，也从一个侧面反映了宋代政治的变化，新党与旧党的斗争。重刻碑刻镶嵌在佛像下台墙正中部位。碑高130cm，宽85cm，碑额为隶书双行“哲宗皇帝御书”，正中篆书双行“忠清粹德之碑”，两行篆书中间有一行小字：“元祐戊辰崇庆殿书”，钤有“御书立印”一方。

灵崖洞及其摩崖石刻艺术内容十分丰富，不仅是研究佛教艺术、书法艺术的宝库，也是研究社会、政治、经济、历史的重要史料，需倍加珍惜与保护。

2.3 江神庙与紫云宫

江神庙位于城区嘉陵江东岸的坡地上，始建于南宋绍兴七年前后，是祭祀嘉陵江江神的场所,也是船帮活动的会馆。明清时进行了扩建和维修。建筑结合地形,有门楼、戏楼、殿宇及厢房组成的合院形式。据王自立先生（中国艺术研究院文研中心特约研究员）提供的材料中所述，其建筑技术和装饰富有地方特色和羌文化特色。

紫云宫位于嘉陵江东岸，与江神庙相邻，始建于宋末。清道光二十四年重修，为九脊四面坡重檐。门楼与戏楼相衔接，厢房与钟鼓楼相连接。

2.4 东城门楼与城墙

古城东门楼位于城区八渡河西岸城墙上。始建于明，清时进行过维修与复建。门楼面阔14.6m，进深9.9m，为双层梁架，楼柱高4.1m，直径0.28m，为歇山重檐式，全木结构。楼基砖砌。城墙宽约4m，长40m。

2.5 南山塔

建于城南南山上，始建于清道光八年。共九层，高30m，青砖结构。为古城重要景点，塔的东侧有鹰嘴崖宋代摩崖石刻。

2.6 清真寺

位于城北门象山脚下，始建于明朝年间，清时进行过复建。建筑面宽12m，进深17.8m，柱径0.28m，高5.22m。门楼五架梁，五脊四坡重檐，全木结构，有门楼、礼拜厅及厢房组成四合院式，是回民宗教活动的寺院。

略阳城除城区内的重要文物古迹外，在县境范围内尚有众多丰富的名胜遗迹，如仙人关、迎宾亭、吴王坟（宋）、花坟园（清）等，需开展全面的调查，制定保护规划。

结束了考察返回住地，游兴未尽，作诗一首：“五山环抱略阳城，三江汇流入嘉陵。千古兴亡多少年，灵崖洞里听泉声。”

3 城市发展与规划的思考

3.1 生态环境问题不容忽视

略阳县境位居秦巴山区，自然气候条件优越，森林植被等生物资源十分丰富。但由于长时间忽视了生态环境的保育，20世纪50年代末，在山上建起了多处炼铁炉，致使森林植被遭到了严重破坏；同时，由于人口增加的压力，在陡坡上开荒种地，破坏了坡地的休息角，造成了大量水土流失，产生了滑坡，危及山体的稳定性，大量泥沙冲入江河中；同时，由于工业的发展，特别是火电厂、钢铁厂、水泥厂、磷肥厂的建设，铁矿、磷矿、砂石等建材资源的开发，相应地带来了严重三废污染的问题，大量废水、废渣、废气排入江河与大气中。近年来，地方政府花大力气致力于三废污染的治理，取得了一些效果，如将原建于八渡河的水泥厂迁建西区，也重视了废渣、废气的治理。但这种治标不治本的末端治理方式也不可能彻底解决问题。由于略阳现有的这几个主要工厂生产规模小、污染大、能耗高、成本高、效率低，缺乏竞争能力。由于山城自然地貌、小气候条件、环境容量与脆弱、敏感生态条件的局限，在县城不可能建立大型工业。新一轮城市规划中提出继续扩大原有主要厂矿的发展规模，也绝非良策。

3.2 建成区用地狭窄，缺少发展余地

现建成区主要建于一江两河的沿河一、二、三阶台地上，建设用地十分狭窄，3.1km^{2}的土地上居住了7万人（还未包括流动人口），建筑和居住密度已经相当高了，高于建成区的后山坡地，由于用地破碎，坡陡、沟多，不宜作大片城建发展用地。

3.3 对策思考

3.3.1 转变发展的观念与思路

基于以上两方面的基本情况，今后略阳山城如何发展令人深思。首先需转变传统的发展观念，略阳虽然有丰富的矿产资源可供开发，但更有丰富的文化生物资源可供利用，前者环境的代价太大，带来了严重的生态环境问题，后者可以使发展与环境相协调，以充分发挥三江汇流、五山环抱的自然风光优势和文化资源优势，以发展生态文化旅游为主导，带动服务业的发展，以建设山水园林城市与历史文化名城为目标，将略阳城建成秦巴山区的一颗璀璨的明珠，实现城市的可持续发展。

3.3.2 “跳棋”发展模式

控制旧城发展，在外围寻找新区发展思路，形成集中与分散相结合的组团发展模式。山城发展的规模，首先要取决于用地的允许承载力。略阳旧城，人口、建筑密度已超过环境容量，不宜再在旧城见缝插针，或无限制地提高建筑层数，相反，应疏解旧城，逐步搬迁污染工业与有关机构，降低旧城人口密度和建筑密度，增加户外活动场地和绿化，以改善生态环境质量，增辟户外休闲、观赏活动空间。

3.3.3 从流域水资源的保护和生态复建的大局出发，逐步实现产业结构的转型

变矿产资源开发型为自然风光、文化旅游资源开发型，以发展生态旅游、文化旅游带动服务业的发展。加大退耕还林、还草的力度，恢复山林植被。发展绿色产业、优质生态农业。我们不能由于要得到钢铁、水泥而毁掉青山与绿水。

3.3.4 按文化名城和风景旅游城市的要求，进行规划布局与城市设计

讲究人工环境与自然环境的和谐与协调，采取山水城市结合地形、自由式的道路布局与建筑的布置手法，建筑适应地形，建筑体量宜小不宜大，建筑层数宜低不宜高，要精心组织视线走廊，沿江河街道尽可能建成半边街，要显山露水，不遮景、挡景，以形成顺应自然、层次分明、错落有致的山城风貌。为此，略阳县城在三江两岸、五山环抱的旧城区要做好高度分区规划，并加强城市设计工作。

3.3.5 按照景观生态学的原理做好园林绿地系统规划，城市公园、小游园、街道绿化、沿河滨江绿带、防护绿地、森林公园等，进行有机组织，通过绿地系统、景观生态廊道，把三江五山联系成有机整体，以发挥自然生态的综合服务功能和景观视觉效果，使人工建筑与自然环境建设有机结合起来

3.3.6 着力做好历史文物建筑及其环境的保护规划与管理工作，争取申报省级历史文化名城和国家园林城市

3.3.7 做好城市防洪、排涝规划

由于略阳特殊的山区地貌条件以及长期以来工厂废渣不断排入水体，致使河床不断升高，给城市防洪、排洪带来复杂问题。要采取“疏、防、避”相结合的办法，综合加以解决。

1）疏

下大力气疏导清淤河床，增加洪峰通过能力，消除倒灌现象。

2）防

（1）提高设防标准。

（2）沿江河修建滨水防护绿地；或路堤结合，提高沿江道路及绿地标高。

（3）采取向沿江河逐渐倾斜的半边街修建方式。

3）避

采取框架式吊脚楼修建方式，“防冲不防淹”。

由于我国很多位处江河上游的山水城市，洪水涨落的落差很大，洪水暴涨后能很快退去，因此，山区城市居民根据长期生活的经验，总结了“防冲不防淹”的办法。如略阳洪水时河口水位暴涨，倒灌嘉陵江，而汛期时间很短，不过 1 ～ 2 天即退去。因此，如按设防标准修建 50 年一遇的防洪堤，不仅工程浩大，投资巨大，且对城市日常活动与景观形象带来严重影响。

三山鼎立，三水穿流

——延安总体规划布局特点与建议

延安市地处陕北高原的中部，延河中游，为陕北重要的经济、文化与交通中心。延安是一座既古老又年轻的历史文化名城。凤凰山、清凉山、宝塔山三山鼎立，东川、南川、西北川三水穿流。城市就在这三山、三水之交汇处发展与延伸[1]。

延安自古以来就是一座边境要塞，建城已有1400多年的历史。春秋时期这里曾是北狄部落的聚居地，秦时属上郡，西汉至唐一直是陕北重要的军事重镇，隋朝大业三年（607年）设肤施县及延安郡，以延水取郡名[2]，明时称延安府。1937～1947年间，为中共中央所在地，三大主力红军长征的落脚点和抗日战争的出发点，是中国革命的指挥中心和总后方，留下了很多重要的革命纪念地，成为中外闻名的革命圣地。

宝塔山耸立于延安市的东南，为全市地势最高处，古称嘉岭山，或丰林山，延安宝塔始建于唐，明清时多次重修。塔高44m，共9层，登高塔顶，山城全貌尽收眼底。宋仁宗时，范仲淹曾任陕西经略安抚招讨副使兼知延州。曾在宝塔山安营扎寨，屯兵凿井，留下不少遗迹。山上有全国各地青少年义务植树的松柏，现已绿树成荫（图1）。

清凉山在延安市东北，与凤凰山、宝塔山隔延河鼎足而立，延河水从山脚流过。山上有万佛洞、月儿井、琵琶桥、桃花洞、天下奇观、水照延安、宛然云霞等古迹及抗日战争时期解放日报、新华通讯社、新华广播电台、中央印刷厂等革命旧址（图2～图6）。

凤凰山在古城延安的西北，延河西岸，山上林木扶疏，鸟语花香，环境优美，并有古城垛遗址，山麓有毛主席旧居、朱总司令旧居和中共中央旧址。距延安城西南约20km还有万花山和杜甫川，相传当年花

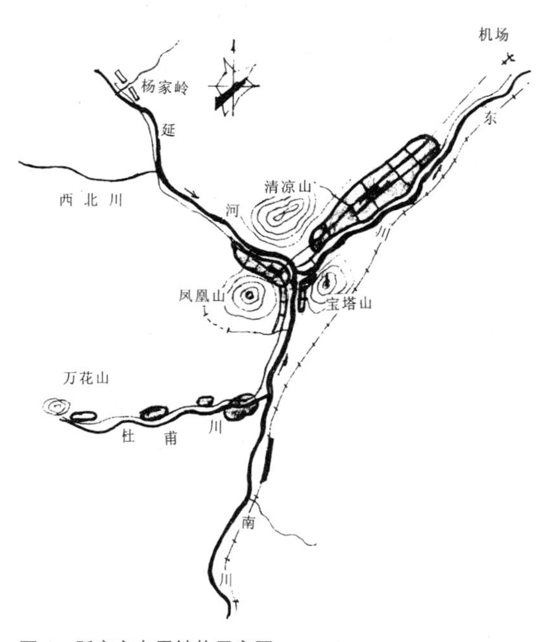

图1　延安市布局结构示意图

1　1989年10月7~10日应邀参加了延安市总体规划评审会。每天清晨早起和述平、光中先生登上离住地最近的凤凰山。高原空气格外清新，俯瞰全城，晨雾缭绕，清凉山、宝塔山历历在目，延河水静静地流淌着，历史文物和革命纪念地遍布全城，排成长蛇的窑洞建筑镶嵌在山麓，形成层层叠叠、陕北黄土高原山地城市特有的景色。此时此刻，历史的延安与现实的延安交织在一起，山、水、城、人交相辉映，给人留下深刻的印象而让人流连忘返。

2　据1989年9月1日陕西日报以"陕北'三延'本胡语"为题刊登的复旦大学谭其骧教授的"近日就中国地名学非汉语地名若干问题"对记者发表的见解：他说，不仅南方有这些越语的地名被后人按汉语妄事曲解，北方也有些早已被人忘记的原出于胡语的地名，如延安、延川、延长之"延"，便是胡语"吐延"之省文。这一带地方在秦时本已是汉地，今延河汉时称洧水。但自东汉末年起，整个陕北人口的民族构成起了大变化，大量羌胡迁入，汉人几乎全部搬走，所以到了此朝，这里延河的汉称洧水已被胡称吐延川所取代。

图 2　延河、宝塔山

图 3　清凉山

图 4　延安革命纪念地（一）

图 5　延安革命纪念地（二）

图 6　延安窑洞建筑

木兰曾寄居这里，杜甫曾慕名而来。山上满山翠柏，四季常青，环境优美，抗战期间中央领导曾多次来这里游览。

延安城市的布局结构，完全依托自然山水构成的特点，三山鼎立和三川汇流，构成延安市自然环境的基础，城市中心地带就在这三山与三川的交汇点的川地上形成并向三个方向自然延伸，形成了具有强烈的陕北黄土高原山水城市的格局。城市沿川道槽地一侧或两侧布置，三山与三川交汇处，形成了传统热闹的街市。商业服务设施和公建及成片的住宅区集中在中心地区及东川与清凉山、延河与凤凰山的川地上。

延安自 20 世纪 50 年代以来曾做过 4 次规划，分别是 1959 年、1963 ~ 1964 年、1975 ~ 1977 年、1986 ~ 1989 年，4 次规划的布局结构基本没变，但城市建设、基础设施有了很大发展。第二次规划，当时任西北局领导的刘澜涛同志曾对延安规划建设提出“青山绿水、牛羊满山，丰衣足食、小型简单”的指导思想，和“两化”的要求（即“窑洞化”与“绿化”）。作为向现代化方向发展的目标，这个要求当然过于简单了，但延安在现代化建设中如何保持特色，不断改善生态环境条件，确实是一个十分重要的课题。

在延安特定的自然生态环境条件下，城市的人口要发展，规模要扩大，生活设施的标准要提高，但延安市区内的城市发展用地却又十分有限。因此，延安城市总体规划中需要着重研究与解决的问题有如下几个。

1　历史文化名城的整体保护问题

延安是我国著名的历史文化名城，历史文物景点和革命纪念地分布很广。延安共有革命纪念旧址 230 余处，其中延安市就有 140 余处。做好延安历史文化名城的整体保护与历史文物建筑及其地段环境的保护规划，发扬“延安精神”，发掘延安历史文化内涵，是延安城市总体规划的核心内容之一。同时，它对于发展延安的文化旅游产业，振兴延安的经济，有着深远的历史意义。

延安市区的总体规划中，对革命历史文物作了专项保护规划，并分别国家级、省级、市级不同的保护对象提出保护规划要求，同时提出了景观视线的要求和建筑层数的控制，这都是很重要的、必需的，但这仍然是很不够的。延安历史文化名城的保护，首先应该强调对延安三山、三水所构成的自然山水格局以及由此而产生的延安城市的整体环境的保护。延安三山鼎立，三水穿城，山、水、城景交融，众多的文物建筑散列其间，古老的宝塔峻立其中，半隐半显的窑洞建筑，沿着河川之滨层层叠叠镶嵌在三山之麓，构成了一幅巧夺天工的美丽图画。这是人与自然和谐结合的伟大杰作，应该把它当做天人合一的"艺术精品"而加以整体保护。"皮之不存，毛将焉附"，也只有树立起对延安山水城市整体保护的理念，才能更有效地对分布全城的革命历史文物建筑及其环境进行更好的保护。

延安城市的进一步发展，在空间布局结构上必然要受到三山、三水自然格局的制约，城市的发展规模与人工建造也必然要受到延安山水城市和历史文化名城的限制。这是在延安今后的城市发展中不得不加以考虑的重要问题。在延安，山、水、城、人构成了矛盾对立的统一体。山水自然格局构成了矛盾对立的一方，而城市中人们的社会经济活动与人工建造构成了矛盾对立的另一方。前者是静态的、消极的、被动的，而后者是动态的、积极的、主动的。两者构成了互动互补的关系，决定了延安城市总体发展的格局和命运。要使这个对立统一向着健康的互动关系发展而不致损害延安的山水城市总体格局与历史文化名城的保护，就必须考虑着重走内涵发展的道路，重在城市质量的提高与生态环境的改善，而非城市人口数量的增长与旧城地域空间的扩展。

延安城市中，山、水、城、人在景观总体上是统一协调的。城市的人工建设规模、建筑的尺度和人的活动与山、水自然尺度与格局，基本上是和谐的。而三山、三水与城市之间的相互交融、穿插关系也是基本和谐的。但如果我们在规划管理上不加以有意识的控制，任其自由地向三条川道延伸，建筑的层数与体量也任其发展而与三山试比高，那么这种基本和谐的关系就会迅速被打破、被破坏，而招致灾难性的后果！这就是山水城市与历史文化名城有别于一般城市在总体规划布局上的特别要求。福州市也有三山，但由于城市迅速膨胀，人工建筑规模、尺度、高度不断增高，使三座山淹没在钢筋混凝土的森林和似海的人潮之中。山水在城市中逐渐失去景观控制的意义。而位于广州市中心腹地的越秀山，也由于周围高层建筑的无计划发展而使南粤花城中心的城市艺术表现力大为降低。所以，我国传统城市选址与布局有"非于大山之下，必于广川之上"，城市的区域地理分布与规模等级主要就是根据山川聚集的情况而定的。大山大川聚集大气，则城市的规模也越大。所谓"山水大聚会之所必结为都会，山水中聚会之所必结为市镇，山水小聚会之所必结为乡村"。延安三山、三川不能算是大山大川之聚会，因此，延安市区范围内的规模与尺度，应与自然山水格局相协调。市区内的建筑不宜建得过多、过大、过密、过高，更不宜在三山、三水汇合处修建高大建筑。

2 生态复建与绿化建设

由于陕北黄土高原气候干旱，植被稀少，梁峁沟壑交错，水土流失严重，川道混浊淤积，生态环境问题十分突出。因此，只有大力进行生态复建，加强植树造林，保护植被，减少水土流失，才能使城乡总体生态环境条件得以改善。

3　窑洞的居住方式与城市现代化生活的需求

延安半山腰的窑洞建筑是城市的一大特色。窑洞建筑的特点我想至少可列举以下几个方面：

（1）生土建筑。取之于土，化之于土，还地于山，是生态或半生态的建筑形式。

（2）就地取材。多用地方材料，或土，或石，或砖，或木。

（3）冬暖夏凉。

（4）节约用地。多采取全进洞、半进洞的修建方式，对地面的占用极少，介于地下建筑与地面建筑之间的一种节能、节地的修建方式；也有独立式窑洞，但进深占地也比较小。

（5）自助自建。

（6）与自然融于一体，对自然环境的改变较少。不少半进洞或独立式窑洞屋顶多长满青草，与自然生态环境十分协调。

（7）富有地域特色。

但窑洞的最大缺点是：开间、进深受到较大限制。一般开间 3 ～ 4m，进深 6m 左右。如进深继续加大，采光就受到影响，结构与构造上受到较大局限。也由于交通联系的问题和社会文化体育等户外活动需求的增加，脱离窑洞模式看来是一种发展的趋势。但千百年来，劳动人民长期形成的适应黄土高原生活、建设的生态化建筑修建方式如何在现代生活与城市建设中加以很好地利用与吸取，如就地取材、节能、节地、生态式屋顶等与自然环境适应和谐的优秀品质，是建筑与规划工作者应该努力学习与借鉴的。

4　防洪、排洪问题

延安周围环境由于水土流失、河床升高、延河川道狭窄，水位涨落很大，泄洪能力大为减弱。如遇暴雨，很易造成水患，殃及生命财产安全。如 1977 年发生的特大洪水，冲垮了西北川大桥及很多民宅，淹死 100 余人，教训深刻。因此，应十分重视防洪排洪工作，做好河道整治和防洪综合规划。

5　地质灾害问题

由于土壤切割，建设中稍不留意就会造成滑坡、塌陷。据介绍，延安市范围共有滑坡 76 处，须采取切实措施加以治理，否则就会扩大灾害的范围，造成巨大的损失。这也是山地城市中经常遇到的问题。因此，应加强延安的工程地质与水文地质的勘察与研究工作，采取综合防治对策与措施。除对每个滑坡点进行工程治理外，应禁止在滑坡地带继续进行开发与建设。确保土地的稳定性，防止由于植被破坏或坡脚的开挖而影响用地的稳定，造成滑坡、塌陷的继续发生。从根本上减少延安的滑坡、塌陷，仍然要靠大面积、大区域范围的植树造林、固土工作，进行生态复建、恢复植被、防止水土流失的努力。

6　城市发展与生态环境建设

随着我国社会主义市场经济体制的逐步建立，社会经济与科学技术的进一步发展，城市发展演变的速度进一步加剧，城市功能也更趋复杂化。城市规划已经不只是过去的形体规划或物质规划（physic planning）的概念，而是融社会、政治、经济、工程、管理与艺术于一体的综合性规划。

城市现代生活的发展和城市功能的复杂化，必然对延安旧城山水城市格局和生态环境产生重大冲击！延安的城市规划必须面对这种新的发展形势，而且应有更高的要求。同时，延安是国家重要的历史文化名城，历史文化遗存名闻遐迩，自然山水格局举世珍奇，它们都是中华民族和全人类的极其珍贵的文化遗产与精神财富，对它们的任何破坏与损害都将造成不可弥补的损失！在规划中，如何做到既要保护、又要发展，看来仍需采取丽江、乐山等城市规划的办法，将保护与发展在时间与空间上分离开来，采取疏导旧城与发展新区相结合的办法。延安自然山水格局和历史革命文物是永恒的人类文化艺术珍品，是凝固的音乐、静态的艺术。要妥善地加以保护，对现有建筑质量很差的违章建筑要予以清除，对严重污染环境的工厂要设法搬迁，要着重提高城区内的现代化基础服务设施的水平，增加园林绿地，提高设施标准，改善生态环境质量。而新区的发展是动态的艺术，发展迅速，建设速度很快。在延安特定的狭小空间下，新区与旧城不可能都挤在现市区内发展，两者在空间上必须加以分离，这样才能有效地进行历史文化名城的保护，更好地进行新区的开发和发展。

陕北黄土高原地区的生态环境问题面临着两大压力[1]：其一是城市化进程中，带来的城市人口的压力与城市基础设施建设的压力；其二是农村自然增长的失控、生存环境的压力并造成森林砍伐、植被破坏、水土流失的加剧，使生态环境进一步恶化。“发展是硬道理”，要解决这里的生态环境问题，只有通过发展，退耕还林，减少农村人口，改善这里的生态环境条件。据榆林地区建设局陈恩宽副局长介绍，由于坚持不懈地进行陕北防护林的建设，近年来榆林气候状况有所好转，风沙大为减少，已产生了明显的效果。同时，要改变这里闭塞落后的交通条件，发展现代化的交通和教育事业，增加农民收入，提高现代意识，才有可能逐渐改变这种恶性循环的局面。[1]

1　参加了延安总体规划评审会后，10 月 10 日下午 4 时，由地区建委建设局张局长、孔令勋副局长陪同去延川县主持县城总体规划评审会，路经延安新机场（参观了唐俊昆先生设计的候机楼）—姚店—青化砭—沙家店—盘龙，踏勘了永坪发展新区的地形，晚 7 时到达延川县城永坪镇。这一带，交通不便，黄土高坡，少雨干旱，植被稀少，水土流失严重。农作物主要有麦子、高粱、玉米，多栽种在 25° 以上的陡坡地上。农民年人均收入仅 200 元左右，少的只有几十元，高的达到 3000 ~ 4000 元，相差悬殊。如这里出了一个有名的高产户叫“七个县团级”，一家七口，在父亲带领下劳动致富，年人均收入达到 6000 ~ 7000 元，1964 年四清时曾受到清查，驮走了十多车粮食。去年省里又有人到他家里调查，由于未说清楚来意，引起他的思想顾虑，以为又来割“尾巴”。他致富的主要原因是多种经营，除了种庄稼外，还搞了养羊等多种副业（由于黄土高坡地区生态十分脆弱敏感，植被稀少，牛羊繁殖太多了，也会破坏生态环境）。

这里的超生现象也较为突出，按国家规定为 14‰，去年（指 1988 年）搞延安规划时，作了抽样调查，为 45‰，但县里自报为 12‰，不少干部超生。如延川的 4000 干部中有一半超生，县建设局一位副处长原有两个小孩，妻子去世后，再婚，女方带来一个，结婚后由于手术无效，又生了一个，大孩子已 12 岁，小的才 4 岁。政府采取了比较严厉的行政处罚措施，免了职，罚款 1000 元。恶劣的自然生态环境条件，又加上人口自然增长的失控，造成了恶性循环！地方政府不得不作出规定：凡违反计划生育规定，超生一胎的干部一律作免职处分，并处以 10% 的工资罚款（每月扣发夫妻双方工资的 10%，延续 7 年），超生二胎者加倍处罚（农村中由于传统观念的影响，重男轻女，家里如果有男劳动力，不仅好干农活，而且家庭有了安全感，这也是造成超生和农村男女比例失调的主要社会原因）。

这次陕北之行，为时 14 天，使我有机会得以去延安、榆林两个地区的延安、延川、绥德、米脂（貂蝉故里，还有李自成行宫和纪念馆）、佳县、榆林等陕北高原沟壑地区的山地城市进行实地考察，以上城市都处在黄河流域的西岸。绥德（吕布故里）位于黄河的支流无定河的西岸，河道较宽。延川位于清涧河西岸，具有典型的黄土高原沟壑地区山地城镇的特点。榆林位于榆林河之畔，是陕北长城上的重要关隘，军事重镇。站在榆林关的长城上，远远望去，隐约可见被淹埋在沙漠之中的西夏统万城遗址。榆林西北就是内蒙古的毛乌素沙漠。沧海桑田，上千年的生态退化，触目惊心！此行也了解了当地的不少风土人情，印象深刻，受益匪浅。在此对陪同我进行调研、考察的延安、榆林地区建设局的领导和工作同志表示由衷的谢意。

7 城镇体系与区域发展

黄土高原的河谷和沟壑地区城市，城乡多沿着河谷槽地布置，由于地形的局限，可供城市发展的成片用地不多，同时由于特定的自然山水景观条件和历史文化名城保护的要求，中心城区的建筑修建高度和体量要受到严格的控制。因此，除了清凉山以东川地和凤凰山以东、延河以西川地可作部分发展用地外，更大的城市发展空间应从远离延安的外围地区来寻找，以解决城市的进一步发展与用地的矛盾。根据陕北地区的区域经济发展条件和环境承载能力，做好城镇体系布局规划（更多的可能是采取复合城市群的布局发展形式），合理确定城市发展规模，竭力改善生态条件与现代交通基础设施条件，发展地区的综合经济实力；而发展区域现代交通，对于陕北地区的经济发展，改变封闭、落后、保守的观念，强化开放与现代意识，具有至关重要的意义。

陕北地区许多县城多沿川道一侧或两侧槽地成带形发展。随着城市化进程的加速，经济的发展，城市规模进一步扩大，城市沿川道河流继续延伸，将造成城市前后交通联系的不便，道路管线等市政设施投资的增加。如连续的带形城区超过 10km，应尽可能采取“长藤结瓜”式的组团结构，而避免“糖葫芦”式的布局。前者可以避免穿越式交通的干扰。

鲲鹏展翅

——重庆江北城城市设计方案构思

北冥有鱼，其名为鲲。鲲之大，不知其几千里也。

化而为鸟，其名为鹏。鹏之背，不知其几千里也。

怒而飞，其翼若垂天之云……

—— 庄子《逍遥游》

为落实对北部新城区建设作出的“完善中部，拓展两翼，整治沿江，启动江北嘴”的战略部署，重庆市建委组织了“重庆市江北城控制性详细规划及城市设计国际招标”，招标书要求：用地范围为江北老城 $2.69km^2$，主要发展功能为重庆市的行政中心、文化艺术中心、科学技术中心、金融贸易中心、国际会展商务中心。[1]

重庆建筑大学方案从一个崭新的江北城未来发展之构想入手，采取山地城市规划方法与生态城市规划方法相结合的手法，以长江、嘉陵江及汇口为总体参照系，塑造一条自两江汇口沿山脊线从东南—西北的山水相连的空间主轴，两条似鱼腹又似鸟翅的弧形景观林荫大道分列主轴南北两侧，共同构成新江北城的空间主骨架，仿佛一只神鸟张开双翅飞向蓝天和大海，而项目地的平面形态又酷似一条遨游长江的大鱼，从而体现出“鲲鹏展翅”之寓意。以现有江北公园、大夏国皇帝明玉珍陈列馆、古城楼、古城墙、测候亭等历史文物古迹为基础，结合现有自然山体拓展的融自然景观与人文景观为一体的大面积绿化开敞空间（中央公园），成为空间主轴的主体，在整体上起着控制新区核心的作用。中央公园是新江北城的“城市中庭”、“城市客厅”，与其周围的建筑群形成阴阳相济、虚实相生的空间格局，体现中国传统风水城市“明堂”和四合院建筑“内庭”空间构成原理，创造出“不出城郭而获山水之怡，身居闹市而有林泉之致”的山地城市的理想境界。围绕中央公园组织用地划分，形成“一条景观主轴，两条景观林荫大道和两条传统步行商业街，三个空间层次，四种交通模式，五大建筑组群”的布局结构。

1 一条景观主轴

充分利用自然生态环境条件、历史文化资源，采用“生态因子分析法”与“相地构形”的手法，有机组织城市景观，形成集自然生态景观、历史人文景观、现代人文景观于一体的景观格局，着力创造具有山城、江城和历史文化名城特色的现代山水园林城市形象。

自两江汇合处（江北嘴）沿山脊线向上形成东南—西北向的山水相连的空间轴线，建立起都市与山水环境有机结合的空间构架，是自然山水轴；它将各建筑要素组织起来，具有聚集、串接活动之功能，成为人、物、信息、自然、文化多元交汇的走廊，是社会

1 这是重庆直辖以来，第一次组织国际设计招标。标书在网上公布，报名应标的有来自世界 15 个国家和地区的设计机构，经市人民政府批准确定了 6 家为正式应标单位，设计时间为 1998 年 6 月中至 10 月初，为时 3 个多月。德国 AS & P、澳大利亚亚太设计集团、法国瓦洛德—皮斯特建筑事务所、上海现代建筑设计集团、重庆市规划设计研究院、美国 SOM 和重庆建筑大学规划设计研究院合作（由于设计内容要求庞杂、任务繁重，SOM 中途退出）。经评审委员会评审，澳大利亚亚太设计集团、德国 AS & P 和上海现代建筑设计集团 3 家获得三等奖，由作者主持的重庆建筑大学规划设计研究院方案获特别鼓励奖，一、二等奖空缺。

经济活动轴；它还将历史与现代串联起来，是时空轴。山地城市更应该是一座有记忆和可记忆的城市——自然的记忆、历史的记忆。

2 两条景观林荫大道和两条传统步行商业街

即两条顺应地形的鱼腹式景观林荫大道，它是集人行、车行、商业、休闲、历史文化活动为一体的复合型绿色长廊，构成了区内道路主骨架，强化了景观主轴，使整体空间格局形成通江之势。在景观林荫大道中部与中央公园两侧，沿两江分别设置了两条富有重庆传统特色的步行商业街，设计中，继承挖掘江北城历史文化和地方建筑特色，分别在上、下横街入口处布置"安乐坊"和"昇平坊"牌楼，作为空间的限定与标志，建筑布局与形式沿袭重庆地方建筑风格，使传统城市街道与广场空间形象得以升华，同时打破传统步行街封闭的空间格局，将线性的空间与开敞的广场空间相结合，创造了收放有序、随地形起伏的丰富空间层次。

3 三个空间层次

建筑高度从中央公园到两江大致分作三个空间层次：环绕中央公园的内层以低、多层建筑及绿化为主，中层以中高层建筑为主，滨江外层与步行商业街则以低、多层建筑与绿化为主；而高层建筑集中分布在背江的西北高地上，这种结合地形、分层次的空间形态，强化了山城特征，提供了良好的观江景观视线，形成了外向型、开放式的空间格局。

4 四种交通模式

即地面、地下、空中、水上四种交通组织方式，充分发挥江城、山城的地理优势，结合地形条件和水文条件，开辟地下活动空间，将滨江绿带、滨江路、汽车站、火车站、旅游客运码头与市政广场、行政中心、商务中心、步行商业街、中央公园等节点联系起来，形成地面与地下空间相结合的重庆特有的山地立体化交通体系与空间发展体系。

5 五大建筑组群

即行政中心、艺术文化城、科学技术城、金融贸易中心和国际会展商务中心五大建筑群，并围绕它们安排相应的配套项目。

5.1 行政中心

设置在江北城的中轴线前端向前倾斜的高地上，背靠中央公园，前接市民广场，行政中心坐北朝南，背山面水，符合山地建筑文化与生态建筑文化的理念与方法。建筑平面呈弧形，如巨人的双臂形成拥抱两江之宏伟气势。采取建筑底层通透，使室内外空间相互渗透，并将室外绿化直接渗入室内建筑空间，建筑体量中高、两侧低，屋顶由高到低向两江方向倾斜，层层跌落。交通组织采取人、车分道和地面与地下相结合的处理手法。

5.2 文化艺术中心

自然博物馆："梭"形展示空间与附属用房之间形成巨大的条形公共中庭，以容纳各种性质的公共活动；"梭"形展示空间造型底部厚实，顶部轻灵空透，使建筑成为连接天与地的一个媒介。

美术馆：面对长江展开的弧形立面。

历史博物馆：体现过去与现在的联系与冲突，空透而变化的建筑与厚实完整的体量形成视觉上的对比。

歌舞剧院：矩形与弧形体量的有机衔接；浪漫诙谐戏谑的建筑表达。

影视中心：微妙的曲线与强烈的虚实对比，表达了“艺术之舟”的内涵；上升的主广场上高低错落的“飘件”和玲珑剔透的建筑，增添了建筑的张力和戏剧性。

音乐厅：方形、卵形以及台阶形体量的组合，创造极富情趣的空间，象征音乐语汇的流畅造型构件烘托建筑的艺术气质。

演技场：以“重技”手法创造富有动感的巨型结构空间。

5.3 **科学技术中心**

（嘉陵江）公园的东侧为一组由低到高、错落有致、依山就势、顺等高线布置的临江建筑群，与隔江的朝天门高层建筑群形成重要对景。

天文地理馆：抽象的象征与隐喻寻求具有双重译码的建筑空间与造型——天圆地方；体量有组织碰撞、穿插以及现代材料的应用，对建筑的高科技含义进行了表达。

智慧启迪宫：矩阵式平面赋予清晰的空间逻辑。依山就势，由低到高，富有想象力的几何空间序列的创造与组织。

生命科学馆：不同空间体量的组合表达抽象神秘的生命王国；形体、院落组合表达了人与自然共生的文化内涵。

创造未来馆：生态设计新理念展现信息时代建筑新概念；建筑语言演绎充满未来色彩的梦幻“虚拟”空间。

5.4 **金融贸易中心**

位于黄花园大桥北引道与五简路之间，为一条以高层建筑相夹中央绿化廊道构成的复合建筑轴，突出紧凑、高效的特点，并成为景观主轴的底景。对于不同高度的建筑赋予不同的形体变化，但在平面形式及顶部造型上有明确的相似，以保证整个群体在视觉上的完整性。

5.5 **国际会展商务中心**

位于中央公园北侧。商务中心建筑群两栋 80 层和两栋 60 层的超高层地标建筑面向中央公园展开，成为区域景观的制高点，其底层架空，并通往地下空间将中央公园、会展商务中庭广场紧密地联系在一起，其四周的商业街区也可直接或间接地以平面或空中走廊与其相连，位于商务中心的东侧，面向长江的开阔地上，位置突出，并与各个中心有方便的联系。

6 沿江护岸之整治

滨江护岸整治在考虑防洪的基本功能外，防洪堤也是临水观景游憩场所。结合道路、坡岸绿化使人能接近水面，岸线设计利用陡壁种植绿化或自然突兀的岸面组织自然式岸壁，保护原有的特殊自然景面，或考虑壁画、雕塑等岸壁。百年一遇洪水位与常年洪水位之间的落差区，作为自然绿化带或季节性游憩、活动场所。

7 设计理念

（1）自然与人文的结合，历史与现实的结合，技术与艺术的结合，实现重庆面向 21 世纪的现代化、生态式山水园林城市的目标。

（2）在信息时代，城市的规划、设计、建筑、园林的整合将在人类的物化活动中扮演更加重要的角色。

（3）群众参与设计：规划与设计，不能只有政府部门说了算，更不能只是规划设计者的事，应贯彻群众参与原则，采取访问、座谈讨论、问卷调查等方式广泛征求、吸取群众意见。

这次规划设计的实践，由于项目的规模较大，地形起伏多变，历史文化遗存丰富、多样，规划设计要求很高并充满矛盾，给设计者增加了不少难度而极富挑战性，是一次山地城市设计理念较为全面的探索，也是一次有意义的城市规划、建筑设计、园林景观设计和地理信息系统技术应用的产、学、研相结合的实践。

“装点此江山、明朝更好看”

——重庆创造山水园林城市有感

千禧之年、千禧之春，为提高山城的生态环境质量，实现将重庆建成山水园林城市的目标，市政府发出了加速重庆生态环境建设的号召。提出 2005 年完成 10 个区（市、镇）的山水园林城市的创建，2010 年完成 30 个区（市、镇）的山水园林城市的创建，使我市主城区整体达到国家园林城市标准，使我市的绿地率 2005 年达到 25%（主城区 30%），2010 年达到 30%（主城区 35%），2015 年达到 35%（主城区 40%），绿化覆盖率 2005 年达到 30%（主城区 35%），2010 年达到 35%（主城区 40%），2015 年达到 40%（主城区 43%），使人均公共绿地面积 2005 年达到 $5m^2$（主城区 $7m^2$），2010 年达到 $6.5m^2$（主城区 $8.5m^2$），2015 年达到 $8m^2$（主城区 $10m^2$）。这是一个需要经过全市人民的积极努力才能达到也必须达到的重要目标。

园林绿化与生态环境建设是创建山水园林城市的基础，也是第一步的基本要求。园林绿化建设要在四个层面上展开。第一个层面是市域大环境圈的绿化建设。要结合山脉、江河水系，大力植树造林，建设各种类型与功能的绿地系统，使城市园林绿化建设与国土整治相结合，结合长江防护林建设和水土保持工程建设，提高森林覆盖率，实现大地园林化，形成城乡一体的网络化生态绿地系统。第二个层面是主城区及各个分区与组团的绿化。要严格保护主城各组团之间的绿化隔离带并形成各个组团与分区布局合理、分布均衡、设施齐全的公共绿地系统和独具特色的江城、山城园林城市文化风貌，正如贺国强书记提出的：“要显山露水，靠山不遮山，临水不挡水”。第三个层面是居住区及新区、街坊绿化。建设点多面广，实用性强，为居民日常生活服务的小公园、小游园，形成各具特色的园林式居住区和新区。第四个层面是单位、住宅和庭院绿化。积极开展各个单位和居民个人的场地、庭院、阳台、屋顶、墙面和室内外的绿化美化活动，是最基层的园林绿化文明建设工作。

创建山水园林城市就是要把园林设计与城市规划、建筑设计有机地结合在一起并与自然山水环境和谐协调。因此，创建山水园林城市，关键要在环境上下工夫，这里所说的环境，既包括自然环境，也包括人文环境即社会环境与经济环境，它是城市物质文明和精神文明的综合反映，从美学的观点来审视，集中体现在两个字，一个是“美”字，一个是“洁”字。“美”，即城市景观“优美”（人工建造景观与自然山水景观和谐协调），城市文化“完美”（现代文明与传统文化完美结合），市民素质“健美”（健康的身体和健美的心灵）；“洁”，即城市面貌“整洁”（体现重庆山水园林城市有机疏散，立体化城市形态与变化有序的整洁面貌），城市环境“清洁”（山青、水秀、空气清洁、环境卫生），城市政府“廉洁”（城市管治廉洁、公正、高效，达到高质量的生态环境、高素质的城市社会、高效率的城市运转机制）。

21 世纪是信息时代，人类将由工业文明进入生态文明的新时期。人与自然的关系不再是“掠夺与征服者”的关系，而是和谐、协调、互惠共生的关系。因为人们已经懂得良好的生态环境是人类赖以生存的物质基础，是实现可持续发展的必要条件与基本保证。而良好的生态环境也越来越成为城市经济发展的重要条件，成为未来城市竞争的焦点。因为在经济全球化条件下，城市生态环境建设不仅是为了满足城市居民的生活需求，而且越来越具有发展战略的意义。生活质量、经济发展条件与环境质量的关系日益密切，尤其是在信息与知识经济时代，经济增长正在从资源指向转移到人才和技术指向，环境战略成为提高竞争力的重要因素。因此，国内外很多城市在新一轮的城市规划中，在考虑经济发展的同时，都把改善与提高城市生态环境质量放在重要的战略高度来考虑，力争把自然引入城市或将城市引向自然，并从宏观、中观和微观的不同层次上进行全面规划与部署，以创建优质、高效、富有生气的特色城市，并从多方面引入建设资金，加大投入力度。如深圳市在获得“国家卫生城市”（1992 年）、“国家园林城市”（1994 年）、“国家环保模范城市”（1997 年）殊荣的基础上提出了创建“花园式园林城市”的更高目标，加拿大温哥华地区的战略规划中（1994 年）提出了“绿色地带政策”、“完善社区政策”、“紧凑型大都市地区政策”等一系列旨在改善地区环境质量的政策，以增强城市在国内和国际竞争的能力。重庆山环水抱，有得天独厚的自然条件和中亚热带湿润气候，绿化基础优越。特别在直辖市成立以来，城市的基础设施、园林绿化建设有了很大的发展，城市生态环境质量得到明显改善，但由于经济与历史等原因，我市的绿化标准还不高，起点较低，绿化水平与全国比较还有较大的差距，与发达国家比较差距更大，我们要看到这个差距，必须奋起直追，迎头赶上，要调动各个方面的积极性，加大投入，加大建设力度，同时创建山水园林城市是全市人民的共同事业，需要全民的参与，从我做起，珍惜和爱护我们自己的生存环境，积极参加植树造林、种花、种草、保护生物多样性活动，只要大家行动起来，按照市政府的统一规划与部署，充分利用江城、山城优越的自然条件，经过艰苦不懈的努力，呈现在世人面前的将是一座山青水秀，空气新鲜，环境优美，经济繁荣，人、社会、自然高度和谐的山水园林城市——新重庆。

以自然生态环境为基础，以人为主体

——海口府城样板小区规划

海口府城样板小区位于现府城镇东南，海口市中心区东南部。场地东西宽 470m，呈矩形，为海口总体规划的一个街区（小区）用地，总面积 22.3hm^2。

样板小区规划突出以自然生态环境为布局构思，以人为主体的规划思想，通过灵活的空间布局把建筑物、绿化环境等组织在生态功能要求的总体环境系统中（图 1）。

1　生态环境为基础的布局构思

府城为海南的历史文化古镇，规划中为海口市的重要组成部分，自然气候条件好，冬无严寒、夏无酷暑，亚热带植被丰富，生态环境条件十分优越。所以，充分考虑自然条件，创造高质量的生态环境是样板小区规划的基本出发点与总体布局的基础。所谓高质量的生态环境要求，主要体现人工创造的生活居住环境空间与自然环境有机融合的整体环境质量，突出自然生态要求和地方特色的环境特点。其主要规划措施如下。

1.1　小区总体布局、建筑布置充分考虑利用主导风向与次导风向，改善小区气候

主导风向（东风）面采取楔形开敞空间和台阶跌落条块式等建筑布置形式，形成大小引风廊道；次导风向（东南）面，利用低层小学与运动场开敞场地起到引导风向作用。主、次导风均引入小区内部各个住宅组团及中心绿地，并在中心设置水面等以提高降温性能，调节小区的气候（图 2）。

1.2　运用多种绿化手段，丰富小区环境，改善小区气候

除小区的中心绿地、住宅组团绿地、宅旁绿地外，充分利用低层、多层公共建筑和住宅建筑的屋顶平台与墙面进行屋顶绿化与垂直绿化；在小区南面沿干道一侧设置绿化隔离带，以减少干道与车辆交通噪声对小区居住和学校的影响。

1.3　增辟草坪、水面，增加软质地面，减少硬质地面、墙面、屋面面积，以降低热辐射的作用，增加地面的透水性能，降低地表径流量，增加地下水的补充源，形成地面与地下水的自然循环。区内软质地面均与小区中心公园的水体相联系，强化网络状绿地的生态作用

图 1　海南府城样板小区

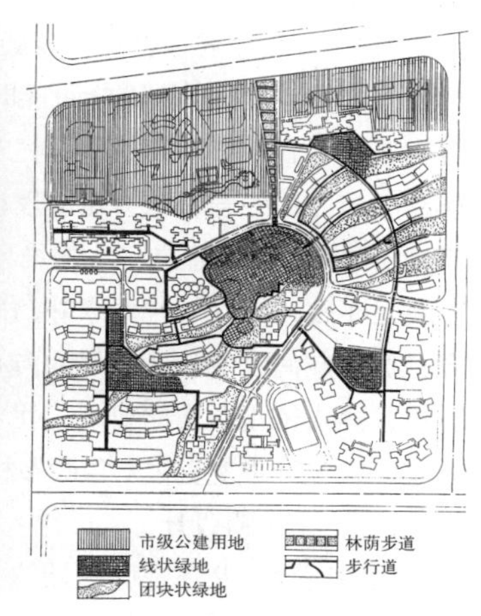

图 2　步行及绿地系统示意图

2　以人为主体的规划思想

以人为主体，包括了人的生理、心理和社会行为等各方面，涉及价值观念、社会意识形态等多层次、多样性的普遍需求。

小区的居住对象为外地驻琼机构的工作人员。他们来自五湖四海，参与竞争。规划中充分考虑了他们的特点与要求，通过组织现代化交通，创造良好的睦邻交往空间，提供多样性选择等，体现以人为主体的规划思想。

2.1　创造良好的邻里交往空间

为适应生态环境需求，小区空间环境特点突出通透、自由和流动性。规划打破传统的封闭式空间，取消防御式围墙的消极防卫做法。住宅组团和大部分公共建筑都不设围墙，五星级宾馆、小学和幼儿园采用通透或半通透的绿化分隔。在各组群设置邻里交往中心，形成室内、邻里、公共活动三级居住环境空间系列。对于小区的重要居民——外省驻琼人员来说，邻里交往尤为重要。萍水相逢而又同舟共济的行为心理和行为方式可在不同的私密—开放空间、开敞自由的睦邻往来中实现。

2.2　现代化的交通体系实现人车分流、人货分流，建立组团内部完善、舒适的步行系统

小区北部入口为步行林荫大道，与小区内绿地、组团、宅前绿化、道路及架空廊道形成步行系统。汽车交通进出口设于东西两侧，停车场设在组团入口的地上或地下，把汽车交通限制在小区主干半环道周围、组团以外。此外，利用组团路、宅前小路及林荫步行道两侧形成自行车道系统，使步行、自行车和汽车三个系统既关联又相对独立（图2）。

2.3　完善的服务设施、便捷的联系、适宜的服务半径以满足游憩、购物与娱乐相结合的现代购物行为的需求

规划布局打破传统的以小学为中心，以及小区—组团逐级分布公建和绿地的陈旧模式，而是全面综合地围绕创造生态环境与人工环境高度融合的总体构思，灵活处理。规划中改进传统的商业、文娱活动过分引入组团的做法，使各类设施相对集中，增加小区中心公共绿地面积。

市级公建避免“一层皮”的临街布置，而规划为内、外街结合的院落式，这种处理手法可增加商业街面长度1.8～2.5倍，提高土地利用效益，将购物与娱乐相结合，与现代购物行为相适应。

2.4　环境景观多样性与多层次选择的可能性，是以人为主体的根本

多样性、多层次的选择可能既是市场竞争的需求，又是人在竞争机制中的心理需求。各种职业、各种年龄及不同居住对象均要求提供丰富多彩的居住环境、住宅空间和活动场所；商品化经营、社会化管理也从不同角度提出适应市场竞争的多层次选择性。睦邻空间的组织、自然生态环境的维育等都从不同角度提供这种可能。在空间景观组织方面，除满足平视、仰视景观要求外，规划刻意创造俯视景观的层次性和多样性。从跌落式屋顶花园、空间收放和建筑群的向心性高度递减等，组织丰富多样的俯视景观层次，满足五星级酒店俯视观赏的要求。住宅建筑以组团为单位强化识别性，同时从面积规模、室内空间组合、户室变化、层数多样等方面提供多种选择的可能。

2.5　无障碍设计

无障碍设计是住宅区规划的一项新内容，它不仅体现了社会对残疾人的关心，还充分满足了现代生活行为的需求。它包括残疾人轮椅通道、童车通道、自行车无障碍坡道

等方面内容。轮椅和童车通道基本遍布小区及住宅组团，尤其注重解决住宅到小区绿地、市级公建的无障碍路线，保证轮椅和童车的购物、游览路线的畅通，并利用架空坡道为轮椅和童车提供避开汽车交通安全出入本小区的可能（图3），除了安排适合现代化工业生产的服务设施外，还着重考虑了公共设施的投资环境，为此在全区范围内布置了多处公共设施中心。

在主干道交通绿岛广场周围地段，安排了大体量公共建筑和游乐设施，从而构成合作区级的公建中心。具体安排了金融、行政、游乐场、综合购物、多风味美食、大型边贸市场、高科技展厅、旅游和文化娱乐功能等。

图3 无障碍设计

在公建街区内，根据用地条件及周围环境，划出一定地块，成街成坊地安排世界各地独具特色的商业城、美食城、自由贸易城、超级市场，以及各具特色的游乐场等。

3 住宅用地

为了满足不同的居住对象要求，规划设置了建筑密度各异、多档次的住宅建筑用地，并在各居住区内设置各种活动中心，以创建优美的生活服务和文娱活动的环境，吸引国内外投资者、旅游者和定居劳动者。规划选择环境优美的珲春河南岸绿化带东端，布置别墅式高级住宅，要求造型优美，色彩迷人。合作区南北中轴线地带，布置为中、高密度居住区，建筑以高层为主。

4 园林绿化

为建设成为经济发达、环境优美的合作区，规划注重园林绿地的设置。全区共规划了大、小绿地十几处，总面积达169.65万m^2，占建设总用地的10.17%，人均绿地11.31m^2。

绿地分布以面、带为主，大、中、小公园绿地相结合，在全面绿化的同时进行重点美化。沿河公园、绿化广场、南北带状公园，均为重点美化设计的游乐设施。

在工业区、公建区和居住区内部尽量多设置小块绿地，使之成为花园式的工业、商业、居住等园区。

5 合作区基础设施要求较高

在进行供电、电信、给水、排水、供热、燃气等专业规划设计时，都在充分论证的基础上，在设计深度、内容、目标等方面，力求做到满足国际性开发城市的高效率、高效益的经济活动要求，尽可能达到高质量的投资环境水平。

·书序·

唐璞先生为《山地城市学》所作序

研究事物在思维上的反映属于反映论的范畴，也是认识论的范畴。我校城市规划专家黄光宇先生，早年致力于城市规划工作，踏遍青山绿水，走访南北东西，不但对于平原地区的城市规划早已胸有成竹，运筹自如，而且现已进一步从思维的反映上，研究、建立山地城市学的思考，因而构成了辩证认识论的基础。

应当特别指出的是，黄光宇先生写的《山地城市学》这本书与一般城市规划设计的写法不同。一般的写法是先从山地城市规划原理写起，然后根据这些原理，研究考虑为何规划，以及为何设计。可是黄光宇先生的写法，却与之相反。他的写法是通过实地调查研究，先考虑为何进行实际规划工作，抓住要点，总结经验，找出山地城市学的精髓。

有可能是黄先生根据《实践论》的原理而开创的一种新的写法。《实践论》表明："通过实践而发现真理，又通过实践而证实真理与发展真理。从感性认识而能动地发展到理性认识，又从理性认识而能动地指导实践，改造主观世界与客观世界。实践，认识。再实践，再认识。"这正是黄先生这样学的，这样想的，和这样做的。

这本书是由一般的城市规划设计原理，通过黄先生多年工作经验，发现一般城市和山地城市的共性与个性问题；固有的问题与新生的问题等，作者均以不同的观点和方法来解决其中不同的各种矛盾。

为将创建山地城市的祖先们给我们留下来的宝贵经验传给后代；为开辟新的山地城市所需的科学技术之路提供有利条件；为跟随先驱们的高瞻远瞩所探索出的成功之路而前进(指20世纪60年代丁锡祉教授的"山地学"、20世纪70年代钱学森教授的"城市学"、20世纪80年代吴良镛教授的"人居环境学"等而言)；为热爱并投身于城市（包括山地）规划工作者提供参考，这是作者黄光宇先生近年来的愿望。

作者在书中十分强调生态环境的重要性及其措施，是的，这个问题早已受到国际建筑师协会（UIA）和联合国教科文组织（UNESCO）的特别重视，为了"山地城市学"的不断推陈出新和不断地在现代化建设中起到更大的作用，我谨提出国际建筑师协会第16次代表大会会长乔治·斯特尹洛夫（Georgi Stoilov）代表国际建筑师协会的讲话中的几个"前进"，其中最重要的两个是"要在一个被损坏了生态平衡的、污秽的小行星上，在一个混乱的、过度集中的、反卫生学的城市集团中，与之斗争，继续前进"；"要在一个突破的文明中、在一个文化基因被技术的氧化物分解的情况下，继续前进。"

从这两句话来看，恰如其分地与黄光宇先生写这本书的主要用意是吻合的，乃是解决现代化城市（包括山区）问题的精辟之论，故以此献给作者，并为之序。

重庆建筑大学建筑城规学院教授　唐璞

1997年8月7日

（注：《山地城市学》一书由中国建筑工业出版社于2002年出版，作者：黄光宇）

李文华院士为《山地城市学原理》所作序

随着人口的增长、科技的进步，城市化的进程正在全世界迅速扩展。城市化既对社会的发展起到积极的作用，同时也带来一系列的负面问题，如环境污染、生态退化、生物多样性减退、热岛效应、交通拥挤等。近代的建筑学正在突破其原有的传统领域，并以人居环境的概念来指导综合考虑城市的建设与发展问题。建筑学家一改过去主要是对建筑和外部景观为追求目标的狭小领域，走向建筑、景观和城市规划的融会，把工程与生态和文化结成一个整体，这也就是科学发展观主张的以人为本，全面、协调、可持续发展在城市规划中的具体体现。

在城市规划日益生态化的同时，生态学科也在经历着一场改革。当前的生态学已经摆脱了发展初期的纯自然主义的倾向，越来越面向社会，解决当前社会面临的迫切的生态与环境问题，也必然会产生与相邻学科的杂交、融会，以致学科的分化和新学科的产生。其中，城市生态学就是在此变革过程中产生的一个新的研究方向，展现出勃勃的生机。也是在这种背景下，生态学家与从事建筑、城市规划的科学家和工作者，在城市发展与规划这个大舞台上相遇、相识和相交。大概在 10 年以前，在一次学术会议上认识了黄光宇先生，我为他的谦虚纯朴的治学态度和敬业精神所感动，也与他把生态学的理念引入城市规划的想法产生了共鸣。特别是他孜孜不倦地从事山地城市规划，更引起了我极大的兴趣与敬佩。这不仅是由于我国是一个多山的国家，山地城市的分布和数量占有很大的比重，也由于我多年来在山区，特别是西南山区进行过科学考察，并深知山地和山区城市的特色以及面临的一些独特的问题。共同的兴趣和性格使我们一见如故，并开始了长期的友谊和密切的交往。黄光宇先生经常参加生态学会组织的有关城市生态和规划学术讨论会及有关成果鉴定会，并发表深刻的见解。此后，我收到他的文章和学术专著，也参加过他研究成果的学术鉴定会等，接触后我感到黄光宇先生及其学生们在山地城市规划设计方面进行了大量的研究和实践工作，他把硬件与软件规划与生态理念做到了有机结合，而且做出了山地城市的特色。

在这本《山地城市学原理》中，作者从山地城市建设的利弊分析，山地城市生态化建设的必要性，山地城市学的定义、研究对象和内容、研究方法与动向，山地城市生态系统的特点与服务功能到具体的勘察技术与方法，山地城市的选址、结构、生态环境、交通、建筑、灾害、美学以及山地城市的管治等诸方面进行了系统的阐述。这是我看到的从人居环境优化出发对山地城市规划设计十分系统和深入的一部专著，是黄先生多年来工作的结晶。它为今后山地生态化城市规划建设的研究与实践奠定了一个坚实的基础。黄先生要我为它的这部著作写序，我引以为荣，谨作此序，表示我的支持、学习与赞赏之情，并希望这本书能对山地人居环境和城市生态化建设发挥积极和示范性的作用。

李文华

2006 年 7 月 2 日

（注：《山地城市学原理》一书由中国建筑工业出版社于 2006 年出版，作者：黄光宇）

《山地城市与建筑文化》丛书序

我国的山地城市分布很广、类型繁多。改革开放以来，山地城市建设发展迅速。但由于长期以来对山地城市规划与建设缺乏科学的指导，往往沿袭平原地区的规划设计理念和建设修建方式，致使山区知识文化逐渐失落，山地城市特色逐渐消失，山地灾害频繁发生，给我国现代化建设事业和山地城市居民的生命财产造成巨大损失。同时，随着工业化、城市化和全球化进程的加速，西部大开发战略的实施，我国山地城市的建设发展正面临着新的机遇与挑战。山地区域和山地城市的社会经济的快速发展对脆弱的山地生态系统将带来巨大的冲击，人、地矛盾将更为突出，因此，必须引起对山地区域和山地城市、山地景观园林与建筑文化的特别关注。

有感于此，我们特组织出版这套系列丛书，以期滴水成河，汇集山地城市与建筑文化科学研究和技术开发方面的最新成果，促进学术交流，提高山地城市、山地景观园林和山地建筑文化的科学技术水平。希望能引起读者的关注和兴趣，并热忱欢迎关心山地人居环境建设的同行赐稿。限于水平和缺乏经验，丛书出版中的不足之处敬希读者批评指正。

《山地城市与建筑文化》丛书编写委员会

黄光宇

2002 年 10 月于山城重庆

（注：《山地城市学》一书由中国建筑工业出版社于 2002 年出版，作者：黄光宇）

《生态城市与建筑文化》丛书序

环境与发展是当今世界面临的两大主题。自 18 世纪产业革命以来，世界工业化和城市化进程明显加快，人类文明和科学技术进步达到了前所未有的发展水平。但工业文明的沉重代价是加剧了生态环境的危机。全球性环境的明显恶化和地球生命保障系统（The Global Life-Support Systems）的退化，严重威胁着人类的生存与发展，成为整个国际社会关注的焦点。

1972 年 6 月在斯德哥尔摩召开的联合国人类环境会议发表的《人类环境宣言》中指出："保护和改善人类环境已经成为人类的一个迫切任务"。1971 年联合国教科文组织（UNESCO）发起的《人与生物圈计划》（Man and Biosphere Programme，MAB）把城市列入重点研究的领域之一，提出要从生态学的角度用综合生态方法来研究城市问题和城市生态系统，在世界范围内推动了生态学理论的广泛应用和生态城市、生态社区的规划建设与研究。1992 年 6 月联合国环境与发展大会制定并通过了《21 世纪议程》和《里约热内卢环境与发展宣言》，保护和增进人类健康，促进人类住区的可持续发展成为各国共同追求的目标。1994 年 3 月我国政府率先制定了《中国 21 世纪议程》（中国 21 世纪人口、环境与发展的白皮书）。

1996 年 6 月，在土耳其伊斯坦布尔召开的联合国第二届人类住区大会报告指出，到 21 世纪初，全世界将有一半以上的人口生活在城市。而中国政府在大会的报告中指出，到 2010 年，中国城市化水平将达到 45% 左右，根据邓小平同志提出的"分三步走"的战略目标，中国将在 21 世纪中叶基本实现现代化，达到世界中等发达国家的水平。

1998 年 11 月，国务院颁发了具有重要历史意义的《全国生态环境建设规划》，对到 21 世纪中叶全国的生态环境建设进行了总体部署。

2001 年，江泽民总书记在庆祝中国共产党成立 80 周年大会的讲话中指出："要促进人和自然的协调与和谐，使人们在优美的生态环境中工作和生活。坚持实施可持续发展战略，正确处理经济发展同人口、资源、环境的关系，改善生态环境和美化生活环境，改善公共设施和社会福利设施。努力开创生产发展、生活富裕和生态良好的文明发展道路。"这给城市发展、城市规划和城乡生态环境建设指出了明确的方向。

当前，生态革命的浪潮正席卷全球，面对全球变化、全球化和信息化的严峻挑战与机遇，在中国加速城市化和现代化的进程，实施西部大开发的今天，生态胁迫与环境的压力愈加突出。在加速城市化进程和城乡规划与建设中，努力寻求社会经济发展与生态环境的协调；在实现现代化的过程中，不断改善城乡居民的工作条件与生活质量，实现经济、社会、环境的可持续发展和经济效益、社会效益和环境效益的统一，是我们共同追求的目标和责任。有感于此，我们自觉地组合在一起，编写与出版《生态城市与建筑文化》丛书，旨在运用生态学的观点、原理和方法来研究城市、城市规划与建筑文化问题，以促进中国城乡现代化与生态化建设事业的发展和科学技术的进步。

学科的相互交叉和渗透是当代科学技术发展的一个显著特点，生态学与城市和建筑学科的交叉与结合必将对城市和建筑科学技术的发展产生重要的影响，同时也必将大大拓展生态学与社会科学结合的领域。

我们殷切地希望有更多的读者来关心和阅读它，并提出宝贵的批评意见，更希望有更多的志愿者加入我们的写作行列。

《生态城市与建筑文化》丛书编委会
主编　黄光宇
2002 年 5 月于山城重庆

（注：《生态城市理论与规划设计方法》一书由科学出版社于 2002 年出版，作者：黄光宇、陈勇）

《生态视野中的西南高海拔山区建筑学研究》序

《生态视野中的西南高海拔山区建筑学研究》一书是在作者博士论文的基础上完成的。作者长期生活在西部地区，对西部地区的建筑文化情有独钟。他跋山涉水、写生、摄影，记录了这些地区丰富多彩的民族风情和建筑技术，也做了不少这些地区的城镇规划与设计项目。该书从生态学视角来审视西南高海拔多民族山区的建筑文化，涵盖了藏东南山区、滇西南迪庆地区、丽江地区、大理洱海地区、川西北地区和攀西地区，这些地区都有鲜明的地域特征和浓郁的建筑文化。地域性与本土精神是贯穿本书全部内容的核心理念。

作者通过调查研究，提出了从区域与城市规划学出发来探讨西南高海拔山区建筑学的走向问题，从技术角度探索营造层面上的地区建筑学的传承和弘扬问题，指出保护与发展地域技术作为欠发达地区的技术革新的重要性，并特别强调了推广太阳能利用技术对推动该地区建筑学发展的重要意义。作者有深入的生活体验，同时他又能静下心来博览群书，研究学问，因此能从实际生活体验中感悟出重要的理念，总结出真实有用的经验。这是作者能够取得成功，做出好的研究成果的关键。作者把对建筑文化的研究与地域文化、城市规划、设计结合起来，把建筑设计、建筑技术与生态学结合起来，使这部著作不仅有生态学的广阔视野，而且也有较深的工程技术深度，这也是这本书的突出特点和成功之处。

在经济全球化的浪潮下，文化趋同、建筑趋同的现象越来越引起学术界的关注，我们的任务是要继承与发展我们民族的优秀地域文化，发展山地建筑学，为西部大开发和现代化建设服务。

我祝贺该书的出版，相信它的问世将进一步推动地域建筑学的发展，并热切地期盼着作者以这本不同凡响的著作为发端，不断推出新作，以飨读者。

黄光宇

2002 年 12 月

（注：《生态视野中的西南高海拔山区建筑学研究》一书由东南大学出版社于 2003 年出版，作者：毛刚）

《移民者的乐园——三峡库区“棚户现象”调查研究》序

三峡库区的移民迁建是一项十分复杂的巨系统工程。“移民者的乐园”这篇作品是李浩同学以独特的视角和独到的见解对三峡库区城镇迁建与移民中出现的“棚户现象”这一特殊事物进行深入细致的观察，并采取实地采访、拍照、问卷调查与阅读文献、比较研究等方法，对这一现象进行了多视角、多层面的考察。作者对这一现象并没有作简单的肯定或否定，而是运用社会学、生态学、城市规划学等多学科知识进行认真的分析，剖析其产生的原因，并提出了有见地的思考与建议。从这些思考与建议中可以引出一些值得我们重视和关注的深层次的问题。

作者所谓的“乐园”，当然不是指实际搭建的“棚户”，而是透过“棚户聚区”这一自发现象看到三峡库区城镇移民迁建这一复杂事物的一个小小的侧面和正在转化中的农户，由农民→半农民→市民，从第一产业走向服务业的这一转化过程。这也是三峡库区城市化进程中所出现的一个既独特又正常的现象。

李浩同学作为一名校报的业余记者，曾做过不少社会调查与报道，成绩不凡！他能小中见大，大中见小，这篇调查报告应是他最出色的一篇，也是当代大学生紧密联系实际、关心社会问题的一篇力作。因此得到了众多专家、学者和老师们的一致好评，这是难能可贵的。

加强大学生与社会的接触，紧密联系实际，提高应用所学专业的知识的能力，培养为人民服务的思想感情，增强社会责任感，是十分有意义的事，应该坚持做下去，并祝愿李浩同学在今后的学习和工作中取得更大的成绩，是为序。

2001 年 6 月 12 日于山城重庆

（注：由赵万民、李和平老师指导的李浩同学的“移民者的乐园”荣获第七届“挑战杯”全国大学生课外学术科技作品竞赛特等奖的殊荣）

《当代集镇建设》序

改革开放以来，我国的城乡经济呈现全面发展的态势，祖国农村大地正在经历由自然经济向商品经济、由传统农业向现代农业大转变的历史性过程。

农村经济体制改革的全面推进和产业结构的调整，大大调动了广大农民的积极性。在大力加强农业生产的同时，农村第二、三产业得到了很大的发展。大量剩余劳动力转入乡镇企业、商品流通和服务领域，不仅使原有的集镇得到了振兴与发展，而且促使大批新兴农村集镇蓬勃兴起。集镇的这种振兴与发展，不仅对促进我国农业的现代化、发展农村商品经济产生着巨大影响，而且对促进全国城乡科技、文化、教育、卫生等事业的发展，缩小城乡差别，实现农村生活现代化，促使我国社会主义城乡居民点体系的协调发展，加快乡村城镇化的进程，起着重要的作用。星罗棋布的集镇，犹如撒落大地的珍珠，在历史性的大变革中，在祖国广袤的土地上，闪烁着耀眼的光芒。集镇的振兴与发展，必将从根本上改变整个中华大地的面貌。

值得引起重视的是，近年来，在集镇蓬勃发展的过程中，一些新的问题随之出现。如乡镇企业的发展缺乏计划指导；土地、资源浪费严重；一些地区环境污染问题突出，生态平衡失调，不少集镇缺乏科学、合理的规划；集镇人口的发展、房屋的建设与市政基础设施、环境建设不能同步进行，物质文明与精神文明建设不能协调发展等，越来越引起人们的密切关注。

我国是一个拥有 11 亿人口、8 亿多农民、400 多座城市、4 万多个建制镇、8 万多个乡的大国，人口之众、城市和乡镇数量之多居世界首位。但土地面积、特别是耕地面积相对很少，广大农村经济还比较落后，而且发展很不平衡。我们在建设有中国特色的社会主义和城乡居民点体系时，不可能离开这一基本的国情。广大集镇作为我国城镇居民点体系的基础，对于我国的经济建设、文化建设和基层政权建设有着十分重要的意义。因此，集镇的发展与问题，不仅引起了广大城乡基层建设、管理干部的密切注意与重视，而且也越来越引起中央决策部门的密切关注和社会、经济、科技、文教、卫生、管理等部门专家学者以及所有有识之士的广泛重视与兴趣。

为了加强集镇的建设，促使集镇健康地发展，国家必须使集镇的发展纳入科学规划与建设的轨道，强化集镇管理，使集镇的经济发展、社会发展与环境建设同步进行，物质文明与精神文明建设协调发展。因此，我们必须遵循集镇发展的客观规律，结合我国的基本国情，不断加强对集镇发展的科学研究工作，应用现代科学理论与方法，有计划地发展我国现代化的集镇建设，全面实现国家的现代化。

那么，应当怎样全面地认识我国的集镇建设与发展？如何科学、合理地进行集镇的规划、建设和管理？这便是本书要回答的主要问题。

全书分两个部分。第一部分系统地论述了集镇的概念、形成、地位和建设集镇的战略意义，我国集镇发展的基本概况，现代集镇建设的基本原则，集镇规划的基本原理、内容、方法与步骤，现代集镇建设的实施与管理等问题；第二部分介绍了国外集镇建设的经验。其中第一章由罗书山、黄光宇撰写，第七章由罗书山撰写，第二、八章由黄光宇撰写，第三、四、六章由黄天其撰写，第五章由熊德生撰写。另外，第八章第一节“无锡县杨市镇规划与设计”是采用《杨市镇规划设计说明》及《无锡县杨市镇规划设计研究》（齐康、段进，《城市规划》，1987 年第 6 期）材料编写，第二节“四川万源县官渡山区集镇规划与建设”则取材于《官渡山区集镇建设综合示范点规划与设计研究》（黄光宇、刘建荣等）。第一部分由黄光宇提出编写大纲，并负责统稿。第二部分由冯华撰写。

由于我们水平有限，缺点与错误在所难免，敬希读者批评指正。

（注 :《当代集镇建设》一书由黄光宇和冯华、黄天其、罗书山、熊德生先生合著，重庆出版社 1992 年出版）

·访谈·

与时俱进唱响时代主旋律、开拓创新推动城市新发展

——专访山地城市规划建设专家黄光宇教授

记者：请黄先生概括一下您的个人经历。

黄光宇：我于1935年出生于浙江省温州乐清市，1959年毕业于重庆建筑工程学院并留校任教至今。我于1961年任建筑设计与城乡规划研究室副主任，1983年聘任副教授，1986年破格晋升为教授，任研究所所长、建筑系副系主任、城市科学研究会理事长、四川省城市规划学会副主任等。1986～1996年期间任全国高等学校建筑学专业指导委员会委员，1985～1996年与联邦德国汉诺威大学城市发展与结构研究所建立了长期合作关系，任中方合作研究负责人，1987～1988年与加拿大曼尼托巴大学举办联合研究生班。1989年国务院学位委员会批准我为博士生导师。1990年倡议并创建了我国山地城镇与区域研究中心，获中国科学院、建设部批准并任中心主任。1991年享受国务院政府特殊津贴，并受聘于清华大学兼职教授、博士生导师，担任国务院三峡工程建设委员会移民工程咨询专家组成员等职务。我一生与山地有缘，出生在山地——雁荡山脚，求学和工作在山地——重庆。

记者：您作为山地城市学的奠基人，长期致力于我国山地城市规划建设领域的研究，那么，您认为我国山地城市空间结构与发展形态的特点是怎样的呢？结合我国多山的国情，您觉得加强山地城市规划设计理论研究对指导城市规划与设计实践有什么重要意义？

黄光宇：城市布局是在一定的自然环境下，为全面满足人们的社会生产和生活需要而创造的活动空间。山地城市的空间结构与发展形态主要包括有组团式布局结构、带状布局结构、串联式布局结构、星座式布局结构等四种类型，这四种类型，是在山区特定的用地条件和社会历史经济发展条件下的产物，其城市形成与发展的基本特征表现为分片集中的城市（镇）群分布形式。无论是哪一种城市的布局结构形态，它们的基本特点都是在松散条件下的集中，如果说松散是山区自然条件影响的结果，那么集中则是城市功能的本质要求，是市民从事社会生产、生活联系和城市建设技术经济的基本要求。因此，在山地城市建立“有机松散、分片集中、分区平衡”的布局结构体系，不仅是山区城市发展历史过程的合乎逻辑的必然结果，也是适应城市今后进一步发展及建立动态平衡的必然趋势。

我国是一个多山、多山地城市的国家，探索并加强山地城市规划与设计的理论研究，逐步建立适应我国山地城市现代化建设要求的学科理论体系、规划设计方法体系、建设管理的法规体系和人才培养的教学体系，对于我国山地城市的规划、建设和管理等实践

活动具有重要的现实意义。能够促进人们更加科学地认识我国多山的现实国情，认识山地城市发展与建设的一般规律，通过科学的规划实施引导和控制，更加有效地利用山地、坡地和荒地建设城镇和村庄，以保护珍贵的耕地，节约基本农田，从而促进山地城市的健康发展。

记者：据统计，我国有一半以上的城镇属于山地城市的范畴，这是一个应引起人们重视的数字和概念。我们知道，我国的少数民族绝大多数都居住在山区，而主要的矿产、水能、森林等资源绝大部分也分布在山区。因此，山地的战略地位十分重要，山地城市也就不仅仅是我国城镇体系的重要组成部分，而是发展山区经济、建设繁荣文明新山区的核心和重要基地。那么，"山地城市学"作为主要研究山地城市的新型学科，其产生的必要性是什么？它对于山地城市的发展又有什么意义？

黄光宇：这一问题可以从两个方面进行认识：一方面，山地城市具有特殊的地位，如同你所说的，山地城市分布广泛、少数民族文化富裕、各种资源蕴藏量极大，因此应当重视山地开发、保护山地生态；另一方面，正是由于山地城市的特殊性，在我国大力实施城市化战略的进程中，由于人们对于山地城市的认识不足和山地城市规划水平的落后，导致了实践工作中的不少失误，例如照搬平原城市的规划方法及标准开展设计，遇到山地搞"推平"建设等，实践中的失误迫切需要我们提高对山地城市的思想认识和规划设计及管理水平。我国自1999年开始实施西部大开发战略，"山地城市学"作为主要研究山地城市的新型学科，其产生的必要性不言而喻，它的诞生对于提高山地城市的规划和建设水平具有重要的理论和现实意义，对于山地城市的发展必将起到积极的推动作用。

记者：当前，我国生态城市的规划和建设仍处于初始发展阶段，有关生态城市的理论、规划思路、设计方法和管理机制还不够成熟，它需要生态学理论的指导和城市规划、环境保护、园林景观等多学科专家的参与，需要国家和地方政府的大力支持，更需要全体市民的积极参与，那么，我国生态城市规划和建设的前景是怎样的？

黄光宇：生态城市是20世纪80年代以来，随着全球化、信息化、城市化进程的加快和人口、资源、环境问题的加剧而提出来的一种城市发展的新理念。生态城市的提出是基于人类生态文明的觉醒和对传统工业化与工业城市的反思，生态城市的生态不是纯自然的生态，而是自然、社会、经济复合共生的城市生态，它包括了人与自然的协调关系和人与社会生产、人与人的协调关系。21世纪是城市的世纪，也是关心环境的世纪，"城市未来将决定的越来越多的不仅是国家的未来，而且是整个星球的未来"（加利在1996年6月5日"世界环境日"发表的讲话）。随着全球化与全球变化进程的加快，环境问题的加剧，以及社会主义市场经济的逐步完善，科学技术的进一步发展，城市的地位与作用的进一步加强，城市的发展与城市问题及环境问题的复杂性、不确定性大大加强，城市与城市、城市与区域、区域与区域、国家与国家之间的竞争和联系也大大加强。因此，要求我们必须以科学的观点、发展的观点、变化的观点来认识城市与环境问题，以新的生态视角和时空观不断探索研究城市与区域发展的理论与实践。建设富有中国文化特色、能体现各地地域特点的生态市、生态镇、生态社区、生态村落，是应对新世纪的严峻挑战、建设生态文明新时代的必由之路。

记者：我们知道，您结合多年的山地城市规划与设计实践，系统归纳了山地城市布局结构的典型模型，如重庆大山城的“有机疏散、分片集中、分区平衡、多中心、组团式”结构；万县市的“带状”结构；宜宾市的“组团式”结构；内江、自贡市的“串联式”结构；乐山市的“绿心环形”生态型结构和市域的“复合城镇群”结构；丽江的“新旧城区分离型”结构等。这些结构模型为我国许多城市规划建设实践印证和利用，那么，在这之中，您最满意的是哪一个城市模型呢？为什么？

黄光宇：不能够说最满意哪一个城市模型，因为它们是通过对不同的山地城市的自然条件和环境格局的分析而总结归纳出来的布局结构的典型模型，其所代表的是不同的山地城市类型，因此具有不同山地条件下的良好的环境适应性和发展优势。例如，重庆大山城“有机疏散、分片集中、分区平衡、多中心、组团式”结构是大城市的布局结构类型，万县市的“带状”结构、宜宾市的“组团式”结构等是中等城市的布局结构类型，而丽江的“新旧城区分离型”结构等则是小城市的布局结构类型。但是从规划目标与建设实践的情况综合评价，乐山、自贡、重庆等城市结构模型是发展得比较好的一些类型。

记者：我国目前城市化水平约为29%。世界城市化规律证明，一个国家城市化水平达到30%以后，将进入加速发展阶段。在未来15年，中国城市化水平平均每年至少提高一个百分点。面对世界人口向城市集聚（城市化）与城市日益严重的生态危机的矛盾以及工业化追求的经济效益与提高人居环境质量的矛盾，探求更加理想的城市发展模式和人类聚居形式，建设一个高效、健康、平等的生态城市社会，作为未来城市的发展主题已受到世界各国的重视。那么，您理解中的“生态城市”应该具备什么内涵？应该具备什么特点呢？

黄光宇：纠正一下，我国目前的城市化水平，比较权威的统计数字是40%左右。生态城市是面向未来生态文明社会的人类住区，其内涵必将反映生态文明的思想，而且随着社会的发展，它的思想内涵也会不断得到发展、充实和丰富。一般来讲，我们可以从哲学层次、文化层次、经济层次、技术层次等多方面来理解生态城市的内涵。生态城市是应用生态学原理和现代科学技术手段来协调城市、社会、经济、工程等人工生态系统与自然生态系统之间的关系，以提高人类对城市生态系统的自我调节与发展的能力，使社会、经济、自然的复合生态系统结构合理、功能协调，物质、能量、信息高效利用和生态良性循环。因此，生态城市是建立在城市发展与自然演进动态平衡的基础上发展起来的城市，也是生态健康的城市，用中国传统文化理念来理解，也可以称为“天人合一”的城市，即人与自然高度和谐、技术与自然高度融合的人类住区发展的更高形式，也是城市物质文明与精神文明高度发达的标志。建设生态城市不仅关系到社会、经济的生态化和环境的保育，也关系到人类生态价值观的建立和生产方式、生活方式、消费方式的生态化转变，不仅是现代人追求现代文明的一个更高的目标，也是现代城市走向生态文明、实现可持续发展的必然趋势和过程。

记者：我们知道，您是最早在我国将生态学与城市生态系统的研究融入城市规划建设之中的学者。在长期城市规划理论的研究与实践中，您注意到了生态的维护与改善对城市发展的重要性，特别是对山地城市这类具有高度敏感性的城市具有重要作用，请具体谈谈这个重要作用是什么。

黄光宇：基于生态学的观点，山地往往是生态脆弱的敏感区域、可资城镇建设土地资源相对匮乏的区域、经济相对落后的欠发达区域、文化多样性很高而急需保护的重要区域以及工程地质问题复杂且相对集中的区域。因此，山地城市的可持续发展，需要认真分析城市发展建设、生态环境保护和资源合理利用的内在关系。我国当前大多数山地城市在规划设计与建设时仍沿袭平原城市的理论体系、技术方法及标准，加之山地自然生态环境的特殊性和复杂性，以及城市建设过程中的盲目性，从而导致了大量山地城市的生态环境恶化、地质灾害频繁、土地资源浪费、地域文化丧失等诸多问题，严重制约着山地城市的健康发展。随着我国城镇化发展战略的推进，山地城市建设的速度也大大加快，沿袭平原城镇的规划建设模式不仅使建设成本增大，而且势必会导致山地区域资源的浪费和生态环境的破坏。因此，正确认识山地城市可持续发展建设的内在规律，认真总结适合山地实情的生态化规划设计和建设理论与方法，对于推动山地乃至整个国家的经济发展和社会进步以及完善我国的城市规划理论与实践体系等都具有重要意义。生态化规划是山地城市规划设计领域的重要发展方向，它涉及生态学、地理学、城市规划、工程设计、社会政治、法律、管理等相关学科的知识，具有高度的综合性。旨在充分理解自然环境的特性、生态过程及其与人类活动的关系基础之上，协调规划区域内部结构和生态过程及人与自然的关系，正确处理生产和生态、资源开发与保护、经济发展与环境质量的关系，达到人与自然的和谐，这种规划设计导向对于山地区域与城市科学发展具有重要意义。

记者：城市规划对于一个城市的可持续发展具有举足轻重的作用，以北京为例，这两年随着我国经济的快速发展，北京的城市规模也越来越大，北京城已经修了五环、六环。请您从城市规划的角度谈谈这种环线建设是否合理；借 2008 年奥运之机，您对北京将来的城市规划有什么意见和建议？

黄光宇：城市发展和规划决策的制约因素很多，因此难以用合理或不合理来评判北京市的环线建设。城市规划工作的最高宗旨是为了解决问题，如果环线建设对于北京市交通建设和城市发展的问题的解决起到了良性的、不可替代的作用，我们就可以说环线建设是合理的，但这一结论需要进行严谨、深入的系统调查和研究。2008 年奥运会即将在北京举行，这将会对北京市的发展产生重要的影响，城市规划工作应当重视对于北京市城市功能和性质定位的论证，并且加强生态环境建设，走“生态奥运”之路。

（注：本文是为纪念重庆大学建筑城规学院城市规划专业办学 50 周年而进行的采访）

实现山地城市与自然的和谐发展

——黄光宇与他的“山地城市学”

我的桌上放着厚厚几大本《山地城市生态化规划建设理论与实践》成果汇编，里边记录着黄光宇及其课题组成员20多年的理论与实践心血。

黄光宇，重庆大学建筑城规学院资深教授，城市规划与设计研究院总规划师，中国科学院、建设部山地城镇与区域环境研究中心主任，我国山地城市学的奠基人和生态城市理论与规划设计的开拓者。

2004年8月17日，周干峙、齐康、李文华院士、陶松龄资深教授等一干建筑、城市规划、生态、地理等学科领域的著名专家学者组成的鉴定委员会在成都对黄光宇等20多年来的理论与实践成果进行了鉴定，他们认为，黄光宇及其课题组取得的成就对丰富和发展我国城市规划科学理论，推动城市规划的技术进步，形成具有中国特色的山地城市生态化规划建设理论与方法体系和学科建设作出了重要贡献，居国际领先水平。

1 嫁接“山地学”与“城市学”

先建立一个基本概念。我国多山，尤以西南部为最，中部和东部也有许许多多的丘陵。这些大大小小的山脉丘陵就构成了大小不等的山地形态。在全国数十个省市中，从西到东，从北向南，几乎没有一个省完全是平原。山与城相拥，城与山交融，山是大自然的馈赠，城是人类创造力的结晶。山地城市学，就是在自然与人文的碰撞中诞生的一门为追求人类与自然和谐相处的新兴学科。

黄光宇对山地城市学的涉足，离不开岁月的印迹。他曾自述道：我出生在雁荡山脚的一个小镇上。孩提时，正值国难当头——1944年日本侵略者在温州乐清湾登陆，父母带着一家五口逃难到芙蓉山区。是年秋，一个阴雨蒙蒙的日子里，日本鬼子由乐清攻占芙蓉镇，父母又带着我们随镇上的父老乡亲逃到山上去。鬼子在山下放枪，母亲——一位消瘦的小脚女人，背着只有两岁的小妹，右手牵着五岁的大妹，我和父亲则提着逃难的行李。全家人艰难地翻过泥泞的山岭，母亲一不小心和背着的小妹一起滑下山去，幸好被半山的一棵大树挡住，险些丧命。当时我已是小学二年级的学生，老师为了不耽误我们的学习，把山上的破庙当课堂，给我们上课，教我们唱抗日救亡歌曲。一天傍晚，我们看到远处火光冲天，日本鬼子罪恶的“三光政策”，把美丽的山区小镇变成了一片焦土。黄光宇说，这是他一生中最难忘的一次爬山。稍大一些，他的求学之路仍然没有离开山。初中时，学校的校舍是一座依山傍水、就势而建的著名古刹——白鹤寺。高中时期，他先是就读于山水城市温州松台山旁的省立温州高级职业学校，继后系科调整，又并入杭州西子湖畔五云山中的云栖寺内上课，那错落有致、曲折变化的山地寺庙园林给他留下了深刻印象。再大一些，他因读大学又来到了世界上最大的山城——重庆。学校坐落在嘉陵江畔的山地上，远望是山，出门亦是山，毕业后，更是留在这座山城工作生活了40多年。就这样，他的一生和山结下了不解之缘。他很庆幸自己从事的专业是城市规划与设计，而身在多山的国度，身在山地中的城市，自然就萌发了将“城市学”与“山地学”嫁接起来，建立“山地城市学”的构想。黄光宇说，每当他登山远眺，领略那“会当凌绝顶，一览众山小”和千姿百态的山光水色与城景交融的气象时，便按捺不住内心的激动，深感大自然对华夏民族的恩赐和厚爱。这时，保护好祖国的山山水水，建设好中华大地的城镇和村庄—— 一种庄严的责任感，就会从他的心底油然升起。

2 认识“山地城市学”

顾名思义，“山地城市学”，就是以山地城市为自己的研究对象。那么，我国的山地城市有多少呢？根据建设部和国家统计局公布的统计资料，截至2003年年底，我国共有设市城市660个，建制镇19811个。按照黄光宇课题组对山地城市的划分标准，其中300多个设市城市和10000多个建制镇位于山地区域。也就是，我国有一半以上的城镇属于山地城市的范畴。

这是一个绝对应引起人们重视的数字和概念。我们知道，我国的少数民族绝大多数都居住在山区，而主要的矿产、水能、森林等资源绝大部分也分布在山区。因此，山地的战略地位就十分重要，山地城市也就不仅仅是我国城镇体系的重要组成部分，而是发展山区经济，建设繁荣文明新山区的核心和重要基地。

“山地城市学”就是研究山地城市在特定的自然、经济、社会条件综合作用下，山地区域城镇化的特点和山地城镇体系形成发展与演变的规律，以及山地城市规划、建设和管理的技术与艺术。因此，可以这样说，“山地城市学”是指导山地城市科学建设与合理发展的理论基础与技术基础。

了解了“山地城市学”的研究内容，我们就不难理解这门新兴学科或交叉学科最终要实现的目标。那就是，通过对山地城市与所在区域的全面调查和综合分析研究，了解与掌握山地城市发展变化的内在机制和外部条件，以及山地城市开发与建设的基本特点与规律，达到科学建设与合理发展的目的。所谓科学建设，就是要符合山地城市的自然、经济法则和生态平衡要求，而不是违背自然与经济法则的盲目开发或修建。所谓合理发展，就是指山地城镇体系以及各个城市的规模、结构、功能与用地布局能够互相协调，不仅要满足创造山地城市良好生活居住与工作环境的要求，还要为其今后长远的发展留有余地，满足可持续发展的要求，达到经济、社会与环境效益的统一。毫无疑问，要完成如此庞大、复杂的任务，绝非一门学科所能承载，它必须由包括城市哲学、风水理论、城市史学、城市美学、城市地理学、城市规划学、城市建筑学、山地城市规划、山地城市设计、山地工业建筑与工厂总平面、山地建筑设计、山地园林绿化工程设计等数十门学科在内的基础学科、技术基础学科和专业技术学科群来共同完成。因此，“山地城市学”实际上包含了自然科学与社会科学的诸多相关学科，是一个由这两大科学门类的众多学科构成的学科体系。

3 享受“山地城市学”

先来理解两个理念。

第一，关于人与生态的关系。如今，“生态”一词是一个“曝光率”很高的词汇，也是一个非常“时髦”的词汇。但以往我们讲的“生态”多是“纯”生态的概念，即抽去了人类活动其间的纯自然界的生态。这种“生态”概念的最大弊病，就是把人与自然界剥离开来，站在一个纯自然的角度去看待生态。

黄光宇的“山地城市学”则不然，它把人看成自然界中的一份子，把人类对自然界的各种活动看做是“生态”的组成部分，它讲的“生态”，是人与自然的共存关系，是人与自然界的互动形成的平衡与和谐。也就是说，“山地城市学”认为，人与自然界共同构成了地球上人类的生存环境。

第二，关于城市生态的保护与利用。以往，我们讲城市发展，讲一座城市的开发与建设，总习惯于讲其生态环境如何好，最具开发价值，最适于建什么项目。于是，在这种城市生态观的支配下，生态最好的地块往往最先被开发利用，一个又一个项目在这些地方拔地而起。“山地城市学”则反其道而行之，它讲究的是逆向开发建设。越具生态价值、越具久远意义的地块，越要保护、控制起来，越不能随意开发。开发与建设，首先应从对用地的综合评价着手，在开发建设的过程中，建立起人与自然的新的和谐与平衡。在这种生态理念与城市生态观的指导下，黄光宇经过 20 多年的潜心研究与实践，因地制宜，建立起了我国的山地城市生态化规划建设理论与方法体系，形成了单中心环状城市发展空间结构模式、单中心带状城市发展空间结构模式、多中心带状城市发展空间结构模式、多中心组团式城市发展空间结构模式，其典型形式又可分为指掌式（或树枝状）和星座式两类。尤其是“绿心环形生态型城市结构模式”与“大山城有机分散、分片集中、分区平衡、多中心、组团式布局结构模式”等已被纳入《城市规划原理》统编教材，作为山地城市生态化规划的实践范例介绍与推广。

最后，让我们来剖析一个“山地城市生态化规划建设理论与实践”的应用实例——四川省乐山市。

乐山以大佛石刻闻名天下，而乐山的城市风貌如今同样引人入胜。按照黄光宇课题组提出的“绿心环形”布局结构模式和“山水中的城市，城市中的山林”大环境圈的规划思想，经过十几年的建设，乐山市已形成了面积达 8.7km^2 的“城市绿心”，“绿心”内植树达 6000 余亩，实现了“绿心—城市环—江河环—山林环”的城市布局。中心城区绿地率由 1988 年的 9.2% 上升到 2003 年的 35.2%，全市绿化面积由 1988 年的 67hm^2 上升到 2003 年的 1126.5hm^2，公园面积达到 198.9hm^2，人均公园绿地由 0.3m^2 上升到 9.15m^2，绿化覆盖率达到 40.3%。同时，该市利用“绿心”北部的竹公溪实施“引青济岷”引水工程，对调节小气候，消除热岛效应，净化空气，涵养水源，保持区域生态稳定发挥了重要作用。

由于乐山“绿心环形生态城市”在理论和方法应用上的突破，得到了国内外专家的高度评价。从 20 世纪 90 年代至今，乐山市先后参加了在巴西举行的世界环境与发展大会所同时举办的“未来生态城市”全球最高级论坛和规划竞赛设计，并被认为是对大会的“一个重要的贡献”；获得过联合国技术信息促进系统中国国家分部“发明创新科技之星奖”；成为中国第一个加入联合国亚太地区城镇管理咨询的城市。2003 年，乐山市被授予全国水土保持生态环境建设示范城市，2004 年，又被国务院授予全国绿化模范城市。如今，生活居住在乐山的市民谈起自己的城市，兴奋之情即会溢于言表。杨定策是乐山市政府原建委主任，他在向记者介绍今日的乐山时，眉宇间处处散发出作为乐山人的自豪与满足。

迄今为止，黄光宇“山地城市学”的研究成果已在 200 余个规划设计项目中得到推广应用，在国内外产生了深远的影响。

（注：本文发表于《科技日报》，2006 年 2 月 15 日，记者：冯竞）

“开辟山地城市学新领域，加速中国生态城市发展进程”

——访重庆大学建筑城规学院资深教授黄光宇

记者：我国有一半以上的城镇属于山地城市范畴，这足以引起人们的重视与关注。黄教授您作为山地城市学的奠基人和开拓者，您是如何将“城市学”与“山地学”有机地结合在一起的？您的研究思路是什么？请您简单介绍一下这门新型交叉学科对于我国众多山地城市发展的指导性体现在哪些方面，作用和意义如何？

黄光宇：城市规划是一项地域性很强的工作。由于山地自然环境和社会历史条件的特殊性与复杂性，山区也是我国少数民族集中的地方，存在着丰富的地域文化多样性、生物资源多样性和自然景观与人文景观多样性。我国的山地区域又处于国土的上风和上游，国家的强大，经济的富裕，最终要取决于56个民族的共同富裕。其生态的恢复与重建，环境的保护任务十分繁重。山区经济发展和山地城市建设较之其他地区面临的问题更多、矛盾更尖锐。因此，应该从根本上提高对山地城市形成、发展、演变规律的认识，增强山地城市建设的科学性，减少山地开发中的盲目性和破坏性。由于对山地城市规划建设规律认识的不足所导致的失误已经给了我们太多的教训。“山地城市学”作为主要研究山地城市的交叉学科，其产生的必要性不言而喻，它对于提高山地城市规划和建设水平具有重要的理论和实践意义。山地城市学研究的主要思路是山地学的理论与城市学的理论有机结合，逐步建立适应我国山地城市现代化建设要求的学科理论体系、规划设计方法体系、建设管理的法规体系和人才培养的教学体系，促进山地区域与山地城市的健康、协调发展。重庆大学作为地处西部地区的一所重点高校，围绕以上目标作了长期不懈的努力，逐步形成了自己的科学建设特色，并取得了一定的成绩。

记者：在长期的城市规划理论研究与实践中，黄教授您注意到生态的维护与改善对城市发展的重要性，特别对山地城市这类具有高度生态敏感性的城市具有的重要作用。那么重要作用是什么？

黄光宇：基于生态学的观点，山地往往是生态脆弱而敏感、城镇建设土地资源相对匮乏、经济相对落后以及工程地质问题复杂且相对集中的区域。我国当前多数山地城市在规划设计与建设时仍沿袭平原地区城市的规划理论和设计方法，从而导致了大量山地城市水土流失加重、地质灾害频繁、土地资源浪费等诸多问题，严重制约着山地城市及其区域的健康发展。因此，正确认识山地城市可持续发展的内在规律，理解自然环境的特性和生态过程，协调开发与保护、经济发展与环境保育的辩证关系，维护和改善山地城市的生态环境显得尤为重要，对推动山地乃至整个国家的经济发展和社会进步具有重要意义。

记者：作为我国著名山地城市规划研究专家，您又长期在山城重庆，并且长期担任重庆城市规划的顾问，您对重庆市目前的建设规划情况作何评价及未来前景将是怎样的？

黄光宇：重庆是我国著名的山城和江城，自1997年经全国人民代表大会批准成立直辖市以来，城市建设日新月异，社会经济和环境面貌发生了深刻变化，人民物质和文化生活水平有了很大的提高。由于重庆地处四川盆地东部的平行山谷的丘陵地区，境内又有长江、嘉陵江、渠江、涪江、乌江等主要江河汇流地带，城市建设与发展既有得天独厚的优越自然条件，又有复杂多变的地形制约因素。针对独特的自然环境条件，在历次的城市总体规划中，坚持了“有机松散、分片集中、分区平衡、多中心、组团式”的生态化空间发展策略。每个组团相对集中以紧凑用地布局，工作与生活居住就近平衡，以尽量减少居民上下班在路途上消耗的时间。据 2002 年 10 月重庆市规划部门对主城区交通调查的数据显示，居民出行以步行方式的占 62.67%，使用公共交通方式的占 27.10%，这样就相应减少了动态交通和静态交通的占地面积。组团与组团之间有山脉、河流、森林、农田相隔，并有便捷的公共交通联系，形成了“一城五片、多中心、组团式”山水园林城市空间格局。

重庆将建设成为西部地区的中心城市和长江上游的经济文化中心，其交通枢纽的地位进一步突出，山城、江城的立体化交通体系特点将进一步加强，正在形成四通八达的立体化交通网络。在都市区内部，近年来机动车以每年 30% 的速度增长，城市道路交通系统面临交通需求的巨大压力。因此，必须坚定不移地实施公交优先的综合交通发展策略，鼓励沿公共交通节点集中紧凑的土地开发和用地布局方式。

记者：有人说重庆有三千多万人口，是世界上最大的城市，您对此有何看法？

黄光宇：重庆市辖区有 3144 万人口，面积有 8.23 万 km^2，这是确切的。但三千多万人口中城镇人口只有 1255 万（2005 年末的统计数据），农村人口占了较大的比重，实际上重庆是一个城镇化的大区域，是大城市和大农村并存的城乡综合体。全市四分之三的区县属于农业区县，城镇化水平低于上海、北京、天津等直辖市，因此，说重庆是世界上最大的城市并不确切。数量庞大的农村人口成为激发向城市流动的巨大动力。因此，重庆的社会经济发展又必须实施大城市带动大农村的“城乡一体化发展策略”，以逐步缩小城乡差别，使重庆的社会经济发展、城镇化进程与合理的城镇空间的拓展相适，形成重庆大山城的都市区—新城片区—城市组团—近郊中心城镇—远郊小城镇—农业地区“城乡一体化”的结构新格局。在农业地区，加快农业结构的战略性调整，发展现代都市农业，加快农业产业化发展和社会主义繁荣、文明新农村的建设步伐。

以上所说的工作与居住就近平衡、集中与分散相结合的多中心组团式空间发展策略，公交优先、鼓励步行的综合交通发展策略以及与合理的城镇空间拓展相适应的城乡一体化社会经济发展策略，是从重庆的自然、社会、人文的实际出发建设特色重庆和活力重庆的行之有效的重要策略原则。

在中央的正确方针政策指导下，重庆人正以极大的热情，使这座既古老而又充满活力的山城继续沿着可持续的健康发展道路不断前进。

记者：多年来您一直在不断探索生态化的城市规划建设的途径与方法，开展了生态城市概念、标准、规划设计方法的研究，并将理论研究成果应用于实践，取得了怎样的效果？请您结合实际来谈谈。

黄光宇：1980 年代以来，我和我的研究团队就开展了城市生态化规划建设的理论研究，并在重庆、广州、乐山、海口、岑溪、富川、仁寿、荣县、常州、烟台等 10 多个城市进行了实践探索，取得了明显的效果。以乐山为例，1987 年结合乐山市总体规划，我们提出了“绿心环形生态型城市结构新模式”的探索，其主要构思是结合乐山的自然山水环境，地形、地貌、地质条件，在城市中心地带开辟 8.7km^2 的城市绿心，将其作为永久性的城市森林公园予以保护。在城市建成区外围采用多重山水空间环绕，形成绿心—城市环—江河环—山林环的布局。同时，在城市各个片区之间用若干楔形绿地及多个公园形成完善的绿地生态系统。在市域范围提出了“复合城市群”的发展理念 建立了“城市中的山林，山林中的城市”大环境圈的空间发展格局。

17 年来，乐山市按照生态化城市规划建设的要求，采取了系列措施保障规划的实施。第一，积极建设城市各分区的快速交通和基础设施，有机疏散中心城区的人口和功能，使城市中心的拥挤环境得到改善，并为组团式大城市构筑了良好的结构框架；第二，严格控制 $8.7km^2$ 的绿心，专门成立了绿心管理处，对绿心实行退耕还林，并以立法的形式强化了绿心的保护与管理；第三，对城市的产业结构进行了优化调整，对环境进行了进一步治理，包括对污染企业的搬迁转产、修建污水处理厂、改善城市燃料结构等；第四，把历史文化名城保护与风景旅游城市性质放在了主导地位，加强旅游服务和景区建设；第五，从政府领导到普通百姓逐步树立起了较强的生态环境保护意识，使建设生态城市成为每一个市民的自觉行动。到 2003 年乐山市的绿地率由 1988 年的 9.2% 提高到 35.2%，绿化覆盖率达到 40.3%，绿化面积从 1988 年的 $67hm^2$ 上升到 $1126.5hm^2$。近十年来乐山市的多项环境监测指标一直位居四川省大中城市前列。1992 年联合国世界环境与发展大会在巴西里约热内卢召开，在同时举行的“未来生态城市”设计展览和高峰论坛上，乐山绿心环形生态城市的新模式受到了广泛关注，并获得了联合国信息技术促进系统中国国家分部“发明创造科技之星奖”。1996 年乐山市被评为全国卫生城市。2000 年，乐山市成为中国第一个联合国亚太地区城镇管理咨询的城市（The United National Urban Management Programme）。2003 年被授予全国水土保持生态环境建设模范城市。2004 年被国务院授予全国绿化模范城市。生态环境的大幅度改善和市政基础设施的加强，使乐山市的投资环境大为改善，旅游业保持较高速度的发展，来乐山旅游的人次由 1985 年的 456 万上升到 2003 年的 614.9 万，收入 35.6 亿元，2001 年被评为全国优秀旅游城市。由于生态环境质量的大幅度改善，近年来投资吸引力也大为加强，引进了包括摩托罗拉等在内的几十家著名企业，招商引资成果居全省第二位。这些都表明，一个好的规划对城市社会经济发展所起的重要指导作用。乐山市正在遵循科学发展观的要求，已基本进入了社会、经济、环境、生态协调发展的良性循环局面。

记者：21 世纪中叶以前，全世界一半的人口将生活在城市，60% 的 GDP 来自城市，社会城市化已成为发展的重要部分。20 世纪 80 年代以来我国城市发展和建设处于高速运转阶段，传统经济模式对资源造成巨大浪费。同时，也带来严重的环境污染问题，开展生态城市建设是大势所趋。今年 10 月，中共中央制定的国民经济和社会发展第十一个五年规划的建议中提出建设资源节约型、环境友好型社会。请您从生态城市建设和规划的角度谈谈城市可持续发展？

黄光宇：随着我国城镇化进程的加快，生态环境的压力也进一步加大。对此，中央适时地提出了科学发展观，建设循环经济、资源节约型、环境友好型社会，这与生态城市的理念和建设目标是一致的，是我国生态城市建设的重要理论指导。2003 年国家环保总局在生态示范区试点实践的基础上，颁布生态省、生态市、县的试行实施标准以来，各地政府部门积极响应，取得了初步进展。据不完全统计，全国已经有 8 个省、50 多个市提出建设生态省和生态市的奋斗目标。通过以上的试点，使科学发展观的理念在城乡规划与建设上得以具体地体现和落实。

生态城市是建立在城市发展与自然演进动态平衡的基础上发展起来的城市。用中国传统文化理念来解释就是“天人合一”的城市，即人与自然高度和谐，技术与自然高度融合，是城市物质文明、精神文明和政治文明高度发达的标志。规划建设生态城市不仅关系到人类生态价值的建立和生产方式、生活方式、消费方式的生态化转变，也是现代城市走向生态文明、实现可持续发展的必然趋势和过程。因此，建设生态城市也是一场深刻的社会变革。2002 年，我和陈勇合著的《生态城市理论与规划设计方法》已由科学出版社出版并先后印刷了三次，也说明了社会对生态环境问题的关注。

记者：据我们所知，您在重庆大学多年的教学工作中培养了大批城市规划专业人才，并先后受聘于清华大学、武汉大学、南京大学、华中科技大学、浙江大学、西南交通大学、长安大学等校任兼职教授，可谓桃李满天下。那么，您认为对于青年工作者而言，搞科研最重要的是什么？

黄光宇：科学研究是一项艰苦而繁重的工作，要承受其他工作所没有的辛劳和精神压力。我经常勉励同学们要学习鲁迅先生韧性的战斗精神，不要怕挫折和失败，认定了目标，再大的困难也要坚持不懈地做下去。同时，城市规划是一项综合性和社会性的服务事业，它要为国家的战略目标和具体的城乡建设目标服务，涉及城市的整体利益和大众利益，因此，作为一名规划师必须有高度的社会责任感和综合的专业素养。

记者：您刚刚参加了全国科学技术大会，并荣获了国家科技进步二等奖，请您谈谈参加这次大会的感想。

黄光宇：这次我有幸参加 21 世纪以来第一次全国科学技术大会，聆听了胡锦涛主席的重要讲话，深受教育和鼓舞，这次大会是贯彻落实科学发展观、部署实施《国家中长期科学技术发展规划纲要》，加强自主创新，建设创新型国家的动员大会。胡锦涛同志的重要讲话使我们明确了目标和任务。建设创新型国家，需要创新型人才，作为一名教育工作者和科技工作者，我深感自己的历史使命和重大责任，我和我们的学术团队在过去的教学和科研实践中，虽然取得了一定的成绩，但与党和国家的要求还有很大的差距，我们一定要认真学习此次讲话精神，坚持不懈地走自主创新、产学研相结合的道路，在自主创新、科学研究和人才培养方面作出更大的贡献。

（注：本文发表于中国科协的《科学中国人》，2006 年第 3 期，记者：杨洁）

规划不是“摊大饼”，成败的关键是环境

1　规划不是“摊大饼”

重庆是大山大水怀抱中的大城市，辖区内的许多城镇地处长江干流与嘉陵江、乌江、涪江、渠江等众多支流的交汇处。境内地形起伏、重峦叠嶂、沟壑纵横、山水田林与城市交相辉映，加上季节的变换，真是气象万千！因此，城市规划与建设应充分发挥自然环境资源之优势，创造显山露水、背山面水、顺应自然、错落有致、富有山水园林城市特色的环境。而作为直辖市政治、经济、文化中心的主城区，其规划建设更应重视对自然山水环境的保护和利用。因为只有这样，才能使山城的外观美丽与城内居民高质量的生存环境质量得到保障。

分布在两江沿岸的主城区，在长期的建设发展中已经形成了一种与自然地形相适应的点状网络结构，不同的片区既有公路、桥梁连接，又有河流、沟壑、山林、农田阻隔，外围还有群山呵护，使城市处于大自然的烘托之中，人们身居城市仍能感受到大自然的熏陶和灵气，因此，在山城进行规划建设时，一定要坚持“结合地形、因地制宜、有机松散、分片集中、分区平衡、多中心、组团式”的布局原则，决不能“摊大饼”，“面多了和水，水多了和面”。这个原则很多人并不是不理解、不赞成，但一到具体规划、建设、开发时却把它忘掉了，或遇到一些矛盾而有意回避。这些年来，重庆城市建设的发展速度很快，在开发建设中忽视自然环境的保护及合理利用之事却时有发生，这是很令人担忧的事！如今许多地处平原的大城市在规划上都在力求克服“摊大饼”的缺陷，而将大片绿地、水体引入城市之中，进行人为的分隔以形成“组团式”的布局结构，国内有如北京、上海、天津、合肥等，国外如莫斯科、华盛顿、伦敦等。而我们重庆却“身在福中不知福”，逐渐将自己得天独厚的山水园林特色丢弃了。如采取大填大挖的野蛮之举将起伏变化的地形推平，天然的大冲沟、林地、水体等生态廊道与斑块随意被填平或被高楼大厦所代替。建筑物沿着道路两侧自由地、无限制地蔓延，形成“有山不见山”、“有水不见水”的“全封闭式”的街道，一些山顶、山脊等景观点与观景点被开发占用盖了房子，甚至公园也被侵占，许多片区或组团之间原有的绿色自然隔离带正在快速地消失。这不仅损坏了山城、江城的总体形象，也极大地恶化了我们的生存环境。

2　成败的关键是环境

重庆城市规划成败的关键是环境，城市建设与管理的要害也是环境。

为此，从总体到局部需要努力做好城市设计工作。在创建重庆山水园林城市中，应吸取中国园林建筑中的“漏、透、瘦、皱”原则，同时还应发挥具有重庆传统建筑特色的“吊脚楼”建筑中的合理因素，在建设中应充分考虑建筑物之间留有一定的间隔和空隙，并可考虑将底层架空连通形成通透感觉，创造所谓的“两头是路穿心店，四面临风吊脚楼”这首打油诗的意境。滨江街道一侧做半边街，不建高楼，对高层建筑，其定位、定量，必须作认真考虑，谨慎定点。特别在渝中区，应分散功能、降低人口密度、控制建筑修建总量、增加绿地空地面积，尤其要严格控制高层建筑的修建，改善与提高生态环境质量，这样才有可能使城市建设与自然环境相适应，建成山水园林城市或“可持续城市”。

然而，城市是靠人来建设与管理的，城市环境是人工创造的环境，只有当人的环境意识和生态意识提高后，才有可能建立尊重自然、“天人合一”的城市规划观和城市建设观。而这最终取决于市民文化素质的提高，特别是取决于城市建设决策者、规划设计者与开发、建设、管理者具有将现代意识、生态意识与山水文化意识相融合的观念与素质。

（注：1998 年 7 月 8 日《重庆日报》以“规划不是摊大饼”为题刊出访谈的要点）

追忆启今篇

追忆黄光宇先生

转眼之间，黄光宇先生离开我们已近两年了，回想起来，不觉感慨万千。黄先生是规划界备受敬重的一位重要学者，也是我的一位好朋友。我与黄先生相识在 1960 年：根据指示，当时要求编写一本中国自己的高校教材《城乡规划》，由清华大学、同济大学、南工（今东南大学）、重庆建筑工程学院（今重庆大学建筑城规学院）四校合编，吴良镛先生主持，李德华、齐康、黄光宇等先生合作，我作为国家计委城市规划研究院（今中国城市规划设计研究院）的代表参与，担任编写组秘书工作。具体的教材编写工作在国家计委城市规划研究院进行，历时两年多，这是一次非常难忘的经历。之前国内的城市规划工作主要采用苏联的理论，而此次教材编写则结合了我国城市规划工作近 10 年的经验教训，重点探讨了我国自己的规划理论的基本框架，并以认识科学规律为主。在参与教材编写工作讨论时，黄先生严谨、认真的学者风范和直爽、乐观的精神面貌给我留下了深刻的印象。工作之余，我与黄先生还常常讨论一些从事城市规划工作的切身体会，其乐融融。此后，由于工作地域相隔，与黄先生的直接联系不是太多，但却常常从各种途径了解到黄先生的一些工作情况和成就，特别是他在主持四川省乐山市城市规划时提出的“绿心环形生态型”城市结构模式，受到众多国内外专家学者的关注和好评。在黄先生的城市规划生涯中，他始终抓住我国多山的国情和西南地区从事山地城市研究的优势，开创了我国山地城市学的研究领域；而由于山地城市中生态环境问题的极端重要性，所以山地城市学研究中又融入了很多生态学的理念，这就使黄先生同时也成为我国城市生态规划研究的重要开拓者。我曾经推荐他为中国城市规划学会城市生态规划委员会主任委员，他一手创立起来的“中国科学院、建设部山地城镇与区域环境研究中心”，成为我国山地城市学和城市生态规划研究的重要阵地。黄先生毕生从事教育事业，几十年如一日，辛勤耕耘，培养了大批城市规划人才，以他作为学术带头人的重庆大学山地城市规划学科，2007 年已成为国家重点学科，这是对黄先生的最好报答。黄先生虽然已经离开了我们，但他的精神仍然在感动和激励着一代又一代的城市规划工作者继续前进。

中国工程院院士　邹德慈

（注：在黄光宇先生逝世两周年之际，发表于《规划师》，2008 年第 10 期）

永久的怀念

1980 ~ 2006 年，与黄光宇同志长达 26 年的教学共事和研究合作经历，是我一生中最深刻、最难忘的回忆之一。

1971 年"文革"后期，全国大专院校已陷入瘫痪状态，教师们无事可做，我依依不舍地离开学习和工作了 18 年的母校哈尔滨建筑工程学院（今哈尔滨工业大学），调回四川家乡的一个工厂，在那里做了 10 年基建工作。粉碎"四人帮"以后，一切事情得以拨乱反正，国家从此步入现代化的新长征。1980 年，经由白佐民先生介绍，我得以从工厂调入重庆建筑工程学院重新执教。我本打算去白佐民先生领导的理论与历史研究室，后半生埋头研究西方建筑理论发展的历史轨迹及其动因，但因为在呈交的简历中，写有曾经两年多从事城市规划研究和到清华大学进修一年城市规划的经历，系领导回复我：历史研究室人员多，课程少，而城规专业刚刚恢复招生，极缺教师，希望你能到城规教研室工作。黄光宇先生当时是教研室主任，对我的到来给予了热情支持，并让我自己选择任教课程，我选择了主讲中外城市建设史。当时，黄光宇先生在校内和国内已有长期从事规划专业的实践经验，在规划理论方面已有较高的造诣和一定的名气。在我重返教学岗位的最初年代里，长辈的赵长庚先生和同年的黄光宇先生成了我的良师益友。

1983 年，我被派到前联邦德国出席一次由汉诺威大学发展研究所主办的以"社会变迁下的人居环境"为主题的国际学术讨论会。返校后，我向校、系领导建议建立类似于汉诺威大学发展研究所的多学科综合、注重区域协调发展的规划研究所。对此，黄光宇先生积极支持。1985 年汉诺威大学发展研究所所长回访我校后，卢忠政校长、李再琛系主任正式批准成立城市规划设计研究所，黄光宇和我分别任正副所长。当时，我国社会经济和规划体系的发展水平及决策层的规划观念，还不足以支撑汉诺威大学发展研究所模式的规划研究。但我们克服困难，设法承担了一些规划研究课题，并得到省部级奖励。在这个过程中，黄光宇先生很有远见地首先提出了重庆大学城规专业应突出山地城市规划研究的主攻方向，既抓住了西南山地城市的特色，又能发挥重庆大学在全国兄弟院校城市规划专业中的优势。这一建议得到了全校的支持，并为重庆大学建筑城规学院城规专业的发展和人才培养奠定了基础。1992 年，在原来的城市规划设计研究所的基础上成立了城市规划与设计研究院（全国甲级）。当年黄光宇同志主持了响应国际建协为世界环境与发展大会而发起的生态城市设计竞赛。从此我们开始了生态城市的合作研究，在重庆大学培养了一批掌握生态规划理论和方法的青年学者。

1997 年，黄光宇同志在我校主持召开了山地人居环境可持续发展国际研讨会，请来了美国、加拿大、德国、马来西亚等国的著名规划学者，共同发表了《山地城市宣言》，推动了我国规划界对生态城市规划的重视。期间，我和光宇同志共同奋斗的情景至今仍历历在目。

黄光宇同志工作永远是奋不顾身，干劲十足，在学术上具有勇攀高峰、锲而不舍的精神，因此他所达到的高度，完全是勤奋努力的结果，令人钦佩。我们的最后一次合作，是在我退休 5 年之后。为把多年来在生态化设计研究方面的成果申报国家科技进步奖，黄光宇同志将我列为第三完成人，邀请我共同整理一些学术思想和量化表达公式，并一起到科技部参加答辩，最后获得了全国规划学界第一个国家级的科技进步奖。这份荣耀主要应归功于光宇同志，他不仅善于集合集体智慧，更在于他自己毕生的执著追求和刻苦钻研，使山地城市规划和生态设计方法发展成为一个比较完整的、可操作的技术体系，为我国城乡规划学科的进步作出了突出贡献。今天，由光宇同志培养出的重庆大学建筑城规学院的一批青年学者已成长起来，挑起学科大梁，令人欣慰。

这里，我谨录下本人为学院举行的黄光宇教授追悼会所作的挽联：

生命不息　追求不止　献身山地城乡规划　继往开来　忽痛失国中巨匠

精神永存　事业永继　遗爱校园桃李栽培　承前启后　更长留世上英名

重庆大学建筑城规学院教授　黄天其

（注：在黄光宇先生逝世两周年之际，发表于《规划师》，2008 年第 10 期）

“春蚕到死丝方尽，蜡炬成灰泪始干”

——忆黄光宇教授

2008 年 10 月 15 日，是我国著名城市规划专家黄光宇教授逝世两周年的纪念日。在黄先生走后的两年中，他的音容笑貌仍时时历历在目。黄光宇教授的逝世，是中国城市规划界的一大损失，是重庆大学的重大损失，更是重庆大学建筑城规学院不可弥补的重大损失。回想黄先生的一生，伤痛之余，往事不禁涌上心头。

黄光宇教授 1935 年 11 月 29 日出生于浙江省温州乐清市，1959 年毕业于重庆建筑工程学院建筑系。历任重庆建筑工程学院城乡规划教研室主任、城市规划与设计研究所所长、建筑系副系主任、建筑设计研究院副总建筑师、城市规划与设计研究院院长和总规划师，对重庆大学建筑城规学院的教育、科研发展，尤其是城市规划学科的发展作出了重大贡献。20 世纪 50 年代末，黄先生留校任教，参与创建了重庆建筑工程学院城市规划专业，这是我国最早创办的专业学科之一。在他的引领下，重庆大学建筑城规学院的城市规划学科蓬勃发展：1991 年组建了我国第一个山地城镇与区域研究机构——中国科学院、建设部山地城镇与区域环境研究中心；1993 年，重庆大学建筑城规学院城市规划学科被批准为四川省首批重点学科，并获得博士学位授予权；同年，重庆建筑大学城市规划与设计研究院成立；1998 年重庆大学建筑城规学院城市规划本科教育和城市规划与设计硕士研究生教育以优秀通过国家评估；2004 年城市规划本科教育与城市规划与设计硕士研究生教育第二次国家评估又以优秀通过。2000 ~ 2003 年，年近 70 岁的他不顾年老体弱，又参与了国家 211 重点建设项目“山地城镇规划与建筑科学”和国家 985 重点实验室建设平台“山地城镇建设与新技术”教育部重点实验室的建设，为重庆大学建筑城规学院的学术研究和研究生的培养创造了良好的环境。

黄光宇教授的一生都贡献给了重庆大学建筑城规学院。黄先生在长期的教学和实践中，深感山地城市规划的特殊性与复杂性，因而开创了“山地城市学”，并建立了该学科的理论框架，研究总结出了一套山地城市规划与设计的理论与方法。这一概念的提出不仅对中国而且对世界的山地城市学术研究与发展都产生了深远的影响。黄先生还是我国最早涉足生态城市与城市生态系统这一当今备受世界关注的学科前沿与研究热点领域的学者之一。他在 1987 年就全面系统地阐述了生态城市的概念，并且在 1992 年巴西里约热内卢世界环境与发展大会举行的“未来生态城市顶峰论坛”上，他的研究论文“论生态城市的概念与评判标准”获得联合国技术信息促进系统中国国家分部“创造发明科技之星奖”和国际建筑学院荣誉证书。黄先生具有高尚的道德修养和无私的奉献精神，他以“业精于勤，学治于谨”作为自己的座右铭，将城市规划事业的繁荣发展作为自己毕生的追求。他先后主持了国家自然科学基金课题 3 项，国家五部委（局）“全国山洪灾害防治规划”子课题 2 项，博士点基金课题 2 项，中德、中加、中日合作研究和中外联合培养研究生各 1 项，建设部课题 2 项；发表论文 200 余篇，专著 5 部；研究成果获国家科技进步二等奖 1 项，教育部科学技术进步一等奖 1 项，联合国技术信息促进系统中国国家分部“创造发明科技之星奖”1 项，国家级优秀教学成果二等奖 1 项，省部级优秀规划设计一等奖 3 项、二等奖 2 项。黄先生从教 40 多年，几十年如一日，辛勤耕耘，无私奉献。他不顾年岁已高，每年坚持给研究生上课，即使是在他逝世前，也从不间断。黄先生于 1991 年获四川省优秀研究生导师称号；曾先后受聘于清华大学、武汉测绘科技大学担任兼职教授；他先后指导培养硕士、博士研究生100余人。他身体力行，以高度的社会责任感和科学务实的精神影响了一代又一代的青年学子。

今黄光宇教授已逝，缅怀昔日，心情久久不能平静。寥寥千余字，以敬悼尊师！

重庆大学建筑城规学院教授　张兴国

（注：在黄光宇先生逝世两周年之际，发表于《规划师》，2008年第10期）

对黄光宇先生学术思想的纪念

黄光宇先生是我的老师，在先生逝世两周年之际，我们撰文以示缅怀之情。黄光宇先生是我国著名的城市规划学家，曾任重庆大学教授，重庆建筑工程学院城乡规划教研室主任、建筑系副系主任等，中国科学院、建设部山地城镇与区域环境研究中心主任，中国城市规划学会城市生态规划委员会主任委员，中国生态学会城市生态专业委员会副主任委员，重庆市政府城市发展专家咨询委员会副主任。他在国内较早地运用生态学思想指导城市规划与建设，在山地城市学方面作了一些开拓性的研究。在科学研究方面，他先后主持国家、省部级项目几十项，发表论文多篇、专著数部，指导多名硕士、博士研究生，学术上取得了巨大成就，是我国西南地区山地城市规划领域的著名学者，而其最大的贡献之一在于开辟了山地城市学这一新领域，是我国山地城市学的奠基人和生态城市理论与规划设计方法的开拓者。在其晚年，以黄光宇教授为主的学科团队，因在山地城市规划和生态学领域理论研究和项目实践方面所作出的巨大贡献而获得了国家科技进步二等奖。

黄光宇教授开拓性的学术贡献主要有以下三方面：

（1）20 世纪 80 年代的“绿心城市”模式。黄光宇先生所取得的主要学术成就始于 20 世纪 80 年代。1985 年他在中国国家星火计划项目“四川万源官渡山区集镇综合示范试点规划与设计”课题中，开始运用生态学的原理与方法，探讨生态退化、被废弃的破碎荒坡地的规划与建设，通过农民自建公助和自建自助的方式开展贫困山区小集镇规划建设，从城镇选址、规划、设计到建筑施工、管理，从节地、节能、环境保护到建材开发、墙体改革和技术下乡、人才培训等各个环节始终贯穿生态化的宗旨。1987 年在乐山市规划建设中，以生态学理论为指导，结合乐山的自然、生态环境条件，采取“绿心环形生态城市”的布局结构，形成了“山水中的城市、城市中的山林”大环境圈的总体构思，随后提出了“天人合一：乐山绿心环形生态城市结构新模式”的理念。在对生态城市进行了较系统的研究后，黄光宇先生认为：“生态城市与自然保护主义的‘绿色城市’是不同的，它并不是简单地增加绿色空间，单纯地追求优美的自然环境，而是以人与自然相和谐，社会、经济、自然持续发展为价值取向。”同时，他认为：“生态城市是根据生态学原理，综合研究社会—经济—自然的复合生态系统，并应用生态工程、社会工程、系统工程等现代科学与技术手段来建设的社会、经济、自然可持续发展，居民满意，经济高效，生态良性循环的人类住区。”这些认识的形成，促进了生态学与城市规划学科的有机衔接。

（2）20 世纪 90 年代的山地城市规划理论。

黄光宇先生较早地开展了生态城市与城市生态系统领域的研究。1992 年在黄光宇先生的努力下，中国科学院、建设部批准成立了“山地城镇与区域环境研究中心”，1992 年年底在重庆召开了首届山地城镇规划与建设学术研讨会；1997 年 9 月在重庆召开了第二届以“山地城市人居环境可持续发展”为主题的国际研讨会，发表了《山地人居宣言》；1997 年 10 月，山地城镇与区域环境研究中心与西北建工学院（今西北建工大学）共同举办了第三届全国山地城镇规划与建设学术研讨会；2001 年 11 月，山地城镇与区域环境研究中心又与云南省人民政府在昆明共同举办了第四届山地人居与生态环境可持续发展国际学术研讨会。在前期研究成果的基础上，黄光宇先生对山地城市空间结构发展模式进行了总结，提出了“有机分散与紧凑集中原则、就地平衡原则、多中心组团结构原则、绿地楔入原则、生物多样性和景观多样性原则、个性特色原则六条山地城市规划原则与发展理念”；提出了“多中心组团型、新旧城市分离型、绿心环形型、城乡融合型、指掌与树枝型、环湖组团型、星座型、长藤结瓜型等城镇空间结构模型”。重庆大学建筑城规学院目前已形成了以山地城镇规划与建设为特色的学科方向，承担了国家、省市相关的山地城镇规划领域的重点攻关课题，培养了从事该研究领域的大量专业技术人才，极大地提升了我国山地城镇规划的研究水平与国际影响力。

（3）近今的“山地城市学”。

20 世纪后期，黄光宇先生呼吁开展山地人居环境可持续发展方面的研究。他认为，山地人居环境的建设，其先决条件是，必须保护好脆弱的山地区域大环境的生态系统，保护好森林植被和生物多样性，防止水土流失，减少自然灾害；保护好山地区域大环境的文化多样化，维持山地大环境的生态平衡。对此，他从城市规划角度对自然生态资源评价进行了相关研究，通过自然资源的生态潜力和对城市发展可能产生的制约因素入手，探寻引导城市空间合理发展的有效途径。对于生态规划方法在城市规划上的应用，黄光宇先生运用了生态适宜度、生态敏感性对城市进行分析与评价，并对广州科学城规划进行了探索实践。在此基础上，黄光宇先生提出了“山地城市学”的概念。山地城市学的研究思路是，逐步建立适应我国山地城市现代化建设要求的学科理论体系、规划设计方法体系、建设管理法规体系和人才培养教学体系，从而促进山地区域与山地城市的健康协调发展。黄光宇先生认为，城市生态规划已不同于传统的城市环境规划，它是将生态学思想和原理渗透于城市规划的每一个层面和每一项规划工作中。目前，在城市生态规划方面已初步建构了城乡空间规划理论的目标导向、规划要素、规划内容、方法论、编制程序等理论框架。山地城市学的提出与学科框架建构，是山地城镇规划设计理论与方法的升华与提高，也是重庆大学建筑城规学院开展山地城镇研究的集体智慧的结晶。黄光宇教授开拓的学科道路，在重庆大学城市规划学科的建设和发展中，继往开来，逐步壮大，这也是对黄先生学术业绩的继承和发扬，并以其来表达对黄光宇教授学术思想的缅怀和纪念。

重庆大学建筑城规学院教授　赵万民

（注：在黄光宇先生逝世两周年之际，发表于《规划师》，2008 年第 10 期）

黄光宇教授对我国城市规划事业的贡献

1959 ~ 2006 年，黄光宇教授在城市规划领域辛勤耕耘近 50 载，一直坚持在教学、科研和生产实践第一线，将城市规划事业的繁荣发展作为自己毕生的追求，对我国城市规划理论的发展和人才培养作出了重要贡献。

（1）山地城市学的奠基人。

我国是一个多山地城市（镇）的国家，山地面积占国土面积的 2/3，山地城镇占全国城镇总数的一半。山地特殊的自然环境和脆弱的生态环境给城市规划与设计提出了一系列特殊的技术要求，国内外尚无相关理论和实践经验可借鉴。黄光宇教授在多年理论研究和工程实践经验的基础上，将“城市科学”与“山地学”相融合，创立了山地城市学，并在规划设计实践中取得了显著成果。他带领城市规划学科群体，在主持完成“山地城市布局结构”、“山地生态特点与山地城镇发展形态”等一系列国家自然科学基金、省部级与国际合作课题中，系统研究了山地城镇规划建设理论与实践，总结归纳出适应不同地域自然生态环境条件与社会经济条件的多种典型城市空间结构发展模式与规划设计方法。其中，大重庆的“有机松散、分片集中、分区平衡、多中心、组团式结构”，宜宾、自贡、延安的“组团结构”，兰州、万县的“带状结构”，乐山市的“绿心环形生态型结构”和市域的“复合城镇群结构”，云南丽江、大理的“新旧城区分离型结构”，重庆磁器口的“古镇保护与有机更新型结构”，广西岑溪的“城乡融合型结构”，四川仁寿的“指掌型结构”，湖北十堰的“树枝型结构”等，均被城市政府部门规划建设实践所印证和利用。他先后主持和指导了全国 19 个省区的各类山地城市（镇）规划与设计 200 多项，取得了显著的社会效益和经济效益。黄光宇教授 1989 年在《瞭望》上发表了论文“要重视山地的开发与保护”，引起了学术界的关注。1991 年，他倡议组建我国山地城镇与区域环境研究中心，并在他的积极推动下，1998 年、1999 年云南、贵州两省先后分别建立了分支研究机构，结束了我国长期以来在山地城镇这一重要领域没有专门研究机构的历史。他先后主持召开了 4 次国际或全国性的山地城镇规划与建设学术研讨会，促进了我国山地城市学科的发展，以及与国际间的学术交流。在 1997 首届国际山地人居环境可持续发展研讨会上，加拿大大不列颠哥伦比亚大学知名城市规划学家 B.Weisman 讲到，黄光宇教授首次提出的山地城市学概念不仅对中国而且对世界的山地城市学术研究与发展都将产生深远的影响。2002 ~ 2006 年，黄光宇教授先后出版了《山地城市学》、《山地城市规划设计作品集》、《山地城市学原理》等专著，奠定了我国山地城市学研究的基础。

（2）生态城市理论与规划设计的开拓者。

生态城市与城市生态系统是当今备受世界关注的学科前沿与研究热点。黄光宇教授将生态学与城市科学相结合，系统开展了生态城市的理论研究与实践探索。早在 20 世纪 80 年代初，他在科研教学生产中就将生态学作为城市科学的重要理论基础并加以应用与融合，他的研究成果“乐山绿心环形生态城市结构新模式”及“论生态城市的概念与评判标准”参加了 1992 年巴西世界环境和发展大会的“未来生态城市高峰论坛”，并获得联合国技术信息促进系统中国国家分部“创造发明科技之星奖”和国际建筑学院荣誉证书；同年，他提出的“亚热带城市生态式住区发展模式”在海南府城样板小区全国规划设计竞赛中获一等奖。在随后的十多年中，他在主持完成“生态城市新概念及其设计方法”、“生态城市设计技术系统”等多项国家自然科学基金和省部级课题的基础上，系统研究了生态城市建设的理论和规划设计方法。针对我国快速城镇化进程中出现的城市无序扩张及土地资源浪费、失控等问题，提出了城市非建设用地的规划控制与管理的创新探索，并在重庆、成都、广州、无锡、常州等城市规划中加以应用，对城乡土地集约利用与城市空间的合理拓展具有积极意义，取得了显著的经济效益和环境效益。2002年，他出版了国内第一本《生态城市理论与规划设计方法》专著，这已成为许多院校的教材或教学参考书。2005年，他的研究总结《山地城市生态化规划建设关键技术及运用》获国家科技进步二等奖。他在理论和实践中的不断探索有力地推动了我国生态城市理论与规划实践的发展。

（3）地域性城市规划专业教育的倡导者。

城市规划专业具有应用性、实践性、社会性和综合性强的特点。黄光宇教授作为重庆大学城市规划专业创建人之一和学术带头人，倡导并确立了重庆大学地域性城市规划学科建设和教学改革的方向。早在20世纪60年代，他就结合我国多山的国情及重庆大学所处西南山地的区位优势，提出了突出山地特点的办学方向。20世纪80年代以后，他多次主持修改城市规划教学计划，在教材建设、教学内容、教学方法上结合我国特别是西南山区社会、经济、文化、科技发展的现状，大胆探索和改革。在教学内容上，先后增设了区域规划、环境物理、地貌学、城市地理、地理信息系统技术、山地城市学、生态学、开发生态学、城市生态与环境规划等本科和研究生课程；在教学方法上，加强实践环节，使学生在系统掌握城市规划基本理论与技术的基础上，深入了解山地城镇规划建设的特殊性与复杂性。在他的带领下，经过40多年的不懈努力，重庆大学逐步探索出一条学科建设与创新型人才培养的城市规划办学模式，形成了具有鲜明特色的学科理论体系与专业教学体系，为我国西部大开发、西南地区的城市化进程、重庆直辖市的城乡发展、三峡工程建设作出了重要贡献。他主持研究的“结合多山国情，办出城市规划专业特色”获国家级教学成果二等奖，他领导的城市规划学科点于1993年被评为四川省首批重点建设学科，并于1998年和2004年两次以优秀通过全国城市规划教学评估，从而使该学科点于2007年被评为国家级重点学科。

黄光宇教授高尚的职业道德、锲而不舍的科学务实态度和创新开拓精神得到了广大师生和国内外同行的高度赞扬。虽然他不幸离开了我们，但给我们留下了宝贵的精神财富，并将激励我们为我国城市规划事业的发展而努力前行。

重庆大学建筑城规学院教授　李和平

（注：在黄光宇先生逝世两周年之际，发表于《规划师》，2008年第10期）

一位城市规划前辈的治学精神和崇高品质
——怀念恩师黄光宇教授

今天是黄光宇教授，也是大家共同尊敬的老师离开我们一周年的日子。去年我们大家怀着沉痛的心情送完了老师最后一程。当时，我和大家一样有种共同的感觉，老师离开我们太突然，太快了，谁都不愿相信这眼前的事实。古人曰："人生七十古来稀"，但作为一位 71 岁的学者，一位智者，老师的确走得是太早、太早了。正如重庆大学校长李晓红曾在一次大会上讲道："黄光宇教授的去世是我们学校不可弥补的损失。"对于我们这些学生来讲留下的更是太多、太多的遗憾……

早在 20 世纪 80 年代初，我在重庆建筑工程学院建筑系读建筑设计研究生班时和黄老师相识，他是我的好友吴建川（现海南省海口市规划局局长）和许柏坚（现重庆市房地产开发商）的指导老师。紧接着我又转到黄老师门下攻读城市设计硕士学位，当时他的研究生还有余柏格（现华中科技大学建筑与城市规划学院副院长）、杨惜敏（现广州市规划局总规划师）、张进（现海南省洋埔市规划局局长）等。我们几位都是留校工作后读的研究生，年纪偏大，但老师对我们十分信任。对我们来讲，他既是老师，又是兄长，更是朋友。从那时起，直到他去世，老师先后共培养出近百名研究生。老师曾风趣地和我谈起，他的研究生毕业后最终的发展是三个三分之一，即三分之一做学者，三分之一从事领导管理，剩下三分之一从商。

我从毕业出国到再次回国任教，其间只见到过黄老师两次。一次是 2003 年我母亲病危，我匆忙回国并顺道看望老师。只见黄老师在一大堆书籍中支撑着瘦小的身躯，一边书写一边和我讲道，现在事情多、任务重，完也完不成，并提到我的不少同学已纷纷从美、英、法、德、日等国回来发展，希望我也能抓紧时间。另一次是 2006 年回国参加同学会，再次看望老师。老师正准备去日本讲学（据说就是因为这一次去日本而拖延了检查、治疗的时间，最终引起癌细胞病变），老师将他刚刚出版的有关山地城市、生态城市等的专著赠送与我，并耐心地向我介绍国家"211"和"985"工程，希望我早日回国参加他的国家级研究团队。看到老师虽然年近 70 岁高龄，但是仍然精力旺盛，对学术研究勤勤恳恳、孜孜不倦，我受益良多，感慨万千。

我于当年 8 月底回国，老师却在 10 月辞世。在病重治疗期间，他更加显现了乐观的性格和刚强的意志，始终坚信他的病一定会治愈。第一次手术后，黄老师精神好了一些，我们都高兴地认为黄老师终于挺过来了。他说："对！我挺过来了，但这一关挺得不容易。"而且，还始终没忘记他的山地生态城市理论的宣讲。他说："人的身体失去了平衡就会生病，平衡找回来之后身体就会健康起来。自然界也是一样，现在地球上自然灾害加重，主要是因为自然界平衡遭到了破坏。我们要做的工作就是要尽可能地恢复大自然的平衡。"我和其他在场的学生都被老师的话深深地感动了。

黄老师是我国"山地城市规划与设计学"和"生态城市规划与设计学"的主要奠基者。其理论的发展始于 20 世纪 80 年代中期，当时有两个主要的代表工程研究项目。

一是"国家星火计划"四川省万源县官渡镇规划设计，这是一个典型的山地城镇规划设计。黄老师在指导我们几位早期的研究生进行设计时就明确指出，要充分考虑山地地形、地貌特点，合理利用当地地方材料来进行规划设计，并进而探讨和总结山地城镇规划设计建设的理论和方法。正是在黄老师正确的规划设计理论思想的指导下，该研究项目于1987年成功完成，并得到很好的实施。在国际建协大会上，我院90高龄的唐璞教授（也是出席大会的最高龄建筑师）以该项目为题作大会论文宣读，受到来自全世界各国建筑师和规划师们的高度评价。

二是“乐山绿心生态城市规划设计”，在黄老师合理利用自然资源、珍惜一山一水、保护生态环境平衡的学术思想指导下，由我们四位研究生和乐山市建委共同完成。黄老师在乐山市人大会上介绍该“规划设计方案”时，讲到“乐山市城市中心绿地应完整保护，应封山造林”，那铿锵有力的声音至今还在我脑海中回荡。古人将美妙的音乐形容成可以“绕梁三日”，而黄老师的声音岂止“绕梁三日”，他影响了我们整整一代的建筑设计和城市规划人。“乐山市绿心生态城市规划设计”成果最终获得“联合国科技之星发明创造奖”，后又作为黄老师最重要的科研成果获得“国家自然科学进步二等奖”。

黄老师给我印象最深的是他的超前意识和宏观的思维方式。他是我国第一本城市规划与设计专业教科书作者之一（共有四位作者：吴良镛、齐康、李德华、黄光宇），他坚持国际合作和广泛学习国外先进规划理论和方法，他强调城市规划与设计学科应该更广泛地与多学科相互兼容。正是在他的领导下，“城市规划研究所”迅速扩大成多学科、多层次的研究中心，即“中国科学院、建设部山地城镇规划与区域研究中心”。

黄老师不仅在研究工作上锲而不舍，而且在学习上一直是孜孜不倦。我记得1991年我在四川外语学院进行出国前的外语培训时，黄老师已经56岁，尽管每次出国访问他都可以带翻译，但为了更好地交流，黄老师还是坚持英语强化，就像小学生一样每天戴着耳机走上走下，这样的场景如同发生在昨天一样。最后，我还不得不提到，同行相争相轻在知识界十分普遍，但我作为他亲近的学生与他相处多年，我从未听到老师背后议论过任何一位同行学者，我想这应该作为老师品质和学德高尚的结束之语吧!

重庆大学建筑城规学院教授　曾卫

（注：本文为纪念黄光宇教授逝世一周年的座谈会上的发言，后发表于《新建筑》，2001年第4期）

再忆黄光宇教授（后记）

2007年，在黄光宇教授去世一周年的时候，我们一些当年他的研究生自发地举行了一个纪念座谈会，在座谈会上，大家心情沉痛地回忆了和黄老师共同生活、学习和进行科学实践的日子。当时大家都有一个共同的感觉，那就是在黄老师去世后相当长的一段时间里，我们都不能接受这样的现实，仿佛黄老师并没有离开我们，以至于每次路过黄老师办公室时也都会像往常一样向黄老师的座位看一眼。如今两年过去了，大家才不得不慢慢接受这样的现实，我们尊敬的老师确实离开了我们。在那次纪念座谈会上，我细细回忆了黄老师作为一名教师和学者精彩而又平淡的一生后将回忆经过整理，请老同学余柏椿教授推荐发表在2001年第4期的《新建筑》杂志上。事后我感受到，大家在会上的发言并不仅仅是个人情感的表露，还包括对黄老师高尚的人格魅力和精深的学术造诣的钦佩。我们随即在黄老师的同事和学生中间发起了一次征集纪念黄光宇教授文章的活动，准备在杂志上公开发表这些纪念性文章。在给大家讲述“征文”的意义时，我认为主要有以下三点：一是表达我们对黄老师过早逝世的一种遗憾心情，寄托我们的哀思；二是宣传并确立黄光宇教授在山地城市规划与设计，以及生态城市规划与设计领域所作出的重要贡献和取得的学术地位；三是在我们和我们的学生中间共同形成一种尊敬师长和上下传承的良好风气。在与我的好友雷翔先生（《规划师》杂志主编）联系发表事宜之后，他非常热心地答应下来。限于杂志篇幅容量有限，我们筛选了几篇代表性的文章，并邀请邹德慈院士（重庆大学外聘院士）和我们学院的张兴国院长分别写了两篇纪念文章。邹院士很快就完成了一篇很有价值的纪念文章，尤其是邹院士回忆了在20世纪60年代初和黄光宇教授共同参与，清华大学、同济大学、南工（今东南大学）、重庆建筑工程学院（今重庆大学建筑城规学院）四校合编的我国最早的一部高等院校城市规划教材的经历。当时一起参与教材编写工作的还有吴良镛、李德华和齐康三位老先生。这使我想起了另一件鲜为人知的往事：1988年我在为黄老师申报博士生导师准备材料时，在重庆建筑工程学院图书馆（今重庆大学B区图书馆）发现了一部沉睡多年的、黄老师参加主编并在“文革”前出版的教材。这样一份有价值的材料竟然没有在黄老师的自荐材料中提及，我向黄老师提起时，黄老师才不经意地讲道：“那就写上吧。”写到此，我再次为重庆大学失去了这样一位学识渊博又品德谦逊的教授感到十分的痛惜。人死不能复生，但精神可以传承，黄光宇老师虽然已离开我们，但他的精神一直支持和激励着我们。“5·12四川汶川大地震”后，我和张兴国院长等五位教师第一批深入到四川小金县、平武县、江油市等灾区；紧接着又和重庆大学建筑城规学院的30余位教师，30余位硕士、博士研究生，60余位本科生志愿者一起冒着余震不断和堰塞湖破堤的危险分别为平武县、江油市、小金县三个县的83个乡镇作灾后受损评估和灾后重建规划设计工作。这其中有许多人都是黄光宇教授过去指导的研究生，如李和平、邢忠、徐煜辉、杨培峰、杨柳、闫水玉等教授，高芙蓉、叶林、赵珂、乔欣等教师，他们均在这次地震灾区灾后受损评估和灾后重建规划设计工作中担当骨干和中坚力量。可以相信，由黄老师培养的一代代研究生在现在和将来都会为重庆大学建筑城规学院，为国家的发展建设作出应有的贡献，我想这应该是对黄老师在天之灵的最好祭奠吧！

重庆大学建筑城规学院教授　曾卫

（注：在黄光宇先生逝世两周年之际，发表于《规划师》，2008年第10期）

悼念黄光宇先生

时光流逝，我国著名城市规划专家、重庆大学建筑城规学院资深教授黄光宇先生，逝世已近两周年。先生毕生坚持在教学、科研和生产实践第一线，兢兢业业，勇于开拓，为我国城市规划理论的发展和人才培养作出了卓越贡献。时间抚平了我们的许多记忆，却怎么也掠不去我们的缅怀之情。

黄光宇教授是重庆大学城市规划专业的创始人之一。先生治学严谨，注重教书育人，用自己的言行书写出一个大大的城市规划“人”。至今仍清晰记得，在新生入学专业介绍会上，是先生第一次将我们这些刚踏入大学的学子领入城市规划学科的殿堂，拉开了学子们迈入专业梦想的大门。先生将一届又一届的学生引进专业大门，又将他们送上工作岗位。桃李满天下，引得无数学子慕名而来，先生从未让他们失望过。四川省先进工作者、优秀研究生导师、重庆大学“伯乐奖”，无不折射出先生的伟大人格。如今他的弟子，无论是城市规划建设部门的高官，还是留在高校的教师，每每谈起先生无不肃然起敬。在先生辞世之后，建设部高等城市规划学科专业指导委员会对先生为城市规划教育领域作出的贡献给予了高度评价，为先生颁发了“中国城市规划教育终身荣誉奖”。

黄光宇先生毕生致力于山地城市与城市生态规划建设，是我国山地城市学的奠基人和生态城市理论与规划设计方法的开拓者。先生于1992年创建了中国科学院、建设部山地城镇与区域环境研究中心，与美国、德国、日本、印度、尼泊尔等国家的山地城镇研究机构建立了广泛的联系。在他的倡导下，中国城市规划学会于2001年11月成立了中国生态学会城市生态专业委员会。2004年3月，作为中国山地城市规划研究的唯一代表应邀在美国哈佛大学作主题演讲“山地城市空间结构研究的生态学思考”，引起了国内外学界的广泛关注。以黄光宇教授为首的课题组，历时20余年，主持完成课题“山地城市生态化规划建设关键技术及运用”，教育部专家组鉴定认为：“课题成果充分体现了科学研究的自主原创性，建立了我国的山地城市生态化规划建设理论与方法体系。其综合研究成果居国际领先水平，具有很好的行业推广应用前景。”该课题获2005年国家科技进步二等奖。先生一生硕果累累，出版《山地城市学》、《山地城市学原理》、《生态城市规划理论与设计方法》等代表性专著5部。

虽然先生离开了我们，但他高尚的道德情操、无私的奉献精神、严谨的治学作风，都是留给我们的宝贵精神财富，他将永远活在我们心里。

重庆大学建筑城规学院教授　邢忠

（注：在黄光宇先生逝世两周年之际，发表于《规划师》，2008年第10期）

师恩如山

——缅怀导师黄光宇先生辞世两周年

转眼间，黄光宇先生离开我们已近两年，值此先生辞世两周年之际，追思缅怀先生，无限的感慨，无尽的感激，涌荡胸中，禁不住百感交集，常言道：离开的人总是越走越远，但先生的音容笑貌却长留眼前，仿佛先生只是出了一趟远差，从来不曾真正离去，逝去时光的点点滴滴，恍如眼前。

师从黄光宇先生15载，先生于我，有着深深的知遇之恩，是他，使本科时名不见经传的我，在进入硕士研究生学习后迅速提高，让曾经脆弱而敏感的神经，变得轻松、自信。

初见先生时，只觉他身形瘦削，神情平和，言语轻缓，同心目中高大威严、不苟言笑的名师形象相去甚远。在先生娓娓的言谈间，初入门墙时的紧张、生涩逐渐放下，慢慢升腾起的是仿佛久已熟悉的投缘。本科时终日面对语汇、流派、思潮，对艺术的感觉是很迷惑的，但先生的点拨深入浅出，使我茅塞顿开，为我开启了建筑之门。入门不久，先生便放手让我在他人才济济的团队里主笔设计，如有神助，几次国内竞标连拿几个一等奖，一下子找到了艺术的感觉，也找回了久违的自信，从此脱胎换骨般地迅速成长。多年以后，再回首先生的知人教化对我人生的巨大影响，不禁感激涕零。

黄先生于我，有着浓浓的师生之情，淳淳的教诲之功。生活中，先生宽厚而诙谐；学术上，先生却是严谨而严厉，不多言语，却自有一种不怒而威的凛凛之气，那不是声色俱厉的霸道，而是身体力行的人格威严。

先生对每个细节求尽善尽美，有时甚至于苛刻。耀志师兄有个笑谈，“上了飞机，才能给先生看”，否则总会修改。记得1993年的冬天，沙区旧城改造项目第二天评审，凌晨四点，我们把成果交到先生那儿，本想悄悄放下就离开，不料先生马上起来要审阅，看到先生的微笑，心中不免有点自得，不想最后翻看格式时发现页码没被打印上，先生很关切，而我却很不在意，心想，“页码而已”，先生没再说什么，寒冬里披衣下床，用笔手书，50本，共2000多页，先生瘦削的身影散发出巨大的威严，无声的责备让我们无地自容，感觉比被先生痛斥更加难受。从此，对这些所谓小事，我不敢再有丝毫大意，专注于细节习惯的培养，让我在此后的学习工作中受益颇深。

先生在学术上，高瞻远瞩、思想开放，我曾经常常因看不懂而妄自揣测，到后来，方悟出先生的高明，而今天，更觉先生高瞻远瞩，其睿智、其精神、其勤勉，值得学生毕生努力学习。20世纪80年代，生态城市的概念刚刚提出，先生便敏锐地觉察到了山地城市与生态环境之间的密切联系，并开始着手山地城市生态研究。研究之初，对生态的认识还很浅薄，很多业内人士都很不理解，认为生态就是种种树、栽栽花，有人冷嘲热讽，有人好心规劝，就连紧跟先生的团队成员也众说纷纭，我也曾私下嘀咕，可先生并不为之所动，他以肩负历史使命的研究姿态，坚信生态方向大有前途，每到一处，不管是行内研讨还是地方汇报，都不遗余力大声疾呼要重视生态。为了加强生态研究力量，先生广招贤才，与中科院生态所、成都地理所等知名研究机构展开广泛合作，将研究的深度与广度大大拓展到传统规划领域之外。强烈的使命感与高昂的热情，使先生成为生态城市研究的先行者与践行者，他最早将生态景观敏感度评价与非建设用地控制引入城市规划，在常州、无锡、宝鸡、成都、广州大学城、广东小榄等规划实践中运用，形成了一套较为可行的技术方法、手段与评判标准，2005年终于获得成功。他领导的“山地城市生态化规划建设关键技术与应用”研究获得国家科技进步二等奖，当生态研究在全国热起来时，先生已站上又一个学术制高点。回首当年，不禁为先生的高瞻远瞩深深折服——虽然身居内陆高校，先生却十分注重与国内外各界的学术交流与联系，常常教导我们要克服盆地意识，学好外语，多参加学术会议，要走出去，多看、多思、多交流。先生在20世纪70年代末就领导规划研究所开展了与德国、加拿大、日本等国的合作研究，在广泛了解、吸收国内外规划界最新研究成果的基础上，先生针对身处西南山地的特点，高瞻远瞩地提出了要搞山地城市研究。生始终坚持这一研究方向近30年，围绕山地城市，作了大量的课题研究、工程实践，创建了国家级山地城镇与区域环境研究中心，多次召开山地人居环境国际、国内学术会议，培养了大批山地城市研究人才，开创了山地城市规划这一新学科，使重庆大学在山地城市规划这一领域走在了国际前列。

先生一生勤勉努力，他经常是各种事务缠身，但先生总能挤出时间来搞研究，出差讲学可能是他最好的休息时机，飞机上是撰写论文的好地方，他常常教育我们要学会“产、学、研”一起抓，搞规划不能只是为了完成项目，要善于总结提高，在实践中提炼新思想、新理论，更重要的是必须坚持长期跟踪回访。他曾跟踪乐山规划长达20年，对乐山倾注了毕生的心血与感情，记得1992年为了让“乐山绿心规划”参加巴西里约热内卢全球环境与发展大会，我曾陪同先生到乐山地区四处游说，寻求支持、赞助，一路上奔波劳顿，费尽唇舌，饱尝人间的冷暖与辛酸，虽然先生最终没能达到此行的目的，但在他的努力下，乐山规划终于进入了联合国论坛，“绿心环形生态模式”因此在国际上获得了巨大的赞誉，成为先生一生最自豪的规划实践。

先生外表儒雅而内心刚毅，在原则问题上寸步不让，有时发起火来也是挺骇人的，甚至不近人情。先生曾承接川东某市南城规划，地方政府要求在景观生态极其敏感的老城对面风水案山的山顶上搞房地产开发，先生以生态敏感度评价为依据，论证了保留风水案山的生态价值与经济、社会价值，不厌其烦地反复宣传，而甲方一意孤行，先是经济利诱，接着是高层施压，最后甚至威胁、取消合同，但先生不为所动，断然拒绝，宁可舍弃上百万元的合同，也要坚决捍卫规划的科学性，那是先生罕见的几次勃然大怒之一，真正是“富贵不能淫、威武不能屈”，此事曾在业界引起了极大反响，先生的坚持执著也最终赢得了地方的尊重。

先生一生忙碌，直到生命的最后岁月，依然忙于对外交流、整理文稿，他的文稿都是自己一字一句手书而成，终因积劳成疾，撒手西去，甚至来不及看一眼即将出版的著作，壮志未酬身先死，先生的突然离去让人扼腕。

今天，先生虽然远去两年了，但时间冲不淡对先生的记忆。感谢先生，感谢先生15年的言传身教，您的教诲早已潜移默化到学生的思想、行为乃至日常生活当中，让我与先生有了一种心灵相通的默契，让我们也有机会站在先生的高度上去思考；感谢先生，感谢先生的支持与鼓励，在遇到困难、迷惘、苦闷，多少次想放弃的时候，是先生的支持、鼓励与鞭策，让我一次次打消顾虑，重拾起前进的勇气和决心；感谢先生，感谢先生的理解与宽容，耐心地等了我10年，让我有机会领略到中华传统文化的精彩与玄奥。师恩如山，您15年的教诲、关怀将永记于心，并将作为人生的厚赠伴随我、影响我的一生。

重庆大学建筑城规学院副教授　杨柳

（注：在黄光宇先生逝世两周年之际，发表于《规划师》，2008年第10期）

山地城市之魂

——黄光宇先生山地城市生态化规划学术追思

今年是为山地城市规划奉献了毕生的重庆大学建筑城规学院（原重庆建筑工程学院建筑系）教授黄光宇先生辞世三周年，三年过去了，中国山地城市伴随着我国改革开放的纵深推进与中西部开发又有了很大的发展，大量的建设活动在山地区域展开，每当面对山地城市的规划实践工程时，黄先生在弥留时刻多次嘱托学生的山地城市规划的一些原则，就浮现脑海，受益匪浅。其间，四川龙门山地区发生了“汶川八级地震”，数十座城镇受到破坏，伤亡巨大，这些城镇大部分属于山地城市，破坏与伤亡使人想起黄光宇先生在山地城市规划中对生态与灾害等问题的长久关注以及他对山地城市防灾的思考。面对复杂的山地建设环境，觉得很有必要将黄光宇先生对山地城市生态化规划设计的学术进行一些追思，以其经验智慧服务于中国的山地城市建设。

黄光宇先生从事山地城市规划设计 40 余年。2003 年出版了汇集其一生规划设计精华的著作《山地城市规划与设计——黄光宇作品集》（重庆大学出版社），正如两院院士周干峙先生在该书的序言中所言：“黄光宇先生的这本集子主要通过他 43 年的教学和实践，提炼了 52 个项目，其中大部分为山地城市规划……我国是多山之国，利用山地资源，注意发挥山地特色，黄光宇先生作了长期研究，在巫山等城市规划实例中作了比较充分的发挥……目前山地城市规划有盲目模仿平原城市的倾向，应该总体提高。前事之鉴，后事之师。”该书的出版是黄光宇先生有感于“我国的山地城市分布很广，类型繁多。改革开放以来，山地城市建设发展迅速，但由于长期以来对山地城市规划与建设缺乏科学的指导，往往沿袭平原地区的规划设计理念和建设修建方式，致使山区知识文化逐渐失落，山地城市特色逐渐消失，山地灾害频繁发生，给我国现代化建设事业和山地城市居民的生命财产造成巨大损失。同时，随着工业化、城市化和全球化进程的加速，西部大开发战略的实施，我国的山地城市的建设发展正面临着新的机遇与挑战。山地区域和山地城市的社会经济的快速发展对脆弱的山地生态系统将带来巨大的冲击，人地矛盾将更为突出。因此，必须引起对山地区域和山地城市、山地景观园林与建筑文化的特别关注”，汇集了自己一生的经验而出版的作品集，充分反映了黄先生对山地城市的规划设计的思考，并用实践作品汇编的形式与同行交流。2006 年，黄先生住院前夕，他毕生的研究总结《山地城市学原理》（中国建筑工业出版社）得以脱稿，黄先生虽未目睹该书的出版，但在追悼会上奠上该书样书，也可称是对其一生“关怀山地城市建设”的灵魂的慰藉，并满足其将该书献给“关心山地城市规划建设的人们的愿望”。这可能是他对其一生学术的总结，也是其对后辈的嘱托。为该书作序的李文华院士在序言中写道：“作者从山地城市建设的利弊分析、山地城市生态化建设的必要性、山地城市学的定义、研究对象和内容、研究方法与动向、山地城市生态系统的特点与服务功能到具体的勘察技术与方法、山地城市的选址、结构、生态系统、交通、建筑、灾害、美学以及山地城市的管治等诸方面进行了系统的阐述。这是我看到的从人居环境优化出发对山地城市规划设计十分系统和深入的一部专著，是黄先生多年来工作的结晶。它为今后山地城市生态化规划建设的研究与实践奠定了一个坚实的基础”。黄先生发表论文 180 余篇，出版著作（含编著）近 10 本，但这两本应该是黄光宇先生学术精华之所在，在整理其学术遗存、研究这两本书的同时，写作了这篇追思黄光宇先生山地城市生态化规划设计学术的短文，希望其思想继续为山地城市的规划设计发挥作用，造福山地居民。

1）山地城市空间结构须适应山地生态环境特征——黄光宇先生反复强调的山地城市规划的第一原则是山地城市建设在特殊的山地环境上，脆弱的生态系统与源远流长的文化传统决定了山地城市的空间布局必须适应山地特征，包括：第一，山地城市空间结构要与山地地质、地形、地貌、水文、水体、气候等要素相互依存、融合规划。第二，山地城市的建设条件复杂、交通组织难度大，山地城市的规划必须从一开始就考虑交通组织的问题，在空间发展模式中体现交通的有效组织问题。第三，山地城市面临着地质灾害、山洪灾害等多种威胁，应从空间发展模式上就充分考虑防灾减灾问题。第四，山地城市历史文化特别，必须进行有效的保护，同时适应城市的发展。第五，必须考虑山地城市土地资源缺乏、建设高成本与经济欠发达的现实等。所以，决定山地城市建设成败关键的空间结构必须充分考虑山地区域的自然、社会、经济、文化特点，实现山地城市空间结构与自然体系、社会文化、基础设施的空间融合、功能融合、发展动态融合、演变过程融合，达到人与自然健全的运作、城市高效的运转、历史文化的有效保护，以优化山地城市环境、提高生态安全、促进可持续发展。黄光宇先生及其课题组结合规划实践，在适应山地生态的山地城市的空间结构与发展模式研究方面进行了大量的工作，创造性地提出、总结、实践了以下几种空间结构与发展模式，并在全国乃至世界范围内进行了推介，对山地城市的规划产生了积极的影响。

（1）集中紧凑、绿心环形生态型空间结构模式。该模式适宜于城市规模不大的中小山地城市，课题组对四川省乐山市城市总体规划，采取单中心紧凑型绿心环形生态型结构模式，城市从内到外分别由“绿心、城市环、水环、山环”四个圈层构成，实现了“天人合一”的生态理念，为乐山历史文化名城的保护、旅游经济的发展、生态环境质量的改善发展发挥了重要作用。绿心环形生态型城市结构模型在城市规划领域产生了广泛的影响，山东烟台，浙江台州、绍兴，山东济宁等新一轮的城市规划都采用了这一基本模式。

（2）带状城市空间结构模式，又分单中心与多中心两个类型，单中心带状模式适宜于受地形或自然地貌条件所限，城市用地沿山谷或河谷地带呈带状发展的城市，该类型的城市一般规模不大，城市结构单一。例如，重庆市酉阳土家族苗族自治县县城位于酉水河河谷地带，城市用地受周围高山的限制，只能沿酉水河呈带状布局，以适应生态特点。多中心带状模式适宜于受地形或自然地貌条件限制，城市用地沿山谷或河谷地带呈带状发展的城市，该类型的城市一般规模较大，为了完善城市功能和配套设施，根据自然条件形成带状或长藤结瓜式的多中心的功能区。例如，课题组 1997 年在修订的攀枝花城市总体规划中，采用“有机松散、分片集中、分区平衡、多中心、组团式”结构。

（3）多中心组团式城市发展空间结构模式，又分为指掌型和星座型。指掌型多中心组团式模式主要针对山地条件下城市发展因山地地貌条件限制而导致的城市建设门槛和边际成本过高等问题而提出，一般适合于丘陵地区城市发展，城市主要的空间发展方向明显，可以很好地利用水系、山体、冲沟等自然条件将城市分为不同的组团。课题组在四川省仁寿县城市总体规划中为避免城市化进程中可能出现的城市向周边地区任意蔓延的“摊大饼式”扩张对生态环境和城市交通带来的不利影响，规划以旧城为主体，结合自然条件，沿城市主要道路呈扇形分布 5 个 2 万～6 万人大小不等的组团，组团之间有河湖水系、冲沟、农田、园林绿地形成永久性隔离带和自然景观丰富、生态条件优越的开敞空间，形成指掌状空间结构形态。工作与居住、生产与生活就地平衡，指掌之间有便捷的公共交通相联系。指掌内部交通以步行为主，辅以自行车交通，使居民在组团内使用小汽车的需求量减少到较低程度，从而大大净化了城市的交通环境，创造了安全、卫生、舒适、宁静的居住和工作条件。星座型多中心组团式模式主要针对山地城市规模比较大且城市所在地区的自然地形、地貌较为复杂，并有河流、水体相分隔而形成集中和分散相结合的星座式布局结构。课题组成员通过对重庆、宜宾、自贡、内江等山地城市的规划实践和调查研究，提出适应山城、江城和炎热气候条件的自然地理特点的“有机松散、分片集中、分区平衡、多中心、组团式”大山城结构模式，确立了重庆市主城区发展的基本格局。目前，重庆主城区仍然采用集中与分散相结合的发展形式，保持了星座式多中心、组团结构的空间格局。

2）对山地城市进行自然生态环境适宜度评价并整合发展与生态资源的时空格局——黄光宇先生反复强调的山地城市规划的第一基础是山地城市建设所面对的自然生态环境复杂、对城市建设的影响与制约不同，规划建设一个与自然和谐的城市必须首先对自然环境有一个全面的评价，在自然生态环境适宜度评价的基础上，整合城市发展与生态资源的时空格局，这是山地城市规划与建设的重要的基础性工作之一。该工作围绕整合自然生态资源与城市空间发展，运用生态学的原理和方法，分析城市发展涉及生态系统的适宜性、敏感性与稳定性，了解自然资源的生态潜力和对城市发展可能产生制约的因素，将发展与控制辩证地结合起来，从而引导城市合理有序地发展。评价从自然因子分析入手，耦合城市发展与自然环境，形成城市与自然相和谐的人居环境。综合评价侧重于自然生态过程、生态潜力、自然生态格局、自然生态敏感分析等。综合评价的第一步是对生态要素进行调查，在生态调查的基础上，选取对城市发展最敏感的自然生态因子，对每个单因子进行分级评价，编制单项生态因子图，然后利用地理信息系统加权叠加，对叠加结果进行分析、分级，编制城市建设的生态适宜度分区图，根据上述结果，结合城市实际问题，提出建议、对策，确定城镇发展的基本结构模式。在黄光宇先生所从事的所有山地城市规划设计中，该研究方法都在根据工程项目的实际情况基础上进行了运用，该方法成为做好山地城市规划设计的基础，由于该方法在城市与环境的和谐发展中具有重要的意义，已纳入到《城市规划编制办法》中。在黄光宇先生生前最后一个规划项目——重庆云阳县城的规划中，课题组从地形地貌、山水格局、排洪冲沟、地质灾害、城市气候等方面解译城市自然本原特征，寻求这些因子的过程演化与空间相关规律，并对这些生态环境的因子群进行全息叠加，明确用地的生态适宜性分区，以山梁、冲沟、水系、历史人文景观走廊、城市风廊等为生态廊道，形成自然景观生态网络构架，在生态脉络之间进行城市建设。建设用地斑块与自然景观生态网络相互契合，形成“有机疏散，组团集聚”的大分散、小集中，“一城四区”的组团式布局形态，将生态敏感的复杂用地限制条件转变为维育城市生态环境的有利因素，阴阳互补，有机生长，城市发展与生态保护相互协调，为云阳县城人居环境质量提高奠定了基础。该方法在环境复杂的平原城市也有很大作为，在 2003 年无锡市总体规划中，黄光宇先生带领课题组分析了无锡市自然生态资源与城市发展的关系以及相关的几个重大生态问题，得出城市建设适宜度分区：①禁止建设区；②不宜建设区；③控制建设区；④引导建设区；⑤优先建设区。在生态适宜度分区的基础上，规划提出了各分区的建设控制导则，同时提出了符合自然生态资源演化规律的“一主一副四园区，滨湖枕山生态城”城市空间布局结构模式。该研究成果作为城市总体规划修编的重要基础，为无锡市建设可持续发展的“山水园林城市”提供了科学依据。

3）山地城市的非建设用地关系着城市的生态安全、控制着城市人居环境质量，山地城市规划不可忽视非建设用地——黄光宇先生晚年所关注的内容之一。山地城市非建设用地包括城市内外因地质地貌或特殊生态价值而不可建的生态敏感区，历史文化遗存或城市文脉延续等文化生态敏感区；也包括城市建设用地中因防灾或环境优化而需要保护和控制开发的自然山地、水体和城市绿地。这些土地与建设用地呈现为阴阳共济、平行生长的耦合关系，在集约利用土地资源、保护城乡生态环境、保障城市生态安全、优化城市空间结构、建构城市与自然互适平衡方面有着不可替代的作用。黄光宇先生带领课题组，以城市非建设用地为切入点，创立了基于土地资源与环境保护的城市非建设用地规划控制技术，并进行实践应用推广。这些技术包括：

（1）城市非建设用地规划控制中的土地资源集约利用分析技术：主要是利用地理信息系统，按照复合生态学理论，对规划区域内的自然、社会、经济等多种生态单因子信息进行辨识、分析、叠加、综合评价，确立区域内城市建设用地与非建设用地整体的生态安全格局，判别土地资源科学合理、集约利用的最佳方案，城市空间拓展的最优方向和建设时序。

（2）城市非建设用地规划控制中的环境要素引导技术：将环境作为重要的控制要素引导城市建设用地与非建设用地整体空间格局，对城市环境进行持续的控制、引导和监控，从而深入改善城市环境质量。

（3）城市非建设用地空间布局规划关键技术：以非建设用地“格局—过程—功能”的协同为原则，利用现代景观生态学原理，对非建设用地的空间布局、数量与形态进行规划，并以此反控城市建设用地无序扩展。

（4）非城市建设用地控制管理技术：突破以往对城市生态用地的“消极”保护方法，强调对非建设用地系统中生态用地的积极建设：谋求最大限度地发挥相应的生态服务功能，通过分类保护与分级控制相结合的方法，促使城市生态性用地渗入成片城市建成区并联系成有机网络，更为充分地发挥生态作用。

该技术体系突破了以往传统的城市生态环境保护的局限，以城市非建设用地空间布局技术为基础，为城市生态环境保护提供了强有力的实体基础。课题组将该技术应用于成都、广州、重庆等地，效果良好。其中在陕西宝鸡的规划项目中，尊重自然环境格局，在对规划区自然生态基础进行综合分析的基础上，延展秦岭自然与人文生态，形成中央带状聚集、渭水城中穿越、两厢组团簇拥、生态绿地渗透的整体生态网络，维护了宝鸡市区生态安全、孕育发展环境，效果很好。

4）山地城市规划综合性很强，需要多学科合作交融、全方位思考总结、理论研究与实践应用结合，生态化是一个方向——黄光宇先生一生奉行的工作方法。我国是一个多山的国家，有300余个设市城市以及10000余个建制镇位于山区，这些山地城市不仅是我国城镇体系的重要组成部分，也是发展山区经济的核心。山地城市的可持续发展，需要认真分析城市发展建设、生态环境保护和资源合理利用的内在关系，而这些内容涉及多个领域，在山地城市建设中如何充分理解山地自然环境的特性、生态过程及其与人类活动的关系，如何利用规划设计的技术正确处理城镇建设与生态环境的关系，通过适宜的土地利用空间优化配置实现可持续发展等问题，传统的规划理论与方法对此显得力不从心。黄光宇先生带领的课题组，融合生态、城市规划、地理环境等学科，以生态视角审视山地区域城镇化的发展规律，致力于建立山地城市建设与自然演进相平衡的动态发展体系，通过多年的努力，形成了建立在对山地自然生态综合评价基础上的山地城市生态化的空间发展模式体系，探索了山地城市的交通发展模式、土地利用功能组织模式、山地传统历史文化的保护模式，实践了山地城市生态恢复重构、山地灾害防治、山地资源与环境的保护、山地可持续发展能力的建设方法，最后建构了具有中国特色的山地城市生态化规划建设理论与方法体系，获得 2005 年国家科技进步二等奖，为我国山地城市的发展建设提供了科学合理的理论支撑和实践指导。山地城市生态化规划建设理论与方法突破了一般认识上的城市发展问题，整合了山地城市的自然、社会、经济、文化特点，实现了山地城市发展与城市自身的自然体系、社会文化、基础设施等要素的整合，与城市功能与形态演变过程的有机融合，与城市发展与更新过程的良好契合，从而建构了城市与自然平衡演进的生态安全格局，实现了山地城市的高效运转、历史文化的有效保护、人居环境的不断优化、城乡持续协调发展的良好格局。该理论与方法在全国 200 余项实际工程项目的规划设计中应用，多数获得各类奖励并付诸实施，为当地的发展建设作出了巨大贡献，取得了良好的社会效益、经济效益和环境效益。这是黄光宇先生对山地城市规划的重要理论贡献，也为后续的研究与实践指明了方向。

黄光宇先生已离我们而去，但其毕生追寻所得的山地城市生态化规划的学术却没有远去，随着山地城市建设的深化，以上这些山地城市规划之核心，将以遗存智慧的形式服务于中国的山地城市建设。学术追思以纪念先人、光照未来。

重庆大学建筑城规学院教授　闫水玉

（注：本文发表于《城市规划》，2010 年第 6 期）

诚挚的教诲，永远的怀念

——缅怀黄光宇老师的几个教育片段

2006 年 10 月 15 日，我国优秀的城市规划教育家、著名的城市规划专家、山地城市规划的开拓者黄光宇老师因病永远地离开了我们。作为他的学生，我为失去了一位好老师感到无比悲痛。我从 1985 年 7 月起，在黄光宇老师带领下开始山地城市规划研究与教学，期间 1996 年 9 月至 2001 年 6 月跟随老师在职攻读博士学位。20 多年来，在我的成长过程中，老师给我的言传身教不胜其数，其中令我终生难忘的是和老师的几次谈话。

第一次是在我读博不久。当时我刚经历了个人情感的挫折，本欲沉溺于书斋改善情绪，不料又出现了“受业”与“授业”的矛盾。在此双重压力之下，我一度非常苦闷。老师察觉后，在百忙之中抽时间找我谈了一次话。老师将自己曾经的挫折付诸笑谈，以此开导我，使我切身感知人生不如意事十之八九；老师对我选择读博的上进高度赞赏，以此激励我，使我重新树立克服困难的信心。正是这次充满关爱的谈话，帮助我顺利迈过了人生的一道门槛，使我不仅在做好教学工作的同时，如期攻下博士学位，而且形成了我学术历程的第一个丰产时期。多年以来，我一直感怀这次谈话，我将老师的教诲归纳为“笑对挫折、历练自我”。

第二次是在我博士毕业不久。记得当时我手捧刚刚出版的学位论文，不无欣喜地呈现给老师，孰料老师接在手中，礼节性地表示祝贺之后，便仔细翻阅论文，越看神色越凝重，最后竟然将他的教学成果——我的首部专著批得体无完肤。我很诧异，心想这可是老师和国内十数位资深专家曾经高度好评的论文呀！老师看到我不解的神情，舒缓了语气说：论文是写得不错，专家们已经给予了充分的肯定，但也指出了一些问题，为什么不趁出版的机会作出全面修改？为什么要这样急于求成？什么叫著书立说？一出书就有相应的影响，一定要慎之又慎呀！这次谈话后，我刻意关注老师自己对待成果发表的态度，在目睹老师几部专著相继出版，在协助老师完成国家科技进步奖申报，特别是在今天品味着老师以毕生精力撰写的《山地城市学原理》时，我更加明白老师给我的教诲是希望我“戒骄戒躁、不断进取”。

第三次是在我被授予一系列荣誉，被评为教授、博导，受聘的学术兼职越来越多，并走上重庆大学发展研究中心领导岗位之后。老师语重心长地告诫我，越是舞台大了，话语权多了，越要注意自己的言谈举止，要秉持学者的良知，敢于坚持真理、敢于讲真话，要逐步走出小我，做到“淡泊名利、敬业忘我”。如果老师不是这样匆匆辞世，肯定对学生还有不断的教诲。现在“淡泊名利、敬业忘我”已经成为老师对我教诲的定格。“笑对挫折、历练自我”，“戒骄戒躁、不断进取”，“淡泊名利、敬业忘我”，当我重新追忆老师的这几个教育片段，我深深体会到这不仅是老师教育思想的精髓体现，也是老师高尚情操的真实写照，是老师留给学生的丰厚精神财富，值得学生永久铭记、努力践行。

感谢您，老师！安息吧，老师！

重庆大学建筑城规学院教授　龙彬

黄光宇先生教学与科研、理论与实践追思

转瞬，黄老师离开我们已经一年多了，作为黄老师的学生，每每想起尊敬的先生，回忆起和先生在一起时受到的良多教诲，依然历历在目，并深受感动和激励。

手拿黄先生《山地城市学》出版时的厚厚初稿，掩卷沉思，对黄先生治学、授业的历程肃然起敬。先生仙去，对山地城市学发展而言，以及对城乡规划的生态学探索而言，都是令人惋惜的损失。然而，值得欣慰的是，先生在世时，已为此建立了一个明确的框架，即由先生制订的"山地城市与建筑文化丛书"和"生态城市与建筑文化丛书"两个书系，像他种下的两棵树苗，已经开始逐年连绽花果。结合黄先生曾不经意间提过的早年求学过程，从温州白鹤寺（初中 1950 年）到杭州云栖寺（高中 1952 年），从上海到重庆（大学 1954 年到 1959 年），深感黄先生的一生是追梦的一生，他从 1959 年扎根山城重庆，风雨耕耘 47 年，为了建立山地城市学和推动城乡生态和谐建设的事业耗尽了心血。

先生立足于山地城市学研究，出于对山地城市宝贵生态资源的珍惜和对保护脆弱山地生态环境的责任和远虑，先生进一步地将城乡生态、区域生态的安全问题作为更加严峻的关注、研究和思考对象，他说："保护好祖国的山山水水，建设好中华大地的城镇和村庄，是每一个炎黄子孙的神圣责任。"他尤其特别关注的是"规划建设山地城市就应该按照山地城市的自然生态、人文生态特点、发展规律办事，否则将带来无穷的后患"（黄光宇，2002 年 6 月）。值得一提的是，在他的推动和倡导下，早在 1992 年 10 月 10 日，由中国科学院、建设部批准成立了"山地城镇与区域环境研究中心"，并以此为契机，进行了大量的研究、设计、人才培养和国内外学术交流活动。回顾先生的历程，在他离开我们之前的几十年中，他较早预见性地、艰辛地推动并拓宽着城乡规划的山地研究和生态研究，并取得了丰硕的成果。他的治学成果和敬业精神，值得晚辈们学习和继承。

谈到先生的敬业精神，金史为证，玉言为佐，譬如："在长期从事山地城市建设和研究中做出了杰出的成绩。他孜孜不倦的探索精神，为人敬佩"（齐康先生，2002 年）；"……我被他的谦虚淳朴的治学态度和敬业精神所感动，也与他把生态学的理念引入城市规划的想法产生了共鸣……接触后我感到黄光宇先生及其学生们在山地城市规划设计方面进行了大量的研究和实践工作，他把硬件和软件、规划与生态理念做到了有机结合，而且做出了山地城市的特色"（李文华先生，2006 年）。谈到先生的治学成果，"为将创建山地城市的祖先们给我们留下来的宝贵经验传给后代；为开辟新的山地城市所需的科学技术之路提供有利条件；为跟随先驱们的高瞻远瞩所探索出的成功之路而前进以及为青年热爱并投身于城市（包括山地）规划工作者参考"（唐璞先生，1998 年）。黄先生虽然离我们远去了，但黄先生的研究与治学精神以及他留下的研究领域，依然特别值得我们追思和学习。

1　先生平易近人、以人为本、倡导和谐规划

先生平易近人，无论在生活还是在工作中，都以人为本，宽以待人。在生活中，对学生们问寒问暖，关怀入微；在工作中，倡导公众参与、提倡和谐规划。几次与先生在一起调研时，留意发现，他拍照时的很多镜头对准了富有人文意义的场景，树荫下乘凉的老人孩童、打牌闲聊的街头茶座以及团体操练的健身氛围等的和谐场景都是他特别关注的对象。而且，他的晚年更是如此，对城市管治、公众参与非政府组织（NGO）、开

放的通用信息集成平台（EIP）制度等也表现了较大的兴趣。在具体规划实践中，他重视实地踏勘和走访调研，在有的工程实践中，详尽的走访调查表格收集有达数千份之多，他还特别嘱咐装订成集，归纳分析，并妥善保留。这些细节，从一个侧面反映了他重视人文、以人为本、倡导和谐规划的思想倾向。

2 先生较早提出并实践生态规划、非建设用地等思想，倡导城乡科学发展

先生在理论和实践探索中，立足我国西南部多山、多丘、多高原的环境，不断开拓和拓宽理论视野，较早提出并实践生态规划、建筑文化、非建设用地等思想。譬如，在1960年的“重庆城市总体规划”中，提出“大分散、小集中、多中心、组团式”的空间结构，提出立体交通、立体绿化、立体利用地下空间的构思，并提出将行政中心、解放碑等进行步行区设计和将天然气民用的规划意见等，以上的规划思想一直延续和发展至今，依然是重庆市城市规划中坚持的指导思想，具有长期、现实的意义；在1983年的“丽江县城总体规划”中，提出了“有效保护古城与积极发展新区，使古城得以有效保护，新区得以较好发展”、“家家流水、户户垂杨”、“保护古城完整街巷系统”、“将城周的山、水、田、林纳入绿地系统”等的思想；在1987年的“乐山市总体规划”中，进行了“绿心环形城市”、“复合城市”、“三龙戏珠”、“三岛一洲”、“弹性规划，动态反馈”、“公众参与”、“计算机辅助设计”的构思和实践；1990年进行“乐山绿心环形生态型城市结构新模式”研究，吴良镛先生亲自主持成果鉴定会并题词，成果作为中德合作“居住与城市发展”课题获联合国技术信息促进系统中国国家分部“发明创造科技之星”奖；此后，他主持的1991年的“岑溪县县城总体规划”、1993年的“烟台南山风景区总体规划”、1994年的“北海市绿地系统规划”、1995年的“仁寿县城市总体规划”、1996年的“上海住宅设计国际竞赛参赛方案”、1998年的“广州科学城生态规划与建设研究”、2000年的“广州市自然生态资源评价分析及城市发展对策研究”、2003年与中科院合作的“广州市生态区划政策指引与番禺片区生态廊道控制性规划研究”、2004年进行的“成都市非建设用地规划”等的研究与实践中，先生提出的“山地城市与建筑文化”和“生态城市与建筑文化”两个书系，作为两条平行的红线，贯穿在先生所有的研究、教学和实践活动中，沿着两条主线的平行与交汇，先生推动将“生态安全”、“城市综合防灾”、“非建设用地”、“动态规划与公众参与”、“数字城市与计算机虚拟”、“地理信息与生态资源综合分析”、“复合规划”等的思考应用于实践，并在实证研究中不断拓展。

3 先生践诺追梦的理想，笃学力行、率先垂范、严谨勤勉，体现了崇高的敬业精神和创新精神

先生心中有个梦，众所周知，是山地城市之梦，以及立足于山地城市，因山地城市的固有景观风貌特点和脆弱敏感的生态系统，进而拓展出的山水城市、和谐城市、生态城市之梦，先生一生追梦，耗尽了毕生的精力。他身体力行、不知疲倦的敬业精神，深深感染和影响着他周围的每一个人。

先生老骥伏枥、与时俱进，终生致力于城乡规划建设事业的开拓和创新，在地理相对偏僻、信息相对迟滞的大西南，进行了艰辛的、孜孜不倦的探索。他较早关注并在城乡规划中应用了地理信息系统技术、遥感技术等，他在晚年，对循环经济、污染物回收转化和利用技术、生物技术、管治机制、环境评价与跟踪技术等，都表现了极大的兴趣。

在研究和实践中，他反复告诫他的学生，作为城市规划这样一个综合性很强的专业，一方面，专业基础知识与专业素养是非常重要的立足点，另一方面，要拓宽视野，融合知识，进而具体而微地解决城市规划专业的问题。经过视野的收放，经过知识的不断宏汇，致力于进一步的专业渗析、拓展与创新，从而发展和深入本学科的研究。

4 先生宽宏大量、桃李天下、终生致力于教育事业

先生秉承本单位产学研相结合的教学、科研与发展思路，他对待工作，对待他钟爱的山地城市与生态城市事业，显得宽怀谦虚、运筹帷幄，这是他展现较多的一面。同时，先生的另一面，表现了一个知识分子传统的纯朴品质，当他和他的学生们在一起时，他平易近人，通常都非常开心，他的周围也经常散发着活跃的气氛，所有被感染的人甚至都显得有些“孩提气”。先生胸怀宽广，同时对学生们也非常严格，记得一次陪先生外出，晚上在一起闲聊时，我向先生请教育人的经验，先生略微沉思后，耐心讲了 12 个字“有教无类，因材施教，以外促内”。他不但爱他的学生，也爱他的老师，记得一次春节前，我去看望唐老先生，据唐老夫人讲，黄老师悄悄接济他曾经的老师、90 多岁高龄的唐璞先生，但黄老师从来没对任何人声言过。

由于多年来超负荷的工作，积劳成疾，一年前，黄老师旧病复发了，在他病重的日子里，他考虑最多的是他的新著《山地城市学原理》的出版情况。这期间，面对疾病，他没有流露出一点的悲观和灰心，而表现了坚定的乐观精神，他的病房中还依然时而听到他熟悉的笑声。病房变成了教室，他以自己的实际行动激励和鼓励着他的学生们。事过一年了，追思黄先生，我常常在想，在病魔折磨他的日子里，是什么力量在支撑着他那瘦小的身体，使他表现得如此乐观、从容和忠诚，也许是梦、是理想，诚如是，被他激励的学生、朋友和同仁们，如果拥有了同样的理想和梦想，也会变得如他一般乐观、从容和忠诚。

受曾卫教授嘱托，追思尊敬的黄光宇老师，然襟短情长，文之所述，难尽先生事迹与风范，仅表本人一孔一斑之启见和思念。

谨以此拙文怀念尊敬的黄光宇老师。

重庆大学土木工程学院博士后　张继刚

（注：本文为纪念黄光宇教授逝世一周年座谈会上的发言）

中国生态城市规划研究与实践的奠基人

——追忆我的导师黄光宇先生

1993年9月我有幸师从黄光宇先生攻读城市规划与设计硕士研究生，硕士毕业后又继续攻读博士学位，前前后后6年多的硕士、博士研究生学习时光与先生建立了深厚的感情，先生的悉心教诲和慈父般的关怀令我终生难忘，特别是师尊的言传身教，不仅在专业学术上使我不断进步，而且在做人处事上也令我受惠无穷。2000年到广州工作后，一直与先生保持紧密联系，不时请教先生指点项目规划、课题研究。2006年10月身在美国学习的我突闻先生辞世的噩耗，简直不相信这个事实，先生离开我们太突然了，因身在异国也未能看上先生最后一眼，未能送上最后一程，抱憾在心中。后来回重庆去先生墓前叩拜，了却了心愿。

回想过去，追随先生学习距今已有20年，先生离开我们也有7年，但先生的音容笑貌仍然历历在目，先生对人和善、平易近人，对工作认真严谨，先生以他严谨的治学态度、忘我的敬业精神、诲人不倦的为师之道、渊博的学识深深地感染着我、激励着我，在治学、做人等方面为我树立了典范，令我受益终身。

作为重庆建筑大学城市规划学科、学术带头人，先生立足山城重庆，在教学、科研和规划实践中研究总结出一套山地城市规划与设计的理论与方法，开创和建立了“山地城市学”的理论框架。可能就是因为山地城市自然生态的敏感性和脆弱性，让先生更加关注城市生态，在城市规划中更多引入生态的理念，成为我国将城市规划与生态规划融合的重要开拓者。早在1987年先生结合四川省乐山市城市总体规划进行了乐山生态城市的规划实践，提出了“绿心环形生态城市结构”新模式；1989年发表了《田园城市·绿心城市·生态城市》论文，对生态城市的内涵、定义做了阐述并提出了生态城市建设的十条标准；在1992年巴西里约热内卢世界环境和发展大会举行的“未来生态城市顶峰论坛”上，“乐山绿心环形生态城市”研究成果、先生与黄天其教授的研究论文《论生态城市的概念与评判标准》受到广泛关注，并获国际建筑学院荣誉证书和联合国技术信息促进系统中国国家分部发明创新科技之星奖和国际建筑学院荣誉证书。可以说，先生是国内最早对生态城市进行系统研究的学者。

1993年师从先生即参与其主持的国家自然科学基金资助项目“生态城市新概念及其规划设计方法研究”，使我从此涉足生态城市规划研究工作。博士生阶段又参与国家教委博士学科点专项科研基金资助项目“生态城市设计技术系统”研究，对生态城市理论与技术方法在广度和深度上进一步进行探索和研究。生态城市研究是城市科学研究的世界前沿研究领域，涉及多学科、极富挑战性和艰巨性的复杂研究课题，需要跨学科的交叉和融合。先生一方面积极参与到中国生态学学会城市生态专业委员会、国际科联环境问题科学委员会（SCOPE）等学术组织，汲取新思想、新观念融入到生态城市研究中，同时与中国科学院生态环境研究中心、复旦大学、南开大学等高校科研机构加强学术交流与合作，在人才培养、课题研究、规划项目等方面开展合作，由多学科、多专业人员构成研究团队。先生牵头创建了中国城市规划学会城市生态规划学术委员会，成为规划界研究交流城市生态规划、生态城市的平台。在研究中为广泛吸收国外关于生态城市研究成果与动态，先生还与国际有关生态城市研究高校科研机构、学者加强交流，如美国著名生态城市研究专家理查德·瑞吉斯特（Richard Register）等。通过跨学科、宽领域研究，探索生态城市新范式。

生态城市研究需要理论与实践的相互参证，先生倡导产学研结合，主张从理论到实践，再从实践到理论中。1993年先生牵头组建重庆建筑大学城市规划与设计研究院使之成为教学、研究、人才培养的实践基地和平台，使学生既掌握城市规划最新的理论知识，又能了解现实城市规划建设的动态和需求，理论与实践相结合、相互验证。在硕博研究生学习期间，结合课题研究跟随先生进行的一系列试点实践工作，为生态城市课题研究提供了第一手资料，使我将理论研究与试点实践、实际调查很好地结合起来。2002年在本人博士论文基础上，和先生合著出版了《生态城市理论与规划设计方法研究》一书，对生态城市研究的理论和技术方法进行了系统总结，也是对先生从事十几年生态城市研究工作的总结。

先生虽然离我们而去，但其学术精神激励着学生们不断探索与前进，学术思想也不断得到发扬光大。我也将继续追随先生的学术思想不断探索、不断前进……

福州市城乡规划局党组书记、局长　陈勇

忆黄光宇先生二三事

黄光宇先生是我的博士生导师，他是我国山地城市学的奠基人和生态城市理论与规划设计方法的开拓者，在山地城市与生态城市学科前沿的理论研究、生产实践与人才培养方面作出了开创性的贡献。先生离开我们已经六年多了，但我还是能清晰地记得他的音容笑貌、谆谆教诲，而他“业精于勤，学治于谨”的座右铭则给我留下了尤为深刻的印象，也深深地影响了我的求学之路和工作作风。

1995 ~ 1999 年，我师从黄光宇先生攻读博士学位。那时候恰逢重庆建筑大学城市规划的博士点刚开办不久，学科建设、教育质量、人才梯队、科研课题、教案教辅等等，先生的各项工作十分繁重，但对我们几位学生的学习要求和标准却从未因工作繁重而降低，更不会由此而耽搁。从 1997 年开始，为准备博士论文，我在湖北、重庆两地开展了大量的调研工作，前后近两年的时间都泡在现场，各种资料、数据已经较为翔实。每过一段时间，我都会请先生过目最新的论文进展。有一次，先生指出其中一项数据（三峡库区城镇迁建中公共服务设施的主要规划指标）有部分缺失，三十余个案例项目中只有一半的数据齐全，另一半项目的均缺乏这个数据，我告诉先生那些数据确实因为种种原因没有办法获得第一手的资料，但因为有固定的公式，这些缺失的数据都可以从同一案例中其他相关数据中推算出来，因此我会在日后的论文研究中通过推算补充这部分数据。先生不语。过了大约半个月，先生拿着一摞资料找到我说，缺失的数据他已经一一推算出来了，但同其他相关案例的比较研究发现，调研获得的第一手数据相当离散，数据彼此之间基本都不符合公式,因此他怀疑缺失的这部分数据也不能通过推算来获得（其实那时他已经把全部数据推算出来了),而必须通过第一手资料获得。他尤为慎重地指出，更为重要的是需要搞清楚为什么会有这样的偏差？原因是什么？如何形成的？在后来近两年的调研中，我想尽各种办法获得了全部的第一手数据，和曾经因缺失而推算出来的数据的对比研究表明，第一手数据和推算数据无一一致，而第一手数据和同一案例中其他相关数据的关系也全部不符合既有的公式。在走遍全部调研案例现场，走访了相关政府部门、工程业主、规划及建筑设计单位后，我经过深入的研究发现，由于三峡库区城镇迁建的新址普遍位于长江二级阶地以上，坡地多、平地少，地形起伏较大，建设用地十分紧张，各地实践中的各类公共服务设施普遍采取了各种叠建的方式，用地共有、功能复合。这种做法在现在已为常见，但在当时却极为罕见，因为这完全不同于既有规范上独立占地、功能单一的建设模式，也正因为如此，各地在相关规划材料和数据上本身就不完善，同时还多少有些故意遮掩。但这在当时迁建任务十分繁重、建设用地高度紧张的三峡库区城镇迁建工作中，有着极为重要的现实意义。正是先生的严谨使我对理论上的城市规划和实践中的城市规划有了更加深刻的理解。

论文从开始到完成全部初稿花了近三年的时间，其间先生的指导、批注无数。初稿交给先生以后，发生了两件让我记忆深刻的事情。一是先生要求我大幅修改提纲并裁减篇幅，整个论文须从 70 万字左右裁减到一半。我争辩说提纲此前都给先生看过的，先生也都同意的，初稿完成后大幅修改提纲和裁减一半篇幅的难度太大。但先生坚持在论文全部完稿后，此前的论文结构已经不合适，研究的重点及结论与开题之初和研究过程之中亦有一些不同，因此提纲结构的修改是必需的。同时，初稿篇幅太长，必须裁减。先生的态度很坚决，没有退让之意。后来的修改工作虽然艰苦，但几易其稿后，整篇论文确实大有起色，而篇幅也裁减到了 33 万字左右。第二件事情是过了两个多月，先生把初稿退给我，非常平和地告诉我："术业有专攻，每个人都有他熟悉和擅长的领域。你做的这一块（研究），已经比我深入，论文我已看过，没有更多意见，学术上的意见你可以再仔细思考，以你的为准。"我非常惊讶于先生的态度，更让我感动的是回家后开卷细读，先生的批注跃然纸上，随处可见，字里行间满是先生的真知灼见、思考和疑问，显然不是先生说的"没有更多意见"，而以先生学识之渊博，也绝不会对学生的论文"没有更多意见"，但他更愿意以一种平和、谦虚的态度与学生交流。感动之余，唯有更加勤奋地完成论文，完成学业。后来的论文指导中，先生更进一步指出，他之所以强调这一点，是因为学术之进步，须有自由的思想，学术思想的平等，不仅是必要、更是必需。

做人、做事、做学问，先生的勤勉、严谨、谦虚，深深地影响了我和其他的青年学子。毕业以后，当我走上工作岗位，当我也招收研究生，我也同样用勤勉、严谨、谦虚来要求自己，为人师表；每每有新生入学，我也把这六个字送给他们，希望他们能在他们的一生中继续传承下去。

成都市规划局副局长　王松涛

学以致用，造福城市

——忆导师黄光宇教授

从硕士到博士，师从黄光宇教授七年。先生教诲颇多，尤为深刻的是“学以致用”。走出校门，从事规划管理实践工作，更加体会到先生教导“学以致用”的良苦用心和深刻含义。

古往今来，城市长官决定着城市规划的方向、思路、城市的形态甚至细部，中外如此。“匠人们”无非是落实长官的想法，说服长官接受匠人的思想，修正长官的偏颇（这还得取决于匠人的责任、勇气和智慧）。大凡成功的实践，得益于长官的优秀和匠人的卓越；乏味或失败的，或者是长官平庸，或者是匠人无能。

“学以致用”，不仅在于理论结合实际用于实践，还得学习和掌握游说的技巧和能力。

20 世纪 80 年代中期，先生敏锐地看到生态危机对全球的影响，开始结合中国实际，致力于生态城市规划理论的探索和实践，建树丰富。主持的四川省乐山市绿心规划在 1992 年巴西里约热内卢世界环境发展大会上荣获联合国颁发的金奖，成为该领域获得国际声誉的中国首例。该规划及其实践，为乐山市赢得美誉，造福了乐山市民，至今影响深远。

参加工作后，请先生指导成都市中心城非城市建设用地规划，转瞬十年一挥间。今天，成都中心城非城市建设用地已更名为“环城生态区”，并经人大立法，出台《成都市环城生态区保护条例》，对中心城 133 平方公里生态绿地永久保护，永续利用。成都中心城环城生态区规划也已和成都城乡统筹规划一并成为成都规划最大的亮点和特色，赢得广泛赞誉，正在从规划图纸一步步变为现实美景，使成都千万市民永久受益。

先生已仙去。先生的思想和教诲，仍在激励着一代代继承者们继往开来，脚踏实地，开拓创新，造福城市，服务人民。

这，就是一个教育家的伟大。

成都市规划局总规划师　赵钢

生平年表

青年时期

1935年11月29日出生，祖父、父亲都是医生。童年时期，国难当头，历经苦难，靠外祖父支持读完小学。

1942.9 ～ 1948.7 浙江省乐清虹桥镇小学学习

1948年以优秀成绩考取公费，1948.9 ～ 1951.7就读于乐清中学学习。

1951年9月初中毕业后被保送入温州高级工业职业学校土木科学习。

留校任教

1952年9月系科调整入浙江省立杭州土木工程学校建筑科。

1953年9月迁入上海建筑工程学校建筑科。

1954年9月毕业后被保送入重庆建筑工程学院建筑学专业继续深造。

1956年5月30日加入中国共产党。

1959年7月以优异成绩读完大学，并留校从教，并积极参与城乡规划新专业的创建工作。是重庆大学城乡规划专业创建人之一。

带领学生探勘

1961 ～ 1962年，先后担任建筑设计与城乡规划研究室副主任，兼城乡规划教研室副主任、主任及学院学术委员会委员。

主持编写了《建筑设计原理》教材城乡规划设计部分（校内出版）。

为在职干部进修班授课

1961年参加了由清华大学、同济大学、南京工学院、重庆建筑工程学院四校联合编写的全国第一本《城乡规划原理》统编教材的编写工作（中国建筑工业出版社出版），与吴良镛先生、齐康先生等一起编写。

“文化大革命”期间，历经坎坷，建筑系、建筑学、城乡规划专业被撤销，后调入土木系建筑技术教研室任副主任。

与妻子袁文琼女士

“文化大革命”以后，以极大热情全力投入建筑学、城市规划专业的恢复与重建工作，并受国家建委委托，举办了两届城市规划进修班，负责培训西南、西北地区城建部门的在职干部。

1977年主编《城乡规划原理》、《城镇规划与设

全家福

丽江规划方案汇报

丽江项目组合影

与加拿大曼尼托巴大学哈特莱先生合影

与唐璞老先生合影

计图集》，由重庆建筑工程学院出版。

1978 年恢复城乡规划专业招生，担任城市规划教研室主任。

1978 ~ 1980 年，主编了我国第一本《区域规划概论》统编教材（中国建筑工业出版社出版）和《城乡规划原理》、《城镇规划和设计图集》等教材（校内出版）。

1981 年参编《城市规划原理》全国统编教材，中国建筑工业出版社出版。

1982 年自编教材《卫星城镇的规划理论与实践》及《现代城市规划的理论与实践》。

1983 年，晋升为副教授。开始招收硕士研究生。并任城市规划与设计研究室主任。

1984 年主编《区域规划概论》，全国统编教材，中国建筑工业出版社出版。

1985 年，担任建筑系副主任、城市规划与设计研究所所长，分管科学研究与生产工作，兼任建筑设计研究院副总建筑师，并积极参与组建深圳华渝设计事务所工作，担任圆明园学会成员、中国自然辩证法学会成员、中国城市规划学会理事，积极参与这些学会的学术活动。

自 1985 年开始筹建原重庆建筑工程学院城科会，于 1986 年创建成功，任理事长，并于当年召开了首届城科会暨学术讨论会，成为我国高等院校中第一个跨学科、跨院系的综合性城市科学研究的群众性学术团体。

1986 年破格晋升为教授，并担任四川省城市规划学术会委员会副主任委员。与联邦德国汉诺威大学城市发展与结构研究所建立了长期的科技合作关系，积极参加青年教师的联合培养工作。

1986 年担任重庆建筑工程学院建筑建筑系副系主任。

1987 年，与加拿大曼尼托巴大学举办了联合研究生班，负责教学组织与指导工作。

1987 年以来，先后兼任：重庆土木建筑学会理事、建筑创作专业委员会委员，四川省土木建筑学会理事，四川省城市科学研究会副主任委员，中国城市规划学会理事、常务理事、资深会员、城市生态规划

与吴良镛院士合影

与张良皋、赵冰合影

1991 年全国城规、景园专业指导小组合影

山地中心成立

创立重庆建筑大学城市规划与设计研究院（甲级）北海分院

全国建筑学专业指导委员会合影

建设专业委员会主任委员，中国生态学会理事、城市生态专业委员会副主任委员，中国城市规划专业教育指导委员会副主任委员、城市规划专业教育评估委员会委员，中国教育家协会理事；重庆市政府城市规划专家顾问、重庆市政府规划委员会委员、城市发展专家咨询委员会副主任委员、重庆市城市规划学会副主任委员、重庆市生态学会副主任委员、重庆市城市规划学会副理事长、重庆市生态学会副理事长、重庆大学城市科学研究会理事长，国际城市规划师与区域规划师学会成员等。

1987 年完成国家星火计划试点项目——四川官渡山区集镇综合示范点建设规划与设计。

1989 年，国务院学位委员会批准为城市规划与设计学科博士生导师。

1989 年在《瞭望》上发表《要重视山地的开发与保护》一文，引起了学术界关注。

1991 年受聘于国务院学位委员会第 3、4 届学科评议组成员。

1991 年开始招收博士研究生。先后为建筑学专业、城市规划专业、风景园林专业本科和研究生开设出“城乡规划与建筑设计”、“住宅建筑设计”、“城乡规划原理”、“区域规划概论”、“城市化与城镇规划”、“城市规划概论”、“沿海开放城市与经济技术开发区规划”、“山地城市学”、“生态城市理论与规划设计方法”、“城市生态系统与生态环境规划”等 10 余门课程。

1991 年倡议创建中国科学院、建设部山地城镇与区域研究中心，作为我国山地城镇规划建设、科学研究、人才培养与国内外学术交流的基地，获批准，并任中心主任。推动了云贵川等省“分中心”的建立，结束了我国长期以来在山地城镇这一重要领域没有专门研究机构的历史。先后主持召开了四次国际及全国性的山地城镇规划与建设学术研讨会，促进了山地城市科学的发展与国际学术交流。1991 年获国务院政府特殊津贴。

1991 年他被中国城科会评选为城市科学研究会先进个人、四川省土木建筑学会先进个人。

1991 年以来，先后受聘于清华大学、武汉测绘大学、武汉大学、南京大学、华中科技大学、浙江大学、西南交通大学、长安大学等校兼职教授。

1992 年全国首届山地城镇规划与建设学术讨论会上发言

1992 年创立重庆建筑大学城市规划与设计研究院（甲级），并担任院长、总规划师。为了在沿海开放地区建立产学研的窗口与基地，他积极配合学校先后在深圳、海南、北海、珠海、温州等地建立了规划与设计分支机构。先后担任重庆、广州、南京、扬州、常州、张家港、达州、江油等市城市规划顾问。

1992 年，受聘为国务院学位委员会第三届学科评议组（土建、水利、测绘）成员；发起召开中国首届山地城镇规划、建设学术讨论会。

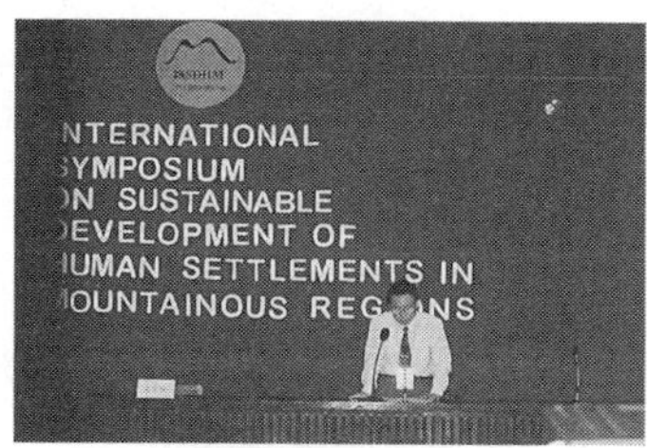

1997 年主持召开首届国际山地人居环境可持续发展研讨会

1992 年，《生态城市的概念与评判标准》巴西里约热内卢全球最高级论坛“未来生态城市”应征论文获国际建筑学院荣誉证书 。

1992 年，著《当代集镇建设》（第一作者，钱伟长主编《现代化探索丛书》之一），重庆出版社出版。

1992 年参编《中国城市群》，中国科技大学出版社出版。

1999 年芝加哥与美国规划协会主席合影

1993 年主编《山地城镇建设与环境生态》，科学出版社出版。

1993 年，他所领导的城市规划与设计学科被批准为四川省首批重点建设学科与建设部重点学科。获国家级优秀教学成果二等奖一项，四川省优秀教学成果一等奖一项。获奖项目：结合多山国情，办出城市规划专业特色。

1994 年“乐山绿心环形生态城市研究”获联合国科技信息促进系统中国国家分部“发明创造科技之星”奖。他的名字与学术研究成果被载入当代中中国科技名人成就大典和英国剑桥国际名人字典，并获美国国际名人传记学会终身成就奖。

三峡工程湖北库区规划专家评估会城镇规划专家组

1994 年主持“城市规划专业教学改革”获国家教委优秀教学成果二等奖。

1995 年 7 月受聘于国务院三峡工程建设委员会移民开发局移民工程专家咨询组成员。

1995 年参编《西江流域经济开发与环境整治几个重大问题研究》，科学出版社出版。

2002 年为北京市长班授课

1997 年主持召开了在首届国际山地人居环境可持续发展研讨会。会上，加拿大大不列颠哥伦比亚大学知名城市规划学家 B.Weisman 指出：“黄光宇教授首次提出的山地城市学概念不仅对中国而且对世界山地城市学术研究与发展将产生深远的影响”。

2004 年在北京人民大会堂“中国人居环境高峰论坛”上作学术讲演

由周干峙、齐康、李文华等院士主持的“山地城市生态化规划建设理论与实践”研究成果鉴定会

2004 年 4 月在哈佛大学“亚洲密集文化可持续发展”国际学术交流会上发言

2005 年 10 月在西班牙比尔保与现任主席在一起

2005 年于人民代表大会堂领取国家科技进步二等奖证书

1998 年主编《97 首届山地人居可持续发展国际学术讨论会论文集》，科学出版社出版。

1999 年参编《山地城镇规划理论与实践》，西北工业出版社出版。

2001 年被评为重庆市城市规划专业学科带头人。先后受聘于清华大学、武汉大学、南京大学、华中科技大学、浙江大学兼职教授。

2001 年，与陈秉钊、赵炳叶、赵民一起，获上海市教学成果一等奖，获奖成果：城市规划培养方案教学内容体系改革的研究与实践。

2002 年组建了《生态城市与建筑文化》、《山地城市与建筑文化》两个丛书编写委员会，并任主任编委。

2002 年，主编《生态城市理论与规划设计方法》，(《生态城市与建筑文化》丛书之一）（第一作者）科学出版社 2002 年出版（2004 年第三次印刷）。

2002 年，主编《山地城市学》(《山地城市与建筑文化》丛书之一），中国建筑工业出版社出版。

2002 年参编《城市规划读本》及《城市规划导论》两本书籍。

2002 年参编《2001 山地人居与生态环境可持续发展国际学术讨论会论文集》，2003 年，主编《山地城市规划与设计作品集》(《山地城市与建筑文化》丛书之一）。

重大、建大、建专三校联合合并后，2002 年再次当选为重庆大学城市科学研究会理事长。

2004 年，周干峙、齐康、李文华等院士，以及同济大学资深教授陶松龄等建筑、城市规划、生态、地理学领域著名专家学者组成的鉴定委员会在成都对黄光宇的理论与实践成果进行了鉴定。鉴定结论：黄光宇和他带领的团队所取得的成就对丰富和发展我国城市规划科学理论，推动城市规划的技术进步，形成具有中国特色的山地城市生态化规划建设理论与方法体系和学科建设作出了重要贡献，居国际领先水平。

2004 年，研究成果“山地城市生态化规划建设理论与实践”获教育部科技进步奖，提名国家科技进步一等奖。

在美国马萨诸塞州石头公园与家人在一起

童心未泯的黄先生

2004 年在哈佛大学“亚洲密集文化的可持续发展”国际会议上作了“山地城市空间结构的生态学思考”的讲演，反应热烈，印度知名教授、新德里人居研究学院院长 A.G.krishna Menen 认为他的研究“结合了本国国情，解决了一个复杂的问题”，其内容被选入《Harvard China Review》。

2005 年，研究成果“山地城市生态化规划建设关键技术”获国家科技进步二等奖。

2006 年主编《山地城市学原理》。

2006 年 8 月诊断肝癌晚期。

2006 年 10 月辞世。

2006 年 10 月建设部高等城市规划学科专业指导委员会对先生为城市规划教育领域作出的贡献给予了高度评价，为先生颁发了“中国城市规划教育终身荣誉奖”。

后记

时光易逝，光阴荏苒。黄光宇先生离去已近 10 年，而他的学术思想依然熠熠生辉、历久弥新，不断激励、影响着一代又一代后学奋力前行，先生开创的山地城市、生态城市规划理论与方法正在中国的广袤大地上结出绚丽的学术果实。本书收录了黄先生的论文、杂文、访谈、追忆 30 余篇集结成册，反映了先生从事城市规划教育、科研和实践 50 余年的思想结晶和心路历程。

感谢 50 余年来与黄先生曾一起工作奋斗在城市规划教育、科研和实践战线的所有知名、不知名的同仁、朋友，历经岁月，跨越时空，共同成就了我国山地城市规划、生态城市规划学术思想和事业的繁荣，望以此册在纪念黄光宇教授学术思想的同时，对同仁、朋友们在此领域所做的支持、贡献和学术努力表示崇高的敬意和诚挚的谢忱！

本书编撰过程中得到了重庆大学、重庆大学建筑城规学院和有关人员的热情支持。感谢黄光宇先生的妻子袁文琼女士和女儿黄剑女士为本书整理并提供了宝贵的第一手资料，感谢诸位校友在百忙之中为本书写的纪念文章。

本书是在重庆大学建筑城规学院的统一部署下完成的，编纂工作由黄先生的弟子及生前学术团队成员集体完成。

书不尽言，感激唯多，在书稿结集之际，再次向为本书付出巨大辛劳和关心支持的各位前辈、同仁及黄先生的亲朋好友致以最衷心的感谢，谨以此书缅怀为中国城市规划教育事业贡献了毕生心血的黄光宇先生，并以此激励后学在我国山地城市规划学术事业的发展中，不断探索，创新发展，为国家的城市建设和教育事业作出更大贡献。

编者